極める。

きたみあきこ
AKIKO KITAMI

Excel

Microsoft Excel

関数

JN088082

SHOEISHA

本書内容に関するお問い合わせについて

このたびは翔泳社の書籍をお買い上げいただき、誠にありがとうございます。弊社では、読者の皆様からのお問い合わせに適切に対応させていただくため、以下のガイドラインへのご協力をお願い致しております。下記項目をお読みいただき、手順に従ってお問い合わせください。

●ご質問される前に

弊社Webサイトの「正誤表」をご参照ください。これまでに判明した正誤や追加情報を掲載しています。

正誤表　https://www.shoeisha.co.jp/book/errata/

●ご質問方法

弊社Webサイトの「刊行物Q&A」をご利用ください。

刊行物Q&A　https://www.shoeisha.co.jp/book/qa/

インターネットをご利用でない場合は、FAXまたは郵便にて、下記"翔泳社 愛読者サービスセンター"までお問い合わせください。
電話でのご質問は、お受けしておりません。

●回答について

回答は、ご質問いただいた手段によってご返事申し上げます。ご質問の内容によっては、回答に数日ないしはそれ以上の期間を要する場合があります。

●ご質問に際してのご注意

本書の対象を越えるもの、記述箇所を特定されないもの、また読者固有の環境に起因するご質問等にはお答えできませんので、予めご了承ください。

●郵便物送付先およびFAX番号

送付先住所　〒160-0006　東京都新宿区舟町5
FAX番号　　03-5362-3818
宛先　　　　（株）翔泳社 愛読者サービスセンター

はじめに

　Excel はバージョンを重ねるごとに関数のラインナップを拡充してきました。最新機能を搭載する Microsoft 365 の Excel 関数は、実に 510 を超えています。そのような膨大な数の関数の中から、やりたいことを実現するための関数をただ漠然と探すのは難しいことではないでしょうか。

　本書は、「やりたいこと」から関数を探す「逆引き」の事典です。まずは目次に目を通してください。

　　・日付を「年ごと」や「月ごと」にまとめて集計するには
　　・15 日締め翌月 10 日払いの支払日を求める
　　・複数の表を切り替えて検索したい！
　　・目標 100 万円を達成するためには何パーセントで運用すればいい？

という具合に実例がズラリと並んでおり、該当のページを開いて即座にその方法を調べられます。数式の下と画面の中に説明を入れているので、数式の意味や画面との対応がひと目で分かります。ページの下部には関連情報への参照を掲載しており、知識を広げるのに役立つでしょう。また、Web サイトからサンプルファイルをダウンロードしていただけば、実際に数式を入力して理解を深められるでしょう。

　「あの関数の使い方はどうだったっけ？」というときのために、付録には全関数を網羅する「アルファベット順の関数一覧」と「機能別関数索引」を用意しました。「やりたいことから」「関連情報から」「関数名から」と、あらゆる角度から関数を探せます。数式の基礎知識と基本操作も解説しているので、初心者から上級者まで幅広くご利用いただけます。

　本書が、読者のみなさまの仕事の効率化や Excel のスキルアップのお役に立てれば幸いです。最後に、本書の執筆にあたり、さまざまな形でご協力くださいました、たくさんの方々に心よりお礼申し上げます。

2022 年 12 月　きたみ　あきこ

本書の読み方

Excel

◎動作環境および画面イメージについて

本書は Excel 2021、2019、2016 と Microsoft 365 環境の Excel に対応しています。一部のバージョンでしか使えない機能には対応バージョンが表記されていますので、ご確認ください。

日程表の作成

365、2021

Excel 05-56 スピルを利用して指定した月の日程表を自動作成する

◎関数の解説について

複数回登場する関数については都度参照先の見出し番号を掲載しています。詳細な説明は参照先をご確認ください。

=SUM(数値 1, [数値 2] …) → 02-02

◎関連項目について

本文で解説している内容に関連する項目を確認できます。見出し番号を参照してください。

関連項目 【02-04】離れたセル範囲のデータを合計する

◎サンプルファイルについて

各項目のサンプルファイルは以下の URL からアクセスしてダウンロードしてください。ファイルの番号は見出しの番号(01-01 など)を表しています。

https://www.shoeisha.co.jp/book/download/9784798174792

Contents

✕ 第2章 《表の集計》 自由な視点でデータを集計しよう

✕ 第3章《条件判定》条件判定と値のチェックを極めよう

第4章 《数値処理》 累計・順位・端数処理……数値を操作しよう

第 5 章 《日付と時刻》 期間や期日を思い通りに計算しよう

✖ 第6章 《文字列操作》検索・置換・抽出・変換……文字列を操作しよう

✕ 第7章 《表の検索と操作》 表引きやセルの情報表示をマスターしよう

✕ 第 8 章 《統計計算》 データ分析に役立つ統計値を求めよう

✕ 第 9 章 《財務計算》 ローンや投資のシミュレーションをしよう

✕ 第 10 章 《数学計算》 対数・三角関数の計算や基数変換を行おう

✕ 第 11 章 《組み合わせワザ》Excel の便利機能と関数の組み合わせワザ

数式の基本

数式や関数のルールを知ろう

Excel 01-01 数式って何？ 関数って何？

「数式」はセルに入力する式

Excelでは、セルに式を入力して計算を行います。セルに入力する式のことを「数式」と呼びます。数式は、「=」（イコール）で入力を始める決まりです。例えば、セルに「=B3+C3」という数式を入力すると、セルB3の値とセルC3の値を足した結果を表示できます。数式を入力したセルを選択すると、数式バーで数式を確認できます。

▶数式は数式バーに、計算結果はセルに表示される

実際に数式を入力するには

セルに数式を入力する際、「B3」「C3」などのセル番号はセルをクリックするだけで自動入力できます。「=」「+」などの記号は、キーボードから半角文字で入力してください。

▶セルD3に「=B3+C3」を入力する

①セル D3 を選択して、半角で「=」を入力する。セル B3 をクリックし、「+」を入力してセル C3 をクリックすると、「=B3+C3」が入力される。最初からキーボードで「=B3+C3」と入力しても OK。

②【Enter】キーを押すと、数式が確定され、セルに計算結果が表示される。

📖「関数」は計算方法が登録された数式

　関数は、あらかじめ計算方法が登録されている数式です。例えば、「SUM（サム）」という関数には「合計」の機能が登録されています。SUM関数に数値を渡すと、その合計結果が返されます。関数に渡すデータを「引数（ひきすう）」、関数の計算結果を「戻り値（もどりち）」と呼びます。

▶関数に引数を渡すと戻り値が返される

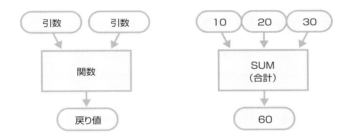

　セルに関数を入力するときは、「=関数名」に続けて、半角のカッコの中に引数を入力します。例えば、セルに「=SUM(B3:B5)」と入力すると、セルB3～B5の値が合計されます。「B3:B5」が引数です。

▶SUM関数を使用して合計を求める

	A	B	C	D	E	F
1	売上数集計					
2	商品名	店舗	通販	合計数		
3	ボール	41	30	71		
4	グローブ	35	14			
5	バット	30	11			
6	合計	106				

B6　　=SUM(B3:B5)　←関数

106　←戻り値

=SUM(B3:D3)
関数名　引数

セルにSUM関数を入力すると、引数のセルの合計を計算できる。

　「=SUM(B3:B102)」と入力すれば、セルB3～B102の範囲にある100個の数値を一気に合計できます。「=B3+B4+B5+……+B102」と100個のセル番号を並べていくより断然簡単です。関数の具体的な入力方法は、【01-05】～【01-09】で紹介します。

関連項目 【01-03】関数の引数に何を指定できる？
　　　　　　【01-04】バージョンに要注意！新関数と互換性関数

✕01-02 演算子って何？

「+」「-」など、数式の計算に使う記号を「演算子」と呼びます。演算子には以下の種類があります。

📗 算術演算子

数値計算をするための演算子です。結果も数値になります。

▶**算術演算子　（セルA1の値は「10」、セルB1の値は「2」とする）**

演算子	意味	使用例	使用例の結果
+（プラス）	加算	=A1+B1	12　（10+2）
-（マイナス）	減算	=A1-B1	8　（10-2）
*（アスタリスク）	乗算	=A1*B1	20　（10*2）
/（スラッシュ）	除算	=A1/B1	5　（10/2）
^（キャレット）	べき乗	=A1^B1	100　（10の2乗）
%（パーセント）	パーセント	=A1*B1%	0.2　（10の2%）

📗 文字列連結演算子

文字列を連結する演算子です。結果も文字列になります。

▶**文字列連結演算子　（セルA1の値は「山田」とする）**

演算子	意味	使用例	使用例の結果
&（アンパサンド）	文字列連結	=A1&"様"	山田様　（「山田」と「様」を連結）

📗 比較演算子

値の比較を行う演算子です。結果は、「真」を意味する「TRUE」か「偽」を意味する「FALSE」のどちらかになります。「TRUE」「FALSE」を総称して「論理値」と呼び、結果が論理値になる式を「論理式」と呼びます。

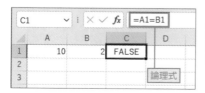

「=A1=B1」は、セルA1とセルB1の値が等しいかどうかを求める論理式。左図のセルA1とセルB1の値は等しくないので、結果は「FALSE」となる。先頭の「=」は数式の前に付ける記号で、「A1=B1」の「=」が比較演算子。

▶比較演算子　（セルA1の値は「10」、セルB1の値は「2」とする）

演算子	意味	使用例	使用例の結果
=	等しい	=A1=B1	FALSE　（「10と2は等しい」は偽）
<>	等しくない	=A1<>B1	TRUE　（「10と2は等しくない」は真）
>	より大きい	=A1>B1	TRUE　（「10は2より大きい」は真）
>=	以上	=A1>=B1	TRUE　（「10は2以上」は真）
<	より小さい	=A1<B1	FALSE　（「10は2より小さい」は偽）
<=	以下	=A1<=B1	FALSE　（「10は2以下」は偽）

※比較演算子は、「=」「<」「>」の1つまたは2つを組み合わせて入力する。

参照演算子

　参照演算子はセルの指定に使う演算子です。例えば、「=SUM(A1:D1)」ではセルA1～D1の数値が合計され、「=SUM(A1,D1)」ではセルA1とセルD1が合計されます。

▶参照演算子

演算子	意味	使用例	説明
:（コロン）	セル範囲	A1:D4	セルA1～D4の範囲のすべてのセル
,（カンマ）	複数のセル	A1,D4	セルA1とセルD4
（半角空白）	セル範囲の共通部分	A2:C2 B1:B3	セルA2～C2とセルB1～B3の共通部分を求める。求められるのはセルB2

※参照演算子には、このほかスピル範囲演算子「#」（→【01-33】）と暗黙的なインターセクション演算子「@」（→【01-32】のMemo）がある。

演算子の優先順位

　1つの数式の中で複数の演算子を使用する場合、下表の順序で計算が実行されます。優先順位が同じ演算子の場合は、左から右に向かって計算が行われます。カッコを使うと、計算の順序を制御できます。

・=1+2*3　→　「2*3」が先に計算されて結果は「7」になる
・=(1+2)*3　→　「1+2」が先に計算されて結果は「9」になる

▶演算子の優先順位

優先順位	1	2	3	4	5	6	7	8
演算子	参照演算子	負の符号「-」	%	^	* /	+ -	&	比較演算子

01-03 関数の引数に何を指定できる？

関数の構造

Excelには500個以上の関数が用意されていますが、引数の数や種類は関数によって異なります。セルに関数を入力するときは、「=関数名」に続けて、半角のカッコの中に引数を入力します。引数が複数ある場合は半角のカンマ「,」で区切ります。

```
関数の書式
=関数名(引数1,引数2,……)
```

引数によっては、省略可能なものもあります。本書では、省略可能な引数を「[引数2]」のように角カッコ（[ ]）で囲んで示します。例えば、「RIGHT（ライト）」という関数は下記の書式を持ちます。1番目の引数「文字列」は指定が必須ですが、2番目の引数「文字数」は省略が可能です。

```
RIGHT関数の書式
=RIGHT(文字列,[文字数])
      必須    省略可
```

引数指定のルール

関数で思い通りの結果（戻り値）を得るには、引数を正しく指定することがポイントです。引数には、大きく分けて「セル参照」「定数」「数式」を指定できます。引数の種類に応じて指定方法が決まっているので、次ページの表を参考にルールにしたがって引数を指定してください。例えば、文字列を指定するときは『"』で囲む必要があります。

```
=RIGHT(A1)
      セル参照
=RIGHT("東京都")
      定数
=RIGHT(A1&B1)
      数式
```

▶引数の指定方法

引数		指定方法
セル参照	セル	セル番号をそのまま指定 （例）　=LEN(A2)
	セル範囲	始点のセル番号と終点のセル番号を「:」（コロン）で区切る （例）　=SUM(A1:B5)
	名前 →【01-24】	セルやセル範囲に付けた名前を指定 （例）　=SUM(数量)
	構造化参照 →【01-28】	テーブル名や列名を指定 （例）　=SUM(テーブル1[金額])
定数	数値	数値をそのまま指定。パーセント付きの数値も指定可能 （例）　=ROUND(B3*8%,2)
	文字列	文字列を「"」（ダブルクォーテーション）で囲む （例）　=RIGHT("東京都",1)
	日付／時刻	日付や時刻を「"」（ダブルクォーテーション）で囲んで指定（下記Memo参照） （例）　=YEAR("2022/3/14") （例）　=HOUR("12:34:56")
	論理値 →【03-01】	TURE（真の意味）またはFALSE（偽の意味）と指定 （例）　=COUNTIFS(B3:B8,TRUE)
	エラー値 →【01-35】	エラー値を指定。一般的にはエラー値になる数式を指定することが多い （例）　=ISERROR(#DIV/0!)
	配列定数 →【01-29】	列を「,」（カンマ）、行を「;」（セミコロン）で区切り、全体を「{}」（中カッコ） で囲んで指定。例えば「{1,2,3;4,5,6}」は2行3列の配列定数 （例）　=ROWS({1,2,3;4,5,6})
数式	数式	数式を指定 （例）　=INT(A1*0.3) （例）　=IF(A1>=60,"合格","不合格")
	関数	関数を指定 （例）　=INT(AVERAGE(B3:B8))

Memo

●引数に指定した値が指定すべき種類とは異なる場合でも、できる限りその値を使用して関数の計算が行われます。例えば文字列を指定すべき引数に数値を指定すると、その数値を文字列とみなして計算が行われます。しかし、数値を指定すべき引数にアルファベットを指定した場合など、指定した値で関数の計算を行えないときはエラーになります。

●ダブルクォーテーション「"」で囲んだデータは文字列扱いになりますが、日付を指定すべき引数に「"2022/3/14"」と指定すると、日付文字列が日付に変換されて関数の計算が行われます。なお、日付用の引数ではない引数に日付文字列を指定した場合、例えば「=IF(A1="2022/3/14","OK","NG")」などと指定した場合は文字列として扱われます。このようなケースでは、「DATE(2022,3,14)」のように日付の場合はDATE関数（→【05-11】）、時刻の場合はTIME関数（→【05-12】）で指定してください。

関連項目　【01-01】数式って何？　関数って何？

01-04 バージョンに要注意！ 新関数と互換性関数

Excelの種類

Excelには、「Microsoft 365」という製品に含まれるExcelと、「Office 2021」「Office 2019」「Office 2016」などに含まれるExcelの2種類があります。後者に含まれるExcelは、「Excel 2021」のようにバージョン付きで呼称されます。それぞれ次のような特徴があります。

Microsoft 365のExcel
- サブスクリプション製品（月払い、年払い）
- Excel単体での契約はできない
- バージョンの区切りがない
- 随時機能が更新され、常に最新の機能が搭載されている
- 不定期に新関数が追加される
- 基本的にExcelのすべての関数を使用できる

Excel 2021/2019/2016
- 買い切り版の製品
- Excel単体でも購入できる
- バージョンの区別があり、バージョンごとに機能が異なる
- バージョンが上がるタイミングで新関数が追加される
- 新関数は追加前の下位バージョンでは使用できない

▶Excelの種類を確認する

[ファイル] タブをクリックし、画面左に表示されるメニューの下のほうにある [アカウント] をクリックすると、製品名が表示され、Excel の種類やバージョンを確認できる。なお、メニューに [アカウント] が見つからない場合は下にある、[その他] から [アカウント] を探す。

関数の分類

Excelの関数は、機能ごとに分類されています。関数の分類は、以下の13種類があります。

- ・財務
- ・日付／時刻
- ・数学／三角
- ・統計
- ・検索／行列

- ・データベース
- ・文字列操作
- ・論理
- ・情報
- ・エンジニアリング

- ・キューブ
- ・Web
- ・互換性

新関数と互換性関数

新関数というと「これまでにない新しい機能を持つ関数」がイメージされるかもしれませんが、従来の関数の強化版といえる新関数が追加されることもあります。そのような新関数に対応する従来版の関数は、「互換性」という分類に移動します。

例えば、Excel 2016には「文字列操作」の分類に「CONCATENATE」という関数があります。Excel 2019にはその強化版といえる「CONCAT」関数が「文字列操作」の分類に追加されました。そのため、Microsoft 365とExcel 2021/2019では、CONCATENATE関数が「互換性」の分類に移動しています。

このように、同じ関数でもExcelのバージョンによって分類が変わることがあるので、分類から関数を探す場合は注意が必要です。付録「互換性関数と現関数の対応」に関数の対応をまとめたので参考にしてください。

> **Memo**
>
> ● 互換性関数は、対応する新関数が追加された以降のバージョンでも従来どおりに使用できます。一方、新関数は追加前のバージョンでは使用できないので、バージョンのわからない相手と共有するファイルでは、新関数を使わないのが無難です。
>
> ● [互換性チェック] を実行すると、ファイルに下位バージョンで使用できない機能が含まれているかどうかを調べることができます。実行するには、[ファイル] タブの [情報] の画面で、[問題のチェック] → [互換性チェック] をクリックします。

関連項目 【01-01】数式って何？　関数って何？

Excel 01-05 専用の入力画面を使用して 関数をわかりやすく入力する

　関数の入力方法は複数用意されており、好みの方法で入力できます。初心者にお勧めなのは、[関数の挿入] ダイアログを使用する方法です。ダイアログ上に表示される関数の説明を見ながら、関数をじっくり選べます。また、引数も専用の入力欄が用意されているので、書式がうろ覚えでも穴埋め感覚で関数の数式を完成させられます。

　ここでは「文字列操作」の分類にあるRIGHT関数を例に、「=RIGHT(A3,2)」という数式の入力方法を説明します。この数式は、セルA3の文字列の右端から2文字を取り出すものです。

▶[関数の挿入] ダイアログからRIGHT関数を入力する

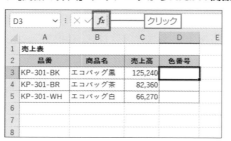

①関数を入力するセルを選択し、数バーの [関数の挿入] ボタンをクリックする。

② [関数の挿入] ダイアログが表示されるので使用したい関数を選択する。ここでは [文字列操作] の分類から [RIGHT] を選択して、[OK] ボタンをクリックする。

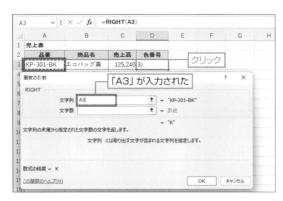

③ [関数の引数] ダイアログが表示される。[文字列] 欄の中をクリックしてカーソルを表示した状態で、セルA3 をクリックすると、[文字列] 欄に「A3」が入力される。

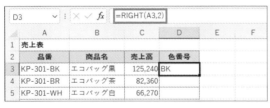

④ [文字数] 欄に「2」を入力し、[OK]ボタンをクリックする。

⑤ RIGHT 関数が入力され、セルに戻り値が表示された。数式は数式バーで確認できる。

	A	B	C	D	E	F
1	売上表					
2	品番	商品名	売上高	色番号		
3	KP-301-BK	エコバッグ黒	125,240	BK		
4	KP-301-BR	エコバッグ茶	82,360			
5	KP-301-WH	エコバッグ白	66,270			

Memo

● 使用したい関数の分類がわからない場合は、手順②の [関数の分類] から [すべて表示] を選択します。[関数名] 欄にすべての関数がアルファベット順に表示されるので、そこから目的の関数を選びます。

● 手順②や手順③の画面の左下にある [この関数のヘルプ] をクリックすると、選択した関数に関するヘルプを表示できます。

関連項目 【01-06】数式オートコンプリートを利用して関数を手入力する
【01-07】手入力中に [関数の引数] ダイアログを呼び出すには？

01-06 数式オートコンプリートを利用して関数を手入力する

　キーボードに慣れている人で、使いたい関数のスペルがある程度わかっている人は、ダイアログを使うよりセルに関数を手入力したほうが早いでしょう。入力時には［数式オートコンプリート］という補助機能が働くので、関数名の先頭の1文字か2文字を入れて一覧から選ぶだけで、関数名を素早く正確に入力できます。ポップヒントに書式が表示されるので、それを見ながら引数を入力できます。ここでは「=RIGHT(A3,2)」の入力例を紹介します。

▶数式オートコンプリートを使ってRIGHT関数を入力する

①関数を入力するセルを選択する。日本語入力モードをオフにして、「=RI」と入力する。「RI」は小文字でもよい。「RI」で始まる関数が一覧表示されるので、「RIGHT」をダブルクリックする。

②「=RIGHT(」が自動入力された。ポップヒントに関数の書式が表示されるので、それをヒントに引数を入力していく。ここではセルA3をクリックする。

③「=RIGHT(」の後ろに「A3」が入力された。続けて「,2)」と入力して、【Enter】キーを押す。

④ RIGHT 関数が入力され、セルに戻り値が表示された。関数を入力したセルを選択すると、数式バーで数式を確認できる。

Memo

●ポップヒントの関数名をクリックすると、ヘルプが表示され、その関数について調べることができます。

2	品番	商品名	売上高	色番号
3	KP-301-BK	エコバッグ黒	125,240	=RIGHT(
4	KP-301-BR	エコバッグ茶	82,360	RIGHT(文字列, [文字数])
5	KP-301-WH	エコバッグ白	66,270	

●関数によっては、引数にセル範囲を指定するものもあります。引数を入力する際に、目的のセル範囲をドラッグすると、「開始セル番号：終了セル番号」の形式でセル範囲を入力できます。

● Microsoft 365 と Excel 2021/2019 では、関数名の途中のつづりからでも数式オートコンプリートが働く場合があります。例えばセルに「=SUM」と入力すると、「SUM」で始まる関数のほか、「DSUM」「IMSUM」など「SUM」を含む関数名が一覧表示されます。

関連項目 【01-05】専用の入力画面を使用して関数をわかりやすく入力する
【01-07】手入力中に［関数の引数］ダイアログを呼び出すには？

Excel 01-07 手入力中に［関数の引数］ダイアログを呼び出すには？

【01-06】で紹介した［数式オートコンプリート］は、関数を一覧から選択できるので関数名の入力自体は簡単ですが、引数の入力が難しく感じられるかもしれません。そんな人は、［数式オートコンプリート］で関数名を入力したあと、［関数の引数］ダイアログを呼び出しましょう。引数を穴埋めで入力できるので、手入力より簡単です。

▶関数名の入力後に［関数の引数］ダイアログを呼び出す

①【01-06】の 手 順 ① を 実 行 して「=RIGHT(」まで入力しておく。数式バーの［関数の挿入］ボタンをクリックする。

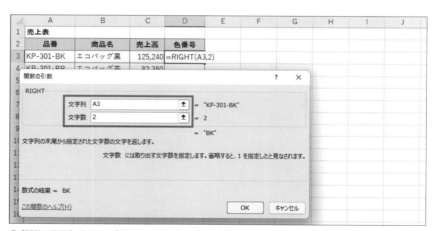

②［関数の引数］ダイアログが表示されるので、【01-05】の手順③以降を参考に数式を完成させる。

関連項目　【01-05】専用の入力画面を使用して関数をわかりやすく入力する
【01-06】数式オートコンプリートを利用して関数を手入力する

01-08 ［数式］タブの［関数ライブラリ］から関数を入力する

関数の分類がわかっている場合は、［数式］タブの［関数ライブラリ］を使用して関数を入力する方法もあります。分類のボタンから関数を選択でき、引数は［関数の引数］ダイアログで入力します。

▶［関数ライブラリ］からRIGHT関数を入力する

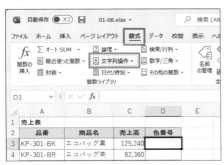

①関数を入力するセルを選択しておく。［数式］タブの［関数ライブラリ］から関数の分類（ここでは［文字列操作］）を選ぶ。

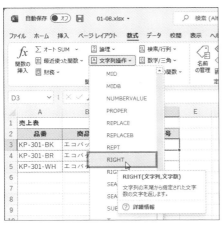

②文字列操作に分類される関数が一覧表示される。関数名にマウスポインターを合わせると、ポップヒントが表示される。［RIGHT］をクリックすると［関数の引数］ダイアログが表示されるので、あとは【01-05】の手順③以降を参考に操作する。

Memo

●関数の分類のうち、［統計］［エンジニアリング］［キューブ］［情報］［互換性］［Web］は［数式］タブの［関数ライブラリ］グループの［その他の関数］ボタンに含まれています。

関連項目 【01-05】専用の入力画面を使用して関数をわかりやすく入力する

01-09 関数の引数に別の関数を入力するには？

　関数の引数に別の関数を入力することを、「ネスト」と呼びます。ネストの数式は、直接セルに入力してもかまいませんし、ダイアログを使って入力することもできます。

　ここでは、ダイアログを使ってRIGHT関数の引数「文字列」にUPPER（アッパー）関数を入力します。UPPER関数はアルファベットを大文字に変換する関数です。ネストの数式には複数の関数名が含まれますが、数式バーで関数名をクリックすると、クリックした関数のダイアログに切り替えることができます。

▶関数をネストする

	A	B	C	D
1	売上表			
2	品番	商品名	売上高	色番号
3	kp-301-bk	エコバッグ黒	125,240	
4	KP-301-BR	エコバッグ茶	82,360	
5	kp-301-wh	エコバッグ白	66,270	
6				
7				
8				

① RIGHT 関数と UPPER 関数を使用して、セル A3 の文字列を大文字に変換して末尾 2 文字を取り出したい。関数を入力するセルを選択して、【01-05】の手順①〜②を参考に RIGHT 関数の［関数の引数］ダイアログを表示しておく。

②引数［文字列］に UPPER 関数を入力したい。［文字列］欄をクリックしてカーソルを表示させた状態で、［関数ボックス］の［▼］ボタンをクリックし、［その他の関数］を選択する。

③ [関数の挿入] ダイアログが表示されるので、[関数の分類] 欄で [文字列操作] を選択し、[関数名] ボックスから [UPPER] を選択して、[OK] ボタンをクリックする。

④ UPPER 関数の [関数の引数] ダイアログが表示されるので、セル A3 をクリックして [文字列] 欄に「A3」を入力する。RIGHT 関数の指定に戻るため、数式バーの「RIGHT」の部分をクリックする。

⑤ RIGHT 関数の [関数の引数] ダイアログに戻った。[文字列] 欄にUPPER 関数が入力されていることを確認し、[文字数] 欄に「2」を入力して、[OK] ボタンをクリックする。

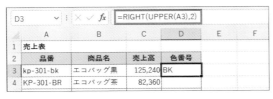

⑥セルに戻り値が表示された。入力した数式は数式バーで確認できる。

✕ 01-10 マウスのドラッグ操作で 引数のセル参照を修正する

　関数が入力されているセルをダブルクリックすると数式の編集モードになり、引数に指定したセルが色枠で囲まれます。この枠を「カラーリファレンス」と呼びます。カラーリファレンスをドラッグして移動すると、引数のセル参照を修正できます。

▶引数の「B3:B5」を1列分右にずらす

①セル E3 に SUM 関数が入力されている。その引数に指定された「B3:B5」を「C3:C5」に修正したい。まず、セル E3 をダブルクリックする。

②カラーリファレンスが表示された。枠線部分にマウスポインターを合わせ、C 列までドラッグする。

UPPER		:	✕ ✓	f_x	=SUM(C3:C5)	
▲	A	B	C	D	E	F
1	売上表		万円		集計	
2	品番	目標	実績		売上合計	
3	F-101	200	234		=SUM(C3:C5)	
4	F-102	150	144		SUM(数値1, [数値	
5	F-103	130	141			

③引数が「C3:C5」に修正されたことを確認して、【Enter】キーを押す。

E4		:	✕ ✓	f_x		
▲	A	B	C	D	E	F
1	売上表		万円		集計	
2	品番	目標	実績		売上合計	
3	F-101	200	234		519	
4	F-102	150	144			
5	F-103	130	141			

④ SUM 関数の計算結果が修正された。

関連項目 【01-11】マウスのドラッグ操作で引数の参照範囲を修正する

✕ 01-11 マウスのドラッグ操作で 引数の参照範囲を修正する

　数式の編集モードでは、カラーリファレンスの四隅にサイズ変更用のハンドルが表示されます。これをドラッグすると、引数の参照範囲の大きさを簡単に変更できます。

▶引数の「C3:C5」の範囲を1行分増やす

①セル E3 の SUM 関数の引数に指定された「C3:C5」を「C3:C6」に修正したい。まず、セル E3 をダブルクリックする。

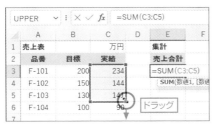

②カラーリファレンスが表示された。右下角にマウスポインターを合わせ、セル C6 までドラッグする。

③引数が「C3:C6」に修正されたことを確認して、【Enter】キーを押す。

④ SUM 関数の計算結果が修正された。

関連項目 【01-10】マウスのドラッグ操作で引数のセル参照を修正する

01-12 長く複雑な数式を改行して入力する

　関数をネストすると数式が長くなりがちです。数式を区切りのよい位置で改行すると、全体の構成が把握しやすくなり、意味もわかりやすくなります。数式を改行するには、【Alt】＋【Enter】キーを使用します。

▶数式を区切りのよい位置で改行する

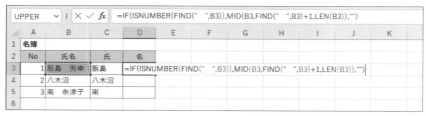

①長い数式を途中で改行したい。

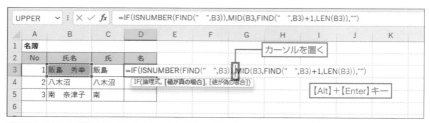

②区切りのよい位置をクリックしてカーソルを移動し、【Alt】キーを押しながら【Enter】キーを押す。

③数式を改行できた。

> **Memo**
>
> ●引数を区切るカンマ「,」や演算子の前後で改行すると、長い数式の見た目がわかりやすくなります。入力の途中で【Alt】＋【Enter】キーを押して改行することも可能です。

関連項目　【01-13】数式バーに先頭以降の複数行を表示する

01-13 数式バーに先頭以降の複数行を表示する

　数式の途中で改行しても、数式バーには1行分しか表示されません。複数行を表示するには、［数式バー］ボタンを使用して広げます。

▶数式バーを展開する

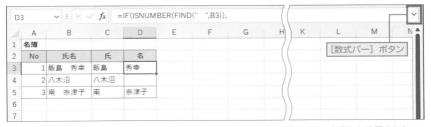

①セルD3には、数式が2行にわたって入力されている。しかし、数式バーには1行分しか表示されない。数式バーを広げるには、右端にある［数式バー］ボタンをクリックする。

②数式バーが広がった。再度［数式バー］ボタンをクリックすると、1行に戻る。

Memo

●数式バーの下端をドラッグすると、数式バーを任意の高さに広げることができます。

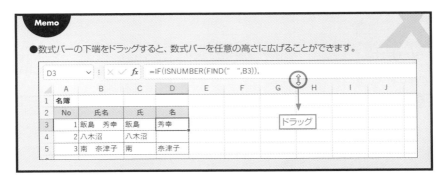

関連項目【01-12】長く複雑な数式を改行して入力する

01-14 隣接するセルにオートフィルで 数式をコピーする

　数式をコピーする方法はいろいろありますが、隣接するセルにコピーする場合は「オートフィル」を使うのが断然便利です。ここではセルE3に入力した「=SUM(B3:D3)」という数式を、セルE4〜E6にコピーします。

▶数式を下のセルにコピーする

E3	⌄ : × ✓ ƒx	=SUM(B3:D3)

	A	B	C	D	E	F	G
1	支店別売上数推移						
2	支店	4月	5月	6月	合計		
3	東北支店	91	119	85	295 ⊕		
4	中部支店	105	109	110		ドラッグ	
5	関西支店	86	90	80			
6	九州支店	100	99	114			
7							

①セル E3 を選択して、フィルハンドル（セルの右下角に表示される小さな四角形）にマウスポインターを合わせると、十字の形になる。その状態でセル E6 までドラッグする。この操作を「オートフィル」と呼ぶ。

E4	⌄ : × ✓ ƒx	=SUM(B4:D4)

	A	B	C	D	E	F	G	H	I	J
1	支店別売上数推移									
2	支店	4月	5月	6月	合計					
3	東北支店	91	119	85	295	=SUM(B3:D3)				
4	中部支店	105	109	110	324	=SUM(B4:D4)				
5	関西支店	86	90	80	256	=SUM(B5:D5)				
6	九州支店	100	99	114	313					
7						=SUM(B6:D6)				
8										
9										

②数式がコピーされ、各セルに計算結果が表示される。セル E4 を選択して数式バーを確認すると、「=SUM(B4:D4)」というように、元の数式の行番号が 1 増えているのがわかる。このようにコピー先に応じて数式内のセル番号の行が自動でずれるので、正しい結果が得られる。ちなみに、数式を右のセルに移動した場合は、セル番号の列が自動でずれる。

> **Memo**
>
> ●[ホーム]タブにある[コピー]／[貼り付け]ボタンや、【Ctrl】+【C】キー（コピー）／【Ctrl】+【V】キー（貼り付け）を使用して数式をコピーした場合も、コピー先に応じて数式内のセル番号が自動でずれます。このようなセル参照の方式を「相対参照」と呼びます。

関連項目 【01-19】数式をコピーするときにセル参照を固定するには

Excel 01-15 オートフィル実行後に崩れた書式を元に戻すには？

オートフィルで数式をコピーしたときに、表の塗りつぶしや罫線などの書式が崩れてしまうことがあります。そんなときは、コピー直後に表示される［オートフィルオプション］ボタンを使用すると書式を元に戻せます。

▶オートフィルで崩れた書式を元に戻す

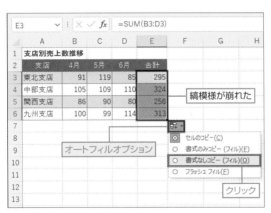

①縞模様の表で、セル E3 の数式をセル E6 までコピーしたい。まず、セル E3 のフィルハンドルにマウスポインターを合わせ、セル E6 までドラッグする。

②セル E3 の数式と一緒に書式もコピーされたため、縞模様が崩れてしまった。［オートフィルオプション］ボタンをクリックして、［書式なしコピー（フィル）］を選択する。

③縞模様に戻った。なお、［オートフィルオプション］ボタンは他の操作を行うと消えてしまうので、オートフィルの実行後すぐに書式を元に戻すこと。

関連項目【01-16】書式はコピーせずに数式だけをコピーしたい！

X 01-16 書式はコピーせずに 数式だけをコピーしたい！

数式が入力されたセルをコピーすると、数式と一緒に書式が貼り付けられます。書式はコピーせずに、数式だけを貼り付けたい場合は、[貼り付けのオプション]から[数式]を選択しましょう。

▶数式と一緒に貼り付けられた書式を解除する

①セル E3 の数式「=SUM(B3:D3)」を確認しておく。セル E3～E6 を選択して、[ホーム]タブの[コピー]ボタンをクリックするか、【Ctrl】+【C】キーを押してコピーする。

②セル K3 を選択して[ホーム]タブの[貼り付け]ボタンをクリックするか、【Ctrl】+【V】キーを押す。すると、数式と一緒に縞模様の書式が貼り付けられてしまう。貼り付け後に表示される[貼り付けのオプション]ボタンをクリックして、[数式]を選択する。

③縞模様が解除された。セル K3 を選択して数式バーを確認すると、「=SUM(H3:J3)」のように列番号が変化して正しい計算が行われることがわかる。

関連項目 【01-15】オートフィル実行後に崩れた書式を元に戻すには？

X 01-17 数式の結果の値だけを コピーしたい！

数式が入力されたセルをコピーすると、貼り付けられるのは数式です。数式ではなく計算結果自体を貼り付けたい場合は、[貼り付けのオプション]から[値]を選択しましょう。

▶数式ではなく計算結果を貼り付ける

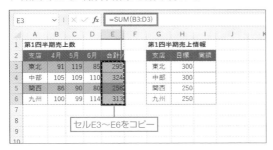

①数式が入力されたセル E3〜E6 を選択して、[ホーム] タブの [コピー] ボタンをクリックするか、【Ctrl】+【C】キーを押してコピーする。

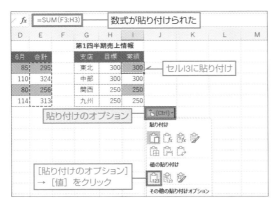

②セル I3 を選択して [ホーム] タブの [貼り付け] ボタンをクリックするか、【Ctrl】+【V】キーを押すと、数式が貼り付けられる。貼り付け後に表示される [貼り付けのオプション] ボタンをクリックして、[値] を選択する。

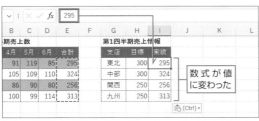

③数式が値に変わった。セル I3 を選択して数式バーを確認すると、数式バーにもセルにも値が表示されていることがわかる。

関連項目 【11-01】計算結果だけを残して数式を削除したい

01-18 相対参照と絶対参照を切り替える

セルに「=A1」と入力して1つ下のセルにコピーすると、コピー先では「=A2」に変化します。また、1つ右のセルにコピーすると、「=B1」に変化します。コピー元とコピー先の位置関係に応じてセル参照が自動で変化する「A1」のような参照形式を「相対参照」と呼びます。

一方、「$A$1」のように列番号と行番号の前に「$」記号を付けた参照形式を「絶対参照」と呼びます。数式をどの位置にコピーしても、絶対参照で指定したセル参照は変化しません。絶対参照の「$」記号は、セル参照を入力後に【F4】キーを押すと、簡単に挿入できます。

▶数式の中のセル参照を絶対参照で指定する

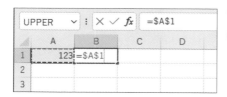

①セルB1を選択して「=」を入力し、セルA1をクリックすると、「=A1」が入力される。その状態で【F4】キーを1回押す。

②数式が絶対参照の「=$A$1」に変わった。なお、【F4】キーを使用せずに直接キーボードから「$」記号を入力してもかまわない。

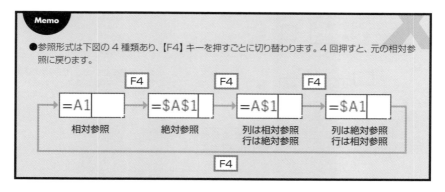

Memo

●参照形式は下図の4種類あり、【F4】キーを押すごとに切り替わります。4回押すと、元の相対参照に戻ります。

F4	F4	F4
=A1	=$A$1	=A$1	=$A1
相対参照	絶対参照	列は相対参照 行は絶対参照	列は絶対参照 行は相対参照

F4

関連項目 【01-19】数式をコピーするときにセル参照を固定するには

01-19 数式をコピーするときに セル参照を固定するには

数式をコピーすると、通常は数式内のセル参照が自動で変化します。変化すると困る場合は、絶対参照を使用します。例えば下図のような表で割引額を求める場合、割引率のセルD2が変化しては困ります。どの商品の計算を行うときも同じセルD2の割引率で計算するには、【01-18】を参考に割引率のセルを絶対参照の「$D$2」と指定します。

▶セルD2を絶対参照で固定して数式をコピーする

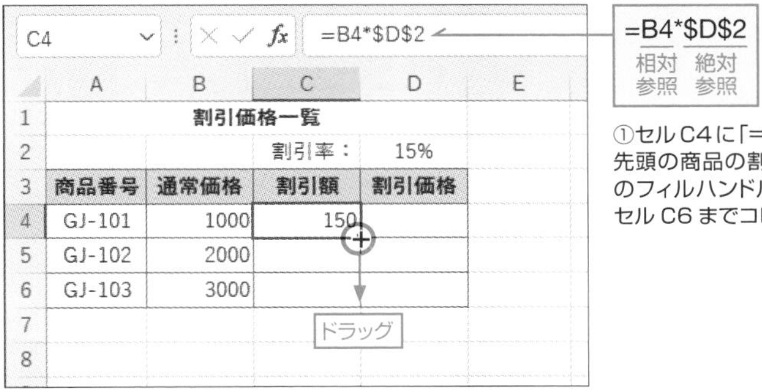

C4	fx	=B4*$D$2

	A	B	C	D	E
1		割引価格一覧			
2			割引率：	15%	
3	商品番号	通常価格	割引額	割引価格	
4	GJ-101	1000	150		
5	GJ-102	2000			
6	GJ-103	3000			
7			ドラッグ		
8					

=B4*$D$2
相対　絶対
参照　参照

①セルC4に「=B4*$D$2」と入力して、先頭の商品の割引額を求める。セルC4のフィルハンドルをドラッグして、数式をセルC6までコピーする

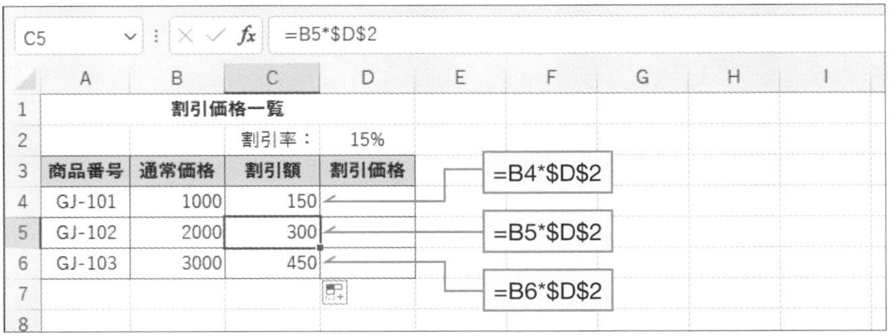

C5	fx	=B5*$D$2

	A	B	C	D	E	F	G	H	I
1		割引価格一覧							
2			割引率：	15%					
3	商品番号	通常価格	割引額	割引価格					
4	GJ-101	1000	150		=B4*$D$2				
5	GJ-102	2000	300		=B5*$D$2				
6	GJ-103	3000	450		=B6*$D$2				
7									
8									

②セルC5を選択して、数式バーを確認する。「=B5*$D$2」というように、相対参照で指定した「B4」は「B5」に変化したが、絶対参照で指定した「$D$2」は変化せずに固定されていることがわかる。

関連項目 【01-14】隣接するセルにオートフィルで数式をコピーする
【01-18】相対参照と絶対参照を切り替える

Excel 01-20 数式をコピーするときにセル参照の行や列だけを固定するには

　数式をコピーしたときに行だけ、または列だけを固定したい場合は、「複合参照」という参照形式を使用します。サンプルでは、「=$B4*C$3」という数式を入力しています。「$B4」はB列の列固定、「C$3」は3行目の行固定なので、コピー先のセルでも必ず「通常価格（B列）×割引率（3行）」の計算が行われます。

▶行または列だけを固定してコピーする

=$B4 * C$3
列固定 行固定

①セル C4 に「=$B4*C$3」と入力して、フィルハンドルをセル F4 までドラッグする。

②数式がコピーされた。セル C4〜F4 が選択された状態になるので、そのままフィルハンドルをドラッグして、7 行目までコピーする。

=$B7 * F$3
列固定 行固定

③セル F7 を選択して、数式バーを確認する。「B」列と「3」行は固定されたまま変化していないことがわかる。

関連項目　【01-18】相対参照と絶対参照を切り替える
　　　　　　【01-19】数式をコピーするときにセル参照を固定するには

01-21 相対参照で入力した数式と同じセルを参照したまま他のセルにコピーする

　数式が入力されたセルをコピーすると、相対参照のセル参照は自動で変化します。コピー元と同じセルを参照したままコピーしたいときは、セルをコピーするのではなく、数式自体を直接コピーして貼り付けます。

▶数式自体をコピー/貼り付けする

①セル C6 を選択して、数式バーで数式をドラッグし、【Ctrl】キーを押しながら【C】キーを押す。この操作で数式をコピーできたので、【Esc】キーを押して数式の選択を解除する。

②貼り付け先のセル E3 をダブルクリックする。セルの中にカーソルが表示されるので、【Ctrl】キーを押しながら【V】キーを押す。

③コピーした数式が「=SUM(C3:C5)」のまま貼り付けられた。あとは【Enter】キーを押して確定すればよい。

関連項目 【01-19】数式をコピーするときにセル参照を固定するには

✕ 01-22 他のシートのセルを使って計算するには？

他のシートのセルは、シート名とセル番号の間に半角の感嘆符「!」を入れて「シート名!セル番号」の形式で指定します。例えば、[売上] シートのセルB3〜B5は、「売上!B3:B5」となります。数式を入力するときに [売上] シートに切り替えてセルB3〜B5をドラッグすれば、自動で入力できます。

▶関数の引数に他シートのセルを指定する

①[報告]シートのセルB3にSUM関数を入力して、[売上] シートのセル B3〜B5 の合計を求めたい。まず、「=SUM(」を入力して、[売上] シートのシート見出しをクリックする。

②[売上] シートに切り替わった。セル B3〜B5 をドラッグすると、数式に「売上 !B3:B5」が入力される。

③あとは「)」を入力して、【Enter】キーで確定すればよい。

> **Memo**
>
> ●シート名の先頭文字が数字の場合や、シート名にスペースが含まれる場合は、シート名が半角のシングルクォーテーション「'」で囲まれます。例えば、[1 月] シートのセル A1 は「'1 月 '!A1」となります。

関連項目 【01-23】他のブックのセルを使って計算するには？

✖ 01-23 他のブックのセルを使って計算するには？

他のブックのセルは、「[ブック名.拡張子]シート名!セル番号」の形式で指定します。例えば、「本店.xslx」というブックの[売上]シートのセルB3〜B5は、「[本店.xlsx]売上!B3:B5」となります。拡張子とはファイルの種類を表す記号で、「.xlsx」は Excelの通常のブックの拡張子です。

▶関数の引数に他ブックのセルを指定する

①サンプルファイルに SUM 関数を入力して、「本店 .xlsx」の [売上] シートのセル B3〜B5 の合計を求めたい。両方のファイルを開いておき、サンプルのセル B3 に「=SUM(」を入力する。続いて、[表示] タブの [ウィンドウの切り替え] ボタンをクリックして [本店] を選択する。

② 「本店 .xlsx」に切り替わった。[売上] シートのセル B3〜B5 をドラッグすると、数式に「[本店 .xlsx] 売上 !$B$3:$B$5」が入力されるので、必要に応じて相対参照と絶対参照を切り替える。あとは「)」を入力して、【Enter】キーで確定すればよい。

Memo

● 別ブックのセル参照を含むブックを開くと、セキュリティを警告するメッセージが表示されます。「コンテンツの有効化」や「更新する」をクリックすると、データを更新できます。

● リンク先のブックの保存場所を変更した場合は、「ファイル」タブの「情報」の画面にある「ファイルへのリンクの編集」からリンクの張り直しをしたり、リンクを解除したりできます。リンクを解除すると、数式が数式の結果で置き換わります。

関連項目 【01-22】他のシートのセルを使って計算するには？

01-24 セル範囲に名前を付ける

　数式でよく使うセルやセル範囲にわかりやすい名前を付けておくと、数式を入力する際にセル番号の代わりに名前を指定できるので便利です。ここでは、セル範囲B3:B5に「人数」という名前を設定します。

▶セルB3〜B5に「人数」という名前を付ける

①セル B3〜B5 を選択する。[名前ボックス] に「人数」と入力して【Enter】キーを押す。

②セル B3〜B5 に「人数」という名前が付いた。この方法で付けた名前は適用範囲がブックになるので、他のシートから参照するときも、シート名を指定せずに名前を指定するだけで参照できる。

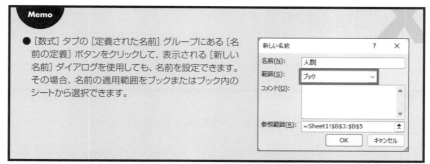

● [数式] タブの [定義された名前] グループにある [名前の定義] ボタンをクリックして、表示される [新しい名前] ダイアログを使用しても、名前を設定できます。その場合、名前の適用範囲をブックまたはブック内のシートから選択できます。

関連項目　【01-25】セル番号の代わりに名前を指定する
【01-26】名前の参照範囲を変更したい！

01-25 セル番号の代わりに名前を指定する

セルやセル範囲に付けた名前は、数式の中でセル番号の代わりに指定できます。数式を入力中に直接名前を入力するだけなので簡単です。下図のように一覧から選択して入力する方法もあります。

▶「人数」という名前のセルの合計を求める

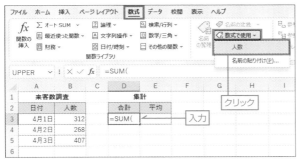

①「人数」という名前が付いたセル範囲の数値の合計を求めたい。「=SUM(」まで入力して、[数式] タブの [数式で使用] ボタンをクリックし、[人数] を選択する。

②数式に「人数」が入力された。あとは「)」を入力して数式を確定すれば、人数のセル B3～B5 の合計が求められる。

Memo

● 「=SUM(」まで入力したあと【F3】キーを押すと、[名前の貼り付け] ダイアログが表示されます。そこから目的の名前を選択して、数式に名前を入力することもできます。

名前の貼り付け	? ×
名前の貼り付け(N)	
人数	

OK　　キャンセル

関連項目　【01-24】セル範囲に名前を付ける
　　　　　　　【01-26】名前の参照範囲を変更したい！

01-26 名前の参照範囲を変更したい！

　名前を付けた範囲に新しいデータを追加したときなどは、名前の参照範囲を修正しましょう。名前の参照範囲を修正するだけで、その名前を使用しているすべての数式の結果を自動で一括更新できます。数式をひとつひとつ修正する手間が省けるので便利です。

▶「人数」という名前の参照範囲を変更する

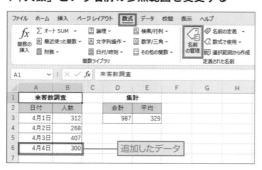

①データを追加したので名前の参照範囲を修正したい。まず、[数式] タブの [名前の管理] ボタンをクリックする。

②[名前の管理] ダイアログが表示された。一覧から名前を選択して、[参照範囲] 欄で参照範囲を変更し、チェックマークの形のボタンをクリックして閉じる。

③新しいデータを名前の参照範囲に加えたので、合計の「=SUM(人数)」と平均の「=AVERAGE(人数)」の結果が一括更新された。

関連項目 【01-24】セル範囲に名前を付ける
　　　　　 【07-55】データの追加に応じて名前の参照範囲を自動拡張する

01-27 不要になった名前を削除するには？

　不要になった名前は、［名前の管理］ダイアログを使って削除しましょう。名前を付けたセルを削除した場合も、名前は登録されたまま残るので、手動で削除する必要があります。

▶「人数」という名前を削除する

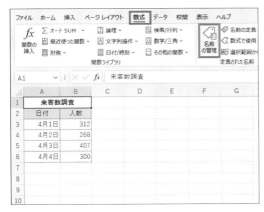

① ［数式］タブの［名前の管理］ボタンをクリックする。

② ［名前の管理］ダイアログが表示された。一覧から名前を選択して、［削除］ボタンをクリックする。削除確認のメッセージが表示されるので、［OK］ボタンをクリックすると、名前が削除される。

> **Memo**
> ●数式で使用されている名前を削除すると、数式が［#NAME?］エラーになるので注意してください。

関連項目 【01-24】セル範囲に名前を付ける
【01-26】名前の参照範囲を変更したい！

X Excel 01-28 テーブルで構造化参照を使用して計算する

📖 表をテーブルに変換するには

「テーブル」とは、Excelの表をデータベースとして活用するための機能です。データベースとして使う表（データを蓄積していくタイプの表）はテーブルに変換しておくと、60ページで紹介するように数式の扱いが楽になります。テーブルに変換するには、以下のように操作します。変換すると、「テーブル1」のようなテーブル名が自動で設定されます。

▶表をテーブルに変換する

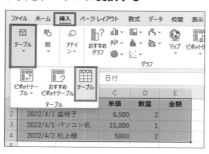

①表のセル範囲を選択して、[挿入] タブから [テーブル]→[テーブル]をクリックする。[テーブルの作成] ダイアログが開くので、[先頭行をテーブルの見出しとして使用する] にチェックを付けて、[OK] をクリックする。

②表がテーブルに変換され、自動で縞模様の書式が設定された。テーブル内の任意のセルを選択すると、リボンに [テーブルデザイン] タブが表示され、テーブル名を確認・変更できる。

> **Memo**
>
> ●表をスムーズにテーブルに変換するためには、あらかじめ先頭行に列見出しを入力しておきます。表内のセルは結合せず、表に隣接するセルには何も入力しないようにし、1行に1件ずつデータを入力します。

テーブルのセルは「構造化参照」で指定する

　数式を入力するときにセルをクリックすると、通常はセル番号が入力されます。しかし、テーブル内のセルをクリック、またはドラッグすると、「[@単価]」「テーブル1[金額]」のような、テーブル名や列名を組み合わせたセル参照が入力されます。これを「構造化参照」と呼びます。

▶構造化参照を使用した数式

=[@単価] * [@数量]
セルC2　セルD2

=ROWS(テーブル1)
セルA2～E4

	A	B	C	D	E	F	G	H	I
1	日付	商品名	単価	数量	金額		データ数	金額合計	
2	2022/4/1	座椅子	6,500	2	13,000		3	38,000	
3	2022/4/1	パソコン机	15,000	1	15,000				
4	2022/4/2	机上棚	5,000	2	10,000				

=SUM(テーブル1[金額])
セルE2～E4

指定例	説明
テーブル1	テーブルのデータのセル範囲。上図ではセルA2～E4
テーブル1[金額]	「金額」列のデータのセル。上図ではセルE2～E4
テーブル1[@単価]	「単価」列の現在行のセル。例えば、セルE2に入力した数式の「テーブル1[@単価]」は、セルE2と同じ行であるセルC2を指す。なお、テーブル内のセルに入力する数式では、テーブル名は省略可能

Memo

●数式を入力する際にテーブル内のセルをクリック、またはドラッグすると自動で構造化参照が入力されます。例えば、「=SUM(」と入力したあとでセル E2～E4 をドラッグすると、「テーブル 1[金額]」が入力されます。

E2		✓ ✗ ✓	fx	=SUM(テーブル1[金額]						
	A	B	C	D	E	F	G	H	I	J
1	日付	商品名	単価	数量	金額		データ数	金額合計		
2	2022/4/1	座椅子	6,500	2	13,000			3	=SUM(テーブル1[金額]	
3	2022/4/1	パソコン机	15,000	1	15,000				SUM(数値1, [数値2], ...)	
4	2022/4/2	机上棚	5,000	2	10,000					
5					ドラッグ					
6										

構造化参照のメリット

　テーブルではない通常の表では、「=SUM(E2:E3)」のように、計算する範囲をセル番号で指定するので、計算対象の行数が増えたときに引数を修正する手間がかかります。しかし、テーブルに変換して「=SUM(テーブル1[金額])」と指定すれば、常にテーブル内の「金額」列全体を計算の対象にできます。つまり、テーブルにデータを追加したときに、SUM関数を修正しなくても、自動で計算結果が更新されるのです。メンテナンス不要の数式を作成できる点が、構造化参照の大きなメリットです。

▶テーブルにデータを追加してみる

①テーブルの真下の行にデータを追加する。

②テーブルの範囲が拡張し、新しい行が自動でテーブルに含まれる。「金額」欄に自動で上と同じ数式が入力される。データ数も自動更新される。

	A	B	C	D	E	F	G	H	I	J	K
	H2		f_x	=SUM(テーブル1[金額])							
1	日付	商品名	単価	数量	金額		データ数	金額合計			
2	2022/4/1	座椅子	6,500	2	13,000		4	68,000		自動更新された	
3	2022/4/1	パソコン机	15,000	1	15,000						
4	2022/4/2	机上棚	5,000	2	10,000						
5	2022/4/3	パソコン机	15,000	2	30,000						
6				入力							
7											
8											

③新しい行に単価と数量を入力すると、金額合計も自動更新される。

✕ 01-29 配列定数って何？

　関数の中には、引数にセル範囲を指定する代わりに「配列定数」を指定できるものがあります。配列定数とは、値を並べた仮想的な表のことです。列を「,」（カンマ）、行を「;」（セミコロン）で区切り、全体を中カッコで囲んで指定します。

　下図ではVLOOKUP関数の2番目の引数に部署一覧のセル「D3:E5」を指定していますが、「D3:E5」の代わりに配列定数を指定することもできます。シートに部署一覧表を作成したくない場合などに便利です。

▶VLOOKUP関数の引数に配列定数を指定する

| B4 | ∨ : ✕ ✓ fx | =VLOOKUP(B3,D3:E5,2,FALSE) |

	A	B	C	D	E	F	G	H	I	J
1	研修申込票			部署一覧						
2	氏名	内田　奈美		部署ID	部署名					
3	部署ID	B02		B01	総務部		「{"B01","総務部";"B02","営業			
4	部署名	営業部		B02	営業部		部";"B03","販売部"}」と等価			
5				B03	販売部					
6										

```
=VLOOKUP(B3,D3:E5,2,FALSE)
           セル番号
```

```
=VLOOKUP(B3, {"B01","総務部";"B02","営業部";"B03","販売部"},2,FALSE)
                            配列定数
```

セル B4 に入力する VLOOKUP 関数の 2 番目の引数は、セル番号の「D3:E5」と指定しても、配列定数の「{"B01"," 総務部 ";"B02"," 営業部 ";"B03"," 販売部 "}」と指定しても、同じ結果になる。

▶配列定数の指定例

指定例	説明
{1,2,3,4}	1行4列の配列定数
{1;2;3;4}	4行1列の配列定数
{1,2,3,4;5,6,7,8}	2行4列の配列定数

 【07-02】指定した商品番号に該当する商品名を求める＜①VLOOKUP関数＞
　　　　　　　【07-10】表を作成せずに表引き関数で検索したい！

✕ 01-30 配列数式って何？

📑 配列とは？

　【01-29】で配列定数を紹介しました。そもそも「配列」とは複数の値を縦横に並べた値のセットのことです。「配列＋値」「配列＋配列」のように、配列を1つのデータとして計算する数式のことを「配列数式」と呼びます。ここでは配列数式の入力のルールを紹介します。配列数式からどのようなサイズの配列や値が返されるのかが配列数式の入力のポイントになるので、元の配列のサイズと計算結果のサイズの関係を知っておきましょう。実際の入力方法は、【01-31】【01-32】で紹介します。

📑 配列と値の計算を行う

　配列と単一の値で四則演算を行うと、配列の各要素と値の間で計算が行われ、もとの配列と同じ行数・列数の配列が返されます。例えば、3行1列の配列と単一の値の足し算では、3行1列の配列が返されます。また、1行3列の配列と単一の値の足し算では、1行3列の配列が返されます。

▶**3行1列の配列と単一の値の足し算　→　3行1列の配列が返る**

100			101	(100+1)
200	+	1	→	201	(200+1)
300			301	(300+1)

📑 同じサイズの配列同士で計算を行う

　行数と列数が同じ配列同士で四則演算を行うと、同じ位置にある要素同士で計算が行われ、元の配列と同じ行数・列数の配列が返されます。

▶**3行1列の配列同士の足し算　→　3行1列の配列が返る**

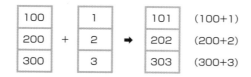

100		1		101	(100+1)
200	+	2	→	202	(200+2)
300		3		303	(300+3)

🔲 関数の引数に配列を指定する

　関数の中には、引数に配列を指定できるものがあります。例えばSUM関数の引数に配列を指定すると、配列の要素の合計が計算されます。

▶**SUM関数の引数に配列を指定する　→　配列の要素の和が求められる**

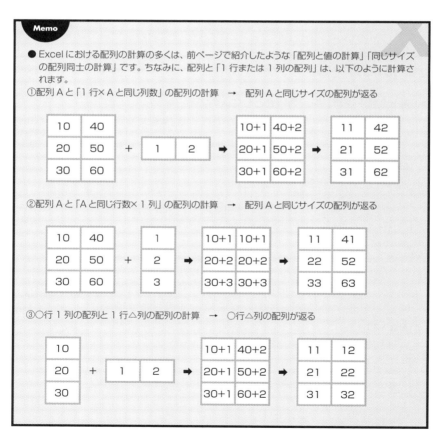

Memo

● Excelにおける配列の計算の多くは、前ページで紹介したような「配列と値の計算」「同じサイズの配列同士の計算」です。ちなみに、配列と「1行または1列の配列」は、以下のように計算されます。
①配列Aと「1行×Aと同じ列数」の配列の計算　→　配列Aと同じサイズの配列が返る

②配列Aと「Aと同じ行数×1列」の配列の計算　→　配列Aと同じサイズの配列が返る

③○行1列の配列と1行△列の配列の計算　→　○行△列の配列が返る

01-31 配列数式を入力するには

　配列数式の入力方法は、通常の数式とは異なります。配列数式を入力するには、返される値の数と同じサイズのセル範囲を選択してから入力し、【Ctrl】＋【Shift】＋【Enter】キーで確定します。配列数式として入力された数式は、自動的に数式全体が「{}」で囲まれます。

　ここでは下図のような表で「売上金額＋送料」という簡単な計算を例に配列数式の入力方法を紹介します。配列数式を使わなくても行える計算ですが、入力方法の解説のために、あえて配列数式を使います。売上金額と送料はともに3行1列の配列で、戻り値は3行1列の配列になるので、あらかじめ3行1列のセル範囲を選択してから入力を開始してください。

　なお、Microsoft 365とExcel 2021では、配列数式の強化版である「動的配列数式」を使用して配列を計算する方法もあります。動的配列数式の入力方法は【01-32】を参照してください。

▶「売上金額＋送料」を配列数式として入力する

① 「請求額」欄の各セルに、配列数式を使用して「売上金額＋送料」の計算結果を表示したい。まず「請求額」欄のセル D3〜D5 を選択する。

② 「=」を入力してから、「売上金額」のセル B3〜B5 をドラッグする。すると数式が「=B3:B5」となる。

③ 続けて「+」を入力し、「送料」のセル C3〜C5 をドラッグする。数式が「=B3:B5+C3:C5」になったことを確認して、【Ctrl】+【Shift】+【Enter】キーを押す。

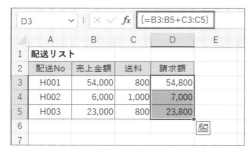

④数式が中カッコ「{ }」で囲まれ、配列数式として入力された。「請求額」欄の各セルに、「売上金額＋送料」の結果が表示された。キーボードから「{ }」で囲んだ数式を入力しても、配列数式にはならないので注意すること。

Memo

● Excel には配列数式または動的配列数式として入力しなければならない関数が複数あります。配列数式の入力方法を忘れたときは、このページに戻って確認してください。

● 配列数式を修正するときは、配列数式を入力したセル範囲全体を選択して数式バーで編集し、最後に【Ctrl】+【Shift】+【Enter】キーを押します。配列数式を削除するときも、セル範囲全体を選択して削除します。配列数式のセルを個別に編集・削除することはできません。

● SUM 関数の引数に配列を指定する場合も、配列数式として入力します。この場合、単一の値が返されるので、あらかじめ単一のセルを選択して入力します。

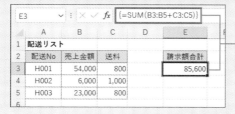

「=SUM(B3:B5+C3:C5)」と入力して【Ctrl】+【Shift】+【Enter】キーを押すと、数式が「{ }」で囲まれ配列数式となる

関連項目 【01-30】配列数式って何？
【01-32】動的配列数式を入力するには

01-32　動的配列数式を入力するには

　Microsoft 365とExcel 2021では、従来の配列数式の機能を強化した「動的配列数式」が使えます。従来の配列数式では、戻り値と同じサイズのセル範囲をあらかじめ選択してから数式を入力し、【Ctrl】＋【Shift】＋【Enter】キーで確定する必要がありました。それに対して動的配列数式は、戻り値のサイズや確定方法を気にせずに、通常の数式を入力する感覚で簡単に入力できます。

　動的配列数式を入力するには、戻り値を表示する先頭のセルに数式を入力して【Enter】キーを押します。すると「スピル」という機能が働き、戻り値と同じサイズのセル範囲に自動で結果が表示されます。つまり、「戻り値と同じサイズのセル範囲をあらかじめ選択しておく」という手間を省けるのです。英語の「spill」は「あふれる」という意味ですが、Excelの「スピル」は、先頭のセルに入力した数式から、複数の結果が隣接するセルにあふれ出す動作を表します。なお、戻り値が自動表示されたセルは「ゴースト」と呼ばれます。

　ここでは動的配列数式を使用して、「請求額」欄に「売上金額＋送料」を一気に求めます。

▶「売上金額＋送料」を動的配列数式として入力する

| B3 | ∨ : × ✓ fx | =B3:B5 |

	A	B	C	D	E
1	配送リスト				
2	配送No	売上金額	送料	請求額	
3	H001	54,000	800	=B3:B5	
4	H002	6,000	1,000		
5	H003	23,000	800		

①「請求額」欄の各セルに、動的配列数式を使用して「売上金額＋送料」の計算結果を表示したい。まず「請求額」欄の先頭のセル D3 に「＝」を入力してから、「売上金額」のセル B3〜B5 をドラッグする。

| C3 | ∨ : × ✓ fx | =B3:B5+C3:C5 |

	A	B	C	D	E
1	配送リスト				
2	配送No	売上金額	送料	請求額	
3	H001	54,000	800	=B3:B5+C3:C5	
4	H002	6,000	1,000		
5	H003	23,000	800		
6					
7			【Enter】キーを押す		

②続けて「＋」を入力し、「送料」のセル C3〜C5 をドラッグする。数式が「＝B3:B5+C3:C5」になったことを確認して、【Enter】キーを押す。

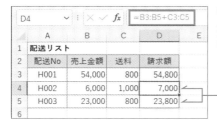

③「請求額」欄のすべてのセルに「売上金額＋送料」の結果が表示された。動的配列数式を入力したセルD3の数式は、数式バーに通常通りの色で表示される。

④スピルによって結果が自動表示されたゴーストのセルD4〜D5の数式は、数式バーに淡色で表示される。なお、動的配列数式が入力された範囲（セルD3〜D5）は、範囲内のセルを選択すると青枠で囲まれる。

ゴースト

Memo

●動的配列数式の編集を行うときは先頭のセルを編集します。動的配列数式を削除する場合も、先頭セルで削除操作を行います。

●ゴーストのセルにほかのデータを入力すると、動的配列数式を入力したセルに「#SPILL!」エラーが表示されます。ゴーストのセルからデータを削除すると、エラーが消えて、式の結果が表示されます。

ゴーストのセルに入力を行うと、動的配列数式が「#SPILL!」エラーになる

●動的配列数式を含むブックをスピル非対応のExcelで開くと、普通の配列数式として表示されます。再度スピル対応のExcelで開けば、動的配列数式で表示されます。ただし、スピル非対応のExcelで配列数式を編集してしまうと、対応のExcelで開き直したときに動的配列数式に戻らなくなるので気を付けてください。

●スピル非対応のExcelで作成したブックをスピル対応のExcelで開いたときに、「=@ 数式」のように数式に「@」が付く場合があります。「@」は勝手にスピルが実行されてしまうことを防ぐための記号で、「暗黙的なインターセクション演算子」と呼ばれます。

関連項目 【01-30】配列数式って何？
【01-31】配列数式を入力するには

01-33 動的配列数式の範囲を参照するには

　動的配列数式のセル範囲を別の数式から参照する場合は、先頭のセル番号に「#」を付けて指定します。この「#」を「スピル範囲演算子」と呼びます。例えば、セルD3〜D5に動的配列数式が入力されている場合、「D3#」はセルD3〜D5を表します。ここではSUM関数を使用して、動的配列数式で算出した請求額の合計を求めます。

▶スピル範囲演算子を使用して動的配列数式の範囲を参照する

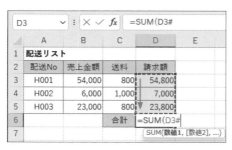

①「請求額」欄のセル D3〜D5 には動的配列数式が入力されている。これらの数値の合計を求めたい。

②「合計」欄のセル D6 に「=SUM(」と入力して、「請求額」欄のセル D3〜D5 をドラッグすると、「D3#」が入力される。続けて「)」を入力し、【Enter】キーを押す。

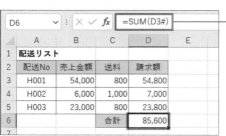

=SUM(D3#)

③「請求額」欄の合計が求められた。

関連項目 【01-32】動的配列数式を入力するには

01-34 関数とスピル

　Microsoft 365とExcel 2021には、スピル機能（→【01-32】）を使うことを前提とした新関数が複数用意されています。例えばFILTER関数は、指定した条件に合致するデータを表から取り出す関数です。取り出されるデータ数は条件によって変わりますが、先頭のセル1つにFILTER関数を入力すれば、条件に合うデータの数だけ自動でスピルするので大変便利です。

▶FILTER関数で「会員」のデータを抽出する

| F3 | ∨ | : | × ✓ | fx | =FILTER(A3:D9,D3:D9="会員") |

	A	B	C	D	E	F	G	H	I	J
1	セミナー参加者名簿					会員参加者				
2	No	氏名	年齢	種別		No	氏名	年齢	種別	
3	1	井上　涼子	31	会員		1	井上　涼子	31	会員	
4	2	木下　幸助	28			3	松田　裕	29	会員	
5	3	松田　裕	29	会員		6	遠藤　卓也	34	会員	
6	4	野村　健一	41							
7	5	河合　由香	36							
8	6	遠藤　卓也	34	会員						
9	7	野田　鈴	27							

「会員」のデータを抽出するためにセル F3 に FILTER 関数を入力した。自動で抽出件数分のセル範囲（ここではセル F3〜I5）に数式がスピルされる。

▶スピルの使用を前提とした新関数

関数	説明	参照先
FILTER	指定した範囲から条件に合うデータを抽出して表示する	07-40
SORT	指定した範囲のデータを指定した順に並べ替える	07-34
SORTBY	指定した範囲のデータを指定した順に並べ替える	07-35
UNIQUE	指定した範囲から重複するデータを1つにまとめたり、1回だけ出現するデータを取り出したりする	07-49
RANDARRAY	指定した範囲に乱数を表示する	04-63
SEQUENCE	指定した範囲に指定した間隔の連番を表示する	04-09

> **Memo**
> ●新関数の XLOOKUP 関数、XMATCH 関数も使い方によってはスピルを利用できます。従来からある INDEX 関数、OFFSET 関数、TRANSPOSE 関数、FREQUENCY 関数など複数の値を返す関数もスピル機能で動的配列数式として入力できます。

関連項目 【01-32】動的配列数式を入力するには

01-35 エラー値の種類と意味を理解しよう

数式の計算が正しく行えないときに、数式を入力したセルに「#」で始まる「エラー値」が表示されます。エラー値の意味を知ると、エラーの原因究明に役立ちます。

例えば、「#DIV/0!」は、0または空白のセルによる除算が行われたときに表示されるエラー値です。そのことを知っていれば、セルに「#DIV/0!」が表示されたときに除数のセルをチェックしてすぐに対処できます。

▶「#DIV/0!」エラー

D5	∨ : × ✓ fx	=C5/B5		
	A	B	C	D	E
1	売上実績				
2	支店	前月売上	当月売上	前月比	
3	新橋支店	20,765,300	18,645,400	90%	
4	池袋支店	12,534,100	15,366,200	123%	
5	赤羽支店		10,922,00	#DIV/0!	
6	国立支店	8,871,200	9,331,200	105%	
7	合計	42,170,600	54,265,400	129%	

割る数（セルB5）が空欄だと「#DIV/0!」エラーが表示される

▶エラー値の種類

エラー値	説明
#CALC!	動的配列数式で、空の配列が返される場合などに表示される。
#DIV/0!	計算過程に除算が含まれる数式において、0または空白セルによる除算が行われた場合に表示される。例えば、セルB3の値が0または空白の場合、「=C3/B3」という数式は「#DIV/0!」エラーになる。
#FIELD!	株式データ型または地理データ型で、参照したフィールドが存在しない場合などに表示される。
#GETTING_DATA	キューブ関数で計算に時間がかかっているときに一時的に表示される。
#N/A	値が未定であることを示す。VLOOKUP関数で検索値が見つからない場合や、配列数式を入力するセルを余分に選択してしまったときなどに表示される。
#NAME?	定義されていない関数名や名前を使用したときに表示される。文字列を「"」で囲み忘れたり、関数名のつづりを間違えたりすることが一因。例えば、SUM関数のつづりを間違えて「=SAM(A1:A3)」と入力すると「#NAME?」エラーになる。

エラー値	説明
#NULL!	半角空白の参照演算子を使って指定した2つのセル範囲に共通部分がない場合に表示される。例えば、セルに「=A2:C2 E1:E4」という数式を入力した場合、セルA2〜C2とセルE1〜E4に共通部分がないので「#NULL!」エラーになる。
#NUM!	使用できる範囲外の数値を指定したり、反復計算を行う関数の解が見つからないときに表示される。例えば、「=MONTH(3000000)」のように、Excelで扱える日付の上限を超えるシリアル値をMONTH関数の引数に指定すると「#NUM!」エラーになる。
#REF!	数式中のセル参照が無効のときに表示される。例えば、「=B3+C3」という数式を入力したあとでセルB3をセルごと削除すると、数式は「=#REF!+C2」となり、セルに「#REF!」エラーが表示される。
#SPILL!	スピル機能により結果が表示されるべきゴーストのセル範囲に、別のデータが入力されている場合に表示される。
#VALUE!	数値を指定すべきところに文字列を指定したり、単一セルを指定すべきところにセル範囲を指定した場合など、データの種類を間違えたときに表示される。例えば、セルC3に文字列が入力されている場合、「=B3+C3」という数式は「#VALUE!」エラーになる。

Memo

● セルに「#####」と表示される場合がありますが、これは数値や日付がセルの幅に収まらないときに表示されます。その場合、セルの幅を広げれば解決します。また、日付や時刻の表示形式が設定されたセルに負の数値を入力したときにも表示されます。その場合は、表示形式を解除するか、正しい日付／時刻を入力し直しましょう。

● エラー値が表示されているセルは、左上隅に緑色の三角形のマークが付きます。この三角形を「エラーインジケータ」と呼びます。

| 15,366,200 | 123% |
| 10,922,600 | #DIV/0! |

→ エラーインジケータ

● エラー値ではなく計算結果が表示されているセルにエラーインジケータが付くことがあります。これは、数式が間違っている可能性があることをExcelが指摘するもので、実際には間違っていない場合に付くこともあります。間違いのないセルに表示されたエラーインジケータを非表示にする方法は、【01-36】を参照してください。

| 34 | 25 | 59 |
| 29 | 19 | 48 |

→ エラー値以外のセルにエラーインジケータが表示されることもある

関連項目 【01-36】エラーインジケータを非表示にするには
【03-29】エラーの種類を調べたい！
【03-31】数式がエラーになるかをチェックしてエラーを防ぐ

✕ 01-36 エラーインジケータを非表示にするには

　計算結果が表示されているセルにエラーインジケータ（【01-35】のMemo参照）が表示された場合は、数式に間違いがないかチェックしましょう。間違いがない場合はそのままにしておいても差し支えありませんが、気になるようなら下記のように操作すると非表示にできます。なお、エラーインジケータは画面だけに表示され、印刷はされません。

▶エラーインジケータを非表示にする

①「合計」欄で求めた合計値に「定員」の数値が含まれていないので、数式の誤りの可能性があると見なされてエラーインジケータが表示された。まず、エラーインジケータを非表示にするセル E4〜E6 を選択する。

②［エラーチェックオプション］ボタンが表示される。これをクリックして、［エラーを無視する］を選択する。

③エラーインジケータが非表示になった。

関連項目 【01-35】エラー値の種類と意味を理解しよう

01-37 循環参照を解決したい

【01-35】でエラーの種類を紹介しましたが、Excelにはこのほかに、「循環参照」と呼ばれるエラーがあります。これは、数式でそのセル自身を参照したときに起こるエラーです。例えばセルE3に、セルE3を参照する数式を入力すると、循環参照エラーになります。循環参照を起こしたセルにはエラーインジケータが表示されずに、エラーメッセージが表示されます。

▶循環参照の数式を修正する

①セル E3 にセル B3〜D3 の合計を計算したい。ところが誤って合計範囲に自分自身を含むセル B3〜E3 を指定してしまった。

②【Enter】キーを押して数式を確定すると、循環参照が起こったことを知らせるエラーメッセージが表示されるので、[OK] ボタンをクリックする。

③循環参照にならないように、数式を修正する。

関連項目 【01-38】循環参照を起こしているセルを探すには

 **01-38** 循環参照を起こしているセルを探すには

【01-37】で循環参照を起こしたときの対処について説明しましたが、エラーメッセージを閉じたあと、すぐに循環参照を修正しないと、循環参照を起こしているセルを見失います。ここでは、見失った循環参照のセルを探す方法を説明します。

▶循環参照のセルを探す

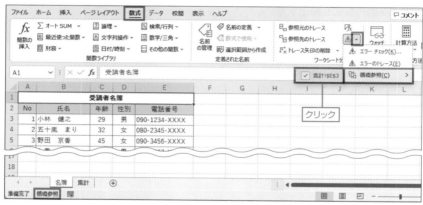

①ステータスバーに「循環参照」のメッセージが表示されている。循環参照のセルを探すには、[数式] タブの [ワークシート分析] グループにある [エラーチェック] → [循環参照] を選択する。すると、循環参照を起こしているセルが表示されるのでクリックする。

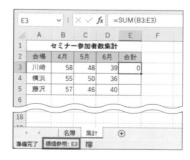

②シートが切り替わり、循環参照を起こしているセルが選択されるので修正する。なお、循環参照を起こしているシートでは、ステータスバーに該当のセル番号が表示される。

関連項目 【01-35】エラー値の種類と意味を理解しよう
【01-37】循環参照を解決したい

表の集計

自由な視点でデータを集計しよう

02-01 集計に使う関数を知ろう

　集計用の関数は豊富で、適材適所の使い分けが必要です。下図のような表で「売上」欄を集計する場合、「売上」欄全体を集計したいのか、特定の月や特定の支店の売上を集計したいのかによって関数を使い分けます。

	A	B	C	D	E	F	G
1	売上表						
2	日付	商品名	支店	売上			
3	6月5日	パソコン	東店	125,000			
4	6月12日	プリンター	西店	22,000			
5	6月19日	パソコン	西店	223,000			
6	6月26日	タブレット	西店	50,000			
7	7月3日	パソコン	東店	188,000			
8	7月10日	プリンター	東店	26,000			
9	7月17日	タブレット	東店	75,000			
10	7月24日	パソコン	西店	98,000			

「売上」欄全体を集計したいのか、
条件に合致するデータだけを集計し
たいのかによって使う関数を決める

📖 セル範囲全体を集計する関数

　セル範囲全体の数値を集計するには、下表の関数を使用します。例えば、「売上」欄全体の合計を求めるには、SUM関数を使います。

▶セル範囲全体を集計する関数

関数	説明	参照先
SUM	合計を求める	**02-02**
COUNT	数値の個数を求める	**02-27**
COUNTA	データの個数を求める	**02-27**
AVERAGE	平均を求める	**02-38**
MAX	最大値を求める	**02-48**
MIN	最小値を求める	**02-48**

📖 条件に合致したデータを集計する関数

　「パソコンの売上」「6月の東店の売上」のように、特定の条件のもとで集計を行うには、次表の「○○IF」関数や「○○IFS」関数が便利です。単数形の関数名の「○○IF」関数は、単数条件のみを指定できます。一方、複数形の「○○IFS」関数は、単数条件と複数条件のどちらも指定できます。新しく覚える場合は、「○○IFS」関数を優先的に覚えると、より多くの場面で活用できるでしょう。

▶条件に合致したデータを集計する関数

関数	説明	参照先
SUMIF	条件に合致したデータの合計を求める	02-08
SUMIFS	条件に合致したデータの合計を求める（複数条件可）	02-09
COUNTIF	条件に合致したデータの個数を求める	02-30
COUNTIFS	条件に合致したデータの個数を求める（複数条件可）	02-31
AVERAGEIF	条件に合致したデータの平均を求める	02-40
AVERAGEIFS	条件に合致したデータの平均を求める（複数条件可）	02-41
MAXIFS	条件に合致したデータの最大値を求める（複数条件可）	02-50
MINIFS	条件に合致したデータの最小値を求める（複数条件可）	02-51

「○○IF」関数や「○○IFS」関数は、どの関数も条件の指定方法は同じです。下表の参照先を条件指定の参考にしてください。

▶条件の指定方法の参照先

条件の種類	条件の例	参照先
数値の範囲の単数条件	50以上	02-10 02-11
数値の範囲の複数条件	30以上40未満	02-35
数値のグループ化の条件	5歳単位	02-36
日付の範囲の単数条件	2022/1/1以降	02-32
日付の範囲の複数条件	2022/5/1から2022/5/5まで	02-15
日付のグループ化の条件	月単位、四半期単位、年単位	02-20
「○○ではない」という条件	「本店」以外	02-12
文字列の部分一致の条件	「東京都」で始まる 「英会話」を含む	02-13 02-33
ANDやORを組み合わせた複雑な条件	年齢が30歳以上で、住所か勤務先が「東京都」	02-22

Memo

- 集計を行う関数には、上記のほかに、条件を表の形式で指定する「データベース関数」があります。詳しくは【02-52】を参照してください。
- オートフィルターなどで絞り込んだ表を集計したり、小計や総計を求めたりするには、SUBTOTAL関数（→【02-24】）やAGGREGATE関数（→【02-25】）を使います。
- 既存の集計表などから集計値を取り出す関数も用意されています。ピボットテーブルから集計結果を取り出すには、GETPIVOTDATA関数（【02-69】）を使います。また、SQLサーバーなどの外部データベースに接続してデータや集計結果を取り出すには、キューブ関数（→【02-70】）を使います。

02-02 合計を簡単に求めたい！

SUM

　合計を求めるには、「オートSUM」という機能を利用するのが簡単です。ボタンをクリックするだけで、合計を求めるためのSUM関数をセルに自動入力できます。合計する範囲も自動認識されます。

▶「オートSUM」機能で契約数の合計を求める

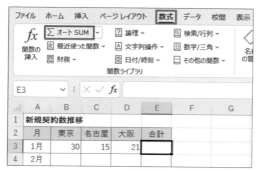

①合計を表示するセル E3 を選択して、[数式] タブの [関数ライブラリ] グループにある [オート SUM] ボタンをクリックする。または、[ホーム] タブの [編集] グループにある [合計] ボタンをクリックしてもよい。

②セルに SUM 関数が入力され、合計対象のセル範囲が点線で囲まれる。自動認識された範囲が正しいことを確認したら、もう一度 [オート SUM] ボタンをクリックするか、【Enter】キーを押す。

③SUM 関数の数式が確定され、セルに合計値が表示された。

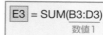

=SUM(数値 1, [数値 2] …)	数学 / 三角

数値…数値、またはセル範囲を指定。空白セルや文字列は無視される
指定した「数値」の合計を返します。「数値」は 255 個まで指定できます。

Memo

● 「合計」欄のセルを選択して、【Alt】+【Shift】+【=】キーを押しても、[オート SUM] を実行できます。

● [オート SUM] を実行するためのボタン (正式名称は [合計] ボタン) は 2 つ用意されています。1 つは手順①で使用した[数式]タブの[関数ライブラリ]グループにあるボタンで、もう1つは[ホーム] タブの [編集] グループにある「Σ」記号のボタンです。どちらを使ってもかまいません。

● [オート SUM] ボタンの右横にある [▼] ボタンを使用すると、平均、数値の個数、最大値、最小値を簡単に求めることができます。例えば、「平均」欄のセルを選択して、[オート SUM] の [▼] ボタンをクリックし、[平均] を選択すると、計算の対象になるセル範囲が自動認識され、セルに AVERAGE 関数が入力されます。

集計の種類	関数
合計	SUM
平均	AVERAGE
数値の個数	COUNT
最大値	MAX
最小値	MIN

● 自動認識される合計対象は、上または左に隣接する数値のセル範囲です。上にも左にも数値が入力されている場合は、上のセル範囲が合計対象になります。目的とは異なる範囲が合計対象になってしまった場合は、【02-03】を参考に修正してください。

関連項目 【02-03】 正しく認識されなかった合計対象のセル範囲を手動で修正する
【02-04】 離れたセル範囲のデータを合計する
【02-05】 表の縦計と横計を一気に計算する
【02-06】 表に追加したデータを自動的に合計値に加える

02-03 正しく認識されなかった合計対象の セル範囲を手動で修正する

SUM

　[オートSUM］ボタンをクリックしたときに合計対象として自動認識されたセル範囲が、目的の範囲ではないことがあります。そんなときは、数式を確定する前に、正しいセル範囲をドラッグして指定し直しましょう。

▶[オートSUM］の合計対象のセルを指定し直す

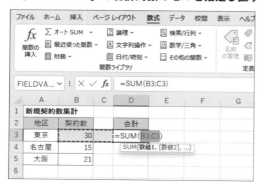

①セル D3 を選択して、［数式］タブの［オート SUM］ボタンをクリックする。セル B3～B5 を合計したいのに、間違った範囲が合計対象になってしまった。

②正しいセル範囲 B3～B5 をドラッグして指定し直す。合計範囲が点線で囲まれている間は、何度でも指定し直せる。最後に［オート SUM］ボタンをクリックするか、【Enter】キーを押す。

③ SUM 関数の数式が確定され、セルに合計値が表示された。

D3 ＝ SUM(B3:B5)

=SUM(数値 1, [数値 2] …) 　　　　　　　　　　→ 02-02

関連項目 【02-03】合計を簡単に求めたい！

02-04 離れたセル範囲のデータを合計する

SUM

離れた位置にある数値も、[オートSUM]ボタンで合計できます。それには、1つ目の合計範囲を指定したあと、【Ctrl】キーを使用して2つ目以降の合計範囲を合計対象に加えます。

▶上半期の来客数と下半期の来客数を一緒に合計する

①セル B3〜B5 とセル E3〜E5 をまとめて合計したい。まず、合計を表示するセル G3 を選択して、[数式] タブの [オート SUM] ボタンをクリックする。

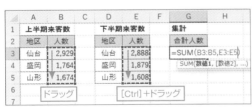

②自動認識されたセル範囲を無視し、目的のセル B3〜B5 をドラッグして選択する。続いて、【Ctrl】キーを押しながらセル E3〜E5 をドラッグして選択し、[オート SUM] ボタンをクリックするか、【Enter】キーを押す。

③ SUM 関数の数式が確定され、セルに合計値が表示された。

=SUM(数値 1, [数値 2] …) → **02-02**

関連項目 【02-05】表の縦計と横計を一気に計算する

02-05 表の縦計と横計を一気に計算する

SUM

　表の右端と下端に合計欄がある場合、表全体を選択して［オートSUM］を実行すると、縦計と横計をまとめて一気に計算できます。

▶「オートSUM」機能で売上数の合計を求める

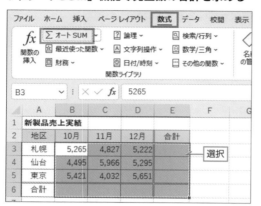

①数値データと合計欄のセル B3〜E6 をまとめて選択し、［数式］タブの［オート SUM］ボタンをクリックする。

②合計欄のセルに SUM 関数が入力され、縦横の合計値がそれぞれ正しく表示された。

```
=SUM( 数値 1, [数値 2] …)                                  → 02-02
```

Memo

● ［オート SUM］で縦計だけ、または横計だけを求めることもできます。サンプルの場合、セル B3〜D6 を選択して実行すると、下端行に月ごとの合計が求められます。また、セル B3〜E5 を選択して実行すると、右端列に地区ごとの合計が求められます。

関連項目 【02-06】表に追加したデータを自動的に合計に加える

 **02-06　表に追加したデータを　自動的に合計値に加える**

 SUM

　データの増減が頻繁にある表では、SUM関数の引数に列全体を指定しましょう。すると、あとから追加したデータも自動的に合計値に加わるので、引数のセル範囲を修正する手間を省けます。

▶引数に列全体を指定して自動的に合計する

| D3 | ∨ | : | × | ✓ | fx | =SUM(B:B) |

	A	B	C	D	E	F	G
1	売上記録						
2	月日	売上高		合計			
3	10月1日	43,520		155,170			
4	10月2日	52,410					
5	10月3日	59,240					
6							
7							
8							
9							
10							

クリック／数式を入力／数値1

①セルD3を選択して、[数式]タブの[オートSUM]ボタン（→【02-02】）をクリックする。合計対象のB列の列番号をクリックし、[オートSUM]ボタンをクリックして確定する。すると、引数に「B:B」が入力され、B列のすべての数値の合計が求められる。

 **D3** = SUM(B:B)　数値1

| D3 | ∨ | : | × | ✓ | fx | =SUM(B:B) |

	A	B	C	D	E	F	G
1	売上記録						
2	月日	売上高		合計			
3	10月1日	43,520		195,170			
4	10月2日	52,410					
5	10月3日	59,240					
6	10月4日	40,000					
7							

②新しいデータを追加すると、追加したデータが自動的に合計値に加えられる。

=SUM(数値1, [数値2] …)　　→ **02-02**

Memo

●サンプルのB列には列見出しとして「売上高」という文字が入力されていますが、SUM関数では文字列データを無視して合計するので問題ありません。ただし、同じ列に日付が入力されていると、シリアル値（→【05-01】）として合計に加えられてしまいます。列全体をSUM関数の引数に指定する場合は、計算対象以外の数値や日付を同じ列に入力しないようにしてください。

関連項目【02-04】離れたセル範囲のデータを合計する

02-07 複数のシートの表を串刺し演算で集計する

サム
SUM

複数のシートの同じ位置に入力された同じサイズの表は、[オートSUM]で集計できます。このような計算は、シートを束ねて各セルに串を刺すようにセルごとの集計を行うので、「串刺し演算」と呼ばれます。

▶[食品]〜[雑貨]シートの数値を集計する

	A	B	C	D	E	F	G
1	食品部門売上実績						
2	店舗	第1Q	第2Q	第3Q	第4Q		
3	中野	6,495	6,966	7,295	7,241		
4	高円寺	5,421	6,032	5,651	5,651		
5	荻窪	5,265	4,827	5,222	4,201		
6							
7							

合計 食品 衣料品 雑貨 ⊕

①[食品][衣料品][雑貨]の3つのシートに、売上実績表が入力されている。これらのデータを[合計]シートに集計したい。

②[合計]シートにも、他の3つのシートと同じ形の表を用意しておく。合計値を表示するセル B3〜E5 を選択して、[数式]タブの[オート SUM]ボタンをクリックする。

③アクティブセルであるセル B3 に SUM 関数が入力され、引数の入力待ちの状態になる。集計対象のシートのうち、いちばん左にある[食品]のシート見出しをクリックする。

④ [食品] シートに切り替わったら、セル B3 をクリックする。続いて【Shift】キーを押しながら、いちばん右にある [雑貨] のシート見出しをクリックする。

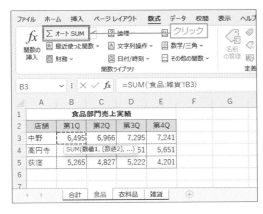

⑤集計対象のシートがすべて選択された状態になる。最後に、[オート SUM] ボタンをクリックして数式を確定する。もしくは、【Ctrl】キーを押しながら【Enter】キーを押しても確定できる。その際【Enter】キーを押すだけだとセル B3 の計算しかできない。手順②で選択した範囲全体に合計を求めるには忘れずに【Ctrl】キーを押すこと。

⑥ [合計] シートに、各シートの合計値が表示された。入力された SUM 関数の引数は、「食品：雑貨!B3」のように「最初のシート名：最後のシート名!セル番号」の形式で指定される。

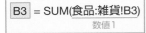

B3 = SUM(食品:雑貨!B3)
　　　　数値1

=SUM(数値 1, [数値 2] …)　　　　　➡ 02-02

関連項目　【02-02】合計を簡単に求めたい！
　　　　　【02-05】表の縦計と横計を一気に計算する

02-08 条件に合致するデータを合計する
<①SUMIF関数>

サム・イフ
SUMIF

SUMIF関数を使用すると、表の中から特定の条件に合うデータを合計できます。ここでは売上表の「分類」が「飲料」に一致するという条件で「売上金額」を合計します。

▶「飲料」の売上金額を合計する

E3	= SUMIF(B3:B8 , "飲料" , C3:C8)
	条件範囲　　　条件　　合計範囲

| E3 | ✓ : ✕ ✓ fx | =SUMIF(B3:B8,"飲料",C3:C8) |

	A	B	C	D	E	F	G	H	I	J
1	セール期間売上実績				集計					
2	商品名	分類	売上金額		飲料合計					
3	コーヒー	飲料	314,300		645,800					
4	紅茶	飲料	215,300							
5	紅茶ロール	食品	136,400		数式を入力	飲料の売上金額を				
6	抹茶	飲料	116,200			合計できた				
7	抹茶パフェ	食品	87,500							
8	抹茶ケーキ	食品	69,400							
9										
10		条件範囲	合計範囲							

=SUMIF(条件範囲 , 条件 , [合計範囲])	数学 / 三角

条件範囲…条件判定の対象となるデータが入力されているセル範囲を指定
条件…合計対象のデータを検索するための条件を指定
合計範囲…合計対象の数値データが入力されているセル範囲を指定。指定を省略すると、「条件範囲」のデータが合計対象となる
指定した「条件」に合致するデータを「条件範囲」から探し、条件に合致した行の「合計範囲」のデータを合計します。

> **Memo**
>
> ● SUMIF 関数の引数「条件」に文字列や日付を指定する場合は、「" 飲料 "」「"2022/3/4"」のように半角ダブルクォーテーション「"」で囲みます。数値の場合は、そのまま「1234」のように指定します。

関連項目 【02-09】条件に合致するデータを合計する<②SUMIFS関数>

02-09 条件に合致するデータを合計する
＜②SUMIFS関数＞

サム・イフ・エス
SUMIFS

SUMIF関数（→【02-08】）の仲間にSUMIFS関数があります。どちらも条件に合致するデータを合計する関数ですが、指定できる条件の数が異なります。前者は条件が1つの場合にしか使えないのに対して、後者は1つの場合にも複数の場合にも使えます。万能なSUMIFS関数を優先して覚えるといいでしょう。ここでは、単一の条件で合計する例を紹介します。

▶「飲料」の売上金額を合計する

E3	= SUMIFS(C3:C8 , B3:B8 , "飲料")
	合計範囲　条件範囲1　条件1

| E3 | ▼ | : × ✓ fx | =SUMIFS(C3:C8,B3:B8,"飲料") |

	A	B	C	D	E	F	G	H	I	J	K
1	セール期間売上実績				集計						
2	商品名	分類	売上金額		飲料合計						
3	コーヒー	飲料	314,300		645,800	←数式を入力		飲料の売上金額を合計できた			
4	紅茶	飲料	215,300								
5	紅茶ロール	食品	136,400		合計範囲						
6	抹茶	飲料	116,200								
7	抹茶パフェ	食品	87,500								
8	抹茶ケーキ	食品	69,400								
9					条件範囲1						
10											

=SUMIFS(合計範囲 , 条件範囲 1, 条件 1, [条件範囲 2, 条件 2] …)	数学 / 三角

合計範囲…合計対象の数値データが入力されているセル範囲を指定
条件範囲…条件判定の対象となるデータが入力されているセル範囲を指定
条件…合計対象のデータを検索するための条件を指定
指定した「条件」に合致するデータを「条件範囲」から探し、条件に合致した行の「合計範囲」のデータを合計します。「条件範囲」と「条件」は必ずペアで指定します。最大 127 組のペアを指定できます。

> **Memo**
>
> ● SUMIF 関数と SUMIFS 関数では、引数の「合計範囲」と「条件範囲」「条件」の順序が異なるので注意してください。引数「条件」の指定方法は共通です。

関連項目 【02-08】条件に合致するデータを合計する＜①SUMIF関数＞

02-10 「○以上」「○日以降」の条件でデータを合計する

SUMIFS
サム・イフ・エス

「比較演算子」を使用すると、SUMIFS関数やSUMIF関数の合計の条件として「○以上」「○日以降」など、数値や日付の範囲を指定できます。例えば「50以上」という条件は、「">=50"」と指定します。

▶「50歳以上」の顧客の購入額を合計する

E3	= SUMIFS(C3:C8 , B3:B8 , ">=50")
	合計範囲　条件範囲1　条件1

E3　∨　：　✕　✓　fx　=SUMIFS(C3:C8,B3:B8,">=50")

	A	B	C	D	E	F	G	H	I	J	K	L
1	顧客別購入実績				集計							
2	顧客名	年齢	購入額		50歳以上							
3	飯島　京香	28	34,000		220,000	← 数式を入力		50歳以上の顧客の				
4	加藤　智也	56	100,000					購入額を合計できた				
5	杉浦　大地	36	56,000									
6	戸川　美香	50	120,000		合計範囲							
7	夏目　勇気	41	80,000									
8	藤村　亨	31	34,000									
9					条件範囲1							
10												

=SUMIFS(合計範囲 , 条件範囲1, 条件1, [条件範囲2, 条件2] …)　　➡ 02-09

Memo

●比較演算子を含む条件は、半角ダブルクォーテーション「"」で囲む必要があります。

比較演算子	説明	使用例	意味
>	より大きい、より後	">2022/1/1"	2022/1/1より後
>=	以上、以降	">=2022/1/1"	2022/1/1以降
<	より小さい、より前	"<50"	50より小さい
<=	以下、以前	"<=50"	50以下
=	等しい	"=2022/1/1"	2022/1/1に等しい
<>	等しくない	"<>50"	50に等しくない

※「"=2022/1/1"」「"=50"」は「"2022/1/1"」「50」と指定してもかまいません。

関連項目【02-11】セルに入力した数値や日付の「以上」「以降」の条件でデータを合計する

02-11 セルに入力した数値や日付の「以上」「以降」の条件でデータを合計する

サム・イフ・エス
SUMIFS

「〇以上」のような条件で集計を行う場合、条件となる数値をセルで指定できるようにしておくと、条件を簡単に変更できるので便利です。例えば「セルE3の数値以上」という条件は、「">="&E3」で表せます。

▶セルE3の年齢以上の顧客の購入額を合計する

E5 = SUMIFS(C3:C8 , B3:B8 , ">="&E3)
　　　　　　　合計範囲　条件範囲1　条件1

	A	B	C	D	E	F	G	H	I	J	K	L
1	顧客別購入実績				集計							
2	顧客名	年齢	購入額		条件（以上）							
3	飯島　京香	28	34,000		50		条件を入力					
4	加藤　智也	56	100,000		合計			50歳以上の顧客の				
5	杉浦　大地	36	56,000		220,000		数式を入力	購入額を合計できた				
6	戸川　美香	50	120,000		合計範囲							
7	夏目　勇気	41	80,000									
8	藤村　亨	31	34,000									
9					条件範囲1							

=SUMIFS(合計範囲 , 条件範囲 1, 条件 1, [条件範囲 2, 条件 2] …)　　→ 02-09

Memo

●セルと比較演算子を組み合わせた条件を指定するときは、比較演算子をダブルクォーテーション「"」で囲み、条件のデータと「&」演算子で文字列結合します。

指定例	意味（セル E3 が数値の場合）	意味（セル E3 が日付の場合）
">"&E3	セルE3の数値より大きい	セルE3の日付より後
">="&E3	セルE3の数値以上	セルE3の日付以降
"<"&E3	セルE3の数値より小さい	セルE3の日付より前
"<="&E3	セルE3の数値以下	セルE3の日付以前
"="&E3	セルE3の数値に等しい	セルE3の日付に等しい
"<>"&E3	セルE3の数値に等しくない	セルE3の日付に等しくない

関連項目 【02-10】「〇以上」「〇日以降」の条件でデータを合計する

02-12 「○○でない」の条件でデータを合計する

サム・イフ・エス
SUMIFS

SUMIFS関数やSUMIF関数を使用して、「○○でない」という条件でデータを合計するには、比較演算子の「<>」を使用します。例えば「本店でない」という条件は「"<>本店"」、「セルE3のデータではない」という条件は「"<>"&E3」と指定します。

▶セルE3のデータ（本店）ではない店舗の金額を合計する

E5	= SUMIFS(C3:C8 , B3:B8 , "<>"&E3)
	合計範囲　条件範囲1　　条件1

	A	B	C	D	E	F	G	H	I	J
1	ホームステイツアー売上				集計					
2	日付	店舗	金額		条件（以外）					
3	10月1日	本店	350,000		本店	← 条件を入力				
4	10月1日	四ツ谷店	200,000		合計					
5	10月2日	有楽町店	120,000		400,000	← 数式を入力				
6	10月3日	本店	270,000							
7	10月4日	大塚店	80,000			本店以外の店舗の				
8	10月4日	本店	190,000			金額を合計できた				
9										
10		条件範囲1	合計範囲							
11										

`=SUMIFS( 合計範囲 , 条件範囲1, 条件1, [条件範囲2, 条件2] …)` ➡ **02-09**

> **Memo**
>
> ●条件に応じて集計を行う COUNTIFS 関数や AVERAGEIFS 関数は ［統計関数］に分類されていますが、SUMIFS 関数や SUMIF 関数の分類は ［数学／三角］です。［関数の挿入］ダイアログや［関数ライブラリ］から関数を入力する際は、注意してください。

関連項目 【02-10】「○以上」「○日以降」の条件でデータを合計する
【02-11】セルに入力した数値や日付の「以上」「以降」の条件でデータを合計する

02-13 「○○で始まる」の条件で データを合計する

サム・イフ・エス
SUMIFS

「ワイルドカード文字」を使うと、「○○で始まる」「○○で終わる」「○○を含む」などの条件を指定できます。ここでは「E3&"*"」という条件を指定して、セルE3に入力した文字列で始まるデータを合計します。セルE3に「東京都」と入力した場合、条件は「東京都で始まる」となります。

▶セルE3の文字で始まるお届け先の金額を合計する

E5	= SUMIFS(C3:C8 , B3:B8 , E3&"*")
	合計範囲　条件範囲1　条件1

E5		: × ✓ fx	=SUMIFS(C3:C8,B3:B8,E3&"*")							
	A	B	C	D	E	F	G	H	I	J	K
1		配送リスト			集計						
2	No	お届け先	商品金額		条件（始まる）						
3	1001	東京都港区	3,000		東京都	←条件を入力		「東京都」で始まるお届け先の金額を合計できた			
4	1002	千葉県柏市	12,500		合計						
5	1003	埼玉県所沢市	9,800		38,000	←数式を入力					
6	1004	東京都板橋区	10,000								
7	1005	埼玉県蕨市	6,700		合計範囲						
8	1006	東京都国立市	25,000								
9					条件範囲1						
10											

=SUMIFS(合計範囲 , 条件範囲1 , 条件1 , [条件範囲2 , 条件2] …)　　➡ 02-09

Memo

●ワイルドカード文字には、0文字以上の文字列を表す「*」（アスタリスク）と、1文字を表す「?」（クエスチョンマーク）があります。詳しくは【06-03】を参照してください。

指定例	意味	指定例	意味
"山*"	山で始まる（例：山頂）	E3&"*"	セルE3の文字列で始まる
"*山"	山で終わる（例：富士山）	"*"&E3	セルE3の文字列で終わる
"*山*"	山を含む（例：登山道）	"*"&E3&"*"	セルE3の文字列を含む

関連項目【06-03】ワイルドカード文字を理解しよう

02-14 AND条件でデータを合計する

サム・イフ・エス
SUMIFS

　SUMIFS関数では、引数「条件範囲」と「条件」のペアを複数指定してデータを集計できます。集計対象となるのは、指定したすべての条件が合致するデータです。このような条件を「AND条件」と呼びます。ここでは、商品が「家電」(セルG2)かつ販路が「ネット」(セルG3)である売上データを集計します。

▶**セルG2とセルG3の両方の条件に合う売上データを合計する**

G5 = SUMIFS(D3:D8 , B3:B8 , G2 , C3:C8 , G3)

| | 合計範囲 | 条件範囲1 | 条件1 | 条件範囲2 | 条件2 |

G5　=SUMIFS(D3:D8,B3:B8,G2,C3:C8,G3)

	A	B	C	D	E	F	G
1		売上実績				■AND条件	
2	No	商品	販路	売上金額		商品	家電
3	1001	家電	ネット	32,000		販路	ネット
4	1002	日用品	店舗	3,800		■集計	
5	1003	家電	店舗	16,500		合計	55,000
6	1004	日用品	ネット	10,300			
7	1005	家電	ネット	23,000			
8	1006	家電	店舗	9,800			

条件1 ← 家電
条件2 ← ネット
数式を入力

商品が家電かつ販路がネットの売上金額を合計できた

条件範囲1 条件範囲2 合計範囲

=SUMIFS(合計範囲 , 条件範囲 1, 条件 1, [条件範囲 2, 条件 2] …)　　→ 02-09

Memo

●条件をセルに入力しておくと、条件を変更したいときに数式を変更せずに済みます。

●関数の中で直接条件を指定する場合は、次のように数式を立てます。
=SUMIFS(D3:D8,B3:B8," 家電 ",C3:C8," ネット ")

関連項目 【02-15】「○以上△未満」「○日から△日まで」の条件でデータを合計する
【02-60】データベース関数の条件設定<⑥AND条件で集計する>

02-15 「○以上△未満」「○日から△日まで」の条件でデータを合計する

X SUMIFS
サム・イフ・エス

　「○日から△日まで」という条件は、「○日以降、かつ、△日以前」というAND条件です。このような条件で合計するには、SUMIFS関数の引数「条件」に比較演算子を使用した式を指定します。ここでは、セルG2の日付からセルG3の日付までの期間の売上金額を合計します。

▶セルG2以降、セルG3以前を条件に売上データを合計する

G5	= SUMIFS(D3:D8 , A3:A8 , ">="&G2 , A3:A8 , "<="&G3)
	合計範囲　条件範囲1　条件1　　条件範囲2　条件2

G5　✓ : ✕ ✓ *fx*　=SUMIFS(D3:D8,A3:A8,">="&G2,A3:A8,"<="&G3)

	A	B	C	D	E	F	G	H
1	売上実績					■条件		条件1
2	日付	顧客	年齢	金額		日付	2022/5/1	から
3	2022/4/26	高橋	28	25,000			2022/5/5	まで
4	2022/5/1	鈴木	35	5,000		■集計		条件2
5	2022/5/2	村上	43	19,000		合計	59,000	
6	2022/5/3	楠	30	12,000				
7	2022/5/5	橋本	37	23,000		数式を入力		
8	2022/5/6	岡崎	26	6,000			2022/5/1 から 2022/5/5 の	
9							売上金額を合計できた	
10	条件範囲1	条件範囲2	合計範囲					

=SUMIFS(合計範囲 , 条件範囲 1 , 条件 1 , [条件範囲 2 , 条件 2] …)　　→ **02-09**

> **Memo**
>
> ●以下は、数値や日付の範囲の条件の指定例です。
> ・セル A3〜A8 の日付が、2022/5/1 から 2022/5/5 まで
> 　=SUMIFS(D3:D8,A3:A8,">=2022/5/1",A3:A8,"<=2022/5/5")
> ・セル C3〜C8 の年齢が、30 歳以上 40 歳未満
> 　=SUMIFS(D3:D8,C3:C8,">=30",C3:C8,"<40")
> ・セル C3〜C8 の年齢が、セル G2 以上セル G3 未満
> 　=SUMIFS(D3:D8,C3:C8,">="&G2,C3:C8,"<"&G3)

関連項目　【02-11】セルに入力した数値や日付の「以上」「以降」の条件でデータを合計する

02-16 OR条件でデータを合計する
<①SUMIFS関数の和>

SUMIFS
サム・イフ・エス

　複数の条件のうち、いずれかを満たす場合に成立とみなす条件設定を「OR条件」と呼びます。「分類」列のデータが「食品または飲料」というように、同じ列に対してOR条件で集計したいことがあります。SUMIFS関数で「食品」の合計と「飲料」の合計をそれぞれ求め、足し算することで「食品または飲料」の合計が求められます。

▶セルF2、またはセルF3を条件に金額を合計する

```
            「食品」の合計              「飲料」の合計
F5 = SUMIFS(C3:C8 , B3:B8 , F2) + SUMIFS(C3:C8, B3:B8, F3)
              条件範囲1                    条件範囲1
    合計範囲        条件1①          合計範囲        条件1②
```

	A	B	C	D	E	F	G
		売上表			■OR条件		
1	商品名	分類	金額		条件1	食品	←条件1①
2	苺ショート	食品	56,500		条件2	飲料	←条件1②
3	モンブラン	食品	42,000		■集計		
5	コーヒー	飲料	18,000		合計	132,000	
6	紅茶	飲料	15,500				
7	キャンドル	日用品	3,200		数式を入力		
8	レジ袋	その他	1,230				

F5 =SUMIFS(C3:C8,B3:B8,F2)+SUMIFS(C3:C8,B3:B8,F3)

分類が「食品または飲料」の売上金額を合計できた

条件範囲1　合計範囲

=SUMIFS(合計範囲 , 条件範囲1, 条件1, [条件範囲2, 条件2] …)　→ 02-09

Memo

●「住所が東京都、または、勤務先が東京都」のように、異なる列に対してOR条件で集計するには、条件に合うかどうかを作業列で判定し、判定結果に応じて数値を合計します。作業列で条件判定する例を【02-22】で紹介するので参考にしてください。なお、DSUM関数（→【02-65】）を使用しても、OR条件による集計を行えます。

関連項目 【02-17】OR条件でデータを合計する<②配列数式>

02-17 OR条件でデータを合計する
＜②配列数式＞

サム・イフ・エス
SUMIFS

　同じ列に対するOR条件での集計には、SUM関数とSUMIFS関数、さらに配列数式（→【01-31】）の合わせ技も使えます。【02-16】で紹介した方法は、条件の数が増えると数式が長くなりがちですが、こちらの方法では1つの数式でスマートに複数の条件を指定できます。

▶セルF2、またはセルF3を条件に金額を合計する

F5	= SUM(SUMIFS(C3:C8 , B3:B8 , F2:F3))
	合計範囲　条件範囲1　条件1　　[配列数式として入力]

	F5		∨	:	×	✓	f_x	{=SUM(SUMIFS(C3:C8,B3:B8,F2:F3))}		

	A	B	C	D	E	F	G	H	I	J	K	L
1	売上表				■OR条件							
2	商品名	分類	金額		条件1	食品	条件1					
3	苺ショート	食品	56,500		条件2	飲料						
4	モンブラン	食品	42,000		■集計							
5	コーヒー	飲料	18,000		合計	132,000	セルF5に数式を入力し、【Ctrl】＋【Shift】＋【Enter】キーで確定					
6	紅茶	飲料	15,500									
7	キャンドル	装飾品	3,200				分類が「食品または飲料」の売上金額を合計できた					
8	保冷バッグ	その他	1,230									
9		条件範囲1	合計範囲									
10												

=SUM(数値 1, [数値 2] …)	→ 02-02
=SUMIFS(合計範囲 , 条件範囲 1, 条件 1, [条件範囲 2, 条件 2] …)	→ 02-09

Memo

● Microsoft 365 と Excel 2021 では、セル F5 を選択して数式を入力し、【Enter】キーで確定するだけで集計結果を求められます。

●数式の中で直接複数の条件を指定することもできます。この場合、通常通り【Enter】キーで確定します。
=SUM(SUMIFS(C3:C8,B3:B8,{" 食品 "," 飲料 "}))

関連項目 【02-16】 OR条件でデータを合計する＜①SUMIFS関数の和＞
【02-59】 データベース関数の条件設定＜⑤OR条件で集計する＞

02-18 商品ごとに集計した表を作成する

複数の商品が入力されている表をもとに、商品ごとの売上の集計表を作成します。集計表に商品名を入力しておき、それを条件にSUMIFS関数で集計します。引数「合計範囲」と「条件範囲1」はどの商品の場合も同じなので絶対参照（→【01-18】）、引数「条件1」は商品ごとに異なるので相対参照で指定すると、数式をコピーしたときに正しい結果が得られます。

▶商品ごとの集計表を作成する

G3	= SUMIFS($D$3:$D$10 , $B$3:$B$10 , F3)
	合計範囲　　　条件範囲1　　条件1

G3 | : × ✓ fx =SUMIFS($D$3:$D$10,$B$3:$B$10,F3)

	A	B	C	D	E	F	G	H	I	J
1	売上表					商品別売上集計				
2	日付	商品名	支店	売上		商品名	売上			
3	6月1日	パソコン	東店	125,000	条件1	パソコン	634,000			
4	6月7日	プリンター	西店	22,000		タブレット	125,000			
5	6月8日	パソコン	西店	223,000		プリンター	48,000			
6	6月15日	タブレット	西店	50,000						
7	6月18日	パソコン	東店	188,000		セルG3に数式を入力し				
8	6月20日	プリンター	東店	26,000		てセルG5までコピー				
9	6月22日	タブレット	東店	75,000						
10	6月30日	パソコン	西店	98,000		商品ごとに売上を集計できた				
11										
12		条件範囲1		合計範囲						

=SUMIFS(合計範囲 , 条件範囲 1 , 条件 1 , [条件範囲 2 , 条件 2] …)	→ 02-09

Memo

●ここでは集計表のセル F3〜F5 にあらかじめ商品名が入力されていることを前提として集計しました。【07-50】〜【07-51】では、売上表から商品名を自動的に取り出して集計する方法を紹介しています。参考にしてください。

関連項目 【07-50】データの追加をUNIQUE関数の結果に自動で反映させるには
【07-51】UNIQUE関数で取り出した項目ごとに集計したい！

02-19 「商品ごと支店ごと」のような クロス集計表を作成するには

サム・イフ・エス
SUMIFS

　下図のような「商品別支店別」のクロス集計表を作成するには、SUMIFS関数で「条件範囲」と「条件」のペアを2組指定します。その際、引数のセル参照の指定が重要なポイントです。

　引数「合計範囲」「条件範囲1」「条件範囲2」は、常に同じセル範囲を参照したいので絶対参照にします。引数「条件1」は、コピーしたときに「F3、F4、F5」と常にF列を参照したいので、列固定の複合参照にします。引数「条件2」は、コピーしたときに「G2、H2」と常に2行を参照したいので、行固定の複合参照にします。

▶商品ごと支店ごとの集計表を作成する

G3 = SUMIFS($D$3:$D$10,$B$3:$B$10,$F3,$C$3:$C$10,G$2)
　　　　　　合計範囲　　　条件範囲1　条件1　条件範囲2　条件2

	A	B	C	D	E	F	G	H	I	J
1	売上表					商品別支店別売上集計				
2	日付	商品名	支店	売上			東店	西店	条件2	
3	6月1日	パソコン	東店	125,000	条件1	パソコン	313,000	321,000		
4	6月7日	プリンター	西店	22,000		タブレット	75,000	50,000		
5	6月8日	パソコン	西店	223,000		プリンター	26,000	22,000		
6	6月15日	タブレット	西店	50,000						
7	6月18日	パソコン	東店	188,000						
8	6月20日	プリンター	東店	26,000						
9	6月22日	タブレット	東店	75,000						
10	6月30日	パソコン	西店	98,000						

セルG3に数式を入力してセルH5までコピー

商品ごと支店ごとに売上を集計できた

=SUMIFS(合計範囲 , 条件範囲 1, 条件 1, [条件範囲 2, 条件 2] …)　→ 02-09

関連項目　【01-19】数式をコピーするときにセル参照を固定するには
　　　　　【01-20】数式をコピーするときにセル参照の行や列だけを固定するには
　　　　　【02-18】商品ごとに集計した表を作成する

02-20 日付を「年ごと」や「月ごと」に まとめて集計するには

MONTH／SUMIFS
マンス　　　　サム・イフ・エス

　日付ごとの売上表から「年ごと」や「月ごと」の売上集計表を作成するには、準備として作業列に「年」や「月」を取り出します。

　例えば月ごとに集計する場合、MONTH関数で日付から月を取り出します。これを条件範囲として、SUMIFS関数で月ごとの合計値を求めます。コピーしたときに「合計範囲」や「条件範囲」のセル番号がずれないように、絶対参照で指定してください。

▶月ごとの集計表を作成する

C3	= MONTH(A3)
	シリアル値

F3	= SUMIFS($B$3:$B$11,$C$3:$C$11,E3)
	合計範囲　　　条件範囲1　条件1

F3		× ✓ fx	=SUMIFS($B$3:$B$11,$C$3:$C$11,E3)				
	A	B	C	D	E	F	G	H	I
1	売上表				月別売上集計				
2	売上日	売上	作業列		月	売上			
3	2022/9/1	477,000	9	条件1	9	1,216,000	セルF3に数式を入力してセルF5までコピー		
4	2022/9/10	328,000	9		10	1,302,000			
5	2022/9/26	411,000	9		11	1,253,000			
6	2022/10/8	474,000	10						
7	2022/10/17	346,000	10		セルC3に数式を入力してセルC10までコピー		月ごとに売上を集計できた		
8	2022/10/30	482,000	10						
9	2022/11/7	395,000	11						
10	2022/11/16	479,000	11						
11	2022/11/20	379,000	11						
12		合計範囲	条件範囲1						
13									

=MONTH(シリアル値)	→	05-05
=SUMIFS(合計範囲 , 条件範囲 1, 条件 1, [条件範囲 2, 条件 2] …)	→	02-09

関連項目　【02-21】作業列を作らずに1つの式で「年ごと」や「月ごと」に集計したい！
　　　　　　　【11-02】作業用の列が見えないように隠したい

Memo

●作業列に取り出す数式を変えれば、「年ごと」「四半期ごと」「年月ごと」など、さまざまな日付の単位で集計できます。

▶年ごとの集計表を作成する
・セル C3 　=YEAR(A3)
・セル F3 　=SUMIFS($B$3:$B$8,$C$3:$C$8,E3)

	A	B	C	D	E	F
1	売上表				年別売上集計	
2	売上日	売上	作業列		年	売上
3	2020/3/18	7,506,000	2020		2020	16,506,000
4	2020/11/5	9,000,000	2020		2021	13,422,000
5	2021/6/11	6,802,000	2021		2022	18,674,000
6	2021/10/9	6,620,000	2021			
7	2022/4/10	9,574,000	2022			
8	2022/11/6	9,100,000	2022			
9						

セルC3とセルF3に数式を入力してそれぞれ表の下端までコピー

▶四半期ごとの集計表を作成する
・セル C3 　=CHOOSE(MONTH(A3),4,4,4,1,1,1,2,2,2,3,3,3)
・セル F3 　=SUMIFS($B$3:$B$10,$C$3:$C$10,E3)

	A	B	C	D	E	F
1	売上表				四半期別売上集計	
2	売上日	売上	作業列		四半期	売上
3	2022/4/10	1,797,000	1		1	3,654,000
4	2022/6/14	1,857,000	1		2	3,638,000
5	2022/7/18	1,851,000	2		3	3,749,000
6	2022/9/12	1,787,000	2		4	3,269,000
7	2022/10/17	1,896,000	3			
8	2022/12/19	1,853,000	3			
9	2023/1/8	1,757,000	4			
10	2023/2/12	1,512,000	4			
11						

セルC3とセルF3に数式を入力してそれぞれ表の下端までコピー

▶年月ごとの集計表を作成する
・セル C3 　=TEXT(A3,"yyyy/mm")
・セル F3 　=SUMIFS($B$3:$B$10,$C$3:$C$10,E3)

	A	B	C	D	E	F
1	売上表				年月別売上集計	
2	売上日	売上	作業列		年月	売上
3	2022/11/3	509,000	2022/11		2022/11	1,094,000
4	2022/11/20	585,000	2022/11		2022/12	1,221,000
5	2022/12/13	682,000	2022/12		2023/01	1,290,000
6	2022/12/20	539,000	2022/12		2023/02	1,159,000
7	2023/1/16	688,000	2023/01			
8	2023/1/23	602,000	2023/01			
9	2023/2/10	566,000	2023/02			
10	2023/2/15	593,000	2023/02			
11						

セルC3とセルF3に数式を入力してそれぞれ表の下端までコピー

あらかじめ「ホーム」タブ→「数値の書式」→「文字列」の表示形式を設定してから「2022/11」形式で年月を入力

02-21 作業列を作らずに1つの式で「年ごと」や「月ごと」に集計したい！

SUM／IF／MONTH
サム　イフ　マンス

　【02-20】で作業列を使って月ごとの集計を行う方法を紹介しましたが、作業列を設けたくない場合は、配列数式（→【01-31】）を使用して集計する方法もあります。例えば月ごとで集計する場合、ポイントは「MONTH($A$3:$A$11)」のように日付のセル範囲全体を指定することです。IF関数を使用して、MONTH関数の結果を条件のセルE3と比較し、等しければ対応する売上が戻るようにします。戻された売上をSUM関数で合計すれば、条件に合う月の売上だけが合計されます。

▶月ごとの集計表を作成する

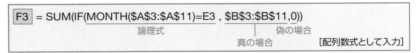

F3	= SUM(IF(MONTH($A$3:$A$11)=E3 , $B$3:$B$11,0))
	論理式　　　　　　　　　　　偽の場合
	真の場合　　　　[配列数式として入力]

	A	B	C	D	E	F	G	H	I	J	K
1	売上表				月別売上集計						
2	売上日	売上			月	売上	セルF3に数式を入力し、【Ctrl】＋【Shift】＋【Enter】キーで確定				
3	2022/9/1	477,000			9	1,216,000					
4	2022/9/10	328,000			10	1,302,000					
5	2022/9/26	411,000			11	1,253,000					
6	2022/10/8	474,000		真の場合			セルF3の数式をセルF5までコピー				
7	2022/10/17	346,000									
8	2022/10/30	482,000									
9	2022/11/7	395,000									
10	2022/11/16	479,000					月ごとに売上を集計できた				
11	2022/11/20	379,000									
12											
13		論理式									
14											

F3　{=SUM(IF(MONTH($A$3:$A$11)=E3,$B$3:$B$11,0))}

> **Memo**
>
> ● Microsoft 365 と Excel 2021 では、セル F3 に数式を入力し、【Enter】キーで確定するだけで集計結果を求められます。

=SUM(数値 1, [数値 2] …)	→ 02-02
=IF(論理式 , 真の場合 , 偽の場合)	→ 03-02
=MONTH(シリアル値)	→ 05-05

Memo

●数式バーで SUM 関数の引数全体を選択し、【F9】キーを押して部分実行すると、「{477000;3 28000;411000;0;0;0;0;0;0}」という配列が得られます。この配列の要素を足し算した結果が、9 月の売上です。

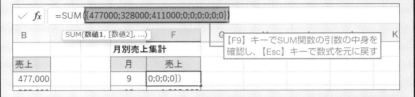

上記の配列は、作業列に「=IF(MONTH(A3)=$E$3,B3,0)」を入力してコピーした結果に相当します。

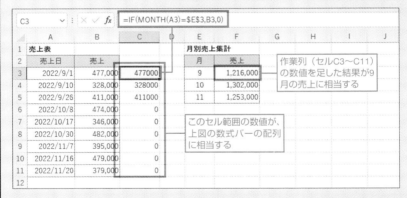

●【02-20】の Memo のサンプルにおいて、作業列を使わずに「年ごと」「四半期ごと」「年月ごと」に集計するには、セル F3 に次の数式を配列数式として入力します。

・年ごと　　　　=SUM(IF(YEAR($A$3:$A$8)=E3,$B$3:$B$8,0))
・四半期ごと　　=SUM(IF(CHOOSE(MONTH($A$3:$A$10),4,4,4,1,1,1,2,2,2,3,3,3)=E 3,$B$3:$B$10,0))
・年月ごと　　　=SUM(IF(TEXT($A$3:$A$10,"yyyy/mm")=E3,$B$3:$B$10,0))

関連項目　【02-20】日付を「年ごと」や「月ごと」にまとめて集計するには

02-22 ANDやORを組み合わせた複雑な条件で集計する

X AND／OR／SUMIFS
アンド　オア　サム・イフ・エス

　SUMIFS、COUNTIFS、AVERAGEIFSなどの関数は、いずれも複数の条件を指定できます。しかし、指定できるのはAND条件だけです。OR条件や、ANDとORを組み合わせた複雑な条件の集計を行いたい場合は、条件判定用の作業列を用意しましょう。AND関数やOR関数を使用して条件判定を行い、判定結果が「TRUE（真）」になったデータだけを対象に集計を行います。ここでは、「年齢が30歳以上で、住所か勤務先が東京都」という条件で、購入額の合計を求めます。

▶年齢が30歳以上、住所か勤務先が東京都の顧客の購入額を合計する

| F3 | = AND(B3>=$I$2 , OR(C3=$I$3 , D3=$I$3)) |

論理式1②　論理式2②
住所が東京都　勤務先が東京都

論理式1①　　　　論理式2①
年齢が30以上　　住所または勤務先が東京都

F3		∨	:	× ✓ fx	=AND(B3>=$I$2,OR(C3=$I$3,D3=$I$3))					
▲	A	B	C	D	E	F	G	H	I	J	K
1	お得意様情報							■条件			
2	氏名	年齢	住所	勤務先	購入額	作業列		年齢	30	歳以上	
3	伊藤	28	東京都	東京都	135,000	FALSE		住所	東京都		
4	上川	35	神奈川県	東京都	16,000	TRUE		勤務先			
5	江藤	41	千葉県	千葉県	8,000	FALSE					
6	笹野	23	千葉県	埼玉県	25,000	FALSE		■集計			
7	長谷川	51	東京都	東京都	113,000	TRUE		合計			
8	南田	30	埼玉県	東京都	63,000	TRUE					
9	木村	29	神奈川県	東京都	28,000	FALSE					
10	小田島	46	東京都	神奈川県	82,000	TRUE					
11											
12											

セルF3に数式を入力して
セルF10までコピー

条件に合致するデータに
「TRUE」が表示された

①「年齢が30歳以上、かつ、住所または勤務先が東京都」という条件で集計したい。まずは作業列で条件判定を行う。セルF3に数式を入力して、セルF10までコピーすると、条件に合致する場合に「TRUE（真）」、合致しない場合に「FALSE（偽）」が表示される。

```
I7  = SUMIFS(E3:E10 , F3:F10 , TRUE)
         合計範囲  条件範囲1   条件1
```

I7		✓ fx	=SUMIFS(E3:E10,F3:F10,TRUE)							
▲	A	B	C	D	E	F	G	H	I	J	K
1	お得意様情報							■条件			
2	氏名	年齢	住所	勤務先	購入額	作業列		年齢	30	歳以上	
3	伊藤	28	東京都	東京都	135,000	FALSE		住所			
4	上川	35	神奈川県	東京都	16,000	TRUE		勤務先	東京都		
5	江藤	41	千葉県	千葉県	8,000	FALSE					
6	笹野	23	千葉県	埼玉県	25,000	FALSE		■集計			
7	長谷川	51	東京都	東京都	113,000	TRUE		合計	274,000		
8	南田	30	埼玉県	東京都	63,000	TRUE					
9	木村	29	神奈川県	東京都	28,000	FALSE					
10	小田島	46	東京都	神奈川県	82,000	TRUE					
11					合計範囲	条件範囲1					
12											
13											

数式を入力

判定結果が「TRUE」のデータを合計できた

②SUMIFS関数を使用して集計する。引数「合計範囲」に「購入額」のセル、「条件範囲1」に作業列のセル、「条件1」に「TRUE」を指定すればよい。

=AND(論理式1, [論理式2] …)	→ 03-07
=OR(論理式1, [論理式2] …)	→ 03-09
=SUMIFS(合計範囲, 条件範囲1, 条件1, [条件範囲2, 条件2] …)	→ 02-09

Memo

● セルI7に入力したSUMIFS関数を変えることで、データ数、平均値、最大値、最小値を求めることができます。
・データ数　：　=COUNTIFS(F3:F10,TRUE)
・平均値　：　=AVERAGEIFS(E3:E10,F3:F10,TRUE)
・最大値　：　=MAXIFS(E3:E10,F3:F10,TRUE)
・最小値　：　=MINIFS(E3:E10,F3:F10,TRUE)

● DSUM、DCOUNT、DAVERAGEなどのデータベース関数を使用しても、OR条件やAND条件を組み合わせた複雑な条件で集計を行えます。

関連項目 【02-23】ANDやORを組み合わせた複雑な条件を1つの数式にまとめて集計したい！
【02-52】データベース関数って何？
【11-02】作業用の列が見えないように隠したい

02-23 ANDやORを組み合わせた複雑な条件を1つの式にまとめて集計したい！

SUM／IF

【02-22】で作業列を使って複雑な条件の集計を行う方法を紹介しましたが、作業列を設けずに1つの数式で集計したいこともあるでしょう。SUM、COUNT、AVERAGEなどの関数とIF関数を入れ子にして、配列数式（→【01-31】）として入力することで実現します。

ポイントは、集計の条件をIF関数の引数「論理式」に指定することです。その際、AND条件は「*」演算子、OR条件は「+」演算子で表現します。ここでは、「年齢が30歳以上で、住所か勤務先が東京都」という条件で、購入額の合計を求めます。

▶年齢が30歳以上、住所か勤務先が東京都の顧客の購入額を合計する

L7	= SUM(IF((B3:B10>=$L$2)*((C3:C10=$L$3)+(D3:D10=$L$3)) , E3:E10 , ""))

年齢が30以上　　住所が東京都　　勤務先が東京都　　偽の場合
論理式　　　　　　　　　　　　真の場合
[配列数式として入力]

L7 ∨ : × ✓ fx {=SUM(IF((B3:B10>=$L$2)*((C3:C10=$L$3)+(D3:D10=$L$3)),E3:E10,""))}

	A	B	C	D	E	F	G	H	I	J	K	L	M	N
1	お得意様情報										■条件			
2	氏名	年齢	住所	勤務先	購入額						年齢	30	歳以上	
3	伊藤	28	東京都	東京都	135,000						住所	東京都		
4	上川	35	神奈川県	東京都	16,000						勤務先			
5	江藤	41	千葉県	千葉県	8,000									
6	笹野	23	千葉県	埼玉県	25,000						■集計			
7	長谷川	51	東京都	東京都	113,000						合計	274,000		
8	南田	30	埼玉県	東京都	63,000									
9	木村	29	神奈川県	東京都	28,000									
10	小田島	46	東京都	神奈川県	82,000									
11														
12					真の場合									

数式を入力し、【Ctrl】+【Shift】+【Enter】キーで確定

=SUM(数値 1, [数値 2] …)	→ 02-02
=IF(論理式 , 真の場合 , 偽の場合)	→ 03-02

Memo

● Microsoft 365 と Excel 2021 では、セル L7 に数式を入力し、【Enter】キーで確定するだけで集計結果を求められます。

● IF 関数の引数「論理式」に指定した 3 つの条件を分解して作業列に入力すると、全体の条件が理解しやすくなります。「B3>=$L$2」「C3=$L$3」「D3=$L$3」はそれぞれ「TRUE」または「FALSE」の結果を返す論理式です。Excel では「TRUE」を「1」、「FALSE」を「0」として四則演算を行えます。四則演算の結果を IF 関数の引数「論理式」に指定した場合、「非 0」が「TRUE」、「0」が「FALSE」と見なされます。

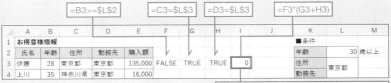

| | =B3>=$L$2 | | =C3=$L$3 | =D3=$L$3 | | | =F3*(G3+H3) |

▲	A	B	C	D	E	F	G	H	I	J	K	L	M
1	お得意様情報										■条件		
2	氏名	年齢	住所	勤務先	購入額						年齢	30	歳以上
3	伊藤	28	東京都	東京都	135,000	FALSE	TRUE	TRUE	0		住所	東京都	
4	上川	35	神奈川県	東京都	16,000						勤務先		

「FALSE*(TRUE+TRUE)」は「0*(1+1)」として計算され、結果は「0」になる。

▲	A	B	C	D	E	F	G	H	I	J	K	L	M
1	お得意様情報										■条件		
2	氏名	年齢	住所	勤務先	購入額						年齢	30	歳以上
3	伊藤	28	東京都	東京都	135,000	FALSE	TRUE	TRUE	0		住所	東京都	
4	上川	35	神奈川県	東京都	16,000	FALSE	FALSE	TRUE	1		勤務先		
5	江藤	41	千葉県	千葉県	8,000	TRUE	FALSE	FALSE	0				
6	笹野	23	千葉県	埼玉県	25,000	FALSE	FALSE	FALSE	0		■集計		
7	長谷川	51	東京都	東京都	113,000	TRUE	TRUE	TRUE	2		合計		
8	南田	30	埼玉県	東京都	63,000	FALSE	TRUE	TRUE	1				
9	木村	29	神奈川県	東京都	28,000	FALSE	FALSE	TRUE	0				
10	小田島	46	東京都	神奈川県	82,000	TRUE	TRUE	FALSE	1				
11													
12													

「非 0」の行の「購入額」を合計すれば正しく集計できる

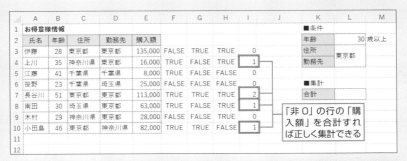

● セル L7 に入力した SUM 関数を以下の関数に変えることで、データ数、平均値、最大値、最小値を求めることができます。

・データ数	：	=COUNT(IF(……))
・平均値	：	=AVERAGE(IF(……))
・最大値	：	=MAX(IF(……))
・最小値	：	=MIN(IF(……))

関連項目 【02-22】 ANDやORを組み合わせた複雑な条件で集計する
【02-52】 データベース関数って何？
【03-01】 論理値って何？　論理式って何？

02-24 小計行と総計行がある表を作成する

サブトータル
SUBTOTAL

　小計行と総計行のある表を作成するときは、SUBTOTAL関数が便利です。小計を求めるときは、引数「範囲1」に合計対象のセル範囲をぴったり指定します。総計を求めるときに、引数「範囲1」に小計を含む数値のセル範囲全体を指定すると、自動で小計を除外して合計が求められます。小計欄を飛ばしながら飛び飛びのセル範囲を指定する手間を省けます。

▶小計と総計を求める

C6 = SUBTOTAL(9 , C3:C5)
　　　　　　集計方法　範囲1①

C9 = SUBTOTAL(9 , C7:C8)
　　　　　　集計方法　範囲1②

C10 = SUBTOTAL(9 , C3:C9)
　　　　　　集計方法　範囲1③

	A	B	C	D	E	F	G	H	I	J	K
1		商品別売上集計									
2	分類	商品名	売上								
3	弁当	唐揚弁当	326,500								
4		焼肉弁当	286,800	範囲1①							
5		焼鮭弁当	187,200								
6		小計	800,500	範囲1②							
7	サイド	サラダ	70,000	範囲1③							
8		味噌汁	21,000								
9		小計	91,000								
10		総計	891,500								
11											

C10 =SUBTOTAL(9,C3:C9)

セルC6、C9、C10に数式を入力

小計と総計を計算できた

=SUBTOTAL(集計方法 , 範囲 1, [範囲 2] …)　　　　　　数学 / 三角

　集計方法…集計のために使用する関数を次表の数値で指定。非表示の値も含める場合は 1～11、非表示の値を無視する場合は 101～111 を指定
　範囲…集計対象のセル範囲を指定
「集計方法」で指定した関数を使用して、「範囲」のデータを集計します。「範囲」は 254 個まで指定できます。

●引数「集計方法」

集計方法 (非表示：含む)	集計方法 (非表示：無視)	関数	関数の説明	参照
1	101	AVERAGE	平均	02-38
2	102	COUNT	数値の個数	02-27
3	103	COUNTA	データの個数	02-27
4	104	MAX	最大値	02-48
5	105	MIN	最小値	02-48
6	106	PRODUCT	積	04-34
7	107	STDEV.S	不偏標準偏差	08-08
8	108	STDEV.P	標準偏差	08-07
9	109	SUM	合計	02-02
10	110	VAR.S	不偏分散	08-06
11	111	VAR.P	分散	08-05

Memo

● SUBTOTAL 関数は、引数「範囲」に指定したセル範囲内に SUBTOTAL 関数で求めた集計値が存在する場合、それらの集計値を無視するので集計の重複を防げます。

●行番号を右クリックして［非表示］を選択すると、行が非表示になります。引数「集計方法」に「1」～「11」を指定すると非表示のデータも含めて「範囲」全体が集計され、「101」～「111」を指定すると非表示のデータを除外して見えているデータだけが集計されます。

SUBTOTAL(9,D2:D4)

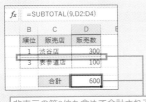

非表示の第2位も含めて合計される

=SUBTOTAL(109,D2:D4)

非表示の第2位は合計から除外される

●オートフィルターによって非表示になった行は、引数「集計方法」の指定にかかわらず常に集計から除外されます。

● AGGREGATE 関数（→【02-25】）を使用しても同様の計算を行えます。第 2 引数「オプション」に「0」「1」「2」「3」のいずれかを指定すると、小計を無視して総計を計算できます。
 ・セル C6： =AGGREGATE(9,0,C3:C5)
 ・セル C9： =AGGREGATE(9,0,C7:C8)
 ・セル C10： =AGGREGATE(9,0,C3:C9)

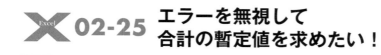

02-25 エラーを無視して合計の暫定値を求めたい！

AGGREGATE関数は、SUBTOTAL関数（→【02-24】）と同様にさまざまな種類の集計を行う関数ですが、無視するデータ（集計対象にならないデータ）を指定できることが特徴です。ここではエラー値を無視して売上の合計を求めます。サンプルでは売上の元になる数量が出揃っておらず、「売上」欄にエラーがあります。これをSUM関数やSUBTOTAL関数で合計すると、エラーになってしまいます。しかし、AGGREGATE関数では引数「オプション」に「2」を指定するとエラー値を無視して合計できるので、元のデータが揃っていなくても常に暫定的な合計を表示できます。

▶エラーを無視して合計を求める

D8 = AGGREGATE(9 , 2 , D3:D7)
　　　　　　集計方法 ┬ 範囲1
　　　　　　　オプション

	A	B	C	D	E	F	G	H	I	J	K	L	M
	D8			fx	=AGGREGATE(9,2,D3:D7)								
1		商品別売上集計											
2	商品名	単価	数量	売上									
3	唐揚弁当	500	653	326,500		範囲1							
4	焼肉弁当	600	集計中	#VALUE!									
5	焼鮭弁当	450	416	187,200									
6	サラダ	200	350	70,000									
7	味噌汁	100	210	21,000									
8		合計		604,700		数式を入力		エラーを無視して合計できた					
9													

=AGGREGATE(集計方法 , オプション , 範囲 1 , [範囲 2] …)	数学／三角
=AGGREGATE(集計方法 , オプション , 配列 , 値)	数学／三角

集計方法…集計のために使用する関数を次表の数値で指定
オプション…集計対象のうち無視するデータの条件を次表の数値で指定
範囲…「集計方法」に「1」～「13」を指定した場合に、集計対象のセル範囲を指定。253 個まで指定可能
配列…「集計方法」に「14」～「19」を指定した場合に、集計対象のセル範囲を指定
値…「集計方法」に「14」～「19」を指定した場合に、求める値の順位や分位を指定
「集計方法」で指定した関数を使用して、「除外条件」のデータを除いた「範囲」や「配列」のデータを集計します。「集計方法」に「1」～「13」を指定した場合は 1 番目の書式、「14」～「19」を指定した場合は 2 番目の書式を使用します。

●引数「集計方法」

集計方法	関数	関数の説明	参照
1	AVERAGE	平均	**02-38**
2	COUNT	数値の個数	**02-27**
3	COUNTA	データの個数	**02-27**
4	MAX	最大値	**02-48**
5	MIN	最小値	**02-48**
6	PRODUCT	積	**04-34**
7	STDEV.S	不偏標準偏差	**08-08**
8	STDEV.P	標準偏差	**08-07**
9	SUM	合計	**02-02**
10	VAR.S	不偏分散	**08-06**
11	VAR.P	分散	**08-05**
12	MEDIAN	中央値	**08-03**
13	MODE.SNGL	最頻値	**08-01**
14	LARGE	降順の順位の値	**04-25**
15	SMALL	昇順の順位の値	**04-27**
16	PERCENTILE.INC	百分位数	**04-23**
17	QUARTILE.INC	四分位数	**04-24**
18	PERCENTILE.EXC	0%と100%を除いた百分位数	798
19	QUARTILE.EXC	0%と100%を除いた四分位数	799

●引数「オプション」

オプション	「範囲」内にある SUBTOTAL 関数と AGGREGATE 関数	非表示の行	エラー値
0または省略	無視する	無視しない	無視しない
1	無視する	無視する	無視しない
2	無視する	無視しない	無視する
3	無視する	無視する	無視する
4	無視しない	無視しない	無視しない
5	無視しない	無視する	無視しない
6	無視しない	無視しない	無視する
7	無視しない	無視する	無視する

関連項目 【02-24】小計行と総計行がある表を作成する

02-26 オートフィルターで抽出された データだけを合計したい！

AGGREGATE
アグリゲート

Excelには、「オートフィルター」と呼ばれる便利な抽出機能があります。表の列見出しの［▼］ボタンをクリックして、表示されるメニューから条件を選ぶだけで、簡単に抽出できる機能です。AGGREGATE関数の引数「オプション」に「5」を指定すると、オートフィルターで抽出されたデータだけを対象に集計を行えます。

▶抽出されたデータだけを合計する

```
C11 = AGGREGATE(9 , 5 , C4:C9)
          集計方法 │ 範囲1
              オプション
```

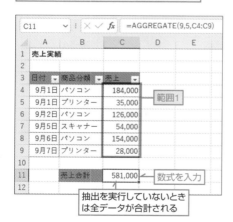

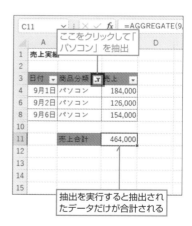

```
=AGGREGATE( 集計方法 , オプション , 範囲 1 , [範囲 2] …)          → 02-25
```

Memo

● 表の列見出しにオートフィルターの［▼］ボタンを表示するには、［データ］タブの［並べ替えとフィルター］グループにある［フィルター］ボタンをクリックします。

● サンプルでは引数「オプション」に「1」「3」「7」を指定した場合も、同様の結果になります。

関連項目 【02-37】オートフィルターで抽出されたデータの数を求めたい！

Excel 02-27 数値のセルとデータのセルをカウントする

COUNT／COUNTA

データを分析するうえで、データ数は重要な分析材料です。数値データが入力されているセルをカウントするにはCOUNT関数、何らかのデータが入力されているセルをカウントするにはCOUNTA関数を使用します。

▶登録者数（氏名データの数）と受験者数（得点データの数）を求める

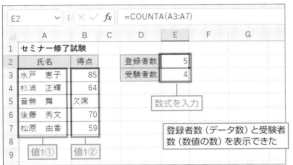

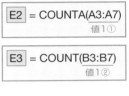

=COUNT(値 1, [値 2] …)　　　　　　統計

値…数値の個数を調べる値やセル範囲を指定
指定した「値」に含まれる数値の数を返します。「値」は 255 個まで指定できます。

=COUNTA(値 1, [値 2] …)　　　　　　統計

値…データの個数を調べる値やセル範囲を指定
指定した「値」に含まれるデータの数を返します。未入力のセルはカウントされません。「値」は 255 個まで指定できます。

Memo

● COUNT 関数では、数式の戻り値として数値が表示されているセルもカウントされます。また、日付や時刻も「シリアル値」と呼ばれる数値データの一種なので、カウントされます。セルに文字列として入力された数値、論理値はカウントされませんが、引数に直接指定した文字列の数値や論理値はカウントされます。例えば「=COUNT("1",TRUE)」の結果は 2 です。

● COUNTA 関数は数値、日付、文字列、論理値などすべてのデータをカウントします。また、数式が入力されているセルもカウントします。数式の戻り値として「""」が返されたセルは、見た目は空白ですが、COUNTA 関数のカウントの対象になります。

関連項目 【02-30】条件に合致するデータをカウントする＜①COUNTIF関数＞

02-28 見た目が空白のセルをカウントする

カウント・ブランク
COUNTBLANK

COUNTBLANK関数を使用すると、セル範囲に含まれる空白セルをカウントできます。ここでいう「空白」とは、見た目が空白のセルです。未入力のセルと、数式の戻り値として「""」が返されたセルはカウント対象です。ここでは、「入金日」欄が空白のセルをカウントします。

▶空白のセルをカウントする

E3	= COUNTBLANK(C3:C8)
	範囲

E3	∨ : × ✓ fx	=COUNTBLANK(C3:C8)						
▲	A	B	C	D	E	F	G	H	I
1	年会費入金状況							
2	会員番号	会員名	入金日		未入金			
3	K-1001	飯田　隆	2022/4/1		2 ← 数式を入力			
4	K-1002	定岡　由奈						
5	K-1003	二宮　るい	2022/4/6					
6	K-1004	河合　亮介		範囲				
7	K-1005	落合　瞳	2022/4/2					
8	K-1006	羽島　杏子	2022/4/4		空白セルをカウントできた			
9								

=COUNTBLANK(範囲) 　　　　　　　　　　　　　　　　　　　　　　　　　　　統計

範囲…空白セルの個数を調べるセル範囲を指定
指定した「セル範囲」に含まれる空白セルの数を返します。空白文字列「""」が入力されているセルもカウントの対象になります。数値の 0 はカウントされません。

> **Memo**
>
> ●全角や半角のスペースが入力されているセルは、COUNTBLANK 関数のカウントの対象になりません。

関連項目 【02-29】見た目も中身も空白のセルをカウントする

Excel 02-29 見た目も中身も空白のセルをカウントする

ROWS／COLUMNS／COUNTA

　未入力のセルをカウントしたいことがありますが、【02-28】で紹介したCOUNTBLANK関数では、数式の結果が「""」になるセルもカウントされてしまいます。未入力のセルだけをカウントしたいときは、すべてのセルの個数からデータが入力されているセルの個数を引き算します。指定したセル範囲に含まれるセルの個数は、行数と列数の積から求めます。データが入力されているセルの個数は、COUNTA関数で求めます。

▶ **中身が空白のセルをカウントする**

F3	= ROWS(A2:D5)*COLUMNS(A2:D5)-COUNTA(A2:D5)

A2:D5の行数　　　A2:D5の列数
　　　A2:D5のセル数　　　A2:D5の入力済みのセル数

| F3 | ✓ fx | =ROWS(A2:D5)*COLUMNS(A2:D5)-COUNTA(A2:D5) |

	A	B	C	D	E	F	G	H	I	J
1	会員登録									
2	氏名	野中　雅和	性別	男		未入力				
3	生年月日		年齢			1	数式を入力			
4	電話番号	03-1234-XXXX	ロッカー	契約						
5	コース	ホットヨガ	会員区分	ホリデー						
6										
7										
8										

見た目は空白だが、数式が入力されている

未入力のセル（セルB3）だけをカウントできた

=ROWS(配列)	→	07-58
=COLUMNS(配列)	→	07-58
=COUNTA(値 1, [値 2] …)	→	02-27

Memo

● セル D3 には「=IF(B3="","",DATEDIF(B3,TODAY(),"Y"))」という数式が入力されており、セル B3 に生年月日が入力されるまで年齢が表示されない仕掛けになっています。

関連項目 【02-28】見た目が空白のセルをカウントする

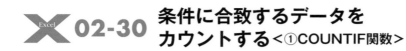

Excel 02-30 条件に合致するデータをカウントする<①COUNTIF関数>

カウント・イフ
COUNTIF

　COUNTIF関数を使用すると、特定のセル範囲から条件に合うデータを探してカウントできます。ここでは「配属先」欄のセルから「営業部」をカウントします。引数「条件範囲」に「配属先」欄のセル範囲、引数「条件」に「営業部」が入力されているセルF2を指定すればカウントできます。

▶「配属先」欄のセルから「営業部」をカウントする

F3	= COUNTIF(C3:C9 , F2)
	条件範囲　条件

	F3		∨	⋮	× ✓	fx	=COUNTIF(C3:C9,F2)		
	A	B	C	D	E	F	G	H	I
1	新入社員配属先一覧				人数集計				
2	No	社員名	配属先		配属先	営業部	← 条件		
3	102341	大神　慶佑	営業部		人数	3	← 数式を入力		
4	102342	佐藤　信弘	経営企画部						
5	102343	市川　涼子	営業部						
6	102344	杉本　香里	生産管理部		条件範囲	「営業部」だけを		
7	102345	小田　健	IT部			カウントできた		
8	102346	江本　加奈	営業部						
9	102347	松本　玲央	人事部						
10									

=COUNTIF(条件範囲 , 条件)	統計

　条件範囲…**条件判定の対象となるデータが入力されているセル範囲を指定**
　条件…**カウント対象のデータを検索するための条件を指定**
指定した「条件」に合致するデータを「条件範囲」から探し、見つかった個数を返します。

Memo

● COUNTIF関数やCOUNTIFS関数（→【02-31】）の引数「条件」に文字列や日付を直接指定する場合は、「"営業部"」「"2022/12/24"」のように半角ダブルクォーテーション「"」で囲みます。数値の場合は、そのまま「1234」のように指定します。

関連項目 【02-31】条件に合致するデータをカウントする<②COUNTIFS関数>

02-31 条件に合致するデータを カウントする<②COUNTIFS関数>

COUNTIFS
カウント・イフ・エス

COUNTIFS関数を使用すると、条件を複数指定して、すべての条件に合致するデータをカウントできます。COUNTIF関数（→【02-30】）で指定できる条件は1つに限られますが、COUNTIFS関数は条件が1つの場合にも複数の場合にも対応できます。COUNTIFS関数を優先して覚えるといいでしょう。ここではセルに入力した条件に合致するデータをカウントします。なお、引数に直接条件を指定したい場合は、【02-30】のメモを参照してください。

▶「配属先」欄のセルから「営業部」をカウントする

F3	= COUNTIFS(C3:C9 , F2)
	条件範囲1　条件1

F3	∨ : × √ fx	=COUNTIFS(C3:C9,F2)						
	A	B	C	D	E	F	G	H	I
1	新入社員配属先一覧				人数集計			
2	No	社員名	配属先		配属先	営業部	条件1	
3	102341	大神　慶佑	営業部		人数	3	数式を入力	
4	102342	佐藤　信弘	経営企画部					
5	102343	市川　涼子	営業部					
6	102344	杉本　香里	生産管理部		条件範囲1		「営業部」だけを	
7	102345	小田　健	IT部				カウントできた	
8	102346	江本　加奈	営業部					
9	102347	松本　玲央	人事部					
10								

=COUNTIFS(条件範囲 1, 条件 1, [条件範囲 2, 条件 2]…)	統計

条件範囲…条件判定の対象となるデータが入力されているセル範囲を指定
条件…カウント対象のデータを検索するための条件を指定
指定した「条件」に合致するデータを「条件範囲」から探し、条件に合致したデータの個数を返します。「条件範囲」と「条件」は必ずペアで指定します。最大 127 組のペアを指定できます。

関連項目 【02-30】 条件に合致するデータをカウントする<①COUNTIF関数>

02-32 「○以上」「○日以降」の条件でデータをカウントする

COUNT・イフ・エス
COUNTIFS

　COUNTIFS関数やCOUNTIF関数では、引数「条件」に「比較演算子」を組み合わせると、「○以上」「○未満」「○日以降」「○日より前」など、数値や日付の範囲を条件にカウントできます。例えば「2022/1/1以降」という条件は「">=2022/1/1"」、「セルG2の日付以降」という条件は「">="&G2」と指定します。ここでは、セルG2に入力された日付以降に入会した会員データをカウントします。

▶「入会日」欄のセルから「2022/1/1以降」のデータをカウントする

G3 = COUNTIFS(D3:D8 , ">="&G2)
　　　　　　　　条件範囲1　　条件1

	G3		✕ ✓ fx	=COUNTIFS(D3:D8,">=" & G2)					
▲	A	B	C	D	E	F	G	H	I	J
1	会員名簿					会員数集計		条件1		
2	No	会員名	年齢	入会日		入会日	2022/1/1	以降		
3	1	末次　紀子	28	2021/10/8		会員数	4	数式を入力		
4	2	宮下　学	35	2021/11/15						
5	3	岡本　里奈	43	2022/1/21				「2022/1/1 以降」の		
6	4	三田　浩之	30	2022/2/4		条件範囲1		データをカウントできた		
7	5	園山　英人	37	2022/2/23						
8	6	川村　亨	26	2022/3/19						
9										

=COUNTIFS(条件範囲 1, 条件 1, [条件範囲 2, 条件 2]…)　　　→ **02-31**

Memo

●比較演算子を日付や数値と組み合わせた条件の指定方法は、【02-10】の Memo、【02-11】の Memo を参考にしてください。

関連項目 【02-31】条件に合致するデータをカウントする＜②COUNTIFS関数＞

02-33 「○○を含む」の条件で データをカウントする

COUNTIFS
カウント・イフ・エス

COUNTIFS関数やCOUNTIF関数では、引数「条件」に 「ワイルドカード文字」を組み合わせると、「○○で始まる」「○○で終わる」「○○を含む」などの条件を指定できます。ここでは「"*"&F2&"*"」という条件を指定して、セルF2に入力した文字列を含むデータをカウントします。セルF2に「英会話」と入力した場合、条件は「*英会話*」となり、「英会話」を含むデータがカウントされます。

▶「受講コース」欄のセルから「英会話を含む」データをカウントする

F3	= COUNTIFS(C3:C9 , "*"&F2&"*")
	条件範囲1 条件1

	F3	∨ : ✕ ✓ fx	=COUNTIFS(C3:C9,"*"&F2&"*")					
▲	A	B	C	D	E	F	G	H	I
1	受講者情報				受講者数集計		条件1	
2	No	氏名	受講コース		コース	英会話	を含む	
3	1	池田　斗真	英会話初級		人数	4	数式を入力	
4	2	野川　美沙	英検1級					
5	3	大内　千佳	トラベル英会話					
6	4	津田　隆介	英検2級			条件範囲1	「英会話」を含むデータを	
7	5	前山　康弘	ビジネス英会話				カウントできた	
8	6	高橋　由利	英会話初級					
9	7	星野　望	TOEIC受験					
10								

=COUNTIFS(条件範囲1, 条件1, [条件範囲2, 条件2]…) → 02-31

Memo

● ワイルドカードを使用した条件の指定方法は、【02-13】の Memo を参考にしてください。

関連項目　【02-13】「○○で始まる」の条件でデータを合計する
【06-03】ワイルドカード文字を理解しよう

02-34 AND条件でデータをカウントする

COUNTIFS

COUNTIFS関数では、引数「条件範囲」と「条件」のペアを複数指定してデータをカウントできます。カウントされるのは、指定したすべての条件が合致するデータです。このような条件を「AND条件」と呼びます。ここでは、住所が「神奈川県」（セルG2）かつ勤務先が「東京都」（セルG3）である顧客データをカウントします。

▶住所が「神奈川県」かつ勤務先が「東京都」のデータをカウントする

G5	= COUNTIFS(C3:C9 , G2 , D3:D9 , G3)

条件範囲1 ┃ 条件範囲2
条件1　　　　　条件2

G5		:	× ✓ *fx*	=COUNTIFS(C3:C9,G2,D3:D9,G3)					
⊿	A	B	C	D	E	F	G	H	I	J
1	顧客情報					■AND条件			
2	No	顧客名	住所	勤務先		住所	神奈川県	条件1	
3	1	江藤　正幸	東京都	千葉県		勤務先	東京都	条件2	
4	2	小島　恵子	神奈川県	神奈川県		■人数集計			
5	3	須賀　直哉	東京都	東京都		人数	2		
6	4	本橋　緑	神奈川県	東京都			数式を入力		
7	5	野中　芳樹	千葉県	埼玉県					
8	6	手塚　公子	神奈川県	東京都		住所が「神奈川県」かつ勤務先が			
9	7	所　奈々枝	東京都	神奈川県		「東京都」のデータをカウントできた			
10			条件範囲1	条件範囲2					
11									

=COUNTIFS(条件範囲 1, 条件 1, [条件範囲 2, 条件 2]…)　　　　　　　→ 02-31

Memo

● 条件をセルに入力しておくと、条件を変更したいときに数式を変更せずに済みます。

● 関数の中で直接条件を指定する場合は、次のように数式を立てます。
=COUNTIFS(C3:C9," 神奈川県 ",D3:D9," 東京都 ")

関連項目 【02-16】 OR条件でデータを合計する＜①SUMIFS関数の和＞

02-35 「○以上△未満」「○日から△日まで」の条件でデータをカウントする

COUNTIFS
カウント・イフ・エス

「○以上△未満」という条件でデータをカウントするには、COUNTIFS関数で「○以上」と「△未満」の2組の条件を指定します。ここでは、セルG2の数値以上、セルG3の数値未満のデータをカウントします。

▶30歳（セルG2）以上40歳（セルG3）未満をカウントする

G5	= COUNTIFS(C3:C8 , ">="&G2 , C3:C8 , "<"&G3)
	条件範囲1　　条件1　　条件範囲2　条件2

	売上実績				■条件			
	日付	顧客	年齢	金額	年齢	30	以上 条件1	
	2022/4/26	高橋	28	25,000		40	未満 条件2	
	2022/5/1	鈴木	35	5,000	■集計			
	2022/5/2	村上	43	19,000	データ数	3		
	2022/5/3	楠	30	12,000			数式を入力	
	2022/5/5	橋本	37	23,000				
	2022/5/6	岡崎	26	6,000			30歳以上40歳未満のデータをカウントできた	

条件範囲1　条件範囲2

=COUNTIFS(条件範囲 1, 条件 1, [条件範囲 2, 条件 2]…)　　**→ 02-31**

Memo

●以下は、数値や日付の範囲の条件の指定例です。
・セル C3～C8 の年齢が、30 歳以上 40 歳未満
=COUNTIFS(C3:C8,">=30",C3:C8,"<40")
・セル A3～A8 の日付が、2022/5/1 から 2022/5/5 まで
=COUNTIFS(A3:A8,">=2022/5/1",A3:A8,"<=2022/5/5")
・セル A3～A8 の日付が、セル G2 の日付からセル G3 の日付まで
=COUNTIFS(A3:A8,">="&G2,A3:A8,"<="&G3)

関連項目　【02-34】AND条件でデータをカウントする

 **02-36** 「5歳」「100円」などの単位で
刻んでカウントしたい

フロア・マス　　　　　　カウント・イフ・エス
FLOOR.MATH／COUNTIFS

　「年齢を5歳刻みにして人数を数えたい」というようなときは、FLOOR.
MATH関数を使用して、作業列に5歳刻みの年齢を求めます。これを「条件
範囲1」として、COUNTIFS関数で人数をカウントします。

▶年齢を5歳刻みにして人数をカウントする

F3	= FLOOR.MATH(C3 , 5)
	数値　基準値

J3	= COUNTIFS($F$3:$F$52 , H3)
	条件範囲1　条件1

J3	∨	:	× ✓ fx	=COUNTIFS($F$3:$F$52,H3)							

	A	B	C	D	E	F	G	H	I	J	K	L	M
1	アンケート集計						数値		人数分布				
2	No	性別	年齢	Q1	Q2	作業列		年齢		人数			
3	1	男	26	5	3	25		20	～	5			
4	2	女	20	2	2	20		25	～	6			
5	3	女	31	4	5	30		30	～	6			
6	4	女	39	5	2	35		35	～	8			
7	5	男	56	4	5	55		40	～	8			
8	6	男	42	1	4	40		45	～	6			
9	7	女	20	3	3	20		50	～	6			
10	8	男	50	5	4	50		55	～	5			
11	9	男	35	4	4	35							
12	10	女	49	3	3	45							
13	11	男	40	1	3	40							
14	12	男	52	5	4	50							
15	13	男	41	3	1	40							

セルF3に数式を入力してセルF52までコピー

条件範囲1

セルJ3に数式を入力してセルJ10までコピー

=FLOOR.MATH(数値 , [基準値] , [モード])	→	04-49
=COUNTIFS(条件範囲 1, 条件 1, [条件範囲 2, 条件 2]…)	→	02-31

Memo

● FLOOR.MATH 関数は、「数値」を「基準値」の倍数に切り下げる関数です。例えば単価を「100
円単位」にしたい場合は、引数「基準値」に「100」を指定します。

関連項目 【08-04】区間ごとのデータ数を求めて度数分布表を作成する

02-37 オートフィルターで抽出された データの数を求めたい！

AGGREGATE
アグリゲート

オートフィルターでデータの抽出を実行したときに、抽出されたデータの数を求めたいことがあります。AGGREGATE関数の引数「オプション」に「5」を指定すると、抽出されたデータだけをカウントできます。確実にカウントするために、引数「範囲1」にデータの入力漏れのない列を指定してください。また、「範囲1」が数値や日付データの場合は「集計方法」に「2」を、文字列データの場合は「集計方法」に「3」を指定してください。

▶抽出されたデータの数を求める

=AGGREGATE(集計方法 , オプション , 範囲 1 , [範囲 2] …) → 02-25

> **Memo**
> ●表の列見出しにオートフィルターの [▼] ボタンを表示するには、[データ] タブの [並べ替えとフィルター] グループにある [フィルター] ボタンをクリックします。
> ●サンプルでは引数「オプション」に「1」「3」「7」を指定した場合も、同様の結果になります。

関連項目 【02-26】オートフィルターで抽出されたデータだけを合計したい！

02-38 平均値（相加平均・算術平均）を求める

アベレージ
AVERAGE

数値の合計をデータ数で割って求めた値を「相加平均」「算術平均」または単に「平均」と呼びます。このような平均を求めるには、AVERAGE関数を使用します。引数に数値の入ったセル範囲を指定するだけで、簡単に求められます。

▶生産ラインごとの不良品数の平均を求める

B8 = AVERAGE(B3:B7)
　　　　　　　　 数値1

B8	∨ : × ✓ fx	=AVERAGE(B3:B7)							
▲	A	B	C	D	E	F	G	H	I	J
1	不良品検査								
2	ライン	不良品数							
3	Aライン	21							
4	Bライン	17		数値1					
5	Cライン	19							
6	Dライン	22							
7	Eライン	15							
8	平均	18.8	←数式を入力	不良品数の平均値が求められた					

=AVERAGE(数値 1, [数値 2] …)　　　　　　　　　　　　　　　　　　　　　統計

数値…平均を求める値やセル範囲を指定
指定した「数値」の平均値を返します。セル範囲に含まれる文字列、論理値、空白セルは無視されます。「数値」は 255 個まで指定できます。

Memo

● 空白セルや文字データのセルは平均の対象になりませんが、0 は平均の対象になります。「10、20、空白」と入力されたセル範囲の平均は「(10 ＋ 20) ÷ 2 ＝ 15」ですが、「10、20、0」の場合は「(10 ＋ 20 ＋ 0) ÷ 3 ＝ 10」になります。

● セルに入力された論理値は平均の対象になりませんが、引数に直接指定した論理値は、TRUE が 1、FALSE が 0 として計算されます。例えば「＝AVERAGE(TRUE,FALSE)」の結果は「(1 ＋ 0) ÷ 2 ＝ 0.5」になります。

関連項目 【02-40】条件に合致するデータの平均を求める

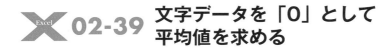

02-39 文字データを「0」として平均値を求める

アベレージ・エー

AVERAGEA

計算対象のセル範囲に文字データが含まれる場合、文字データの扱い方によって結果が変わります。文字データを無視する場合はAVERAGE関数、0として扱う場合はAVERAGEA関数を使用します。サンプルでは得点の平均を求めています。AVERAGE関数では「欠席」を除いた「80、70、90、60」の平均点が求められますが、AVERAGEA関数では「欠席」を「0点」と見なして、「80、70、90、0、60」の平均点が求められます。

▶得点の平均を求める

D6	= AVERAGEA(B3:B7)
	値1

	D6	⌄	:	× ✓ fx	=AVERAGEA(B3:B7)					
	A	B	C	D	E	F	G	H	I	J
1	社内講座確認テスト			平均点						
2	受験者	得点		欠席除外						
3	五十嵐 舞香	80		75						
4	岡村 雄太郎	70								
5	篠塚 尊	90		欠席は0点						
6	森永 由美子	欠席		60						
7	山本 祐介	60								
8			値1							

「=AVERAGE(B3:B7)」を入力すると「欠席」を除外した平均値が求められる

「=AVERAGEA(B3:B7)」を入力すると「欠席」を0点として平均値が求められる

=AVERAGEA(値1, [値2] …)　　　　　　　　　　　　　　　　　　　　　統計

値…平均を求める値やセル範囲を指定
指定した「値」の平均値を返します。セル範囲に含まれる空白セルは無視されますが、文字列は0、論理値のFALSEは0、TRUEは1として計算されます。「数値」は255個まで指定できます。

> **Memo**
>
> ●反対に、「0」を除外して平均を求めたいときは、AVERAGEIF関数やAVERAGEIFS関数を使用します。例えば、上図のセルB6に「0」が入力されている場合、「=AVERAGEIF(B3:B7,"<>0")」という式を立てると、「80、70、90、60」の平均点が求められます。

関連項目 【02-38】平均値（相加平均・算術平均）を求める

02-40 条件に合致するデータの平均を求める

アベレージ・イフ
AVERAGEIF

AVERAGEIF関数を使用すると、表の中から特定の条件に合うデータを探して平均値を求めることができます。ここでは店舗形態が「テナント」に一致するという条件で「来客数」の平均を求めます。

▶「テナント」の店舗の「来客数」の平均値を求める

G3 = AVERAGEIF(B3:B9 , G2 , D3:D9)
　　　　　　　　条件範囲　条件　平均範囲

	A	B	C	D	E	F	G	H	I	J
1		サマーセール来客数				集計				
2	店舗名	店舗形態	売場面積(m²)	来客数		店舗形態	テナント			
3	銀座店	路面店	258	3,652		平均来客数	2,033			
4	渋谷店	インショップ	180	2,871						
5	浦安店	テナント	211	1,880						
6	柏店	インショップ	96	1,234						
7	浦和店	テナント	128	1,850						
8	川崎店	テナント	201	2,368						
9	横浜店	路面店	286	2,916						
10										
11										

来客数の平均を計算できた

=AVERAGEIF(条件範囲 , 条件 , [平均範囲])　　　　　　　　　　　　統計

条件範囲…条件判定の対象となるデータが入力されているセル範囲を指定
条件…計算対象のデータを検索するための条件を指定
平均範囲…計算対象の数値データが入力されているセル範囲を指定。指定を省略すると、「条件範囲」のデータが計算対象となる
指定した「条件」に合致するデータを「条件範囲」から探し、条件に合致した行の「平均範囲」のデータの平均を求めます。条件に合致するデータがない場合、[#DIV/0!] が返されます。

> **Memo**
>
> ● サンプルのセル G3 には [桁区切りスタイル] が設定されており、小数点以下が非表示になっています。
>
> ● AVERAGEIFS 関数（→【02-41】）でも、条件に合致するデータの平均を求められます。

関連項目 【02-41】AND条件でデータの平均を求める

02-41 AND条件でデータの平均を求める

 **AVERAGEIFS**
アベレージ・イフ・エス

AVERAGEIF関数（→【02-40】）の仲間にAVERAGEIFS関数があります。どちらも条件に合致するデータの平均を求める関数ですが、後者は複数の条件を指定できる点が特徴です。ここでは店舗形態が「テナント」、かつ売り場面積が「200平米以上」という条件で「来客数」の平均を求めます。

▶**200平米以上の「テナント」の店舗の「来客数」の平均値を求める**

```
G5 = AVERAGEIFS(D3:D9 , B3:B9 , G2 , C3:C9 , ">="&G3)
         平均範囲        条件1          条件2
              条件範囲  1    条件範囲2
```

	A	B	C	D	E	F	G	H	I	J	K
1		サマーセール来客数				■AND条件					
2	店舗名	店舗形態	売場面積(m²)	来客数		店舗形態	テナント	条件1			
3	銀座店	路面店	258	3,652		売場面積	200以上	条件2			
4	渋谷店	インショップ	180	2,871		■集計					
5	浦安店	テナント	211	1,880		平均来客数	2,124				
6	柏店	インショップ	96	1,234							
7	浦和店	テナント	128	1,850			数式を入力				
8	川崎店	テナント	201	2,368							
9	横浜店	路面店	286	2,916							
10						200平米以上のテナントの					
11	条件範囲1	条件範囲2	平均範囲			来客数の平均が求められた					
12											

=AVERAGEIFS(平均範囲 , 条件範囲 1 , 条件 1 , [条件範囲 2 , 条件 2] …)　　統計

平均範囲…平均値を求める対象の数値データが入力されているセル範囲を指定
条件範囲…条件判定の対象となるデータが入力されているセル範囲を指定
条件…平均値を求める対象のデータを検索するための条件を指定
指定した「条件」に合致するデータを「条件範囲」から探し、条件に合致した行の「平均範囲」のデータの平均を求めます。「条件範囲」と「条件」は必ずペアで指定します。最大 127 組のペアを指定できます。条件に合致するデータがない場合、[#DIV/0!] が返されます。

Memo

● AVERAGEIF 関数と AVERAGEIFS 関数では、引数の「平均範囲」と「条件範囲」「条件」の順序が異なるので注意してください。引数「条件」の指定方法は共通です。

関連項目 【02-40】条件に合致するデータの平均を求める

02-42 最高点と最低点を除外して平均値を求める

SUM／MAX／MIN／COUNT
サム　　　　　マックス　　　　ミニマム　　　　カウント

競技会の採点種目で、採点の公平・公正を保つために最高点と最低点を除外して、残りの点数で平均を求めることがあります。点数の合計から最大値と最小値を引き、それを「データ数−2」で割れば、そのような平均値が求められます。合計はSUM関数、最大値はMAX関数、最小値はMIN関数、データ数はCOUNT関数でそれぞれ求めます。

▶最高点と最低点を除外して平均点を求める

B10	= (SUM(B3:B9)-MAX(B3:B9)-MIN(B3:B9))/(COUNT(B3:B9)-2)
	合計　　　　　最高点　　　　最低点　　　　　データ数-2

B10	∨ : × ✓ fx	=(SUM(B3:B9)-MAX(B3:B9)-MIN(B3:B9))/(COUNT(B3:B9)-2)

	A	B	C	D	E	F	G	H	I	J	K
1	関東大会採点表										
2	審判員	採点									
3	小暮　真人	7									
4	本橋　良	8									
5	小田島　舞	10									
6	五十嵐　健	8									
7	山下　杏子	6									
8	栗原　琴美	6									
9	徳田　典弘	8									
10	平均	7.4									
11	※最高点/最低点除外										

最高点と最低点を除外して平均点を求めたい

2つある最低点のうち、除外するのは1つのみ

数式を入力

=SUM(数値 1, [数値 2] …)	→	02-02
=MAX(数値 1, [数値 2] …)	→	02-48
=MIN(数値 1, [数値 2] …)	→	02-48
=COUNT(値 1, [値 2] …)	→	02-27

Memo

●AVERAGEIFS 関数を使用しても、最高点と最低点を除外した平均値を求められます。ただし、最高点や最低点が複数存在する場合に、複数の最高点や最低点が除外されます。
=AVERAGEIFS(B3:B9,B3:B9,"<>"&MAX(B3:B9),B3:B9,"<>"&MIN(B3:B9))

関連項目 【02-43】上下10%ずつを除外して平均値を求める

02-43 上下10%ずつを除外して平均値を求める

トリム・ミーン
TRIMMEAN

1日あたりの売上高の目安としてよく使われる平均値は、外れ値（極端な値）に左右されやすい欠点があります。下図では、近隣でイベントが開催された日だけ売上が極端に高く、平均値が平時の売上からかけ離れた値になっています。こんなときはTRIMMEAN関数を使うと、上位と下位から一定の割合でデータを除外して平均を計算できます。例えば除外する割合を「0.2」とすると、上下から10%ずつが除外されます。

▶上下10%ずつを除外して平均値を求める

F3 = TRIMMEAN(B3:B12 , 0.2)
　　　　　　　　　　配列　　割合

=TRIMMEAN(配列 , 割合)	統計

配列…平均の対象となるデータを含む配列、またはセル範囲を指定
割合…除外するデータの割合を 0 以上 1 未満の数値で指定
指定した「配列」のうち、上位と下位から指定した「割合」のデータ数のデータを除外して、残りの数値の平均値を返します。

Memo

● 除外されるデータ数が奇数になる場合、それ以下の最も近い偶数個のデータが除外されます。例えばデータの総数が 10 個で割合に 0.3 を指定した場合、除外される計算上のデータ数は 3 個ですが、実際には上位 1 個、下位 1 個の合計 2 個が除外されます。

関連項目 【02-42】最高点と最低点を除外して平均値を求める

02-44 相乗平均（幾何平均）を使って 伸び率や下落率の平均を求める

ジオ・ミーン
GEOMEAN

　平均にはさまざまな種類があり、適切に使い分ける必要があります。数値の大きさの平均を調べたいときはAVERAGE関数で「相加平均（算術平均）」を求めますが、伸び率や下落率などの倍率の平均を調べたいときはGEOMEAN関数で「相乗平均（幾何平均）」を求めます。ここでは数年分の売上の前年比を元に相乗平均で平均伸び率を求めます。

▶相乗平均を使用して「前年比」の数値から「平均伸び率」を求める

E3	= GEOMEAN(C4:C6)
	数値1

	E3		× ✓ fx	=GEOMEAN(C4:C6)					
	A	B	C	D	E	F	G	H	I	J
1	年度別売上表								
2	年度	売上	前年比		平均伸び率				
3	2019	400,000	✕		152%	← 数式を入力			
4	2020	1,000,000	250%						
5	2021	800,000	80%	数値1		前年比の平均伸び率			
6	2022	1,400,000	175%			が求められた			
7									

=GEOMEAN(数値 1, [数値 2] …)	統計

数値…相乗平均を求める値やセル範囲を指定
指定した「数値」の相乗平均を返します。セル範囲に含まれる文字列、論理値、空白セルは無視されます。「数値」は 255 個まで指定できます。

Memo

● 相乗平均の定義は以下のとおりです。例えばデータ数が 2 個の場合、相加平均が「足して 2 で割る」のに対して、相乗平均は「掛けて 2 乗根を取る」方法で計算します。
相乗平均 $= \sqrt[n]{x_1 x_2 x_3 \cdots x_n}$

● 検算を行うと、相乗平均の有効性が理解できます。サンプルの場合、初年度売上に平均伸び率を 3 回（引数「数値 1」のデータ数）掛け算して、「=B3*E3*E3*E3」を計算すると「1,400,000」となり、セル B6 の売上と一致します。

関連項目 【02-45】調和平均を使って速度や作業率の平均を求める

02-45 調和平均を使って 速度や作業率の平均を求める

ハー・ミーン
HARMEAN

　速度や作業率など、単位当たりの数値の平均を調べるには、HARMEAN
関数で「調和平均」を求めます。例えば「行きと帰りの時速の平均」「作業
員の1時間当たりの作業量の平均」などを調べたいときに使用します。ここ
では、行きを時速4km/hの徒歩、帰りを時速16km/hの自転車で移動した場
合の、往復の平均時速を求めます。

▶調和平均を使用して往復の平均時速を求める

D2 = HARMEAN(B2:B3)
　　　　　　　　数値1

	A	B	C	D	E	F	G	H	J
1		時速（km/h）		平均時速					
2	往路（徒歩）	4	数値1	6.4	←数式を入力	平均時速が			
3	復路（自転車）	16				求められた			
4									

=HARMEAN(数値 1, [数値 2] …) 　　　　　　　　　　　　　　統計

数値…調和平均を求める値やセル範囲を指定
指定した「数値」の調和平均を返します。セル範囲に含まれる文字列、論理値、空白セルは無視されます。
「数値」は 255 個まで指定できます。

Memo

●調和平均の定義は以下のとおりです。

$$調和平均 = \frac{n}{\frac{1}{x_1} + \frac{1}{x_2} + \cdots + \frac{1}{x_n}}$$

●検算を行うと、調和平均の有効性が理解できます。サンプルの場合、まず片道を 10km として所
要時間を求めます。
　　往路：10km ÷ 4km/h = 2.5 時間
　　復路：10km ÷ 16km/h = 0.625 時間
以上により、往復の所要時間は合計 3.125 時間です。往復の距離を往復の所要時間で割って時
速を求めると、サンプルで求めた平均時速と一致します。
　　往復の時速：20km ÷ 3.125 時間= 6.4km/h

関連項目 【02-46】数値に重み付けして加重平均を求める

02-46 数値に重み付けして加重平均を求める

SUMPRODUCT／SUM

数値に何らかの重み付けをして求めた平均を「加重平均」と呼びます。ここでは、店ごとに異なる小売価格で販売している商品の平均小売価格を求めます。この場合、各店舗の小売価格を単純に平均するより、販売数を考慮して平均を求めたほうが合理的です。そこで、販売数を重みとして小売価格に掛け、その総和を販売数の総和で割ります。重み付けした小売価格の総和はSUMPRODUCT関数、販売数の総和はSUM関数で求めます。

▶加重平均を使用して平均小売価格を求める

F3	= SUMPRODUCT(B3:B6 , C3:C6)/SUM(C3:C6)
	配列1　　　　配列2　　　　　　数値1

| F3 | ✕ ✓ fx | =SUMPRODUCT(B3:B6,C3:C6)/SUM(C3:C6) |

	A	B	C	D	E	F	G	H	I	J
1	新発売カップ麺　販売状況				平均小売価格計算					
2	販売店	小売価格	販売数		単純平均	170				
3	カナリアマート	¥120	15,000		加重平均	136.2	数式を入力			
4	スーパーつばめ	¥180	2,200							
5	鳩マーケット	¥180	1,600	数値1		1個当たりの平均価格が求められた				
6	ペリカン食品	¥200	1,200							
7										
8		配列1	配列2							

=SUMPRODUCT(配列 1, [配列 2] …)	→ 04-35
=SUM(数値 1, [数値 2] …)	→ 02-02

> **Memo**
>
> ●データを x、重みを w とすると、加重平均の定義は以下のようになります。
>
> $$加重平均 = \frac{w_1 x_1 + w_2 x_2 + \cdots + w_n x_n}{w_1 + w_2 + \cdots + w_n}$$
>
> ●サンプルの場合、4 店舗の小売価格を単純に平均すると、170 円です。しかし、安い価格の販売数は高い価格の販売数より圧倒的に多いので、販売数で重み付けした加重平均の 136.2 円のほうが現状に即した平均値といえます。

関連項目 【02-44】相乗平均（幾何平均）を使って伸び率や下落率の平均を求める

移動平均を使って時系列データを平滑化する

AVERAGE

　売上や株価など、時系列に並んだ数値データから、連続するn個ずつの平均を求めることがあります。このような平均を「移動平均」と呼びます。ここでは、売上の12カ月移動平均を求めます。AVERAGE関数で12カ月分の平均値を求め、オートフィルで数式をコピーするだけです。

▶12カ月移動平均を求める

C14 = AVERAGE(B3:B14)
　　　　　　数値1

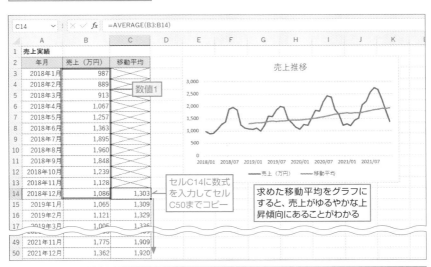

セルC14に数式を入力してセルC50までコピー

求めた移動平均をグラフにすると、売上がゆるやかな上昇傾向にあることがわかる

=AVERAGE(数値1, [数値2] …)　　　　➡ 02-38

Memo

●例えばかき氷のように季節変動のある商品の場合、夏冬の売上に大きな差があり、グラフ化すると折れ線が乱高下します。しかし、12カ月移動平均を求めてグラフに加えれば、データが平滑化され、季節変動を除外した売上の傾向がつかみやすくなります。

関連項目【08-37】時系列分析における季節変動の長さを求める

02-48 最大値や最小値を求める

マックス ／ ミニマム
MAX／MIN

数値の最大値はMAX関数、最小値はMIN関数で求めます。ここでは売上表から、最高売上と最低売上を求めます。

▶最高売上と最低売上を求める

E2	= MAX(B3:B7)
	数値1

E3	= MIN(B3:B7)
	数値1

E2	▼	: × ✓ fx	=MAX(B3:B7)					
	A	B	C	D	E	F	G	H	I
1	クリアランスセール売上高			売上分析				
2	日付	売上高		最高売上	2,167,500	← MAX関数を入力		
3	7月6日	920,400		最低売上	813,100	← MIN関数を入力		
4	7月7日	813,100						
5	7月8日	1,181,300	数値1			売上高の最大値と		
6	7月9日	2,167,500				最小値が求められた		
7	7月10日	1,809,700						

=MAX(数値 1, 【数値 2】 …)　　　　　　　　　　　　　　　　　　　　　統計

数値…最大値を求める値やセル範囲を指定
指定した「数値」の最大値を返します。セル範囲に含まれる文字列、論理値、空白セルは無視されます。「数値」は 255 個まで指定できます。

=MIN(数値 1, 【数値 2】 …)　　　　　　　　　　　　　　　　　　　　　統計

数値…最小値を求める値やセル範囲を指定
指定した「数値」の最小値を返します。セル範囲に含まれる文字列、論理値、空白セルは無視されます。「数値」は 255 個まで指定できます。

Memo

● 「=MAX(B2,D2)」とすると、セル B2 とセル D2 のうち、大きいほうを求められます。また、「=MIN(B2,D2)」では、セル B2 とセル D2 のうち、小さいほうを求められます。

関連項目　【02-50】条件に合致するデータの最大値を求める
　　　　　　【02-51】条件に合致するデータの最小値を求める

02-49 最大絶対値や最小絶対値を求める

マックス　アブソリュート
MAX／ABS

　正負の数値の集合から絶対値の最大値を求めるには、最大値を求めるMAX関数と絶対値を求めるABS関数を組み合わせて配列数式（→【01-31】）として入力します。ここでは、製品の重量検査の結果の表から誤差が最も大きいデータを調べます。

▶「誤差」欄のデータから絶対値が最大のデータを求める

E3 ＝ MAX(ABS(C3:C7))
　　　　　数値　　　　　　　　［配列数式として入力］

E3		fx	{=MAX(ABS(C3:C7))}				
	A	B	C	D	E	F	G	H

製品抜き取り検査

サンプルNo	重量（g）	誤差（重量-基準値）		最大絶対値
1	101.8	1.8		3.2
2	99.8	-0.2		
3	100.3	0.3		
4	96.8	-3.2		
5	100.5	0.5		
基準値	100			

数式を入力し、【Ctrl】＋【Shift】＋【Enter】キーで確定

数値

誤差の絶対値の最大値が求められた

=MAX(数値 1, [数値 2] …)　　➡ 02-48
=ABS(数値)　　➡ 04-32

Memo

●上記の配列数式は、セル D3 に「=ABS(C3)」を入力してセル D7 までコピーし、そこから MAX 関数で「=MAX(D3:D7)」のように最大値を求める操作に相当します。

●Microsoft 365 と Excel 2021 では、【Enter】キーだけで確定できます。

●数式の「MAX」を「MIN」に変えれば、誤差の絶対値の最小値「0.2」が求められます。
=MIN(ABS(C3:C7))

関連項目　【02-48】最大値や最小値を求める

02-50 条件に合致するデータの 最大値を求める

マックス・イフ・エス
MAXIFS

　バージョンが2019以降のExcelでは、MAXIFS関数を使用すると条件に合致するデータの最大値を求められます。ここでは、「都度払い」の会員の来店回数の最大値を求めます。Excel 2016の場合は、下記のMemoを参照してください。

▶支払方法が「都度払い」の会員の来店回数の最大値を求める

G7 = MAXIFS(E3:E9 , C3:C9 , G3)
　　　　　　　最大範囲　条件範囲1　条件1

	A	B	C	D	E	F	G	H	I	J	K	L	M
							=MAXIFS(E3:E9,C3:C9,G3)						
1	エクセルスポーツ会員リスト						■条件						
2	No	氏名	支払	入会日	来店回数		支払						
3	1	小林　圭太	月払い	2021/10/18	61		都度払い	条件1					
4	2	深沢　比呂	月払い	2021/12/16	7								
5	3	根本　邦江	都度払い	2022/1/26	31		■最大値						
6	4	須賀　真人	月払い	2022/2/10	47		来店回数						
7	5	島　まりえ	都度払い	2022/2/24	8		31	数式を入力					
8	6	野中　由香	都度払い	2022/3/16	17								
9	7	江川　洋介	月払い	2022/3/19	10								
10													
11			条件範囲1		最大範囲								

都度払いの会員の来店回数の最大値が求められた

=MAXIFS(最大範囲 , 条件範囲1, 条件1 , [条件範囲2, 条件2] …) [365/2021/2019]　統計

最大範囲…最大値を求める対象の数値データが入力されているセル範囲を指定
条件範囲…条件判定の対象となるデータが入力されているセル範囲を指定
条件…最大値を求める対象のデータを検索するための条件を指定
指定した「条件」に合致するデータを「条件範囲」から探し、条件に合致した行の「最大範囲」のデータから最大値を求めます。「条件範囲」と「条件」は必ずペアで指定します。最大127組のペアを指定できます。

Memo

● Excel 2016 の場合は、セル G7 に次の数式を入力し、【Ctrl】+【Shift】+【Enter】キーで確定して配列数式（→【01-31】）にすると最大値の「31」が求められます。
=MAX(IF(C3:C9=G3,E3:E9,""))

関連項目　【02-51】条件に合致するデータの最小値を求める

02-51 条件に合致するデータの 最小値を求める

MINIFS

バージョンが2019以降のExcelでは、MINIFS関数を使用すると条件に合致するデータの最小値を求められます。ここでは、入会日が「2022/1/1以降」の会員の来店回数の最小値を求めます。Excel 2016の場合は、下記のMemoを参照してください。

▶「2022/1/1以降」に入会した会員の来店回数の最小値を求める

G7 = MINIFS(E3:E9 , D3:D9 , ">="&G3)
　　　　　　　最小範囲　条件範囲1　条件1

	A	B	C	D	E	F	G	H	I	J	K	L	M
1	エクセルスポーツ会員リスト						■条件						
2	No	氏名	支払	入会日	来店回数		入会日						
3	1	小林　圭太	月払い	2021/10/18	61		2022/1/1以降						
4	2	深沢　比呂	月払い	2021/12/16	7		条件1						
5	3	根本　邦江	都度払い	2022/1/26	31								
6	4	須賀　真人	月払い	2022/2/10	47		■最小値						
7	5	島　まりえ	都度払い	2022/2/24	8		来店回数						
8	6	野中　由香	都度払い	2022/3/16	17		8　数式を入力						
9	7	江川　洋介	月払い	2022/3/19	10								
10							指定した日付以降の来店回数の最小値が求められた						
11			条件範囲1	最小範囲									

=MINIFS(最小範囲 , 条件範囲 1 , 条件 1 , [条件範囲 2 , 条件 2] …) [365/2021/2019]　　統計

　　最小範囲…最小値を求める対象の数値データが入力されているセル範囲を指定
　　条件範囲…条件判定の対象となるデータが入力されているセル範囲を指定
　　条件…最小値を求める対象のデータを検索するための条件を指定
指定した「条件」に合致するデータを「条件範囲」から探し、条件に合致した行の「最小範囲」のデータから最小値を求めます。「条件範囲」と「条件」は必ずペアで指定します。最大 127 組のペアを指定できます。

Memo

● Excel 2016 の場合は、セル G7 に次の数式を入力し、【Ctrl】+【Shift】+【Enter】キーで確定して配列数式(→【01-31】)にすると最小値の「8」が求められます。
=MIN(IF(D3:D9>=G3,E3:E9,""))

関連項目 【02-50】条件に合致するデータの最大値を求める

02-52 データベース関数って何？

📑「データベース関数」とは？

　データベース関数は、条件表に入力した条件に合致するデータを集計する関数です。データベース関数による集計が可能なのは、次のようなデータベース形式の表です。
・1行目に列見出し（フィールド名）が入力されている
・1件分のデータ（レコード）が1行に入力されている
・列（フィールド）ごとに同じ種類のデータが入力されている

▶データベースと条件表

📑 データベース関数の種類

　データベース関数にはさまざまな種類があります。下表は本書で扱うデータベース関数の種類です。

▶データベース関数の種類

関数	説明	参照先
DCOUNT	条件に合致したレコードの数値データの個数を求める	02-53
DCOUNTA	条件に合致したレコードのデータの個数を求める	02-64
DSUM	条件に合致したレコードの数値データの合計を求める	02-65
DAVERAGE	条件に合致したレコードの数値データの平均を求める	02-66
DMAX	条件に合致したレコードの数値データの最大値を求める	02-67
DMIN	条件に合致したレコードの数値データの最小値を求める	02-67

データベース関数の条件の指定方法

データベース関数の具体的な使用例は次ページ以降で紹介していきますが、ここで簡単に条件表のルールを説明しておきます。

条件表の1行目にデータベースと同じ列見出しを付け、2行目以降に条件を入力します。条件表の列見出しは、データベースから条件に合致するデータを探す際の手掛かりになるので、必ずデータベースと同じ列見出しを入力してください。複数の条件を組み合わせる場合、AND条件は同じ行に入力し、OR条件は異なる行に入力します。

▶単数条件の条件表

受注内容
=HP制作

受注内容が「HP制作」

▶AND条件の条件表

受注内容	受注金額
=HP制作	>=1000000

受注内容が「HP制作」かつ受注金額が「1,000,000以上」

受注日	受注日
>=2022/10/1	<=2022/10/31

受注日が「2022/10/1」から「2022/10/31」まで

▶OR条件の条件表

チーフ
=宮崎
=長谷

チーフが「宮崎」または「長谷」

チーフ	サブ
=宮崎	
	=宮崎

チーフが「宮崎」またはサブが「宮崎」

Memo

● データベース関数は、どの関数も条件の指定方法は同じです。本書では【02-55】〜【02-63】でDCOUNT関数を例にさまざまな条件の指定例を紹介しています。ほかの関数を使う場合にも共通のテクニックなので参考にしてください。

● あらかじめデータベースの列見出しを丸ごとコピーして条件表を作っておくと、条件を変更するときに必要なセルを埋めるだけなので簡単です。条件が空欄のフィールドは、条件なしと見なされます。なお、条件が1つも入力されていない行を条件として指定すると、条件が一切ないものとして全レコードが集計されます。

No	受注日	受注内容	チーフ	サブ	受注金額
		=HP制作			

Noや受注日など、空欄のフィールドは条件なしと見なされる

この条件表全体で、「受注内容がHP制作」という単一条件となる

02-53 別表で指定した条件を満たす数値の個数を求める

DCOUNT
ディー・カウント

　DCOUNT関数を使用すると、条件表で指定した条件に合致するデータを
データベースから探し、指定した列にある数値の個数をカウントできます。
ここでは、入社年が「2022」年であることを条件として、「資格手当」列の
数値の個数を数えます。

▶2022年入社の社員で資格手当がある人数を求める

```
G7 = DCOUNT(A2:E9 , E2 , G2:G3)
        データベース │ 条件範囲
            フィールド
```

| G7 | ∨ : × ✓ fx | =DCOUNT(A2:E9,E2,G2:G3) |

	A	B	C	D	E	F	G	H	I	J
1	スタッフ名簿						条件			
2	No	氏名	入社年	基本給	資格手当	←フィールド	入社年	←条件範囲		
3	1	佐田 朱里	2019	250,000	10,000		2022			
4	2	野中 真也	2020	240,000						
5	3	五十嵐 良	2021	230,000			件数			
6	4	松野 公佳	2021	230,000	10,000	←データベース	資格手当有			
7	5	大石 孝弘	2022	220,000	8,000		2	←数式を入力		
8	6	佐藤 陽子	2022	220,000	5,000					
9	7	三木 翔太	2022	200,000			2022年入社の社員で資格手当がある人数を求められた			
10										

=DCOUNT(データベース , フィールド , 条件範囲)　　　　　　　　　　　　　**データベース**

データベース…データベースのセル範囲を指定。1行目に列見出しを入力しておくこと
フィールド…集計対象の列見出し、または列番号を指定。列見出しは文字列を「"」で囲んで指定する
か、列見出しが入力されたセルを指定。列番号は左端列を1として数える
条件範囲…条件を入力したセル範囲を指定。条件の上には列見出しを入力しておくこと
「条件範囲」で指定した条件を満たすデータを「データベース」から探し、指定した「フィールド」にある
数値の個数を返します。「フィールド」に何も指定しないと、条件を満たす行数が返されます。

Memo

●DCOUNT関数の2番目の引数「フィールド」に、「E2」を指定する代わりに「" 資格手当 "」や「5」
を指定しても、サンプルと同じ結果になります。

関連項目 【02-54】別表で指定した条件を満たすデータ数（レコード数）を求める

02-54 別表で指定した条件を満たすデータ数（レコード数）を求める

DCOUNT関数は数値の個数を求めるデータベース関数ですが、2番目の引数「フィールド」に何も指定しないと、条件を満たすデータ数、つまりレコード数が求められます。サンプルでは、入社年が「2022」年の社員数を求めます。

▶2022年入社の社員の人数を求める

G7	= DCOUNT(A2:E9 ,, G2:G3)
	データベース　条件範囲

=DCOUNT(データベース , フィールド , 条件範囲)	→ 02-53

Memo

● データベース関数は DCOUNT、DCOUNTA、DSUM、DAVERAGE、DMAX、DMIN など、いずれも関数名が「D」で始まり、すべて次の書式です。
　= データベース関数 (データベース , フィールド , 条件範囲)

● [数式] タブの関数ライブラリには、「データベース関数」という分類はありません。[関数の挿入] ダイアログから入力するか、手入力してください

関連項目【02-52】データベース関数って何？

02-55 データベース関数の条件設定
<①文字列の完全一致の条件で集計する>

ディー・カウント
DCOUNT

「商品名」が「コーヒー」に完全一致するデータを探したいときは、条件としてセルに「="=コーヒー"」と入力します。入力後、セルには「=コーヒー」と表示されます。単に「コーヒー」と入力すると条件は「コーヒーで始まる」になり、「コーヒーゼリー」もカウントされてしまうので注意してください。

▶「商品名」欄から「コーヒー」のデータ数を求める

E8	= DCOUNT(A2:C9 ,, E2:E3)
	データベース　条件範囲

	E3	∨ : × ✓ fx	="=コーヒー"						
▲	A	B	C	D	E	F	G	H	I
1	売上記録				条件				
2	日付	商品名	売上		商品名				
3	2022/4/1	コーヒー	254,000		=コーヒー		「="=コーヒー"」と入力		
4	2022/4/1	コーヒーゼリー	85,000						
5	2022/4/2	紅茶	100,000		条件範囲				
6	2022/4/3	アイスコーヒー	128,000		件数				
7	2022/4/5	コーヒー	180,000		データ数				
8	2022/4/7	紅茶	70,000		2		数式を入力		
9	2022/4/7	コーヒーゼリー	65,000						
10							「コーヒー」のデータ数が求められた		
11		データベース							
12									

=DCOUNT(データベース , フィールド , 条件範囲)	→ 02-53

> **Memo**
>
> ●ここから【02-63】まで、データベース関数の条件設定のテクニックを紹介します。DCOUNT関数を例にしますが、他のデータベース関数でデータを集計する際にも共通するテクニックです。
>
> ●条件表に単に「コーヒー」と入力すると、データベースから「コーヒー」で始まるデータがすべて検索されます。サンプルの場合、「コーヒー」の他に「コーヒーゼリー」もカウントされ、結果は「4」になります。

関連項目 【02-54】別表で指定した条件を満たすデータ数（レコード数）を求める

02-56 データベース関数の条件設定
<②文字列の部分一致の条件で集計する>

ディー・カウント
DCOUNT

　ワイルドカード文字（→【06-03】）の「*」を使用すると、「○○を含む」「○○で始まる」「○○で終わる」など、部分一致の条件を指定できます。「*」は、0文字以上の任意の文字列を表します。ここでは、「コーヒー」で終わる「商品」のデータ数を求めます。条件は、「="=*コーヒー"」のように指定します。セルには「=*コーヒー」と表示されます。

▶「商品名」欄から「コーヒー」で終わるデータの数を求める

E8	= DCOUNT(A2:C9 ,, E2:E3)
	データベース　　条件範囲

	E3	∨	:	× ✓ ƒx	="=*コーヒー"				
	A	B	C	D	E	F	G	H	I	J

	A	B	C	D	E
1	売上記録				条件
2	日付	商品名	売上		商品名
3	2022/4/1	コーヒー	254,000		=*コーヒー
4	2022/4/1	コーヒーゼリー	85,000		条件範囲
5	2022/4/2	紅茶	100,000		
6	2022/4/3	アイスコーヒー	128,000		件数
7	2022/4/5	コーヒー	180,000		データ数
8	2022/4/7	紅茶	70,000		3
9	2022/4/7	コーヒーゼリー	65,000		
10		データベース			
11					

「="=*コーヒー"」と入力

数式を入力

「コーヒー」で終わるデータの数が求められた

=DCOUNT (データベース , フィールド , 条件範囲)　　→ 02-53

Memo

● 条件を単に「*コーヒー」としただけでは、「コーヒーゼリー」のように「コーヒー」の後ろに文字が付くデータも検索されてしまいます。サンプルのように「="=*コーヒー"」と入力すると、「コーヒー」の後ろに何も付かない「コーヒー」「アイスコーヒー」がカウントされます。

● ワイルドカード文字には、0文字以上の任意の文字列の代用となる「*」と、任意の1文字の代用となる「?」があります。例えば「="=*コーヒー*"」は「コーヒーを含む」、「="=コーヒー???"」は「コーヒーで始まる7文字」を表します。

関連項目　【06-03】ワイルドカード文字を理解しよう

02-57 データベース関数の条件設定
<③数値や日付の範囲を条件に集計する>

DCOUNT ディー・カウント

数値や日付の範囲を条件として指定するには、比較演算子を使用します。ここでは売上が10万円以上のデータ数を求めます。

▶売上が10万円以上のデータ数を求める

F8 = DCOUNT(A2:D9 ,, F2:F3)
データベース　条件範囲

	F3		fx	>=100000	

	A	B	C	D	E	F	G	H	I	J	K
1	発送リスト					条件					
2	No	発送先	売上	発送		売上					
3	1001	ダイダイ商事	254,000	済		>=100000	「>=100000」と入力				
4	1002	山吹フーズ	85,000	済							
5	1003	グリーン食品	100,000			条件範囲					
6	1004	ホワイトマート	128,000	済		件数					
7	1005	山吹フーズ	180,000	済		データ数					
8	1006	茜マーケット	70,000			5	数式を入力				
9	1007	グリーン食品	100,000								
10		データベース					10万円以上の売上データの数が求められた				

=DCOUNT(データベース , フィールド , 条件範囲) → 02-53

> **Memo**
>
> ●下表は、数値や日付の範囲の指定例です。
>
> | 比較演算子 | 説明 | 使用例 | 意味 |
> |---|---|---|---|
> | > | より大きい、より後 | >2022/1/1 | 2022/1/1より後 |
> | >= | 以上、以降 | >=2022/1/1 | 2022/1/1以降 |
> | < | より小さい、より前 | <50 | 50より小さい |
> | <= | 以下、以前 | <=50 | 50以下 |
> | <> | 等しくない | <>50 | 50に等しくない |
>
> ※数値や日付が「等しい」という条件を指定するには、条件のセルに「50」「2022/1/1」のように数値や日付をそのまま入力します。

関連項目 【02-56】データベース関数の条件設定<②文字列の部分一致の条件で集計する>

02-58 データベース関数の条件設定
<④未入力／入力済の条件で集計する>

DCOUNT
ディー・カウント

指定した列に「データが入力されていない」という条件は「="="」、「データが入力されている」という条件は「="<>"」で表します。サンプルでは「発送」列の条件として「="="」を指定して、未発送の件数を求めます。条件のセルには「=」と表示されます。

▶未発送の売上データの数を求める

F8	= DCOUNT(A2:D9 ,, F2:F3)
	データベース　条件範囲

F3	⌄	:	× ✓ fx	="="					
	A	B	C	D	E	F	G	H	I	J
1	発送リスト					条件			
2	No	発送先	売上	発送		発送			
3	1001	ダイダイ商事	254,000	済		=		「="="」と入力	
4	1002	山吹フーズ	85,000	済		条件範囲			
5	1003	グリーン食品	100,000						
6	1004	ホワイトマート	128,000	済		件数			
7	1005	山吹フーズ	180,000	済		データ数			
8	1006	茜マーケット	70,000			3	数式を入力		
9	1007	グリーン食品	100,000						
10						未発送の売上データの			
11		データベース				数が求められた			

=DCOUNT(データベース , フィールド , 条件範囲) ➡ 02-53

> **Memo**
>
> ● サンプルでは DCOUNT 関数を使用していますが、他のデータベース関数でも条件範囲の指定方法は同じです。例えばサンプルで未発送の売上データの合計を求めるには、次のような数式を入力します。結果は「270,000」になります。
> =DSUM(A2:D9,C2,F2:F3)
>
> ● セル F3 の条件を「="<>"」に変えると、「発送」列に入力があるデータの数が求められます。結果は「4」になります。

関連項目 【02-55】データベース関数の条件設定<①文字列の完全一致の条件で集計する>

02-59 データベース関数の条件設定
<⑤OR条件で集計する>

DCOUNT
ディー・カウント

複数の条件のいずれかを満たすデータを検索したいときは、条件表の異なる行に条件を入力します。サンプルでは、住所が「東京都」または「神奈川県」というOR条件でデータ数を求めます。

▶住所が「東京都」または「神奈川県」のデータ数を求める

F8 = DCOUNT(A2:D9 ,, F2:F4)
　　　　　データベース　条件範囲

F8			fx	=DCOUNT(A2:D9,,F2:F4)				
	A	B	C	D	E	F	G
1	顧客リスト					条件	
2	No	顧客名	住所	勤務先		住所	
3	1	小林　武文	東京都	東京都		=東京都	条件範囲
4	2	太田　大地	埼玉県	埼玉県		=神奈川県	
5	3	五十嵐　光	千葉県	千葉県			
6	4	川崎　成実	東京都	神奈川県		件数	
7	5	馬場　義博	神奈川県	東京都		データ数	
8	6	小手川　愛	千葉県	東京都		3	←数式を入力
9	7	大塚　尚	埼玉県	千葉県			
10			データベース			住所が「東京都」または「神奈川県」	
11						のデータ数が求められた	

=DCOUNT(データベース , フィールド , 条件範囲)　　→ 02-53

Memo

●「住所」欄には「東京都」「神奈川県」で始まるデータが他にないので、条件を単に「東京都」「神奈川県」と入力してもDCOUNT関数の結果はサンプルと同じ「3」になります。

●ここでは同じ「住所」列に対して2つのOR条件を指定しましたが、異なる列に対してOR条件を設定することもできます。例えば右図の場合、「住所が東京都または勤務先が東京都」という条件になります。サンプルでこの条件に合うデータは4件です。

住所	勤務先
=東京都	
	=東京都

関連項目 【02-60】データベース関数の条件設定<⑥AND条件で集計する>

02-60 データベース関数の条件設定
＜⑥AND条件で集計する＞

ディー・カウント
DCOUNT

　複数の条件をすべて満たすデータを検索したいときは、条件表の同じ行に条件を入力します。サンプルでは「最寄駅が中央駅、かつ賃料が12万円以下、かつ面積が40以上」というAND条件でデータ数を求めます。

▶AND条件でデータ数を求める

F8	= DCOUNT(A2:D9 ,, F2:H3)
	データベース　条件範囲

F8	⌄ : × ✓ fx	=DCOUNT(A2:D9,,F2:H3)							

	A	B	C	D	E	F	G	H	I	J	K
1	物件リスト					条件					
2	物件No	最寄駅	賃料	面積		最寄駅	賃料	面積			
3	1001	中央駅	150,000	52		=中央駅	<=120000	>=40	条件範囲		
4	1002	西駅	85,000	38							
5	1003	中央駅	130,000	46							
6	1004	東駅	110,000	40		件数					
7	1005	西駅	98,000	42		データ数					
8	1006	中央駅	116,000	50		1	数式を入力				
9	1007	中央駅	100,000	39							
10						最寄駅が中央駅、かつ賃料が12万円以下、					
11		データベース				かつ面積が40以上の物件数が求められた					
12											

=DCOUNT(データベース , フィールド , 条件範囲)　　→ 02-53

> **Memo**
>
> ●条件表の「最寄駅」欄には「中央駅」で始まるデータが他にないので、条件を単に「中央駅」と入力してもDCOUNT関数の結果はサンプルと同じ「1」になります。
>
> ●AND条件とOR条件を組み合わせた条件も指定可能です。例えば右図の場合、「最寄駅が中央駅、かつ賃料が12万円以下、かつ面積が40以上」または「最寄駅が西駅、かつ賃料が12万円以下、かつ面積が40以上」という条件になります。サンプルでこの条件に合うデータは2件です。

最寄駅	賃料	面積
=中央駅	<=120000	>=40
=西駅	<=120000	>=40

関連項目 【02-59】データベース関数の条件設定＜⑤OR条件で集計する＞

02-61 データベース関数の条件設定
<⑦「○以上△以下」の条件で集計する>

DCOUNT
ディー・カウント

「○以上△以下」の条件を指定するには、条件表に同じ列見出しの列を2つ用意し、「○以上、かつ、△以下」というAND条件を入力します。ここでは「受注日」が「2022/10/1以降2022/11/30以前」という条件で受注件数を求めます。

▶「2022/10/1から2022/11/30まで」の受注件数を求める

E8	= DCOUNT(A2:C9 ,, E2:F3)
	データベース　条件範囲

	A	B	C	D	E	F	G	H
1	受注記録				条件			
2	受注日	受注内容	受注金額		受注日	受注日		
3	2022/9/1	テラス屋根設置	180,000		>=2022/10/1	<=2022/11/30		条件範囲
4	2022/9/18	クロス張り替え	580,000					
5	2022/10/12	台所リフォーム	2,500,000					
6	2022/10/26	浴室リフォーム	850,000		件数			
7	2022/11/18	外壁塗装	460,000		データ数			
8	2022/11/30	台所リフォーム	1,090,000		4		数式を入力	
9	2022/12/4	カーポート設置	370,000					
10					「2022/10/1から2022/11/30まで」			
11		データベース			の受注件数が求められた			
12								

`=DCOUNT( データベース , フィールド , 条件範囲 )` ➡ **02-53**

> **Memo**
>
> ● データベースの日付に何らかの表示形式が設定されている場合でも、条件の日付は「2022/10/1」形式で指定します。例えば、データベースの日付が「10月1日」形式で入力されている場合、表面上は「年」データが存在しないように見えますが、実際にはセルに「2022/10/1」のように年データが含まれています。したがって、正しく検索するためには、「年」も含めて指定します。

関連項目 【02-60】データベース関数の条件設定<⑥AND条件で集計する>

02-62 データベース関数の条件設定
<⑧条件を論理式で指定して集計する>

DCOUNT
ディー・カウント

　データベース関数の条件を、論理式で指定することもできます。論理式とは、結果がTRUEまたはFALSEになる式のことです。ここでは、「=WEEKDAY(A3)=1」という論理式を使用して、受注日が日曜日のデータをカウントします。「受注日」列の先頭セルを相対参照で指定することで、その列の各行を対象に条件判定を行えます。なお、条件表には、データベースとは異なる任意の列見出しを付けてください。

▶受注日が日曜日に当たるデータ数を求める

E3	= WEEKDAY(A3)=1
	シリアル値

E8	= DCOUNT(A2:C9 ,, E2:E3)
	データベース　条件範囲

```
=WEEKDAY( シリアル値 , [種類] )        → 05-47
=DCOUNT( データベース , フィールド , 条件範囲 )   → 02-53
```

> **Memo**
>
> ● WEEKDAY 関数は、日付の曜日番号を返す関数です。日曜日の曜日番号は「1」なので、「=WEEKDAY(A3)=1」という論理式が「TRUE」の場合は日曜日、「FALSE」の場合は日曜日でないと判断されます。条件表のセル E3 には「受注日」の先頭セル A3 の判定結果だけが表示されますが、DCOUNT 関数ではセル A3〜A9 の曜日が判定されます。

関連項目 【03-01】論理値って何？　論理式って何？

02-63 データベース関数の条件設定 <⑨全レコードを対象に集計する>

DCOUNT
ディー・カウント

データベース内の全データ（全レコード）に対してデータ数や合計を求めたいときは、条件表の列見出しの下を空白にしておきます。条件を空白にしておくことで、条件なしの集計が行われます。

▶データベースの全レコード数を求める

F8	= DCOUNT(A2:D9 ,, F2:F3)
	データベース　条件範囲

F8	∨	:	× ✓ fx	=DCOUNT(A2:D9,,F2:F3)					
	A	B	C	D	E	F	G	H	I	J
1	物件リスト					条件				
2	物件No	最寄駅	賃料	面積		物件No				
3	1001	中央駅	150,000	52						
4	1002	西駅	85,000	38						
5	1003	中央駅	130,000	46		件数				
6	1004	東駅	110,000	40						
7	1005	西駅	98,000	42		データ数				
8	1006	中央駅	116,000	50		7				
9	1007	中央駅	100,000	39						
10										

空欄にする

条件範囲

データベース

数式を入力

全レコード数が求められた

=DCOUNT(データベース , フィールド , 条件範囲)	**→ 02-53**

Memo

● 右図のように、「物件 No」の下を空白にして、「最寄駅」の下に「="= 中央駅 "」を入力した場合、条件は「物件 No は条件なし、かつ、最寄駅は中央駅」と見なされます。

物件No	最寄駅
	=中央駅

● 条件を指定しているのに全レコードが集計の対象になってしまう場合は、データベース関数の引数「条件範囲」に余分な空白行を指定している可能性があります。「条件範囲」に空白行を含む範囲を指定すると、全レコードが集計の対象になってしまいます。引数を正しく指定し直しましょう。

	F	G
	条件	
	最寄駅	
	=中央駅	

「条件範囲」に空白行を含めた範囲を指定すると、全レコードが集計される

関連項目 【02-54】別表で指定した条件を満たすデータ数（レコード数）を求める

02-64 別表で指定した条件を満たす データの個数を求める

ディー・カウント・エー
DCOUNTA

　DCOUNTA関数を使用すると、条件表で指定した条件に合致するデータをデータベースから探し、指定した列にある空白以外のセルの個数をカウントできます。ここでは、ランクが「ゴールド」であることを条件として、「更新」列のデータ数を数えます。

▶更新済みのゴールド会員の人数を調べる

F7	= DCOUNTA(A2:D9 , D2 , F2:F3)

データベース ｜ 条件範囲
フィールド

	A	B	C	D	E	F	G	H	I	J
1	会員名簿					条件				
2	No	氏名	ランク	更新		ランク				
3	1	所　みどり	ダイヤモンド	済		=ゴールド				
4	2	福沢　光一	ゴールド							
5	3	君塚　由人	ゴールド	済		件数				
6	4	本田　美奈	ダイヤモンド	済		更新済み				
7	5	川倉　吾郎	シルバー			2				
8	6	岡安　良子	シルバー	済						
9	7	戸田　健司	ゴールド	済						
10										

フィールド
条件範囲
データベース
数式を入力
更新済みのゴールド会員の人数を求められた

=DCOUNTA(データベース , フィールド , 条件範囲) 　　　データベース

データベース…データベースのセル範囲を指定。1行目に列見出しを入力しておくこと
フィールド…集計対象の列見出し、または列番号を指定。列見出しは文字列を「"」で囲んで指定するか、列見出しが入力されたセルを指定。列番号は左端列を1として数える
条件範囲…条件を入力したセル範囲を指定。条件の上には列見出しを入力しておくこと
「条件範囲」で指定した条件を満たすデータを「データベース」から探し、指定した「フィールド」にある空白でないセルの個数を返します。「フィールド」に何も指定しないと、条件を満たす行数が返されます。

Memo

● DCOUNT関数の2番目の引数「フィールド」に、「D2」を指定する代わりに「" 更新 "」や「4」を指定しても、サンプルと同じ結果になります。

関連項目【02-53】別表で指定した条件を満たす数値の個数を求める

02-65 別表で指定した条件を満たす データの合計を求める

DSUM
ディー・サム

DSUM関数を使用すると、条件表で指定した条件に合致するデータをデータベースから探し、指定した列にある数値の合計を求められます。ここでは、「2022/1/1」以降の「売上」を合計します。

▶「2022/1/1」以降の売上の合計を求める

| E7 | | | | fx | =DSUM(A2:C9,C2,E2:E3) | | | |

	A	B	C	D	E	F	G	H
1	売上記録				条件			
2	日付	担当者	売上	フィールド	日付	条件範囲		
3	2021/12/10	小手川	1,000,000		>=2022/1/1			
4	2021/12/18	飯田	600,000					
5	2021/12/29	佐々木	850,000	データベース	合計			
6	2022/1/10	佐々木	1,500,000		売上			
7	2022/1/13	小手川	500,000		4,400,000	数式を入力		
8	2022/1/24	飯田	2,000,000					
9	2022/1/31	松岡	400,000		「2022/1/1」以降の売上の合計が求められた			
10								

=DSUM(データベース , フィールド , 条件範囲) データベース

データベース…データベースのセル範囲を指定。1行目に列見出しを入力しておくこと
フィールド…集計対象の列見出し、または列番号を指定。列見出しは文字列を「"」で囲んで指定するか、列見出しが入力されたセルを指定。列番号は左端列を1として数える
条件範囲…条件を入力したセル範囲を指定。条件の上には列見出しを入力しておくこと
「条件範囲」で指定した条件を満たすデータを「データベース」から探し、指定した「フィールド」にある数値の合計を返します。該当データがないときは、「0」が返されます。

Memo

●データベース関数には、不偏分散を求めるDVAR関数、分散を求めるDVARP関数、不偏標準偏差を求めるDSTDEV関数、標準偏差を求めるDSTDEVP関数もあります。引数や使い方は他のデータベース関数と同じです。

関連項目【02-57】データベース関数の条件設定＜③数値や日付の範囲を条件に集計する＞

02-66 別表で指定した条件を満たすデータの平均を求める

ティー・アベレージ
DAVERAGE

　DAVERAGE関数を使用すると、条件表で指定した条件に合致するデータをデータベースから探し、指定した列にある数値の平均を求められます。ここでは、「="=東京都*区"」という条件を指定して、住所が「東京都○○区」の会員の年齢の平均を求めます。

▶東京都23区の会員の年齢の平均を求める

F7	= DAVERAGE(A2:D9 , C2 , F2:F3)

データベース　　　条件範囲
フィールド

=DAVERAGE(データベース , フィールド , 条件範囲)　　　データベース

データベース…データベースのセル範囲を指定。1行目に列見出しを入力しておくこと
フィールド…集計対象の列見出し、または列番号を指定。列見出しは文字列を「"」で囲んで指定するか、列番号が入力されたセルを指定。列番号は左端列を1として数える
条件範囲…条件を入力したセル範囲を指定。条件の上には列見出しを入力しておくこと
「条件範囲」で指定した条件を満たすデータを「データベース」から探し、指定した「フィールド」にある数値の平均を返します。該当データがないときは、[#DIV/0!]が返されます。

> **Memo**
>
> ●「*」は、0文字以上の文字列を表すワイルドカード文字です。サンプルで「東京都*区」に該当するのは、「東京都港区」「東京都江東区」「東京都千代田区」「東京都大田区」です。ちなみに、1文字を表す「?」を使って条件を「東京都??区」とすると、該当データは「東京都江東区」「東京都大田区」になります。

関連項目 【06-03】ワイルドカード文字を理解しよう

02-67 別表で指定した条件を満たす データの最大値や最小値を求める

ディー・マックス　ディー・ミニマム
DMAX／DMIN

　データベース関数で最大値と最小値を求めるには、DMAX関数とDMIN関数を使用します。ここでは、最寄駅が「中央駅」であることを条件に、物件の面積の最大値と最小値を求めます。

▶「中央駅」が最寄駅の物件の面積の最大値と最小値を求める

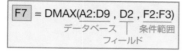

F7	= DMAX(A2:D9 , D2 , F2:F3)

G7	= DMIN(A2:D9 , D2 , F2:F3)

	A	B	C	D	E	F	G	H	I	J	K
1	物件リスト					条件					
2	物件No	最寄駅	賃料	面積		最寄駅					
3	1001	中央駅	150,000	52		=中央駅					
4	1002	西駅	85,000	38							
5	1003	中央駅	130,000	46		面積					
6	1004	東駅	110,000	40		最大値	最小値				
7	1005	西駅	98,000	42		52	39				
8	1006	中央駅	116,000	50							
9	1007	中央駅	100,000	39							
10											

フィールド … 面積（D列）
条件範囲 … 最寄駅（F2:F3）
データベース … A2:D9
数式を入力 … F7、G7

「中央駅」が最寄駅の物件の面積の最大値と最小値が求められた

=DMAX(データベース , フィールド , 条件範囲)
　　　　　　　　　　　　　　　　　　　　　　　　　データベース

データベース…データベースのセル範囲を指定。1 行目に列見出しを入力しておくこと
フィールド…集計対象の列見出し、または列番号を指定。列見出しは文字列を「"」で囲んで指定するか、列見出しが入力されたセルを指定。列番号は左端列を 1 として数える
条件範囲…条件を入力したセル範囲を指定。条件の上には列見出しを入力しておくこと
「条件範囲」で指定した条件を満たすデータを「データベース」から探し、指定した「フィールド」にある数値の最大値を返します。該当データがないときは、「0」が返されます。

=DMIN(データベース , フィールド , 条件範囲)
　　　　　　　　　　　　　　　　　　　　　　　　　データベース

データベース…データベースのセル範囲を指定。1 行目に列見出しを入力しておくこと
フィールド…集計対象の列見出し、または列番号を指定。列見出しは文字列を「"」で囲んで指定するか、列見出しが入力されたセルを指定。列番号は左端列を 1 として数える
条件範囲…条件を入力したセル範囲を指定。条件の上には列見出しを入力しておくこと
「条件範囲」で指定した条件を満たすデータを「データベース」から探し、指定した「フィールド」にある数値の最小値を返します。該当データがないときは、「0」が返されます。

関連項目 【02-55】データベース関数の条件設定＜①文字列の完全一致の条件で集計する＞

02-68 別表で指定した条件を満たす データを取り出す

ディー・ゲット
DGET

　DGET関数を使用すると、別表で指定した条件を満たすデータをデータベースから探し、指定した列にあるデータを取り出すことができます。他のデータベース関数が、条件を満たすデータすべてを対象に集計するのに対して、DGET関数は1つの値を取り出すために使用します。条件を満たすデータが複数ある場合、エラーになるので注意してください。ここでは「売れ行き」列に「1」が入力されている商品の「品番」を取り出します。

▶売れ行きが1位の商品の品番を調べる

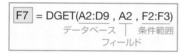

F7	= DGET(A2:D9 , A2 , F2:F3)
	データベース ｜ 条件範囲
	フィールド

| F7 | ✓ fx | =DGET(A2:D9,A2,F2:F3) |

	A	B	C	D	E	F	G	H
1	商品一覧					条件		
2	品番	商品名	単価	売れ行き	[フィールド]	売れ行き	[条件範囲]	
3	K4-75	4K液晶テレビ75型	310,000	7		1		
4	K4-65	4K液晶テレビ65型	180,000	6				
5	K4-55	4K液晶テレビ55型	120,000	1				
6	K4-50	4K液晶テレビ50型	120,000	2		結果		
7	K4-43	4K液晶テレビ43型	95,000	4		品番		
8	K2-40	2K液晶テレビ40型	51,000	3		K4-55	[数式を入力]	
9	K2-32	2K液晶テレビ32型	36,000	5				
10		[データベース]				売れ行きが1位の商品の		
11						品番が求められた		

=DGET(データベース , フィールド , 条件範囲)　　　データベース

　データベース…データベースのセル範囲を指定。1行目に列見出しを入力しておくこと
　フィールド…集計対象の列見出し、または列番号を指定。列見出しは文字列を「"」で囲んで指定するか、列見出しが入力されたセルを指定。列番号は左端列を1として数える
　条件範囲…条件を入力したセル範囲を指定。条件の上には列見出しを入力しておくこと
「条件範囲」で指定した条件を満たすデータを「データベース」から探し、指定した「フィールド」にあるデータを返します。該当データがないときは [#VALUE!]、複数見つかったときは [#NUM!] が返されます。

関連項目【02-52】データベース関数って何？

02-69 ピボットテーブルから集計値を取り出すには

ゲット・ピボット・データ
GETPIVOTDATA

Excelには、「ピボットテーブル」という集計機能があります。GETPIVOTDATA関数を使用すると、ピボットテーブルから指定した内容のデータを取り出せます。

二次元のピボットテーブルで、GETPIVOTDATA関数の引数「フィールド」と「アイテム」を2組指定すると、ピボットテーブルの行と列の交差位置の値を取り出せます。サンプルでは、「机」（[商品]フィールド）の行と、「大阪」（[地区]フィールド）の列の交差位置にあるセルC8の値を取り出します。ここでは引数「アイテム」に「机」「大阪」が入力されたセルを指定したので、セルのアイテムを入力し直すと、取り出される値も変わります。

▶大阪の机の売上を取り出す

B16 = GETPIVOTDATA("売上" , $A$3 , "商品" , B14 , "地区" , B15)

	データフィールド	フィールド1	フィールド2
	ピボットテーブル	アイテム1	アイテム2

B16　=GETPIVOTDATA("売上",$A$3,"商品",B14,"地区",B15)

	A	B	C	D	E
1	ピボットテーブル				
2					
3	合計 / 売上	列ラベル			
4	行ラベル	東京	大阪	福岡	総計
5	イス	382,500	399,500	204,000	986,000
6	マット	99,000	127,800	36,000	262,800
7	ライト	75,000	155,000	70,000	300,000
8	机	960,000	560,000	600,000	2,120,000
9	机上棚	174,800	174,800	60,800	410,400
10	本棚	1,095,000	690,000	465,000	2,250,000
11	総計	2,786,300	2,107,100	1,435,800	6,329,200
12					
13			アイテム1		
14	商品	机			
15	地区	大阪	アイテム2		
16	売上	560,000	数式を入力		
17					

この値を取り出したい（C8）

大阪の机の売上を取り出せた

=GETPIVOTDATA(データフィールド , ピボットテーブル , [フィールド 1, アイテム 1] , [フィールド 2, アイテム 2] …) **検索 / 行列**

> データフィールド…取り出すデータのフィールド名を「"」で囲んで指定
> ピボットテーブル…ピボットテーブル内のセルを指定
> フィールド、アイテム…取り出すデータを表すフィールド名とアイテムをペアで指定。フィールド名やアイテム名を直接「"」で囲んで指定するか、フィールド名やアイテム名が入力されたセルを指定
> 「ピボットテーブル」から、指定した「データフィールド」のデータを取り出します。取り出すデータの位置は、「フィールド」と「アイテム」で指定します。「フィールド」と「アイテム」のペアは、126 組まで指定できます。指定を省略すると、ピボットテーブルの右下隅に表示される総計が取り出されます。

Memo

● 引数「データフィールド」と「フィールド」には、[ピボットテーブルのフィールドリスト] の下部に表示されているフィールド名を指定します。[ピボットテーブルのフィールドリスト] は、ピボットテーブル内のセルを選択すると表示されます。

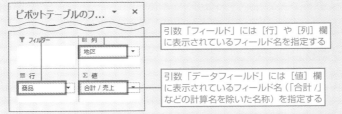

引数「フィールド」には [行] や [列] 欄に表示されているフィールド名を指定する

引数「データフィールド」には [値] 欄に表示されているフィールド名（「合計 /」などの計算名を除いた名称）を指定する

● 数式を入力する際に、「=」を入力してピボットテーブルの集計値のセルをクリックすると、GETPIVOTDATA 関数を自動入力できます。例えば、サンプルのセル C8 をクリックした場合、次の数式が入力されます。
=GETPIVOTDATA(" 売上 ",$A$3," 地区 "," 大阪 "," 商品 "," 机 ")

● 引数の指定次第で、さまざまな集計値が取り出せます。
・机の総計（セル E8）
=GETPIVOTDATA(" 売上 ",$A$3," 商品 "," 机 ")

・大阪の総計（セル C11）
=GETPIVOTDATA(" 売上 ",$A$3," 地区 "," 大阪 ")

・総計（セル E11）
=GETPIVOTDATA(" 売上 ",$A$3)

・他のシートから [Sheet1] シートのピボットテーブルの机の総計を取り出す
=GETPIVOTDATA(" 売上 ",Sheet1!$A$3," 商品 "," 机 ")

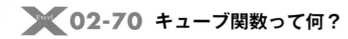

02-70 キューブ関数って何？

📘「キューブ」とは？

　企業などでデータベースを構築する際に、膨大なデータに対応できる「SQL Server」のようなデータベース管理システムが使われることがあります。SQL Serverに大量のデータが蓄積されると、データ分析に時間がかかります。そこで、あらかじめSQL Serverから分析に使うデータを取り出して、集計しやすいように再編したデータベースを作成しておきます。この分析用に作成されたデータベースは、「キューブ」と呼ばれます。分析に特化されたデータベースなので、SQL Serverのデータを直接分析するのに比べ、短時間で効率よく分析できるというわけです。なお、キューブの作成には「SQL Server Analysis Services」という機能が使用されます。

📘「キューブ関数」とは？

　Excelでは、「キューブ関数」を使うことでキューブからデータや集計値を取り出すことができます。つまり、キューブ関数は、キューブからExcelに情報を取り出すための関数です。

　キューブ関数を使用するには、事前に「キューブに接続する」という準備が必要です。接続するには、［データ］タブ→［データの取得］→［データベースから］→［Analysis Servicesから］を実行し、接続のための情報を入力します。その際に、任意の「接続名」を付けます。この接続名は、キューブ関数の引数に指定することになるので、わかりやすい名前を付けておきましょう。なお、接続のための情報は、キューブの管理者に問い合わせてください。

▶キューブとキューブ関数

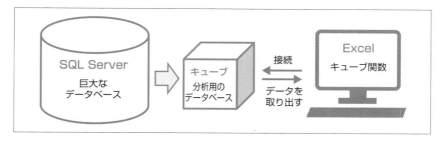

基本用語を押さえる

キューブ関数を使用するにあたり、基本用語を押さえておきましょう。

キューブでは、多次元の分析軸を使用して多角的なデータ分析を行えます。英語の「cube」は立方体という意味ですが、キューブは3次元を超えるデータも扱えます。分析軸のことを「ディメンション」、ディメンション上にある各データを「メンバー」、集計対象の数値を「メジャー」と呼びます。次の図は、3次元の軸で分析する場合の例です。

▶ディメンション、メンバー、メジャー

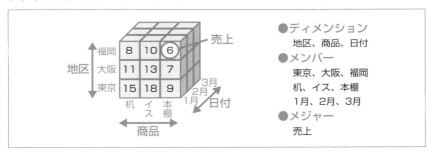

「1月」「1月、東京」「1月、東京、机」のように、キューブから要素を切り出したものを「組」と呼びます。

▶組の例

> **Memo**
> ●ここではキューブ関数を使う前に最低限知っておきたい基礎知識を、非常に単純な例で紹介しました。実際にSQL Severのキューブを扱うには、より深い知識が必要になることがあります。例えば、メンバーやメジャーを指定するための「MDX」と呼ばれる多次元式の知識が必要です。専門の書籍などで学習してください。

関連項目 【02-71】Excel単体の環境でキューブ関数を試すには

02-71 Excel単体の環境で キューブ関数を試すには

📖 Excel単体でキューブ関数を試すには

　キューブ関数の学習のために、個人でSQL Serverを用意するのは大変でしょう。キューブ関数は、「データモデル」というExcel自体の機能をキューブと見なして使うこともできます。そこで本書では、データモデルを利用してキューブ関数を紹介します。データモデルの作成方法は複数ありますが、本書ではピボットテーブルの作成時に一緒に作成されるデータモデルを利用します。ピボットテーブルは、Excelの表を元に集計表を作成する機能です。データモデルはExcelの内部に作成されるもので、画面に表示されるものではありません。

▶本書で使用するデータモデルの作成方法

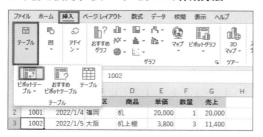

①データベースの表内のセルを1つ選択して、[挿入] タブ→ [テーブル] → [ピボットテーブル] をクリックする。

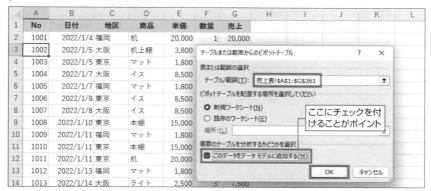

②設定画面が表示されるので、表のセル範囲が正しく指定されていることを確認し、[このデータをデータモデルに追加する] にチェックを付けて [OK] をクリックする。以上の操作で新しいシートにピボットテーブルが作成され、Excel の内部にデータモデルが作成される。

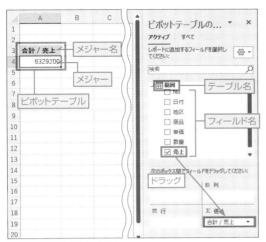

③ピボットテーブル内のセルを選択すると、画面右側に集計項目の設定画面が表示される。その際に、「範囲」というテーブル名が自動設定される。
一覧の［売上］を［値］欄までドラッグすると、ピボットテーブルに元の表全体の売上合計が表示される。合計値の上に表示される「合計 / 売上」の文字は、キューブ関数で売上の集計値を取り出すときに使用する。

キューブ関数の引数の指定方法

　次ページ以降でキューブ関数を紹介しますが、Excelのデータモデルを使う場合の「接続名」は「"ThisWorkbookDataModel"」になります。

　キューブ関数には引数に「メンバー式」を持つものがあります。「メンバー式」には、メンバー（東京、机など）やメジャーを下記のように指定します。

・「机」というメンバーのメンバー式

　"[テーブル名].[フィールド名].[All].[メンバー名]"

　"[範囲].[商品].[All].[机]"　または　"[商品].[机]"

　※［All］は省略可能

　※データモデル内のテーブルが1つの場合、テーブル名は省略可能

・「売上」という集計値のメンバー式

　"[Measures].[メジャー名]"

　"[Measures].[合計 / 売上]"

　※「合計 / 売上」は、半角の「/」の前後に半角のスペースを入れる

Memo

● 【02-72】～【02-73】のサンプルには、あらかじめピボットテーブルとデータモデルが作成してあります。ピボットテーブルでは「地区別商品別売上集計」「月別地区別売上集計」などさまざまな集計を行えますが、本書ではピボットテーブル自体の操作は解説しません。

関連項目 【02-70】キューブ関数って何？

02-72 キューブから「机」という商品の売上金額を取り出すには

 CUBEMEMBER / CUBEVALUE
キューブ・メンバー　キューブ・バリュー

【02-71】で作成したデータモデルから、「机」の売上金額を取り出します。まず、CUBEMEMBER関数でデータモデルから「机」というメンバーを取得します。取得した「机」を利用して、CUBEVALUE関数でデータモデルから「机」の売上を取り出します。引数「接続式」や「メンバー式」の指定方法は、【02-71】を参照してください。

▶ データモデルから「机」の売上を取り出す

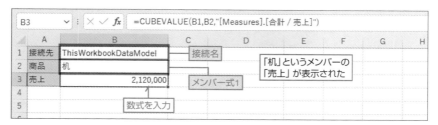

B2 = CUBEMEMBER(B1 , "[商品].[机]")
　　　　　　　　 接続名　メンバー式

①セル B1 に接続名を入力しておく。データモデルから「机」というメンバーを取得するために、セル B2 に CUBEMEMBER 関数を入力する。取得されると、そのメンバー名である「机」がセルに表示される。

B3 = CUBEVALUE(B1 , B2 , "[Measures].[合計 / 売上]")
　　　　　　　　 接続名　メンバー式1　メンバー式2

②セル B3 に CUBEVALUE 関数を入力する。「メンバー式」としてセル B2 と「"[Measures].[合計 / 売上]"」を指定すると、「机」の売上の集計値が表示される。2 つのメンバー式の順序は逆でも OK。

=CUBEMEMBER(接続名 **,** メンバー式 **,** [キャプション] **)**　　　　　　　　`キューブ`

接続名…キューブに接続するための接続名を指定
メンバー式…キューブのメンバーやメジャーを表す多次元式（MDX 式）を指定
キャプション…メンバーが返される場合にセルに表示する文字列を指定
キューブのメンバー、または組を取得します。取得できた場合はセルに「キャプション」が表示されます。
「キャプション」を省略した場合、メンバー名、または組の最後のメンバー名が表示されます。取得できな
かった場合は、エラー値［#N/A］が表示されます。メンバーや組が存在するかどうかを調べるのに利用で
きます。

=CUBEVALUE(接続名 **,** [メンバー式 1] **,** [メンバー式 2] …**)**　　　　　　`キューブ`

接続名…キューブに接続するための接続名を指定
メンバー式…キューブのメンバーやメジャーを表す多次元式（MDX 式）を指定
指定したメンバーの集計値を返します。

Memo

● 接続名を直接引数に指定する場合、ダブルクォーテーション「"」で囲んで「"ThisWorkbook
DataModel"」と指定します。最初の「"」を入力すれば、入力候補から選んで入力できます。

● 接続名を直接引数に指定すると、引数「メンバー式」を指定するときも入力候補から選べます。そ
の場合、メンバー名はテーブル名から略さずに順に選択していきます。

テーブル名→フィー
ルド名→［All]→メン
バー名を順に選択

● セル B2 に直接「机」と入力した場合、CUBEVALUE 関数にエラーが出ます。セル B2 には、サ
ンプルのように CUBEMEMBER 関数を入力するか、メンバー式の「[商品].[机]」を入力します。
前者はセルに商品名が表示されるので、メンバー式を入力するより見栄えがよいでしょう。もしくは、
セル B2 を使用せず、次式のように CUBEVALUE 関数の引数にメンバー式を指定しても構いま
せん。
=CUBEVALUE(B1,"[商品].[机]","[Measures].[合計 / 売上]")

● CUBEVALUE 関数の引数にメンバー式を複数指定することで、複数条件での集計が可能です。
次の図では、「東京」「机」という 2 つの条件で集計しています。セル B2～B3 にはメンバー式が
入力してありますが、CUBEMEMBER 関数を入力しても構いません。
=CUBEVALUE(B1,B2,B3,"[Measures].[合計 / 売上]")

B4	✓ : × ✓ fx	=CUBEVALUE(B1,B2,B3,"[Measures].[合計 / 売上]")				
	A	B	C	D	E	F
1	接続先	ThisWorkbookDataModel				
2	地区	[地区].[東京]				
3	商品	[商品].[机]				
4	売上	960,000				
5						

関連項目 【02-70】キューブ関数って何？
　　　　　【02-71】Excel単体の環境でキューブ関数を試すには

02-73 キューブから売上トップ3の商品の順位表を作成するには

CUBESET / CUBERANKEDMEMBER / CUBEVALUE
キューブ・セット　　キューブ・ランクト・メンバー　　キューブ・バリュー

【02-71】で作成したデータモデルから、売上トップ3の商品の順位表を作成します。まず、CUBESET関数でデータモデルから売上の高い順に並べた商品のセットを取得します。このセットはメモリ上に取得され、セルに表示されるわけではありません。実際に、商品のセットから商品名を取り出すには、CUBERANKEDMEMBER関数を使用します。最後にCUBEVALUE関数で各商品の売上金額を求めれば完成です。各関数の引数「接続式」や「メンバー式」の指定方法は、【02-71】を参照してください。

▶データモデルから売上トップ3の商品を取り出す

B3 = CUBESET(B1 , "[商品].Children" , "商品名" , 2 , "[Measures].[合計 / 売上]")
　　　　　　接続名　　　セット式　　　キャプション┐　　　　並べ替えキー
　　　　　　　　　　　　　　　　　　　　　　　並べ替え順序

B3	⌄	:	× ✓ fx	=CUBESET(B1,"[商品].Children","商品名",2,"[Measures].[合計 / 売上]")					
	A	B	C	D	E	F	G	H	I	J

	A	B	C	D
1	接続先	ThisWorkbookDataModel		接続名
2				
3	順位	商品名	売上	
4	1			
5	2	数式を入力		
6	3			
7				

売上順に並んだ商品のセットが取得され、セルに引数「キャプション」で指定した「商品名」が表示された

①セルB1に接続名を入力しておく。データモデルから商品を売上の高い順に並べたセットを取得するために、セルB3にCUBESET関数を入力する。取得に成功すると、セルに「商品名」と表示される。各引数の内容は以下のとおり。

- ・セット式　　　：「"[商品].Children"」は [商品] のすべてを取得するための式。
- ・キャプション　：取得に成功した場合にセルに「商品名」と表示する。表示された文字は、順位表の見出しとして利用する。
- ・並べ替え順序　：「2」を指定すると降順（大きい順）に並べ替えられる。
- ・並べ替えキー　：商品を売上の高い順に並べ替えたいので、「"[Measures].[合計 / 売上]"」を指定する。

B4 = CUBERANKEDMEMBER($B$1 , $B$3 , A4)

接続名　セット式　ランク

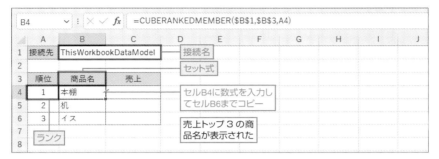

②セル B4 に CUBERANKEDMEMBER 関数を入力して、手順①で取得したセットから、売上 1 位の商品を取り出す。コピーしたときに接続名とセット式のセルがずれないように絶対参照で指定すること。入力した数式をコピーすると、1 位から 3 位までの商品名が表示される。

C4 = CUBEVALUE($B$1 , "[Measures].[合計 / 売上]" , B4)

接続名　　　　メンバー式1　　　　メンバー式2

③セル C4 に CUBEVALUE 関数を入力して、手順②で取得した商品名から、1 位の売上を求める。入力した数式をコピーすると、1 位から 3 位までの売上が表示される。

Memo

●セル C3 に入力されている「売上」という文字列の代わりに、CUBEMEMBER 関数を入力して売上のメジャーを取り出しておくと、セル B3 とセル C4 の数式で「 "[Measures].[合計 / 売上]"」の代わりに「B3」と指定するだけで済みます。

・C3 : =CUBEMEMBER(B1,"[Measures].[合計 / 売上]"," 売上 ")
・B3 : =CUBESET(B1,"[商品].Children"," 商品名 ",2,C3)
・C4 : =CUBEVALUE($B$1,B4,C3)

=CUBESET(接続名 , セット式 , [キャプション] , [並べ替え順序] , [並べ替えキー] **)**　　`キューブ`

接続名…**キューブに接続するための接続名を指定**
セット式…**キューブのメンバーや組のセットを表す多次元式（MDX 式）を指定**
キャプション…**セットが返される場合にセルに表示する文字列を指定**
並べ替え順序…**並べ替えの方法を下表の数値で指定**
並べ替えキー…**「並べ替え順序」に「1」または「2」を指定した場合に、並べ替えの基準となるキーを指定する**

キューブのメンバーや組のセットを取得します。取得できた場合はセルに「キャプション」が表示されます。
取得できなかった場合は、エラー値［#N/A］が表示されます。

●引数「並べ替えキー」

値	説明	引数 「並べ替えキー」 の指定
0	並べ替えを行わない（既定）	無視される
1	「並べ替えキー」を基準に昇順に並べ替える	必須
2	「並べ替えキー」を基準に降順に並べ替える	必須
3	アルファベットの昇順に並べ替える	無視される
4	アルファベットの降順に並べ替える	無視される
5	元のデータの昇順に並べ替える	無視される
6	元のデータの降順に並べ替える	無視される

=CUBERANKEDMEMBER(接続名 , セット式 , ランク , [キャプション] **)**　　`キューブ`

接続名…**キューブに接続するための接続名を指定**
セット式…**キューブのメンバーやメジャーを表す多次元式（MDX 式）を指定。CUBESET 関数や
CUBESET 関数を入力したセルを指定することもできる**
ランク…**取り出したいメンバーの順位を指定**
キャプション…**セルに表示する文字列を指定。省略した場合は、取り出したメンバー名が表示される**
指定したセットから指定した順位のメンバーを取り出します。

=CUBEVALUE(接続名 , [メンバー式 1] , [メンバー式 2] … **)**　　→ `02-72`

Memo

●ピボットテーブルで商品別の売上集計表を作成しておくと、キューブ関数の結果の検証に利用できます。【02-71】の手順③が完了した状態で、一覧から［商品］を［行］にドラッグすると、商品別の売上集計表になります。右図は数値の高い順に並べ替えたものです。

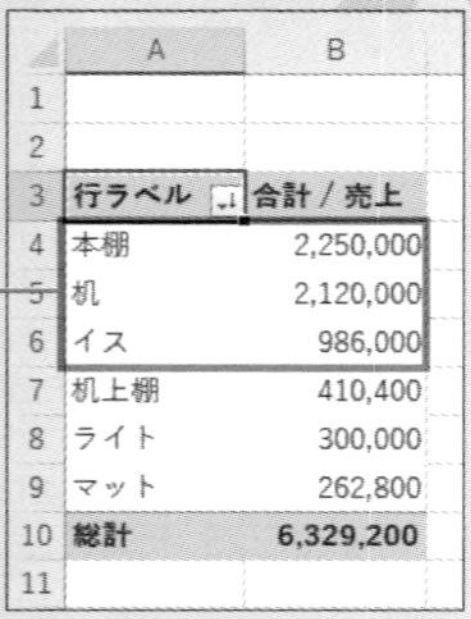

前ページの手順③の
結果と合致している

	A	B
1		
2		
3	行ラベル	合計 / 売上
4	本棚	2,250,000
5	机	2,120,000
6	イス	986,000
7	机上棚	410,400
8	ライト	300,000
9	マット	262,800
10	総計	6,329,200
11		

関連項目 【02-70】キューブ関数って何？

第 **3** 章

条件判定

条件判定と値のチェックを極めよう

03-01 論理値って何？ 論理式って何？

📓 論理値とは？　論理式とは？

　この章では、条件判定に使用するさまざまな関数を紹介します。まずは、条件判定を行うときに欠かせない「論理値」と「論理式」の基本を身に付けておきましょう。

　「論理値」は真偽を表現するための値で、次の2種類があります。

・TRUE …「真」「Yes」「On」を表す論理値
・FALSE …「偽」「No」「Off」を表す論理値

　論理式とは、結果が「TRUE」、または「FALSE」のどちらかになる式のことです。例えば、「A1>=100」という論理式は、セルA1に100以上の数値が入力されている場合は「TRUE」、そうでない場合は「FALSE」という結果になります。「>=」は半角の「>」と半角の「=」を続けて入力したもので、「比較演算子」と呼ばれます。

▶比較演算子の種類

比較演算子	意味	比較演算子	意味
=	等しい	>=	以上
<>	等しくない	<	より小さい
>	より大きい	<=	以下

📓 論理式の入力

　Excelではセルに「=A1+B1」と入力すると、「A1＋B1」という加算の結果が表示されます。「=A1+B1」の先頭の「=」は数式の始まりを意味する記号で、「+」は加算を表す算術演算子です。

▶加算の式

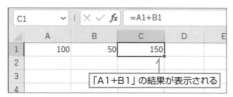

　論理式も同様に先頭に「=」を付けて、セルに入力できます。例えば、セルに「=A1=B1」と入力すると、「A1=B1」の結果が求められます。数式の中に2つの「=」がありますが、先頭の「=」は数式の始まりを表し、中央の「=」は比較演算子です。

▶**論理式**

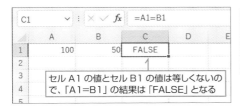

▤ 比較演算子による値の比較

　比較演算子で特定の値を比較する場合、数値はそのまま指定しますが、文字列はダブルクォーテーション「"」で囲みます。また、日付はDATE関数を使用して、「DATE(年,月,日)」のように指定します。日付を「"」で囲むと、日付として正しく比較できないので注意してください。

▶**値の比較の例**

値	例	判定内容
数値	A2>100	セルA2の数値が100より大きい
文字列	A2="済み"	セルA2の文字列が「済み」に等しい
日付	A2=DATE(2022,12,24)	セルA2の日付が「2022/12/24」に等しい

▶**日付の比較にはDATE関数を使う**

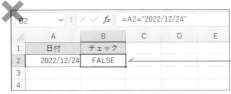

=A2="2022/12/24"

セルA2の日付は「2022/12/24」だが、「2022/12/24」が日付と見なされないので「等しくない」と判定される

=A2=DATE(2022,12,24)

セルA2とDATE(2022,12,24)」が「等しい」と正しく判定される

論理値を戻り値とする関数

　Excelの関数の中には、論理値を返す関数があります。そのような関数は、そのまま条件判定の条件として指定できます。例えばISBLANK関数は空白セルかどうかを判定する関数で、「ISBLANK(A1)」の結果はセルA1が空白セルである場合に「TRUE」になります。

▶ISBLANK関数でセルA1が空白セルかどうかを判定

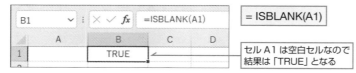

= ISBLANK(A1)

セル A1 は空白セルなので
結果は「TRUE」となる

▶論理値を戻り値とする関数の例

関数	判定内容	参照
=ISTEXT(A1)	セルA1の内容が文字列	03-15
=ISNUMBER(A1)	セルA1の内容が数値（日付／時刻を含む）	03-15
=ISBLANK(A1)	セルA1が空白セル	03-17
=ISREF(A1)	セルA1の内容がセル参照	03-18
=ISFORMULA(A1)	セルA1の内容が数式	03-20
=ISERROR(A1)	セルA1の内容がエラー値	03-28
=ISNA(A1)	セルA1の内容が［#NA］エラー値	03-39
=EXACT(A1,B1)	セルA1の文字列とセルB1の文字列が等しい	06-31

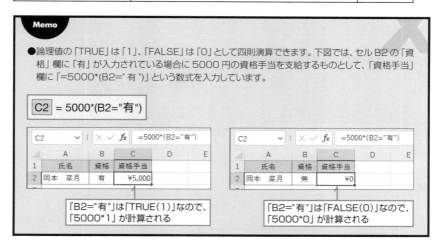

Memo

●論理値の「TRUE」は「1」、「FALSE」は「0」として四則演算できます。下図では、セル B2 の「資格」欄に「有」が入力されている場合に 5000 円の資格手当を支給するものとして、「資格手当」欄に「=5000*(B2=" 有 ")」という数式を入力しています。

C2 = 5000*(B2="有")

「B2="有"」は「TRUE(1)」なので、「5000*1」が計算される

「B2="有"」は「FALSE(0)」なので、「5000*0」が計算される

 **03-02** 条件が成立するかどうかで
値を切り替える

IF関数を使用すると、引数「論理式」に指定した条件が成立するかどうかで、セルの値を切り替えることができます。ここでは、年齢が60歳以上の場合に「シニア割」、そうでない場合に「通常」と表示します。年齢がセルC3に入力されている場合、条件は「C3>=60」になります。

▶60歳以上に「シニア割」、それ以外に「通常」と表示する

D3	=IF(C3>=60,"シニア割","通常")
	論理式　真の場合　偽の場合

D3	∨ : × ✓ _fx_	=IF(C3>=60,"シニア割","通常")							
▲	A	B	C	D	E	F	G	H	I	J
1	セール招待状発送リスト								
2	No	氏名	年齢	割引率						
3	1	北沢　慎吾	48	通常						
4	2	大川　裕子	65	シニア割						
5	3	杉浦　聡子	58	通常						
6	4	野村　章一	60	シニア割						
7	5	田所　真也	37	通常						
8	6	伊藤　寧々	44	通常						

セルD3に数式を入力して、セルD8までコピー

年齢に応じて「シニア割」「通常」を切り替えられた

=IF(論理式 , 真の場合 , 偽の場合)	論理

論理式…TRUE または FALSE の結果を返す条件式を指定
真の場合…「論理式」が TRUE の場合に返す値、または式を指定。何も指定しない場合は 0 が返される
偽の場合…「論理式」が FALSE の場合に返す値、または式を指定。何も指定しない場合は 0 が返される
「論理式」が TRUE（真）のときに「真の場合」、FALSE（偽）のときに「偽の場合」を返します。「真の場合」と「偽の場合」を指定しない場合でも、「論理式」の後のカンマ「, 」は省略できません。

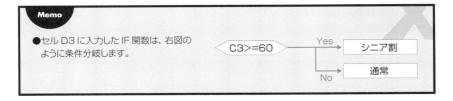

Memo

●セル D3 に入力した IF 関数は、右図のように条件分岐します。

C3>=60 ──Yes──→ シニア割
　　　　 ──No──→ 通常

関連項目 【03-03】 指定した条件により3つの値を切り替える

 **03-03** 指定した条件により3つの値を切り替える

 IF

　2つのIF関数を入れ子にして使用すると、2つの条件を順に判定し、その結果に応じて3つの値を切り替えられます。ここでは、来店回数に応じて会員をランク分けします。1つ目のIF関数で「来店回数が50回以上」という条件を判定し、成立する場合は「ゴールド」と表示します。成立しない場合は2つ目のIF関数の「来店回数が20回以上」という条件を判定し、成立する場合は「シルバー」、成立しない場合は「一般」と表示します。

▶50以上は「ゴールド」、20以上は「シルバー」、それ以外は「一般」とする

D3	=IF(C3>=50,"ゴールド",IF(C3>=20,"シルバー","一般"))

論理式　真の場合　偽の場合

論理式　真の場合　　　　偽の場合

D3			fx	=IF(C3>=50,"ゴールド",IF(C3>=20,"シルバー","一般"))				
	A	B	C	D	E	F	G	H	I
1	会員ランク分け								
2	No	会員名	来店回数	ランク					
3	1	井上　喜朗	18	一般					
4	2	伊藤　茜	31	シルバー					
5	3	前川　勇気	102	ゴールド					
6	4	大橋　奈々	3	一般					
7	5	片桐　良	50	ゴールド					

セルD3に数式を入力して、セルD7までコピー

来店回数に応じてランクを切り替えられた

=IF(論理式 , 真の場合 , 偽の場合)　　　➡ **03-02**

Memo

●セル D3 に入力した IF 関数は、下図のように条件分岐します。IF 関数を入れ子で使う場合、先に判定したいほうの条件を外側の IF 関数で指定します。

```
C3>=50 ──Yes──→ ゴールド
       └─No─→ C3>=20 ──Yes──→ シルバー
                      └─No─→ 一般
```

関連項目 【03-02】条件が成立するかどうかで値を切り替える

03-04 指定した条件により多数の値を切り替える＜①IFS関数＞

イフ・エス
IFS

Office 365とExcel 2021/2019では、IF関数の複数形版であるIFS関数を使用すると、条件と値のペアを複数指定して「条件1が成立する場合はA、条件2が成立する場合はB、条件3が成立する場合はC、…」のような条件分岐を行えます。どの条件も成立しない場合の値を指定したいときは、最後に条件として「TRUE」を指定してください。

ここでは、来店回数に応じた顧客のランク分けを行います。来店回数が「50回以上」の場合に「ゴールド」、「20回以上」の場合に「シルバー」、それ以外に「一般」と表示します。例えば来店回数が102回の場合、「50回以上」「20回以上」の両方の条件が成立しますが、先に指定した「50回以上」が優先されて結果は「ゴールド」になります。

▶来店回数に応じて「ゴールド」「シルバー」「一般」にランク分けする

| D3 | =IFS(C3>=50,"ゴールド",C3>=20,"シルバー",TRUE,"一般") |

論理式1　　　値1　　　論理式2　　　値2　　　論理式3　値3
50以上は「ゴールド」　　20以上は「シルバー」　　それ以外は「一般」

	A	B	C	D	E	F	G	H	I
1	会員ランク分け								
2	No	会員名	来店回数	ランク					
3	1	井上　喜朗	18	一般					
4	2	伊藤　茜	31	シルバー					
5	3	前川　勇気	102	ゴールド					
6	4	大橋　奈々	3	一般					
7	5	片桐　良	50	ゴールド					

D3 ✓ : × ✓ fx =IFS(C3>=50,"ゴールド",C3>=20,"シルバー",TRUE,"一般")

> セルD3に数式を入力して、セルD7までコピー

> 来店回数に応じてランクを切り替えられた

=IFS(論理式1, 値1, [論理式2, 値2] …)　　　　　　　　**[365/2021/2019]**　　論理

論理式…TRUE または FALSE の結果を返す条件式を指定
値…「論理式」が TRUE の場合に返す値、または式を指定
「論理式」を判定して、最初に TRUE（真）になる「論理式」に対応する「値」を返します。TRUE となる「論理式」が見つからない場合は、[#N/A] が返されます。「論理式」と「値」のペアは最大 127 組指定できます。どの条件も成立しない場合の値を指定するには、最後のペアの「論理式」に TRUE を指定します。

03-05 指定した条件により多数の値を切り替える＜②VLOOKUP関数＞

ブイ・ルックアップ
VLOOKUP

　セルの値を判定して、複数通りの場合分けを行いたいことがあります。VLOOKUP関数を使うと、場合分けの条件を表で指定できます。場合分けの数が多いときでも表の行数が増えるだけで、数式が長くなるわけではないので簡単です。ここでは、得点に応じて評価を「秀、優、良、可、不可」の5通りに切り替えます。あらかじめ、評価基準の表に「○以上」にあたる得点を小さい順に入力しておき、VLOOKUP関数の引数「検索の型」に「TRUE」を指定することがポイントです。評価基準のセル範囲は、数式をコピーしたときにずれないように絶対参照で指定します。

▶得点に応じて「秀、優、良、可、不可」の評価を切り替える

C3	=VLOOKUP(B3,$E$3:$G$7,3,TRUE)
	検索値　　範囲　　列番号 検索の型

| C3 | ✓ : × ✓ fx | =VLOOKUP(B3,$E$3:$G$7,3,TRUE) |

	A	B	C	D	E	F	G	H	I	J
1	IT講習会修了テスト					評価基準				
2	受講者名	得点	評価		得点		評価			
3	金子　信二	53	不可		0	～	不可			
4	市村　雅美	82	優		60	～	可			
5	岡本　弘人	60	可		70	～	良			
6	湯川　真美	37	不可		80	～	優			
7	権藤　碧	16	不可		90	～	秀			
8	鈴木　裕也	92	秀							
9	中西　亨	76	良							
10	小田　裕太	40	不可							
11										
12										

セルC3に数式を入力して、セルC10までコピー

評価が表示された

範囲

① ② ③　列番号

検索値

| =VLOOKUP(検索値 , 範囲 , 列番号 , [検索の型]) | → 07-02 |

Memo

● VLOOKUP では、引数「検索の型」に「TRUE」を指定すると近似一致検索となり、「○以上」の条件で場合分けを行えます。「FALSE」を指定すると完全一致検索となり、「セルの値が値 1 に等しい場合は○○、値 2 に等しい場合は△△、…」のような場合分けになります。

03-06 指定した条件により多数の値を切り替える＜③SWITCH関数＞

Office 365とExcel 2021/2019では、SWITCH関数を使うと、「セルの値が値1に等しい場合は○○、値2に等しい場合は△△、…、それ以外は××」のような場合分けを行えます。ここでは顧客ランクに応じて発行するお買物券の金額を切り替えます。「S」「A」「B」ランクはそれぞれ「2000」「1000」「500」とし、それ以外のランクは「0」とします。

▶顧客ランクに応じてお買物券の金額を切り替える

C3	=SWITCH(B3,"S",2000,"A",1000,"B",500,0)
	式 値1 結果1 値2 結果2 値3 結果3 既定値

C3	∨ : × ✓ fx	=SWITCH(B3,"S",2000,"A",1000,"B",500,0)							
	A	B	C	D	E	F	G	H	I	J
1	お買物券発行リスト				式				
2	顧客名	顧客ランク	金額						
3	後藤　真美	B	¥500		セルC3に数式を入力して、				
4	結城　玲央	S	¥2,000		セルC8までコピー				
5	園田　小百合	C	¥0						
6	飯島　健	B	¥500		金額が表示された				
7	小川　慶佑	D	¥0						
8	一条　望	A	¥1,000						
9									

=SWITCH(式 , 値 1 , 結果 1 , [値 2 , 結果 2] …, [既定値])　　　　[365/2021/2019]	論理

式…評価の対象となるセルや数式を指定
値…「式」に対する条件となる値を指定
結果…「式」が「値」に一致する場合に返される結果を指定
既定値…一致する「値」がなかった場合に返される結果を指定
「式」と「値」が一致するかどうかを調べ、最初に一致した「値」に対応する「結果」を返します。一致する「値」がなかった場合、「既定値」が返されます。一致する「値」が存在せず、なおかつ「既定値」を指定しない場合、[#N/A] が返されます。「値」と「結果」のペアは最大 126 組指定できます。

Memo

● IF 関数を使用して同様の場合分けを行うには、3 つの IF 関数を入れ子にします。
　=IF(B3="S",2000,IF(B3="A",1000,IF(B3="B",500,0)))

関連項目 【03-04】 指定した条件により多数の値を切り替える＜①IFS関数＞

03-07 複数の条件がすべて成立することを判定する

AND

「条件Aかつ条件Bかつ条件C…」のように、「複数の条件がすべて成立する」ことを調べるには、AND関数の引数として条件式を並べます。並べた条件がすべて成立する場合に、AND関数の結果が「TRUE」となります。ここでは、物件リストから「専有面積が50m²以上」かつ「築年数が10年以下」の物件を探します。

▶「50m²以上」かつ「築10年以下」の物件を探す

D3 =AND(B3>=50,C3<=10)
　　　 論理式1　　論理式2

	D3		=AND(B3>=50,C3<=10)							
	A	B	C	D	E	F	G	H	I	J	K
1	物件リスト									
2	物件No	専有面積	築年数	条件判定						
3	1001	61	22	FALSE						
4	1002	38	3	FALSE						
5	1003	51	8	TRUE						
6	1004	55	13	FALSE						

セルD3に数式を入力して、セルD6までコピー

条件を満たす物件に「TRUE」、満たさない物件に「FALSE」が表示された

=AND(論理式 1, [論理式 2] …) 　　　論理

論理式…TRUE または FALSE の結果を返す条件式を指定
すべての「論理式」が TRUE の場合に戻り値は TRUE、1 つでも FALSE のものがあれば戻り値は FALSE になります。「論理式」は 255 個まで指定できます。

Memo

●条件 A と条件 B の 2 つの条件があるとき、AND 関数は「A かつ B」(下図の網掛け部分) という「AND 条件」を表します。この条件が成り立つ (TRUE になる) のは、条件 A と条件 B がともに TRUE の場合のみです。

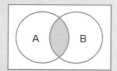

条件 A	条件 B	条件「A かつ B」
TRUE	TRUE	TRUE
TRUE	FALSE	FALSE
FALSE	TRUE	FALSE
FALSE	FALSE	FALSE

03-08 複数の条件がすべて成立するときに条件分岐する

IF／AND

　複数の条件を同時に判定して、すべての条件が成立するときに表示する値を切り替えるには、IF関数の引数「論理式」にAND関数を組み込みます。ここでは、採用基準として、英語、スペイン語、フランス語のすべてを話せる人に「クリア」と表示します。1つでも話せない言語がある場合は「---」と表示します。

▶英語、西語、仏語のすべてが「○」の人材に「クリア」と表示する

E3　=IF(AND(B3="○",C3="○",D3="○"),"クリア","---")

英語が　かつ　西語が　かつ　仏語が
「○」　　　　「○」　　　　「○」　　　　Yes　　No

	A	B	C	D	E	F
1	語学スキル一覧					
2	氏名	英語	西語	仏語	採用基準	
3	仙田　華子	○	○	○	クリア	
4	岡山　亨	×	○	○	---	
5	飯塚　敏文	○	×	×	---	
6	松永　英人	○	○	○	クリア	
7	大場　結衣	○	×	○	---	
8	川越　俊太	×	×	×	---	
9						
10						

セルE3に数式を入力して、セルE8までコピー

英語、西語、仏語がすべて「○」の場合に「クリア」、1つでも「×」がある場合に「---」が表示された

=IF(論理式 , 真の場合 , 偽の場合)	➡ 03-02
=AND(論理式 1 , [論理式 2] …)	➡ 03-07

Memo

●【03-03】で2つの条件を段階的に判定して3つの結果を切り替える方法を紹介しましたが、ここで紹介した方法では、複数の条件を同時に判定して2つの結果を切り替えます。

関連項目　【03-03】 指定した条件により3つの値を切り替える
　　　　　　【03-10】 複数の条件のいずれかが成立するときに条件分岐する

03-09 複数の条件のいずれかが 成立することを判定する

OR

「条件Aまたは条件Bまたは条件C…」のように、「複数の条件のいずれか成立する」ことを調べるには、OR関数の引数として条件式を並べます。並べた条件のうち少なくとも1つが成立する場合に、OR関数の結果が「TRUE」となります。ここでは、読者アンケートの結果で「面白かった記事」または「ためになった記事」を「特集」と答えた回答を探します。

▶読者アンケート結果から「特集」という回答を探す

F3 =OR(D3="特集",E3="特集")
　　　　 論理式1　　 論理式2

	A	B	C	D	E	F	G
1	9月号 読者アンケート						
2	No	年齢	性別	面白かった	ためになった	判定	
3	1	28	男	特集	連載1	TRUE	
4	2	32	男	連載1	連載2	FALSE	
5	3	41	女	特集	特集	TRUE	
6	4	36	男	連載1	連載1	FALSE	
7	5	25	女	連載2	特集	TRUE	

セルF3に数式を入力して、セルF7までコピー

少なくとも一方が「特集」の場合に「TRUE」が表示された

=OR(論理式 1, [論理式 2] …)　　　　　　　　　　　　　　　　　　論理

論理式…TRUE または FALSE の結果を返す条件式を指定
指定した「論理式」のうち少なくとも 1 つが TRUE であれば戻り値は TRUE、すべての「論理式」が FALSE の場合に戻り値は FALSE になります。「論理式」は 255 個まで指定できます。

Memo

●条件 A と条件 B の 2 つの条件があるとき、OR 関数は「A または B」（下図の網掛け部分）という「OR 条件」を表します。この条件が成り立つ（TRUE になる）のは、条件 A と条件 B の少なくとも一方が TRUE の場合です。

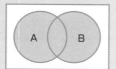

条件 A	条件 B	条件「A または B」
TRUE	TRUE	TRUE
TRUE	FALSE	TRUE
FALSE	TRUE	TRUE
FALSE	FALSE	FALSE

03-10 複数の条件のいずれかが成立するときに条件分岐する

IF／OR

複数の条件を同時に判定して、いずれかの条件が成立するときに表示する値を切り替えるには、IF関数の引数「論理式」にOR関数を組み込みます。ここでは、「注文回数が5回以上」または「購入金額が50,000円以上」の顧客の「優待券」欄に「送付」と表示します。

▶「5回以上」または「50,000円以上」に「送付」と表示する

D3 =IF(OR(B3>=5,C3>=50000),"送付","")

	A	B	C	D	E	F	G	H	I
1	顧客リスト								
2	氏名	注文回数	購入金額	優待券					
3	勝俣　涼子	1	56,200	送付					
4	杉本　敦	15	187,600	送付					
5	野田　和弘	8	32,700	送付					
6	内村　藍	3	8,700						
7	小川　祐樹	10	79,000	送付					
8									
9									

D3　=IF(OR(B3>=5,C3>=50000),"送付","")

セルD3に数式を入力して、セルD7までコピー

条件を満たす顧客は「送付」と表示され、満たさない顧客は何も表示されない

=IF(論理式 , 真の場合 , 偽の場合)	➡ **03-02**
=OR(論理式 1 , [論理式 2] …)	➡ **03-09**

Memo

● 【03-03】で2つの条件を段階的に判定して3つの結果を切り替える方法を紹介しましたが、ここで紹介した方法では、複数の条件を同時に判定して2つの結果を切り替えます。

関連項目 【03-03】指定した条件により3つの値を切り替える
【03-08】複数の条件がすべて成立するときに条件分岐する

Excel 03-11 配列数式を使用してAND関数やOR関数の引数を簡潔に指定する

IF／AND（イフ／アンド）

　AND関数やOR関数では、条件判定の対象となるセルが連続しており、比較する値が共通の場合は、配列数式（→【01-31】）を使うことにより条件を1つの式で簡潔に指定できます。ここではセルB3〜E3に入力された数値がすべて10以下の場合に「OK」と表示します。IF関数の条件として「AND(B3:E3<=10)」を指定し、配列数式として入力します。

▶4駅すべてから徒歩10分以内の物件を探したい

F3	=IF(AND(B3:E3<=10),"OK","NG")

論理式　　真の場合 偽の場合　[配列数式として入力]

| F3 | | {=IF(AND(B3:E3<=10),"OK","NG")} |

	A	B	C	D	E	F
1	物件リスト（駅徒歩分数）					
2	物件No	東駅	西駅	南駅	北駅	判定
3	No.001	5	11	13	4	NG
4	No.002	8	9	8	8	OK
5	No.003	13	15	2	12	NG
6	No.004	27	14	15	26	NG
7	No.005	11	4	12	8	NG
8						
9						

セルF3に数式を入力して、【Ctrl】＋【Shift】＋【Enter】キーで確定

セルF3の数式をセルF7までコピー

4駅すべてから徒歩10分以内の物件に「OK」が表示された

| =IF(論理式,真の場合,偽の場合) | → 03-02 |
| =AND(論理式1,[論理式2]…) | → 03-07 |

Memo

●セルF3に入力した数式の「AND」を「OR」に変えると、4駅のうち少なくとも1つが徒歩10分以内の物件に「OK」が表示されます。サンプルでは「No.004」以外の物件が「OK」となります。
=IF(OR(B3:E3<=10),"OK","NG")

● Office 365とExcel 2021では、セルF3に数式を入力して【Enter】キーで確定するだけで、サンプルと同様の結果が求められます。そのように計算したファイルを以前のExcelで開くと、数式は配列数式として表示されます。

関連項目 【01-31】配列数式を入力するには

03-12 配列定数を使用してOR関数の引数を簡潔に指定する

IF／OR
（イフ オア）

「セルの値がAまたはBまたはC」という条件判定をしたいときは、比較する値を「{"A","B","C"}」のように配列定数で指定すると、数式が簡潔になります。ここでは「住所（セルC3）が東京都または千葉県または埼玉県」の顧客の「案内状」欄に「送付」と表示します。それにはIF関数の条件として、「OR(C3={"東京都";"千葉県";"埼玉県"})」を指定します。

▶東京都または千葉県または埼玉県の顧客に案内状を送付する

D3 =IF(OR(C3={"東京都";"千葉県";"埼玉県"}),"送付","")
　　　　　　論理式　　　　　　　　　真の場合 偽の場合

| D3 | ✓ fx | =IF(OR(C3={"東京都";"千葉県";"埼玉県"}),"送付","") |

	A	B	C	D	E	F	G	H	I
1	顧客一覧								
2	No	氏名	住所	案内状					
3	1	市村 杏子	東京都	送付					
4	2	仲代 悠馬	埼玉県	送付					
5	3	小宮 健	和歌山県						
6	4	大場 香苗	北海道						
7	5	菅田 尚	千葉県	送付					
8	6	兵頭 エリ	大阪府						
9	7	小田 壮介	東京都	送付					

セルD3に数式を入力して、セルD9までコピー

住所が東京都または千葉県または埼玉県の場合は「送付」と表示され、それ以外の場合は何も表示されない

=IF(論理式, 真の場合, 偽の場合) ➡ **03-02**

=OR(論理式 1, [論理式 2] …) ➡ **03-09**

Memo

●配列定数を使わない場合、セル D3 は次のような式になります。
=IF(OR(C3=" 東京都 ",C3=" 千葉県 ",C3=" 埼玉県 ")," 送付 ","")

●セル F3〜F5 に「東京都」「千葉県」「埼玉県」が入力されている場合、次の数式を入力して【Ctrl】＋【Shift】＋【Enter】キーで確定すると、サンプルと同様の結果を得られます。Office 365 と Excel 2021 では、【Enter】キーだけでも確定できます。
=IF(OR(C3=$F$3:$F$5)," 送付 ","")

03-13 条件の真偽を反転させる

NOT関数を使用すると、「TRUE」を「FALSE」に、「FALSE」を「TRUE」に、という具合に条件の真偽を反転できます。AND関数やOR関数の結果を反転したいときに活躍します。ここでは【03-09】で使用したOR関数の結果を反転させて、読者アンケートで「面白かった記事」と「ためになった記事」のどちらにも「特集」と答えなかった回答を探します。

▶読者アンケート結果から「特集」と答えなかった回答を探す

F3 =NOT(OR(D3="特集",E3="特集"))
　　　　　　　論理式

	A	B	C	D	E	F	G
1	9月号 読者アンケート						
2	No	年齢	性別	面白かった	ためになった	判定	
3	1	28	男	特集	連載1	FALSE	
4	2	32	男	連載1	連載2	TRUE	
5	3	41	女	特集	特集	FALSE	
6	4	36	男	連載1	連載1	TRUE	
7	5	25	女	連載2	特集	FALSE	

F3 ✓ fx =NOT(OR(D3="特集",E3="特集"))

> セルF3に数式を入力して、セルF7までコピー

> どちらの質問にも「特集」と答えなかった場合に「TRUE」が表示された

=NOT(論理式) 　　　　　　　　　　　　　　　　　　　　　　　　　論理

論理式…TRUE または FALSE の結果を返す条件式を指定
「論理式」が TRUE のときに FALSE、FALSE のときに TRUE を返します。

=OR(論理式 1, [論理式 2] …) 　　　　　　　　　　　　　　→ 03-09

Memo

● NOT 関数を使うと、条件に該当しなかった回答が、一転して「TRUE」になります。

=OR(D3="特集",E3="特集") 　　　　　　　=NOT(OR(D3="特集",E3="特集"))

特集が面白い　特集がためになる 　　　　　　特集が面白い　特集がためになる

03-14 文字列の部分一致の条件で条件分岐したい！

IF／COUNTIF

住所が東京都23区かどうかで条件分岐したい。「東京都○区△」というデータは、任意の文字列を表すワイルドカードの「*」（→【06-03】）を使用して「東京都*区*」で表せます。しかし、IF関数単独ではワイルドカードを使った比較を行えません。そこで、COUNTIF関数で住所のセルを対象に「東京都*区*」をカウントします。東京都23区であれば「1」、そうでなければ「0」という結果になります。それをIF関数で判定して条件分岐を行います。

▶「東京都○区△」のデータに「東京23区」と表示する

D3	=IF(COUNTIF(C3,"東京都*区*")=1,"東京23区","")

条件範囲　　条件

論理式　　　　　　真の場合　偽の場合

D3		✕ ✓ fx	=IF(COUNTIF(C3,"東京都*区*")=1,"東京23区","")				

	A	B	C	D	E	F	G	H
1	顧客名簿					条件範囲		
2	No	氏名	住所	判定				
3	1	楠　みゆき	東京都北区滝野川	東京23区				
4	2	立花　俊太	千葉県船橋市習志野					
5	3	小川　誠	東京都日野市旭が丘					
6	4	内沢　比呂	東京都墨田区菊川	東京23区				
7	5	野村　英子	埼玉県草加市北谷					

セルD3に数式を入力して、セルD7までコピー

「東京都○区△」のデータに「東京23区」と表示された

=IF(論理式,真の場合,偽の場合)	→ 03-02
=COUNTIF(条件範囲,条件)	→ 02-30

Memo

● 「○○で始まる」「○○で終わる」のような単純な部分一致の条件指定には、LEFT 関数や RIGHT 関数を利用するのが簡単です。例えば、セル C3 の住所が「東京都で始まる」場合に「東京在住」と表示するには、LEFT 関数で住所の先頭 3 文字を取り出して比較します。
=IF(LEFT(C3,3)=" 東京都 "," 東京在住 ","")

関連項目【06-03】ワイルドカード文字を理解しよう

値のチェック

03-15 セルに入力されているデータの種類を調べる＜①IS関数＞

イズ・ナンバー　　　　　　　　イズ・テキスト　　　　　　　イズ・ロジカル
ISNUMBER／ISTEXT／ISLOGICAL

Excelには、セルに入力されているデータの種類をチェックするための「IS○○」関数が複数用意されています。例えばISNUMBER関数を使うと、セルの内容が数値かどうかを調べられ、数値の場合に結果が「TRUE」となります。日付／時刻は「シリアル値」と呼ばれる数値の一種なので、日付や時刻の場合も「TRUE」となることに注意してください。

また、ISTEXT関数で文字列かどうかを、ISLOGICAL関数で論理値かどうかを調べられます。

▶セルの内容をチェックする

| C3 |=ISNUMBER(B3) |
テストの対象

| D3 |=ISTEXT(B3) |
テストの対象

| E3 |=ISLOGICAL(B3) |
テストの対象

C3　=ISNUMBER(B3)

	A	B	C	D	E
1	入力データのチェック				
2	種類	データ	数値？	文字？	論理値？
3	文字列	東京都	FALSE	TRUE	FALSE
4	数値	1234	TRUE	FALSE	FALSE
5	日付	2022/9/1	TRUE	FALSE	FALSE
6	時刻	12:34:56	TRUE	FALSE	FALSE
7	論理値	TRUE	FALSE	FALSE	TRUE
8	未入力		FALSE	FALSE	FALSE
9					

セルC3、D3、E3に数式を入力して、8行目までコピー

ISLOGICAL 関数では論理値の場合にのみ「TRUE」が表示される

テストの対象

ISNUMEBER 関数では数値、日付、時刻に「TRUE」が表示される

ISTEXT 関数では文字列の場合にのみ「TRUE」が表示される

=ISNUMBER(テストの対象) 情報

テストの対象…調べたいデータを指定
「テストの対象」が数値の場合に TRUE、数値でない場合に FALSE を返します。

=ISTEXT(テストの対象) 情報

テストの対象…調べたいデータを指定
「テストの対象」が文字列の場合に TRUE、文字列でない場合に FALSE を返します。

=ISLOGICAL(テストの対象) 情報

テストの対象…調べたいデータを指定
「テストの対象」が論理値の場合に TRUE、論理値でない場合に FALSE を返します。

Memo

● 前ページのサンプルのセル B7 は、セルに直接「TRUE」と入力しています。セルに「TRUE」「True」「true」「FALSE」「False」「false」などと入力すると 論理値とみなされ、自動的に大文字の「TRUE」「FALSE」に変換されて 中央揃えで表示されます。この他、TRUE 関数を「=TRUE()」、FALSE 関数を「=FALSE()」と入力しても 論理値の「TRUE」や「FALSE」を表示できます。

● ISNONTEXT 関数を使用すると、ISTEXT 関数と反対の結果が得られます。データが文字列でない場合、つまり数値や日付、論理値、未入力の場合に TRUE、文字列の場合に FALSE になります。

● ISEVEN 関数を使うと偶数かどうか、ISODD 関数を使うと奇数かどうかを調べられます。引数に小数を指定した場合、小数点以下を切り捨てた数値が判定の対象となります。例えば「=ISODD(13.5)」の結果は「=ISODD(13)」と同じ「TRUE」です。なお、未入力のセルは ISNUMBER 関数では数値でないと見なされて「FALSE」になりますが、ISEVEN 関数では「0」と見なされて「TRUE」となります。

`=ISEVEN(B3)` `=ISODD(B3)` `=ISNONTEXT(B3)`

	A	B	C	D	E	F	G
1			入力データのチェック				
2	種類	データ	偶数？	奇数？	文字でない？		
3	文字列	東京都	#VALUE!	#VALUE!	FALSE		
4	数値（偶数）	13	FALSE	TRUE	TRUE		
5	数値（奇数）	14	TRUE	FALSE	TRUE		
6	数値（小数）	13.5	FALSE	TRUE	TRUE		
7	数値（小数）	14.5	TRUE	FALSE	TRUE		
8	未入力		TRUE	FALSE	TRUE		
9							

関連項目 【03-17】 セルが未入力かどうかを調べる
【03-18】 指定した引数が有効なセル参照かを調べる
【03-20】 セルの内容が数式かどうかを調べる

03-16 セルに入力されているデータの種類を調べる＜②TYPE関数＞

タイプ
TYPE

　データの型を調べるには、IS関数を使用するほかにTYPE関数を使用する方法もあります。ここでは、表のB列のセルに入力されているデータのデータ型を調べます。

▶セルに入力されているデータの型を調べる

```
C3 =TYPE(B3)
       値
```

	A	B	C	D	E F G H I
1		セルの内容を調べる			
2	種類	データ	TYPE関数		
3	数値	1234	1		
4	日付	2022/9/1	1		
5	未入力		1		
6	文字列	東京都	2		
7	論理値	TRUE	4		
8	エラー値	#DIV/0!	16		

C3 ＝TYPE(B3)

セルC3に数式を入力して、セルC8までコピー

B列のデータ型を表す数値が表示された

```
=TYPE( 値 )                                              情報
```

値…調べたいデータを指定
「値」の型を表す数値を返します。戻り値は次表のとおりです。

データの種類	戻り値
数値／日付／時刻、および未入力	1
文字列	2
論理値	4
エラー値	16
配列	64

Memo

●「=TYPE({1,2,3})」のように引数に配列定数を指定した場合や、「=TYPE(D3#)」のように引数に動的配列数式を参照するスピル範囲演算子を指定した場合、TYPE関数の結果は「64」になります。

関連項目 【03-15】セルに入力されているデータの種類を調べる ＜①IS関数＞

03-17 セルが未入力かどうかを調べる

ISBLANK イズ・ブランク

ISBLANK関数を使用すると、セルに入力漏れがないかどうかをチェックできます。ここでは表のB列のセルが未入力の場合に「TRUE」、何らかのデータが入力されている場合に「FALSE」を表示します。

▶セルが未入力かをチェックする

C3	=ISBLANK(B3)
	テストの対象

C3 ∨ : × ✓ fx =ISBLANK(B3)

	A	B	C	D	E	F	G	H	I
1	入力漏れのチェック				テストの対象				
2	種類	データ	空白？						
3	文字列	東京都	FALSE		セルC3に数式を入力して、				
4	数値	1234	FALSE		セルC8までコピー				
5	日付	2022/9/1	FALSE						
6	時刻	12:34:56	FALSE						
7	論理値	TRUE	FALSE		未入力の場合にのみ「TRUE」が				
8	未入力		TRUE		表示される				
9									

=ISBLANK(テストの対象)	情報

テストの対象…調べたいデータを指定
「テストの対象」が空白セルの場合に TRUE、そうでない場合に FALSE を返します。ここでいう空白セルとは、未入力のセルのことです。

> **Memo**
>
> ●何も表示されていないセルには、未入力のセル、全角スペースや半角スペースが入力されたセル、数式の結果として空白文字列「""」が返されたセルがあります。ISBLANK 関数では、そのうちの未入力のセルのみが「TRUE」と判定されます。

関連項目 【02-28】 見た目が空白のセルをカウントする
　　　　　 【02-29】 見た目も中身も空白のセルをカウントする

03-18 指定した引数が有効な セル参照かを調べる

イズ・リファレンス
ISREF

　ISREF関数を使用すると、引数に指定したセル番号や名前がセルを参照するかどうかを調べられます。例えば引数に「A1」を指定した場合、A1は有効なセル番号なので結果はTRUEです。また「A9999999」を指定した場合、そのようなセルは存在しないため、結果はFALSEになります。引数に名前を指定することも可能で、その場合は名前が定義されていればTRUE、定義されていなければFALSEになります。サンプルでは、あらかじめ「売上高」という名前が定義されています。

▶セル参照をチェックする

B3 =ISREF(A1)
　　テストの対象

B4 =ISREF(A9999999)
　　テストの対象

B5 =ISREF(売上高)
　　テストの対象

B3		× ✓ fx	=ISREF(A1)					
▲	A	B	C	D	E	F	G	H
1	セル参照のチェック							
2	判定対象の種類	判定		セルB3、B4、B5に数式を入力				
3	セル番号：A1	TRUE						
4	セル番号：A9999999	FALSE		有効なセル参照の場合にのみ				
5	名前：売上高	TRUE		「TRUE」が表示される				
6								

=ISREF(テストの対象)　　　　　　　　　　　　　　　　　情報

テストの対象…調べたいデータを指定
「テストの対象」がセル参照の場合に TRUE、セル参照でない場合に FALSE を返します。

関連項目　【01-24】 セル範囲に名前を付ける
　　　　　　【03-19】 セルの内容が有効な名前（セル参照）かを調べる

03-19 セルの内容が有効な名前（セル参照）かを調べる

イズ・リファレンス インダイレクト

ISREF／INDIRECT

ISREF関数単独では、セルに入力されているセル番号や名前が有効なセル参照かどうかを判定できません。調べるには、INDIRECT関数を組み合わせます。例えば「=ISREF(INDIRECT(A1))」とすると、セルA1に有効なセル番号や定義されている名前が入力されている場合にTRUEとなります。

▶セルに入力されているセル参照をチェックする

B3 =ISREF(INDIRECT(A3))
　　　　　　　　　　　参照文字列
　　　　　　　テストの対象

B3	▼	:	× ✓ fx	=ISREF(INDIRECT(A3))			
	A	B	C	D	E	F	G	H
1	セル参照のチェック							
2	判定対象の種類	判定						
3	A1	TRUE						
4	A9999999	FALSE						
5	売上高	TRUE						
6								
7								

セルB3に数式を入力して、セルB5までコピー

有効なセル参照の場合にのみ「TRUE」が表示される

=ISREF(テストの対象)	➡ **03-18**
=INDIRECT(参照文字列 , [参照形式])	➡ **07-53**

Memo

●サンプルで「=ISREF(A4)」とすると結果はTRUE、「=ISREF(INDIRECT(A4))」とすると結果はFALSEになります。引数に「A4」を直接指定した前者では「A4」がセル参照かどうかが調べられ、INDIRECT関数を使った後者ではセルA4に入力された「A9999999」がセル参照とみなせるかどうかが調べられます。違いに注意して使い分けてください。

関連項目 【03-18】指定した引数が有効なセル参照かを調べる
　　　　　　　【07-53】指定したセル番号のセルを間接的に参照する

03-20 セルの内容が数式かどうかを調べる

イズ・フォーミュラ
ISFORMULA

　セルに表示されているデータが直接入力されたデータなのか、数式の結果のデータなのかを調べるには、ISFORMULA関数を使用します。ここでは、表のB列に数式が入力されているかどうかをチェックします。セルB3〜B5にはいずれも「1234」が表示されていますが、数式の結果として「1234」と表示されている場合に「TRUE」、直接「1234」が入力されている場合に「FALSE」が表示されます。なお、セルが未入力の場合もISFORMULA関数の結果は「FALSE」になります。

▶セルに数式が入力されているかどうかをチェックする

C3	=ISFORMULA(B3)
	テストの対象

	C3	▼	:	× ✓ fx	=ISFORMULA(B3)			
	A		B	C	D	E	F	G
1	数式が入力されているかどうかをチェック							
2	B列の入力内容		判定対象	判定				
3	「1234」		1234	FALSE	セルC3に数式を入力して、セルC5までコピー			
4	「=1230+4」		1234	TRUE	数式の場合にのみ「TRUE」が表示される			
5	「=B4」		1234	TRUE				
6								
7		テストの対象						
8								

=ISFORMULA(テストの対象)	情報
テストの対象…調べたいデータを指定 「テストの対象」が数式の場合に TRUE、数式でない場合に FALSE を返します。	

関連項目 【07-62】セルに入力した数式を別のセルに表示してチェックする

03-21 データがすべて 半角／全角かどうかを調べる

LEN／LENB レングス レングス・ビー

データがすべて半角文字で入力されているか、または全角文字で入力されているかを調べるには、文字数を求めるLEN関数とバイト数を求めるLENB関数を使用します。バイト数は半角文字を1、全角文字を2と数えるので、半角文字では文字数とバイト数が一致します。また、全角文字では文字数の2倍がバイト数と一致します。

▶**データがすべて半角文字／全角文字かどうかを調べる**

C3 =LEN(B3)=LENB(B3)
　　　　文字列　　　　文字列

D3 =LEN(B3)*2=LENB(B3)
　　　　文字列　　　　　文字列

	A	B	C	D
1	半角／全角チェック			
2	データの文字種	データ	すべて半角？	すべて全角？
3	すべて半角	S-TRAIN	TRUE	FALSE
4	すべて全角	京王ライナー	FALSE	TRUE
5	半角と全角	SL銀河	FALSE	FALSE

セルC3、D3に数式を入力して、5行目までコピー

文字列

すべて半角の場合は「TRUE」

すべて全角の場合は「TRUE」

=LEN(文字列) → 06-08
=LENB(文字列) → 06-08

Memo

● LEN 関数は、半角も全角も 1 文字を「1」と数えます。一方 LENB 関数は、半角 1 文字を「1」、全角 1 文字を「2」と数えます。したがって、LEN 関数の結果と LENB 関数の結果が一致すればすべて半角と判断できます。また、LEN 関数の結果の 2 倍と LENB 関数の結果が一致すればすべて全角と判断できます。

	A	B	C	D
1	文字数とバイト数			
2	データ		文字数 LEN	バイト数 LENB
3	S-TRAIN		7	7
4	京王ライナー		6	12
5	SL銀河		4	6

03-22 表の入力欄の入力漏れを チェックする

IF／COUNTA
（イフ／カウント・エー）

　入力欄のすべてのセルに漏れなくデータが入力されているかどうかをチェックするには、COUNTA関数で入力済みのセルをカウントする方法が簡単です。ここではセルA3〜D3の入力漏れチェックをしたいので、COUNTA関数の戻り値とセル数の4を比べ、等しければ入力済み、等しくなければ入力漏れがあると判断します。

▶1行ずつ入力漏れをチェックする

```
E3 =IF(COUNTA(A3:D3)=4,"済み","入力漏れ")
```
　　　　　　　値1
　　　論理式　　　　真の場合　偽の場合

E3　⌄ : ✕ ✓ fx　=IF(COUNTA(A3:D3)=4,"済み","入力漏れ")

	A	B	C	D	E	F	G	H	I
1	顧客名簿					値1			
2	No	氏名	生年月日	住所	チェック				
3	1	伊藤　夏生	1977/8/12	茨城県	済み				
4	2	岡本　瞳	1991/5/23	栃木県	済み				
5	3	漆原　沙月		群馬県	入力漏れ				
6	4	江川　隼人	1990/11/6	長野県	済み				
7									

セルE3に数式を入力して、セルE6までコピー

入力漏れがある場合に「入力漏れ」と表示される

=IF(論理式 , 真の場合 , 偽の場合)　　→ 03-02

=COUNTA(値 1 , [値 2] …)　　→ 02-27

Memo

●セルが未入力かどうかを調べる関数にISBLANK関数がありますが、引数に指定できるのは1つのセルだけです。入力欄のすべてのセルの入力漏れをまとめてチェックするには、サンプルのようにCOUNTA関数を使うのが便利です。

●同様の考え方で、大きな表全体の入力漏れもチェックできます。例えば、「セルA3〜G102の範囲にある700個のセルの入力漏れは以下の数式でチェックできます。「700」の部分は「ROWS(A3:G102)*COLUMNS(A3:G102)」としても求められます。
=IF(COUNTA(A3:G102)=700," 済み "," 入力漏れ ")

03-23 数値の入力漏れがないことを確認してから計算する

IF／COUNT

表の数値がすべて入力されていないと、計算に不具合が出ることがあります。そんなときは、COUNT関数で計算対象の数値がすべて入力されていることを確認してから計算します。サンプルでは、第1四半期から第4四半期までの4つのセルの数値データの数をCOUNT関数で調べ、数値が4つ揃っている場合は合計し、揃っていない場合は「集計中」と表示します。

▶1行ずつ入力漏れをチェックする

F3	=IF(COUNT(B3:E3)=4,SUM(B3:E3),"集計中")

値1　　　　数値1

論理式　　　真の場合　　偽の場合

F3		∨	:	× ✓ fx	=IF(COUNT(B3:E3)=4,SUM(B3:E3),"集計中")			
	A	B	C	D	E	F	G	H	I	J
1	売上実績					単位：万円				
2	エリア	第1Q	第2Q	第3Q	第4Q	合計				
3	鳥取	9,764	12,864	12,530	10,511	45,669				
4	島根	8,772	11,294	8,341		集計中				
5	岡山	13,390	11,220	10,429	9,259	44,298				
6	広島	13,932	11,592	14,115	12,733	52,372				
7	山口	11,235	10,350	9,080		集計中				
8										

値1　数値1

セルF3に数式を入力して、セルF7までコピー

売上データがすべて入力されている行だけ合計が計算される

=IF(論理式 , 真の場合 , 偽の場合)	→ 03-02
=COUNT(値 1 , [値 2] …)	→ 02-27
=SUM(数値 1 , [数値 2] …)	→ 02-02

Memo

●合計欄には SUM 関数で求めた単純な合計値を表示し、数値が揃っていない場合だけ合計欄の隣のセルに「暫定値」などと表示してもよいでしょう。
=IF(COUNT(B3:E3)<4," 暫定値 ","")

関連項目 【03-22】表の入力欄の入力漏れをチェックする

 03-24 2つの表に同じデータが入力されているかを調べる

 IF／AND
　　　　　イフ　　アンド

　同じ形の2つの表のデータが同一かどうかを調べたいことがあります。AND関数の引数に「セル範囲1=セル範囲2」のような条件を配列数式（→【01-31】）として入力し、これをIF関数の「論理式」として使用すれば、同一の場合とそうでない場合とで表示する値を切り替えられます。

▶表のデータが同一なら「OK」、同一でないなら「NG」を表示する

> **G3** =IF(AND(A3:B7=D3:E7),"OK","NG")
> 　　　　　　論理式　　　　　真の場合 偽の場合　[配列数式として入力]

	A	B	C	D	E	F	G	H	I	J	K
	\{=IF(AND(A3:B7=D3:E7),"OK","NG")\}										
1	分担表 Ver.1			分担表 Ver.2							
2	係	担当者		係	担当者		チェック				
3	受付	飯島		受付	飯島		NG				
4	誘導	里中		誘導	里中						
5	進行	畑		進行	五十嵐						
6	照明	小笠原		照明	小笠原						
7	音響	村本		音響	村本						
8											
9											

セルG3に数式を入力し、【Ctrl】＋【Shift】＋【Enter】キーで確定

進行の担当者が異なるので「NG」が表示された

=IF(論理式 , 真の場合 , 偽の場合)	→	03-02
=AND(論理式 1 , [論理式 2] …)	→	03-07

> **Memo**
> ● 「AND(A3:B7=D3:E7)」は、「AND(A3 = D3,B3=E3,A4=D4,…,B7=E7)」と同じ結果を返します。数式バーで「A3:B7=D3:E7」の部分を選択して【F9】キーを押すと、
> \{TRUE,TRUE,TRUE,TRUE,TRUE,FALSE,TRUE,TRUE,TRUE,TRUE\}
> という5行2列の配列定数（→【01-29】）が表示され、3行2列の位置に「FALSE」が含まれることを確認できます。確認したら、【Esc】キーを押して元の数式に戻してください。
> ● Office 365 と Excel 2021 では、セル G3 に数式を入力し、【Enter】キーを押すだけでサンプルと同様の結果を求められます。

関連項目　【01-31】配列数式を入力するには

03-25 表に重複入力されている すべてのデータをチェックする

イフ　　カウント・イフ
IF／COUNTIF

　表の特定の列に同一データが入力されていないか調べるには、同じ列に現在行と同じデータがいくつあるか、COUNTIF関数でカウントします。その数が1より大きければ重複データと判断できます。調べる範囲として列全体を指定しておくと、あとから追加するデータもチェックされます。

▶重複データに「重複」と表示する

D3 =IF(COUNTIF(C:C,C3)>1,"重複","")
　　　　　　条件範囲 条件

　　　　　　論理式　　　　真の場合 偽の場合

	D3		✓ fx	=IF(COUNTIF(C:C,C3)>1,"重複","")				
▲	A	B	C	D		F	G	H
1	景品応募者名簿							
2	No	氏名	メールアドレス	チェック				
3	1	高橋　杏子	kyoko@example.com					
4	2	飯島　碧	iijima@example.net	重複				
5	3	菅田　太陽	suda@example.com					
6	4	江川　翔	egawa@example.com					
7	5	田所　真子	mako@example.net					
8	6	飯島　雄介	iijima@example.net	重複				
9	7	松本　七海	nana@example.com					
10	8	綿貫　悠里	yuri@example.net					
11								
12								

条件

セルD3に数式を入力して、
セルD10までコピー

重複データに「重複」と
表示された

条件範囲

=IF(論理式 , 真の場合 , 偽の場合)	→ 03-02
=COUNTIF(条件範囲 , 条件)	→ 02-30

Memo

● COUNTIF 関数の引数「条件範囲」に列全体ではなく、「メールアドレス」欄のセル範囲だけを指定したい場合は、数式をコピーしたときにセル範囲がずれないように、絶対参照で指定します。
=IF(COUNTIF($C$3:$C$10,C3)>1," 重複 ","")

関連項目 【03-26】表に重複入力されている2つ目以降のデータをチェックする

03-26 表に重複入力されている 2つ目以降のデータをチェックする

 IF／COUNTIF

サンプルの「社員番号」列に重複で入力されているデータのうち、1つ目には何も表示せず、2つ目以降の重複データに「重複」と表示してみましょう。COUNTIF関数の引数「条件範囲」に「$A$3:A3」、引数「条件」に「A3」を指定して、「社員番号」欄の先頭から現在行のセル範囲に現在行と同じ社員番号がいくつあるかをカウントします。その結果が「1」より大きければ、2つ目以降のデータであると判断できます。

▶2つ目以降の重複データに「重複」と表示する

C3	=IF(COUNTIF($A$3:A3,A3)>1,"重複","")

条件範囲 条件

論理式　　　　　　真の場合 偽の場合

C3	∨	:	×	✓	fx	=IF(COUNTIF($A$3:A3,A3)>1,"重複","")

	A	B	C	D	E	F	G	H	I	J
1	社内講座申込リスト									
2	社員番号	氏名	チェック							
3	18866	川本　冴子								
4	14431	大岡　由人								
5	12752	海藤　英一								
6	17266	井田　秀文								
7	18314	北間　夏彦								
8	14973	遠藤　由香								
9	14431	大岡　由人	重複							
10	16214	楠田　祥子								

セルC3に数式を入力して、セルC10までコピー

2つ目以降の重複データに「重複」と表示される

=IF(論理式 , 真の場合 , 偽の場合)	→ 03-02
=COUNTIF(条件範囲 , 条件)	→ 02-30

Memo

● 数式をコピーすると、COUNTIF 関数の引数「条件範囲」に指定した「$A$3:A3」は先頭の「$A$3」が固定されたまま、末尾の「A3」が「A4」「A5」と変化します。例えばセルC6にコピーすると、「$A$3:A6」のように変化し、常に「氏名」欄の先頭（セル A3）から現在行（セル A6）までのセル範囲を参照できます。

03-27 2つの表を比較して重複データをチェックする

IF／COUNTIF

「講座A」の受講者名簿と「講座B」の受講者名簿を比較して、両方を重複受講している人をチェックしましょう。それにはCOUNTIF関数を使用して、一方の表の特定のデータが、もう一方の表に含まれているかどうかをカウントします。カウントの結果が1以上であれば両方の表に重複していると判断できます。数式をコピーしたときにCOUNTIF関数の引数「条件範囲」がずれないように、絶対参照で指定してください。

▶2つの表に重複するデータをチェックする

F3 =IF(COUNTIF($B$3:$B$9,E3)>=1,"重複","")
　　　　　　　　　条件範囲　　条件
　　　　　　　　　論理式　　　　　　　真の場合 偽の場合

	A	B	C	D	E	F	G	H	I	J
					fx	=IF(COUNTIF($B$3:$B$9,E3)>=1,"重複","")				
1	講座A 受講者名簿			講座B 受講者名簿						
2	No	氏名		No	氏名	重複チェック				
3	1	丘　真由美		1	瀬戸　祐樹					
4	2	川尻　秀樹		2	太田　壮介	重複				
5	3	松尾　亨		3	千葉　瞳					
6	4	太田　壮介		4	曽我　達也	重複				
7	5	島　愛子		5	野原　恵美					
8	6	戸田　麻帆子		6	江藤　玲子					
9	7	曽我　達也		7	丘　真由美	重複				
10				8	三島　徹					
11		条件範囲			条件					

セルF3に数式を入力して、セルF10までコピー

重複データに「重複」と表示された

=IF(論理式 , 真の場合 , 偽の場合) → 03-02

=COUNTIF(条件範囲 , 条件) → 02-30

関連項目【03-25】表に重複入力されているすべてのデータをチェックする
【03-26】表に重複入力されている2つ目以降のデータをチェックする

03-28 セルの内容がエラー値かどうかを調べる

ISERROR／ISNA／ISERR
イズ・エラー　　イズ・エヌ・エー　イズ・エラー

　ISERROR関数はエラー値全般を、ISNA関数は［#N/A］エラーを、ISERR関数は［#N/A］以外のエラー値を判定します。戻り値は、エラー値と判定されれば「TRUE」、されなければ「FALSE」となります。

▶エラー値かどうかをチェックする

B3	=ISERROR(A3) テストの対象
C3	=ISNA(A3) テストの対象
D3	=ISERR(A3) テストの対象

B3　fx　=ISERROR(A3)

	A	B	C	D
1	エラーチェック			
2	データ	ISERROR	ISNA	ISERR
3	#DIV/0!	TRUE	FALSE	TRUE
4	#NAME?	TRUE	FALSE	TRUE
5	#REF!	TRUE	FALSE	TRUE
6	#VALUE!	TRUE	FALSE	TRUE
7	#N/A	TRUE	TRUE	FALSE
8	1234	FALSE	FALSE	FALSE

テストの対象

セルB3、C3、D3に数式を入力して8行目までコピー

エラー値と判定される場合は「TRUE」、判定されない場合は「FALSE」が表示される

=ISERROR(テストの対象)　　　　情報

　テストの対象…調べたいデータを指定
「テストの対象」がエラー値の場合に TRUE、エラー値でない場合に FALSE を返します。

=ISNA(テストの対象)　　　　情報

　テストの対象…調べたいデータを指定
「テストの対象」が [# N/A] エラーの場合に TRUE、そうでない場合に FALSE を返します。

=ISERR(テストの対象)　　　　情報

　テストの対象…調べたいデータを指定
「テストの対象」が [# N/A] エラー以外のエラー値の場合に TRUE、[# N/A] エラーやエラー値でない場合に FALSE を返します。

関連項目　【03-29】エラーの種類を調べたい！

03-29 エラーの種類を調べたい！

エラー・タイプ
ERROR.TYPE

ERROR.TYPE関数を使用すると、セルにどのようなエラーが出ているかを調べることができます。戻り値は、エラー値に対応する番号です。エラーの種類に応じて処理を切り替えたいときなどに、役に立ちます。

▶エラー値の種類を調べる

C3	=ERROR.TYPE(B3)
	エラー値

| C3 | | ⌄ | : | × ✓ *fx* | =ERROR.TYPE(B3) |

	A	B	C	D	E	F	G	H
1	エラーの種類							
2	種類	データ	エラー番号					
3	0で除算	#DIV/0!	2					
4	名前がない	#NAME?	5					
5	値がない	#N/A	7					
6	エラー値							
7								

セルC3に数式を入力して、セルC5までコピー

エラー値に対応する番号が表示された

=ERROR.TYPE(エラー値) 情報

エラー値…種類を調べたいエラー値を指定
「エラー値」に対応する数値を返します。エラー値でない場合は［#N/A］が返されます。

●ERROR.TYPE関数の戻り値

エラー値	戻り値
#NULL!	1
#DIV/0!	2
#VALUE!	3
#REF!	4
#NAME?	5
#NUM!	6
#N/A	7

エラー値	戻り値
#GETTING_DATA	8
#SPILL!	9
#CONNECT!	10
#BLOCKED!	11
#UNKNOWN!	12
#FIELD!	13
#CALC!	14

関連項目 【01-35】エラー値の種類と意味を理解しよう

03-30 [#N/A] エラーを他のエラーと区別してエラーを防ぐ

イフ・エヌ・エー　ブイ・ルックアップ
IFNA／VLOOKUP

　IFNA関数を使うと、エラー値のうち［#N/A］エラーだけに対してエラー処理を行えます。例えば、VLOOKUP関数は引数「検索値」が見つからないときに［#N/A］エラーを返します。IFNA関数の引数「値」にVLOOKUP関数、引数「エラーの場合の値」に「"該当なし"」を指定すると、検索値が見つからないことによるエラーの場合に「該当なし」と表示できます。そのほかの原因によるエラーの場合は、エラーの原因を示すエラー値が表示されます。

▶指定した型番が製品リストにないときだけエラー処理を行なう

E3	=IFNA(VLOOKUP(E2,A3:B5,2,FALSE),"該当なし")
	値　　　　　　　　　　　エラーの場合の値

	E3	∨	:	× ✓ fx	=IFNA(VLOOKUP(E2,A3:B5,2,FALSE),"該当なし")

	A	B	C	D	E	F	G	H	I	J	K	L
1	製品リスト			製品検索								
2	型番	品名		型番	N102							
3	N101	デスク		品名	チェア							
4	N102	チェア										
5	N103	ワゴン										
6												

セルE3に数式を入力

指定した型番が存在する場合は品名が表示される

	E3	∨	:	× ✓ fx	=IFNA(VLOOKUP(E2,A3:B5,2,FALSE),"該当なし")

	A	B	C	D	E	F	G	H	I	J	K	L
1	製品リスト			製品検索								
2	型番	品名		型番	N999							
3	N101	デスク		品名	該当なし							
4	N102	チェア										
5	N103	ワゴン										

指定した型番が存在しない場合は「該当なし」と表示される

=IFNA(値 , NA の場合の値)	論理

値…エラーかどうかをチェックする値を指定
NA の場合の値…「値」が [#N/A] エラーの場合に返す値を指定
「値」が [#N/A] エラーになる場合は「NA の場合の値」を返し、[#N/A] エラーにならない場合は「値」を返します。

=VLOOKUP(検索値 , 範囲 , 列番号 , [検索の型])	→ 07-02

関連項目 【03-31】 数式がエラーになるかどうかをチェックしてエラーを防ぐ

03-31 数式がエラーになるかどうかを チェックしてエラーを防ぐ

IFERROR関数は、文字通り「もしエラーなら○○する」を実現する関数です。ここでは、「今期/前期」という除算にエラーが出る場合に「---」を表示します。IFERROR関数の引数「値」に「今期/前期」の数式、引数「エラーの場合の値」に「"---"」を指定するだけです。「今期/前期」が正しく計算できる場合は、その結果が表示されます。

▶数式がエラーになる場合は「---」を表示する

D3	=IFERROR(C3/B3,"---")
	値　　エラーの場合の値

| D3 | ∨ | : | × ✓ ƒx | =IFERROR(C3/B3,"---") |

	A	B	C	D
1	支店別売上実績			(千円)
2	支店	前期	今期	前期比
3	徳島支店	104,900	130,300	124%
4	香川支店	104,300	集計中	---
5	愛媛支店	108,200	138,400	128%
6	高知支店		108,500	---

セルD3に数式を入力して、セルD6までコピー

エラーになる場合は「---」が表示される

| =IFERROR(値 , エラーの場合の値) | 論理 |

値…エラーかどうかをチェックする値を指定
エラーの場合の値…「値」がエラーの場合に返す値を指定
「値」がエラーになる場合は「エラーの場合の値」を返し、エラーにならない場合は「値」を返します。

Memo

●エラー対策をしない場合、「今期」に文字が入力されている場合に [#VALUE!]、「前期」が空欄の場合に [#DIV/0!] が表示されます。

| D3 | ∨ | : | × ✓ ƒx | =C3/B3 |

	A	B	C	D
1	支店別売上実績			(千円)
2	支店	前期	今期	前期比
3	徳島支店	104,900	130,300	124%
4	香川支店	104,300	集計中	#VALUE!
5	愛媛支店	108,200	138,400	128%
6	高知支店		108,500	#DIV/0!
7				

03-32 繰り返し出てくる式やセル参照に名前を付けて関数内で利用する

LET／IF／COUNT／SUM
（レット／イフ／カウント／サム）

　複雑な数式では、数式の中に何度も同じ式や値、セル参照を使うことがあります。数式が冗長になるうえ、修正が必要になったときに修正漏れも心配です。Microsoft 365とExcel 2021では、LET関数を使用すると、繰り返しの部分に名前を付けて、その名前を使って計算を行えます。式を修正する場合も、1カ所で済むので修正漏れを防げます。

　サンプルでは、セルB3〜E3に「r」という名前を付け、「計算式」の中で「B3:E3」の代わりに「r」を使用しています。

▶売上データが4つ揃っている場合にだけ合計を求める

F3	=LET(r,B3:E3,IF(COUNT(r)=4,SUM(r),"集計中"))
	名前1　式1　　　　　　　　　　　計算式

「B3:E3」に「r」という名前を付ける　　「r」の範囲に数値が4つある場合は「r」を合計し、そうでない場合は「集計中」と表示する

	F3	✓ fx	=LET(r,B3:E3,IF(COUNT(r)=4,SUM(r),"集計中"))			
	A	B	C	D	E	F
1	売上実績					単位：万円
2	エリア	第1Q	第2Q	第3Q	第4Q	合計
3	鳥取	9,764	12,864	12,530	10,511	45,669
4	島根	8,772	11,294	8,341		集計中
5	岡山	13,390	11,220	10,429	9,259	44,298
6						
7			式1			

セルF3に数式を入力して、セルF5までコピー

第1Q〜第4Qのすべての数値が入力されている場合だけ合計が表示される

=LET(名前1, 式1, [名前2, 式2]…, 計算式)   [365/2021] 論理

名前…「式」に付ける名前を指定
式…「名前」に対応付ける式を指定。定数、セル参照、式を指定できる
計算式…LET関数の戻り値を求めるための式を指定。「計算式」内で「式」の代わりに「名前」を使用できる
「式」に「名前」を付け、その「名前」を使用した「計算式」の結果を返します。

=IF(論理式 , 真の場合 , 偽の場合)	→	**03-02**
=COUNT(値 1, [値 2] …)	→	**02-27**
=SUM(数値 1, [数値 2] …)	→	**02-02**

Memo

● サンプルで行った計算を、LET 関数を使わずに行うと、次の①になります。②はサンプルの数式です。

数式①： =IF(COUNT(B3:E3)=4,SUM(B3:E3)," 集計中 ")
数式②： =LET(r,B3:E3,IF(COUNT(r)=4,SUM(r)," 集計中 "))

ここでは LET 関数の理解のために単純な計算を行ったので、LET 関数を使うメリットはあまりありません。しかし、同じセル範囲が多数出てくる場合は LET 関数の使用が効果的です。

● LET 関数では、式に名前を付けることもできます。下図では、「FIND(" 部 ",A2)」に「部位置」、「FIND(" 課 ",A2)」に「課位置」という名前を付け、それぞれ「部」の文字の位置と「課」の文字の位置を求めています。「計算式」の中では、「部」と「課」で囲まれた部署名を取り出しています。数式を【Alt】＋【Enter】キーで適宜改行すると、数式が読みやすくなります。

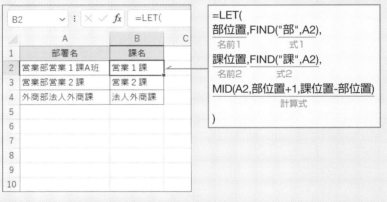

● 上図の数式は、LET 関数を使用しない場合、次のようになります。
=MID(A2,FIND(" 部 ",A2)+1,FIND(" 課 ",A2)-FIND(" 部 ",A2))

● 数式の中に多数出てくる式がある場合、LET 関数を使えば 1 回の計算で済むので、処理が早くなります。

● 引数「名前」に「A1」「B2」のようなセル番号と重複する名前を指定できません。また定義した名前は、その LET 関数でしか使用できません。

● 引数「式」には、その前までに指定した「名前」を使用できます。例えば引数「式 3」では、「名前 1」「名前 2」を使用できます。

関連項目 【01-12】 長く複雑な数式を改行して入力する
【03-33】 LAMBDA関数を使用して独自の関数を定義する

 03-33 LAMBDA関数を使用して独自の関数を定義する

ラムダ   インテジャー

Microsoft 365とExcel 2021の新関数であるLAMBDA関数は、従来の関数とは一線を画す新しい概念の関数です。この関数を使うと、独自の関数を定義できます。指定する引数は、「変数」「計算式」「値」の3種類です。「変数」と「計算式」は関数を定義するための引数で、「値」は定義した関数を計算するときの引数となる値です。書式を見るとカッコが2つあり異形ですが、「LAMBDA(変数1,…,計算式)」の部分を関数名ととらえると、通常の関数と同じ「=関数名(引数)」の形になっています。「変数1」と「値1」、「変数2」と「値2」…が対応します。

```
=LAMBDA(変数1,変数2,…,計算式)(値1,値2,…)
        関数の定義              定義した関数の引数
```

ここでは、税抜価格と消費税率から税込価格を求める関数を定義します。税抜価格を「税抜」、消費税率を「税率」という名前の変数とします。計算式は「INT(税抜*(1+税率))」です。

▶税込価格を求める関数を定義して使用する

```
D3  =LAMBDA(税抜,税率,INT(税抜*(1+税率)))(B3,C3)
       変数1 変数2      計算式        値1 値2
    税込価格を求める関数の定義     定義した関数の引数
```

| D3 | ⌄ | : | × ✓ | fx | =LAMBDA(税抜,税率,INT(税抜*(1+税率)))(B3,C3) |

	A	B	C	D	E	F	G	H	I	J
1	商品リスト									
2	品番	税抜価格	消費税率	税込価格						
3	A101	1,000	10%	1,100		セルD3に数式を入力して、セルD5までコピー				
4	B101	1,000	8%	1,080						
5	B102	800	8%	864		税抜価格と消費税率から税込価格が求められた				
6		値1	値2							

```
=LAMBDA( 変数 1, [ 変数 2…], 計算式 )     →  03-34
=INT( 数値 )                            →  04-44
```

　前ページのサンプルのままでは、LAMBDA関数を使うより、普通の数式で税込価格を求めたほうが簡単です。しかし、LAMBDA関数が威力を発揮するのはここからです。LAMBDA関数の「関数の定義」の部分を関数名として登録すると、そのブックで通常の関数として使えるようになります。ここでは「price including tax（税込価格）」を略して「PITAX」という関数名を付けてみます。関数名は日本語でもかまいません。

▶関数名を登録して税込価格を計算する

① ［数式］タブの［名前の定義］をクリックする。

② ［新しい名前］ダイアログが表示される。［名前］欄に「PITAX」と入力し、［参照範囲］欄に関数を定義する式を入力する。前ページでセル D3 に入力した LAMBDA 関数の「税込価格を求める関数の定義」の部分を入力すればよい。最後に［OK］ボタンをクリックする。

=LAMBDA(税抜,税率,INT(税抜*(1+税率)))

	A	B	C	D	E	F
1	商品リスト					
2	品番	税抜価格	消費税率	税込価格		
3	A101	1,000	10%	=PITAX(B3,C3		
4	B101	1,000	8%	PITAX(税抜, 税率)		
5	B102	800	8%			
6						

③ セルに PITAX 関数を入力してみる。ポップヒントに引数「税抜」「税率」が表示され、わかりやすく入力できる。この引数名は、LAMBDA 関数の「変数 1」「変数 2」に指定した名前。

D3		:	×	✓	fx	=PITAX(B3,C3)

	A	B	C	D	E	F
1	商品リスト					
2	品番	税抜価格	消費税率	税込価格		
3	A101	1,000	10%	1,100		
4	B101	1,000	8%	1,080		
5	B102	800	8%	864		
6						

④ セル D3 に入力した数式をセル D5 までコピーすると、税込価格が求められる。

=PITAX(B3,C3)
税抜 税率

関連項目 【03-34】LAMBDA関数を使用して再帰呼び出しの関数を定義する

X 03-34 LAMBDA関数を使用して 再帰呼び出しの関数を定義する

LAMBDA／IF
ラムダ　　イフ

【03-33】でLAMBDA関数と［新しい名前］ダイアログを使用して独自の関数を定義する方法を紹介しました。そのようにして定義した関数は、「再帰呼び出し」が可能です。再帰呼び出しとは、関数の中で自身の関数を呼び出すことです。

ここでは、再帰呼び出しの例として、1から指定した数値までの整数を合計する「SUM1TOX」（Sum 1 to X、1からXまでの合計）という名前の関数を作成します。例えば引数「数値」に「3」を指定すると「1+2+3」、「5」を指定すると「1+2+3+4+5」が求められるようにします。実際には「数値×(数値+1)÷2」で求められる簡単な計算ですが、ここでは再帰呼び出しを理解するために、あえて簡単な計算を使います。

▶再帰呼び出しを使用して1から「数値」までの合計を求める

①［数式］タブの［名前の定義］をクリックして、［新しい名前］ダイアログを表示する。［名前］欄に「SUM1TOX」と入力し、［参照範囲］欄に図の数式を入力して、［OK］ボタンをクリックする。

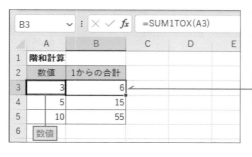

②セル B3 に SUM1TOX 関数を入力して、セル B5 までコピーする。1 から指定した数値までの整数の和が求められる。

=SUM1TOX(A3)
数値

関連項目 【03-33】LAMBDA関数を使用して独自の関数を定義する

=LAMBDA(変数 1, [変数 2…], 計算式)   [365/2021]   論理

> **変数**…「計算式」の中で使う名前を指定。定義する関数の引数名となる
> **計算式**…「変数」を使用した式を指定。この計算結果が、定義する関数の戻り値となる

「変数」を使用した「計算式」を関数として定義します。定義した関数の名前を登録すると、通常の関数と同様にセルに入力できます。

=IF(論理式 , 真の場合 , 偽の場合)   ➡ 03-02

Memo

● 再帰呼び出しは、鏡に映った自分を合わせ鏡で見るようなものです。関数の計算をすると、自分自身の関数が呼び出され、その関数を計算すると、また自分自身の関数が呼び出され……、と、そのままでは無限の入れ子状態になります。再帰呼び出しをするときは、必ず無限の入れ子を中止するための条件を設定してください。ここでは IF 関数の引数「論理式」に中止の条件として「数値<1」を指定しました。「真の場合」は SUM1TOX 関数の戻り値、「偽の場合」は再帰呼び出しとなります。

> IF(数値<1,数値,数値+SUM1TOX(数値-1))
>   論理式 真の場合   偽の場合
> **中止の条件 戻り値   再帰呼び出し**

● 引数「数値」は、再帰呼び出しのたびに 1 ずつ減少していきます。例えば「数値」に「3」を指定して「=SUM1TOX(3)」を実行した場合、「数値」を「2 → 1 → 0」と変化させながら SUM1TOX 関数を再帰呼び出しします。「数値」が「0」になると「数値<1」の条件が成立して再帰呼び出しが終了し、呼び出し元に順に数値が戻され、結果として「0+1+2+3」が計算されます。

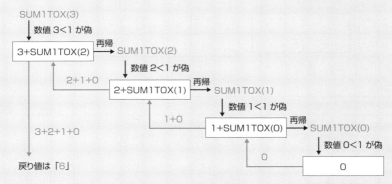

● Microsoft 365 には LAMBDA 関数と組み合わせて幅広い操作を行えるようにした MAP 関数、BYROW 関数、BYCOL 関数、MAKEARRAY 関数、SCAN 関数、REDUCE 関数が用意されています。【03-35】～【03-39】を参照してください。

● ISOMITTED 関数を使用すると、LAMBDA 関数に省略可能な引数を定義できます。例えば、【03-33】の例で引数「税率」を省略した場合に 10% を既定値とするには、名前「PITAX」として次の数式を定義します。「=PITAX(1000,8%)」の結果は 1080、「=PITAX(1000,)」の結果は 1100 となります。
=LAMBDA(税抜 , 税率 ,IF(ISOMITTED(税率),INT(税抜 *1.1),INT(税抜 *(1+ 税率))))

X Excel 03-35 セル範囲のセルを1つずつ LAMBDA関数で計算する

X MAP／LAMBDA
マップ　　ラムダ

　Microsoft 365の新関数であるMAP関数は、引数に配列とLAMBDA関数を指定して、その配列をLAMBDA関数で計算した結果の新しい配列を作成する関数です。サンプルでは、価格表の数値にそれぞれ100を加えて新価格表を作成しています。3行3列のセル範囲の要素が1つずつLAMBDA関数の「x」に渡され、それぞれのxに対して「x+100」が計算され、結果として3行3列の配列が戻り値になります。

▶100円値上げした新価格表を作成する

G3	=MAP(B3:D5,LAMBDA(x,x+100))
	配列1　　　　　ラムダ

G3		：　✕　✓ fx	=MAP(B3:D5,LAMBDA(x,x+100))							
⊿	A	B	C	D	E	F	G	H	I	J	K
1	価格表					新価格表					数式を入力
2	品番	L	M	S		品番	L	M	S		
3	AT-101	3,000	2,700	2,400		AT-101	3,100	2,800	2,500		
4	AT-102	2,500	2,250	2,000		AT-102	2,600	2,350	2,100		
5	AT-103	2,000	1,800	1,600		AT-103	2,100	1,900	1,700		
6			配列1			スピル機能が働き、セルG3〜I5の範囲に、「配列1」					
7						の数値＋100の結果が表示された					

=MAP(配列 1, [配列 2…], ラムダ)	[365]	論理

　配列…LAMBDA 関数の引数「変数」に渡す配列やセル範囲を指定
　ラムダ…戻り値の計算方法を定義するための LAMBDA 関数を指定
「配列」の要素を 1 つずつ LAMBDA 関数で計算し、その結果の配列を返します。「配列 1」が「変数 1」、
「配列 2」が「変数 2」…、と対応します。

=LAMBDA(変数 1, [変数 2…], 計算式)	→ 03-34

> **Memo**
>
> ●次の数式では、セル B2〜B4 のセルとセル C2〜C4 のセルがそれぞれ順に「x」「y」に渡されて
> 「x+y」が計算されます。戻り値は 3 行 1 列の配列になります。
> =MAP(B2:B4,C2:C4,LAMBDA(x,y,x+y))

03-36 セル範囲を1行ずつ LAMBDA関数で計算する

BYROW／LAMBDA
（バイ・ロウ）（ラムダ）

　BYROW関数は、1行ずつのデータをLAMBDA関数で計算する関数です。引数「配列」のデータが1行ずつLAMBDA関数に渡され、行数分だけ計算が繰り返されます。戻り値は、「配列」の行数×1列のサイズの配列になります。サンプルでは、引数「配列」に得点のセル範囲を指定して、各行の合計を求めます。

▶受験者ごとに合計点を求める

E3 =BYROW(B3:D6,LAMBDA(x,SUM(x)))
　　　　　　　配列　　　　ラムダ

	A	B	C	D	E	F	G	H	I	J	K	L
1	成績一覧											
2	受験No	英語	数学	国語	合計							
3	1001	75	70	50	195							
4	1002	70	100	85	255							
5	1003	55	65	60	180							
6	1004	85	50	85	220							
7												
8			配列									

E3　＝BYROW(B3:D6,LAMBDA(x,SUM(x)))

数式を入力

スピル機能が働き、セル E3～E6 の範囲に「配列」の各行の合計が表示された

=BYROW(配列 , ラムダ)　　　　　　　　　　　　　　　[365]　論理

　配列…LAMBDA 関数の引数「変数」に渡す配列やセル範囲を指定
　ラムダ…戻り値の計算方法を定義するための LAMBDA 関数を指定
「配列」の要素を 1 行ずつ LAMBDA 関数で計算し、その結果の配列を返します。

=LAMBDA(変数 1, [変数 2…], 計算式)　　　→ **03-34**
=SUM(数値 1, [数値 2] …)　　　→ **02-02**

Memo

●サンプルの LAMBDA 関数は「x」の範囲の合計を求めます。サンプルの BYROW 関数は、セル B3～D6 のセル範囲を 1 行ずつ LAMBDA 関数の「x」に渡し、それぞれの x に対して合計が計算されます。結果として、各行の合計の配列が戻り値となります。

関連項目【03-37】セル範囲を1列ずつLAMBDA関数で計算する

 **03-37** セル範囲を1列ずつ
LAMBDA関数で計算する

Microsoft 365には、【03-36】で紹介したBYROW関数の仲間のBYCOL
関数があります。この関数は、1列ずつのデータをLAMBDA関数で計算す
る関数です。引数「配列」のデータが1列ずつLAMBDA関数に渡され、列
数分だけ計算が繰り返されます。戻り値は、1行×「配列」の列数のサイズ
の配列になります。

▶科目ごとに最高点を求める

F3	=BYCOL(B3:D6,LAMBDA(x,MAX(x)))
	配列　　　　　ラムダ

F3		:	× ✓ fx	=BYCOL(B3:D6,LAMBDA(x,MAX(x)))							
	A	B	C	D	E	F	G	H	I	J	K	L	M
1	成績一覧					最高点						
2	受験No	英語	数学	国語		英語	数学	国語				
3	1001	75	70	50		85	100	85				
4	1002	70	100	85								
5	1003	55	65	60								
6	1004	85	50	85								
7			配列1									
8												

数式を入力

スピル機能が働き、セル F3〜H3 の範囲に
「配列」の各列の最大値が表示された

=BYRCOL(配列 , ラムダ)	[365]	論理

> 配列…LAMBDA 関数の引数「変数」に渡す配列やセル範囲を指定
> ラムダ…戻り値の計算方法を定義するための LAMBDA 関数を指定
> 「配列」の要素を 1 列ずつ LAMBDA 関数で計算し、その結果の配列を返します。

=LAMBDA(変数 1, [変数 2…], 計算式)	→ 03-34
=MAX(数値 1, [数値 2] …)	→ 02-48

Memo

●サンプルの LAMBDA 関数は「x」の範囲の最大値を求めます。サンプルの BYCOL 関数は、セ
ル B3〜D6 のセル範囲を 1 列ずつ LAMBDA 関数の「x」に渡し、それぞれの x に対して最大値
が求められます。結果として、各列の最大値の配列が戻り値となります。

関連項目 【03-36】セル範囲を1行ずつLAMBDA関数で計算する

03-38　指定した行数×列数の行／列番号を
LAMBDA関数で計算する

<small>メイク・アレイ</small>
<small>ラムダ</small>
MAKEARRAY／LAMBDA

　MAKEARRAY関数は、指定した「行数」の行番号と指定した「列数」の列番号をLAMBDA関数で計算する関数です。引数「行数」「列数」がそれぞれLAMBDA関数の引数「変数1」「変数2」に対応します。例えば「行数」に「3」、「列数」に「4」を指定した場合、「変数1」に「1～3」、「変数2」に「1～4」が順に渡されます。ここでは、掛け算九九の表を作成します。

▶掛け算九九の表を作成する

> **B3** =MAKEARRAY(9,9,LAMBDA(x,y,x*y))
> 　　　　　　　　行数 列数　　ラムダ

▲	A	B	C	D	E	F	G	H	I	J	K	L	M	N	O	P
1	掛け算九九															
2		1	2	3	4	5	6	7	8	9						
3	1	1	2	3	4	5	6	7	8	9						
4	2	2	4	6	8	10	12	14	16	18						
5	3	3	6	9	12	15	18	21	24	27						
6	4	4	8	12	16	20	24	28	32	36						
7	5	5	10	15	20	25	30	35	40	45						
8	6	6	12	18	24	30	36	42	48	54						
9	7	7	14	21	28	35	42	49	56	63						
10	8	8	16	24	32	40	48	56	64	72						
11	9	9	18	27	36	45	54	63	72	81						
12																

セル欄：B3　＝MAKEARRAY(9,9,LAMBDA(x,y,x*y))

数式を入力

スピル機能が働き、セル B3～J11 の範囲に「x×y」の結果が表示された

=MAKEARRAY(行数 , 列数 , ラムダ)　　　　　　　　　　[365]　**論理**

　行数…LAMBDA 関数の引数「変数 1」に渡す行番号の行数を指定
　列数…LAMBDA 関数の引数「変数 2」に渡す列番号の列数を指定
　ラムダ…戻り値の計算方法を定義するための LAMBDA 関数を指定
LAMBDA 関数の引数「変数 1」に「1、2、…、行数」、「変数 2」に「1、2、…、列数」が順に渡され、計算結果が返されます。戻り値は「行数」×「列数」のサイズになります。

=LAMBDA(変数 1 , [変数 2…], 計算式)　　　　　　　　**➡ 03-34**

関連項目　【03-33】LAMBDA関数を使用して独自の関数を定義する

03-39 指定した配列の値を LAMBDA関数で累算する

 SCAN／**REDUCE**／**LAMBDA**
スキャン　　リデュース　　ラムダ

　SCAN関数とREDUCE関数は、配列の値を累算で計算する関数です。SCAN関数は、累算の途中を含めてすべての計算結果の配列を求めます。REDUCE関数は、累算の最後の計算結果だけを求めます。ここでは売上の累計を求めますが、予算から経費を次々と引いていったり、文字列を次々と連結していったりと、さまざまな累算を行えます。

▶売上の累計を求める

C3	=SCAN(0,B3:B6,LAMBDA(x,y,x+y))
	初期値 配列　　　ラムダ

E3	=REDUCE(0,B3:B6,LAMBDA(x,y,x+y))
	初期値 配列　　　ラムダ

| C3 | : × ✓ fx | =SCAN(0,B3:B6,LAMBDA(x,y,x+y)) |

	A	B	C	D	E	F	G	H	I	J
1	売上実績					数式を入力				
2	日付	売上高	累計		合計					
3	4月1日	30,000	30,000		205,000	スピル機能によりセル C3～C6 の				
4	4月2日	120,000	150,000			範囲に累計が表示され、セル E3				
5	4月3日	15,000	165,000			に総計が表示された				
6	4月4日	40,000	205,000							

=SCAN(初期値 , 配列 , ラムダ)	[365]	論理

初期値…LAMBDA 関数の引数「変数 1」に渡す初期値を指定
配列…LAMBDA 関数の引数「変数 2」に渡す配列を指定
ラムダ…戻り値の計算方法を定義するための LAMBDA 関数を指定。LAMBDA 関数の引数「変数1」に「初期値」、「変数 2」に「配列」の 1 つ目の要素が渡され、その計算結果が次の LAMBDA 関数の引数「変数 1」に渡される。「変数 2」には「配列」の要素が順に渡される
LAMBDA 関数で計算した結果が途中経過も含めて配列として返されます。

=REDUCE(初期値 , 配列 , ラムダ)	[365]	論理

LAMBDA 関数で計算した最後の結果が返されます。引数は SCAN 関数と同じです。REDUCE 関数の戻り値は SCAN 関数の戻り値の最後の値に一致します。

=LAMBDA(変数 1 , [変数 2…], 計算式)	→ 03-34

数値処理

累計・順位・端数処理……数値を操作しよう

04-01 行番号を元に連番を振る

 ロウ
ROW

ROW関数は、セルの行番号を求める関数です。「=ROW(A1)」とすると、セルA1の行番号である「1」が求められます。この数式を下のセルにコピーすると、引数が「A2、A3、A4…」と変わり、「2、3、4…」と連番が表示されます。どこに入力する場合でも「=ROW(A1)」の「A1」を変える必要はなく、わかりやすい点がメリットです。

▶連番を振る

A3	∨	:	× ✓	fx	=ROW(A1)					

	A	B	C	D	E	F	G	H	I	J
1		9月ToDoリスト								
2	No	内容	期限							
3	1	A案件企画書作成	7日							
4	2	A案件資料準備	20日							
5	3	B案件売上集計	10日							
6	4	D案件予算作成	12日							
7	5	C案件試作品発注	8日							
8	6	D案件価格交渉	28日							

セルA3に数式を入力して、セルA8までコピー

連番が表示された

=ROW([参照])　　　　　　　　　　　　　→ 07-57

Memo

●シートから行を削除すると、削除した行によっては連番が崩れたり、「#REF!」エラーが出たりします。連番を振り直すには、正しい連番が表示されているセルの数式をコピーし直すか、数式を入力し直します。なお、【04-02】で行の削除に強い連番を作成する方法を紹介するので参考にしてください。

●連番を横方向に表示したいときは、列番号を求めるCOLUMN関数を使用します。

B1	∨	:	× ✓	fx	=COLUMN(A1)	

	A	B	C	D	E	F	G	H
1		1	2	3	4	5	6	
2								

=COLUMN(A1)

関連項目 【04-02】ほかの行に依存せずに行の移動／削除に強い連番を作る

04-02 ほかの行に依存せずに 行の移動／削除に強い連番を作る

引数を指定せずに「ROW()」とすると、現在のセルの行番号が求められます。セルA3に「=ROW()-2」と入力すると、セルA3の行番号である3から2が引かれ、「1」が表示されます。この数式を下にコピーすると「=ROW()-2」のままコピーされ、常に自分自身の行番号から2が引かれて連番になります。ほかのセルを参照しない数式なので、連番内の行の削除や移動の影響を受けません。ただし、シートの1、2行目で行の削除や移動を行った場合は連番が崩れるので注意してください。

▶セルA3を「1」として連番を振る

A3	= ROW()-2
	現在の行番号

A3		✓ : × ✓ *fx*	=ROW()-2	
	A	B	C	D
1		9月ToDoリスト		
2	No	内容	期限	
3	1	A案件企画書作成	7日	
4	2	A案件資料準備	20日	
5	3	B案件売上集計	10日	
6	4	D案件予算作成	12日	
7	5	C案件試作品発注	8日	
8	6	D案件価格交渉	28日	

セルA3に数式を入力して、セルA8までコピー　／　連番が表示された

A3		✓ : × ✓ *fx*	=ROW()-2		
	A	B	C	D	E
1		9月ToDoリスト			
2	No	内容	期限		
3	1	A案件資料準備	20日		
4	2	B案件売上集計	10日		
5	3	D案件予算作成	12日		
6	4	D案件価格交渉	28日		
7					
8					

行を削除すると、自動で正しい番号が振り直される

=ROW([参照])　　→ **07-57**

Memo

● 連番の開始行がセルA3以外の場合は、引く数値を調整します。例えばシートの4行目を「1」とする場合は「3」、5行目を「1」とする場合は「4」を引きます。

● Microsoft 365とExcel 2021では、新関数のSEQUENCE関数を使用して連番を振る方法もあります。【04-09】を参照してください。

関連項目 【04-09】指定した行数だけまとめて一気に連番を振るには

04-03 1、1、2、2、3、3……と同じ数値を 2個ずつ繰り返す連番を振る

INT ／ROW
インテジャー ロウ

「ROW(A2)」は、セルA2の行番号「2」を返します。これを下のセルにコピーすると、「2、3、4、5、6、7」という連番の数列を生成します。さらに、これを2で割ると、「1、1.5、2、2.5、3、3.5」という0.5飛びの数列になります。INT関数を使用して、この0.5飛びの数値の小数点以下を切り捨てれば、「1、1、2、2、3、3」という番号になります。

▶「1、1、2、2、3、3」という番号を振る

C3	= INT(ROW(A2)/2)
	0.5飛びの数値

	A	B	C	D	E	F
1	スタッフリスト				検証	
2	No	スタッフ名	班分け		ROW(A2)	ROW(A2)/2
3	1	葛城 史郎	1		2	1
4	2	江間 信弘	1		3	1.5
5	3	篠塚 陽子	2		4	2
6	4	前川 広重	2		5	2.5
7	5	神川 まゆみ	3		6	3
8	6	五十嵐 健	3		7	3.5
9						

セルC3に数式を入力して、セルC8までコピー

「1、1、2、2、3、3」と番号が表示された

=INT(数値)	→ 04-44
=ROW([参照])	→ 07-57

Memo

● 繰り返す数を変えるには、ROW 関数の引数のセル番号と割る数値を変更します。もしくは、引数を「A1」とし、数値を加えて調整してもよいでしょう。
・2 個ずつ繰り返す： =INT(ROW(A2)/2) または =INT((ROW(A1)+1)/2)
・3 個ずつ繰り返す： =INT(ROW(A3)/3) または =INT((ROW(A1)+2)/3)
・4 個ずつ繰り返す： =INT(ROW(A4)/4) または =INT((ROW(A1)+3)/4)

● 自分自身の行番号を元に「=INT((ROW()-1)/2)」とする方法もあります。この数式は、入力する行に応じて「-1」の部分を調整する必要がありますが、行の削除したときに連番を保てる点がメリットです。

関連項目 【04-05】1、2、3、1、2、3……と1から3までを繰り返す連番を振る

04-04　1行おきに連番を振る

IF／MOD／ROW
（イフ　　モッド　　ロウ）

　「ROW(A2)/2」は、下のセルにコピーしたときに「1、1.5、2、2.5、3、3.5…」という0.5飛びの数列を生成します。この数値が整数の場合はその整数を表示し、そうでない場合は空欄にすると、「1、空欄、2、空欄、3、空欄…」のような1行おきの連番を作成できます。どのセルから始める場合も数式は同じで、先頭の数式は引数に「A2」を指定します。

▶1行おきに連番を振る

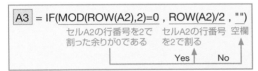

| A3 | = IF(MOD(ROW(A2),2)=0 , ROW(A2)/2 , "") |

セルA2の行番号を2で　　セルA2の行番号　空欄
割った余りが0である　　を2で割る
　　　　　　　　　　　Yes↑　　No

	A	B	C	D	E	F	G	H
1		貸会議室　利用規約						
2								
3	1	利用時間						
4		平日9：00～18：00　日曜・祝日9：00～16：00						
5	2	予約開始日						
6		利用日の3カ月前						
7	3	申込方法						
8		ホームページよりお申し込みください						
9	4	支払方法						
10		銀行振込またはクレジットカード払い						

A3　✓ ： × ✓ fx　=IF(MOD(ROW(A2),2)=0,ROW(A2)/2,"")

セルA3に数式を入力して、セルA10までコピー

1行おきに連番が表示された

=IF(論理式 , 真の場合 , 偽の場合)	→	**03-02**
=MOD(数値 , 除数)	→	**04-36**
=ROW([参照])	→	**07-57**

Memo

●同じ考え方で、2行おきや3行おきの連番を作成できます。
　・2行おき：　=IF(MOD(ROW(A3),3)=0,ROW(A3)/3,"")
　・3行おき：　=IF(MOD(ROW(A4),4)=0,ROW(A4)/4,"")

関連項目 【06-01】文字列の指定方法を理解しよう

04-05 1、2、3、1、2、3……と 1から3までを繰り返す連番を振る

_{モッド} _{ロウ} MOD／ROW

　同じ数値を繰り返すには、割り算の余りを利用するのが定番です。例えば、1から3までを繰り返すには、「3、4、5、6、7、8…」という連続データを「3」で割って余りを求めます。余りは「0、1、2」を繰り返すので、1を加えて調整します。「3、4、5、6、7、8…」の作成にはROW関数、割り算の余りを求めるにはMOD関数を使用します。

▶「1、2、3、1、2、3……」という番号を振る

```
C3  = MOD(ROW(A3),3)+1
          3で割った余り
```

C3		✓	fx	=MOD(ROW(A3),3)+1				
	A	B	C	D	E	F	G H	I J K
1	スタッフリスト				検証			
2	No	スタッフ名	班分け		ROW(A3)	MOD(ROW(A3),3)		
3	1	葛城　史郎	1		3	0		
4	2	江間　信弘	2		4	1		セルC3に数式を入力して、
5	3	篠塚　陽子	3		5	2		セルC11までコピー
6	4	前川　広重	1		6	0		
7	5	陣川　まゆみ	2		7	1		「1、2、3、1、2、3…」
8	6	五十嵐　健	3		8	2		という番号が表示された
9	7	馬場　幸奈	1		9	0		
10	8	吉川　藍	2		10	1		
11	9	小林　敬之	3		11	2		
12								

=MOD(数値 , 除数)	➡ 04-36
=ROW([参照])	➡ 07-57

> **Memo**
>
> ●繰り返す数を変えるには、セル番号と割る数値を変更します。
> 　・「1～2」を繰り返す：　=MOD(ROW(A2),2)+1
> 　・「1～4」を繰り返す：　=MOD(ROW(A4),4)+1
> ●自分自身の行番号を元に「=MOD(ROW(),3)+1」とする方法もあります。入力する行がセル C3 とは異なる場合、ROW 関数から「1」または「2」を引いて調整する必要があります。

関連項目　【04-03】1、1、2、2、3、3……と同じ数値を2個ずつ繰り返す連番を振る

04-06 アルファベットや丸数字の連続データを作成するには

CHAR／CODE／ROW
(キャラクター／コード／ロウ)

　アルファベットの文字コードは「A」が65、「B」が66、「C」が67…、「Z」が90、のように連続しています。文字コードから文字を求めるCHAR関数、文字から文字コードを求めるCODE関数、連番を作成するROW関数を組み合わせると、文字コードを1つずつ増やしながら「A、B、C…」の連続データを作成できます。丸数字の連続データも同様に作成できます。

▶アルファベットや丸数字の連続データを作成する

B2 = CHAR(CODE("A") + ROW(A1)-1)
「A」の文字コード(65)　「0」から始まる連番

	B2				✓ : × ✓ fx	=CHAR(CODE("A")+ROW(A1)-1)				
	A	B	C	D	E	F	G	H	I	J	K
1		アルファベット	丸数字								
2		A	①	←	=CHAR(CODE(" ① ")+ROW(A1)-1)						
3		B	②								
4		C	③		セルB2とセルC2		アルファベット				
5		D	④		に数式を入力して、		と丸数字の連番				
6		E	⑤		7行目までコピー		が表示された				
7		F	⑥								

=CHAR(数値)	→	**06-05**
=CODE(文字列)	→	**06-04**
=ROW([参照])	→	**07-57**

Memo

● 「CODE("A")」は、「A」の文字コード 65 を返します。この 65 を「CHAR(65)」のように指定すると、「A」という文字が返されます。「B」の文字コードは「CODE("A")+1」、「C」の文字コードは「CODE("A")+2」と、「A」の文字コードに 1 ずつ加算していけばいいので、ROW 関数を使用して縦方向に 1 ずつ増やす処理を行いました。

● Microsoft 365 と Excel 2021 では、新関数の SEQUENCE 関数を使用する方法もあります。数式がスピルするので、コピーする必要はありません。
=CHAR(CODE("A")+SEQUENCE(6,,0))
=CHAR(CODE(" ① ")+SEQUENCE(6,,0))

04-07 同じデータごとに連番を振り直したい！

COUNTIF
カウント・イフ

　下図のような表で、社員に部署単位の通し番号を振ってみましょう。それには、COUNTIF関数を使用して、現在行までに同じ部署がいくつあるかをカウントします。例えば、小田部さんの番号はセルA3～A5に「システム部」が3つあるので「3」、長谷川さんの番号はセルA3～A8に「情報部」が2つあるので「2」となります。この方法では、部署がばらばらに入力されている場合でも、きちんと部署単位の通し番号が求められます。

▶同じ部署ごとに連番を振る

D3	= COUNTIF($A$3:A3 , A3)
	条件範囲　　条件

	A	B	C	D	E
1	社員リスト（部署別）				
2	部署	社員名	年齢	部署別No	
3	システム部	渡辺	41	1	
4	システム部	杉本	35	2	
5	システム部	小田部	31	3	
6	システム部	夏井	24	4	
7	情報部	森本	53	1	
8	情報部	長谷川	30	2	
9	情報部	大塚	26	3	
10					

セルD3に数式を入力して、セルD9までコピー　｜　部署単位の通し番号が振られた

	A	B	C	D	E
1	社員リスト（部署別）				
2	部署	社員名	年齢	部署別No	
3	システム部	夏井	24	1	
4	情報部	大塚	26	1	
5	情報部	長谷川	30	2	
6	システム部	小田部	31	2	
7	システム部	杉本	35	3	
8	システム部	渡辺	41	4	
9	情報部	森本	53	3	
10					

年齢の昇順に並べ替えると、通し番号が振り直される

=COUNTIF(条件範囲 , 条件)　　　➡ 02-30

Memo

● 「$A$3:A3」を下のセルにコピーすると、「$A$3:A4」「$A$3:A5」…と、始点を固定したまま終点が1行ずつずれていきます。

● 数式をコピーする際は、【01-15】を参考に［書式なしコピー］を実行してください。

関連項目 【04-13】同じデータごとに累計を表示したい！

 **04-08** 連続するデータごとに
連番を振り直したい！

 IF

　下図のB列の「店舗形態」欄には、「路面店」と「テナント」がそれぞれ2ブロックずつ入力されています。ブロックごとに「1」から連番を振り直すには、IF関数を使用して、現在行の店舗形態が上の行と同じかどうかを判定します。同じであれば「上の行の番号＋1」を表示します。同じでなければブロックの切り替わりと判断できるので、「1」を表示します。

▶連続するデータごとに連番を振る

C3	= IF(B3=B2 , C2+1 , 1)
	論理式　真の場合 偽の場合

C3		∨ : × ✓ fx	=IF(B3=B2,C2+1,1)						
	A	B	C	D	E	F	G	H	I	J
1	売上一覧									
2	地区	店舗形態	No	店舗	売上					
3		路面店	1	有楽町店	17,750,000					
4		路面店	2	横浜店	10,970,000					
5	関東	テナント	1	渋谷店	12,434,000					
6		テナント	2	浦安店	6,728,000					
7		テナント	3	浦和店	6,334,000					
8		路面店	1	大阪店	11,606,000					
9	関西	路面店	2	神戸店	8,024,000					
10		テナント	1	堺店	3,647,000					
11		テナント	2	京都店	3,362,000					
12										

> セルC3に数式を入力して、
> セルC11までコピー

> 2ブロック目では、新たに
> 連番が振り直される

=IF(論理式 , 真の場合 , 偽の場合)	➔ **03-02**

Memo

● 【04-07】と【04-08】は、どちらも特定のデータを基準に連番を振る方法です。【04-07】では、基準（部署）が離れた位置にある場合に続きの連番が振られます。それに対して【04-08】では、基準（店舗形態）が離れた位置にある場合に「1」から降り直されます。

● 数式をコピーする際は、【01-15】を参考に［書式なしコピー］を実行してください。

関連項目 【04-14】連続するデータごとに累計を表示する

04-09 指定した行数だけ まとめて一気に連番を振るには

SEQUENCE
シーケンス

Microsoft 365とExcel 2021では、SEQUENCE関数を使用すると、スピルを使用した連番入力が可能です。先頭のセルに数式を入力すると、自動でスピルして指定した行数×列数分の連番が表示されます。

▶さまざまな連番を作成する

`A2` = SEQUENCE(5)
　　　　　　　行

| AVERAGE ∨ | : | × | ✓ | fx | =SEQUENCE(5) |

	A	B	C	D	E	F	G	H
1								
2	=SEQUENCE(5)		← 入力して【Enter】キー					
3								

①「1〜5」を縦方向に入力するには、引数「行」に「5」を指定するだけでよい。セルA2にSEQUENCE関数を入力して、【Enter】キーを押す。

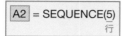

`C2` = SEQUENCE(4 , 5 , 110 , 10)
　　　　　　　行　列　開始値　増分

| C2 | ∨ | : | × | ✓ | fx | =SEQUENCE(4,5,110,10) |

	A	B	C	D	E	F	G	H
1								
2	1		110	120	130	140	150	
3	2		160	170	180	190	200	
4	3		210	220	230	240	250	
5	4		260	270	280	290	300	
6	5							
7								
8	連番が入		4行5列の範囲に「110」から					
9	力された		10ずつ増える数列を表示					

②数式がスピルして、5行1列の範囲に「1」から始まる連番が表示された。
「行」に「4」、「列」に「5」、「開始値」に「110」、「増分」に「10」を指定した場合は、4行5列の範囲に「110」から10ずつ増える数列となる。

`=SEQUENCE( 行 , [列] , [開始値] , [増分] )` 　　　　　　[365/2021] 　数学／三角

　　行…数列を入力するセル範囲の行数を指定
　　列…数列を入力するセル範囲の列数を指定。既定値は「1」
　　開始値…数列の先頭の数値を指定。既定値は「1」
　　増分…数列の増分値を指定。既定値は「1」
「行」×「列」のセル範囲または配列に、「開始値」から「増分」ずつ増える数列を作成します。

関連項目 【04-10】隣のセルが入力されたら自動で続きの連番を振る

04-10 隣のセルが入力されたら 自動で続きの連番を振る

SEQUENCE ／ COUNTA
シーケンス　　　カウント・エー

　「1」から始まる縦方向の連番を作成するには、SEQUENCE関数の引数「行」に最終値を指定します。その際に、COUNTA関数でデータ数を取得して指定すると、表のデータの増減に合わせてSEQUENCE関数が再スピルし、連番が自動で振り直されます。下図では、C列の会員名を基準に連番を作成しています。COUNTA関数でC列のデータ数を求め、セルC2の見出しの分を引いて、引数「行」に指定しました。

▶データの増減に合わせて連番を振り直す

B3 = SEQUENCE(COUNTA(C:C)-1)
　　　　　　　C列の見出しを除いたデータ数

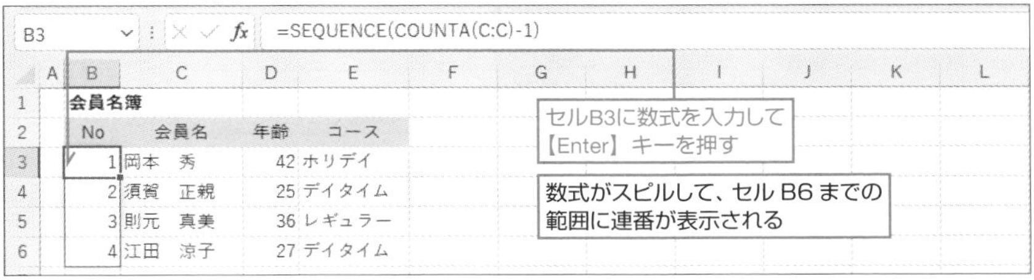

B3			fx	=SEQUENCE(COUNTA(C:C)-1)							
	A	B	C	D	E	F	G	H	I	J	K	L

会員名簿

セルB3に数式を入力して【Enter】キーを押す

数式がスピルして、セルB6までの範囲に連番が表示される

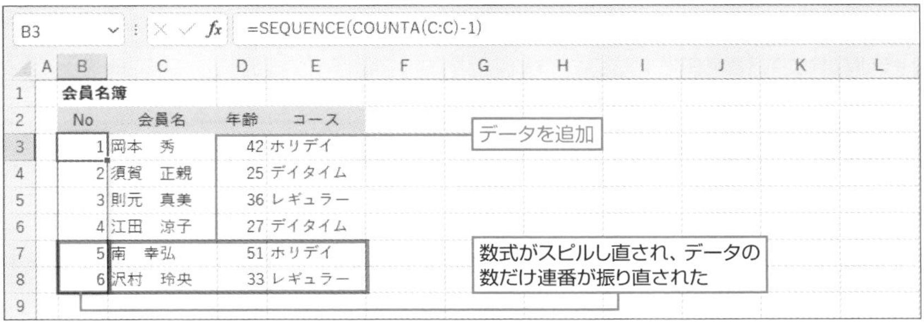

| B3 | | | fx | =SEQUENCE(COUNTA(C:C)-1) |

データを追加

数式がスピルし直され、データの数だけ連番が振り直された

=SEQUENCE(行 , [列] , [開始値] , [増分])　　→ **04-09**

=COUNTA(値 1 , [値 2] …)　　→ **02-27**

関連項目【04-09】指定した行数だけまとめて一気に連番を振るには

04-11 累計を求める

 SUM

　累計は、先頭から現在行までの数値を合計すると求められます。SUM関数の合計範囲として、先頭のセルを絶対参照で指定し、現在行のセルを相対参照で指定します。この数式をコピーすると、コピー先でも必ず先頭から現在行までのセル範囲が合計されます。

▶経費の累計を求める

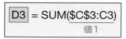

D3	= SUM($C$3:C3)
	値1

D3	⌄	:	× ✓ *fx*	=SUM($C$3:C3)				
▲	A	B	C	D	E	F	G	H	I
1		経費帳（消耗品費）						
2	日付	摘要	金額	累計				
3	1月10日	文房具	500	500	← セルD3に数式を入力して、セルD7までコピー			
4	1月12日	蛍光灯	3,000	3,500				
5	1月12日	コピー用紙	500	4,000	累計が求められた			
6	1月16日	スキャナ	12,000	16,000				
7	1月18日	文房具	700	16,700				
8								
9								

=SUM(数値 1, [数値 2] …)	→ 02-02

> **Memo**
>
> ●セル D3 の数式をコピーすると、各セルの数式は以下のようになります。引数の先頭のセル番号は変わらず、末尾の行番号が 1 つずつ増えるので、1 行ごとに合計対象のセル範囲が広がります。
> セル D3： =SUM($C$3:C3) （セル C3〜C3 の合計）
> セル D4： =SUM($C$3:C4) （セル C3〜C4 の合計）
> セル D5： =SUM($C$3:C5) （セル C3〜C5 の合計）
> セル D6： =SUM($C$3:C6) （セル C3〜C6 の合計）
>
> ●数式をコピーしたセルの左上に緑色のマークが表示されますが、そのままにしておいて問題ありません。気になるようなら【01-36】を参考に非表示にしてください。

04-12 フィルターで抽出された データだけに累計を表示する

AGGREGATE

オートフィルターや行の非表示を実行すると、画面に一部のデータだけが表示された状態になります。表示されているデータだけで累計を計算するには、AGGREGATE関数を使用して、先頭行から現在行までの合計を求めます。引数「集計方法」に「9」を指定すると、数値を合計できます。その際に「オプション」に「5」を指定すると、非表示の行を除外して合計できます。なお、AGGREGATE関数では「オプション」の指定にかかわらず、オートフィルターで非表示になった行は合計の対象外となります。

▶見えている行だけで累計を計算する

```
D4 = AGGREGATE(9 , 5 , $C$4:C4)
       集計方法 ┬       範囲1
          オプション
```

	A	B	C	D	E
1	売上実績				
2					
3	No	担当	売上	累計	
4	1001	杉浦	200,000	200,000	
5	1002	五十嵐	50,000	250,000	
6	1003	五十嵐	110,000	360,000	
7	1004	杉浦	80,000	440,000	
8	1005	杉浦	300,000	740,000	
9	1006	五十嵐	160,000	900,000	
10					

セルD4に数式を入力して、セルD9までコピー

全データに累計が表示された

=AGGREGATE(9,5,$C$4...

	A	B	C	D	E
1	売上実績				
2					
3	No	担当	売上	累計	
4	1001	杉浦	200,000	200,000	
7	1004	杉浦	80,000	280,000	
8	1005	杉浦	300,000	580,000	
10					
11					
12					
13					

=AGGREGATE(9,5,C

オートフィルターで抽出を実行すると、累計が計算し直される

```
=AGGREGATE( 集計方法 , オプション , 範囲 1, [範囲 2] …)          → 02-25
```

Memo

● 行番号を右クリックして、表示されるメニューから [非表示] を選択すると、その行が非表示になります。そのようにして行を非表示にした場合も、見えている行だけで累計が計算されます。

関連項目 【04-19】 フィルターで抽出されているデータだけに順位を付ける

04-13 同じデータごとに累計を表示したい！

サム・イフ
SUMIF

　下図のような表で、地区ごとに契約数の累計を求めてみましょう。それにはSUMIF関数を使用して、「地区」欄の先頭から現在行までのセル範囲から現在行と同じ地区を探し、該当する地区の契約数を合計します。下図では地区が固めて入力されていますが、同じ地区を条件に合計するので、地区がばらばらの位置に入力されている場合でも「関東の累計」「関西の累計」が求められます。

▶同じ地区ごとに累計を表示する

D3	= SUMIF($A$3:A3 , A3 , $C$3:C3)
	条件範囲　条件　合計範囲

D3	∨	:	× ✓ fx	=SUMIF($A$3:A3,A3,$C$3:C3)				
▲	A	B	C	D	E	F	G	H	I

	A	B	C	D
1	契約数一覧			
2	地区	店舗	契約数	累計
3	関東	東京店	110	110
4	関東	千葉店	91	201
5	関東	浦和店	70	271
6	関東	川崎店	64	335
7	関西	大阪店	90	90
8	関西	京都店	50	140
9	関西	神戸店	42	182

セルD3に数式を入力して、
セルD9までコピー

地区単位で累計が
表示された

=SUMIF(条件範囲 , 条件 , [合計範囲])　→ **02-08**

Memo

● SUMIF 関数は、「条件範囲」から「条件」で指定したデータを検索して、「合計範囲」の数値を合計する関数です。ここでは「条件範囲」と「合計範囲」を「絶対参照:相対参照」の形式で指定して、先頭セルから現在行までのセル範囲を対象に、条件に合致したデータの合計を求めました。

● 数式をコピーする際は、【01-15】を参考に [書式なしコピー] を実行してください。

関連項目　【04-07】同じデータごとに連番を振り直したい！

04-14 連続するデータごとに累計を表示する

IF

　下図のB列の「店舗形態」欄には、「路面店」と「テナント」がそれぞれ2ブロックずつ入力されています。ブロックごとに売上の累計を求めるには、IF関数を使用して、現在行の店舗形態が上の行と同じかどうかを判定します。同じであれば「上の行の累計＋現在行の売上」を計算します。同じでなければブロックの切り替わりと判断できるので、現在行の売上をそのまま表示します。

▶連続するデータごとに累計を表示する

E3	= IF(B3=B2 , E2+D3 , D3)
	論理式　真の場合　偽の場合

E3			f_x	=IF(B3=B2,E2+D3,D3)								
	A	B	C	D	E	F	G	H	I	J	K	L
1	売上一覧				(千円)							
2	地区	店舗形態	店舗	売上	累計							
3		路面店	有楽町店	17,750	17,750							
4		路面店	横浜店	10,970	28,720							
5	関東	テナント	渋谷店	12,434	12,434							
6		テナント	浦安店	6,728	19,162							
7		テナント	浦和店	6,334	25,496							
8		路面店	大阪店	11,606	11,606							
9	関西	路面店	神戸店	8,024	19,630							
10		テナント	堺店	3,647	3,647							
11		テナント	京都店	3,362	7,009							
12												

セルE3に数式を入力して、セルE11までコピー

2ブロック目では、新たに累計が計算し直される

=IF(論理式 , 真の場合 , 偽の場合)　　　　➡ 03-02

Memo

● 【04-13】と【04-14】は、どちらも特定のデータを基準に累計を計算します。【04-13】では、基準（店舗）が離れた位置にある場合に続きの累計が計算されます。それに対して【04-14】では、基準（店舗形態）が離れた位置にある場合に新たな累計が求められます。

● 数式をコピーする際は、【01-15】を参考に［書式なしコピー］を実行してください。

関連項目 【04-08】連続するデータごとに連番を振り直したい！

04-15 順位を付ける

ランク・イコール

RANK.EQ

　順位を求めるには、RANK.EQ関数を使用します。大きい順の順位を付ける場合の必須の引数は、「数値」と「範囲」の2つです。指定した「範囲」の中で「数値」の順位が求められます。コピーに備えて引数「範囲」を絶対参照で指定してください。重複した数値は同じ順位と見なされ、次の順位を飛ばして以降の順位が付けられます。例えば3番目の大きさの数値が2つある場合、「2位、3位、3位、5位」となります。

▶売上数の多い順に順位を付ける

D3	= RANK.EQ(C3 , $C$3:$C$8)
	数値　　　範囲

D3	⌄	:	× ✓ fx	=RANK.EQ(C3,$C$3:$C$8)						
▲	A	B	C	D	E	F	G	H	I	J
1	プリンターラインナップ									
2	商品名	インク	売上数	順位						
3	DK-8321	6色	286	5						
4	DK-7651	6色	460	1						
5	DK-6022	4色	300	3						
6	TK-3201	6色	396	2						
7	TK-3111	6色	300	3						
8	TK-2053	4色	88	6						
9		数値	範囲							
10										

セルD3に数式を入力して、セルD8までコピー

3位が2つあるので4位が欠番となる

=RANK.EQ(数値 , 範囲 , [順位])　　　　　　　　　　　　　　　　　　統計

　数値…順位付けの対象になる数値を指定。「範囲」内にない数値を指定すると、[#N/A] が返される
　範囲…数値のセル範囲、または配列定数を指定。セル範囲内の文字列や論理値、空白セルは無視される
　順位…0 を指定するか、指定を省略すると、降順（大きい順）の順位が返される。1 を指定すると、昇順（小さい順）の順位が返される
「数値」が「範囲」の中で何番目の大きさにあたるかを求めます。降順と昇順のどちらの順位を調べるのかは、引数「順位」で指定します。

関連項目　【04-18】同じ値の場合は別の列を基準に異なる順位を付けたい！

04-16 同じ値の場合は平均値で順位を付ける

順位に比例して「予算を配分する」「報酬を決める」など、順位の数値を重みとして何らかの計算をする場合に、バランスよく順位を付けたいことがあります。しかし【04-15】で紹介したRANK.EQ関数では、同じ値に同じ順位が付けられて次の順位は欠番になるため、順位が上に偏りがちです。そんなときはRANK.AVG関数を使うと、同じ値に平均値の順位を付けてバランスを保てます。例えば3番目の大きさの数値が2つある場合、RANK.EQ関数では「2位、3位、3位、5位」となりますが、RANK.AVG関数では「2位、3.5位、3.5位、5位」となり偏りません。

▶売上数の多い順に平均値の順位を付ける

```
D3  = RANK.AVG(C3 , $C$3:$C$8)
         数値      範囲
```

	A	B	C	D
1	プリンターラインナップ			
2	商品名	インク	売上数	順位
3	DK-8321	6色	286	5
4	DK-7651	6色	460	1
5	DK-6022	4色	300	3.5
6	TK-3201	6色	396	2
7	TK-3111	6色	300	3.5
8	TK-2053	4色	88	6

D3 の数式バー：=RANK.AVG(C3,$C$3:$C$8)

セルD3に数式を入力して、セルD8までコピー

3番目の大きさの2つの数値が「3.5位」になった

数値 範囲

=RANK.AVG(数値 , 範囲 , [順位])　　統計

数値…順位付けの対象になる数値を指定。「範囲」内にない数値を指定すると、[#N/A] が返される

範囲…数値のセル範囲、または配列定数を指定。セル範囲内の文字列や論理値、空白セルは無視される

順位…0 を指定するか、指定を省略すると、降順（大きい順）の順位が返される。1 を指定すると、昇順（小さい順）の順位が返される

「数値」が「範囲」の中で何番目の大きさにあたるかを求めます。降順と昇順のどちらの順位を調べるのかは、引数「順位」で指定します。同じ値の場合、平均の順位が付きます。

関連項目 【04-16】順位を付ける

04-17 同じ値の場合は上の行を上位と
見なして異なる順位を付けたい！

ランク・イコール　　　　カウント・イフ
RANK.EQ／COUNTIF

　同じ値の場合は先に出てきた方を上位として、順位を付けてみましょう。それにはRANK.EQ関数で求めた「通常の順位」に、「現在行までの出現回数-1」を加えます。そうすれば、最初の出現値には「通常の順位」がそのまま表示され、2回目の出現値には「通常の順位+1」、3回目の出現値には「通常の順位+2」が付きます。出現回数は、COUNTIF関数で先頭行から現在行までの中から現在行と同じ売上数をカウントして求めます。

▶**売上数が同じ場合は上の行を上位とする**

D3	= RANK.EQ(C3,$C$3:$C$8)+COUNTIF($C$3:C3,C3)-1
	通常の順位　　　　　　　　現在行までの出現回数

D3	▼	:	× ✓ fx	=RANK.EQ(C3,$C$3:$C$8)+COUNTIF($C$3:C3,C3)-1

	A	B	C	D	E	F	G	H	I	J	K
1	プリンターラインナップ										
2	商品名	インク	売上数	順位							
3	DK-8321	6色	286	5		セルD3に数式を入力して、					
4	DK-7651	6色	460	1		セルD8までコピー					
5	DK-6022	4色	300	3							
6	TK-3201	6色	396	2		同じ売上数の場合、上の					
7	TK-3111	6色	300	4		行に上位の順位が付く					
8	TK-2053	4色	88	6							

=RANK.EQ(数値 , 範囲 ,［順位］)	→ 04-15
=COUNTIF(条件範囲 , 条件)	→ 02-30

Memo

●上図の場合の「通常の順位」「現在行までの出現回数」と順位の関係は、右表のようになります。

売上数	通常の順位	出現回数	順位
286	5	1	5　(5+1-1)
460	1	1	1　(1+1-1)
300	3	1	3　(3+1-1)
396	2	1	2　(2+1-1)
300	3	2	4　(3+2-1)
80	6	1	6　(6+1-1)

04-18 同じ値の場合は別の列を基準に異なる順位を付けたい！

RANK.EQ

同じ値の場合は別の列を基準に、順位を付けてみましょう。ここでは、「勝点の高い順に順位を付ける、ただし勝点が同じ場合は得失点差で順位を決める」という条件で順位付けします。優先度の高い「勝点」に重みを付けて「勝点×100＋得失点差」を求め、それを基準にRANK.EQ関数で順位を求めます。

▶勝点が同じ場合は得失点差が大きいほうを上位とする

E3 ＝ B3*100+C3
　　　勝点　　得失点差

D3 ＝ RANK.EQ(E3 , $E$3:$E$8)
　　　　　　　　数値　　範囲

D3　=RANK.EQ(E3,$E$3:$E$8)

	A	B	C	D	E
1	リーグ戦結果				
2	チーム	勝点	得失点差	順位	調整
3	フロッグス	12	8	1	1208
4	スターズ	9	-6	2	894
5	ゴースツ	7	15	3	715
6	ベアーズ	7	-2	4	698
7	シャークス	6	-7	5	593
8	トールズ	3	-8	6	292

セルE3とD3に数式を入力して、8行目までコピー

同じ勝点の場合、得失点差が上のチームに上位の順位が付く

数値　範囲

=RANK.EQ(数値 , 範囲 , [順位])　→ 04-15

Memo

●サンプルでは「得失点差」の最大値が2桁の数値なので、「勝点」に1桁多い100を掛けました。仮に「勝点」を10倍した場合、「スターズ」が「84」、「ゴースツ」が「85」で「ゴースツ」が上位になり、「勝点」の序列が崩れてしまいます。

関連項目【04-17】同じ値の場合は上の行を上位と見なして異なる順位を付けたい！

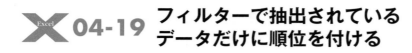04-19 フィルターで抽出されている データだけに順位を付ける

AGGREGATE／RANK.EQ
アグリゲイト　　ランク・イコール

　オートフィルターや行の非表示を実行したときに、見えている行の売上だけに順位を付けるには、見えている行と折り畳まれている行を区別する必要があります。それには、見えている行だけを集計するAGGREGATE関数を利用します。まず、作業列にAGGREGATE関数を入力して、現在行の売上を合計します。合計といっても売上のセルを1つ指定するだけなので、見えている行の合計は売上、見えていない行の合計は「0」になります。この作業列を元にRANK.EQ関数で順位を付けると、見えている行の売上にだけ順位が付きます。

▶抽出されているデータに順位を付ける

E4	= AGGREGATE(9 , 5 , C4)

集計方法 ┃ 範囲1
オプション

| E4 | ▼ : × ✓ fx | =AGGREGATE(9,5,C4) |

	A	B	C	D	E	F	G	H	I	J	K
1	売上実績		範囲1								
2											
3	No ▼	担当 ▼	売上 ▼	順位 ▼	作業列						
4	1001	杉浦	200,000		200000						
5	1002	五十嵐	50,000		50000						
6	1003	五十嵐	110,000		110000						
7	1004	杉浦	80,000		80000						
8	1005	杉浦	300,000		300000						
9	1006	五十嵐	160,000		160000						

セルE4に数式を入力して、セルE9までコピー

作業列に売上が表示された

①セルE4にAGGREGATE関数を入力する。引数「集計方法」に、「合計」を意味する「9」を指定し、「オプション」に非表示の行を合計対象としないことを意味する「5」を指定する。「範囲1」に「売上」欄のセルC1を指定すると、セルC1が見えている場合の戻り値はセルC1の値となり、見えていない場合の戻り値は「0」となる。この数式を表の最終行までコピーする。この時点では全行が見えているので、作業列に「売上」欄の数値がそのまま表示される。

=AGGREGATE(集計方法 , オプション , 範囲1 , [範囲2] …)	➡ 02-25
=RANK.EQ(数値 , 範囲 , [順位])	➡ 04-15

$$D4 = RANK.EQ(E4 , \$E\$4:\$E\$9)$$
数値　　　範囲

②セル D4 に RANK.EQ 関数を入力して、作業列の数値の順位を求める。

セルD4に数式を入力して、セルD9までコピー

数値

範囲

順位が表示された

③オートフィルターを実行すると、抽出された行だけに順位が振り直される。

見えている行だけに順位が振り直された

Memo

●空いているセルに「=A4」と入力して6行5列の範囲にコピーすると、折り畳まれている行を含めた表全体のデータを確認できます。折り畳まれている行の AGGREGATE 関数の結果が「0」であることがわかります。

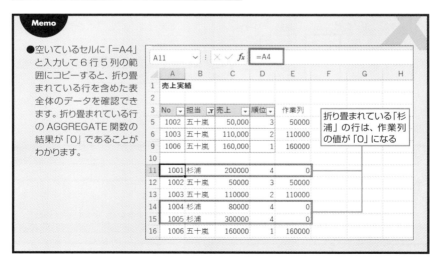

折り畳まれている「杉浦」の行は、作業列の値が「0」になる

関連項目 【04-12】フィルターで抽出されたデータだけに累計を表示する

04-20 スピルを使用して順位を付ける

ランク・イコール
RANK.EQ

Microsoft 365とExcel 2021では、RANK.EQ関数の引数「数値」に「範囲」と同じセル範囲を指定すると、数式がスピルし、表の順位を一気に求められます。「数値」「範囲」ともに相対参照でかまいません。

▶売上数の多い順に順位を付ける

D3 = RANK.EQ(C3:C8 , C3:C8)
数値　　範囲

| AVERAGE ⌄ | : × ✓ fx | =RANK.EQ(C3:C8,C3:C8) |

▲	A	B	C	D	E	F	G	H	I	J	K
1	プリンターラインナップ										
2	商品名	インク	売上数	順位							
3	DK-8321	6色	286	=RANK.EQ(C3:C8,C3:C8)							
4	DK-7651	6色	460								
5	DK-6022	4色	300								

セルD3に数式を入力して【Enter】キーを押す

| D4 | ⌄ : × ✓ fx | =RANK.EQ(C3:C8,C3:C8) |

▲	A	B	C	D	E	F	G	H	I	J	K
1	プリンターラインナップ										
2	商品名	インク	売上数	順位							
3	DK-8321	6色	286	5							
4	DK-7651	6色	460	1							
5	DK-6022	4色	300	3							
6	TK-3201	6色	396	2							
7	TK-3111	6色	300	3							
8	TK-2053	4色	88	6							
9			数値	範囲							
10											

数式がスピルして、セル D8 までの範囲に順位が表示される

=RANK.EQ(数値 , 範囲 , [順位]) → 04-15

Memo

●セル D3〜D8 を選択し、上図の RANK.EQ 関数を入力して【Ctrl】+【Shift】+【Enter】キーを押せば、配列数式として入力することもできます。

関連項目【01-32】動的配列数式を入力するには

04-21 0以上1以下の百分率で順位を付ける

パーセント・ランク・インクルード
PERCENTRANK.INC

　全体の中の相対的な順位が必要なときは、PERCENTRANK.INC関数を使用して、0～1の範囲で百分率の順位を求めます。例えば0.5位であれば、全体の真ん中と判断できます。このような順位を「パーセンタイル順位」と呼びます。通常の順位だと同じ5位でも5人中の5位なのか1000人中の5位なのかで5位の価値が変わりますが、パーセンタイル順位からは相対的な位置がつかめます。

▶0以上1以下の範囲で百分率の順位を求める

D3	= PERCENTRANK.INC($C$3:$C$8 , C3)
	範囲　　　　　　　　数値

	A	B	C	D	E	F	G	H	I	J	K	L
1	ビジネス検定											
2	No	氏名	得点	順位								
3	1	金子　博信	70	0.4								
4	2	松本　恵子	91	1								
5	3	佐竹　弘人	66	0.2								
6	4	柳　真理子	76	0.6								
7	5	野川　陸	82	0.8								
8	6	手塚　卓也	49	0								
9												
10		範囲	数値									

セルD3に数式を入力して、セルD8までコピー

百分率の順位が表示された

=PERCENTRANK.INC (範囲 , 数値 , [有効桁数])　　　　統計

　範囲…数値のセル範囲、または配列定数を指定。セル範囲内の文字列や論理値、空白セルは無視される
　数値…順位付けの対象になる数値を指定。「範囲」内にない値を指定すると、補間計算した順位が返される。「範囲」を超える値を指定した場合は、[#N/A] が返される
　有効桁数…小数点以下第何位まで求めるかを指定。省略すると、第3位まで求められる
「数値」が「範囲」の中で何%の位置にあるかを求めます。「範囲」の中で最小値の戻り値は0、最大値の戻り値は1になります。

Memo

● PERCENTRANK.EXC 関数を使うと、0 より大きく1 より小さい数値で百分率の順位を求められます。引数や使い方は、PERCENTRANK.INC 関数と同じです。

04-22 相対評価で5段階の成績を付ける

 PERCENTRANK.INC／VLOOKUP
パーセント・ランク・インクルード　　　　ブイ・ルックアップ

　「相対評価」とは、全データの中で上から○%に「A」、△%に「B」…というように、相対順位に応じて付ける評価です。ここでは「A」から「E」の5段階の評価を付けます。配分は、10%、20%、40%、20%、10%とします。各自の得点がどの配分に属するかを判断するために、PERCENTRANK.INC関数を使用して百分率の順位を求めます。

　サンプルでは検算しやすいように各自の成績データを得点の降順に並べてあります。評価の対象者が10人なので、「A」が1人、「B」が2人、「C」が4人…と指定した配分通りの結果になります。中途半端な人数の場合は、結果に誤差が生じます。

▶「A」は10%、「B」は20%…と、決めた配分で5段階評価する

O19	▼	:	× ✓ ƒx						
	A	B	C	D	E	F	G	H	I	J
1	ビジネス検定					評価基準				
2	氏名	得点	評価	作業列		配分	基準	評価		
3	松本　恵子	91				10%	0%	A		
4	野川　陸	82				20%	10%	B		
5	大林　藍	78				40%	30%	C	評価を入力	
6	柳　真理子	76				20%	70%	D		
7	金子　博信	70				10%	90%	E		
8	佐竹　弘人	66								
9	井田　早苗	65				得点の上位0〜10%は「A」、10〜30%は「B」…、という意味				
10	佐々木　竜	58								
11	落合　康太	50								
12	手塚　卓也	49								

①準備として、成績を検索するための表を作成する。「A」から「E」を順に入力し、それぞれに割り当てたい人数の配分と評価の基準を入力しておく。評価の基準は、あとで VLOOKUP 関数を使用するときに必要になる値で、成績の上位 0〜10%が「A」、10〜30%が「B」、30〜70%が「C」……、と読む。

=PERCENTRANK.INC(範囲 , 数値 , [有効桁数])	➡ 04-21
=VLOOKUP(検索値 , 範囲 , 列番号 , [検索の型])	➡ 07-02

D3 = 1-PERCENTRANK.INC($B$3:$B$12 , B3)
　　　　　　　　　　　　　　範囲　　　数値

	A	B	C	D	E	F	G	H	I	J	K	L
1	ビジネス検定					評価基準						
2	氏名	得点	評価	作業列		配分	基準	評価				
3	数値 恵子	91		0%		10%	0%	A				
4	野川　陸	82		11%		20%	10%	B				
5	大林　藍	78		22%		40%	30%	C				
6	柳　真理子	76		33%		20%	70%	D				
7	金子　博信	70		45%		10%	90%	E				
8	佐竹　弘人	66		56%								
9	範囲 早苗	65		67%								
10	佐々木　竜	58		78%								
11	落合　康太	50		89%								
12	手塚　卓也	49		100%								
13												

セルD3に数式を入力して、セルD12までコピー

百分率の降順の順位が表示された

②作業列に降順の相対順位を求めたい。PERCENTLANK 関数による相対順位は得点が低い人ほど小さい順位になるので、降順の相対順位を求めるには「1」から引き算する。数式をセル D3 に入力して、[パーセントスタイル] を設定し、セル D12 までコピーする。すると、得点の高い人ほど小さい値の相対順位が表示される。

C3 = VLOOKUP(D3 , $G$3:$H$7 , 2 , TRUE)
　　　　　　　　検索値　　　範囲　　　列番号　検索の型

	A	B	C	D	E	F	G	H	I	J	K
1	ビジネス検定					評価基準					
2	氏名	得点	評価	作業列		配分	基準	評価			
3	松本　恵子	91	A	0%	検索値	10%	0%	A	範囲		
4	野川　陸	82	B	11%		20%	10%	B			
5	大林　藍	78	B	22%		40%	30%	C			
6	柳　真理子	76	C	33%		20%	70%	D			
7	金子　博信	70	C	45%		10%	90%	E			
8	佐竹　弘人	66	C	56%							
9	井田　早苗	65	C	67%			①	②	列番号		
10	佐々木　竜	58	D	78%							
11	落合　康太	50	D	89%							
12	手塚　卓也	49	E	100%							
13			セルC3に数式を入力して、セルC12までコピー								

③手順②で求めた相対順位を元に「評価基準」の表を検索したい。セル C3 に VLOOKUP 関数の数式を入力する。その際、引数「検索の型」に近似一致検索を意味する「TRUE」を指定すること。セル C12 までコピーすると、指定した割合で「A」から「E」までの 5 段階評価が表示される。

関連項目 【07-09】「○以上△未満」の条件で表を検索する＜①VLOOKUP関数＞

04-23 上位○%を合格として 合格ラインの点数を求めたい

パーセンタイル・インクルード
 PERCENTILE.INC

　PERCENTILE.INC関数を使用すると、「パーセンタイル」を求められます。パーセンタイルとは、数値を小さい順に並べたときに○%の位置に当たる数値のことで、「百分位数」とも呼ばれます。例えば、「10、20、30、40」の50パーセンタイルは「25」です。ここでは、受験者のうち上位40%の人数を合格させるものとして、合格ラインを求めます。大きいほうから40%が合格なので、60パーセンタイルが合格ラインになります。

▶上位40%の人数を合格として合格ラインを求める

E3　= PERCENTILE.INC(C3:C12 , 0.6)
　　　　　　　　　　　　　　範囲　　　率

	A	B	C	D	E	F	G	H	I	J	K
1	ビジネス検定										
2	No	氏名	得点		合格ライン						
3	1	松本　恵子	91		72.4	◀数式を入力					
4	2	野川　陸	82		※上位40%合格						
5	3	大林　藍	78								
6	4	柳　真理子	76								
7	5	金子　博信	70	範囲							
8	6	佐竹　弘人	66								
9	7	井田　早苗	65								
10	8	佐々木　竜	58								
11	9	落合　康太	50								
12	10	手塚　卓也	49								

上位40%を合格とする場合の合格ラインは72.4点であることがわかった

=PERCENTILE.INC(範囲 , 率)　　　　　　　　　　　　　　　　　　　　統計

　範囲…数値のセル範囲、または配列定数を指定
　率…求めたい位置を0以上1以下の数値を指定。例えば0.7を指定すると、小さいほうから70%、大きいほうから30%の位置の数値がわかる
　「範囲」の数値を小さい順に並べたときに、指定した「率」の位置にある数値を返します。「範囲」の中に「率」に一致する数値がない場合、補間計算した値が返されます。

Memo

● PERCENTILE.EXC関数を使うと、0より大きく1より小さい範囲で「率」を指定して、数値を求められます。使い方は、PERCENTILE.INC関数と同じです。

04-24 上位4分の1の値を調べる

クアタイル・インクルード
QUARTILE.INC

　QUARTILE.INC関数を使用すると、「四分位数」を求められます。四分位数とは、数値を小さい順に並べたときに、4等分する位置（25%、50%、75%の位置）にくる数値のことです。ここでは、受験者のうち上位25%の人数を合格させるものとして、合格ラインを求めます。大きいほうから25%が合格なので、75%に当たる数値を求めます。第2引数「位置」に「3」を指定すると、75%に当たる数値が求められます。

▶上位25%の人数を合格として合格ラインを求める

E3 = QUARTILE.INC(C3:C12 , 3)
範囲　　位置

| E3 | =QUARTILE.INC(C3:C12,3) |

	A	B	C	D	E	F
1	ビジネス検定					
2	No	氏名	得点		合格ライン	
3	1	松本　恵子	91		77.5	数式を入力
4	2	野川　陸	82		※上位25%合格	
5	3	大林　藍	78			
6	4	柳　真理子	76			
7	5	金子　博信	70		範囲	
8	6	佐竹　弘人	66			
9	7	井田　早苗	65			
10	8	佐々木　竜	58			
11	9	落合　康太	50			
12	10	手塚　卓也	49			

上位25%を合格とする場合の合格ラインは77.5点であることがわかった

=QUARTILE.INC(範囲 , 位置)　統計

範囲…**数値のセル範囲、または配列定数を指定**
位置…**求めたい位置を下表の数値で指定**
「範囲」の数値を小さい順に並べたときに、指定した「位置」にある数値を返します。

位置	戻り値	備考
0	最小値（0%）	MIN関数の戻り値と同じ
1	第1四分位数（25%）	―
2	第2四分位数（50%）	MEDIAN関数の戻り値と同じ
3	第3四分位数（75%）	―
4	最大値（100%）	MAX関数の戻り値と同じ

04-25 トップ5の数値を調べる

LARGE

　LARGE関数を使用すると、大きいほうから数えて〇番目の数値を求められます。ここではテストの結果から、トップ5の得点を求めます。引数「範囲」に「得点」欄のセル範囲を指定し、「順位」に求める順位を指定します。数式のコピーに備えて、「得点」欄を絶対参照で固定してください。LARGE関数では同じ数値を異なる順位として扱うので、サンプルでは4位と5位に同じ「86」が表示されます。

▶トップ5の得点を調べる

F3 = LARGE($C$3:$C$10 , E3)
　　　　　　　　範囲　　　　順位

F3		✕ ✓ fx	=LARGE($C$3:$C$10,E3)							
	A	B	C	D	E	F	G	H	I	J	K
1	修了テスト結果				トップ5						
2	No	受講者	得点		順位	トップ値					
3	1	高見沢　浩紀	76	順位	1	131	セルF3に数式を入力して、				
4	2	市川　るり	131		2	124	セルF7までコピー				
5	3	根室　沙織	102		3	102					
6	4	佐々木　和幸	86	範囲	4	86	同じ得点が別々の順位に				
7	5	松岡　雄一郎	124		5	86	振り分けられる				
8	6	楠　陽子	86								
9	7	久保田　玲央	81		1から5の数値						
10	8	三田　博美	63		を入力しておく						
11											

=LARGE(範囲 , 順位)　　　　　　　　　　　　　　　　　　　　　統計

　範囲…数値のセル範囲、または配列定数を指定。セル範囲内の文字列や論理値、空白セルは無視される
　順位…大きいほうから数えた順位を 1 以上の数値で指定
「範囲」に指定された数値の中から、大きいほうから数えて「順位」番目の数値を返します。

Memo

● LARGE 関数の引数「順位」に「1」を指定すると、MAX 関数の結果と同じになります。

関連項目 【04-27】 ワースト5の数値を調べる

04-26 重複値を除外して トップ5の数値を調べたい

MAX／MAXIFS
(マックス　マックス・イフ・エス)

　LARGE関数でトップ値を調べると、【04-25】のように、同じ大きさの複数の数値が異なる順位となります。同じ大きさの数値をひとまとめにして、次の大きさの数値の順位を繰り上げたいときは、1位をMAX関数で求めます。2位以降はMAXIFS関数を使用して、1つ上の順位の数値より小さい数値の中から最大値を探します。

▶重複値を除外してトップ5の得点を調べる

> **F3** = MAX(C3:C10)
> 　　　　　数値1

> **F4** = MAXIFS($C$3:$C$10 , $C$3:$C$10 , "<" & F3)
> 　　　　　最大範囲　　　　条件範囲1　　　条件1

| F4 | ：× ✓ fx | =MAXIFS($C$3:$C$10,$C$3:$C$10,"<" & F3) |

	A	B	C	D	E	F
1	修了テスト結果		得点		トップ5	
2	No	受講者			順位	トップ値
3	1	高見沢　浩紀	76		1	131
4	2	市川　るり	131		2	124
5	3	根室　沙織	102		3	102
6	4	佐々木　和幸	86		4	86
7	5	松岡　雄一郎	124		5	81
8	6	楠　陽子	86			
9	7	久保田　玲央	81			
10	8	三田　博美	63			

セルF3に最大値を求めておく

セルF4に数式を入力して、セルF7までコピー

1から5の数値を入力しておく

重複のないトップ5の数値が求められた

数値1　最大範囲　条件範囲1

> =MAX(数値 1, [数値 2] …)　　　　　　　　　→ **02-48**
> =MAXIFS(最大範囲 , 条件範囲 1, 条件 1, [条件範囲 2, 条件 2] …)　→ **02-50**

Memo

● 2位の得点を求めるには、1位の得点である「131」より小さい得点の中から最大値を探します。同様に3位は、2位の「124」より小さい得点の中から最大値を探します。

04-27 ワースト5の数値を調べる

SMALL関数を使用すると、小さいほうから数えて○番目の数値を求められます。ここではテストの結果から、ワースト5の得点を求めます。引数「範囲」に「得点」欄のセル範囲を指定し、「順位」に求める順位を指定します。数式のコピーに備えて、「得点」欄を絶対参照で固定してください。SMALL関数では同じ数値を異なる順位として扱うので、サンプルでは4位と5位に同じ「86」が表示されます。

▶ワースト5の得点を調べる

F3	= SMALL($C$3:$C$10 , E3)
	範囲　　　　　　順位

	F3		:	× ✓ fx	=SMALL($C$3:$C$10,E3)						
⊿	A	B	C	D	E	F	G	H	I	J	K
1	修了テスト結果		得点		ワースト5						
2	No	受講者	得点		順位	ワースト値					
3	1	髙見沢　浩紀	76	順位	1	63					
4	2	市川　るり	131		2	76					
5	3	根室　沙織	102		3	81					
6	4	佐々木　和幸	86	範囲	4	86					
7	5	松岡　雄一郎	124		5	86					
8	6	楠　陽子	86								
9	7	久保田　玲央	81								
10	8	三田　博美	63								
11											

> セルF3に数式を入力して、セルF7までコピー

> 同じ得点が別々の順位に振り分けられる

> 1から5の数値を入力しておく

=SMALL(範囲 , 順位)　　　　　　　　　　　　　　　　　　　　　　統計

範囲…数値のセル範囲、または配列定数を指定。セル範囲内の文字列や論理値、空白セルは無視される
順位…小さいほうから数えた順位を 1 以上の数値で指定
「範囲」に指定された数値の中から、小さいほうから数えて「順位」番目の数値を返します。

Memo

● SMALL 関数の引数「順位」に「1」を指定すると、MIN 関数の結果と同じになります。

関連項目 【04-25】 トップ5の数値を調べる

04-28 重複値を除外して ワースト5の数値を調べたい

ミニマム　ミニマム・イフ・エス
MIN／MINIFS

　SMALL関数でワースト値を調べると、【04-27】のように、同じ大きさの複数の数値が異なる順位となります。同じ大きさの数値をひとまとめにして、次の大きさの数値の順位を繰り上げたいときは、1位をMIN関数で求めます。2位以降はMINIFS関数を使用して、1つ上の順位の数値より大きい数値の中から最小値を探します。

▶重複値を除外してワースト5の得点を調べる

F3 = MIN(C3:C10)
　　　　　数値1

F4 = MINIFS($C$3:$C$10 , $C$3:$C$10 , ">" & F3)
　　　　　　　最小範囲　　　　　条件範囲1　　　　条件1

=MIN(数値 1, [数値 2] …)　　　　　　　　　　　→ 02-48

=MINIFS(最小範囲 , 条件範囲 1, 条件 1, [条件範囲 2, 条件 2] …)　→ 02-51

Memo

● 2 位の得点を求めるには、1 位の得点である「63」より大きい得点の中から最小値を探します。同様に 3 位は、2 位の「76」より大きい得点の中から最小値を探します。

04-29 氏名入りの順位表を作成する

 LARGE／RANK.EQ／COUNTIF／INDEX／MATCH
<ラージ＞ ＜ランク・イコール＞ ＜カウント・イフ＞ ＜インデックス＞ ＜マッチ＞

テストの結果の表を元に、得点の高い順に並べた氏名入りの順位表を作りましょう。順位表に氏名を表示するには、各得点に重複しない仮順位を付け、それを元にINDEX関数とMATCH関数で氏名を取り出します。

▶得点順に並べた氏名入りの順位表を作成する

H3 = LARGE($B$3:$B$10 , E3)
　　　　　　　　範囲　　　順位

①まずは、得点を降順に並べて表示したい。それには順位表の左（E列）に連番を入力し、それを元にLARGE関数で降順の得点を求める。セルH3にLARGE関数を入力してセルH10までコピーする。

F3 = RANK.EQ(H3 , $H$3:$H$10)
　　　　　　数値　　　範囲

②手順①で求めた売上高を元に順位を計算したい。セルF3にRANK.EQ関数を入力して、セルF10までコピーする。2つの「86」点が同じ「4位」になる。

$$\boxed{\text{C3}} = \text{RANK.EQ(B3,\$B\$3:\$B\$10)+COUNTIF(\$B\$3:B3,B3)-1}$$

　　　　　　　　通常の順位　　　　　　　　現在行までの出現回数

C3		: × ✓ fx	=RANK.EQ(B3,$B$3:$B$10)+COUNTIF($B$3:B3,B3)-1			
	A	B	C	D	E	F	G	H

③順位表に受講者名を取り出す準備として、各受講者に重複しない「仮順位」を付けたい。セル C3 に数式を入力して、セル C10 までコピーする。「佐々木」と「楠」は同じ「86」点だが、「4位」「5位」という異なる順位が付く。入力式の考え方については【04-17】を参照。

	A	B	C	D	E	F	G	H
1	修了テスト結果				順位表			
2	受講者	得点	仮順位		連番	順位	受講者	得点
3	髙見沢　浩紀	76	7		1	1		131
4	市川　るり	131	1		2	2		124
5	根室　沙織	102	3		3	3		102
6	佐々木　和幸	86	4		4	4		86
7	松岡　雄一郎	124	2		5	4		86
8	楠　陽子	86	5		6	6		81
9	久保田　玲央	81	6		7	7		76
10	三田　博美	63	8		8	8		63
11								
12	得点が同じ場合でも異なる順位が付いた				セルC3に数式を入力してセルC10までコピー			
13								

$$\boxed{\text{G3}} = \text{INDEX(\$A\$3:\$A\$10 , MATCH(E3 , \$C\$3:\$C\$10 , 0))}$$

　　　　　　　　　　　　　　　　　　検査値　　検査範囲　照合の型

　　　　　　　参照　　　　　　　　　　　　行番号

G3		: × ✓ fx	=INDEX($A$3:$A$10,MATCH(E3,$C$3:$C$10,0))			

④「連番」を元に「仮順位」欄を検索して「受講者名」を取り出す。セル G3 に数式を入力して、セル G10 までコピーする。入力式の考え方については【07-27】を参照。

	A	B	C	D	E	F	G	H
1	修了テスト結果				順位表			
2	受講者	得点	仮順位		連番	順位	受講者	得点
3	髙見沢　浩紀	76	7		1	1	市川　るり	131
4	市川　るり	131	1		2	2	松岡　雄一郎	124
5	根室　沙織	102	3		3	3	根室　沙織	102
6	佐々木　和幸	86	4		4	4	佐々木　和幸	86
7	松岡　雄一郎	124	2		5	4	楠　陽子	86
8	楠　陽子	86	5		6	6	久保田　玲央	81
9	久保田　玲央	81	6		7	7	髙見沢　浩紀	76
10	三田　博美	63	8		8	8	三田　博美	63
11								
12	参照	検査範囲		検査値		セルG3に数式を入力してセルG10までコピー		
13								

=LARGE(範囲 , 順位)	→	04-25
=RANK.EQ(数値 , 範囲 , [順位])	→	04-15
=COUNTIF(条件範囲 , 条件)	→	02-30
=INDEX(参照 , 行番号 , [列番号] , [領域番号])	→	07-23
=MATCH(検査値 , 検査範囲 , [照合の型])	→	07-26

関連項目　【04-17】同じ値の場合は上の行を上位と見なして異なる順位を付けたい！
　　　　　　【07-27】商品名から商品番号を逆引きする＜②INDEX+MATCH関数＞

Excel 04-30 スピルを利用して 氏名入りの順位表を作成する

SORTBY／SORT

　Microsoft 365とExcel 2021では、並べ替えの働きをするSORTBY関数やSORT関数があるので、簡単に順位表を作成できます。サンプルではSORT関数を使って元の表を得点の降順に並べ替え、さらにSORTBY関数を使用して、「順位」「受験者」「得点」の順に列を並べ替えています。順位表の先頭のセルE3に数式を入力するだけで、スピル機能が働き、表全体が一気に作成されます。

▶得点順に並べた氏名入りの順位表を作成する

> **E3** = SORTBY(SORT(A3:C10,2,-1) , {2,3,1})
> セルA3〜C10を2列目の降順で並べ替え
> SORT関数で並べ替えた表の各列を「2列目、3列目、1列目」に並べ替え

E3	∨	:	×	✓	ƒx	=SORTBY(SORT(A3:C10,2,-1),{2,3,1})				
	A	B	C	D	E	F	G	H	I	J	K
1	修了テスト結果				順位表						
2	受講者	得点	順位		順位	受講者	得点				
3	高見沢　浩紀	76	7		1	市川　るり	131				
4	市川　るり	131	1		2	松岡　雄一郎	124				
5	根室　沙織	102	3		3	根室　沙織	102				
6	佐々木　和幸	86	4		4	佐々木　和幸	86				
7	松岡　雄一郎	124	2		4	楠　陽子	86				
8	楠　陽子	86	4		6	久保田　玲央	81				
9	久保田　玲央	81	6		7	高見沢　浩紀	76				
10	三田　博美	63	8		8	三田　博美	63				
11											
12	順位を求めておく			セルE3に数式を入力して【Enter】キーを押す		数式がスピルして、セル G10 までの範囲に順位表が作成される					
13											

=SORTBY(配列 , 基準 1 , [順序 1] , [基準 2, 順序 2] …)	→ **07-35**
=SORT(配列 , [並べ替えインデックス] , [順序] , [方向])	→ **07-34**

関連項目　【01-32】動的配列数式を入力するには
　　　　　　【07-34】表を並べ替える＜①SORT関数＞
　　　　　　【07-37】列の並び順を指定したい！

✖ 04-31 スピルを利用して氏名入りの トップ3順位表を作成する

𝒇𝒙 SORTBY／SORT／FILTER
ソート・バイ　　　　ソート　　　　　フィルター

【04-30】で順位表を作成する方法を紹介しましたが、そこにFILTER関数を組み合わせると、トップ3を抽出した順位表を作成できます。まずFILTER関数で元の表の「順位」が3以下のデータを抽出します。それを【04-30】で紹介した数式の元表のセル範囲の部分（「A3:C10」の部分）に当てはめればOKです。

▶氏名入りのトップ3順位表を作成する

| E3 | = SORTBY(SORT(FILTER(A3:C10,C3:C10<=3),2,-1),{2,3,1}) |

セルA3〜C10から3位以下のデータを抽出
FILTER関数で抽出した表を2列目の降順で並べ替え
SORT関数で並べ替えた表の各列を「2列目、3列目、1列目」に並べ替え

| E3 | : × ✓ fx | =SORTBY(SORT(FILTER(A3:C10,C3:C10<=3),2,-1),{2,3,1}) |

	A	B	C	D	E	F	G	H
1	修了テスト結果				順位表			
2	受講者	得点	順位		順位	受講者	得点	
3	高見沢　浩紀	76	7		1	市川　るり	131	
4	市川　るり	131	1		2	松岡　雄一郎	124	
5	根室　沙織	102	3		3	根室　沙織	102	
6	佐々木　和幸	86	4					
7	松岡　雄一郎	124	2					
8	楠　陽子	86	4					
9	久保田　玲央	81	6					
10	三田　博美	63	8					

セルE3に数式を入力して[Enter]キーを押す

数式がスピルして、セルG5までの範囲にトップ3順位表が作成される

=SORTBY(配列,基準1,[順序1],[基準2,順序2]…)	→ 07-35
=SORT(配列,[並べ替えインデックス],[順序],[方向])	→ 07-34
=FILTER(配列,条件,[見つからない場合])	→ 07-40

Memo

● 3位が複数いる場合があるので、トップ3のデータが3行とは限りません。順位表に罫線を引きたい場合は、【11-28】を参考に条件付き書式を設定すると、抽出件数が何行の場合でも順位表全体に自動で罫線を引けます。

04-32 数値の絶対値を求める

ABS

ABS関数を使用すると、引数に指定した数値の絶対値を求めることができます。絶対値とは、数値からプラス「+」やマイナス「-」の符号を除いたもので、数値の大きさを表します。例えば、「100」の絶対値と「-100」の絶対値は、どちらも「100」になります。

▶絶対値を求める

C3 = ABS(B3)
　　　　数値

▲	A	B	C	D	E	F	G	H	I
1	絶対値を求める								
2	正負	数値	絶対値						
3		100	100						
4	正	15	15						
5		1.2	1.2						
6	0	0	0						
7		-1.2	1.2						
8	負	-15	15						
9		-100	100						
10		数値							

セルC3に数式を入力して、セルC9までコピー

数値の絶対値が求められた

=ABS(数値)　　　　　　　　　　数学／三角

　数値…絶対値を求める実数を指定
「数値」の絶対値を返します。

関連項目 【02-49】最大絶対値や最小絶対値を求める
　　　　 【04-33】数値の正負を調べる

04-33 数値の正負を調べる

SIGN
サイン

SIGN関数を使用すると、引数に指定した数値の正負の符号を調べられます。数値が正数の場合の戻り値は「1」、0の場合の戻り値は「0」、負数の場合の戻り値は「-1」となります。

▶数値の正負を調べる

数値

	A	B	C	D	E	F	G	H	I
1	正負を調べる								
2	正負	数値	正負						
3		100	1						
4	正	15	1						
5		1.2	1						
6	0	0	0						
7		-1.2	-1						
8	負	-15	-1						
9		-100	-1						
10									
11									
12									

C3 ✓ : × ✓ fx =SIGN(B3)

セルC3に数式を入力して、セルC9までコピー

正の数値の戻り値は「1」

0の戻り値は「0」

負の数値の戻り値は「-1」

数値

=SIGN(数値) 　　　　　　　　　　　　　　　　　　　　　　　　　数学 / 三角

数値…正負を求める実数を指定
「数値」の正負を表す値を返します。戻り値は、数値が正の数のときは「1」、0のときは「0」、負の数のときは「-1」になります。

関連項目 【04-32】数値の絶対値を求める

04-34 複数の数値を掛け合わせる

プロダクト
 PRODUCT

複数の数値を足し算するときにSUM関数を使用しますが、掛け算したいときはPRODUCT関数を使用します。SUM関数と同じ要領で使用できます。ここでは、「単価×利益率×数量」を計算して、各商品の利益を求めます。

▶数値の積を求める

E3		= PRODUCT(B3:D3)		
		数値1		

	A	B	C	D	E	F	G	H	I
1	利益計算								
2	品番	単価	利益率	数量	利益				
3	K-001	1,200	18%	150	32,400				
4	K-002	1,500	20%	89	26,700				
5	K-003	2,000	15%	120	36,000				
6	K-004	3,000	23%	56	38,640				
7			数値1						
8									

セルE3に数式を入力して、セルE6までコピー

数値の積が求められた

=PRODUCT(数値 1, [数値 2] …)	数学 / 三角

数値…**数値、またはセル範囲を指定。空白セルや文字列は無視される**
指定した「数値」の積を返します。「数値」は 255 個まで指定できます。

Memo

● PRODUCT 関数を使用して、離れたセルの値を掛け合わせることもできます。例えば、セル B4
～D4 とセル E1 の積を求めるには、次のように式を立てます。この数式は「=B4*C4*D4*E1」
と同じ結果になります。
=PRODUCT(B4:D4,E1)

関連項目 【04-35】配列の要素を掛け合わせて合計する

04-35 配列の要素を掛け合わせて合計する

サム・プロダクト
SUMPRODUCT

　SUMPRODUCT関数を使用すると、複数の配列の要素同士を掛け合わせて、その合計を求めることができます。サンプルの表には、「単価」「利益率」「数量」の3列があります。SUMPRODUCT関数の引数に「単価の列」「利益の列」「数量の列」を指定すると、各行の「単価×利益率×数量」を合計できます。あらかじめ各行で積を計算しておく必要はありません。

▶数値の積の合計を求める

F3	= SUMPRODUCT(B3:B6 , C3:C6 , D3:D6)
	数値1　　数値2　　数値3

	F3	∨	:	× ✓ fx	=SUMPRODUCT(B3:B6,C3:C6,D3:D6)				
	A	B	C	D	E	F	G	H	I
1	利益計算								
2	品番	単価	利益率	数量		利益合計			
3	K-001	1,200	18%	150		133,740	◁ 数式を入力		
4	K-002	1,500	20%	89					
5	K-003	2,000	15%	120		利益の合計が求められた			
6	K-004	3,000	23%	56					
7		数値1	数値2	数値3					
8									

=SUMPRODUCT(配列 1, [配列 2] …)	数学 / 三角

配列…計算の対象となる数値が入力されたセル範囲、または配列定数を指定
指定した「配列」の対応する要素の積を合計します。「配列」は 255 個まで指定できます。指定した複数の「配列」の行数と列数が異なる場合は [#VALUE!] が返されます。

> **Memo**
>
> ●サンプルの場合、次の計算が行われています。
> =B3*C3*D3+B4*C4*D4+B5*C5*D5+B6*C6*D6

関連項目 【04-34】 複数の数値を掛け合わせる

04-36 割り算の整数商と剰余を求める

クオーシャント　　　　　モッド
QUOTIENT／MOD

「25÷7」を「=25/7」で計算すると、「3.5714…」のように小数点以下まで計算されます。「25÷7＝3 余り4」のような計算をしたいときは「/」を使わずに、QUOTIENT関数で整数商、MOD関数で剰余を求めます。

▶割り算の整数商と剰余を求める

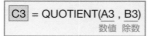

	C3		∨	:	× ✓ fx	=QUOTIENT(A3,B3)				
	A	B	C	D	E	F	G	H	I	J
1		整数商と剰余を求める								
2	数値 n	除数 d	整数商	剰余						
3	25	7	3	4						
4	25	5	5	0						
5	25	3	8	1						
6	25	-3	-8	-2						
7										

セルC3とセルD3に数式を入力して、6行目までコピー

整数商と剰余が求められた

=QUOTIENT(数値 , 除数)　　　　　　　　　　　　　　　　　　　　　数学／三角

　　数値…被除数（割られる数）を指定
　　除数…除数（割る数）を指定
「数値」を「除数」で割り、その商の整数部分を返します。「除数」に0を指定すると [#DIV/0!] が返されます。

=MOD(数値 , 除数)　　　　　　　　　　　　　　　　　　　　　　　　数学／三角

　　数値…被除数（割られる数）を指定
　　除数…除数（割る数）を指定
「数値」を「除数」で割ったときの剰余（余り）を返します。「除数」に0を指定すると [#DIV/0!] が返されます。

Memo

● 「QUOTIENT(n, d)」の戻り値は、「TRUNC(n/d)」と同じです。また、「MOD(n, d)」の戻り値は、「n-d*INT(n/d)」と同じです。「数値」と「除数」が正数の場合は「数値＝整数商×除数＋剰余」が成立しますが、どちらかが負数だと成立しません。

04-37 べき乗を求める

POWER

POWER関数を使用すると、「3の2乗」「5の3乗」のような計算を行えます。「3の2乗」は「3×3」、「5の3乗」は「5×5×5」のことです。このような計算を「べき乗」と呼びます。ここでは、「5のべき乗」を求めます。

▶数値のべき乗を求める

B3	= POWER(5 , A3)
	数値 指数

B3	▾	:	× ✓ fx	=POWER(5,A3)				
▲	A	B	C	D	E	F	G	H	I
1	「5のべき乗」の計算							
2	指数 x	$y = 5^x$						
3	-2	0.04						
4	-1	0.2						
5	0	1						
6	1	5						
7	2	25						
8	3	125						

セルB3に数式を入力して、セルB8までコピー

5のべき乗が求められた

5の3乗は「5×5×5＝125」

=POWER(数値 , 指数)	数学 / 三角

数値…べき乗の底となる数値を指定
指数…べき乗の指数を指定。負数や実数も指定できる
「数値」の「指数」乗を返します。「数値」と「指数」の両方に 0 を指定すると [#NUM!] が返されます。

> **Memo**
>
> ● POWER 関数の引数「指数」には、負数を指定することもできます。「指数」に「-r」を指定した場合、「r」を指定したときの戻り値の逆数が得られます。
>
> $$Power(a, \ r) = a^r \qquad Power(a, \ -r) = \frac{1}{a^r}$$
>
> ● POWER 関数の代わりに、「＾」演算子を使用してべき乗を計算することもできます。
>
> $$Power(a, \ r) = a\hat{\ }r$$

関連項目 【04-39】べき乗根を求める

04-38 平方根を求める

スクエアルート
fx SQRT

平方根を求めるには、SQRT関数を使用します。平方根とは、いわゆるルートの計算です。SQRT関数では、正の平方根が求められます。一般の計算では4の平方根「$\sqrt{4}$」の答えは「2」「-2」、9の平方根「$\sqrt{9}$」の答えは「3」「-3」の2つありますが、SQRT関数の戻り値は正の「2」「3」のみとなります。

▶数値の平方根を求める

B3	= SQRT(A3)
	数値

	A	B	C	D	E	F	G	H
1	平方根の計算							
2	数値	平方根						
3	0	0	セルB3に数式を入力して、セルB8までコピー					
4	1	1						
5	2	1.414213562	平方根が求められた					
6	3	1.732050808						
7	4	2						
8	5	2.236067977						
9								
10								

数式バー: `=SQRT(A3)`

=SQRT(数値)　　　　　　　　　　　　　　　　　　　　　　　　　数学 / 三角

数値…**平方根を求める数値を指定**
「数値」の正の平方根を返します。「数値」に負数を指定すると [#NUM!] が返されます。

Memo

● SQRT 関数の引数に負数を指定するとエラーになりますが、複素数の平方根を求める IMSQRT 関数の引数に指定した場合は結果が「x+yi」形式の文字列として求められます。

関連項目 【04-37】 べき乗を求める
　　　　　 【04-39】 べき乗根を求める

04-39 べき乗根を求める

 **POWER**

POWER関数の引数「指数」に「1/2」「1/3」のような分数を指定すると、「2乗根」「3乗根」などのべき乗根が求められます。例えば、引数「数値」に「3」、「指数」に「1/4」を指定すると、「3の4乗根」つまり4乗すると3になる数値が求められます。ここでは2と3のべき乗根を求めます。

▶**2と3のべき乗根を求める**

B3	= POWER(2 , 1/A3)
	数値　指数

C3	= POWER(3 , 1/A3)
	数値　指数

B3		: × ✓ fx	=POWER(2,1/A3)				
	A	B	C	D	E	F	G
1		べき乗根の計算					
2	指数（1/x）	「2」のべき乗根	「3」のべき乗根				
3	1	2	3				
4	2	1.414213562	1.732050808				
5	3	1.25992105	1.44224957				
6	4	1.189207115	1.316074013				
7	指数						
8							

セルB3とセルC3に数式を入力して、6行目までコピー

べき乗根が求められた

この数値を4乗すると「3」になる

=POWER(数値 , 指数)　→ **04-37**

Memo

● POWER 関数の引数「指数」に分数「1/r」を指定すると、r 乗根が得られます。

$$Power\left(a, \frac{1}{r}\right) = a^{\frac{1}{r}} = \sqrt[r]{a}$$

● POWER 関数の引数「指数」に「1/2」または「0.5」を指定した結果は、SQRT 関数の結果と同じです。

関連項目 【04-37】べき乗を求める
【04-38】平方根を求める

04-40 指定した桁で四捨五入する

数値を四捨五入するには、ROUND関数を使用します。引数は、四捨五入する「数値」と「桁数」の2つです。サンプルでは、「1234.567」をさまざまな桁数で四捨五入しています。「桁数」に「0」を指定すると、結果が整数になります。

▶数値を四捨五入する

C3	= ROUND(A3 , B3)
	数値 桁数

C3	⌄ : × ✓ fx	=ROUND(A3,B3)						
	A	B	C	D	E	F	G	H	I
1		四捨五入						
2	数値	桁数	結果					
3	1234.567	2	1234.57		セルC3に数式を入力して、			
4	1234.567	1	1234.6		セルC7までコピー			
5	1234.567	0	1235		数値が四捨五入された			
6	1234.567	-1	1230					
7	1234.567	-2	1200					

数値…四捨五入の対象となる数値を指定
桁数…四捨五入の桁数を指定

=ROUND(数値 , 桁数)　　　　　　　　　　　　　　　　　　　　　　数学／三角

「数値」を四捨五入した値を返します。処理対象の位は「桁数」で指定します。

Memo

●四捨五入して整数を求める場合、引数「桁数」に「0」を指定します。これを覚えておけば、あとは右表のように「0」を基準に1ずつプラスすると小数点以下を、1ずつマイナスすると整数部分を四捨五入できます。

桁数	処理対象の桁	結果の数値	結果の例
2	小数点第3位	小数点以下2桁	1234.57
1	小数点第2位	小数点以下1桁	1234.6
0	小数点第1位	整数	1235
-1	一の位	10単位の整数	1230
-2	十の位	100単位の整数	1200

関連項目 【04-47】銀行型丸めをするには

04-41 指定した桁で切り上げる

ラウンドアップ
ROUNDUP

　数値を指定した桁で切り上げるには、ROUNDUP関数を使用します。引数「桁数」の指定に応じて、小数部を切り上げることも、整数部を切り上げることも可能です。サンプルでは、「1234.567」をさまざまな桁数で切り上げています。「桁数」に「0」を指定すると、結果が整数になります。

▶数値を切り上げる

C3	= ROUNDUP(A3 , B3)
	数値　桁数

		fx	=ROUNDUP(A3,B3)

	A	B	C	D	E	F	G	H	I
1		切り上げ							
2	数値	桁数	結果						
3	1234.567	2	1234.57						
4	1234.567	1	1234.6						
5	1234.567	0	1235						
6	1234.567	-1	1240						
7	1234.567	-2	1300						
8									

セルC3に数式を入力して、セルC7までコピー

数値が切り上げられた

=ROUNDUP(数値 , 桁数)	数学 / 三角

数値…切り上げの対象となる数値を指定
桁数…切り上げの桁数を指定
「数値」を切り上げた値を返します。処理対象の位は「桁数」で指定します。

> **Memo**
>
> ● ROUNDUP関数では、切り上げの処理対象の位以下に数値が存在する場合に切り上げが行われます。例えば「=ROUNDUP(1.001,0)」の場合、処理対象の小数点第1位の数値は「0」ですが、その下の位に「1」があるので切り上げが実行されて、結果は「2」となります。なお、切り上げの処理対象の位と引数「桁数」の対応は、【04-40】のMemoを参照してください。

関連項目　【04-40】指定した桁で四捨五入する
　　　　　　　【04-42】指定した桁で切り捨てる＜①ROUNDDOWN関数＞

04-42 指定した桁で切り捨てる
<①ROUNDDOWN関数>

ラウンドダウン
ROUNDDOWN

ROUNDDOWN関数を使用すると、数値を指定した桁で切り捨てることができます。引数「桁数」の指定に応じて、小数部を切り捨てることも、整数部を切り捨てることも可能です。サンプルでは、「1234.567」をさまざまな桁数で切り捨てています。「桁数」に「0」を指定すると、結果が整数になります。

▶数値を切り捨てる

> [C3] = ROUNDDOWN(A3 , B3)
> 　　　　　　　　　　　数値　桁数

			C3	✓ : × ✓ fx	=ROUNDDOWN(A3,B3)						
	A	B	C	D	E	F	G	H	I	J	K
1		切り捨て									
2	数値	桁数	結果								
3	1234.567	2	1234.56		セルC3に数式を入力して、						
4	1234.567	1	1234.5		セルC7までコピー						
5	1234.567	0	1234		数値が切り捨てられた						
6	1234.567	-1	1230								
7	1234.567	-2	1200								

> =ROUNDDOWN(数値 , 桁数)　　　　　　　　　　　　　　　　　数学 / 三角
>
> **数値…切り捨ての対象となる数値を指定**
> **桁数…切り捨ての桁数を指定**
> 「数値」を切り捨てた値を返します。処理対象の位は「桁数」で指定します。

Memo

●引数「桁数」の指定は、ROUND 関数、ROUNDUP 関数、ROUNDDOWN 関数で共通です。下表は各関数の引数「数値」に「1234.567」を指定した場合の結果です。

桁数	ROUND 関数	ROUNDUP 関数	ROUNDDOWN 関数
2	1234.57	1234.57	1234.56
1	1234.6	1234.6	1234.5
0	1235	1235	1234
-1	1230	1240	1230
-2	1200	1300	1200

04-43 指定した桁で切り捨てる
<②TRUNC関数>

トランク
TRUNC

　数値の切り捨てには、【04-42】で紹介したROUNDDOWN関数のほかに、TRUNC関数も使用できます。引数は、ROUNDDOWN関数と同じ「数値」「桁数」で、「桁数」の指定方法も同じです。サンプルでは、「1234.567」をさまざまな桁数で切り捨てています。「桁数」に「0」を指定すると、結果が整数になります。

▶数値を切り捨てる

C3	= TRUNC(A3 , B3)
	数値 桁数

C3		∨	⋮	✕ ✓ fx	=TRUNC(A3,B3)				
▲	A	B	C	D	E	F	G	H	I
1		切り捨て							
2	数値	桁数	結果						
3	1234.567	2	1234.56		セルC3に数式を入力して、				
4	1234.567	1	1234.5		セルC7までコピー				
5	1234.567	0	1234		数値が切り捨てられた				
6	1234.567	-1	1230						
7	1234.567	-2	1200						
8									

=TRUNC(数値 , [桁数])	数学 / 三角

数値…切り捨ての対象となる数値を指定
桁数…切り捨ての桁数を指定。省略した場合は、小数点以下が切り捨てられる
「数値」を切り捨てた値を返します。処理対象の位は「桁数」で指定します。

Memo

● 引数「桁数」の指定方法は、【04-40】のMemoを参照してください。

● TRUNC関数とROUNDDOWN関数に、同じ引数を指定した場合の戻り値は同じです。2つの関数の違いは、TRUNC関数が引数「桁数」を省略できるのに対して、ROUNDDOWN関数はできないことです。

関連項目 【04-42】指定した桁で切り捨てる<①ROUNDDOWN関数>
　　　　　　【04-44】小数点以下を切り捨てる

04-44 小数点以下を切り捨てる

インテジャー トランク
INT／TRUNC

INT関数を使用すると、数値の小数部分を切り捨てることができます。切り捨ての対象となる桁は指定できませんが、戻り値を整数で得たいときには短い数式で済むため便利です。ここでは、INT関数とTRUNC関数を使用して、数値の小数点以下を切り捨てます。正数を切り捨てる場合の結果は同じですが、負数を切り捨てる場合の結果が異なることに注目してください。

▶小数点以下を切り捨てる

C3	= TRUNC(B3)
	数値

D3	= INT(B3)
	数値

=INT(数値) 　数学／三角

数値…**切り捨ての対象となる数値を指定**
「数値」を切り捨てた値を返します。戻り値は、「数値」以下で最も近い整数になります。

=TRUNC(数値 , [桁数]) 　➡ **04-43**

Memo

● TRUNC 関数と ROUNDDOWN 関数で小数点以下を切り捨てると、絶対値が小さくなる方向（0に近い方向）へ処理されます。それに対して、INT 関数の場合は、数値の大きさが小さくなる方向（左方向）へ処理されます。「数値」が正数の場合の挙動は同じですが、負数の場合は異なるので注意してください。

04-45 偶数／奇数になるように 小数点以下を切り上げる

EVEN／ODD
イーブン　オッド

　EVEN関数は、数値を最も近い偶数に切り上げます。例えば「0＜x≦2」の範囲の数値は「2」に、「2＜x≦4」の範囲の数値は「4」になります。また、ODD関数は、数値を最も近い奇数に切り上げます。「1＜x≦3」の範囲の数値は「3」に、「3＜x≦5」の範囲の数値は「5」になります。

▶数値を偶数／奇数になるように切り上げる

	A	B	C	D	E	F	G	H	I
			C3	✓ : × ✓ *fx* =EVEN(B3)					
1			偶数/奇数に切り上げ						
2	正負	数値	EVEN	ODD					
3		4.5	6	5		セルC3とD3に数式を入力して、10行目までコピー			
4		3.5	4	5					
5	正数	2.5	4	3					
6		1.5	2	3		奇数に切り上げられた			
7		0.5	2	1					
8		-0.5	-2	-1					
9	負数	-1.5	-2	-3					
10		-2.5	-4	-3					
11						偶数に切り上げられた			
12									

=EVEN(数値)　　　　　　　　　　　　　　　　　　　　　数学 / 三角

　数値…**切り上げの対象となる数値を指定**
「数値」を最も近い偶数に切り上げた値を返します。切り上げられた値の絶対値は「数値」の絶対値以上になります。数値がすでに偶数になっている場合、切り上げは行われません。

=ODD(数値)　　　　　　　　　　　　　　　　　　　　　　数学 / 三角

　数値…**切り上げの対象となる数値を指定**
「数値」を最も近い奇数に切り上げた値を返します。切り上げられた値の絶対値は「数値」の絶対値以上になります。数値がすでに奇数になっている場合、切り上げは行われません。

関連項目　【04-47】銀行型丸めをするには

04-46 数値を整数部分と小数部分に分解する

TRUNC
トランク

TRUNC関数は、数値の正負にかかわらず、小数部分を取り除いた値を返します。つまり、TRUNC関数の引数に数値を指定すると、その数値の整数部分を取り出せます。取り出した整数部分の数値を元の数値から引けば、小数部分を取り出せます。

▶数値を整数部分と小数部分に分解する

C3	= TRUNC(B3)
	数値

D3	= B3-C3

C3		∨	:	× ✓ fx	=TRUNC(B3)			
▲	A	B	C	D	E	F	G	H
1		数値の分解						
2	正負	数値	整数部分	小数部分	セルC3とD3に数式を入力して、10行目までコピー			
3		1234.567	1234	0.567				
4		123.45	123	0.45	数値を整数部分と小数部分に分解できた			
5	正数	数値 12.3	12	0.3				
6		1.2	1	0.2				
7		1	1	0				
8		-1	-1	0				
9	負数	-1.2	-1	-0.2				
10		-12.3	-12	-0.3				
11								
12								
13								

=TRUNC(数値 , [桁数])	→ 04-43

関連項目 【04-43】指定した桁で切り捨てる＜②TRUNC関数＞

04-47 銀行型丸めをするには

IF／MOD／ABS ／EVEN／SIGN／ROUND
イフ　　モッド　　アブソリュート　　イーブン　　　サイン　　ラウンド

　ROUND関数による一般的な四捨五入では、切り捨てるのは1〜4の4つで、切り上げるのは5〜9の5つです。切り上げる対象が1つ多いので、元の数値の合計より四捨五入した数値の合計のほうが大きくなりがちです。それに対して「銀行型丸め」と呼ばれる端数処理では、端数が「5」のときに結果が偶数になるように切り上げまたは切り捨てします。「1.5」「3.5」は切り上げて「2」「4」とし、「2.5」「4.5」は切り捨てて「2」「4」とすることで、切り上げと切り捨てのバランスを取るわけです。そのような銀行型の丸めを行うには、端数が0.5の場合にEVEN関数で偶数に処理し、それ以外はROUND関数で一般的な四捨五入をします。

▶銀行型丸めをする

C3	= IF(MOD(ABS(A3),1)=0.5, EVEN(ABS(A3)-0.5)*SIGN(A3) , ROUND(A3,0))

論理式（数値の端数が0.5の場合）　　　真の場合　　　　　　　　　偽の場合
　　　　　　　　　　　　（0.5を引いた数値を偶数に切り上げる）　（四捨五入する）

C3		✓ : × ✓ fx	=IF(MOD(ABS(A3),1)=0.5,EVEN(ABS(A3)-0.5)*SIGN(A3),ROUND(A3,0))								
	A	B	C	D	E	F	G	H	I	J	K
1	銀行型丸め										
2	数値	四捨五入	銀行型丸め								
3	3.6	4	4								
4	3.5	4	4								
5	2.5	3	2								
6	1.5	2	2								
7	0.5	1	0								
8	-0.5	-1	0								
9	-1.2	-1	-1								

> セルC3に数式を入力して、セルC9までコピー

> 数値が「2.5」「0.5」「-0.5」の場合に、一般的な四捨五入と異なる結果になる

=IF(論理式 , 真の場合 , 偽の場合)	→ 03-02
=MOD(数値 , 除数)	→ 04-36
=ABS(数値)	→ 04-32
=EVEN(数値)	→ 04-45
=SIGN(数値)	→ 04-33
=ROUND(数値 , 桁数)	→ 04-40

関連項目 【04-40】指定した桁で四捨五入する

04-48 価格を500円単位に切り上げる

シーリング・マス
CEILING.MATH

　CEILING.MATH関数を使用すると、「数値」を「基準値」の倍数に切り上げることができます。サンプルでは、D列の暫定価格を500円単位に切り上げて販売価格としています。例えば「52,157円」なら「52,500円」、「41,900円」なら「42,000円」に切り上げられます。

▶500円単位に切り上げる

E3 = CEILING.MATH(D3 , 500)
　　　　　　　　　　数値　基準値

	A	B	C	D	E
1	商品一覧				
2	商品	原価	原価率	暫定価格	販売価格
3	KS-201	36,510	70%	52,157	52,500
4	KS-202	33,520	80%	41,900	42,000
5	KS-203	29,380	80%	36,725	37,000
6	VL-211	18,600	60%	31,000	31,000
7	VL-212	15,200	65%	23,384	23,500

E3 =CEILING.MATH(D3,500)

数値

セルE3に数式を入力して、セルE7までコピー

500円単位に切り上げられた

=CEILING.MATH(数値 , [基準値] , [モード])　　　　　　　　　**数学／三角**

　数値…切り上げの対象となる数値を指定
　基準値…切り上げの基準となる数値を指定。省略した場合は「1」と見なされる。
　モード…「0」を指定するか省略すると、数値の大きい側に切り上げられる。「0以外の数値」を指定すると、絶対値の大きい側に切り上げられる。
「数値」を「基準値」の倍数のうち、最も近い値に切り上げます。

Memo

●引数「モード」が「0」または省略の場合、数値の大きさが大きくなる方向（右方向）へ処理されます。「モード」が「0以外の数値」の場合は、絶対値が大きくなる方向（0から遠い方向）へ処理されます。「数値」が正数の場合の結果は同じですが、負数の場合は異なります。

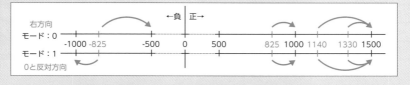

04-49 価格を500円単位に切り捨てる

FLOOR.MATH関数を使用すると、「数値」を「基準値」の倍数に切り捨てることができます。サンプルでは、D列の暫定価格を500円単位に切り捨てて販売価格としています。例えば「52,157円」なら「52,000円」、「41,900円」なら「41,500円」に切り捨てられます。

▶500円単位に切り捨てる

E3 = FLOOR.MATH(D3 , 500)
　　　　　　　　　　　数値　基準値

E3	✓ : × ✓ fx	=FLOOR.MATH(D3,500)			
	A	B	C	D	E
1	商品一覧				
2	商品	原価	原価率	暫定価格	販売価格
3	KS-201	36,510	70%	52,157	52,000
4	KS-202	33,520	80%	41,900	41,500
5	KS-203	29,380	80%	36,725	36,500
6	VL-211	18,600	60%	31,000	31,000
7	VL-212	15,200	65%	23,384	23,000

> 数値

> セルE3に数式を入力して、セルE7までコピー

> 500円単位に切り捨てられた

=FLOOR.MATH(数値 , [基準値] , [モード])　　　　　　　　　　　　　　　数学 / 三角

数値…切り捨ての対象となる数値を指定
基準値…切り捨ての基準となる数値を指定。省略した場合は「1」と見なされる。
モード…「0」を指定するか省略すると、数値の小さい側に切り捨てられる。「0以外の数値」を指定すると、絶対値の小さい側に切り捨てられる。
「数値」を「基準値」の倍数のうち、最も近い値に切り捨てます。

Memo

●引数「モード」が「0」または省略の場合、数値の大きさが小さくなる方向（左方向）へ処理されます。「モード」が「0以外の数値」の場合は、絶対値が小さくなる方向（0に近い方向）へ処理されます。「数値」が正数の場合の結果は同じですが、負数の場合は異なります。

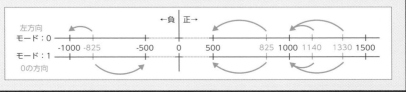

04-50 価格を500円単位に丸める

MROUND

MROUND関数を使用すると、「数値」を「基準値」の倍数のうちより近い値に切り上げ、または切り捨てることができます。サンプルでは、D列の暫定価格を500円単位に丸めて販売価格としています。例えば「52,157円」なら「52,000円」と「52,500円」のうち、より近い「52,000円」に切り捨てられます。

▶500円単位に丸める

E3	= MROUND(D3 , 500)
	数値　基準値

E3	∨ : × ✓ fx	=MROUND(D3,500)									
	A	B	C	D	E	F	G	H	I	J	K	L
1	商品一覧					数値					
2	商品	原価	原価率	暫定価格	販売価格						
3	KS-201	36,510	70%	52,157	52,000						
4	KS-202	33,520	80%	41,900	42,000						
5	KS-203	29,380	80%	36,725	36,500						
6	VL-211	18,600	60%	31,000	31,000						
7	VL-212	15,200	65%	23,384	23,500						

セルE3に数式を入力して、セルE7までコピー

500円単位に丸められた

=MROUND(数値 , 基準値)　　　　　　　　　　　　　数学 / 三角

　　数値…丸めの対象となる数値を指定
　　基準値…丸めの基準となる数値を指定。**「数値」と正負を揃える必要がある。**
「数値」を「基準値」の倍数のうち、最も近い値に切り上げ、または切り捨てます。「数値」が「基準値」の倍数の中間の値の場合は、0 から遠いほうの数値に丸められます。

Memo

● MROUND 関数では、「基準値」に近い方向に切り上げまたは切り捨てが行われます。「数値」に負数を指定する場合は、「基準値」も負数にする必要があります。

 **04-51** 多少の無駄はよしとして
ケース買い商品を発注する

CEILING.MATH
シーリング・マス

　ケース買い商品の発注数を求めましょう。例えば、1ケース12個入りの商品が58個必要なときに、多少の無駄が出ても必要な個数を確保したい場合は、5ケース（60個）発注します。この場合、2個余分に発注することになります。このように、12個単位の数に切り上げて発注数を求めるには、CEILING.MATH関数を使用します。ここでは発注の個数とケース数、および余分に発注する商品の個数を求めます。

▶必要数を確保するためのケース数を求める

C4	= CEILING.MATH(B4 , 12)
D4	= C4/12
E4	= C4-B4

数値　基準値

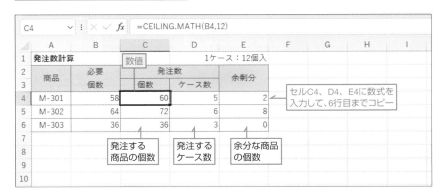

=CEILING.MATH(数値 , [基準値] , [モード])　　　➡ **04-48**

Memo

● 1ケース12個入りの商品の場合、12の倍数でしか注文できません。58個を確保するための最低の数量をCEILING.MATH関数で求めると、60個です。これを1ケース当たりの個数である12で割れば、発注するケース数が「5」であることがわかります。また、60個から必要数の58個を引けば、余分な発注数が「2」であることがわかります。

関連項目　【04-52】多少の不足はよしとしてケース買い商品を発注する

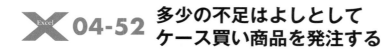

04-52 多少の不足はよしとして ケース買い商品を発注する

FLOOR.MATH
フロア・マス

　ケース買い商品の発注数を求めましょう。例えば、1ケース12個入りの商品が58個必要なときに、多少の不足はあっても余分な発注をしたくない場合は、4ケース（48個）発注します。10個不足する分は、バラ買いをするか次回の発注に回します。このように、12個単位の数に切り捨てて発注数を求めるには、FLOOR.MATH関数を使用します。ここでは発注の個数とケース数、および余分に発注する商品の個数を求めます。

▶余分な注文をしないためのケース数を求める

| C4 = FLOOR.MATH(B4 , 12) | D4 = C4/12 | E4 = C4-B4 |
| 数値 基準値 | | |

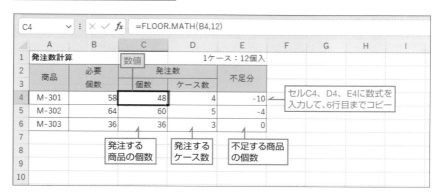

セルC4、D4、E4に数式を入力して、6行目までコピー

発注する商品の個数

発注するケース数

不足する商品の個数

=FLOOR.MATH(数値 , [基準値] , [モード])　　→ 04-49

Memo

● 1ケース12個入りの商品の場合、12の倍数でしか注文できません。58個必要なときに、なるべく割安なケース買いで賄える最大の数量をFLOOR.MATH関数で求めると48個です。これを12で割れば、発注するケース数が「4」であることがわかります。また、48個から必要数の58個を引けば、不足分が「10」であることがわかります。

関連項目　【04-51】多少の無駄はよしとしてケース買い商品を発注する

04-53 無駄と不足のバランスを見ながらケース買い商品を発注する

エム・ラウンド
MROUND

　ケース買い商品で、必要な個数がケースの数に一致しない場合、余分に発注するか少なく発注するかの二者択一となります。発注数を臨機応変に自動で判断したい場合は、MROUND関数を使用します。その場合、過不足分がなるべく少なくなるように、発注数が調整されます。

▶発注するケース数を臨機応変に求める

| C4 | = MROUND(B4 , 12) | D4 | = C4/12 | E4 | = C4-B4 |

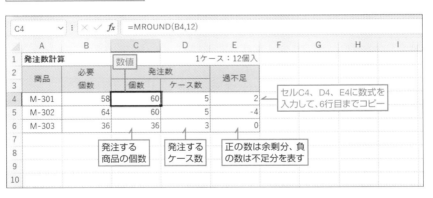

=MROUND(数値 , 基準値) → 04-50

Memo

● 58個必要な商品を多めに発注する場合の発注数は5ケースで、余剰分は2個です。逆に、少なめに発注する場合の発注数は4ケースで、不足分は10個です。MROUND関数では過不足分が少なくなるほうに調整されるので、発注数として「5ケース」が採用されます。

関連項目 【04-51】多少の無駄はよしとしてケース買い商品を発注する
　　　　　　【04-52】多少の不足はよしとしてケース買い商品を発注する

04-54 本体価格から税込価格と消費税を求めるには

ラウンドダウン
ROUNDDOWN

　本体価格から税込価格と消費税を求めてみましょう。消費税を求めるときに出る端数は一般的に切り捨てることが多いので、ここでも切り捨てるものとします。税込価格は本体価格に「1＋消費税率」を掛けて求め、ROUNDDOWN関数で端数を切り捨てます。消費税額は、税込価格から本体価格を引いて求めます。

▶**本体価格から税込価格と消費税を求める**

D3 ＝ ROUNDDOWN(B3*(1+C3) , 0)
　　　　　　　本体価格 ┃ 小数点以下切り捨て
　　　　　　　　消費税率

E3 ＝ D3-B3

D3	⌄	: × ✓ *fx*	=ROUNDDOWN(B3*(1+C3),0)					
	A	B	C	D	E	F	G	H	I
1	価格計算								
2	商品	本体価格	消費税率	税込価格	消費税額				
3	ウーロン茶	1,830	8%	1,976	146				
4	プーアル茶	2,020	8%	2,181	161				
5	鉄観音茶	2,160	8%	2,332	172				
6	茶器セット	7,000	10%	7,700	700				

セルD3とセルE3に数式を入力して、6行目までコピー

税込価格と消費税額が求められた

税込価格　消費税額

=ROUNDDOWN(数値 , 桁数)　　→ 04-42

Memo

●セル E3 の消費税額は、次式でも求められます。
=ROUNDDOWN(B3*C3,0)

関連項目 【04-55】税込価格から本体価格と消費税を求めるには

04-55 税込価格から本体価格と消費税を求めるには

ラウンドアップ
ROUNDUP

　税込価格から本体価格と消費税を逆算してみましょう。消費税を求めるときに端数を切り捨てた場合、逆算するときは端数を切り上げます。本体価格は税込価格を「1＋消費税率」で割って求め、ROUNDUP関数で端数を切り上げます。消費税額は、税込価格から本体価格を引いて求めます。

▶税込価格から本体価格と消費税を求める

D3 ＝ ROUNDUP(B3/(1+C3) , 0)
　　　　　税込価格 ┃ 小数点以下切り上げ
　　　　　　消費税率

E3 ＝ B3-D3

	A	B	C	D	E
1	価格計算				
2	商品	税込価格	消費税率	本体価格	消費税額
3	ウーロン茶	1,976	8%	1,830	146
4	プーアル茶	2,181	8%	2,020	161
5	鉄観音茶	2,332	8%	2,160	172
6	茶器セット	7,700	10%	7,000	700

D3 =ROUNDUP(B3/(1+C3),0)

セルD3とセルE3に数式を入力して、6行目までコピー

本体価格と消費税額が求められた

本体価格　消費税額

=ROUNDUP(数値 , 桁数) → 04-41

Memo
●【04-54】で本体価格から税込価格を求め、ここでは税込価格から本体価格を求めましたが、数値を見比べると、互いに逆算していることがわかります。

関連項目 【04-54】本体価格から税込価格と消費税を求めるには

04-56 インボイスのルールで消費税と請求金額を計算するには

サムイフ ラウンドダウン サム
SUMIF／ROUNDDOWN／SUM

2023年10月に開始される「インボイス制度」では、1通の請求書につき、消費税率ごとに1回の端数処理を行うのがルールです。商品ごとに消費税を計算して、その都度端数処理することは認められていません。ここではインボイスのルールにしたがって、消費税と請求金額を求めます。

▶インボイスのルールで消費税と請求金額を求める

D11	= SUMIF($C$3:$C$7 , B11 , $F$3:$F$7)
	条件範囲　　　条件　　合計範囲

	A	B	C	D	E	F	G	H	I
		\multicolumn{8}{l}{請求明細}
1		請求明細							
2		品名	消費税	単価	数量	税抜金額			
3		米	8%	2250	1	2,250			
4		ラーメン	8%	167	5	835			
5		水	8%	98	7	686			
6		ラップ	10%	258	3	774			
7		レジ袋	10%	4	2	8			
8			条件範囲			合計範囲			
9									
10		請求金額計算							
11		8%	対象計	3,771	消費税				
12		10%	対象計	782	消費税				
13		条件	請求金額						
14									
15									

D11 の数式バー：=SUMIF($C$3:$C$7,B11,$F$3:$F$7)

> セルD11にSUMIF数式を入力して、セルD12までコピー

> 消費税率ごとの金額の合計が求められた

①消費税率ごとに税抜金額の合計を求めたい。まずは、消費税が8%の合計を求める。SUMIF関数の引数「条件範囲」に明細書の「消費税」欄のセル、「条件」に「8%」のセル、「合計範囲」に明細書の「税抜金額」欄のセルを指定する。「条件範囲」と「合計範囲」はコピーに備えて絶対参照で指定すること。この数式をコピーすると、10%の合計も求められる。

```
F11  = ROUNDDOWN(D11*B11 , 0)
                     数値    桁数
```

```
F13  = SUM(D11:D12 , F11:F12)
           数値1       数値2
```

F11		: × ✓ fx	=ROUNDDOWN(D11*B11,0)					
▲	A	B	C	D	E	F	G	H	I
1		**請求明細**							
2		品名	消費税	単価	数量	税抜金額			
3		米	8%	2250	1	2,250			
4		ラーメン	8%	167	5	835			
5		水	8%	98	7	686			
6		ラップ	10%	258	3	774			
7		レジ袋	10%	4	2	8			
8									
9									
10		**請求金額計算**							
11		8%	対象計	3,771	消費税	301			
12		10%	対象計	782	消費税	78			
13			請求金額			4,932			
14									
15									
16									

セルF11にROUNDDOWN関数を入力して、セルF12までコピー

セルF13にSUM関数を入力

消費税と請求金額が求められた

②手順①で求めた金額から消費税額を求める。それには、金額のセル D11 と消費税率のセル B11 を掛けて、ROUNDDOWN 関数で小数点以下を切り捨てればよい。この数式をコピーすると、消費税率ごとの消費税額が求められる。最後に SUM 関数を使用して、合計金額と消費税額を足して、請求金額を求める。

=SUMIF(条件範囲 , 条件 , [合計範囲])	→ **02-08**
=ROUNDDOWN(数値 , 桁数)	→ **04-42**
=SUM(数値 1 , [数値 2] …)	→ **02-02**

Memo

●インボイスとは、適格請求書発行事業者として登録した事業者が発行する請求書のことです。インボイス制度の詳細は、国税庁のサイトで確認してください。

関連項目 【04-54】本体価格から税込価格と消費税を求めるには

04-57 上限を3万円として受講料を支給する

ミニマム
MIN

　講習会の受講料や、資格取得費用、交通費、人間ドックの費用などを、上限を決めて支給することがあります。MIN関数を使用すると、実費と上限額の低いほうを支給額として、簡単に求めることができます。例えば上限を3万円とした場合、実費が「26,300円」ならその金額を満額支給します。実費が「45,500円」なら支給額は上限の3万円となります。

▶上限を3万円として受講料を支給する

C3	= MIN(B3 , 30000)
	数値1　数値2

C3		✕ ✓ fx	=MIN(B3,30000)					
▲	A	B	C	D	E	F	G	H
1	受講料補助支給計算							
2	氏名	申請額（実費）	支給額		セルC3に数式を入力して、			
3	長澤　恵理	26,300	26,300		セルC7までコピー			
4	松下　恭介	45,600	30,000					
5	野田　翔太	8,700	8,700		実費と3万円のうち低い			
6	岡本　すみれ	50,000	30,000		金額が支給額となる			
7	佐田　修	13,000	13,000					
8		数値1						
9	※受講料の補助金の上限は3万円です。							
10								

=MIN(数値1, [数値2] …)	→ 02-48

> **Memo**
>
> ●以下のように IF 関数を使用しても、同じ処理を行えます。2つの数式を比べると、MIN 関数を使用したほうが簡潔です。
> =IF(B3<30000,B3,30000)

関連項目 【04-58】自己負担分を10万円として医療費を補助する

04-58 自己負担分を10万円として医療費を補助する

MAX
マックス

【04-57】とは反対に、上限を超える金額を支給するケースを考えます。例えば10万円までを自己負担として、10万円を超える医療費を補助する場合、MAX関数を使用して「実費-10万円」と「0」の大きいほうを補助金とします。実費が「128,000円」なら補助金は10万円を超える分の「28,000円」、実費が「89,000円」なら補助金は「0円」になります。

▶10万円までを自己負担として補助金の額を求める

C3 = MAX(B3-100000 , 0)
　　　　　　数値1　　　数値2

	C3	∨ : × ✓ fx	=MAX(B3-100000,0)				
	A	B	C	D	E	F	G
1	高額医療費補助金計算						
2	氏名	申請額（実費）	補助金				
3	加藤　路美	128,000	28,000				
4	成瀬　健也	89,000	0				
5	望月　愛美	146,000	46,000				
6	星野　亨	64,000	0				
7	大空　博之	102,000	2,000				
8							
9	※10万円までは自己負担です。						

> セルC3に数式を入力して、セルC7までコピー

> 「実費-10万円」と「0円」のうち高い金額が支給額となる

=MAX(数値1, [数値2] …) → 02-48

> **Memo**
>
> ●以下のように IF 関数を使用しても、同じ処理を行えます。2 つの数式を比べると、MAX 関数を使用したほうが簡潔です。
> =IF(B3>100000,B3-100000,0)

関連項目 【04-57】上限を3万円として受講料を支給する

04-59 数値を右詰めで1桁ずつ 別のセルに表示するには

REPT／LEN／MID／COLUMN

数値に「¥」記号を付けて、1桁ずつバラバラにして、9個のセルに右詰めで表示してみましょう。「先頭をスペースで埋めた9文字の数字を用意する」「MID関数とCOLUMN関数を使用して数値の各桁を自動で各セルに振り分ける」という2つのステップで実現します。

▶領収証の金額を1桁ずつ右詰めで表示する

M2 = REPT(" " , 8-LEN(M1)) & "¥" & M1
　　　　文字列　繰り返し回数

①セルM1の数値に「¥」を付けて領収証に表示したい。準備として、「¥」を付けた数値の先頭にスペースを補って、9文字の文字列を作成する。数値が「1234567」の場合、先頭にスペースが1つ補われて「□¥1234567」が作成される。

B4 = MID($M$2 , COLUMN(A1) , 1)
　　　文字列　　開始位置　文字数

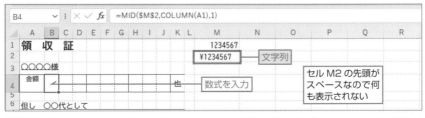

② MID関数を使用して、セルM2の1文字目を、セルB4に取り出す。引数「文字列」にセルM2を絶対参照で指定する。「開始位置」に「COLUMN(A1)」を指定すると、セルA1の列番号「1」が文字列を取り出す桁となる。セルM2の文字列から1文字目のスペースが取り出されるが、見た目上は何も表示されない。

③セル B4 の数式をセル J4 までコピーすると、セル M1 の数値が各セルに 1 桁ずつ表示される。コピー後に罫線が崩れるが、［オートフィルオプション］をクリックして［書式なしコピー］を選ぶと（→【01-15】）、元の書式に戻る。

④セル M1 の数値を変更すると、領収証の金額も自動で変わる。金額のセル数が 9 個なので、正しく表示できる金額は「¥」記号の分を除いて 8 桁まで。

=REPT (文字列 , 繰り返し回数)	→	06-12
=LEN (文字列)	→	06-08
=MID (文字列 , 開始位置 , 文字数)	→	06-39
=COLUMN ([参照])	→	07-57

Memo

● セル M2 に入力した REPT 関数は、引数「文字列」に指定した文字を、「繰り返し回数」だけ繰り返した文字列を作成します。「文字列」に半角のスペース「" "」を指定し、「繰り返し回数」に数値の先頭に補うスペースの文字数を指定します。補う文字数は、LEN 関数でセル M1 の数値の文字数を調べ、8 から引けば求められます。

　・7 桁の「1234567」の場合：　□¥1234567（「8-7＝1」文字のスペースを補う）
　・5 桁の「54321」の場合：　　□□□¥54321（「8-5＝3」文字のスペースを補う）

● Microsoft 365 と Excel 2021 では、以下の数式をセル B4 に入力すると、数式が自動でセル J4 までスピルし、数値が各セルに 1 桁ずつ表示されます。書式なしコピーや、絶対参照は不要です。
=MID(M2,SEQUENCE(1,9),1)

関連項目　【06-47】スピルを利用して文字列を1文字ずつ別々のセルに取り出す

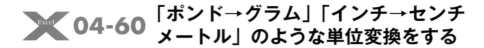

04-60 「ポンド→グラム」「インチ→センチメートル」のような単位変換をする

CONVERT
コンバート

海外との取引で、重さや長さなどの単位の換算が必要になることがあります。CONVERT関数を使用すると、「ポンドからグラム」「インチからセンチメートル」というように、単位の付いた数値を別の単位に変換できます。ここではいくつかの単位の変換例を紹介します。

▶数値の単位を変換する

E3	= CONVERT(A3 , B3 , F3)
	数値　変換後単位
	変換前単位

E3　∨　: × ✓ fx　=CONVERT(A3,B3,F3)

	A	B	C	D	E	F	G
1	単位換算						
2	数値	変換前単位			戻り値		変換後単位
3	1	lbm	ポンド	→	453.59237	g	グラム
4	1	lbm	ポンド	→	0.4535924	kg	キログラム
5	1	in	インチ	→	2.54	cm	センチメートル
6	1	ly	光年	→	9.461E+12	km	キロメートル
7	1	gal	ガロン	→	3.7854118	l	リットル

> セルE3に数式を入力して、セルE7までコピー

> 単位が変換された

=CONVERT(数値 , 変換前単位 , 変換後単位)　　　　　　　エンジニアリング

数値…**変換前の単位の数値を指定**
変換前単位…**変換前の単位を次表の「単位」欄の文字列で指定。「"」で囲むこと**
変換後単位…**変換後の単位を次表の「単位」欄の文字列で指定。「"」で囲むこと**
「変換前単位」で表された「数値」を、「変換後単位」に換算して返します。「変換前単位」と「変換後単位」は同じカテゴリから指定します。

Memo

● [変換前単位][変換後単位] に単位を直接指定する場合は、「"」で囲んで指定します。
=CONVERT(1,"lbm","g")

● 「k」「c」「m」などの略語を付けると単位の倍数を変更できます。例えば「1000」を表す略語「k」と「グラム」を表す単位「g」を合わせた「kg」は、「g」の1000倍の単位（キログラム）を表します。

●下表は、CONVERT 関数の引数「変換前単位」「変換後単位」に指定できる主な単位です。これら２つの引数は、同じカテゴリから指定します。大文字と小文字を区別して入力してください。

※「記号」欄の「／」は「または」の意味です。例えば「day ／ d」は「day または d」を表します。

カテゴリ	単位	記号
重量	グラム	g
	スラグ	sg
	ポンド (常衡)	lbm
	U (原子質量単位)	u
	オンス (常衡)	ozm
	グレイン	grain
	ストーン	stone
	トン	ton
距離	メートル	m
	法定マイル	mi
	海里	Nmi
	インチ	in
	フィート	ft
	ヤード	yd
	オングストローム	ang
	エル	ell
	光年	ly
時間	年	yr
	日	day ／ d
	時	hr
	分	mn ／ min
	秒	sec ／ s
圧力	パスカル	Pa ／ p
	気圧	atm ／ at
	ミリメートルHg	mmHg
	PSI	psi
	トール	Torr
物理的な力	ニュートン	N
	ダイン	dyn ／ dy
	ポンドフォース	lbf
	ポンド	pond

カテゴリ	単位	記号
エネルギー	ジュール	J
	エルグ	e
	カロリー (物理化学的熱量)	c
	カロリー (生理学的代謝熱量)	cal
	電子ボルト	eV ／ ev
	ワット時	Wh ／ wh
	フィートポンド	flb
仕事率	馬力	HP ／ h
	Pferdestärke	PS
	ワット	W ／ w
磁力	テスラ	T
	ガウス	ga
温度	摂氏	C ／ cel
	華氏	F ／ fah
	絶対温度	K ／ kel
体積 (容積)	ティースプーン	tsp
	小さじ	tspm
	テーブルスプーン	tbs
	オンス	oz
	カップ	cup
	米国パイント	pt ／ us_pt
	英国パイント	uk_pt
	クォート	qt
	英国クォート	uk_qt
	ガロン	gal
	英国ガロン	uk_gal
	リットル	l ／ L ／ lt
	米国石油バレル	barrel
	米国ブッシェル	bushel
	立方メートル	m3 ／ m^3

カテゴリ	単位	記号
領域	国際エーカー	uk_acre
	アール	ar
	平方フィート	ft2 ／ ft^2
	ヘクタール	ha
	平方インチ	in2 ／ in^2
	平方メートル	m2 ／ m^2
	モルヘン	Morgen

カテゴリ	単位	記号
情報	ビット	bit
	バイト	byte
速度	英国ノット	admkn
	ノット	kn
	メートル/時	m/h ／ m/hr
	メートル/秒	m/s ／ m/sec
	マイル/時	mph

● 下表は、単位の前に付ける略語です。例えば「k（キロ）」の大きさは「$10^3 = 1000$」なので、「1kg」は「1000g」を表します。また、「c（センチ）」は「$10^{-2} = 0.01$」なので、「1cm」は「0.01 m」を表します。

名称		大きさ	略語
yotta	ヨタ	10^{24}	Y
zetta	ゼタ	10^{21}	Z
exa	エクサ	10^{18}	E
peta	ペタ	10^{15}	P
tera	テラ	10^{12}	T
giga	ギガ	10^{9}	G
mega	メガ	10^{6}	M
kilo	キロ	10^{3}	k
hecto	ヘクト	10^{2}	h
deca	デカ	10^{1}	da ／ e

名称		大きさ	略語
deci	デシ	10^{-1}	d
centi	センチ	10^{-2}	c
mili	ミリ	10^{-3}	m
micro	マイクロ	10^{-6}	u
nano	ナノ	10^{-9}	n
pico	ピコ	10^{-12}	p
femto	フェムト	10^{-15}	f
atto	アト	10^{-18}	a
septo	ゼプト	10^{-21}	z
yocto	ヨクト	10^{-24}	y

● CONVERT 関数の引数「変換前単位」「変換後単位」を入力するときに、単位のリストが表示されるので、そこから選択して入力できます。

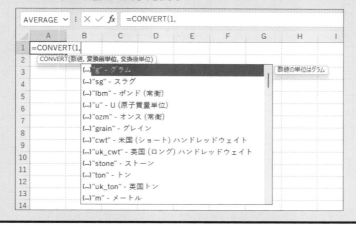

04-61 乱数を発生させる

RND関数を使用すると、0以上1未満の実数の乱数を作成できます。数式を検証するためのテストデータとして数値データが必要なときに、ランダムな数値を手早く作成できるので便利です。ここでは、7個の乱数を作成します。

▶0以上1未満の乱数を作成する

| B3 | = RAND() |

B3	∨ : × ✓ fx	=RAND()								
	A	B	C	D	E	F	G	H	I	J
1	実数の乱数									
2	No	数値								
3	1	0.943492237								
4	2	0.404582657								
5	3	0.537454068								
6	4	0.090402019								
7	5	0.571852173								
8	6	0.201641227								
9	7	0.956867672								
10										

セルB3に数式を入力して、セルB9までコピー

0以上1未満の乱数が表示された

【F9】キーを押すと新たな乱数に変わる

=RAND()	数学 / 三角
0以上1未満の乱数を発生させます。	

Memo

● RAND関数は、シートが再計算されるたびに、新しい乱数を返します。作成した乱数が変更されないようにするには、【11-01】を参考に数式を値に変換します。

● RAND関数で作成できるのは、どの数値も均等に発生する一様分布の乱数です。身長のテストデータなど、何らかの分布にしたがうデータが必要な場合は、その分布の逆関数とRAND関数を組み合わせます。【04-66】の正規乱数の例を参考にしてください。

関連項目 【04-62】整数の乱数を発生させる
【04-63】乱数の配列を発生させる

04-62 整数の乱数を発生させる

ランダム・ビットウィーン
RANDBETWEEN

整数のテストデータが必要なときは、RANDBETWEEN関数を使用します。引数に指定した「最小値」以上「最大値」以下の整数の乱数を作成できます。ここでは1から10までの整数の乱数を7個作成します。

▶1以上10以下の乱数を作成する

B3	= RANDBETWEEN(1 , 10)
	最小値　最大値

	B3	: × ✓ fx	=RANDBETWEEN(1,10)							
	A	B	C	D	E	F	G	H	I	J
1	整数の乱数									
2	No	数値								
3	1	2								
4	2	3								
5	3	4								
6	4	8								
7	5	6								
8	6	2								
9	7	9								
10										

セルB3に数式を入力して、セルB9までコピー

1以上10以下の整数の乱数が表示された

【F9】キーを押すと新たな乱数に変わる

=RANDBETWEEN(最小値 , 最大値)	数学 / 三角

　　最小値…作成する乱数の範囲の最小値を指定
　　最大値…作成する乱数の範囲の最大値を指定
「最小値」以上「最大値」以下の整数の乱数を発生させます。

> **Memo**
> ● RANDBETWEEN関数は、シートが再計算されるたびに、新しい乱数を返します。作成した乱数が変更されないようにするには、【11-01】を参考に数式を値に変換します。

関連項目 【04-61】乱数を発生させる
　　　　　　【04-63】乱数の配列を発生させる

04-63 乱数の配列を発生させる

Microsoft 365とExcel 2021では、RANDARRAY関数を使用すると、スピルを使用した乱数の作成が可能です。先頭のセルに数式を入力すると自動でスピルして、指定した行数×列数分の乱数が表示されます。

▶実数の乱数と整数の乱数を作成する

RANDARRAY関数の引数「行」に「5」を指定すると、5行1列の範囲に実数の乱数が作成される。また、「行」「列」「最小」「最大」にそれぞれ「5」「1」「0」「9」を指定し、「整数」に「TRUE」を指定すると、5行1列の範囲に0以上9以下の整数の乱数が作成される。いずれも、先頭のセルに数式を入力して【Enter】キーを押すと、数式が5行1列の範囲にスピルする。

=RANDARRAY([行],[列],[最小],[最大],[整数])	[365/2021]	数学／三角

行…乱数を入力するセル範囲の行数を指定。既定値は「1」
列…乱数を入力するセル範囲の列数を指定。既定値は「1」
最小…作成する乱数の最小値を指定。既定値は「0」
最大…作成する乱数の最大値を指定。既定値は「1」
整数…TRUE を指定すると整数、FALSE を指定するか省略すると実数の乱数になる
「行」×「列」のセル範囲または配列に、「最小」以上「最大」以下の乱数を作成します。

関連項目 【04-67】1〜10を重複なくランダムに並べる

04-64 乱数を利用して 日付のサンプルデータを作成する

ランダム・ビットウィーン
RANDBETWEEN

　日付はシリアル値という数値の一種なので、整数の乱数を作成して【05-02】を参考に「日付」の表示形式を設定すると、ランダムな日付を表示できます。ここでは「2023/4/1」から「2023/4/30」までの範囲の日付データを作成します。

▶ランダムな日付データを作成する

B3	= RANDBETWEEN("2023/4/1" , "2023/4/30")
	最小値　　　　最大値

	B3		✕ ✓ fx	=RANDBETWEEN("2023/4/1","2023/4/30")					
	A	B	C	D	E	F	G	H	I
1	日付のランダムデータ								
2	No	日付							
3	1	2023/4/11							
4	2	2023/4/12							
5	3	2023/4/26							
6	4	2023/4/14							
7	5	2023/4/4							
8	6	2023/4/16							
9	7	2023/4/12							
10									
11									

> セルB3に数式を入力し、日付の表示形式を設定して、セルB9までコピー

> 【F9】キーを押すと新たな日付データに変わる

=RANDBETWEEN(最小値 , 最大値)	→ 04-62

Memo

● 昇順の日付データが必要なときは、【11-01】を参考に数式を値に変換して乱数が変更されないようにしたうえで、[データ] タブの [昇順] ボタンを使用して並べ替えを行います。

関連項目　【04-65】乱数を利用して文字のサンプルデータを作成する
　【04-66】乱数を利用して正規分布にしたがうサンプルデータを作成する
　【05-01】シリアル値を理解しよう

04-65 乱数を利用して 文字のサンプルデータを作成する

ブイ・ルックアップ　ランダム・ビットウィーン
VLOOKUP／RANDBETWEEN

　ランダムな文字列データが欲しいときは、RANDBETWEEN関数で1以上データ数以下の乱数を求め、VLOOKUP関数で乱数と文字列データを対応付けます。ここでは、3種類の商品データをランダムに並べた7個のデータを作成します。商品が3種類なので、RANDBETWEEN関数で「1以上3以下」の乱数を作成します。

▶ランダムな商品データを作成する

B3	= VLOOKUP(RANDBETWEEN(1,3) , $D$3:$E$5 , 2 , FALSE)
	検索値　　　　　　　　範囲　　列番号　検索の型

B3	⌄ : × ✓ fx	=VLOOKUP(RANDBETWEEN(1,3),$D$3:$E$5,2,FALSE)						
▲	A	B	C	D	E	F	G	H
1	文字列のランダムデータ							
2	No	商品名		数値	商品名			
3	1	パソコン		1	パソコン		乱数と商品の対応	
4	2	プリンター		2	プリンター		表を作成しておく	
5	3	ディスプレイ		3	ディスプレイ			
6	4	ディスプレイ						
7	5	パソコン		1	2	列番号		
8	6	パソコン						
9	7	ディスプレイ						
10			セルB3に数式を入力して、		【F9】キーを押すと新たな			
11			セルB9までコピー		商品データに変わる			

=VLOOKUP(検索値 , 範囲 , 列番号 , [検索の型])	→ 07-02
=RANDBETWEEN(最小値 , 最大値)	→ 04-62

Memo

● 作成した文字データは、再計算が行われるたびに変化してしまいます。変化しないようにするには、【11-01】を参考に数式を値に変換します。

関連項目　【04-64】乱数を利用して日付のサンプルデータを作成する

04-66 乱数を利用して正規分布にしたがう サンプルデータを作成する

NORM.INV／RAND
ノーマル・インバース　　　ランダム

　正規分布にしたがうサンプルデータがほしいときは、正規分布の逆関数であるNORM.INV関数を使用して、引数「確率」にRAND関数を指定します。ここでは、平均が「170」、標準偏差が「6」の正規分布になるようなデータを1万個作成します。

▶正規分布にしたがうデータを作成する

B7 = NORM.INV(RAND() , $B$2 , $B$3)
　　　　　　　　確率　　　平均　標準偏差

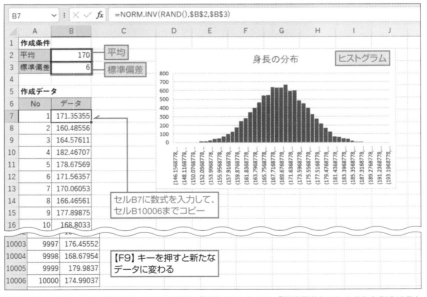

NORM.INV 関数の引数「確率」に RAND 関数、「平均」にセル B2、「標準偏差」にセル B3 を指定すると正規分布にしたがうデータが作成される。数式を入力したセル B7 を選択し、フィルハンドルをダブルクリックすると、A 列のデータ数に合わせて 1 万件のデータが素早く作成される。作成したデータをヒストグラムにすると、正規分布の様子を視覚化できる。

=NORM.INV (確率 , 平均 , 標準偏差)	→	08-50
=RAND()	→	04-61

Memo

● サンプルのグラフは「ヒストグラム」と呼ばれるもので、データの散らばり具合を表します。ヒストグラムを作成するには、身長データのセル B7〜B10006 を選択し、[挿入] タブの [統計グラフの挿入] → [ヒストグラム] をクリックします。

● NORM.INV 関数の引数「確率」に 0 以下の数値や 1 以上の数値を指定すると、[#NUM!] エラーになります。RAND 関数は 0 以上 1 未満の乱数を返すので、戻り値が「0」の場合に [#NUM!] エラーになり、グラフの形がおかしくなります。そのようなときは、【F9】キーを押すと新たなデータに変更できます。なお、RAND 関数で「0」が出る可能性は、かなり低いです。

● 作成したデータは、再計算が行われるたびに変化してしまいます。変化しないようにするには、【11-01】を参考に数式を値に変換します。

● Microsoft 365 と Excel 2021 では、RANDARRAY 関数を使用する方法もあります。引数「行」に「10000」と指定すれば、セル B7 に数式を入力するだけで、1 万件のデータを一気に作成できます。「平均」「標準偏差」のセルは相対参照のままで OK です。

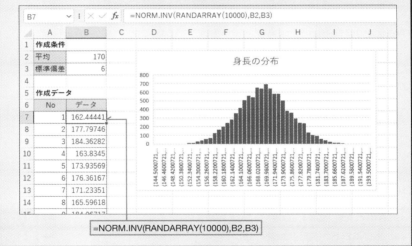

=NORM.INV(RANDARRAY(10000),B2,B3)

関連項目　【08-48】正規分布の確率密度と累積分布を求める
　　　　　　　【08-50】正規分布の逆関数を利用して上位20%に入るための得点を求める

04-67　1〜10を重複なくランダムに並べる

ソート・バイ　　シーケンス　　ランダム・アレイ
SORTBY／SEQUENCE／RANDARRAY

　データにランダムな番号を割り振りたいときには、乱数を利用しましょう。ここでは、「1〜10」の整数をランダムに並べてみます。それには、SEQUENCE関数で「1〜10」の連番を作成し、RANDARRAY関数で10個の乱数を作成します。SORTBY関数を使用して、乱数を基準に「1〜10」を並べ替えます。いずれもMicrosoft 365とExcel 2021の新関数です。

▶「1〜10」を重複なくランダムに並べる

C3	= SORTBY(SEQUENCE(10) , RANDARRAY(10))
	配列　　　　　　　　基準1

	A	B	C
1	応募者名簿		
2	No	氏名	
3	1	小山田　浩紀	10
4	2	松井　あかり	4
5	3	曽根　美香	7
6	4	藤村　竜彦	3
7	5	伊藤　杏子	5
8	6	望月　祐太郎	6
9	7	五十嵐　健斗	8
10	8	落合　大地	1
11	9	川本　ヒカル	2
12	10	富士　亮一	9
13			

セルC3に数式を入力して【Enter】キーを押す

数式がセルC12までスピルして、1〜10がランダムに表示された

=SORTBY(配列 , 基準 1 , [順序 1] , [基準 2, 順序 2] …)	→	07-35
=SEQUENCE(行 , [列] , [開始値] , [増分])	→	04-09
=RANDARRAY([行] , [列] , [最小] , [最大] , [整数])	→	04-63

Memo

● 「SEQUENCE(10)」では、「1、2、3…、10」の連番の配列が作成されます。また、「RANDARRAY(10)」では10個の実数の乱数の配列が作成されます。これら2つの配列は、表の隣の列に入力されているイメージです。SORTBY関数で「1〜10」の連番を隣の列の乱数を基準に並べ替えると、ランダムに並びます。

日付と時刻

期間や期日を思い通りに計算しよう

05-01 シリアル値を理解しよう

日付のシリアル値

　Excelでは、日付や時刻を「シリアル値」と呼ばれる数値として扱います。日付のシリアル値は、1900年1月1日を「1」として、以降1日に1ずつ加算されます。例えば「2023/4/1」は「1900/1/1」から数えて45017日目なので、シリアル値は「45017」になります。便宜上、シリアル値の「0」には「1900/1/0」という架空の日付が割り当てられています。

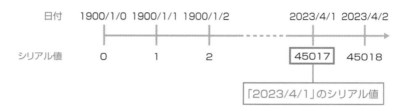

時刻のシリアル値

　1日のシリアル値は「1」なので、時刻のシリアル値は24時間を「1」とした小数で表せます。例えば「6:00」は1日の4分の1なので、シリアル値は「0.25」になります。

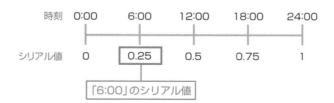

日付と時刻のシリアル値

　日付と時刻を組み合わせたデータをシリアル値で表すこともできます。例えば、「2023/4/1 6:00」は「2023/4/1」の「45017」と「6:00」の「0.25」を足して、「45017.25」というシリアル値で表せます。小数点以下に「0.25」が付いた数値は、毎日の「6:00」のシリアル値といえます。また、「0.25」とい

うシリアル値は、便宜上「1900/1/0 6:00」と見なせます。

📖 日付や時刻の計算

　日付と時刻の実体は数値なので、日付データや時刻データは一般の数値と同じように計算できます。例えば、セルA1に「2023/4/1」が入力されている状態で「=A1+1」を実行すると、結果は「2023/4/2」になります。Excelの内部では「=45017+1」というシリアル値の計算が行われ、その結果の「45018」に対応する「2023/4/2」が表示されるというわけです。シリアル値の「1」と「1日」が対応するので、日付に「1」を加えれば1日後、日付から「1」を引けば1日前の日付が正しく求められるのです。

▶「2023/4/1」に「1」を足す

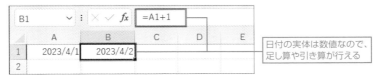

なお、「1時間前」「30分後」など、時刻と「時」「分」の計算については、**【05-63】【05-65】**を参照してください。

> **Memo**
>
> ● 前ページでは「2023/4/1 は 1900/1/1 から数えて 45017 日目」と紹介しましたが、実はその中に実際には存在しない「1900/2/29」がカウントされています。したがって「1900/3/1」以降のシリアル値は、「1900/1/1」から数えた本当の日数よりも 1 ずつ大きくなります。「1900/2/29」以降の日付のみを扱う場合、1 ずつずれたもの同士で計算するので実務上差し支えありません。しかし、「1900/2/29」の前後で日付を比較するような場合は、存在しない「1900/2/29」の日数を差し引いて考える必要があります。
>
> ● Excel で扱える日付は「1900/1/1」（シリアル値 1）から「9999/12/31」までですが、時刻用のシリアル値は「0」から始まるので、便宜上シリアル値「0」にあたる「1900/1/0」も日付として扱えます。
>
> ● 1 つのセルに「2023/4/1 6:00」のように日付と時刻の両方を入力することもできます。それには、「2023/4/1」を入力したあと、半角のスペースをはさんで「6:00」と入力します。

05-02 シリアル値と表示形式の 関係を理解しよう

シリアル値と表示形式

　Excelにとって、日付／時刻データと数値データのどちらも数値です。数値が日付や時刻としてセルに表示されるのは、そのセルに日付や時刻の表示形式が設定されているからです。数値が入力されているセルに［日付］の表示形式を設定すると、その数値をシリアル値と見なした日付が表示されます。反対に、日付や時刻が入力されているセルに［標準］の表示形式を設定すると、セルにシリアル値が表示されます。

▶数値に［日付］の表示形式を設定すると日付に変わる

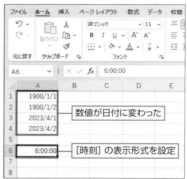

数値（シリアル値）が入力されているセルを選択して、［ホーム］タブの［数値］グループにある［▼］ボタンをクリックし、一覧から［短い日付形式］をクリックすると、数値が日付に変わる。一覧から［時刻］を選択すれば、小数を時刻表示にすることも可能。

▶日付に［標準］の表示形式を設定すると数値に変わる

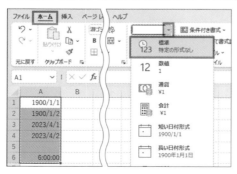

日付や時刻が入力されているセルを選択して、［ホーム］タブの［数値］グループにある［▼］ボタンをクリックし、一覧から［標準］をクリックする。すると、日付や時刻が数値（シリアル値）に変わる。

ユーザー定義の表示形式

　表示形式の設定方法の1つに、［ユーザー定義の表示形式］があります。「書式記号」と呼ばれる記号を使用して、日付や時刻の表示形式を自由に定義できます。例えば、「yyyy/m/d(aaa)」という書式記号を使うと、日付を曜日入りで表示できます。書式記号について、詳しくは【11-14】を参照してください。

▶日付にユーザー定義の表示形式を設定する

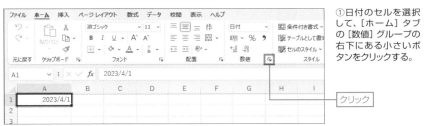

①日付のセルを選択して、［ホーム］タブの［数値］グループの右下にある小さいボタンをクリックする。

②［セルの書式設定］ダイアログの［表示形式］タブで、［分類］から［ユーザー定義］を選択する。［種類］欄に「yyyy/m/d(aaa)」と入力して［OK］ボタンをクリックする。

③日付が曜日入りで表示された。

> **Memo**
>
> ●関数を使用して日付や時刻をシリアル値に変換する方法もあります。例えば、セルA3に日付や時刻が入力されている場合、別のセルに「=VALUE(A3)」と入力すると、セルA3のデータのシリアル値を表示できます。VALUE関数は、数値と見なせる文字列を数値に変換する関数です。

関連項目 【05-01】シリアル値を理解しよう

05-03 現在の日付や時刻を自動表示したい

TODAY／NOW
トゥデイ／ナウ

　現在の日付を表示するにはTODAY関数を使用します。また、現在の日付と時刻を表示するにはNOW関数を使用します。これらの関数は、ブックを開くたびに、あるいは【F9】キーを押して再計算を実行するたびに、その時点の日付や時刻に更新されます。

▶現在の日付や時刻を表示する

| B2 | =TODAY() |

| B3 | =NOW() |

B2	∨ : × ✓ fx	=TODAY()				
	A	B	C	D	E	F
1						
2	今日の日付	2022/8/18	←	現在の日付が表示された		
3	現在の日付と時刻	2022/8/18 14:12	←	現在の日付と時刻が表示された		
4						

=TODAY()	日付/時刻

システム時計を元に現在の日付を返します。引数はありませんが、カッコ「()」の入力は必要です。

=NOW()	日付/時刻

システム時計を元に現在の日付と時刻を返します。引数はありませんが、カッコ「()」の入力は必要です。

> **Memo**
>
> ● 表示形式が [標準] に設定されているセルに TODAY 関数を入力すると、自動的にセルの表示形式が [日付] に変わります。
>
> ● 表示形式が [標準] に設定されているセルに NOW 関数を入力すると、自動的にセルの表示形式が「yyyy/m/d h:mm」になります。現在の時刻だけを表示したい場合は、NOW 関数を入力したセルに「h:mm」のような時刻のみの表示形式を設定します。

関連項目 【05-02】シリアル値と表示形式の関係を理解しよう

05-04　現在の「年」や「月」を表示したい

YEAR／MONTH／TODAY
イヤー　　　マンス　　　トゥデイ

　今日現在の「年」を求めるには、日付から「年」を取り出すYEAR関数の引数にTODAY関数を指定します。同様に「月」を求めるには、日付から「月」を取り出すMONTH関数の引数にTODAY関数を指定します。ブックを開くたびに、あるいは【F9】キーを押して再計算を実行するたびに、その時点の「年」や「月」に更新されます。

▶現在の「年」や「月」を表示する

B3	=YEAR(TODAY())
	シリアル値

B4	=MONTH(TODAY())
	シリアル値

B3 　　fx　=YEAR(TODAY())

	A	B
1		
2	今日の日付	2022/8/18
3	今日の「年」	2022
4	今日の「月」	8

「=TODAY()」が入力されている
数式を入力
現在の「年」と「月」が表示された

=YEAR(シリアル値)	→ 05-05
=MONTH(シリアル値)	→ 05-05
=TODAY()	→ 05-03

関連項目　【05-03】現在の日付や時刻を自動表示したい
　　　　　　　【05-05】日付から年、月、日を取り出す

05-05 日付から年、月、日を取り出す

YEAR関数、MONTH関数、DAY関数を使用すると、シリアル値から「年」「月」「日」の数値を取り出せます。引数「シリアル値」には、日付やシリアル値を指定できます。「2023/4/1」「2023年4月1日」「45017」「2023/4/1 6:00」はいずれも同じ日付なので、各関数で取り出される年、月、日も同じ数値になります。

▶日付から年、月、日を取り出す

B3 =YEAR(A3) シリアル値	**C3** =MONTH(A3) シリアル値	**D3** =DAY(A3) シリアル値

B3	: × ✓ *fx* =YEAR(A3)			

	A	B	C	D
1	年月日の分解			
2	日付	年	月	日
3	2023/4/1	2023	4	1
4	2023年4月1日	2023	4	1
5	45017	2023	4	1
6	2023/4/1 6:00	2023	4	1
7				
8	シリアル値			

セルB3、C3、D3に数式を入力して、6行目までコピー

「年」「月」「日」の数値を取り出せた

=YEAR(シリアル値) 　　　　　　　　　　　　　日付/時刻

シリアル値…**日付／時刻データやシリアル値を指定**
「シリアル値」が表す日付から「年」にあたる数値を取り出します。

=MONTH(シリアル値) 　　　　　　　　　　　　日付/時刻

シリアル値…**日付／時刻データやシリアル値を指定**
「シリアル値」が表す日付から「月」にあたる数値を取り出します。

=DAY(シリアル値) 　　　　　　　　　　　　　　日付/時刻

シリアル値…**日付／時刻データやシリアル値を指定**
「シリアル値」が表す日付から「日」にあたる数値を取り出します。

関連項目 【05-11】年、月、日の3つの数値から日付データを作成する

05-06 時刻から時、分、秒を取り出す

HOUR／MINUTE／SECOND
アワー／ミニット／セコンド

　HOUR関数、MINUTE関数、SECOND関数を使用すると、シリアル値から「時」「分」「秒」の数値を取り出せます。「AM/PM」が付いた12時間制の表示の場合でも、HOUR関数で取り出されるのは24時間制の数値になります。また、分や秒が「01」のような2桁表示の場合でも、取り出されるのは1桁の数値になります。

▶時刻から時、分、秒を取り出す

B3 =HOUR(A3)	C3 =MINUTE(A3)	D3 =SECOND(A3)
シリアル値	シリアル値	シリアル値

B3	∨ : × ✓ fx	=HOUR(A3)								
▲	A	B	C	D	E	F	G	H	I	J
1	時分秒の分解									
2	時刻	時	分	秒						
3	15:01:09	15	1	9	←	セルB3、C3、D3に数式を入力して、6行目までコピー				
4	3:01:09 PM	15	1	9						
5	0.625798611	15	1	9		「時」「分」「秒」の数値を取り出せた				
6	2023/4/1 15:01:09	15	1	9						
7										
8	シリアル値									
9										

=HOUR(シリアル値)　日付/時刻

　シリアル値…**日付／時刻データやシリアル値を指定**
「シリアル値」が表す時刻から「時」にあたる数値を取り出します。

=MINUTE(シリアル値)　日付/時刻

　シリアル値…**日付／時刻データやシリアル値を指定**
「シリアル値」が表す時刻から「分」にあたる数値を取り出します。

=SECOND(シリアル値)　日付/時刻

　シリアル値…**日付／時刻データやシリアル値を指定**
「シリアル値」が表す時刻から「秒」にあたる数値を取り出します。

関連項目　【05-12】時、分、秒の3つの数値から時刻データを作成する

05-07 日付から四半期を求める

CHOOSE／MONTH
チューズ　　マンス

　日付から四半期を求めるには、CHOOSE関数を使う方法が簡単です。CHOOSE関数は、1から始まる整数にデータを割り振る関数です。引数「インデックス」に、MONTH関数で求めた月を指定します。引数「値1」〜「値12」には、1〜12に対応する四半期を指定します。引数は多いですが、年度の始まりが何月であろうと、機械的に「1,1,1,2,2,2,……」と四半期の数値を並べるだけなので単純明快です。

▶1月始まりの「四半期」と4月始まりの「四半期」を求める

B3	=CHOOSE(MONTH(A3),1,1,1,2,2,2,3,3,3,4,4,4)
	インデックス　　　値1〜値12
	「月」を指定　1〜12月に対応する四半期を指定

C3	=CHOOSE(MONTH(A3),4,4,4,1,1,1,2,2,2,3,3,3)

	A	B	C
B3		fx	=CHOOSE(MONTH(A3),1,1,1,2,2,2,3,3,3,4,4,4)
1	日付から「四半期」を求める		
2	日付	四半期 (1月〜)	四半期 (4月〜)
3	2023/1/1	1	4
4	2023/2/1	1	4
5	2023/3/1	1	4
6	2023/4/1	2	1
7	2023/5/1	2	1
8	2023/6/1	2	1
9	2023/7/1	3	2
10	2023/8/1	3	2
11	2023/9/1	3	2
12	2023/10/1	4	3
13	2023/11/1	4	3
14	2023/12/1	4	3

> セルB3とセルC3に数式を入力して、14行目までコピー

> 1月始まりの四半期と4月始まりの四半期を表示できた

=CHOOSE(インデックス , 値1, [値2] …)	07-22
=MONTH(シリアル値)	05-05

05-08 日付から年月日を取り出して自由に整形する

TEXT関数を使用すると、「年」と「月」、「月」と「日」など、日付から目的の要素を取り出して思い通りの形式で表示できます。取り出す形式は、引数「表示形式」に書式記号を使用して指定します。「20230401」「0401」「2023/4」など、さまざまな表示が可能です。取り出されるデータは文字列なので、セルに左揃えで表示されます。

▶日付から8桁の「年月日」と4桁の「月日」を取り出す

B3 =TEXT(A3,"yyyymmdd")
値　表示形式

C3 =TEXT(A3,"mmdd")
値　表示形式

B3	∨ : × ✓ fx	=TEXT(A3,"yyyymmdd")						
	A	B	C	D	E	F	G	H	I
1	日付の整形								
2	日付	8桁	4桁						
3	2023/4/1	20230401	0401						
4	2023/11/22	20231122	1122						
5	2023年8月3日	20230803	0803						
6	15-Jun-23	20230615	0615						
7									
8	値								

セルB3とセルC3に数式を入力して、6行目までコピー

8桁の年月日と4桁の月日を取り出せた

=TEXT(値 , 表示形式)　　→ 06-53

Memo

● TEXT 関数の引数「表示形式」の指定次第で、さまざまなデータを取り出せます。書式記号の詳細は【11-14】を参照してください。

表示形式	結果例
"yyyymmdd"	20230401
"yymm"	2304
"mmdd"	0401
"yyyy/m"	2023/4
"mm/dd"	04/01
"aaa"	土

関連項目 【06-53】数値を指定した表示形式の文字に変換する

05-09 日付から「年度」を求めるには

イー・デイト　イヤー
EDATE／YEAR

　会計年度では、4月から翌年3月までを1年とすることがよくあります。ここでは、日付からそのような年度を求めます。まず準備として、EDATE関数を使用して日付を3カ月前にずらします。例えば「2023/3/31」は「2022/12/31」、「2023/4/1」は「2023/1/1」にずれます。ずらした日付からYEAR関数で年を取り出すと、年度が求められます。

▶日付から「年度」を求める

B3 =EDATE(A3,-3)	C3 =YEAR(B3)
開始日 月(3カ月前)	シリアル値

B3	∨ : × ✓ fx	=EDATE(A3,-3)			
	A	B	C	
1	日付から「年度」を求める			
2	日付	3カ月前	年度	
3	2023/1/1	2022/10/1	2022	セルB3とセルC3に数式を入力して、10行目までコピー
4	2023/3/31	2022/12/31	2022	
5	2023/4/1	2023/1/1	2023	年度が求められた
6	2023/9/15	2023/6/15	2023	
7	2023/12/31	2023/9/30	2023	9月に31日は存在しないので、「12/30」「12/31」の3カ月前はともに月末の「9/30」になる
8	2024/1/22	2023/10/22	2023	
9	2024/3/31	2023/12/31	2023	
10	2024/4/1	2024/1/1	2024	
11				
12	開始日			
13				

=EDATE(開始日 , 月)	→ 05-19
=YEAR(シリアル値)	→ 05-05

Memo

● YEAR 関数の引数に EDATE 関数を指定すると、1 つの式で年度を求められます。
　=YEAR(EDATE(A3,-3))

関連項目 【05-05】日付から年、月、日を取り出す

05-10 25日までは今月分、26日以降は来月分として「月」を求める

MONTH／EDATE
マンス イー・デイト

　「25日までは今月分、26日以降は来月分」として、取り引きが何月分の処理になるのか求めてみましょう。例えば、「4/20」は「4」月、「4/28」は「5」月という結果になるような計算をします。それにはまず、取引日から「25」を引いて、25日前の日付を求めます。すると前月26日から今月25日までの1カ月分の日付が前月の日付になります。これをEDATE関数の引数「開始日」に指定して1カ月後の日付を求めると、今月の日付になります。そこからMONTH関数で月を取り出します。

▶「25日までは今月分、26日以降は来月分」として「月」を求める

C3	=MONTH(EDATE(A3-25,1))
	取引日の25日前の1カ月後

C3			✕ ✓ fx	=MONTH(EDATE(A3-25,1))				
	A	B	C	D	E	F	G	H
1	A社取引一覧		(25日締め)					
2	取引日	金額	取引月					
3	2023/4/20	750,000	4					
4	2023/4/28	189,000	5					
5	2023/5/25	1,260,000	5					
6	2023/5/26	325,000	6					

セルC3に数式を入力して、セルC6までコピー

25日締めの取引月が求められた

=MONTH(シリアル値)	→ 05-05
=EDATE(開始日 , 月)	→ 05-19

Memo

● 「10日締め」の場合は取引日から「10」を引き、「20日締め」の場合は取引日から「20」を引きます。

● MONTH関数の引数に25日前の日付を指定して月を取り出し、そこに1を加えて次月を求めると、1月～11月はうまくいきますが、12月の次月が「13」になってしまいます。「1～12」の正しい月を取り出すには、EDATE関数で1カ月後を求めてください。

関連項目 【05-19】○カ月後や○カ月前の日付を求める

05-11 年、月、日の3つの数値から 日付データを作成する

DATE
デイト

DATE関数を使用すると、年、月、日の3つの数値から日付データを作成できます。年、月、日として、そのままでは日付にならない数値を指定したときは、自動で繰り上げや繰り下げが行われて、正しい日付データが求められるので便利です。

▶年、月、日から日付データを作成する

D3	=DATE(A3,B3,C3)
	年 月 日

D3			: × ✓ fx	=DATE(A3,B3,C3)						
	A	B	C	D	E	F	G	H	I	J	K
1	年、月、日から日付を作成									
2	年	月	日	日付						
3	2023	4	1	2023/4/1						
4	2023	7	15	2023/7/15						
5	2023	8	0	2023/7/31						
6	2023	10	32	2023/11/1						
7	2023	13	1	2024/1/1						
8										
9	年	月	日							

セルD3に数式を入力して、セルD7までコピー

日付データを作成できた

自動で繰り上げや繰り下げが行われる

=DATE(年,月,日)　　　　　　　　　　　　　　　　　　　　　　　　日付/時刻

年…年の数値を指定
月…月を1〜12の数値で指定。1より小さい数値や12より大きい数値を指定した場合は、前年の月、または翌年の月として自動調整される
日…日を1〜31の数値で指定。1より小さい数値や月の最終日より大きい数値を指定した場合は、前月の日、または翌月の日として自動調整される
「年」「月」「日」の数値から日付を表すシリアル値を返します。表示形式が[標準]のセルに入力した場合は、戻り値に自動的に[日付]の表示形式が設定されます。

Memo

●「月」や「年」に1より小さい数値を指定すると、前年や前月に調整されます。
・=DATE(2023,0,4)　→　2022/12/4　　（0月は前年12月と見なされる）
・=DATE(2023,-1,4)　→　2022/11/4　　（-1月は前年11月と見なされる）
・=DATE(2023,8,0)　→　2023/7/31　　（0日は前月末日と見なされる）
・=DATE(2023,8,32)　→　2023/9/1　　（8月32日は翌月1日と見なされる）

関連項目　【05-05】日付から年、月、日を取り出す

05-12 時、分、秒の3つの数値から時刻データを作成する

TIME

TIME関数を使用すると、時、分、秒の3つの数値から時刻データを作成できます。時、分、秒として、そのままでは時刻にならない数値を指定したときは、自動で繰り上げや繰り下げが行われます。サンプルでは戻り値のセル範囲に［時刻］の表示形式を設定しています。

▶時、分、秒から時刻データを作成する

```
D3 =TIME(A3,B3,C3)
      時  分  秒
```

	A	B	C	D	E	F	G	H	I	J	K
1	時、分、秒から時刻を作成										
2	時	分	秒	時刻							
3	7	8	9	7:08:09							
4	13	24	56	13:24:56							
5	5	0	14	5:00:14							
6	25	1	1	1:01:01							
7	12	10	-2	12:09:58							
8											
9	時	分	秒								

D3 ∨ : × ✓ fx =TIME(A3,B3,C3)

- セルD3に数式を入力して、セルD7までコピー
- 時刻データを作成できた
- 自動で繰り上げや繰り下げが行われる

=TIME(時 , 分 , 秒)　　　　　　　　　　　　　　　　　　　　　　日付/時刻

　時…時を 0～23 の数値を指定。23 より大きい数値を指定すると、24 で割った余りが指定される
　分…分を 0～59 の数値で指定。0 より小さい数値や 60 より大きい数値を指定した場合は、時と分
　　の値が自動調整される
　秒…秒を 0～59 の数値で指定。0 より小さい数値や 60 より大きい数値を指定した場合は、分と秒
　　の値が自動調整される
「時」「分」「秒」の数値から時刻を表すシリアル値を返します。表示形式が［標準］のセルに入力した場合
は、戻り値に自動的に時刻の表示形式が設定されます。

> **Memo**
>
> ● ［標準］の表示形式が設定されているセルに TIME 関数を入力すると、「h:mm AM/PM」という時刻の表示形式が設定されるので、秒の数値が表示されません。秒の数値を表示したいときは、【05-02】を参考に［時刻］の表示形式を設定しましょう。

関連項目　【05-06】時刻から時、分、秒を取り出す

05-13 「20231105」から「2023/11/5」 という日付データを作成する

DATE／MID

　他のアプリから取り込んだ日付が「20231105」のような8桁の数値の状態で入力されることがあります。これを「2023/11/5」という日付に変換したいときは、DATE関数とMID関数を使用します。まず、MID関数で「年」として1文字目から4文字分、「月」として5文字目から2文字分、「日」として7文字目から2文字分を取り出します。それらをDATE関数で日付データに組み立てます。

▶8桁の数値から日付データを作成する

B3	=DATE(MID(A3,1,4),MID(A3,5,2),MID(A3,7,2))
	年　　　　　　月　　　　　　日
	1文字目から4文字　5文字目から2文字　7文字目から2文字

| B3 | ✓ : × ✓ fx | =DATE(MID(A3,1,4),MID(A3,5,2),MID(A3,7,2)) |

	A	B	C	D	E	F	G	H
1	8桁の数値を日付に変換							
2	数値	日付						
3	19960103	1996/1/3						
4	20011023	2001/10/23						
5	20140813	2014/8/13						
6	20231105	2023/11/5						
7								

> セルB3に数式を入力して、セルB6までコピー

> 日付データを作成できた

=DATE(年 , 月 , 日)	→ 05-11
=MID(文字列 , 開始位置 , 文字数)	→ 06-39

Memo

● MID 関数は、「文字列」の「開始位置」から「文字数」分の文字列を取り出す関数です。セル A3 の値が「19960103」の場合、3 つの MID 関数の戻り値は以下のようになります。
　・MID(A3,1,4)　→　「19960103」の 1 文字目から 4 文字分　→　1996
　・MID(A3,5,2)　→　「19960103」の 5 文字目から 2 文字分　→　01
　・MID(A3,7,2)　→　「19960103」の 7 文字目から 2 文字分　→　03

関連項目　【05-11】年、月、日の3つの数値から日付データを作成する

05-14 日付文字列や時刻文字列から 日付／時刻データを作成する

DATEVALUE／TIMEVALUE
デイト・バリュー　　　　タイム・バリュー

　他のアプリから取り込んだ日付や時刻が文字列として取り込まれてしまうことがあります。DATEVALUE関数を使用すると、日付文字列を日付データに変換できます。また、TIMEVALUE関数を使用すると、時刻文字列を時刻データに変換できます。どちらの関数もシリアル値を返すので、セルに［日付］や［時刻］の表示形式を設定してください。なお、サンプルのセルA3とセルA5には［文字列］の表示形式が設定されています。

▶文字列として入力された日付／時刻を実際の日付／時刻に変換する

B3 =DATEVALUE(A3)
　　　　　　　　　日付文字列

B5 =TIMEVALUE(A5)
　　　　　　　　時刻文字列

	A	B	C	D	E	F	G	H
1	文字列を日付／時刻に変換							
2	日付文字列	日付						
3	2023年4月1日	2023/4/1	←	数式を入力して、［日付］の表示形式を設定				
4	時刻文字列	時刻						
5	6:30:00	6:30:00	←	数式を入力して、［時刻］の表示形式を設定				
6								

B3　∨　：　×　✓　fx　=DATEVALUE(A3)

=DATEVALUE(日付文字列)　　　　　　　　　　　　　　　　　日付/時刻

　日付文字列…文字列形式の日付を指定
「日付文字列」を、その日付を表すシリアル値に変換します。「日付文字列」に「年」が含まれていないときは、現在の「年」が補われます。「日付文字列」に含まれている時刻は無視されます。

=TIMEVALUE(時刻文字列)　　　　　　　　　　　　　　　　　日付/時刻

　時刻文字列…文字列形式の時刻を指定
「時刻文字列」を、その時刻を表すシリアル値に変換します。戻り値は0以上1未満の小数になります。「時刻文字列」に含まれている日付や24時間以上の「時」は無視されます。

関連項目　【05-02】シリアル値と表示形式の関係を理解しよう

05-15 日付と文字列を組み合わせて表示する

テキスト
TEXT

　日付が入力されたセルを文字列と結合すると、日付がシリアル値に変わってしまい、日付として表示できません。このようなときはTEXT関数を使用して、日付の表示形式をきちんと指定してから文字列と結合します。サンプルでは、セルB3に入力されている日付を和暦の形式にして文字列と結合します。

▶日付と文字列を組み合わせて表示する

```
A5 =TEXT(B2,"ggge年m月d日")&"までにお支払いください。"
        値      表示形式
```

| A5 | ✓ : × ✓ fx | =TEXT(B2,"ggge年m月d日")&"までにお支払いください。" |

	A	B	C	D	E	F	G
1		請求書					
2	お支払期限：	令和5年4月7日	値				
3	ご請求金額：	￥1,085,000					
4							
5	令和5年4月7日までにお支払いください。						
6							
7	数式を入力	日付を和暦にして文字列と結合できた					
8							

```
=TEXT( 値 , 表示形式 )                    → 06-53
```

Memo

● TEXT関数を使わずに「=B2&"までにお支払いください。"」とすると、セルB2の日付のシリアル値がそのまま表示されてしまいます。

| A5 | ✓ : × ✓ fx | =B2&"までにお支払いください。" |

	A	B	C	D
1		請求書		
2	お支払期限：	令和5年4月7日		
3	ご請求金額：	￥1,085,000		
4				
5	45023までにお支払いください。			
6				

関連項目　【05-01】シリアル値を理解しよう
　　　　　　　【05-02】シリアル値と表示形式の関係を理解しよう

05-16 年月日の桁を揃えて表示したい！

サブスティチュート テキスト
SUBSTITUTE／TEXT

　同じ列に入力した日付の桁をきれいに揃えて表示するには、TEXT関数で月日を2桁に統一したあと、SUBSTITUTE関数を使用して十の位の「0」を半角のスペースに置換します。その際、単純に「0」を置換すると一の位の「0」も置換されてしまうので、確実に十の位の「0」だけを置換するために「/0」を「/ 」（スラッシュと半角スペース）で置換しましょう。なお、日付の文字数を揃えても、セルの初期設定の［游ゴシック］のままだと文字によって幅が異なり、桁の位置が揃いません。位置をぴったり揃えるために、セルに等幅フォントを設定してください。結果は文字列となるので、日付として計算に使用することはできません。

▶年月日の桁を揃えて表示する

B3	=SUBSTITUTE(TEXT(A3,"yyyy/mm/dd"),"/0","/ ")
	文字列　　　　検索文字列　置換文字列

| B3 | ∨ ： × ✓ ƒx | =SUBSTITUTE(TEXT(A3,"yyyy/mm/dd"),"/0","/ ") |

	A	B	C	D	E	F	G	H
1	日付の桁揃え							
2	日付	桁揃えした日付						
3	2023/4/1	2023/ 4/ 1						
4	2023/4/15	2023/ 4/15						
5	2023/11/20	2023/11/20						
6	2023/12/3	2023/12/ 3						
7								

セルB3に数式を入力して、セルB6までコピー

セルB3〜B6に［右揃え］と等幅フォントを設定

日付の8桁がぴったり揃った

=SUBSTITUTE(文字列 , 検索文字列 , 置換文字列 , [置換対象])	→ 06-22
=TEXT(値 , 表示形式)	→ 06-53

Memo

●等幅フォントとは、どの文字も一定の幅で表示されるフォントのことです。等幅フォントには［BIZ UDゴシック］［BIZ UD明朝 Medium］［MSゴシック］［MS明朝］［HGゴシックM］などがあります。

関連項目　【06-22】特定の文字列を置換する

05-17　日付を簡単に和暦表示にする

デイト・ストリング
 DATESTRING

　DATESTRING関数を使用すると、引数に指定した日付を簡単に「令和05年04月01日」形式の和暦表示に変換できます。1桁の「年」「月」「日」は頭に「0」が付いた2桁表示になります。戻り値は文字列なので、日付として計算することはできません。

▶日付を和暦で表示する

B3 =DATESTRING(A3)
　　　　シリアル値

	A	B	C	D	E	F	G
1		和暦表示					
2	日付	和暦					
3	1926/12/24	大正15年12月24日					
4	1926/12/25	昭和01年12月25日					
5	1989/1/7	昭和64年01月07日					
6	1989/1/8	平成01年01月08日					
7	2019/4/30	平成31年04月30日					
8	2019/5/1	令和01年05月01日					
9							
10	シリアル値						
11							
12							

セルB3に数式を入力して、セルB8までコピー

日付を和暦で表示できた

=DATESTRING(シリアル値) 　　　　　　　　　　日付/時刻

　シリアル値…**日付データやシリアル値を指定**
「シリアル値」を和暦の文字列に変換します。

Memo

● DATESTRING 関数は、[関数の挿入] ダイアログや [関数ライブラリ] に表示されないため、セルに直接入力する必要があります。

関連項目【05-18】令和1年を令和元年として日付を漢字字で表示する

05-18 令和1年を令和元年として日付を漢数字で表示する

TEXT関数で日付の表示形式を指定する際に、書式記号の先頭に「[DBNum1]」を付けると漢数字で表示できます。その際に「令和1年」を「令和元年」と表示するには、IF関数を使用して和暦の年の数値が「1」かどうかで場合分けします。和暦の年は、「TEXT(A3,"e")」とすると調べられます。書式記号の詳細は【11-13】と【11-14】を参照してください。

▶日付を和暦で表示する

```
B3 =IF(TEXT(A3,"e")="1",
        論理式(和暦の年が「1」の場合)
    TEXT(A3,"[DBNum1]ggg元年m月d日"),
        真の場合(「○○元年Y月Z日」形式で表示)
    TEXT(A3,"[DBNum1]ggge年m月d日"))
        偽の場合(「○○X年Y月Z日」形式で表示)
```

B3		∨ : × ✓ fx	=IF(TEXT(A3,"e")="1",TEXT(A3,"[DBNum1]ggg元年m月d日"),TEXT(A3,"[DBNum1]ggge年m月d日"))							
	A	B	C	D	E	F	G	H	I	J
1		和暦表示								
2	日付	和暦								
3	1926/12/24	大正十五年十二月二十四日								
4	1926/12/25	昭和元年十二月二十五日								
5	1989/1/7	昭和六十四年一月七日								
6	1989/1/8	平成元年一月八日								
7	2019/4/30	平成三十一年四月三十日								
8	2019/5/1	令和元年五月一日								
9										
10										

セルB3に数式を入力して、セルB8までコピー

日付を漢数字の和暦で表示できた

=IF(論理式 , 真の場合 , 偽の場合)	→ 03-02
=TEXT(値 , 表示形式)	→ 06-53

Memo

●和暦の1年の場合は「令和元年5月1日」、それ以外の場合は「令和5年5月1日」と算用数字で表示する場合は、TEXT関数だけで表示できます。
=TEXT(A3,"[$-ja-JP-x-gannen]ggge年m月d日")

関連項目　【11-13】数値の書式記号を理解しよう
　　　　　　【11-14】日付／時刻の書式記号を理解しよう

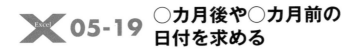

05-19 ○カ月後や○カ月前の日付を求める

EDATE イー・デイト

　EDATE関数を使用すると、指定した日付を基準に○カ月後や○カ月前の日付を求めることができます。引数「開始日」に基準の日付を指定します。引数「月」には、○カ月前を求める場合は負数、○カ月後を求める場合は正数で月数を指定します。サンプルでは、リースの開始日とリース期間からリースの終了日を求めます。新しいセルにEDATE関数を入力するとシリアル値が表示されるので、表示形式を［日付］に変更してください。

▶リース期間の終了日を求める

```
D3 =EDATE(B3,C3)
      開始日  月
```

	A	B	C	D
1	リース品一覧			
2	品目	開始日	期間（月）	終了日
3	コピー機	2022/4/15	12	2023/4/15
4	複合機A	2022/6/15	7	2023/1/15
5	複合機B	2022/9/30	5	2023/2/28
6	プリンター	2023/1/30	1	2023/2/28
7				
8		開始日	月	

D3 ✓ : × ✓ fx =EDATE(B3,C3)

> セルD3に数式を入力して、［日付］の表示形式を設定し、セルD6までコピー

> 開始日の○カ月後が求められた

```
=EDATE( 開始日 , 月 )                                日付/時刻
```

　開始日…計算の基準となる日付を指定
　月…月数を指定。正数を指定すると「開始日」の「月」数後、負数を指定すると「開始日」の「月」数前の日付が求められる
「開始日」から「月」数後、または「月」数前の日付のシリアル値を求めます。

Memo

●○カ月前または○カ月後にぴったりの日付がない場合は調整されます。例えば「2023/1/28～2023/1/31」の1カ月後は、すべて2月の月末日である「2023/2/28」になります。

05-20 特定の日付を基準として 当月末や翌月末の日付を求める

エンド・オブ・マンス
EOMONTH

　EOMONTH関数を使用すると、指定した日付を基準に○カ月後や○カ月前の月末日の日付を求められます。サンプルでは、A列に入力された取引日を元に、その月の月末日を求めます。EOMONTH関数の戻り値はシリアル値なので、適宜表示形式を［日付］に変更してください。

▶取引日の月末の日付を求める

C3	=EOMONTH(A3,0)
	開始日 月

C3		∨	⋮	× ✓ fx	=EOMONTH(A3,0)		

	A	B	C	D
1	B社取引一覧		(月末締め)	
2	取引日	金額	締日	
3	2023/1/10	1,509,000	2023/1/31	← セルC3に数式を入力して、［日付］の
4	2023/2/20	868,000	2023/2/28	表示形式を設定し、セルC6までコピー
5	2023/4/7	1,622,000	2023/4/30	取引日の月末の日付が求められた
6	2023/5/9	1,227,000	2023/5/31	
7				
8	開始日			
9				

=EOMONTH(開始日 , 月)	日付/時刻

開始日…計算の基準となる日付を指定
月…月数を指定。正数を指定すると「開始日」の「月」数後、負数を指定すると「開始日」の「月」数前の月末日が求められる
「開始日」から「月」数後、または「月」数前の月末日を求めます。

Memo

● EOMONTH 関数の引数「月」を調整すると、前月末や翌月末を求められます。
　・=EOMONTH(開始日 ,-1)　→　開始日の前月の月末日
　・=EOMONTH(開始日 ,0)　→　開始日と同じ月の月末日
　・=EOMONTH(開始日 ,1)　→　開始日の翌月の月末日
　・=EOMONTH(開始日 ,2)　→　開始日の翌々月の月末日

関連項目 【05-24】「年」や「月」を基準に月末日を求めるには

05-21 特定の日付を基準として 当月1日や翌月1日の日付を求める

EOMONTH
エンド・オブ・マンス

特定の日付を基準に「翌月1日」の日付を求めるには、月末日を求める EOMONTH関数を利用して当月末の日付を求め、それに1を加えます。賃貸物件や保険などの契約で翌月1日を求めたいことがありますが、そのようなときに利用できます。サンプルでは、B列の責任開始日を基準に翌月1日を求めています。

▶責任開始日の翌月1日の日付を求める

```
C3 =EOMONTH(B3,0)+1
     開始日 月
```

	A	B	C	D
C3			=EOMONTH(B3,0)+1	
1	新規保険契約			
2	契約番号	責任開始日	契約日	
3	123-456-789	2022/12/8	2023/1/1	セルC3に数式を入力して、セルC6までコピー
4	234-567-890	2023/1/10	2023/2/1	
5	345-678-901	2023/2/15	2023/3/1	責任開始日の翌月1日の日付が求められた
6	456-789-012	2023/3/14	2023/4/1	
7		開始日		
8				
9				

```
=EOMONTH( 開始日 , 月 )                                    → 05-20
```

> **Memo**
>
> ●セル C3 に入力した数式の「0」を調整すると、前月1日や当月1日を求められます。
> ・=EOMONTH(開始日 ,-2)+1 → 開始日の前月の1日
> ・=EOMONTH(開始日 ,-1)+1 → 開始日と同じ月の1日
> ・=EOMONTH(開始日 ,0)+1 → 開始日の翌月の1日
> ・=EOMONTH(開始日 ,1)+1 → 開始日の翌々月の1日

関連項目 【05-20】特定の日付を基準として当月末や翌月末の日付を求める
【05-22】特定の日付を基準として翌月25日の日付を求める

05-22 特定の日付を基準として 翌月25日の日付を求める

EOMONTH

　取引日の翌月25日を支払日として、支払日の日付を求めてみましょう。それには、月末日を求めるEOMONTH関数の引数「月」に「0」を指定して、当月末の日付を求めます。それに25を加えると、翌月25日の日付になります。

▶取引日の翌月25日の日付を求める

C3 =EOMONTH(A3,0)+25
　　　　 開始日 月

	A	B	C
1	C社取引一覧		（翌月25日払）
2	取引日	金額	支払日
3	2022/11/16	205,000	2022/12/25
4	2022/12/9	125,000	2023/1/25
5	2023/1/17	41,000	2023/2/25
6	2023/2/10	527,000	2023/3/25

セルC3に数式を入力して、セルC6までコピー

取引日の翌月25日の日付が求められた

開始日

=EOMONTH(開始日 , 月)　　　→ 05-20

Memo

- セル C3 の数式の「25」を「10」に変えると、翌月 10 日の日付になります。
- セル C3 に入力した数式の「0」を調整すると、前月 25 日や当月 25 日を求められます。
  - =EOMONTH(開始日 ,-2)+25　→　開始日の前月の 25 日
  - =EOMONTH(開始日 ,-1)+25　→　開始日と同じ月の 25 日
  - =EOMONTH(開始日 ,0)+25　→　開始日の翌月の 25 日
  - =EOMONTH(開始日 ,1)+25　→　開始日の翌々月の 25 日

関連項目【05-23】「年」や「月」を基準に翌月25日を求めるには

05-23 「年」や「月」を基準に翌月25日を求めるには

DATE
デイト

　下図のような表で、A列の「年」とB列の「月」の2つの数値から、翌月25日を求めてみましょう。DATE関数の引数「年」に、セルA3の「2022」年を指定します。引数「月」には「翌月」を指定したいので、セルB3の「10」月に「1」を加えた「B3+1」つまり「11」を指定します。引数「日」に「25」を指定します。以上で「2022/11/25」が求められます。

▶指定した「年」「月」の翌月25日を求める

```
C3 =DATE(A3,B3+1,25)
      年   月  日
```

	A	B	C	D	E	F	G	H
	C3		fx	=DATE(A3,B3+1,25)				
1		**支払日一覧**						
2	年	月	支払日 (翌25日)					
3	2022	10	2022/11/25	セルC3に数式を入力して、				
4	2022	11	2022/12/25	セルC8までコピー				
5	2022	12	2023/1/25	各月の翌月25日が求められた				
6	2023	1	2023/2/25					
7	2023	2	2023/3/25					
8	2023	3	2023/4/25					
9								
10								

```
=DATE( 年 , 月 , 日 )                    → 05-11
```

Memo

● DATE 関数には自動調整機能があるので、「年」「月」「日」に「2022」「13」「25」を指定すると月が年に繰り上がって「2023/1/25」に調整されます。

関連項目　【05-22】特定の日付を基準として翌月25日の日付を求める
【05-24】「年」や「月」を基準に月末日を求めるには

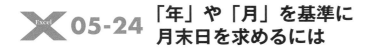

05-24 「年」や「月」を基準に 月末日を求めるには

DATE

【5-20】で紹介したEOMONTH関数は、特定の日付を基準に月末日を求める関数です。しかし日付ではなく、「年」「月」の2つの数値から月末日を求めたいこともあるでしょう。その場合は、DATE関数の引数に「年」「月+1」「0」を指定します。「月+1」は翌月の月なので、引数は「翌月0日」を表します。「翌月0日」は「翌月1日」の1日前と見なされて、前月の末日が求められます。サンプルではセルA1の「年」と表の1列目の「月」から、その月の月末日を求めています。数式をコピーしたときにずれないように、「年」のセルA1は絶対参照で指定してください。

▶2023年1月〜6月の月末日を求める

```
B3 =DATE($A$1,A3+1,0)
        年    月   日
```

	A	B	C	D	E	F	G	H	I
1	2023	**年 締日一覧**							
2	月	締日（月末）							
3	1	2023/1/31							
4	2	2023/2/28							
5	3	2023/3/31							
6	4	2023/4/30							
7	5	2023/5/31							
8	6	2023/6/30							

B3 ∨ : × ✓ fx =DATE($A$1,A3+1,0)

> セルB3に数式を入力して、セルB8までコピー

> 各月の月末日が求められた

```
=DATE(年,月,日)                          → 05-11
```

Memo

●引数「月」に加える数値を調整すると、前月末や翌月末を求められます。
- ・=DATE(年,月-1,0) → 「月」の前々月の月末日
- ・=DATE(年,月,0) → 「月」の前月の月末日
- ・=DATE(年,月+1,0) → 「月」と同じ月の月末日
- ・=DATE(年,月+2,0) → 「月」の翌月の月末日

05-25 土日祝日を除いた翌営業日を求める

WORKDAY
ワークデイ

「注文日の5営業日後の納品日を求めたい」というようなことがあります。サンプルのカレンダーを見てください。8月1日（火）の単純な5日後は8月6日（日）ですが、5営業日後は土日を除いて8月8日（火）となります。このような計算でWORKDAY関数を使うと、土日と休業日を除いた○日後や○日前の営業日を簡単に求めることができます。戻り値はシリアル値なので、適宜日付の表示形式を設定してください。なお、日付を曜日入りで表示する方法は【05-02】を参照してください。

▶注文日の5営業日後の納品日を求める

B3	=WORKDAY(A3,5,$D$10:$G$11)
	開始日 日数　　祭日

B3　　　✓ : × ✓ fx　=WORKDAY(A3,5,$D$10:$G$11)

	A　開始日	B	C	D	E	F	G	H	I	J
1	納品日早見表（5営業日後）			**2023年8月カレンダー**						
2	ご注文日	納品日		日	月	火	水	木	金	土
3	2023/8/1(火)	2023/8/8(火)				1	2	3	4	5
4	2023/8/2(水)	2023/8/9(水)		6	7	8	9	10	11	12
5	2023/8/3(木)	2023/8/10(木)		13	14	15	16	17	18	19
6	2023/8/4(金)	2023/8/14(月)		20	21	22	23	24	25	26
7	2023/8/5(土)	2023/8/14(月)		27	28	29	30	31		
8	2023/8/6(日)	2023/8/14(月)								
9	2023/8/7(月)	2023/8/16(水)		休業日		祭日				
10	2023/8/8(火)	2023/8/17(木)		2023/8/11(金)		山の日				
11	2023/8/9(水)	2023/8/18(金)		2023/8/15(火)		夏季休業				

セルB3に数式を入力して、日付の表示形式を設定し、セルB11までコピー

5営業日後が求められた

=WORKDAY(開始日, 日数, [祭日])	日付/時刻

開始日…計算の基準となる日付を指定
日数…日数を指定。正数を指定すると「開始日」の「日数」後、負数を指定すると「開始日」の「日数」前の稼働日が求められる
祭日…祝日や夏季休暇など、非稼働日の日付を指定。省略した場合は、土曜日と日曜日だけが非稼働日と見なされる
土曜日と日曜日、および指定した「祭日」を非稼働日として、「開始日」から「日数」後、または「日数」前の稼働日を求めます。

関連項目 【05-31】木曜日を定休日として翌営業日を求める

05-26 15日締め翌月10日払いの支払日を求める

EOMONTH／IF／DAY
（エンド・オブ・マンス）（イフ）（デイ）

　「15日締め翌月10日払い」の支払日は、購入日が15日以前であれば翌月10日払い、15日よりあとであれば翌々月10日払いとなります。【5-22】で紹介したとおり、翌月10日や翌々月10日はEOMONTH関数で求められます。第2引数「月」に「0」を指定すれば翌月、「1」を指定すれば翌々月となります。第2引数にIF関数を組み込み、購入日が15日以前かどうかで「0」と「1」を切り替えます。なお、休日の調整が必要な場合は、【05-27】または【05-28】を参照してください。

▶15日締め翌月10日払いの支払日を求める

C3	=EOMONTH(A3,IF(DAY(A3)<=15,0,1))+10

開始日　　　　　　月　　　　　　10日後
購入日　　15日以前の場合は0カ月後
　　　　　15日よりあとの場合は1カ月後

	A	B	C	D	E	F	G	H
	C3		fx	=EOMONTH(A3,IF(DAY(A3)<=15,0,1))+10				
1	カード使用記録（15日締め、翌月10日払い）							
2	使用日	金額	支払日					
3	2022/12/15	36,800	2023/1/10					
4	2022/12/16	24,700	2023/2/10					
5	2023/1/12	110,000	2023/2/10					
6	2023/1/28	52,000	2023/3/10					
7	開始日							

セルC3に数式を入力してセルC6までコピー

翌月または翌々月10日の支払日が求められた

=EOMONTH(開始日 , 月)	→	05-20
=IF(論理式 , 真の場合 , 偽の場合)	→	03-02
=DAY(シリアル値)	→	05-05

Memo

● EOMONTH 関数は月末日を求める関数です。引数「月」に0を指定すると購入日の当月末、1を指定すると購入日の翌月末の日付が求められます。その日付に10を加えれば、翌月10日または翌々月10日の日付になります。

（関連項目）【05-27】休日に当たる支払日を翌営業日に振り替える

05-27 休日に当たる支払日を 翌営業日に振り替える

エンド・オブ・マンス　イフ　デイ　ワークデイ
EOMONTH／IF／DAY／WORKDAY

支払日が休日に当たる場合に翌営業日に振り替える、というルールで「15日締め翌月10日払い」の支払日を求めてみましょう。まず【05-26】を参考に支払日前日となる「15日締め翌月9日」の日付を求めます。その日付を基準に、WORKDAY関数を使用して1日後の営業日を求めれば、10日が営業日であれば10日、休業日であれば10日以降の直近の営業日が求められます。結果はシリアル値で表示されるので、適宜日付の表示形式を設定してください。

▶休日に当たる支払日を翌営業日に振り替える

```
C3 =EOMONTH(A3,IF(DAY(A3)<=15,0,1))+9
         開始日         月        9日後
```

```
D3 =WORKDAY(C3,1,$F$2:$F$5)
        開始日 日数    祭日
```

D3	▼ : × ✓ fx	=WORKDAY(C3,1,$F$2:$F$5)				
	A	B	C	D	E	F
1	カード使用記録（15日締め、翌月10日払い）					休日一覧
2	使用日	金額	支払日前日	支払日		2023/7/17
3	2023/6/11	36,800	2023/7/9(日)	2023/7/10(月)		2023/8/11
4	2023/7/13	24,700	2023/8/9(水)	2023/8/10(木)		2023/9/18
5	2023/7/21	110,000	2023/9/9(土)	2023/9/11(月)		2023/9/23
6	2023/8/3	52,000	2023/9/9(土)	2023/9/11(月)		
7						
8						
9						
10						

セルC3とセルD3に数式を入力して6行目までコピー

支払日が求められた

10日が日曜日に当たるので、翌営業日の11日に振り替えられた

=EOMONTH(開始日 , 月)	→	05-20
=IF(論理式 , 真の場合 , 偽の場合)	→	03-02
=DAY(シリアル値)	→	05-05
=WORKDAY(開始日 , 日数 , [祭日])	→	05-25

関連項目　【05-25】 土日祝日を除いた翌営業日を求める
　　　　　　 【05-26】 15日締め翌月10日払いの支払日を求める

05-28 休日に当たる支払日を前営業日に振り替える

EOMONTH／IF／DAY／WORKDAY
エンド・オブ・マンス／イフ／デイ／ワークデイ

支払日が休日に当たる場合に前営業日に前倒しする、というルールで「15日締め翌月10日払い」の支払日を求めてみましょう。まず【05-26】を参考に支払日翌日となる「15日締め翌月11日」の日付を求めます。その日付を基準に、WORKDAY関数を使用して1日前の営業日を求めれば、10日が営業日であれば10日、休業日であれば10日以前の直近の営業日が求められます。結果はシリアル値で表示されるので、適宜日付の表示形式を設定してください。

▶休日に当たる支払日を前営業日に振り替える

C3	=EOMONTH(A3,IF(DAY(A3)<=15,0,1))+11
	開始日　　　　　月　　　　11日後

D3	=WORKDAY(C3,-1,$F$2:$F$5)
	開始日 日数　祭日

D3		∨ : × ✓ fx	=WORKDAY(C3,-1,$F$2:$F$5)		
	A	B	C	D	E	F
1	カード使用記録（15日締め、翌月10日払い）					休日一覧
2	使用日	金額	支払日翌日	支払日		2023/7/17
3	2023/6/11	36,800	2023/7/11(火)	2023/7/10(月)		2023/8/11
4	2023/7/13	24,700	2023/8/11(金)	2023/8/10(木)		2023/9/18
5	2023/7/21	110,000	2023/9/11(月)	2023/9/8(金)		2023/9/23
6	2023/8/3	52,000	2023/9/11(月)	2023/9/8(金)		
7						
8						
9						
10						

セルC3とセルD3に数式を入力して6行目までコピー

支払日が求められた

10日が日曜日に当たるので、前営業日の8日に振り替えられた

=EOMONTH(開始日 , 月)	→	05-20
=IF(論理式 , 真の場合 , 偽の場合)	→	03-02
=DAY(シリアル値)	→	05-05
=WORKDAY(開始日 , 日数 , [祭日])	→	05-25

関連項目 【05-25】土日祝日を除いた翌営業日を求める
【05-26】15日締め翌月10日払いの支払日を求める

05-29 月の最初と最後の営業日を求める

 WORKDAY／DATE
ワークデイ　　　デイト

　指定された「年」と「月」の最初の営業日と最後の営業日を求めましょう。月の最初の営業日は、DATE関数で先月末日を求め、その1営業日後をWORKDAY関数で求めます。月の最後の営業日は、DATE関数で翌月1日を求め、その1営業日前をWORKDAY関数で求めます。

▶月の最初と最後の営業日を求める

B3 =WORKDAY(DATE($A$1,A3,0),1,$E$2:$E$6)
　　　　　　　　　開始日　　　　日数　　祭日
　　　　　　　　　先月末日　　　1日後

C3 =WORKDAY(DATE($A$1,A3+1,1),-1,$E$2:$E$6)
　　　　　　　　　開始日　　　　　日数　　祭日
　　　　　　　　　翌月1日　　　　1日前

	A	B	C	D	E		I
				fx	=WORKDAY(DATE($A$1,A3,0),1,$E$2:$E$6)		
1	2023	年　営業日			休業日一覧		
2	月	最初の営業日	最終の営業日		2023/4/29(土)		
3	4	2023/4/3(月)	2023/4/28(金)		2023/5/3(水)		
4	5	2023/5/1(月)	2023/5/31(水)		2023/5/4(木)		
5	6	2023/6/1(木)	2023/6/30(金)		2023/5/5(金)		
6	7	2023/7/3(月)	2023/7/31(月)		2023/7/17(月)		
7							

> セルB3とセルC3に数式を入力して6行目までコピー

> 月の最初と最後の営業日が求められた

=WORKDAY(開始日 , 日数 , [祭日])　　　　　　　　→ **05-25**
=DATE(年 , 月 , 日)　　　　　　　　　　　　　　　→ **05-11**

Memo

●特定の日付を基準にその月の最初と最後の営業日を求めるには、DATE 関数の代わりにEOMONTH 関数を使用して、「先月末日」や「翌月 1 日」を求めます。次式はセル A3 に日付が入力されている場合の例です。
最初の営業日：　=WORKDAY(EOMONTH(A3,-1),1,$E$2:$E$6)
最後の営業日：　=WORKDAY(EOMONTH(A3,0)+1,-1,$E$2:$E$6)

関連項目 【05-30】週の最初と最後の営業日を求める

05-30 週の最初と最後の営業日を求める

ワークデイ ウィークデイ
WORKDAY／WEEKDAY

　特定の日付を基準に、その日付を含む週の最初と最後の営業日を求めましょう。週の最初の営業日は「先週土曜日」の1営業日後、週の最後の営業日は「今週土曜日」の1営業日前です。「先週土曜日」「今週土曜日」はWEEKDAY関数、「○営業日後／前」はWORKDAY関数で求めます。

▶週の最初と最後の営業日を求める

B3	=WORKDAY(A3-WEEKDAY(A3),1,$E$2:$E$6)
	開始日　　　　日数　　祭日
	先週土曜日　　1日後

C3	=WORKDAY(A3-WEEKDAY(A3)+7,-1,$E$2:$E$6)
	開始日　　　　日数　　祭日
	今週土曜日　　1日前

B3			fx	=WORKDAY(A3-WEEKDAY(A3),1,$E$2:$E$6)		
	A	B	C	D	E	F
1	2023年　営業日				休業日一覧	
2	基準日	最初の営業日	最終の営業日		2023/5/3(水)	
3	2023/5/9(火)	2023/5/8(月)	2023/5/12(金)		2023/5/4(木)	
4	2023/6/6(火)	2023/6/5(月)	2023/6/9(金)		2023/5/5(金)	
5	2023/7/19(水)	2023/7/18(火)	2023/7/21(金)		2023/7/17(月)	
6	2023/8/10(木)	2023/8/7(月)	2023/8/10(木)		2023/8/11(金)	
7						

セルB3とセルC3に数式を入力して6行目までコピー

週の最初と最後の営業日が求められた

=WORKDAY(開始日 , 日数 , [祭日])	➡ 05-25
=WEEKDAY(シリアル値 , [種類])	➡ 05-47

Memo

● WEEKDAY 関数は「1（日曜）～7（土曜）」の曜日番号を返します。日付からその曜日番号を引くと、必ず先週土曜日の日付になります。例えば、日曜日の日付から日曜日の曜日番号の「1」を引くと、日曜日の1日前、つまり土曜日の日付になります。また、火曜日の日付から火曜日の曜日番号の「3」を引くと、火曜日の3日前、つまり土曜日の日付になります

関連項目 【05-29】 月の最初と最後の営業日を求める

05-31 木曜日を定休日として翌営業日を求める

ワークデイ・インターナショナル

○営業日後や○営業日前の日付を求めるWORKDAY関数を、**【05-25】**で紹介しました。休業日がカレンダー通りの場合はWORKDAY関数で十分ですが、実際には土日は営業して、他の曜日が定休日ということもあるでしょう。そんなときに役立つのがWORKDAY.INTL関数です。この関数を使用すると、定休日の曜日と不定期の休業日の両方を指定して、○営業日後や○営業日前の日付を求めることができます。ここでは、木曜日を定休日として、注文日の5営業日後を求めます。戻り値はシリアル値なので、適宜日付の表示形式を設定してください。

▶**木曜定休として注文日の5営業日後を求める**

```
B3 =WORKDAY.INTL(A3,5,15,$D$10:$G$11)
              日数      祭日
        開始日 週末
```

	A	B	C	D	E	F	G	H	I	J	K
1	納品日早見表（5営業日後）			2023年8月カレンダー							
2	ご注文日	納品日		日	月	火	水	木	金	土	
3	2023/8/1(火)	2023/8/7(月)				1	2	3	4	5	
4	2023/8/2(水)	2023/8/8(火)		6	7	8	9	10	11	12	
5	2023/8/3(木)	2023/8/8(火)		13	14	15	16	17	18	19	
6	2023/8/4(金)	2023/8/9(水)		20	21	22	23	24	25	26	
7	2023/8/5(土)	2023/8/12(土)		27	28	29	30	31			
8	2023/8/6(日)	2023/8/13(日)						※木曜定休			
9	2023/8/7(月)	2023/8/14(月)		休業日							
10	2023/8/8(火)	2023/8/16(水)		2023/8/11(金)			山の日				
11	2023/8/9(水)	2023/8/18(金)		2023/8/15(火)			夏季休業				
12											
13	開始日		セルB3に数式を入力して、		祭日						
14			日付の表示形式を設定し、								
15			セルB11までコピー								
16		5営業日後が求められた									

=WORKDAY.INTL(開始日 , 日数 , [週末] , [祭日])	日付/時刻

開始日…**計算の基準となる日付を指定**
日数…**日数を指定。正数を指定すると「開始日」の「日数」後、負数を指定すると「開始日」の「日数」前の稼働日が求められる**
週末…**非稼働日の曜日を下表の数値、または文字列で指定。省略した場合は土曜日と日曜日が非稼働日と見なされる。文字列の指定方法は、Memo を参照**
祭日…**祝日や夏季休暇など、非稼働日の日付を指定。省略した場合は、「週末」だけが非稼働日と見なされる**

数値	週末の曜日	数値	週末の曜日
1	土曜日と日曜日	11	日曜日のみ
2	日曜日と月曜日	12	月曜日のみ
3	月曜日と火曜日	13	火曜日のみ
4	火曜日と水曜日	14	水曜日のみ
5	水曜日と木曜日	15	木曜日のみ
6	木曜日と金曜日	16	金曜日のみ
7	金曜日と土曜日	17	土曜日のみ

指定した「週末」および「祭日」を非稼働日として、「開始日」から「日数」後、または「日数」前の稼働日を求めます。

Memo

● 引数「週末」に上記の表以外の曜日を指定したいときは、稼働日を 0、非稼働日を 1 として、月曜日から日曜日までを 7 文字の文字列で指定します。例えば「0001001」のように、4 文字目と 7 文字目に「1」を指定した場合、木曜日と日曜日が非稼働日となります。具体的な例は、【05-32】を参照してください。

● WORKDAY 関数、WORKDAY.INTL 関数、NETWORKDAYS 関数、NETWORKDAYS.INTL 関数は、いずれも「祭日」という引数があります。「祭日」の指定には、下記のような共通のルールがあります。
・「祭日」に「週末」と重複する日付を指定しても差し支えありません。
・「祭日」を別シートのセルに入力してもかまいません。例えば「休業日」シートのセル A2〜A3 に入力した場合、次のように指定します。
  =WORKDAY.INTL(A3,5,15,休業日 !$A$2:$A$3)
・「祭日」に配列定数を指定することもできます。
  =WORKDAY.INTL(A3,5,15,{"2023/8/11","2023/8/15"})

関連項目　【05-25】 土日祝日を除いた翌営業日を求める
　　　　　　　【05-32】 木曜日と日曜日を定休日として翌営業日を求める

05-32 木曜日と日曜日を定休日として翌営業日を求める

ワークデイ・インターナショナル
WORKDAY.INTL

　WORKDAY.INTL関数では、第3引数「週末」に自由に定休日の曜日を指定して、翌営業日を求められます。営業日を「0」、定休日を「1」として「月火水木金土日」の順に数字を並べて「週末」を指定します。例えば木曜日と日曜日を定休日とする場合、4文字目と7文字目を「1」にして、「0001001」と指定します。サンプルでは、木曜日と日曜日を定休日として、5営業日を求めます。結果はシリアル値で表示されるので、適宜日付の表示形式を設定してください。

▶木曜日と日曜日を定休日として注文日の5営業日後を求める

B3 =WORKDAY.INTL(A3,5,"0001001",$D$10:$G$11)
開始日 日数　 週末　　　　祭日

	A	B	C	D	E	F	G	H	I	J
1	納品日早見表（5営業日後）			2023年8月カレンダー						
2	ご注文日	納品日		日	月	火	水	木	金	土
3	2023/8/1(火)	2023/8/8(火)				1	2	3	4	5
4	2023/8/2(水)	2023/8/9(水)		6	7	8	9	10	11	12
5	2023/8/3(木)	2023/8/9(水)		13	14	15	16	17	18	19
6	2023/8/4(金)	2023/8/12(土)		20	21	22	23	24	25	26
7	2023/8/5(土)	2023/8/14(月)		27	28	29	30	31		
8	2023/8/6(日)	2023/8/14(月)					※木曜・日曜定休			
9	2023/8/7(月)	2023/8/16(水)		休業日						
10	2023/8/8(火)	2023/8/18(金)		2023/8/11(金) 山の日						
11	2023/8/9(水)	2023/8/19(土)		2023/8/15(火) 夏季休業						
12										
13	開始日				祭日					
14										
15										
16										

セルB3に数式を入力して、日付の表示形式を設定し、セルB11までコピー

5営業日後が求められた

=WORKDAY.INTL(開始日,日数,[週末],[祭日])	→ 05-31

関連項目　【05-25】土日祝日を除いた翌営業日を求める
　　　　　　　【05-31】木曜日を定休日として翌営業日を求める

05-33 土日祝日を除いた営業日数を求める

ネットワークデイズ
NETWORKDAYS

与えられた期間の中で、実際に作業にあたれる日数を調べたいことがあります。サンプルのカレンダーを見てください。8月1日から9日の日数は9日間ですが、間に土曜日と日曜日があるので実質の作業日数は7日間です。NETWORKDAYS関数を使用すると、開始日から終了日までの中で土日と休業日を除いた日数を簡単に求めることができます。ここでは、作業工程の開始日から終了日までの実作業日数を求めます。

▶開始日から終了日までの実作業日数を求める

> **D3** =NETWORKDAYS(B3,C3,$F$10:$I$11)
>   開始日 終了日　祭日

| D3 | :×✓fx | =NETWORKDAYS(B3,C3,$F$10:$I$11) |

	A	B	C	D	E	F	G	H	I	J	K	L	M
1		プロジェクト工程管理					2023年8月カレンダー						
2	工程	ご注文日	納品日	日数		日	月	火	水	木	金	土	
3	設計	2023/8/1(火)	2023/8/9(水)	7				1	2	3	4	5	
4	開発	2023/8/7(月)	2023/8/25(金)	13		6	7	8	9	10	11	12	
5	テスト	2023/8/21(月)	2023/8/29(火)	7		13	14	15	16	17	18	19	
6	移行	2023/8/25(金)	2023/8/31(木)	5		20	21	22	23	24	25	26	
7						27	28	29	30	31			

開始日　　　　終了日　　　セルD3に数式を入力して、セルD6までコピー

実作業日数が求められた

休業日　　　　　　　　　　　　祭日
| 2023/8/11(金) | 山の日 |
| 2023/8/15(火) | 夏季休業 |

> =NETWORKDAYS(開始日 , 終了日 , [祭日])　　　　　　　　　日付/時刻
>
> 開始日…開始日の日付を指定
> 終了日…終了日の日付を指定。「開始日」と同じ日付や前の日付を指定することも可能
> 祭日…祝日や夏季休暇など、非稼働日の日付を指定。省略した場合は、土曜日と日曜日だけが非稼働日と見なされる
> 土曜日と日曜日、および指定した「祭日」を非稼働日として、「開始日」から「終了日」までの稼働日数を求めます。

関連項目 【05-34】木曜日を定休日として営業日数を求める

05-34 木曜日を定休日として営業日数を求める

ネットワークデイズ・インターナショナル
 NETWORKDAYS.INTL

【05-33】で紹介したNETWORKDAYS関数は、期間内の営業日数を求める関数ですが、土日は一律に休業日として扱われます。ほかの曜日を定休日としたいときは、NETWORKDAYS.INTL関数を使用します。定休日の曜日と不定期の休業日の両方を指定して、休日を除いた営業日数を求めることができます。

▶木曜定休として開始日から終了日までの実作業日数を求める

D3 =NETWORKDAYS.INTL(B3,C3,15,$F$10:$I$11)
開始日 終了日 週末　　祭日

D3 ∨ : × ✓ fx =NETWORKDAYS.INTL(B3,C3,15,$F$10:$I$11)

	A	B	C	D	E	F	G	H	I	J	K	L
1	プロジェクト工程管理					2023年8月カレンダー						
2	工程	ご注文日	納品日	日数		日	月	火	水	木	金	土
3	設計	2023/8/1(火)	2023/8/9(水)	8				1	2	3	4	5
4	開発	2023/8/7(月)	2023/8/25(金)	14		6	7	8	9	10	11	12
5	テスト	2023/8/21(月)	2023/8/29(火)	8		13	14	15	16	17	18	19
6	移行	2023/8/25(金)	2023/8/31(木)	6		20	21	22	23	24	25	26
7						27	28	29	30	31		

※木曜定休

開始日　終了日　　セルD3に数式を入力して、セルD6までコピー　　休業日 2023/8/11(金)山の日 2023/8/15(火)夏季休業　実作業日数が求められた　祭日

=NETWORKDAYS.INTL(開始日 , 終了日 , [週末] , [祭日])　　　　日付/時刻

開始日…開始日の日付を指定
終了日…終了日の日付を指定。「開始日」と同じ日付や前の日付を指定することも可能
週末…非稼働日の曜日をP.321の表の数値、または文字列で指定。省略した場合は土曜日と日曜日が非稼働日と見なされる。文字列の指定方法はP.321のMemoを参照
祭日…祝日や夏季休暇など、非稼働日の日付を指定。省略した場合は、「週末」だけが非稼働日と見なされる
指定した「週末」および「祭日」を非稼働日として、「開始日」から「終了日」までの稼働日数を求めます。

関連項目 【05-33】土日祝日を除いた営業日数を求める

05-35 木曜日と日曜日を
定休日として営業日数を求める

ネットワークデイズ・インターナショナル
NETWORKDAYS.INTL

　NETWORKDAYS.INTL関数の第3引数「週末」に文字列値を指定すると、定休日の曜日を自由に指定できます。ここでは、木曜日と日曜日を定休日として、開始日から終了日までの実作業日数を求めます。それには引数「週末」を指定するときに、営業日を「0」、定休日を「1」として、「月火水木金土日」の順に「0001001」を指定します。

▶木曜日と日曜日を定休日として実作業日数を求める

D3	=NETWORKDAYS.INTL(B3,C3,"0001001",$F$10:$I$11)
	開始日 終了日　週末　　　　　祭日

	A	B	C	D	E	F	G	H	I	J	K	L	M
1		プロジェクト工程管理					2023年8月カレンダー						
2	工程	ご注文日	納品日	日数		日	月	火	水	木	金	土	
3	設計	2023/8/1(火)	2023/8/9(水)	7				1	2	3	4	5	
4	開発	2023/8/7(月)	2023/8/25(金)	12		6	7	8	9	10	11	12	
5	テスト	2023/8/21(月)	2023/8/29(火)	7		13	14	15	16	17	18	19	
6	移行	2023/8/25(金)	2023/8/31(木)	5		20	21	22	23	24	25	26	
7		開始日	終了日			27	28	29	30	31			
8										※木曜・日曜定休			
9				セルD3に数式を入力して、セルD6までコピー		休業日							
10						2023/8/11(金)		山の日					
11						2023/8/15(火)		夏季休業					
12				実作業日数が求められた				祭日					
13													

=NETWORKDAYS.INTL(開始日 , 終了日 , [週末] , [祭日])	→ 05-34

Memo

●サンプルでは引数「祭日」に指定する休業日をセルに入力しましたが、次式のように配列定数として指定することもできます。
=NETWORKDAYS.INTL(B3,C3,"0001001",{"2023/8/11","2023/8/15"})

関連項目 【05-33】土日祝日を除いた営業日数を求める

05-36　生年月日から年齢を求める

DATEDIF関数は、2つの日付の間隔を求める関数です。生年月日から年齢を計算するには、引数「開始日」に生年月日、「終了日」に本日の日付を求めるTODAY関数、「単位」に「年」を表す「"Y"」を指定します。なお、DATEDIF関数は、[関数の挿入] ダイアログや [関数ライブラリ] に表示されないため、セルに直接入力する必要があります。

▶生年月日から年齢を求める

D3	=DATEDIF(C3,TODAY(),"Y")
	開始日　終了日　単位

	D3			f_x	=DATEDIF(C3,TODAY(),"Y")				
	A	B	開始日 C	D	E	F	G	H	I
1	**スタッフリスト**								
2	No	氏名	生年月日	年齢					
3	1	小川　敬之	1981/10/6	41		セルD3に数式を入力して、セルD8までコピー			
4	2	松岡　優香	1988/6/10	34					
5	3	園田　陽斗	1980/5/19	42		年齢が求められた			
6	4	市橋　洋	1997/3/12	25					
7	5	杉本　夏花	1997/11/6	25					
8	6	瀬田　瞳	2000/8/6	22					

=DATEDIF(開始日 , 終了日 , 単位)　　　　　　　　　　　　　　　　日付/時刻

開始日…開始日の日付を指定
終了日…終了日の日付として「開始日」以降の日付を指定
単位…求める期間の単位を次表の定数で指定

単位	戻り値	単位	戻り値
"Y"	満年数	"YM"	1年未満の月数
"M"	満月数	"YD"	1年未満の日数
"D"	満日数	"MD"	1カ月未満の日数

「開始日」から「終了日」までの期間の長さを、指定した「単位」で求めます。

=TODAY ()　　　　　　　　　　　　　　　　　　　　　　　　➡ 05-03

Memo

● サンプルの数式で年齢を求める場合、2月29日生まれの人は、うるう年以外の年では3月1日に年を取ります。それ以外の人は、誕生日に年を取ります。

● 法律上では、誕生日の前日に年齢が1加算されます。4月2日生まれから翌年4月1日生まれまでが同じ学年なのは、そのためです。法律上の年齢を求めるときは、「=DATEDIF(C3,TODAY()+1,"Y")」とします。この場合、2月29日生まれの人もそれ以外の人も誕生日の前日に年を取ります。

● 期間を「○年○カ月○日」の形式で求めるには、DATEDIF関数を3つ使い、それぞれ単位として「"Y"」「"YM"」「"MD"」を使用します。例えば、「2023/4/1」から「2024/6/11」の期間は下図のように計算します。「"YM"」は全期間から満年数を引いた余りの月数、さらに「"MD"」はその余りの日数を求めるための値です。

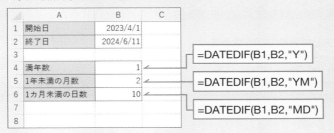

● 上図の例では期間が正しく計算されていますが、実はDATEDIF関数ではうるう年の2月29日をまたぐ計算で「"MD"」と「"YD"」を指定したときに、正確な結果が得られないことがあります。「"MD"」と「"YD"」の使用を控えたほうが無難です。

● DATEDIF関数では「開始日」が期間に算入されません。「2022/4/1」と「2023/3/31」の年数は「0年」、「2022/4/1」と「2023/4/1」の年数は「1年」と計算されます。前者を「1年」としたい場合は、【05-37】を参照してください。

関連項目 【05-37】入社日を算入して勤続期間を求める

05-37 入社日を算入して勤続期間を求める

DATEDIF

DATEDIF関数では「開始日」が期間に含まれません。そのため、開始日が「2010/4/1」の場合、1年経過と見なされるのが「2011/4/1」からで、「2011/3/31」までは0年と計算されます。同様に「4/1〜4/30」の月数も「0」です。これらの期間を「1年」「1カ月」としたい場合は、「終了日」に1を加えます。ここでは、勤続期間を「○年○カ月」の単位で求めます。

▶入社日を算入して勤続期間を求める

D3	=DATEDIF(B3,C3+1,"Y")
	開始日 終了日 単位

E3	=DATEDIF(B3,C3+1,"YM")
	開始日 終了日　単位

| D3 | | | =DATEDIF(B3,C3+1,"Y") |

	A	B	C	D	E	F	G	H	I	J	K
1		2010年入社組　勤続期間の計算									
2	社員名	入社日	退社日	年	月						
3	赤石	2010/4/1	2011/3/30	0	11						
4	伊藤	2010/4/1	2011/3/31	1	0						
5	佐伯	2010/4/1	2011/4/1	1	0						
6	津田	2010/4/1	2020/4/29	10	0						
7	松本	2010/4/1	2020/4/30	10	1						
8	吉川	2010/4/1	2020/5/1	10	1						
9	開始日	退社日に1を加えた日付が「終了日」									
10											

セルD3とセルE3に数式を入力して、8行目までコピー

「2010/4/1〜2011/3/31」の年数を「1年」と計算できた

「4/1〜4/30」の月数を「1カ月」と計算できた

=DATEDIF(開始日 , 終了日 , 単位)　　→ **05-36**

Memo

●「終了日」に「1」を加算しない場合、「2010/4/1〜2011/3/31」の年数や「4/1〜4/30」の月数は「0」になります。

| N19 | | | fx | | |

	A	B	C	D	E	F
1		2010年入社組　勤続期間の計算				
2	社員名	入社日	退社日	年	月	
3	赤石	2010/4/1	2011/3/30	0	11	
4	伊藤	2010/4/1	2011/3/31	0	11	
5	佐伯	2010/4/1	2011/4/1	1	0	
6	津田	2010/4/1	2020/4/29	10	0	
7	松本	2010/4/1	2020/4/30	10	0	
8	吉川	2010/4/1	2020/5/1	10	1	

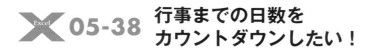

Excel 05-38 行事までの日数を カウントダウンしたい！

DAYS／TODAY
_{デイズ　トゥデイ}

　年末まであと何日か計算しましょう。DAYS関数を使うと、2つの日付間の日数を計算できます。引数「終了日」に年末の日付を指定し、「開始日」に本日の日付を求めるTODAY関数を指定します。

▶本日から年末までの日数をカウントする

B4	=DAYS(B3,TODAY())
	終了日　開始日

B4	∨	：	×	✓	fx	=DAYS(B3,TODAY())			
▲	A	B	C	D	E	F	G	H	I
1	年末までのカウントダウン								
2									
3	年末	2022/12/31		終了日					
4	カウントダウン	130	日						
5				年末までの日数が表示された					
6									

=DAYS(終了日 , 開始日)	日付/時刻

　終了日…求める期間の終了日を指定
　開始日…求める期間の開始日を指定
開始日から終了日までの日数を求めます。

=TODAY()	➡ 05-03

> **Memo**
>
> ●ブックを開き直すと、ブックを開いた時点でのカウントダウンの日数が表示されます。
>
> ●「=DATEDIF(TODAY(),B3,"D")」としても、2つの日付間の日数を求められます。DAYS関数とDATEDIF関数では引数「開始日」と「終了日」の位置が逆なので注意してください。DATEDIF関数では「開始日」より「終了日」が前だとエラーになりますが、DAYS関数では負数の結果が求められます。
>
> ●「=B3-TODAY()」としても、2つの日付間の日数を求められます。ただし、セルB3の表示形式を引き継いで結果が日付形式で表示されるので、[標準]に戻す必要があります。DAYS関数の場合は、最初から日数が数値で表示されます。

05-39 今月の日数を求めて日割り計算する

 DAY／EOMONTH／ROUND
デイ　エンド・オブ・マンス　ラウンド

　月の途中で解約したときに、解約日までの日数をその月の日数で割って、日割り料金を支払うことがあります。解約日までの日数は、DAY関数の引数に解約日を指定して求めます。その月の日数は、EOMONTH関数でその月の月末日を求め、それをDAY関数の引数に指定して求めます。サンプルでは小数点以下の端数をROUND関数で四捨五入しました。

▶解約日までの日割り料金を求める

> **D3** =DAY(C3)
> 　　　シリアル値

> **E3** =DAY(EOMONTH(C3,0))
> 　　　　　　　　開始日　月

> **F3** =ROUND(B3*D3/E3,0)
> 　　　　　　数値　桁数

F3		✓ fx	=ROUND(B3*D3/E3,0)							
	A	B	C	D	E	F	G	H	I	J	K
1	日割り計算										
2	No	月額	解約日	契約日数	月の日数	日割り料金					
3	1	100,000	2023/2/10	10	28	35,714					
4	2	100,000	2023/2/14	14	28	50,000					
5	3	100,000	2023/3/10	10	31	32,258					
6	4	60,000	2023/4/10	10	30	20,000					
7	5	60,000	2023/4/20	20	30	40,000					

セルD3、E3、F3に数式を入力して、7行目までコピー

日割り料金が求められた

=DAY(シリアル値)	→	**05-05**
=EOMONTH(開始日 , 月)	→	**05-20**
=ROUND(数値 , 桁数)	→	**04-40**

Memo

●次式を使うと、月額と解約日から直接日割り料金を求められます。
　=ROUND(B3*DAY(C3)/DAY(EOMONTH(C3,0)),0)

05-40　西暦と和暦の対応表を作成する

テキスト　　　デイト
TEXT／DATE

　西暦から和暦に変換するには、TEXT関数を使用します。引数「値」に12月31日の日付を指定し、「表示形式」に「"ggge"」を指定します。12月31日時点での和暦を求めることで、年初が平成31年、年末が令和1年に当たる2019年に「令和1」、同様に1989年に「平成1」と表示できます。

▶西暦と和暦の対応表を作成する

=TEXT(DATE(A3,12,31),"ggge")
　　　　　值　　　表示形式

▲	A	B	C	D	E	F	G	H	I	J
1	**2023**	**年版　和暦早見表**								
2	西暦	和暦								
3	2023	令和5								
4	2022	令和4								
5	2021	令和3								
6	2020	令和2								
7	2019	令和1								
8	2018	平成30								
9	2017	平成29								
36	1990	平成2								
37	1989	平成1								
38	1988	昭和63								
39	1987	昭和62								
40	1986	昭和61								

セルB3に数式を入力して、セルB40までコピー

和暦が表示された

２つの元号がまたがる年は、新しい元号が表示される

=TEXT(值 , 表示形式)	→	**06-53**
=DATE(年 , 月 , 日)	→	**05-11**

Memo

●右表は、和暦の表示形式の例です。

表示形式	結果例
"ggge"	令和5
"gge"	令5
"ge"	R5

05-41 西暦と干支の対応表を作成する

 **MID／MOD**
（ミッド）（モッド）

　西暦と干支の対応表を作成します。西暦のように延々と続く整数に12個の干支を割り振るには、割り算の余りを求めるMOD関数と、文字列の途中から指定した文字数を取り出すMID関数を利用します。

▶西暦と干支の対応表を作成する

C3	=MID("申酉戌亥子丑寅卯辰巳午未",MOD(A3,12)+1,1)
	文字列　　　　　　　　開始位置　文字数

| C3 | ▼ | : | × ✓ fx | =MID("申酉戌亥子丑寅卯辰巳午未",MOD(A3,12)+1,1) |

	A	B	C	D	E	F	G	H	I	J	K
1	**2023**	年版　和暦・干支早見表									
2	西暦	和暦	干支								
3	2023	令和5	卯								
4	2022	令和4	寅								
5	2021	令和3	丑								
6	2020	令和2	子								
7	2019	令和1	亥								
8	2018	平成30	戌								
9	2017	平成29	酉								
10	2016	平成28	申								
11	2015	平成27	未								
12	2014	平成26	午								
13	2013	平成25	巳								
14	2012	平成24	辰								

セルC3に数式を入力して、セルC40までコピー

干支が表示された

=MID(文字列 , 開始位置 , 文字数)	→ 06-39
=MOD(数値 , 除数)	→ 04-36

Memo

● 12の倍数である2016年や2004年の干支は「申」です。そこで干支の文字列を「申」から始まる12文字の「申酉戌亥子丑寅卯辰巳午未」としました。西暦を12で割った「余り＋1」文字目が、その年の干支になります。例えば、「2023÷12」の余りは7で、8番目（7＋1番目）の文字は「卯」なので、2023年の干支は「卯」となります。

余り	0	1	2	3	4	5	6	7	8	9	10	11
余り＋1	1	2	3	4	5	6	7	8	9	10	11	12
干支	申	酉	戌	亥	子	丑	寅	卯	辰	巳	午	未

05-42 生まれ年と年齢の対応表を作成する

DATEDIF／DATE
デイト・ディフ　　デイト

　下図のような表で、1列目に表示されている生まれ年に対応する年齢を求めましょう。年齢は、セルA1の年の誕生日後の満年齢とします。

▶生まれ年と年齢の対応表を作成する

D3	=DATEDIF(DATE(A3,1,1),DATE($A$1,1,1),"Y")
	開始日　　　　　終了日　　　単位
	各行の年の1月1日　セルA1の年の1月1日

| D3 | | | ✓ ✗ fx | =DATEDIF(DATE(A3,1,1),DATE($A$1,1,1),"Y") |

	A	B	C	D
1	**2023**	年版　和暦・干支・年齢早見表		
2	西暦	和暦	干支	年齢
3	2023	令和5	卯	0
4	2022	令和4	寅	1
5	2021	令和3	丑	2
6	2020	令和2	子	3
7	2019	令和1	亥	4
8	2018	平成30	戌	5
9	2017	平成29	酉	6
10	2016	平成28	申	7
11	2015	平成27	未	8
12	2014	平成26	午	9
13	2013	平成25	巳	10
14	2012	平成24	辰	11

　セルD3に数式を入力して、セルD40までコピー

　年齢が表示された

　2015年生まれの人は、2023年の誕生日で8歳になる、という意味

=DATEDIF(開始日 , 終了日 , 単位)	→ 05-36
=DATE(年 , 月 , 日)	→ 05-11

Memo

●サンプルの「西暦」欄は、セルA1の年を初期値として1ずつ減っていくように数式を組んでいます。セルA1の数値を変えると、自動的に表の数値も変わります。セルA3の数式は以下のとおりです。
=$A$1-ROW(A1)+1

	A	B	C	D	E
1	**1990**	年版　和暦・干支・年齢早見表			
2	西暦	和暦	干支	年齢	
3	1990	平成2	午	0	
4	1989	平成1	巳	1	
5	1988	昭和63	辰	2	
6	1987	昭和62	卯	3	

05-43 1月1日を含む週を第1週として指定した日付の週数を求める

WEEKNUM関数を使うと、指定した日付が年初から数えて何週目にあたるかを調べられます。ここでは、1月1日を含む週を第1週とし、週の始まりを日曜日として、週数を求めます。

▶日付から週数を求める

> **B3** =WEEKNUM(A3)
> 　　　　　　シリアル値

	A	B	C
1	日付から「週」を求める		
2	日付	週	
3	2021/1/1(金)	1	
4	2021/1/2(土)	1	
5	2021/1/3(日)	2	
6	2021/1/4(月)	2	
7	2021/1/5(火)	2	
8	2021/1/6(水)	2	
9	2021/1/7(木)	2	
10	2021/1/8(金)	2	
11	2021/1/9(土)	2	
12	2021/1/10(日)	3	
13	シリアル値		

セルB3に数式を入力して、セルB12までコピー

1月1日は第1週となる

日曜日ごとに週が変わる

=WEEKNUM(シリアル値 , [週の基準])　　　　　　　　　　　　日付/時刻

シリアル値…日付／時刻データやシリアル値を指定
週の基準…週の始まりを何曜日とするか、および週計算に使用するシステムを次表の数値で指定。システム1の場合は1月1日を含む週がその年の第1週、システム2の場合は最初の木曜日を含む週がその年の第1週となる

週の基準	週の始まり	システム		週の基準	週の始まり	システム
1または省略	日曜日	システム1		14	木曜日	システム1
2	月曜日	システム1		15	金曜日	システム1
11	月曜日	システム1		16	土曜日	システム1
12	火曜日	システム1		17	日曜日	システム1
13	水曜日	システム1		21	月曜日	システム2

「シリアル値」が表す日付から週数を求めます。

05-44 その年の最初の木曜日を第1週として指定した日付の週数を求める

アイエスオー・ウィーク・ナンバー
ISOWEEKNUM

ISOWEEKNUM関数を使うと、ISO週番号が求められます。ISO（国際標準化機構）では、最初の木曜日を含む週がその年の第1週であると規定されています。例えば1月1日が金曜日の場合、その週は前年の第52週、あるいは第53週と見なされます。また、1月1日が火曜日の場合、前年12月31日も第1週と見なされます。

▶日付からISO週番号を求める

B3	=ISOWEEKNUM(A3)
	シリアル値

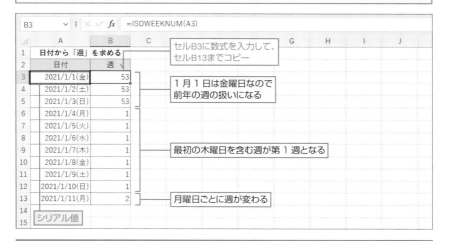

=ISOWEEKNUM(シリアル値)　　　　　　　　　　　　　　　　日付/時刻

シリアル値…日付／時刻データやシリアル値を指定
「シリアル値」が表す日付からISO週番号を求めます。ISO週番号とは、ISO 8601で規定された「最初の木曜日を含む週がその年の第1週」として数えた週番号です。月曜日を週の始まりとします。

Memo

● ISOWEEKNUM関数の戻り値は、WEEKNUM関数の引数「週の基準」に「21」を指定した場合に相当します。

 05-45 第1土曜日までを第1週として日付が その月の何週目にあたるかを求める

WEEKNUM／EOMONTH
ウィーク・ナンバー　　　　　エンド・オブ・マンス

　月の最初の土曜日までを「1」、次の土曜日までを「2」……と数えて週数を求めましょう。カレンダーの1行目を第1週、2行目を第2週……と数えるイメージです。WEEKDAY関数の戻り値は1月1日からの週数なので、月ごとの週数を求めるには、現在の日付の週数からその月の1日の週数を引いて1を加えます。「その月の1日」はEOMONTH関数で計算します。

▶月ごとの週数を求める

B3	=WEEKNUM(A3)-WEEKNUM(EOMONTH(A3,-1)+1)+1
	当日の週数　　　　　　　　当月1日の週数

| B3 | ∨ : × ✓ fx | =WEEKNUM(A3)-WEEKNUM(EOMONTH(A3,-1)+1)+1 |

セルB3に数式を入力して、セルB7までコピー

週数が求められた

	A	B	C	D	E	F	G	H	I	J
1	日付から「週」を求める				2023年8月カレンダー					
2	日付	週		日	月	火	水	木	金	土
3	2023/8/1(火)	1				1	2	3	4	5
4	2023/8/7(月)	2		6	7	8	9	10	11	12
5	2023/8/26(土)	4		13	14	15	16	17	18	19
6	2023/8/27(日)	5		20	21	22	23	24	25	26
7	2023/8/28(月)	5		27	28	29	30	31		
8										
9										

日曜日に週数が切り替わる

=WEEKNUM(シリアル値 , [週の基準])	→ 05-43

=EOMONTH(開始日 , 月)	→ 05-20

Memo

●週が変わる曜日を月曜日にしたい場合は、2つのWEEKNUM関数の引数「週の基準」に「2」を指定します。その場合、月曜日に週数が切り替わります。
=WEEKNUM(B3,2)-
WEEKNUM(EOMONTH(B3,-1)+1,2)+1

	A	B	C
1	日付から「週」を求める		
2	日付	週	
3	2023/8/1(火)	1	
4	2023/8/7(月)	2	
5	2023/8/26(土)	4	
6	2023/8/27(日)	4	
7	2023/8/28(月)	5	

05-46 7日までを第1週として日付が その月の何週目にあたるかを求める

INT ／ DAY
（インテジャー ／ デイ）

「第1火曜日は支店会議」「第4金曜日はノー残業デー」と表現した場合、一般的に1日から7日までを第1週、8日から14日までを第2週と数えます。この考え方にしたがい、月初から7日ごとに週が変わるものとして、週数を計算してみましょう。日付の「日」に6を加えて7で割った整数部分が、求める週数となります。

▶月ごとの週数を求める

> **B3** =INT((DAY(A3)+6)/7)
> セルA3の「日」に6を加えて7で割る

	B3	∨	:	× √ fx	=INT((DAY(A3)+6)/7)		

	A	B	C	D	E	F	G	H	I	J		N
1	日付から「週」を求める				2023年8月カレンダー						セルB3に数式を入力して、セルB7までコピー	
2	日付	週		日	月	火	水	木	金	土		
3	2023/8/1(火)	1				1	2	3	4	5	週数が求められた	
4	2023/8/7(月)	1		6	7	8	9	10	11	12		
5	2023/8/8(火)	2		13	14	15	16	17	18	19		
6	2023/8/28(月)	4		20	21	22	23	24	25	26		
7	2023/8/29(火)	5		27	28	29	30	31				
8												
9												
10	「7の倍数＋1」の日付ごとに週数が切り替わる											

=INT(数値)	**→ 04-44**
=DAY(シリアル値)	**→ 05-05**

Memo

● 数式を次のように変えると、「第1火曜日」の形式で表示できます。

=" 第 " & INT((DAY(A3)+6)/7) & TEXT(A3,"aaaa")

	A	B	C
1	日付から「週」を求める		
2	日付	週	
3	2023/8/1(火)	第1火曜日	
4	2023/8/7(月)	第1月曜日	
5	2023/8/8(火)	第2火曜日	

関連項目 【05-49】 指定した年月の第3水曜日の日付を求める

05-47 日付から曜日番号を求める

ウィークデイ
WEEKDAY

　WEEKDAY関数を使うと、日付から曜日番号を求められます。引数は「シリアル値」「種類」の2つです。「種類」は曜日番号の数値を指定する引数です。日曜日～土曜日の曜日番号を「1～7」とする場合は「種類」を省略して、「シリアル値」を指定するだけでかまいません。

▶日付から曜日番号を求める

B3	=WEEKDAY(A3)
	シリアル値

B3	⌄	:	× ✓ fx	=WEEKDAY(A3)				
▲	A	B	C	D	E	F	G	H
1	日付から曜日番号を求める							
2	日付	曜日番号						
3	2023/9/1(金)	6						
4	2023/9/2(土)	7						
5	2023/9/3(日)	1						
6	シリアル値							

セルB3に数式を入力して、セルB5までコピー

曜日番号が求められた

=WEEKDAY (シリアル値 , [種類])　　　　　　　　　　　　　日付/時刻

シリアル値…日付／時刻データやシリアル値を指定
種類…戻り値の種類を次表の数値で指定

種類	戻り値	種類	戻り値
1または省略	1（日曜日）～7（土曜日）	13	1（水曜日）～7（火曜日）
2	1（月曜日）～7（日曜日）	14	1（木曜日）～7（水曜日）
3	0（月曜日）～6（日曜日）	15	1（金曜日）～7（木曜日）
11	1（月曜日）～7（日曜日）	16	1（土曜日）～7（金曜日）
12	1（火曜日）～7（月曜日）	17	1（日曜日）～7（土曜日）

「シリアル値」が表す日付から曜日番号を求めます。

Memo

● Excel 2010で引数「種類」の機能が強化され、「11～17」という設定値が追加されました。「1」と「17」、「2」と「11」は同じ結果になるので、どちらを使ってもかまいません。

05-48　日付から曜日を求める

 TEXT

　TEXT関数は、データに表示形式を適用する関数です。引数「値」に日付を指定し、「表示形式」に「"aaa"」を指定すると、日付を「日、月、火…」形式の曜日に変換できます。ここでは、予定表の日付の隣のセルに曜日を表示します。

▶日付から曜日を求める

B3	=TEXT(A3,"aaa")
	値 表示形式

B3	⌄	：	✕ ✓ fx	=TEXT(A3,"aaa")					
▲	A	B	C	D	E	F	G	H
1		予定表						
2	日付	曜日	予定					
3	2023/9/1	金						
4	2023/9/2	土						
5	2023/9/3	日						
6	2023/9/4	月						
7	2023/9/5	火						
8	2023/9/6	水						
9	2023/9/7	木						
10	値							
11								

セルB3に数式を入力して、セルB9までコピー

曜日が求められた

=TEXT(値 , 表示形式)　　　　　→ **06-53**

Memo

●曜日の表示形式には以下の種類があります。

表示形式	表示
aaa	日、月、火、水、木、金、土
aaaa	日曜日、月曜日、火曜日、水曜日、木曜日、金曜日、土曜日
ddd	Sun、Mon、Tue、Wed、Thu、Fri、Sat
dddd	Sunday、Monday、Tuesday、Wednesday、Thursday、Friday、Saturday

 **05-49** 指定した年月の
第3水曜日の日付を求める

 ワークデイ・インターナショナル デイト
WORKDAY.INTL／DATE

「2023年8月の第3水曜日」のように、指定した年と月の第3水曜日を求めるには、WORKDAY.INTL関数を利用します。水曜日以外の曜日をすべて休日として、先月末から3営業日後を求めると、第3水曜日になります。水曜日以外を休日にするには、引数「週末」に「"1101111"」を指定します。先月末は、【05-24】を参考にDATE関数で求めます。

▶2023年8月の第3水曜日を求める

B4	=WORKDAY.INTL(DATE(B2,B3,0),3,"1101111")

開始日　　　日数　　週末
先月の月末日　3営業日後　水曜以外休日

| B4 | ▼ | : | × ✓ fx | =WORKDAY.INTL(DATE(B2,B3,0),3,"1101111") |

	A	B	C	D	E	F	G	H	I	J	K	L	M
1	第3水曜日を求める			2023年8月カレンダー									
2	年	2023		日	月	火	水	木	金	土			
3	月	8		31	1	2	3	4	5				
4	第3水曜日	2023/8/16		6	7	8	9	10	11	12			
5				13	14	15	16	17	18	19			
6				20	21	22	23	24	25	26			
7				27	28	29	30	31					

セルB4に数式を入力して、[日付]の表示形式を設定

先月末（31日）から数えて3営業日後が求められる

=WORKDAY.INTL(開始日 , 日数 , [週末], [祭日])	→ 05-31
=DATE(年 , 月 , 日)	→ 05-11

Memo

● 下図のような表で、週や曜日も自由に指定できるようにするには、以下のように数式を立てます。曜日番号は「日～土」を「1～7」で指定します。
=DATE(A2,B2,C2*7-WEEKDAY(DATE(A2,B2,-D2+2),3))

| E2 | ▼ | : | × ✓ fx | =DATE(A2,B2,C2*7-WEEKDAY(DATE(A2,B2,-D2+2),3)) |

	A	B	C	D	E	F	G	H	I	J
1	年	月	週	曜日番号	第3水曜日					
2	2023	8	3	4	2023/8/16					

05-50 今週の日曜日の日付を求める

週の始まりを日曜日として、指定した日付を基準に「今週の日曜日」を求めてみましょう。ここでいう今週の日曜日は、カレンダーの同じ行の1列目の日付のことです。WEEKDAY関数で基準日の曜日番号を求め、基準日から引くと、基準日の前の週の土曜日の日付になります。そこに「1」を加えれば、今週の日曜日が求められます。

▶今週の日曜日の日付を求める

```
B3 =A3-WEEKDAY(A3)+1
   基準日  基準日の曜日番号
```

	A	B
1	週初めの日付を求める	
2	基準日	週初め
3	2023/8/1	2023/7/30
4	2023/8/6	2023/8/6
5	2023/8/12	2023/8/6
6	2023/8/23	2023/8/20
7	2023/8/31	2023/8/27

=A3-WEEKDAY(A3)+1

セルB3に数式を入力して、セルB7までコピー

2023年8月カレンダー

日	月	火	水	木	金	土
30	31	1	2	3	4	5
6	7	8	9	10	11	12
13	14	15	16	17	18	19
20	21	22	23	24	25	26
27	28	29	30	31	1	2

基準日を含む週の始まりの日付が求められた

```
=WEEKDAY( シリアル値 , [ 種類] )
```
→ 05-47

Memo

● WEEKDAY 関数は、「1（日曜）～7（土曜）」の曜日番号を返します。基準日から基準日の曜日番号を引くと、以下のように必ず先週土曜日の日付になります。
  ・「2023/8/6（日）」から曜日番号「1」を引く　→　1日前の「2023/8/5（土）」
  ・「2023/8/7（月）」から曜日番号「2」を引く　→　2日前の「2023/8/5（土）」
  ・「2023/8/8（火）」から曜日番号「3」を引く　→　3日前の「2023/8/5（土）」
  　　　：
  ・「2023/8/12（土）」から曜日番号「7」を引く　→　7日前の「2023/8/5（土）」

● サンプルでは「1」を加えて今週の日曜日の日付を求めましたが、加える数値を変えると「今週の月曜日」や「今週の土曜日」などを自由に求められます。

 05-51 指定した日が営業日なのか 休業日なのか調べる

IF／NETWORKDAYS
（イフ　ネットワークデイズ）

　NETWORKDAYS関数は、「開始日」から「終了日」までの、土日祭日を除いた日数を求める関数です。「開始日」と「終了日」に同じ日付を指定すると、その日が営業日なら「1」、休業日なら「0」という結果になります。ここではIF関数を併用して、休業日の日付に「休」と表示します。

▶休業日の日付に「休」と表示する

B3	=IF(NETWORKDAYS(A3,A3,$E$3:$E$4)=0,"休","")

開始日 終了日 祭日

セルA3～セルA3までの期間の営業日数が0である

B3	✓ : ✕ ✓ fx	=IF(NETWORKDAYS(A3,A3,$E$3:$E$4)=0,"休","")

	A	B	C	D	E	F	G
1	営業日／休業日の判定						
2	日付	判定		休業日			
3	2023/10/1(日)	休		休館日	2023/10/3	祭日	
4	2023/10/2(月)			スポーツの日	2023/10/9		
5	2023/10/3(火)	休					
6	2023/10/4(水)						
7	2023/10/5(木)			セルB3に数式を入力して、			
8	2023/10/6(金)			セルB12までコピー			
9	2023/10/7(土)	休					
10	2023/10/8(日)	休		休業日の日付に「休」と			
11	2023/10/9(月)	休		表示される			
12	2023/10/10(火)						
13							
14	開始日						
15	終了日						
16							
17							

=IF(論理式 , 真の場合 , 偽の場合)	➡ 03-02
=NETWORKDAYS(開始日 , 終了日 , [祭日])	➡ 05-33

関連項目 【05-52】指定した日が祝日かどうか調べる
　　　　　 【05-53】指定した年がうるう年かどうか調べる

05-52 指定した日が祝日かどうか調べる

IF／COUNTIF
イフ　カウント・イフ

指定した日付が祝日かどうかを調べましょう。あらかじめ祝日の表を用意しておきます。COUNTIF関数を使用して、調べたい日付が祝日表の中に何個あるかをカウントし、結果が1以上であれば祝日であると判断します。数式をコピーしたときに祝日表のセル範囲がずれないように、絶対参照で指定してください。

▶祝日の日付に「祝日」と表示する

B3 =IF(COUNTIF($E$3:$E$7,A3)>=1,"祝日","")
　　　　　　　　　条件範囲　条件

セルE3～E7の中にセルA3の日付が1以上ある

B3	⌄	:	× ✓ fx	=IF(COUNTIF($E$3:$E$7,A3)>=1,"祝日","")			
▲	A	B	C	D	E	F	G	H
1	祝日かどうかの判定						
2	日付	判定		祝日一覧			
3	2023/5/1			昭和の日	2023/4/29		
4	2023/5/2			憲法記念日	2023/5/3		
5	2023/5/3	祝日		みどりの日	2023/5/4	条件範囲	
6	2023/5/4	祝日		こどもの日	2023/5/5		
7	2023/5/5	祝日		海の日	2023/7/17		
8	2023/5/6						
9	2023/5/7			セルB3に数式を入力して、セルB9までコピー			
10							
11	条件			祝日の日付に「祝日」と表示される			
12							
13							
14							
15							

=IF(論理式 , 真の場合 , 偽の場合)	→	03-02
=COUNTIF(条件範囲 , 条件)	→	02-30

関連項目　【05-51】指定した日が営業日なのか休業日なのか調べる
　　　　　　【05-59】日程表に祝日の名前を表示させる

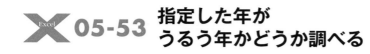

05-53 指定した年が
うるう年かどうか調べる

IF／DAY／DATE
イフ　デイ　デイト

　指定した年がうるう年かどうかを調べるには、DATE関数を使用してその年の2月29日の日付を作成し、DAY関数で「日」を取り出します。2月29日が存在すれば、DAY関数の戻り値は「29」になるはずです。一方、2月29日が存在しない場合、DATE関数で作成される日付は自動で3月1日にずれるため、DAY関数の戻り値は「29」になりません。つまり、戻り値が「29」であればうるう年と判断できます。

▶うるう年のセルに「うるう年」と表示する

B3	=IF(DAY(DATE(A3,2,29))=29,"うるう年","")
	論理式　　　　　　　　真の場合　偽の場合

| B3 | ∨ : × ✓ fx | =IF(DAY(DATE(A3,2,29))=29,"うるう年","") |

	A	B	C	D	E	F	G	H	I	J
1	うるう年かどうかの判定									
2	年	判定								
3	2023									
4	2024	うるう年								
5	2025									
6	2026									
7	2027									
8	2028	うるう年								

セルB3に数式を入力して、セルB8までコピー

うるう年のセルに「うるう年」と表示される

=IF(論理式 , 真の場合 , 偽の場合)	→ 03-02
=DAY(シリアル値)	→ 05-05
=DATE(年 , 月 , 日)	→ 05-11

> **Memo**
>
> ● Excel では実際に存在しない「1900/2/29」が存在するものとして扱われます。そのため、1900 年はうるう年ではありませんが、サンプルの式を使用すると「うるう年」と判定されます。正確に判定したい場合は、次の Memo の式を使用してください。
>
> ● 一般に 4 の倍数の年がうるう年ですが、100 の倍数のうち 400 の倍数でない年はうるう年になりません。これを条件に、うるう年かどうかを判定することもできます。
> =IF(OR(MOD(A3,400)=0,AND(MOD(A3,4)=0,MOD(A3,100)<>0))," うるう年 ","")

 **05-54** 平日だけが表示された
日程表を作成する

 **WORKDAY**

　土日と祝日を除いて営業日だけを表示する日程表を作成しましょう。先頭のセルに初日の日付を入力し、2つ目のセルにWORKDAY関数を使用して1営業日後の日付を求めます。このWORKDAY関数のセルをコピーすれば、3つ目以降のセルに次々と1営業日後の日付を表示できます。

▶営業日だけの日程表を作成する

A4	=WORKDAY(A3,1,$D$3:$D$4)
	開始日　日数　祭日

	A	B	C	D	E	F	G
1	作業予定表				セルA3に初日の日付を入力		
2	作業日	予定		祝日			
3	2023/11/1(水)			2023/11/3(金)			
4	2023/11/2(木)			2023/11/23(木)			
5	2023/11/6(月)						
6	2023/11/7(火)				セルA4に数式を入力して、		
7	2023/11/8(水)				セルA12までコピー		
8	2023/11/9(木)						
9	2023/11/10(金)				営業日だけの日付を表示できた		
10	2023/11/13(月)						
11	2023/11/14(火)						
12	2023/11/15(水)						
13							

=WORKDAY(開始日 , 日数 , [祭日]) ➡ **05-25**

Memo

●祝日表は、別シートに作成することもできます。別シートのセルは、「シート名!セル番号」の形式で指定します。例えば [祝日] シートのセル A2〜A3 に祝日が入力されている場合、数式は以下のようになります。
=WORKDAY(A3,1, 祝日 !$A$2:$A$3)

05-55 指定した月の日程表を自動作成する

IF／DAY／DATE／ROW／TEXT

年と月を指定するだけで、その月の日付を自動表示する日程表を作成します。月によって日数が異なるので、31までの日付が存在するかどうかを判定して、表示／非表示を切り替えることがポイントです。

▶指定した月の日数に合わせて日程表を作成する

A5 =IF(DAY(DATE($B$1,$D$1,ROW(A1)))=ROW(A1),
　　論理式(ROW関数で求めた「日」が存在する日付の場合)

ROW(A1),
真の場合(ROW関数で求めた「日」を表示)

"")
偽の場合(何も表示しない)

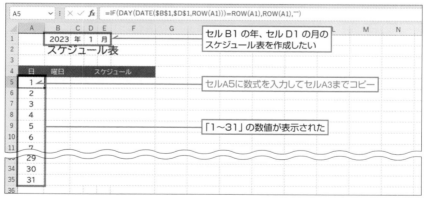

① 2023年1月の日程表を作成したい。セルB1に年、セルD1に月を入力しておく。セルA5に数式を入力して、セルA35までコピーすると、「1〜31」が表示される。

=IF(論理式 , 真の場合 , 偽の場合)	→	03-02
=DAY(シリアル値)	→	05-05
=DATE(年 , 月 , 日)	→	05-11
=ROW([参照])	→	07-57
=TEXT(値 , 表示形式)	→	06-53

B5	=IF(A5="","",TEXT(DATE($B$1,$D$1,A5),"aaa"))
	論理式　真の場合　　　　偽の場合

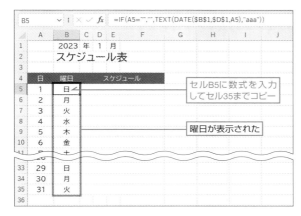

セルB5に数式を入力してセル35までコピー

曜日が表示された

②続いて曜日を求める。セルB5に数式を入力して、セルB35までコピーすると、31日分の曜日が表示される。この数式では、A列に値が表示されている場合にだけ、曜日を表示する。

「2」に変更

非表示になる

③年や月を変えると、日程表が自動で変化する。試しにセルD1の値を「2」に変更してみる。すると、曜日が振り直され、「29～31」の数値と曜日が非表示になる。

Memo

● 手順①の数式の「ROW(A1)」は、下のセルにコピーしたときに「1、2、3…」の連番を返すので、日程表の「日」として利用できます。ただし月によって日数が違うので、存在する「日」かどうかの判定が必要です。存在しない「日」の場合はDATE関数で日付を作成したときに翌月の日付に自動調整されます。つまり、作成した日付の「日」が「ROW(A1)」と等しければ、存在する日付と判断できます。

● A列に日付を表示したい場合は、セルA5とセルB5の数式を以下のように変更します。
セルA5：=IF(DAY(DATE($B$1,$D$1,ROW(A1)))=ROW(A1),DATE($B$1,$D$1,ROW(A1)),"")
セルB5：=IF(A5="","",TEXT(A5,"aaa"))

● 日程表に罫線を自動表示する方法は、【05-57】を参照してください。

関連項目　【05-57】万年日程表に罫線を自動表示するには

05-56 スピルを利用して指定した月の日程表を自動作成する

シーケンス　　　　　　　デイ　　　デイト　　　　テキスト
SEQUENCE／DAY／DATE／TEXT

　【05-55】で日程表の自動作成の方法を紹介しましたが、Microsoft 365とExcel 2021ではSEQUENCE関数とスピルを利用した作成方法も利用できます。DAY関数とDATE関数で月の日数を求め、その日数をSEQUENCE関数の引数に指定します。

▶指定した月の日数に合わせて日程表を作成する

A5	=SEQUENCE(DAY(DATE(B1,D1+1,0)))
	行（2023年1月の月末日の「日」）

| A5 | ∨ : × ✓ fx | =SEQUENCE(DAY(DATE(B1,D1+1,0))) |

	A	B	C	D	E	F	G	H	I	J	K	L
1		2023	年	1	月			セル B1 の年、セル D1 の月のスケジュール表を作成したい				
2		スケジュール表										
3												
4	日	曜日			スケジュール							
5	1							セルA5に数式を入力				
6	2											
7	3											
8	4							31 行分の範囲に日にちが表示された				
9	5											
10	6											
11	7											
34	30											
35	31											

① 2023 年 1 月の日程表を作成したい。セル B1 に年、セル D1 に月を入力しておく。セル A5 にSEQUENCE 関数を入力すると、スピル機能が働き、引数「行」に指定した行数分の連番が表示される。ここでは「行」に2023年1月の月末日の「日」、つまり「31」を指定したので、「1〜31」の連番が表示される。月末日の考え方は【05-24】を参照。

=SEQUENCE(行 , [列], [開始値], [増分])	→ 04-09
=DAY(シリアル値)	→ 05-05
=DATE(年 , 月 , 日)	→ 05-11
=TEXT(値 , 表示形式)	→ 06-53

B5	=TEXT(DATE(B1,D1,A5#),"aaa")
	値　　　　　表示形式

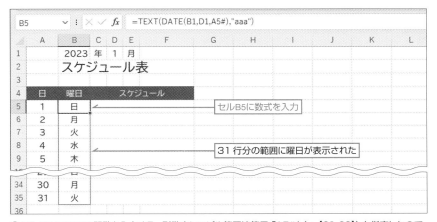

②セル B5 に TEXT 関数を入力する。引数内にスピル範囲演算子「A5#」(→【01-33】)を指定したので、セル A5 の数式がスピルした範囲と同じ行数分に曜日が表示される。

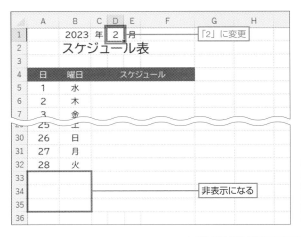

③年や月を変えると、数式がスピルし直され、日程表が自動で変化する。試しにセル D1 の値を「2」に変更してみる。すると、曜日が振り直され、「29〜31」の数値と曜日が非表示になる。

Memo

● A 列に日付を表示したい場合は、セル A5 とセル B5 の数式を以下のように変更します。
　セル A5：=DATE(B1,D1,SEQUENCE(DAY(DATE(B1,D1+1,0))))
　セル B5：=TEXT(A5#,"aaa")

●日程表に罫線を自動表示する方法は、【05-57】を参照してください。

関連項目　【11-57】万年日程表に罫線を自動表示するには

 **05-57 万年日程表に罫線を
自動表示するには**

 使用関数なし

【05-55】や【05-56】で作成した日程表に、罫線が自動表示されるように設定しましょう。月によって日数が異なりますが、条件付き書式を使用すれば、月の日数に合わせて罫線を引く行数を切り替えることができます。

▶日程表の日数に合わせて罫線を自動表示する

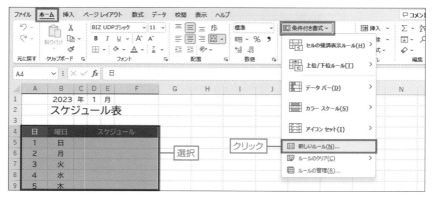

①セル A4〜セル F35 を選択し、[ホーム] タブの [条件付き書式] → [新しいルール] をクリックする。日程表の月によっては 33〜35 行目が空欄になるが、これらのセルも必ず選択に含めること。

②設定画面で [数式を使用して、書式設定するセルを決定] を選択すると、数式の入力欄が現れる。そこに「=$A4<>""」と入力する。「$A4」と列固定の複合参照にすることで、日程表の A 列にデータが表示されている行だけに書式を表示できる。続いて [書式] ボタンをクリックする。

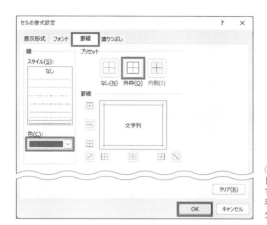

③表示される画面の［罫線］タブで
［色］を選択し、［外枠］をクリック
する。［OK］ボタンをクリックすると
手順②の画面に戻るので、［OK］を
クリックする。

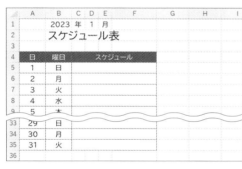

④ A列にデータが存在する行に罫
線が表示された。

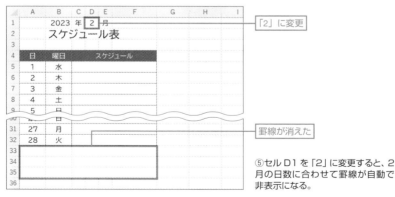

「2」に変更

罫線が消えた

⑤セル D1 を「2」に変更すると、2
月の日数に合わせて罫線が自動で
非表示になる。

関連項目 【05-55】指定した月の日程表を自動作成する
【05-56】スピルを利用して指定した月の日程表を自動作成する
【05-59】日程表に祝日の名前を表示させる
【11-24】日程表の土日の行を自動的に色分けする
【11-25】日程表の祝日の行に自動的に色を付ける

X Excel 05-58 スピルを利用して指定した月のカレンダーを自動作成する

レット シーケンス デイト ウィークデイ イフ マンス
fx LET／SEQUENCE／DATE／WEEKDAY／IF／MONTH

　年と月を指定するだけでその月の日付を自動表示するカレンダーを作成します。Microsoft 365とExcel 2021の新関数であるLET関数、SEQUENCE関数とスピルを利用します。

▶指定した月の日数に合わせてカレンダーを作成する

	A	B	C	D	E	F	G	H
1	7	2023			*Calendar*			
2		July						
3								
4	SUN	MON	TUE	WED	THU	FRI	SAT	

①ここでは、セルB1の年、セルA1の月で指定した2023年7月のカレンダーを作成する。

```
A5 =LET(日付式,
          名前1
       SEQUENCE(6,7,DATE(B1,A1,1)-WEEKDAY(DATE(B1,A1,1))+1),
          式1
       IF(MONTH(日付式)=A1,日付式,""))
          計算式
```

A5	fx =LET(日付式,SEQUENCE(6,7,DATE(B1,A1,1)-WEEKDAY(DATE(B1,A1,1))+1),IF(MONTH(

	A	B	C	D	E	F	G	H	I	J	K	L	M
1	7	2023			*Calendar*								
2		July											
3								セルA5に数式を入力					
4	SUN	MON	TUE	WED	THU	FRI	SAT						
5							45108	7月の日付のシリアル値が表示される					
6	45109	45110	45111	45112	45113	45114	45115						
7	45116	45117	45118	45119	45120	45121	45122						
8	45123	45124	45125	45126	45127	45128	45129						
9	45130	45131	45132	45133	45134	45135	45136						
10	45137	45138											
11													
12													
13													

②セルA5に数式を入力して【Enter】キーを押す。するとスピル機能が働き、6行7列の範囲に2023年7月の日付のシリアル値が表示される。

=LET(名前 1, 式 1, [名前 2, 式 2]…, 計算式)	➡	**03-32**
=SEQUENCE(行 , [列], [開始値], [増分])	➡	**04-09**
=DATE(年 , 月 , 日)	➡	**05-11**
=WEEKDAY(シリアル値 , [種類])	➡	**05-47**
=IF(論理式 , 真の場合 , 偽の場合)	➡	**03-02**
=MONTH(シリアル値)	➡	**05-05**

Memo

●セル A5 に入力した数式を分解して、意味を考えていきましょう。LET 関数は、式に名前を付けて、その名前を利用した計算を行う関数です。ここでは、以下の式に「日付式」という名前を付けました。

> 「日付式」という名前の式
> SEQUENCE(6,7,DATE(B1,A1,1)-WEEKDAY(DATE(B1,A1,1))+1)
> 　　　　　　行 列　　開始値（カレンダーの先頭のセルのシリアル値）

「日付式」の DATE 関数以降の部分は、カレンダーの先頭のセル A5 のシリアル値を求める式です。「DATE(B1,A1,1)」の戻り値は「2023/7/1」です。この日付を基準日として「基準日 - 基準日の曜日番号 +1」を計算すると、「2023/7/1」を含む週の始まりの日付（2023/6/25）が求められます。考え方は【05-50】を参照してください。

> セルA5のシリアル値「2023/6/25」を求める式
> DATE(B1,A1,1)-WEEKDAY(DATE(B1,A1,1))+1
> 　　基準日　　　　　　基準日の曜日番号

「日付式」の SEQUENCE 関数では、6 行 7 列の範囲に「2023/6/25」から始まる連続データを作成します。試しに「日付式」の先頭に「=」を付けてセル A5 に入力すると、下図のように「2023/6/25」のシリアル値から始まる連番が表示されます。

	SUN	MON	TUE	WED	THU	FRI	SAT
5	45102	45103	45104	45105	45106	45107	45108
6	45109	45110	45111	45112	45113	45114	45115
7	45116	45117	45118	45119	45120	45121	45122
8	45123	45124	45125	45126	45127	45128	45129
9	45130	45131	45132	45133	45134	45135	45136
10	45137	45138	45139	45140	45141	45142	45143

カレンダーには 7 月の日付だけを表示したいので、LET 関数の引数「計算式」に IF 関数を組み込んで、「日付式」の月がセル A1 に等しい場合だけシリアル値を表示しました。

> 引数「計算式」に指定した式
> IF(MONTH(日付式)=A1,日付式,"")
> 　　　　論理式　　　　真の場合 偽の場合

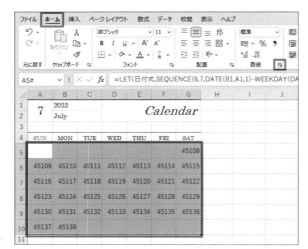

③セル A5〜G10 を選択して、[ホーム]タブの[数値]グループの右下にある小さいボタンをクリックする。もしくは、選択範囲を右クリックして、[セルの書式設定]をクリックしてもよい。

「d」と入力

④[セルの書式設定]ダイアログの[表示形式]タブで、[分類]から[ユーザー定義]を選択する。[種類]欄に「d」と入力して[OK]ボタンをクリックする。「d」は日付の「日」を取り出す書式記号。

	A	B	C	D	E	F	G	H	I
1	7	2023			*Calendar*				
2		July							
3									
4	SUN	MON	TUE	WED	THU	FRI	SAT		
5							1		
6	2	3	4	5	6	7	8		
7	9	10	11	12	13	14	15		
8	16	17	18	19	20	21	22		
9	23	24	25	26	27	28	29		
10	30	31							
11									
12									

⑤シリアル値に対応する日付から「日」が取り出された。フォントやフォントの色、文字配置などを整えておく。

	A	B	C	D	E	F	G	H	I
1	**8**	2023			*Calendar*				
2		August							
3									
4	SUN	MON	TUE	WED	THU	FRI	SAT		
5			1	2	3	4	5		
6	6	7	8	9	10	11	12		
7	13	14	15	16	17	18	19		
8	20	21	22	23	24	25	26		
9	27	28	29	30	31				
10									
11									
12									
13									

⑥セル A1 の月やセル B1 の年を変更すると、カレンダーの日付も変わる。ここでは 8 月に変更した。

Memo

● 手順⑤では、セル A5〜G10 に次の書式を設定しました。
- フォント ： Century
- フォントサイズ ： 14
- フォントの色 ： セル A5〜A10 に赤、セル G5〜G10 に青
- 中央揃え

● 月によってカレンダーの行数が 5 行または 6 行に変わりますが、条件付き書式を使用すると、日付が表示されている行だけに罫線を表示することができます。セル A5〜G10 を選択して、【05-57】を参考に条件付き書式の設定画面を開き次の条件式を設定します。
=OR($A5:$G5<>"")

	A	B	C	D	E	F	G	H
1	**7**	2023			*Calendar*			
2		July						
3								
4	SUN	MON	TUE	WED	THU	FRI	SAT	
5							1	
6	2	3	4	5	6	7	8	
7	9	10	11	12	13	14	15	
8	16	17	18	19	20	21	22	
9	23	24	25	26	27	28	29	
10	30	31						
11								
12								

● 祝日の日付に色を付けたいときは、あらかじめ他のシートに祝日と振替休日を入力し、入力したセルに「祝日」という名前を付けておきます。セル A5〜G10 に条件付き書式を設定し、次の条件式を指定して、フォントの色として赤を指定します。
=COUNTIF(祝日 ,A5)>=1

関連項目 【05-56】 スピルを利用して指定した月の日程表を自動作成する

05-59 日程表に祝日の名前を表示させる

IFERROR／VLOOKUP
イフエラー　　　　　　　ブイ・ルックアップ

日程表に祝日名を入れるには、あらかじめ祝日の日付と名称の対応表を作成しておき、VLOOKUP関数を使用して表引きします。ただし、VLOOKUP関数だけだと祝日表に存在しない日付にエラー値「#N/A」が表示されてしまいます。エラーを防ぐには、IFERROR関数を組み込んで、祝日ではない場合に空の文字列「""」を表示します。

▶祝日の日にその名称を表示する

B3 =IFERROR(VLOOKUP(A3,$E$3:$F$12,2,FALSE),"")

		検索値	範囲	列番号 検索の型	
			値		エラーの場合の値

▲	A	B	C	D	E	F	G	H
1	日程表				2023年祝日			
2	日付	祝日	予定		日付	名称		
3	2023/5/1				2023/1/1	元日		
4	2023/5/2				2023/1/2	休日		
5	2023/5/3	憲法記念日			2023/1/9	成人の日		
6	2023/5/4	みどりの日			2023/2/11	建国記念の日		
7	2023/5/5	こどもの日			2023/2/23	天皇誕生日		
8	2023/5/6				2023/3/21	春分の日	範囲	
9	2023/5/7				2023/4/29	昭和の日		
10	2023/5/8				2023/5/3	憲法記念日		
11	2023/5/9				2023/5/4	みどりの日		
12	2023/5/10				2023/5/5	こどもの日		
13					①	②	列番号	
14	検索値		セルB3に数式を入力して、					
15			セルB12までコピー					
16		祝日に名称を表示できた						

B3 =IFERROR(VLOOKUP(A3,$E$3:$F$12,2,FALSE),"")

=IFERROR(値 , エラーの場合の値)	→ 03-31
=VLOOKUP(検索値 , 範囲 , 列番号 ,［検索の型］)	→ 07-02

関連項目　【11-24】日程表の土日の行を自動的に色分けする
　　　　　　　【11-25】日程表の祝日の行に自動的に色を付ける

05-60 24時間を超える勤務時間合計を正しく表示する

SUM

　時間を合計すると、合計が24時間を超えるごとに「0」に戻って表示されます。そのため、「24:30」は「0:30」、「49:00」は「1:00」と表示されます。正しく表示するには、「[h]:mm」という表示形式を設定します。「[h]」は、24時間を超える時間を表示するための書式記号です。

▶24時間以上の合計時間を正しく表示する

B6 =SUM(B3:B5)
　　数値1

① SUM 関数でセル B3〜B5 の時間を合計したら、「24:30」と表示されるはずが「0:30」と表示されてしまった。

② 【05-02】を参考に、セル B6 にユーザー定義の表示形式「[h]:mm」を設定すると、合計時間が正しい表示の「24:30」に変わる。

=SUM(数値 1, [数値 2] …) 　　→ 02-02

Memo

● 「分」は、60 を超えるごとに 0 に戻り、時間が 1 繰り上がります。時間を繰り上げずに 60 以上の「分」をそのまま表示するには、ユーザー定義の表示形式「[m]:ss」または「[m]」を指定します。同様に、「[s]」を指定すると 60 以上の秒数をそのまま表示できます。例えば「1:05」と入力れたセルに「[m]」を指定すると「65」、「[s]」を指定すると「3900」と表示されます。

関連項目 【05-61】「24:30」形式の時間を小数の「24.5」に変換して時給計算する

 05-61 「24:30」形式の時間を小数の「24.5」に変換して時給計算する

使用関数なし

時給と時間を掛け合わせて賃金を計算するときは、あらかじめ時間を「24:30」のような「時：分」単位から「24.5時間」のような「時間」単位にしておく必要があります。シリアル値の「1」が24時間に対応するので、シリアル値を24倍すれば「時間」の単位になります。ただし、計算結果は「時：分」形式で表示されるので、小数表示にするには［標準］の表示形式を設定する必要があります。

▶「時：分」を「時間」単位に変換して時給計算する

E3	: × ✓ fx	=B6*24				
▲	A	B	C	D	E	F	G
1	作業時間計算			時給計算			
2	月日	作業時間		時給	¥1,000		
3	10月1日	8:00		時間単位	588:00		
4	10月2日	8:00		バイト料			
5	10月3日	8:30					
6	合計	24:30		「24.5」と表示したい			
7							

E3 =B6*24

①作業時間の「24:30」を小数の「24.5」に変換するため、「24:30」に24を掛ける。すると、「588:00」と表示されてしまう。

E4	: × ✓ fx	=E2*E3				
▲	A	B	C	D	E	F	G
1	作業時間計算			時給計算			
2	月日	作業時間		時給	¥1,000		
3	10月1日	8:00		時間単位	24.5		
4	10月2日	8:00		バイト料	¥24,500		
5	10月3日	8:30					
6	合計	24:30		アルバイト料を計算できた			
7							
8							

E4 =E2*E3

②【05-02】を参考に、セルE3に［標準］の表示形式を設定すると、正しく「24.5」と表示される。これを時給と掛け合わせると、アルバイト料が求められる。

Memo

●アルバイト料を計算するとき、「=E2*B6」のように時給に直接「24:30」を掛けると、「24:30」のシリアル値である「1.02083…」と時給が掛け合わされるので、アルバイト料は「1020.83円」となり計算が合いません。時給計算するときは、ここで行ったように「時給×"24:30"×24」のように「24」を掛ける必要があります。

関連項目 【05-60】24時間を超える勤務時間合計を正しく表示する

05-62 平日と土日祝日を分けて勤務時間を合計したい

NETWORKDAYS／SUMIF
ネットワークデイズ／サム・イフ

平日と土日祝日を区別して、勤務時間を合計してみましょう。勤務時間表に作業列を追加し、【05-51】の考え方にしたがって区別するための数式を入力します。SUMIF関数を使用して、「1」を条件に合計すれば平日の勤務合計、「0」を条件に合計すれば土日祝日の勤務合計がわかります。結果はシリアル値で表示されるので、【05-02】を参考に「[h]:mm」の表示形式を設定してください。

▶平日と土日祝日に分けて勤務時間を合計する

C3	=NETWORKDAYS(A3,A3,$E$8:$E$9)
	開始日　終了日　祭日

E3	=SUMIF(C3:C9,1,B3:B9)
	条件範囲 条件 合計範囲

E5	=SUMIF(C3:C9,0,B3:B9)
	条件範囲 条件 合計範囲

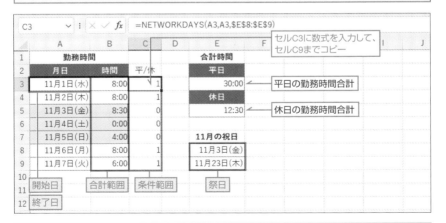

=NETWORKDAYS(開始日 , 終了日 , [祭日])	→ 05-33
=SUMIF(条件範囲 , 条件 , [合計範囲])	→ 02-08

05-63 「1時間後」や「2時間前」の時刻を求める

TIME

特定の時刻の「1時間後」や「2時間前」を求めたいとき、単純に「時刻+1」や「時刻-2」と計算してもうまくいきません。このようなときは、TIME関数を使用して、「1」を「1:00」、「2」を「2:00」の時刻データに変換してから計算しましょう。サンプルでは、セルD3で「1時間後」、セルD4で「2時間前」を求めています。

▶時刻の「○時間後」や「○時間前」を求める

```
D3 =A3+TIME(B3,0,0)
        時 分秒
```

```
D4 =A4-TIME(B4,0,0)
        時 分秒
```

D3	⋮ × ✓ fx	=A3+TIME(B3,0,0)					
	A	B	C	D	E	F	G	H
1		時刻の計算						
2	基準時刻	経過時間		結果				
3	13:00	1	時間後	14:00	← 1 時間後の時刻			
4	13:00	2	時間前	11:00	← 2 時間前の時刻			
5								

=TIME(時 , 分 , 秒)　　　　　　　　　　　　　　　→ 05-12

Memo

● 日付の場合は、1日のシリアル値が「1」なので、「日付＋1」「日付-2」という計算で「1日後」や「2日前」が求められます。一方、1時間のシリアル値は「1」ではないので、「1時間後」や「2時間前」を求めたいときに「時刻＋1」や「時刻-2」という計算は成り立ちません。

● セルD3に「=A3+B3/24」、セルD4に「=A4-B4/24」と入力しても、同様の結果になります。

関連項目　【05-65】勤務時間から「45分」の休憩時間を引く

05-64　海外での現地時間を求める

NOW
<small>ナウ</small>

　日本時間と時差を元に海外の現地時間を求めましょう。「-1」「+1」などの時差と日本時間を足し算するには、時差をシリアル値に変換する必要があります。「TIME(時差,0,0)」とすればシリアル値に変換できますが、TIME関数の引数に負数を指定することはできません。シリアル値に変換するには、時差を24で割ります。シリアル値の「1」は24時間に相当するので、時差を24で割ればシリアル値になるのです。

▶海外支店の現地時間を求める

`C1` =NOW()

`C4` =$C$1+B4/24
　　　日本時間　時差のシリアル値

C4	：	× ✓ fx	=$C$1+B4/24						
	A	B	C	D	E	F	G	H	I
1	海外支店の現在の時刻	日本時間	2022/11/10 18:31						
2									
3	支店	時差	現地時間						
4	ロンドン	-9	2022/11/10 9:31						
5	ロンドン（夏）	-8	2022/11/10 10:31						
6	上海	-1	2022/11/10 17:31						
7	ソウル	0	2022/11/10 18:31						
8	シドニー	+1	2022/11/10 19:31						
9	シドニー（夏）	+2	2022/11/10 20:31						
10									

セルC4に数式を入力して、セルC9までコピー

各地の現地時間を表示できた

`=NOW()` ➡ **05-03**

> **Memo**
> ●表示形式が[標準]のセルにNOW関数を入力すると、セルC1のように「yyyy/m/d h:mm」という表示形式が自動設定されます。また、セルC1を元に計算を行ったセルC4にも、セルC1の表示形式が継承されます。

関連項目　【05-01】シリアル値を理解しよう
　　　　　　　【05-03】現在の日付や時刻を自動表示したい

05-65 勤務時間から「45分」の休憩時間を引く

TIME

　出社時刻と退社時刻は「時:分」単位、休憩時間は「分」単位で入力されている下図のような勤務時間表があります。このようなデータから実働時間を求めるには、TIME関数を使用して「分」単位の休憩時間を「時:分」単位に統一してから減算します。

▶勤務時間から「分」単位の休憩時間を引く

> **E3** =C3-B3-TIME(0,D3,0)
> 　　　退社出社　　　　休憩

	A	B	C	D	E
1	勤務時間表				
2	月日	出社	退社	休憩（分）	実働時間
3	7月1日	9:00	18:15	45	8:30
4	7月2日	9:00	18:00	30	8:30
5	7月3日	9:00	14:00	60	4:00
6	7月4日	9:00	18:00	45	8:15
7	7月5日	9:00	20:45	45	11:00
8					

セルE3の数式： `=C3-B3-TIME(0,D3,0)`

> セルE3に数式を入力して、セルE7までコピー

> 実働時間を計算できた

=TIME(時 , 分 , 秒)　　　　　　　　　　　　　→ **05-12**

Memo

●ここでは単位を揃えて時間を計算する例として上図のような勤務時間表を使いましたが、実際の勤務時間表では休憩時間を最初から「時：分」単位で入力しておくことをお勧めします。そうすれば、「=C3-B3-D3」という単純な式で実働時間を求められます。

セルE3の数式： `=C3-B3-D3`

	A	B	C	D	E
1	勤務時間表				
2	月日	出社	退社	休憩	実働時間
3	7月1日	9:00	18:15	0:45	8:30
4	7月2日	9:00	18:00	0:30	8:30
5	7月3日	9:00	14:00	1:00	4:00
6	7月4日	9:00	18:00	0:45	8:15
7	7月5日	9:00	20:45	0:45	11:00

関連項目【05-63】「1時間後」や「2時間前」の時刻を求める

05-66 午前0時をまたぐ勤務の勤務時間を求める

IF

　出社時刻が「23:00」、退社時刻が翌日の「8:00」の場合、「8:00」から「23:00」を引いても勤務時間は求められません。IF関数を使用して、出社時刻と退社時刻を比較します。出社のほうが早い時刻の場合は単純な減算、遅い時刻の場合は24時間を加算して減算というように、計算式を切り替えます。計算結果はシリアル値で表示されるので、適宜時刻の表示形式を設定してください。

▶午前0時をまたぐ勤務の勤務時間を求める

D3	=IF(B3<C3,C3-B3,C3-B3+"24:00")		
	論理式	真の場合	偽の場合
	出社時刻が早い	退社-出社	退社-出社+24時間

D3　｜×✓fx　=IF(B3<C3,C3-B3,C3-B3+"24:00")

	A	B	C	D	E	F	G	H	I	J
1	勤務時間表									
2	月日	出社	退社	勤務時間						
3	7月1日	23:00	8:00	9:00						
4	7月2日	18:00	22:00	4:00						
5	7月3日	20:00	6:00	10:00						
6										

セルD3に数式を入力し、時刻の表示形式を設定して、セルD5までコピー

勤務時間を計算できた

=IF(論理式 , 真の場合 , 偽の場合)　→ 03-02

Memo

●Excelの日付／時刻の減算では、結果が負になる場合にエラーとなり、「####」が表示されます。

D3　∨｜×✓fx　=C3-B3

	A	B	C	D	E
1	勤務時間表				
2	月日	出社	退社	勤務時間	
3	7月1日	23:00	8:00	#######	
4	7月2日	18:00	22:00	4:00	
5	7月3日	20:00	6:00	#######	

関連項目　【05-68】勤務時間を早朝勤務、通常勤務、残業に分けて計算する

05-67 9時前に打刻しても 勤務開始は9時とする

マックス
MAX

タイムカードの打刻時刻が9時前の場合でも勤務開始を「9:00」とする、というルールで打刻時刻から勤務開始時刻を求めましょう。ただし、打刻が9時以降の場合は、遅刻と見なして打刻時刻を勤務開始とします。それには、MAX関数を使用して、打刻時刻と「9:00」の2つのうち遅い時刻を選びます。例えば、打刻時刻が「8:48」の場合は「9:00」に補正され、「10:45」の場合はそのまま表示されます。

▶9時前に打刻しても9時開始として勤務開始時刻を求める

C3	=MAX(B3,"9:00")
	数値1 数値2

C3		✓ fx	=MAX(B3,"9:00")					
	A	B	C	D	E	F	G	H	I
1	出社時刻の補正							
2	月日	打刻時刻	勤務開始		セルC3に数式を入力して、セルC7までコピー			
3	7月1日	8:48	9:00					
4	7月2日	9:00	9:00					
5	7月3日	10:45	10:45		勤務開始時刻を求められた			
6	7月4日	8:50	9:00					
7	7月5日	9:05	9:05					
8		数値1						
9								

=MAX(数値1, [数値2] …)	→ 02-48

> **Memo**
>
> ● 終業時刻が18時の場合、18時までは通常勤務、18時以降は残業となります。打刻時刻から通常勤務の終了時刻を求めるには、MIN関数を使用して、打刻時刻と「18:00」の早いほうの時刻を選びます。例えば打刻時刻が「19:15」の場合、通常勤務の終了は「18:00」となります。また、打刻時刻が「16:30」の場合は、早退と見なして「16:30」になります。
> =MIN(B3,"18:00")

関連項目 【05-68】勤務時間を早朝勤務、通常勤務、残業に分けて計算する

05-68　勤務時間を早朝勤務、通常勤務、残業に分けて計算する

ミニマム　　　マックス
MIN／MAX

　始業時刻を「9:00」、終業時刻を「17:00」として、出社してから退社するまでの勤務時間を、「早朝勤務」「通常勤務」「残業」の3通りに分けましょう。標準の通常勤務時間は「9:00」から「17:00」までの8時間ですが、遅刻や早退の場合を考慮して、MAX関数とMIN関数で調整します。サンプルでは、セルB7に始業時刻、セルB8に終業時刻が入力してあります。数式をコピーしたときにずれないように、絶対参照で指定してください。

▶**勤務時間を早朝勤務、通常勤務、残業に分ける**

D3	=$B$7-MIN(B3,$B$7)
	始業時刻　出社と始業の早いほう

E3	=MIN(C3,$B$8)-MAX(B3,$B$7)
	退社と終業の早いほう　出社と始業の遅いほう

F3	=MAX(C3,$B$8)-$B$8
	退社と終業の遅いほう 終業時刻

D3	：×✓ fx	=$B$7-MIN(B3,$B$7)				
	A	B	C	D	E	F
1	**勤務時間の計算**					
2	月日	出社	退社	早朝	通常	残業
3	8月1日	7:00	16:00	2:00	7:00	0:00
4	8月2日	14:30	21:30	0:00	2:30	4:30
5	8月3日	9:00	19:00	0:00	8:00	2:00
6						
7	始業	9:00				
8	終業	17:00				
9						

セルD3、E3、F3に数式を入力して、5行目までコピー

早朝勤務　　通常勤務　　残業

=MIN(数値 1, [数値 2] …)	➡ 02-48
=MAX(数値 1, [数値 2] …)	➡ 02-48

関連項目　【05-67】9時前に打刻しても勤務開始は9時とする

05-69 時間の10分未満を切り上げる／切り捨てる

シーリング・マス　　　　　　フロア・マス
CEILING.MATH／FLOOR.MATH

　CEILING.MATH関数の引数「数値」に時間、「基準値」に「"0:10"」を指定すると、時間を「10分単位」に切り上げることができます。例えば時間が「5:42」の場合、10分未満が切り上げられて「5:50」になります。反対に、FLOOR.MATH関数を使用すると、時間の切り捨てが行えます。例えば「5:42」の場合、10分未満が切り捨てられて「5:40」になります。結果はシリアル値で表示されるので、適宜時刻の表示形式を設定指定ください。

▶時間の10分未満を切り上げる／切り捨てる

B3	=CEILING.MATH(A3,"0:10")
	数値 基準値

C3	=FLOOR.MATH(A3,"0:10")
	数値 基準値

B3		: × ✓ fx	=CEILING.MATH(A3,"0:10")				
	A	B	C	D	E	F	G
1	時間の補正						
2	時間	切り上げ	切り捨て				
3	5:42	5:50	5:40				
4	8:34	8:40	8:30				
5	10:10	10:10	10:10				
6	12:55	13:00	12:50				
7	19:29	19:30	19:20				
8	数値						
9							

セルB3とセルC3に数式を入力し、時刻の表示形式を設定して、7行目までコピー

時間の10分未満を切り上げ、切り捨てできた

=CEILING.MATH(数値 , [基準値], [モード])	→	04-48
=FLOOR.MATH(数値 , [基準値], [モード])	→	04-49

関連項目　【05-70】時間の5分以上は切り上げ、5分未満は切り捨てる
　　　　　【05-71】時間の10分未満を誤差なく切り捨てる

05-70 時間の5分以上は切り上げ、5分未満は切り捨てる

エム・ラウンド
MROUND

　MROUND関数を使用すると、時間を切りよく丸めることができます。例えば、第2引数「基準値」に「"0:10"」を指定すると、5分未満を切り捨て、5分以上を切り上げできます。その結果、「5:42」は「5:40」に切り捨てられ、「12:55」は「13:00」に切り上げられて、10分単位の値に補正されます。結果はシリアル値で表示されるので、適宜時刻の表示形式を設定指定ください。

▶5分以上は切り上げ、5分未満は切り捨てる

B3	=MROUND(A3,"0:10")
	数値　基準値

B3		∨ : × ✓ fx	=MROUND(A3,"0:10")			
	A	B	C	D	E	F	G

	A	B
1	時間の補正	
2	時間	丸め
3	5:42	5:40
4	8:34	8:30
5	10:10	10:10
6	12:55	13:00
7	19:29	19:30
8	数値	
9		

> セルB3に数式を入力し、時刻の表示形式を設定して、セルB7までコピー

> 時間を10分単位に丸められた

=MROUND(数値 , 基準値)　　　　　→ **04-50**

Memo

●引数「基準値」を「=MROUND(A3,"0:15")」のように変更すると、7分30秒以上を切り上げ、7分30秒未満を切り捨てて、15分単位の時刻に補正できます。

関連項目 【05-69】時間の10分未満を切り上げる／切り捨てる

05-71 時間の10分未満を誤差なく切り捨てる

 FLOOR.MATH／TIME／HOUR／MINUTE
（フロア・マス）　（タイム）　（アワー）　（ミニット）

　経過時間の10分未満を切り捨てるとき、単純にFLOOR.MATH関数で切り捨てを行うと、間違った結果が表示されることがあります。誤差を防ぐには、時刻を整数化してから切り捨ての処理を行います。

▶経過時間の10分未満を誤差なく切り捨てる

D3 =TIME(HOUR(C3),FLOOR.MATH(MINUTE(C3),10),0)
　　　　　時　　　　　　　　　　分　　　　　　　　　秒
　　　経過時間の「時」　経過時間の「分」の10分未満を切り捨てた数

D3		fx =TIME(HOUR(C3),FLOOR.MATH(MINUTE(C3),10),0)			
	A	B	C	D	E
1	時間の補正				
2	開始時刻	終了時刻	経過時間	時間補正	
3	11:50	12:50	1:00	1:00	
4	12:00	15:11	3:11	3:10	
5	12:35	16:10	3:35	3:30	

セルD3に数式を入力して、セルD5までコピー

10分未満を切り捨てられた

=FLOOR.MATH(数値 , [基準値], [モード])	→	04-49
=TIME(時 , 分 , 秒)	→	05-12
=HOUR(シリアル値)	→	05-06
=MINUTE(シリアル値)	→	05-06

Memo

●時刻の実体は、シリアル値という小数です。パソコンでは数値を2進数で扱いますが、小数を2進数に変換するときにわずかな誤差が発生します。通常この誤差は無視できますが、時刻同士の演算結果をFLOOR.MATHやCEILING.MATHなどの関数で処理すると、誤差が無視できないほど大きくなり、間違った結果が表示されることがあります。この誤差は小数の演算によるものなので、最初から時刻を整数化して処理すれば防げます。

D3		fx =FLOOR.MATH(C3,"0:10")		
	A	B	C	D
1	時間の補正			
2	開始時刻	終了時刻	経過時間	時間補正
3	11:50	12:50	1:00	0:50
4	12:00	15:11	3:11	3:10
5	12:35	16:10	3:35	3:30

FLOOR.MATH関数で10分未満を切り捨てると、誤差が生じて「1:00」の切り捨てが「0:50」になってしまう

関連項目 【05-01】シリアル値を理解しよう

文字列操作

検索・置換・抽出・変換……文字列を操作しよう

06-01 文字列の指定方法を理解しよう

📖 文字列や空白文字列の指定方法

　数式の中で文字列を指定するには、文字列を「"」（ダブルクォーテーション）で囲みます。文字を何も表示したくないときは、ダブルクォーテーションを2つ重ねて「""」と指定します。「""」を「空白文字列」「空の文字列」などと呼びます。

　下図の数式では、IF関数を使用して、得点が70以上の場合に「合格」、そうでない場合に何も表示しないようにしています。

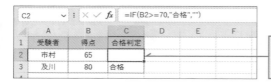

📖「"」を含む文字列の指定方法

　ダブルクォーテーション「"」を含む文字列を指定したいときは、ダブルクォーテーションを2つ重ねます。例えば「" said ""yes""."」は「 said "yes".」という文字列を表します。

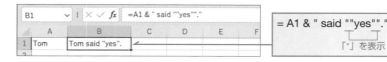

📖【Alt】＋【Enter】キーによるセル内強制改行の指定方法

　セルに文字列を入力する際に【Alt】＋【Enter】キーを押すと、セルの中で強制的に改行できます。強制改行は目に見える文字ではありませんが、Excelでは文字として扱います。数式で強制改行を表現するには、「CHAR(10)」を使用します。「10」は強制改行の文字コードで、CHAR関数は文字コードから文字を作成する関数です。

　次ページの図では、2つの文字列を、改行を挟んで連結しています。なお、文字列に改行文字を挟んでも、セルに［折り返して全体を表示する］を設定しないと、改行を入れた効果が得られないので注意してください。

C1		✕ ✓ fx	=A1 & CHAR(10) & B1		
	A	B	C	D	E	F
1	営業部	高橋	営業部 高橋			

= A1 & CHAR(10) & B1
セル内改行

Memo

● セルに【Alt】+【Enter】キーで強制改行を入れると、[折り返して全体を表示] が自動設定されます。一方、数式で文字列に改行文字「CHAR(10)」を連結した場合は、[ホーム] タブの [折り返して全体を表示] を手動で設定する必要があります。なお、自動で折り返された改行に対応する文字コードはありません。

● 文字コードとは、各文字に割り当てられた識別番号のことです。文字コードにはさまざまな種類があります。
 ・**ASCII コード**…最も基本的な文字コード。0～127 の番号に、改行などの制御文字、「"」「+」「-」などの基本的な記号、アルファベットの大文字と小文字が割り当てられている。記号とアルファベットはすべて半角。ほかの多くの文字コードで、0～127 に対応する文字が ASCII コードと共通している。
 ・**JIS コード**…ひらがなや漢字など、日本語を収録した文字コード。
 ・**ユニコード**…世界の主な言語の文字を収録した文字コード。国際標準となっている。

● 次表は、ASCII コードの 32～126 と文字の対応表です。0～31 と 127 には制御文字が対応しています。制御文字とは、ディスプレイやプリンターなどの動作を制御するための記号です。制御文字の「10」は、Excel ではセル内改行を表します。また、「92」は「/」（バックスラッシュ）のコードですが、日本語では「¥」が対応します。

番号	文字	番号	文字	番号	文字	番号	文字	番号	文字	番号	文字
32	スペース	48	0	64	@	80	P	96	`	112	p
33	!	49	1	65	A	81	Q	97	a	113	q
34	"	50	2	66	B	82	R	98	b	114	r
35	#	51	3	67	C	83	S	99	c	115	s
36	$	52	4	68	D	84	T	100	d	116	t
37	%	53	5	69	E	85	U	101	e	117	u
38	&	54	6	70	F	86	V	102	f	118	v
39	'	55	7	71	G	87	W	103	g	119	w
40	(	56	8	72	H	88	X	104	h	120	x
41	)	57	9	73	I	89	Y	105	i	121	y
42	*	58	:	74	J	90	Z	106	j	122	z
43	+	59	;	75	K	91	[	107	k	123	{
44	,	60	<	76	L	92	¥	108	l	124		
45	-	61	=	77	M	93	]	109	m	125	}
46	.	62	>	78	N	94	^	110	n	126	~
47	/	63	?	79	O	95	_	111	o		

06-02 文字数とバイト数を理解しよう

📗 文字数とバイト数

　文字列の長さの単位には、「文字数」と「バイト数」の2種類があります。文字数単位の場合、全角／半角にかかわらず、単純に文字の個数を文字列の長さとします。一方、バイト数単位の場合、半角文字を1、全角文字を2と数えます。なお、「ガ」や「パ」など、半角カタカナの濁音や半濁音は、濁点・半濁点が別の文字になることに注意してください。

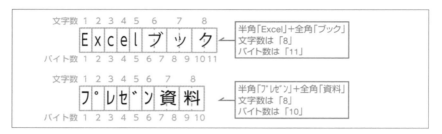

📗 文字の長さと文字列操作関数

　文字の長さを求める関数や、引数に文字の長さを指定する関数は、下表のように関数名の末尾に「B」が付かないものと付くものの2種類用意されています。「B」が付かない関数は文字の長さを文字数で数え、「B」が付く関数はバイト数で数えます。

▶文字の長さに関連する関数

文字数単位	バイト数単位	機能
LEN	LENB	文字の長さを求める
FIND	FINDB	文字列を検索する
SEARCH	SEARCHB	文字列を検索する
REPLACE	REPLACEB	文字列を置換する
LEFT	LEFTB	先頭から文字列を取り出す
RIGHT	RIGHTB	末尾から文字列を取り出す
MID	MIDB	任意の位置から文字列を取り出す

関連項目　【06-08】文字列の長さを求める
　　　　　　　【06-09】全角の文字数と半角の文字数をそれぞれ求める

06-03 ワイルドカード文字を理解しよう

　文字列データを扱う際に、2つの文字列を比べたいことがあります。完全に一致しているかどうかを調べるのであれば、「=」演算子やEXACT関数（→【06-31】）を使用しますが、「○○」を含むかどうか、というあいまいな条件で調べたいときは、「ワイルドカード文字」を使用します。ワイルドカード文字には、0文字以上の任意の文字列を表す「*」（アスタリスク）と、任意の1文字を表す「?」（疑問符）があります。また、ワイルドカード文字自体を検索するには「~」（チルダ）を使います。

▶ワイルドカード文字

ワイルドカード文字	意味
*（アスタリスク）	0文字以上の任意の文字列
?（疑問符）	任意の1文字
~（チルダ）	次に続くワイルドカード文字を文字として扱う

例えば「*区」という条件では、1文字の「区」、さらに「港区」や「世田谷区」など末尾に「区」が付く文字列が該当します。「?区」の場合は、「区」の前に必ず1文字が付く「港区」「北区」などが該当します。

▶ワイルドカード文字の使用例
（※「区、区間、区役所、港区、渋谷区、港区芝、渋谷区民、*区議会」から検索した場合）

使用例	意味	該当文字列
*区	「区」で終わる文字列	区、港区、渋谷区
?区	1文字＋「区」の文字列	港区
区*	「区」で始まる文字列	区、区間、区役所
区??	「区」＋2文字の文字列	区役所
*区?	『「区」＋1文字』で終わる文字列	区間、港区芝、渋谷区民
~*区*	「*区」で始まる文字列 （1文字目が「*」、2文字目が「区」）	*区議会

> **Memo**
> ● 「~」（チルダ）は波状の小さな線の記号です。一般的なキーボードの場合、「~」を入力するには、日本語入力をオフにした状態で【Shift】キーを押しながらひらがなの「へ」のキーを押します。

関連項目 【06-19】「○○を含む」「○○で始まる」のような部分一致の条件で検索する

Excel **06-04** 文字から文字コードを求める

CODE／UNICODE
コード　　　　ユニコード

文字コードを求める関数には、CODE関数とUNICODE関数があります。CODE関数は半角文字をASCIIコードに、全角文字をJISコードに変換します。UNICODE関数は、文字をユニコードに変換します。

▶文字の文字コードを求める

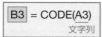 = CODE(A3)
文字列

 = UNICODE(A3)
文字列

B3		∨	:	× ✓ *fx*	=CODE(A3)					
	A	B	C	D	セルB3とセルC3に数式を入力して、10行目までコピー		H	I	J
1	文字コードを求める								
2	文字	CODE関数	UNICODE関数						
3	1	49	49		半角の数字やアルファベットの文字コードは共通				
4	A	65	65						
5	a	97	97						
6	7	177	65393						
7	Ａ	9025	65313		半角カタカナや全角文字の場合の結果は異なる				
8	あ	9250	12354						
9	ア	9506	12450						
10	亜	12321	20124						
11									

文字列

=CODE(文字列)　　　　　　　　　　　　　　　　　　　　　　　　　文字列操作

　文字列…文字コードを調べたい文字列を指定
「文字列」の 1 文字目の文字コードを 10 進数の数値で返します。半角文字は ASCII コード、全角文字は JIS コードが求められます。

=UNICODE(文字列)　　　　　　　　　　　　　　　　　　　　　　　　文字列操作

　文字列…ユニコードを調べたい文字列を指定
「文字列」の 1 文字目の文字コードを 10 進数の数値で返します。

Memo

● CODE 関数では、引数「文字列」に JIS コードの範囲外の文字を指定した場合、「?」に対応する文字コード「63」が返されます。

06-05 文字コードから文字を求める

キャラクター　　　　　ユニコード・キャラクター
CHAR／UNICHAR

　CHAR関数を使うと、引数「数値」の文字コード（ASCIIコードまたはJISコード）に対応する文字が求められます。また、UNICHAR関数を使うと、引数「数値」のユニコードに対応する文字が求められます。

▶文字コードから文字を求める

B3	= CHAR(A3)
	数値

E3	= UNICHAR(D3)
	数値

B3			✓ ✕ ✓ fx	=CHAR(A3)					
	A	B	C	D	E	F	G	H	I	J
1	文字コードから文字を求める								
2	数値	CHAR関数		数値	UNICHAR関数				
3	49	1		49	1				
4	65	A		65	A				
5	97	a		97	a				
6	177	ｱ		65393	ｱ				
7	9025	A		65313	A				
8	9250	あ		12354	あ				
9	9506	ア		12450	ア				
10	12321	亜		20124	亜				
11									
12	数値			数値					
13									
14									

セルB3とセルE3に数式を入力して、10行目までコピー

文字コードに対応する文字が求められた

=CHAR(数値)	文字列操作

　数値…文字コードの数値を指定
指定した「数値」を ASCII コードまたは JIS コードと見なして、対応する文字を返します。対応する文字がない場合は［#VALUE!］が返されます。

=UNICHAR(数値)	文字列操作

　数値…ユニコードの数値を指定
指定した「数値」をユニコードと見なして、対応する文字を返します。対応する文字がない場合は［#VALUE!］が返されます。

関連項目　【06-01】文字列の指定方法を理解しよう

06-06 16進数の文字コードと文字を互いに変換する

DEC2HEX ／CODE／CHAR／HEX2DEC
<small>デシマル・トゥ・ヘキサデシマル　コード　キャラクター　ヘキサデシマル・トゥ・デシマル</small>

　CODE関数とCHAR関数で扱う文字コードは10進数ですが、一般的に文字コードは16進数で表します。文字から16進数の文字コードを求めるには、CODE関数で10進数の文字コードを求めてからDEC2HEX関数で16進数に変換します。反対に16進数の文字コードを文字に変えるには、HEX2DEC関数で16進数を10進数に変換してからCHAR関数で文字を求めます。なお、CODE関数の代わりにUNICODE関数、CHAR関数の代わりにUNICHAR関数を使えば、ユニコードを16進数で表せます。

▶16進数の文字コードと文字を互いに変換する

10進数を16進数に変換
B3 = DEC2HEX(CODE(A3))
10進数の文字コードを求める

10進数の文字コードから文字を求める
C3 = CHAR(HEX2DEC(B3))
16進数を10進数に変換

	A	B	C
1	16進数の文字コードと文字の対応		
2	文字	文字コード（16進数）	文字
3	A	41	A
4	あ	2422	あ
5	亜	3021	亜

A列の文字の16進数の文字コードをB列に求め、求めたB列の文字コードからC列に文字を求めたい

セルB3とセルC3に数式を入力して、5行目までコピー

16進数の文字コードを求める

16進数から文字を求める

=DEC2HEX(数値 , [桁数])	→ 10-34
=CODE(文字列)	→ 06-04
=CHAR(数値)	→ 06-05
=HEX2DEC(数値)	→ 10-37

関連項目 【06-04】文字から文字コードを求める
【06-05】文字コードから文字を求める

06-07 文字列のすべての文字の文字コードを列挙する

TEXTJOIN／CODE／MID／SEQUENCE／LEN

テキストジョイン　コード　ミッド　シーケンス　レングス

CODE関数やUNICODE関数では、引数に文字列を指定しても、求められるのは先頭の文字の文字コードだけです。2文字目以降の文字コードを調べるには、MID関数で文字列から1文字ずつ取り出して調べます。ここではTEXTJOIN関数とSEQUENCE関数を組み合わせて、文字列のすべての文字コードを「,」（カンマ）区切りで列挙します。Microsoft 365とExcel 2021で使用できる方法です。

▶文字列のすべての文字の文字コードを列挙する

B3	= TEXTJOIN(",",,CODE(MID(B2,SEQUENCE(LEN(B2)),1)))

区切り文字　　1文字目から最後の文字までの文字コード

B3		: × ✓ fx	=TEXTJOIN(",",,CODE(MID(B2,SEQUENCE(LEN(B2)),1)))			
	A	B	C	D	E	F
1	文字列から文字コードを列挙		数式を入力			
2	文字列	Excel関数				
3	文字コード	69,120,99,101,108,13400,16244	「E」「x」「c」「e」「l」「関」「数」の文字コードを「,」で区切って列挙できた			
4						

=TEXTJOIN(区切り文字 , 空のセルは無視 , 文字列 1 , [文字列 2] …)	→ 06-34
=CODE(文字列)	→ 06-04
=MID(文字列 , 開始位置 , 文字数)	→ 06-39
=SEQUENCE(行 , [列], [開始値], [増分])	→ 04-09
=LEN(文字列)	→ 06-08

Memo

● SEQUENCE 関数の引数に「LEN(B2)」を指定すると、1 から 7（「7」はセル B2 の文字数）までの連番が作成されます。それを MID 関数の引数「開始位置」に指定することで、セル B2 の「Excel 関数」という文字列の 1 文字目から 7 文字目が順に取り出されます。さらにそれを CODE 関数の引数に指定することで 7 文字分の文字コードが順に求められます。最後に、TEXTJOIN 関数で「,」で区切って連結します。

関連項目 【06-35】列ごとに異なる区切り文字を指定して連結したい！

06-08 文字列の長さを求める

 LEN／LENB
レングス　　　レングス・ビー

　文字列の長さの単位には、「文字数」と「バイト数」があります。文字列の長さを求める関数にも、文字数を求めるLEN関数と、バイト数を求めるLENB関数の2種類あります。ここでは、これら2つの関数を使用して、文字数とバイト数を調べます。

▶文字列の長さを文字数単位とバイト数単位で調べる

C3	= LEN(B3)
	文字列

D3	= LENB(B3)
	文字列

C3	∨ ⦂ ✕ ✓ *fx*	=LEN(B3)						
	A	B	C	D	E	F	G	H	I
1	文字列の長さ								
2	文字の種類	文字列	LEN 文字数	LENB バイト数					
3	全角	六切	2	4					
4	半角	Letter	6	6					
5	半角＋全角	KGサイズ	5	8					
6									
7	文字列		単純な文字数						
8									

セルC3とセルD3に数式を入力して、5行目までコピー

半角文字を1、全角文字を2と数えたバイト数

=LEN(文字列)	文字列操作
=LENB(文字列)	文字列操作

　文字列…長さを調べたい文字列を指定
文字列の長さを返します。LEN 関数は文字数を返し、LENB 関数はバイト数（半角文字を 1、全角文字を 2 と数える）を返します。文字、スペース、句読点、数字はすべて文字として扱われます。

Memo

●文字列に表示形式が設定されている場合でも、LEN 関数や LENB 関数で数えられるのは元の文字列の長さです。表示形式によって表示された文字はカウントされません。

関連項目 【06-02】文字数とバイト数を理解しよう

06-09 全角の文字数と半角の文字数を
それぞれ求める

レングス　レングス・ビー
LEN ／ LENB

　半角文字のバイト数は文字数と同じですが、全角文字のバイト数は文字数の2倍になります。このことを利用して、文字列の中の全角文字と半角文字の文字数をそれぞれ求めてみましょう。全角の文字数は、LENB関数で求めたバイト数からLEN関数で求めた文字数を引いて求めます。半角の文字数は、LEN関数で求めた文字数の2倍からLENB関数で求めたバイト数を引いて求めます。

▶全角の文字数と半角の文字数をそれぞれ求める

E3 = LENB(B3)-LEN(B3)
　　　　バイト数　文字数

F3 = LEN(B3)*2-LENB(B3)
　　　文字数の2倍　バイト数

E3	∨ : × ✓ fx	=LENB(B3)-LEN(B3)						
◢	A	B	C	D	E	F	G	H	I
1	全角と半角の文字数を調べる							
2	文字の種類	文字列	LEN 文字数	LENB バイト数	全角	半角		
3	全角	六切	2	4	2	0		
4	半角	Letter	6	6	0	6		
5	半角＋全角	KGサイズ	5	8	3	2		
6								
7								
8								
9								

セルE3とセルF3に数式を入力して、5行目までコピー

「KGサイズ」は全角3文字、半角2文字

| =LEN(文字列) | → 06-08 |
| =LENB(文字列) | → 06-08 |

Memo

● 「KGサイズ」の文字数は5、バイト数（半角文字を1、全角文字を2と数える）は8です。文字数とバイト数の差の3（8－5＝3）が全角文字の文字数で、文字数の2倍からバイト数を引いた2（5×2－8＝2）が半角文字数となります。

関連項目　【06-02】文字数とバイト数を理解しよう

06-10 文字列に含まれる特定の文字の出現回数を数える

X LEN／SUBSTITUTE
レングス　　サブスティチュート

　「AbcdA」のような文字列の中の「A」の数を求めたいときは、元の文字列から「A」をすべて削除して、その文字数を元の文字数から引き算します。つまり、「AbcdA」の文字数「5」から「bcd」の文字数「3」を引くわけです。文字列から「A」を削除するには、SUBSTITUTE関数で「A」を空白文字列「""」に置き換えます。

▶文字列の中の「A」の数を求める

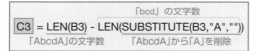

```
C3 = LEN(B3) - LEN(SUBSTITUTE(B3,"A",""))
```
「AbcdA」の文字数　　「AbcdA」から「A」を削除　　「bcd」の文字数

	A	B	C	D	E	F	G	H	I	J
1	「A」の数を調べる									
2	No	データ	Aの数							
3	1	AbcdA	2							
4	2	bAAAd	3							
5	3	AAAAAA	6							
6	4	bcdf	0							

セルC3に数式を入力して、セルC6までコピー

「A」の数が求められた

=LEN(文字列)	→ 06-08
=SUBSTITUTE(文字列 , 検索文字列 , 置換文字列 , [置換対象])	→ 06-22

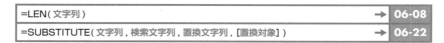

Memo

● SUBSTITUTE 関数は、「文字列」中の「検索文字列」を「置換文字列」で置き換える関数です。下図のように、計算の過程を複数の列に分けると、理解しやすくなります。

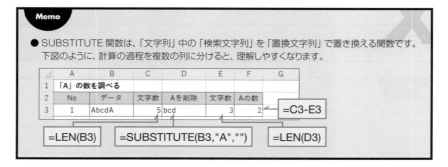

	A	B	C	D	E	F	G
1	「A」の数を調べる						
2	No	データ	文字数	Aを削除	文字数	Aの数	
3	1	AbcdA	5	bcd	3	2	=C3-E3

=LEN(B3)　　=SUBSTITUTE(B3,"A","")　　=LEN(D3)

Excel 06-11 強制改行を含めた セルの行数を調べる

LEN／SUBSTITUTE／CHAR
レングス　サブスティチュート　キャラクター

【Alt】＋【Enter】キーを押してセル内で強制改行すると、セルには目に見えない改行文字が埋め込まれ、LEN関数で数えると改行文字も1文字と数えられます。改行文字の文字コードは「10」なので、改行文字は「CHAR(10)」で表せます。そこで、SUBSTITUTE関数を使用して、文字列中の「CHAR(10)」を空白文字列「""」に置き換え、その文字数を元の文字数から引けば、文字列中の改行文字の数がわかります。また、改行文字の数に1を加えれば行数がわかります。

▶セル内の行数を調べる

改行を削除した文字列の文字数

B3 = LEN(A3) - LEN(SUBSTITUTE(A3,CHAR(10),""))+1

文字列の文字数　　　文字列から改行を削除

	A	B
	B3　fx =LEN(A3)-LEN(SUBSTITUTE(A3,CHAR(10),""))+1	
1	セルの行数を調べる	
2	データ	行数
3	紫式部 源氏物語 / 清少納言 枕草子	2
4	水戸 偕楽園 / 金沢 兼六園 / 岡山 後楽園	3

セルB3に数式を入力して、セルB4までコピー

行数が求められた

=LEN(文字列)	→	06-08
=SUBSTITUTE(文字列 , 検索文字列 , 置換文字列 , [置換対象])	→	06-22
=CHAR(数値)	→	06-05

Memo

●ここで紹介した方法は、セル内で強制改行した結果の行数です。強制改行した次の行が空白の場合でも、空白行がカウントされます。また、何も入力されていないセルは、1行とカウントされます。なお、セルの中で自動で折り返された行はカウントの対象外です。

06-12 指定した数だけ同じ文字を繰り返す

REPT リピート

　REPT関数を使用すると、指定した文字を指定した数だけ繰り返し表示できます。ここでは、アンケートの集計結果を簡易グラフで表します。REPT関数を使用して、1回答につき「★」マークを1つ表示します。なお、サンプルのセルA4～B4には［折り返して全体を表示する］が設定してあります。

▶アンケートの集計結果を簡易グラフで表す

> **A4** = REPT("★" , A3)
> 　　　　文字列　繰り返し回数

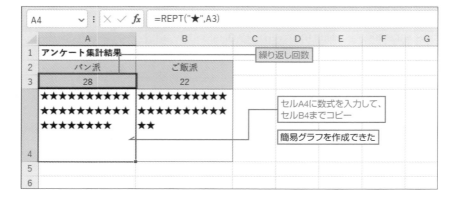

=REPT(文字列 , 繰り返し回数)　　　　　　　　　　　　　　　　　　　　　文字列操作

　文字列…繰り返す文字列を指定
　繰り返し回数…文字列を繰り返す回数を正の数値で指定。0 を指定すると空白文字列「""」が返される。小数を指定すると、小数点以下が切り捨てられる
「文字列」を指定した「繰り返し回数」だけ繰り返して表示します。返される文字列は 32,767 文字までで、これを超える場合は［#VALUE!］が返されます。

Memo

●セルに［折り返して全体を表示する］を設定するには、［ホーム］タブの［配置］グループにある［折り返して全体を表示する］ボタンをクリックします。

関連項目　【06-13】5段階評価の「4」を「★★★★☆」と表示する

06-13 5段階評価の「4」を「★★★★☆」と表示する

リピート
REPT

5段階評価を「★」と「☆」を並べて表現することがあります。例えば「4」を「★★★★☆」、「3」を「★★★☆☆」という具合です。REPT関数を使用して、「★」を評価数だけ繰り返し、続けて「☆」を「5-評価数」だけ繰り返せば、このような表示になります。

▶評価を星の数で表現する

C3	= REPT("★" , B3) & REPT("☆" , 5-B3)
	文字列 ┃ 文字列 ┃
	繰り返し回数 繰り返し回数

	A	B	C
1	店舗評価		
2	評価項目	点数	評価
3	味	4	★★★★☆
4	サービス	5	★★★★★
5	内装	3	★★★☆☆
6	価格	1	★☆☆☆☆
7		繰り返し回数	
8			

セルC3に数式を入力して、セルC6までコピー

評価を「★」で表示できた

=REPT (文字列 , 繰り返し回数) → 06-12

Memo

● REPT 関数は、簡易横棒グラフの作成にも役に立ちます。図では、セル C3 に REPT 関数を入力して、契約数 10 件につき 1 つの「|」（縦線）を表示しています。

= REPT("|",B3/10)

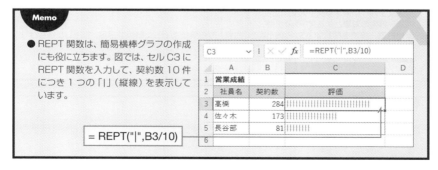

	A	B	C	D
1	営業成績			
2	社員名	契約数	評価	
3	高橋	284	||||||||||||||||||||||||||||	
4	佐々木	173	|||||||||||||||||	
5	長谷部	81	||||||||	
6				

C3 =REPT("|",B3/10)

関連項目 【06-12】指定した数だけ同じ文字を繰り返す

06-14 特定の文字列を検索する
<①FIND関数>

ファインド
FIND

FIND関数を使用すると、文字列の中に特定の文字列が含まれているかどうかを調べられます。ここでは「氏名」欄のデータの全角スペースの位置を調べます。例えば戻り値が「3」の場合、3文字目に全角スペースが含まれていることがわかります。なお、スペースが複数含まれている場合は、1つ目のスペースの位置が求められます。

▶1つ目の全角スペースの位置を調べる

```
C3 = FIND("　" , B3)
     検索文字列　対象
```

	A	B	C
1	名簿		
2	No	氏名	スペースの位置
3	1	伊藤　康太	3
4	2	榊　博美	2
5	3	五十嵐　洋	4
6	4	南　太郎　トーマス	2
7	5	スミス　田中　愛	4
8	6	佐々木	#VALUE!

C3 ∨ : × ✓ fx =FIND("　",B3)

セルC3に数式を入力して、セルC8までコピー

スペースの位置が表示された

見つからない場合は[#VALUE!]が表示される

対象

=FIND(検索文字列 , 対象 , [開始位置])　　　　　　　　　　　文字列操作

検索文字列…**検索する文字列を指定**
対象…**検索の対象となる文字列を指定**
開始位置…**検索を開始する文字の位置を「対象」の先頭を 1 とした数値で指定。省略した場合は 1 を指定したと見なされる**
「対象」の中に「検索文字列」が「開始位置」から数えて何文字目にあるかを調べます。見つからなかった場合は [#VALUE!] が返されます。英字の大文字と小文字を区別して検索します。

Memo

●文字列から特定の文字列を検索する関数には、SEARCH 関数 (→【06-16】) もあります。セルC3 に入力した数式の「FIND」を「SEARCH」に変えても同じ結果が得られます。

関連項目 【01-18】大文字と小文字を区別して検索する
　　　　　　【06-16】特定の文字列を検索する <②SEARCH関数>

Excel 06-15　2番目に現れる文字列を検索する
<①FIND関数>

FIND
ファインド

　氏名から2つ目の全角スペースの位置を調べたいときは、FIND関数の第3引数「開始位置」に「1つ目の全角スペースの位置+1」を指定します。例えば、1つ目が3文字目にある場合、4文字目から探し始めるということです。「1つ目の全角スペースの位置」もFIND関数で求めるので、FIND関数が入れ子になります。

▶2つ目の全角スペースの位置を調べる

C3 = FIND("　" , B3 , FIND("　",B3)+1)
　　　検索文字列　対象　　　開始位置
　　　　　　　　　　1つ目のスペースの次の位置

C3	⋮ × ✓ fx	=FIND("　",B3,FIND("　",B3)+1)					
	A	B	C	D	E	F	G	H
1	名簿							
2	No	氏名	2つ目のスペース					
3	1	伊藤　康太　⚠	#VALUE!		セルC3に数式を入力して、			
4	2	榊　博美	#VALUE!		セルC8までコピー			
5	3	五十嵐　洋	#VALUE!					
6	4	南　太郎　トーマス	5		2つ目のスペースの位置が表示された			
7	5	スミス　田中　愛	7		見つからない場合は[#VALUE!]			
8	6	佐々木	#VALUE!		が表示される			
9			対象					
10								
11								
12								

=FIND(検索文字列 , 対象 , [開始位置])　　　　　　　➡ **06-14**

Memo

● [#VALUE!] が表示されるケースは、全角スペースが1つもない場合と、全角スペースが1つしかない場合の2通り考えられます。

● セルC3に入力した数式の2カ所の「FIND」を「SEARCH」に変えても同じ結果が得られます。

関連項目　【06-14】特定の文字列を検索する <①FIND関数>

06-16 特定の文字列を検索する
＜②SEARCH関数＞

SEARCH
サーチ

SEARCH関数を使用すると、文字列の中に特定の文字列が含まれているかどうかを調べられます。ここでは「所属」欄のデータの「営業」の位置を調べます。例えば戻り値が「3」の場合、「営業」が3、4文字目に含まれていることがわかります。「営業」が複数含まれている場合でも、1つ目の位置だけが求められます。

▶1つ目の「営業」の位置を調べる

C3	= SEARCH("営業" , B3)
	検索文字列　対象

C3	∨ : × ✓ fx	=SEARCH("営業",B3)	

	A	B	C	D	E	F	G	H
1	プロジェクトメンバー表							
2	氏名	所属	位置					
3	市原　弥生	本社営業部第1営業課	3					
4	曽我　修二	本社営業部第2営業課	3					
5	三谷　碧	関西支社営業本部営業課	5					
6	大塚　麻衣	北海道支社営業部	6					
7	江川　亮介	本社経営企画室	#VALUE!					
8			対象					
9								

セルC3に数式を入力して、セルC7までコピー

「営業」の位置が表示された

見つからない場合は[#VALUE!]が表示される

=SEARCH(検索文字列 , 対象 , [開始位置])　　　　　　　　　　　　　　文字列操作

検索文字列…**検索する文字列を指定**
対象…**検索の対象となる文字列を指定**
開始位置…**検索を開始する文字の位置を「対象」の先頭を 1 とした数値で指定。省略した場合は 1 を指定したと見なされる**
「対象」の中に「検索文字列」が「開始位置」から数えて何文字目にあるかを調べます。見つからなかった場合は [#VALUE!] が返されます。英字の大文字と小文字は区別しません。

Memo

●文字列から特定の文字列を検索する関数には、FIND 関数（→【06-14】）もあります。セル C3 に入力した数式の「SEARCH」を「FIND」に変えても同じ結果が得られます。

関連項目　【01-18】大文字と小文字を区別して検索する
　　　　　　【06-14】特定の文字列を検索する ＜①FIND関数＞

06-17 2番目に現れる文字列を検索する
<②SEARCH関数>

SEARCH

部署名から2つ目の「営業」の位置を調べたいときは、SEARCH関数の第3引数「開始位置」に「1つ目の営業の位置＋1」を指定します。例えば、1つ目が3文字目にある場合、4文字目から探し始めるということです。「1つ目の営業の位置」もSEARCH関数で求めるので、SEARCH関数が入れ子になります。

▶2つ目の「営業」の位置を調べる

C3 = SEARCH("営業" , B3 , SEARCH("営業",B3)+1)
　　　　　 検索文字列 対象　　　 開始位置
　　　　　　　　　　　1つ目の「営業」の次の位置

	A	B	C
1	プロジェクトメンバー表		
2	氏名	所属	位置
3	市原　弥生	本社営業部第1営業課	8
4	曽我　修二	本社営業部第2営業課	8
5	三谷　碧	関西支社営業本部営業課	9
6	大塚　麻衣	北海道支社営業部	#VALUE!
7	江川　亮介	本社経営企画室	#VALUE!

=SEARCH("営業",B3,SEARCH("営業",B3)+1)

セルC3に数式を入力して、セルC7までコピー
2つ目の「営業」の位置が表示された
見つからない場合は[#VALUE!]が表示される
対象

=SEARCH(検索文字列 , 対象 , [開始位置])　→ 06-16

Memo
● [#VALUE!] が表示されるケースは、「営業」が1つもない場合と、「営業」が1つしかない場合の2通り考えられます。
● セルC3に入力した数式の2カ所の「SEARCH」を「FIND」に変えても同じ結果が得られます。

【関連項目】【06-14】特定の文字列を検索する ＜①FIND関数＞
【06-16】特定の文字列を検索する ＜②SEARCH関数＞

06-18 大文字と小文字を区別して検索する

FIND／SEARCH
ファインド　サーチ

　文字列検索用の関数にはFIND関数とSEARCH関数の2種類ありますが、大文字と小文字を区別して検索したいときは、FIND関数を使用します。反対に、大文字と小文字を区別せずに検索したいときは、SEARCH関数を使用します。ここでは「型番」のデータから「EX」を検索します。FIND関数では大文字の「EX」のみが検索されますが、SEARCH関数では「ex」「Ex」「eX」も検索されます。

▶「EX」の位置を調べる

B3	= FIND("EX" , A3)
	検索文字列 対象

C3	= SEARCH("EX" , A3)
	検索文字列 対象

B3		∨ : × ✓ fx	=FIND("EX",A3)				
	A	B	C	D	E	F	G
1	商品リスト						
2	型番 　対象	FIND関数 大文字小文字を 区別する	SEARCH関数 大文字小文字を 区別しない				
3	K-EX-7	3	3				
4	MK-EX-8	4	4				
5	KLX-101	#VALUE!	#VALUE!				
6	KLX-ex-102	#VALUE!	5				
7	K-Ex-701	#VALUE!	3				
8	MK-eX-801	#VALUE!	4				
9							
10							

セルB3とセルC3に数式を入力して、8行目までコピー

「EX」が検索された

「ex」「Ex」「eX」は FIND関数では検索対象外だが、SEARCH関数では検索される

=FIND(検索文字列 , 対象 , [開始位置])	→ 06-14
=SEARCH(検索文字列 , 対象 , [開始位置])	→ 06-16

Memo

● FIND 関数と SEARCH 関数のどちらも、全角と半角、ひらがなとカタカナは区別します。

関連項目　【06-14】特定の文字列を検索する＜①FIND関数＞
　　　　　　　【06-16】特定の文字列を検索する＜②SEARCH関数＞

Excel 06-19 「○○を含む」「○○で始まる」の ような部分一致の条件で検索する

X SEARCH
サーチ

文字列検索用の関数にはFIND関数とSEARCH関数の2種類ありますが、「○○を含む」「○○で始まる」のようなあいまいな条件で検索したいときは、ワイルドカード文字を使用できるSEARCH関数を使用します。ここでは「検索文字列」として「東京都*区」を指定します。「1」が表示される場合は、住所が東京都23区と判断できます。

▶ワイルドカード文字を使用して検索する

C3	= SEARCH("東京都*区" , B3)
	検索文字列　　対象

C3 ∨ ： ✕ ✓ fx =SEARCH("東京都*区",B3)

	A	B	C
1	住所録		
2	氏名	住所	検索
3	市川　爽	東京都足立区東和	1
4	太田　信哉	東京都港区高輪	1
5	北川　鮎	東京都三鷹市中原	#VALUE!
6	田所　柊太	東京都中野区南台	1
7	広瀬　未唯	千葉県船橋市旭町	#VALUE!

セルC3に数式を入力して、セルC7までコピー

対象

住所が「東京都23区」の場合に「1」と表示される

=SEARCH(検索文字列 , 対象 , [開始位置])　　→ 06-16

Memo

● SEARCH関数で「*」や「?」を文字として検索したいときは、前に半角のチルダ「~」を付けて、「~*」や「~?」という「検索文字列」を指定します。

● FIND関数では、ワイルドカード文字を使用したあいまい検索を行えません。しかし、逆に「*」や「?」を文字として検索したいときは、「*」や「?」をそのまま指定して簡単に検索を行えます。

関連項目 【06-03】ワイルドカード文字を理解しよう

06-20 決まった位置にある文字列を置換する

REPLACE

REPLACE関数を使用すると、決まった位置にある決まった文字数の文字列を置換できます。サンプルでは、「ID」欄のデータの前半を「*」でマスキングしています。引数に「セルB3の1文字目から9文字分を『****-****』で置き換える」という内容を指定します。

▶IDの前半をマスキングする

	A	B	C	D	E	F	G	H
1	顧客名簿			文字列				
2	氏名	ID	マスキング					
3	大川　静香	1234-5678-9012	****-****-9012					
4	野呂　太一	2345-6789-0123	****-****-0123					
5	南　真子	3456-7890-1234	****-****-1234					
6	海老沢　裕	4567-8901-2345	****-****-2345					
7								

セルC3に数式を入力して、セルC6までコピー

最初の9文字が「****-****」に置き換えられた

=REPLACE(文字列 , 開始位置 , 文字数 , 置換文字列)　　　　文字列操作

文字列…置換の対象となる文字列を指定
開始位置…置換を開始する文字の位置を「文字列」の先頭を1とした数値で指定
文字数…置換する文字数を指定
置換文字列…「文字列」の一部と置き換える文字列を指定
「文字列」の「開始位置」から「文字数」分の文字列を「置換文字列」で置き換えます。

Memo

● 「開始位置」に「文字列」の文字数以上の数値を指定すると、「文字列」の末尾に「置換文字列」が付加されます。
　=REPLACE(" あいうえお ",9,1,"ABC") → あいうえお ABC

● 「文字数」に「文字列」の文字数を超える数値を指定すると、「文字列」の末尾までが置換されます。
　=REPLACE(" あいうえお ",4,9,"ABC") → あいう ABC

関連項目 【06-22】特定の文字列を置換する

06-21 7桁の数字だけの郵便番号にハイフンを挿入する

リプレイス
REPLACE

「○文字目と△文字目の間に文字列を挿入したい」というときにも、REPLACE関数が役に立ちます。置換される文字数を意味する引数「文字数」に「0」を指定すると、1文字も失われることなく、「開始位置」で指定した位置に文字を挿入できます。ここでは7桁の数字が並んだ郵便番号の3桁目と4桁目の間にハイフン「-」を挿入します。4文字目の位置に挿入するので、2番目の引数「開始位置」に指定する値は「4」になります。

▶郵便番号の3桁目と4桁目の間にハイフンを挿入する

```
C3 = REPLACE(B3 , 4 , 0 , "-")
          文字列 │ 文字数 │
       開始位置     置換文字列
```

	C3	fx	=REPLACE(B3,4,0,"-")		
	A	B	C	D
1	郵便番号簿			文字列
2	拠点名	郵便番号	ハイフン入り	
3	東京本社	1078077	107-8077	セルC3に数式を入力して、セルC6までコピー
4	大阪支社	5530003	553-0003	
5	中部支社	4608664	460-8664	ハイフンが挿入された
6	九州支社	8128677	812-8677	

=REPLACE(文字列 , 開始位置 , 文字数 , 置換文字列) → 06-20

Memo

● REPLACE 関数は置換を行う関数ですが、引数の指定次第で文字列の挿入や削除にも使用できます。文字列の削除の具体例は【06-26】を参照してください。
・文字列の挿入: 引数「文字数」に「0」を指定する
・文字列の削除: 引数「置換文字列」に空白文字列「""」を指定する

●関数で文字列を置換しても、元のデータ自体はそのままです。元データを置換後のデータで完全に置き換えたい場合は、【11-01】を参考に、数式のセルをコピーして、元データのセルに値として貼り付けてください。

関連項目 【06-20】決まった位置にある文字列を置換する

06-22 特定の文字列を置換する

サブスティチュート
SUBSTITUTE

　SUBSTITUTE関数を使用すると、特定の文字列を別の文字列に置き換えられます。サンプルでは、会社名に含まれる「(株)」を「株式会社」に置き換えています。会社名のどの位置にあるかにかかわらず、「(株)」という文字だけを頼りに置換できることが特徴です。「(株)」が含まれない場合は、元のまま表示されます。

▶「(株)」を「株式会社」に置き換える

C3	= SUBSTITUTE(B3 , "(株)" , "株式会社")
	文字列　検索文字列　　置換文字列

C3	∨ : × ✓ fx	=SUBSTITUTE(B3,"(株)","株式会社")					
	A	B	C	D	E	F	G	H

	A	B	C	D	E
1	取引先リスト				文字列
2	No	取引先名	整形後		
3	1	(株) 緑商事	株式会社緑商事	←	セルC3に数式を入力して、セルC6までコピー
4	2	黒川電気株式会社	黒川電気株式会社		
5	3	茶谷金属 (株)	茶谷金属株式会社		「(株)」を「株式会社」に統一できた
6	4	株式会社赤井化学	株式会社赤井化学		
7					

=SUBSTITUTE(文字列 , 検索文字列 , 置換文字列 , [置換対象])　　　　　　　　　文字列操作

　文字列…**置換の対象となる文字列を指定**
　検索文字列…**「置換文字列」で置換される文字列を指定**
　置換文字列…**「検索文字列」を置き換える文字列を指定**
　置換対象…**何番目の「検索文字列」を置換するかを数値で指定。省略した場合は、「文字列」中のすべての「検索文字列」が置換される**
　「文字列」中の「検索文字列」を「置換文字列」で置き換えます。何番目の「検索文字列」を置換するかは「置換対象」で指定します。「文字列」の中に「検索文字列」が見つからない場合は、「文字列」がそのまま返されます。

Memo

● SUBSTITUTE 関数の第3引数「置換文字列」に空白文字列「""」を指定すると、「文字列」中の「検索文字列」を削除できます。具体例は【06-27】で紹介します。

関連項目　【06-20】決まった位置にある文字列を置換する

06-23 ○番目に現れる文字列だけを置換する

サブスティチュート
SUBSTITUTE

SUBSTITUTE関数で第4引数「置換対象」を省略した場合、文字列中のすべての「検索文字列」が置換されます。特定の位置の「検索文字列」だけを置換したい場合は、第4引数「置換対象」に、何番目に現れる「検索文字列」を置換するかを指定します。ここでは、セミナー名の中で1番目に現れる「/」だけを「 & 」(スペースと「&」とスペース)に置き換えます。

▶1番目の「/」を「 & 」に置き換える

C3	= SUBSTITUTE(B3 , "/" , " & " , 1)

文字列 ／ 置換文字列
検索文字列 ／ 置換対象

C3	∨ : × ✓ fx	=SUBSTITUTE(B3,"/"," & ",1)

▲	A	B	C	D	E	F
1	セミナー一覧					
2	No	セミナー名	新セミナー名			
3	1	Excel 2021/2019/2016	Excel 2021 & 2019/2016			
4	2	Word 2021/2019/2016	Word 2021 & 2019/2016			
5	3	Visual Studio 2022/2019	Visual Studio 2022 & 2019			
6	4	Windows 11/10/8.1	Windows 11 & 10/8.1			
7			文字列			
8						

> セルC3に数式を入力して、セルC6までコピー

> 最初に現れる「/」だけが「 & 」に置き換えられた

=SUBSTITUTE(文字列 , 検索文字列 , 置換文字列 , [置換対象])	→ 06-22

Memo

● 上記の数式の第4引数「置換対象」を省略した場合、以下のようにすべての「/」が置き換えられます。
　　Excel 2021/2019/2016 　→ 　Excel 2021 & 2019 & 2016

● 関数で文字列を置換しても、元のデータ自体はそのままです。元データを置換後のデータで完全に置き換えたい場合は、【11-01】を参考に、数式のセルをコピーして、元データのセルに値として貼り付けてください。

関連項目 【06-22】特定の文字列を置換する

06-24 ハイフンで区切られた市内局番を カッコで囲む

サブスティテュート
SUBSTITUTE

「03-3456-XXXX」のようにハイフンで区切られた電話番号の市内局番を、カッコで囲んで「03(3456)XXXX」のように表示してみましょう。それには、2つのSUBSTITUTE関数を入れ子で使用します。内側のSUBSTITUTE関数で1つ目のハイフンを「(」に変更し、外側のSUBSTITUTE関数で残りのハイフンを「)」に変更します。

▶市内局番をカッコで囲む

> 2つ目の「-」を「)」に置き換える

C3 = SUBSTITUTE(SUBSTITUTE(B3,"-","(",1),"-",")")

> 1つ目の「-」を「(」に置き換える

	A	B	C	D	E	F	G	H	I
1	拠点一覧								
2	拠点名	電話番号	整形後						
3	東京本社	03-3456-XXXX	03(3456)XXXX						
4	大阪支社	06-7890-XXXX	06(7890)XXXX						
5	九州支社	092-568-XXXX	092(568)XXXX						

C3 fx =SUBSTITUTE(SUBSTITUTE(B3,"-","(",1),"-",")")

> セルC3に数式を入力して、セルC5までコピー

> 市内局番がカッコで囲まれた

=SUBSTITUTE(文字列 , 検索文字列 , 置換文字列 , [置換対象])　　➡ **06-22**

Memo

●ハイフンで区切られた市外局番を「(03)3456-XXXX」のようにカッコで囲むには、REPLACE関数で1文字目に「(」を挿入し、SUBSTITUTE関数で1つ目のハイフンを「)」で置換します。
=SUBSTITUTE(REPLACE(B3,1,0,"("),"-",")",1)

	A	B	C	D	E	F
1	拠点一覧					
2	拠点名	電話番号	整形後			
3	東京本社	03-3456-XXXX	(03)3456-XXXX			
4	大阪支社	06-7890-XXXX	(06)7890-XXXX			
5	九州支社	092-568-XXXX	(092)568-XXXX			

C3 fx =SUBSTITUTE(REPLACE(B3,1,0,"("),"-",")",1)

関連項目　【06-22】特定の文字列を置換する

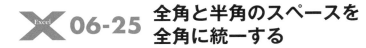

06-25 全角と半角のスペースを全角に統一する

SUBSTITUTE
サブスティチュート

　表のデータに全角スペースと半角スペースが混在していると、見た目が悪いだけでなく、SUMIF関数などによる集計でも異なるデータと見なされて支障が出ます。SUBSTITUTE関数を使用して統一しましょう。ここでは、氏名の氏と名の間のスペースを全角に統一します。引数「検索文字列」に半角スペース、「置換文字列」に全角スペースを指定してください。なお、「検索文字列」と「置換文字列」の指定を逆にすると、スペースを半角に揃えられます。

▶スペースを全角に統一する

C3	= SUBSTITUTE(B3 , " " , "　")
	文字列 ┃ 置換文字列
	検索文字列

C3 ∨ : × ✓ fx =SUBSTITUTE(B3," ","　")

	A	B	C	D	E	F	G	H	I
1	スタッフリスト			文字列					
2	No	氏名	統一						
3	1	小川　健吾	小川　健吾						
4	2	小林 貴惠	小林　貴惠						
5	3	菅田　浩二	菅田　浩二						
6	4	千葉 将也	千葉　将也						
7									

セルC3に数式を入力して、セルC6までコピー

スペースを全角に統一できた

=SUBSTITUTE(文字列 , 検索文字列 , 置換文字列 , [置換対象])　　→ **06-22**

Memo

●半角文字を全角文字に変換する JIS 関数を使用しても、半角スペースを全角スペースに変換できます。ただし、文字列にスペース以外の半角文字が含まれていた場合、それらの文字も全角文字になります。

●セル C3～C6 をコピーし、【11-01】を参考にセル B3～B6 に値として貼り付けると、「氏名」データ自体の全角と半角を統一できます。

関連項目　【06-29】文字列からスペースを完全に削除する

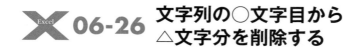

06-26 文字列の○文字目から △文字分を削除する

REPLACE関数の第4引数「置換文字列」に空白文字列「""」を指定すると、決まった位置の文字を削除できます。削除される文字の内容にかかわらず、位置だけを頼りに削除できるのが特徴です。例えば「3文字-2文字-3文字」形式のコードから一律に中分類を削除したいときは、REPLACE関数でコードの4文字目から3文字分を「""」で置き換えます。

▶商品コードの中分類を削除する

```
B3 = REPLACE(A3 , 4 , 3 , "")
         文字列  │文字数│
           開始位置   置換文字列
```

	A	B	C	D	E	F	G	H
	B3	⌄ : × ✓ ƒx	=REPLACE(A3,4,3,"")					
1	商品コードの編集							
2	大分類-中分類-枝	大分類-枝						
3	SEW-KP-101	SEW-101	セルB3に数式を入力して、セルB6までコピー					
4	TYP-KP-230	TYP-230						
5	VEX-TT-105	VEX-105	4文字目から3文字分が削除された					
6	WER-TT-201	WER-201						
7		文字列						
8								

```
=REPLACE( 文字列 , 開始位置 , 文字数 , 置換文字列 )          → 06-20
```

> **Memo**
>
> ● REPLACE 関数は置換を行う関数ですが、引数の指定次第で文字列の挿入や削除に利用できます。文字列の挿入例は、【06-21】を参照してください。

関連項目　【06-20】決まった位置にある文字列を置換する
　　　　　　【06-21】7桁の数字だけの郵便番号にハイフンを挿入する
　　　　　　【06-27】文字列の中から特定の文字列を削除する

06-27 文字列の中から特定の文字列を削除する

サブスティチュート
X SUBSTITUTE

会社名から「株式会社」を削除して、固有名詞だけを抽出したいことがあります。文字列から特定の文字列を削除するには、SUBSTITUTE関数を使用します。引数「検索文字列」に削除する文字列、「置換文字列」に空白文字列「""」を指定します。

▶会社名から「株式会社」を削除する

C3	= SUBSTITUTE(B3 , "株式会社" , "")
	文字列　検索文字列　置換文字列

| C3 | | ∨ | ⋮ | × | ✓ | fx | =SUBSTITUTE(B3,"株式会社","") |

▲	A	B	C	D	E	F	G	H
1	取引先リスト							
2	No	取引先名	固有名詞					
3	1	株式会社緑商事	緑商事					
4	2	黒川電気株式会社	黒川電気					
5	3	茶谷金属株式会社	茶谷金属					
6	4	株式会社赤井化学	赤井化学					
7			文字列					
8								
9								
10								
11								

セルC3に数式を入力して、セルC6までコピー

「株式会社」が削除された

=SUBSTITUTE(文字列 , 検索文字列 , 置換文字列 , [置換対象])　　　➡ 06-22

Memo

● 「会社名」欄に「株式会社」「有限会社」が混在する状態で固有名詞を取り出すには、2つのSUBSTITUTE関数を入れ子で使用します。一方のSUBSTITUTE関数で「株式会社」を削除し、もう一方のSUBSTITUTE関数で「有限会社」を削除します。
=SUBSTITUTE(SUBSTITUTE(B3," 株式会社 ","")," 有限会社 ","")

関連項目 【06-22】特定の文字列を置換する
　　　　　【06-26】文字列の○文字目から△文字分を削除する
　　　　　【06-28】単語間のスペースを1つ残して余分なスペースを削除する

 **06-28 単語間のスペースを1つ残して
余分なスペースを削除する**

TRIM

　TRIM関数を使用すると、文字列の前後にある全角スペースと半角スペースをすべて削除できます。単語の間にあるスペースは、1つ目のスペースを残して削除されます。Webからコピーしてきたデータの前後に余分なスペースが含まれることがありますが、そのようなときに便利です。

▶余分なスペースを削除する

C3 = TRIM(B3)
　　　　文字列

	A	B	C	D	E	F	G	H
1	店舗リスト							
2	No	店舗	スペース削除					
3	1	東京　銀座店	東京　銀座店					
4	2	埼玉　　　大宮店	埼玉 大宮店					
5	3	千葉　柏店	千葉　柏店					
6	4	茨城　　　日立店	茨城　日立店					
7								
8								
9								
10								

C3 ∨ : × ✓ fx =TRIM(B3)

セルC3に数式を入力して、
セルC6までコピー

単語間のスペースを1つ残して
余分なスペースを削除できた

文字列

=TRIM(文字列)　　　　　　　　　　　　　　　　　　　　文字列操作

　文字列…スペースを削除する対象の文字列を指定
文字列から余分な全角／半角のスペースを削除します。単語間のスペースは1つ残ります。

Memo

●単語と単語の間に複数のスペースが連続している場合、1つ目のスペースが残ります。残ったスペースの全角／半角を統一するには、SUBSTITUTE関数で半角スペースを全角スペースに置き換えます。
=SUBSTITUTE(TRIM(B3)," ","　")

関連項目【06-29】文字列からスペースを完全に削除する

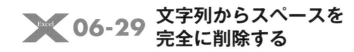

06-29 文字列からスペースを完全に削除する

SUBSTITUTE

　文字列の前後や単語間に含まれるスペースをすべて削除したいときは、SUBSTITUTE関数を2つ使用します。一方のSUBSTITUTE関数で全角のスペースを削除し、もう一方で半角のスペースを削除します。引数「検索文字列」にスペースを指定し、「置換文字列」に空白文字列「""」を指定すれば削除できます。TRIM関数を使用してスペースを削除すると単語間に1つスペースが残りますが、こちらの方法ではスペースを完全に削除します。

▶スペースを完全に削除する

半角スペースを削除する
C3 = SUBSTITUTE(SUBSTITUTE(B3," ",""),"　","")
全角スペースを削除する

C3		fx	=SUBSTITUTE(SUBSTITUTE(B3," ",""),"　","")				
	A	B	C	D	E	F	G
1	店舗リスト						
2	No	店舗	スペース削除				
3	1	東京　銀座店	東京銀座店				
4	2	埼玉　　大宮店	埼玉大宮店				
5	3	千葉　　柏店	千葉柏店				
6	4	茨城　　日立店	茨城日立店				
7							

セルC3に数式を入力して、セルC6までコピー

すべてのスペースを削除できた

文字列

=SUBSTITUTE(文字列 , 検索文字列 , 置換文字列 , [置換対象]) ➡ **06-22**

Memo

●セル C3～C6 をコピーし、【11-01】を参考にセル B3～B6 に値として貼り付けると、「店舗」欄のデータ自体からスペースを削除できます。

関連項目 【06-27】文字列の中から特定の文字列を削除する

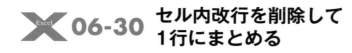

06-30 セル内改行を削除して 1行にまとめる

クリーン
CLEAN

CLEAN関数を使用すると、ASCIIコードの0〜31の文字コードにあたる制御文字を削除できます。セル内改行も制御文字の1種で、CLEAN関数による削除の対象になります。ここでは、この関数を使用してセル内改行を削除します。

▶セル内改行を削除する

C3 = CLEAN(B3)
　　　　　　文字列

	A	B	C	D	E	F	G	H	I	J	K
1	セル内改行の削除										
2	No	店舗名	セル内改行削除								
3	1	東京 銀座店	東京銀座店	セルC3に数式を入力して、セルC5までコピー							
4	2	埼玉 大宮店	埼玉大宮店	セル内改行を削除できた							
5	3	千葉 柏店	千葉柏店								
6		文字列									
7											
8											

C3 ∨ : × ✓ fx =CLEAN(B3)

=CLEAN(文字列)　　　　　　　　　　　　　　　　　　　　　　　文字列操作

文字列…制御文字を削除する対象の文字列を指定
文字列に含まれる制御文字を削除します。削除できるのは、ASCII コードの 0〜31 に対応する制御文字です。

Memo

● 文字列の中に制御文字が存在しても、目には見えません。存在を確認するには、LEN 関数で文字数を求めて、実際に見えている文字数と比較するとよいでしょう。

● SUBSTITUTE 関数を使用して、セル内改行を表す「CHAR(10)」を空白文字列「""」で置き換えても、セル内改行を削除できます。
=SUBSTITUTE(B3,CHAR(10),"")

06-31 2つの文字列が等しいかどうかを調べる

EXACT

EXACT関数を使用すると、2つの文字列が等しいかどうかを調べられます。「=」演算子では大文字と小文字が同じ文字、EXACT関数では異なる文字と見なされます。特徴を理解して使い分けてください。ここでは「=」とEXACT関数を使用して、表のA列とB列の文字列を比較します。等しければTRUE、等しくなければFALSEという結果になります。

▶A列とB列の文字列を比較する

C3 = A3=B3		D3 = EXACT(A3 , B3)
		文字列1 文字列2

D3	∨	:	× ✓ fx	=EXACT(A3,B3)				
	A	B	C	D		F	G	H
1	入力チェック							
2	文字列1	文字列2	「=」で判定	Exact関数で判定				
3	関数	関数	TRUE	TRUE				
4	EXCEL	excel	TRUE	FALSE				
5	エクセル	エクセル	FALSE	FALSE				
6	エクセル	えくせる	FALSE	FALSE				

文字列1

文字列2

セルC3とセルD3に数式を入力して、6行目までコピー

大文字と小文字の比較に違いが出る

=EXACT(文字列 1, 文字列 2)	文字列操作

文字列 1、文字列 2…**比較する文字列を指定**
「文字列 1」と「文字列 2」が等しい場合は TRUE、等しくない場合は FALSE を返します。英字の大文字と小文字を区別します。

Memo

● 全角と半角、ひらがなとカタカナは、「=」演算子と EXACT 関数のどちらを使用しても異なる文字として扱われます。

文字種	「=」演算子	EXACT 関数
大文字／小文字	区別しない	区別する
全角／半角	区別する	区別する
ひらがな／カタカナ	区別する	区別する

06-32 複数のセルに入力されている文字列を一気に連結する

コンカット
CONCAT

　CONCAT関数は、複数の文字列を連結する関数です。SUM関数で複数の数値を合計するときと同様に、引数にセル範囲を指定して一気に文字列の連結を行えます。ここでは、C列からF列に入力されている住所を連結して、1つの文字列データを作成します。

▶C列からF列に入力されている住所を連結する

G3	= CONCAT(C3:F3)
	文字列1

	G3	✓ : × ✓ fx	=CONCAT(C3:F3)					
	A	B	C	D	E	F	G	H
1	店舗リスト							
2	店舗	郵便番号	県	市区	町	番地	住所	
3	1号店	140-0014	東京都	品川区	大井	1-X-X	東京都品川区大井1-X-X	
4	2号店	252-0815	神奈川県	藤沢市	石川	2-X-X	神奈川県藤沢市石川2-X-X	
5	3号店	273-0005	千葉県	船橋市	本町	3-X-X	千葉県船橋市本町3-X-X	
6	4号店	351-0112	埼玉県	和光市	丸山台	4-X-X	埼玉県和光市丸山台4-X-X	
7			文字列1				セルG3に数式を入力して、セルG6までコピー	
8							文字列を連結できた	
9								

=CONCAT(文字列 1, [文字列 2] …)　　　　　　　　　[365/2021/2019]　文字列操作

　文字列…連結する文字列を指定。セル範囲も指定可能
文字列を連結して返します。「文字列」を254個まで指定できます。「文字列」に日付／時刻を指定した場合はシリアル値が連結されます。「文字列」にエラー値を指定した場合は、エラー値が返ります。

> **Memo**
> ●従来版にあった文字列を連結する関数のCONCATENATE関数は、引数にセル範囲を指定できません。CONCAT関数は、引数にセル範囲を指定できるようにした強化版の関数です。Excel 2016の場合は、CONCATENATE関数の引数にセルを1つずつ指定して連結してください。
> =CONCATENATE(C3,D3,E3,F3)

関連項目　【06-34】指定した区切り文字を挟んで複数の文字列を一気に連結する

06-33 改行を挟んで文字列を連結する

複数のセルの文字列を、改行を挟んで連結するには、改行する位置に「CHAR(10)」を指定します。「10」は改行を表す文字コードで、CHAR関数は文字コードを文字に変換する関数です。ここでは郵便番号と住所の間に改行を入れて連結します。なお、文字列に改行文字を挟んでも、セルに［折り返して全体を表示する］を設定しないと、改行を入れた効果が得られないので注意してください。

▶郵便番号と住所の間に改行を挟んで連結する

G3	= CONCAT(B3 , CHAR(10) , C3:F3)
	文字列1　　文字列2　　文字列3

G3		: × ✓ fx	=CONCAT(B3,CHAR(10),C3:F3)					
	A	B	C	D	E	F	G	H	I
1	店舗リスト								
2	店舗	郵便番号	県	市区	町	番地	住所		
3	1号店	140-0014	東京都	品川区	大井	1-X-X	140-0014 東京都品川区大井1-X-X		
4	2号店	252-0815	神奈川県	藤沢市	石川	2-X-X	252-0815 神奈川県藤沢市石川2-X-X		
5	3号店	273-0005	千葉県	船橋市	本町	3-X-X	273-0005 千葉県船橋市本町3-X-X		
6	文字列1		文字列3			セルG3に数式を入力し、［折り返して全体を表示する］を設定して、セルG5までコピー			
7									
8									

=CONCAT(文字列 1, [文字列 2] …)	→ 06-32
=CHAR(数値)	→ 06-05

Memo

●セルに［折り返して全体を表示する］を設定するには、［ホーム］タブの［配置］グループにある［折り返して全体を表示する］ボタンをクリックします。

06-34 指定した区切り文字を挟んで 複数の文字列を一気に連結する

テキストジョイン
TEXTJOIN

　TEXTJOIN関数を使用すると、区切り文字を挟みながら文字列を連結できます。サンプルでは「分類番号」「商品番号」「色番号」を、間にハイフンを挟んで連結します。色番号がない商品に余計なハイフンが表示されないように、引数「空のセルは無視」に「TRUE」を指定します。

▶文字列の間に「-」を挟んで連結する

D3 = TEXTJOIN("-" , TRUE , A3:C3)
　　　　区切り文字　　　　文字列1
　　　　　　　空のセルは無視

	A	B	C	D	E	F	G	H	I	J
1	注文コードの作成				文字列1					
2	分類番号	商品番号	色番号	注文コード						
3	AS	K101	BL	AS-K101-BL						
4	AS	K101	WT	AS-K101-WT						
5	DF	U203		DF-U203						
6										

セルD3に数式を入力して、セルD5までコピー

「-」を挟んで文字列を連結できた

=TEXTJOIN(区切り文字 , 空のセルは無視 , 文字列 1, [文字列 2] …)　　　　　　文字列操作
　　　　　　　　　　　　　　　　　　　　　　[365/2021/2019]

区切り文字…**区切り文字を指定**
空のセルは無視…**TRUE を指定すると、空白セルは無視される。FALSE を指定すると、空白セルも区切り文字を挟んで連結される**
文字列…**連結する文字列を指定。セル範囲も指定可能**
区切り文字を挟みながら文字列を連結して返します。「文字列」を 252 個まで指定できます。「文字列」に日付／時刻を指定した場合はシリアル値が連結されます。「文字列」にエラー値を指定した場合は、エラー値が返ります。

Memo

● TEXTJOIN 関数の引数「空のセルは無視」に「TRUE」を指定した場合と「FALSE」を指定した場合で、サンプルのセル D5 の結果は次のように変わります。
　・「TRUE」を指定　→　　戻り値：DF-U203　（色番号は無視される）
　・「FALSE」を指定　→　　戻り値：DF-U203-　（色番号の分の「-」が末尾に表示される）

関連項目　【06-32】複数のセルに入力されている文字列を一気に連結する

06-35 列ごとに異なる区切り文字を指定して連結したい！

テキストジョイン
TEXTJOIN

TEXTJOIN関数では、引数「区切り文字」にセル範囲や配列定数の形式で複数の文字を指定できます。ここでは、区切り文字として「,」「,」「,」「;」（カンマ3つとセミコロン1つ）を指定します。「文字列」に3行4列のセル範囲を指定するので、結果として列が「,」、行が「;」で区切られます。

▶列をカンマ、行をセミコロンで区切って連結する

F5 ＝ TEXTJOIN(F2:I2 , FALSE , A3:D5)
　　　　　　　区切り文字　空のセルは無視　文字列1

=TEXTJOIN(区切り文字 , 空のセルは無視 , 文字列 1, [文字列 2] …)　　　　➡ 06-34

Memo

●配列の要素より区切り文字が少ない場合、区切り文字が繰り返されます。区切り文字として「◇」「●」の2つを指定した場合、「◇」「●」「◇」「●」…と順に挟まれていきます 。

●区切り文字を配列定数で指定することもできます。「◇」「●」を順に挟みながらセル A3〜D5 を連結する場合、次のようになります。
=TEXTJOIN({" ◇ "," ● "},FALSE,A3:D5)

●引数「空のセルは無視」に「TRUE」を指定すると空白セルが飛ばされますが、区切り文字の順序は飛ばされません。サンプルで「TRUE」を指定した場合、空白のセルが飛ばされると、行末に入るはずだった「;」の位置がずれてしまいます。「FALSE」を指定すれば、途中に空白セルがあっても必ず行末に「;」が入ります。また、空白セルの部分は「,,」とカンマが2つ続くので、項目が欠落していることも明白になります。
・「TRUE」を指定　→　　　　戻り値：　1, 石田 , 済 ,A;2, 橘 ,B;3; 大塚 , 済 ,A
・「FALSE」を指定　→　　　　戻り値：　1, 石田 , 済 ,A;2, 橘 ,,B;3; 大塚 , 済 ,A

06-36 セル範囲のデータを配列定数形式の文字列に変換する

ARRAYTOTEXT関数は、配列の要素を区切り文字を挟んで連結した1つの文字列を作成する関数です。引数「書式」に「1」を指定すると、列を「,」（カンマ）、行を「;」（セミコロン）で区切った配列定数の形式の文字列を作成できます。日付はシリアル値に変換されます。

▶表から配列定数形式の文字列を作成する

> **A8** = ARRAYTOTEXT(A2:B5 , 1)
> 　　　　　　　　　　　　配列　　書式

	A	B	C	D	E	F	G	H	I
1	商品情報								
2	商品名	モニター32	配列						
3	単価	¥45,000							
4	販売開始	2022/10/1							
5	販売中	TRUE							
6				数式を入力		厳密な配列定数の形式			
7	変換					の文字列を作成できた			
8	{"商品名","モニター32";"単価",45000;"販売開始",44835;"販売中",TRUE}								

A8セル数式バー：`=ARRAYTOTEXT(A2:B5,1)`

=ARRAYTOTEXT(配列 , [書式])　　　　　　　　　[365/2021]　文字列操作

配列…配列やセル範囲を指定
書式…0 を指定するか省略すると、各データが「,」で区切られた簡潔な文字列が作成される。1 を指定すると、文字列を「"」で囲み、列を「,」、行を「;」で区切り、全体を「{ }」で囲んだ厳密な形式の文字列が作成される
「配列」の要素を「書式」の指定にしたがって連結した文字列に変換します。日付／時刻はシリアル値に変換されます。エラー値は、エラー値の文字列として連結されます。

Memo

●引数「書式」に「0」と「1」を指定した場合の戻り値は、以下のとおりです。
0：　商品名 , モニター32, 単価 , 45000, 販売開始 , 44835, 販売中 , TRUE
1：　{" 商品名 "," モニター32";" 単価 ",45000;" 販売開始 ",44835;" 販売中 ",TRUE}

06-37 セルのデータを文字列に変換する

バリュー・トゥ・テキスト
VALUETOTEXT

VALUETOTEXT関数は、「値」を指定した「書式」の文字列に変換する関数です。数値、日付、論理値、エラー値など、あらゆるデータを文字列に変換することが特徴です。日付や時刻は、シリアル値が文字列に変換されます。ここでは、「書式」に「0」と「1」をそれぞれ指定してみます。「1」を指定した場合は、元からの文字列が「"」で囲まれるという違いがあります。

▶値を文字列に変換する

```
D2 = VALUETOTEXT(B2 , 0)
            値  書式
```

```
E2 = VALUETOTEXT(B2 , 1)
            値  書式
```

	D2	∨ : × ✓ fx	=VALUETOTEXT(B2,0)				
	A	B	C	D	E	F	G	H
1	商品情報			書式：0	書式：1	セルD2とセルE2に数式を入力して、5行目までコピー		
2	商品名	モニター32		モニター32	"モニター32"			
3	単価	¥45,000		45000	45000	値を文字列に変換できた		
4	販売開始	2022/10/1		44835	44835			
5	販売中	TRUE		TRUE	TRUE			
6								
7			値					
8								
9								
10								

```
=VALUETOTEXT( 値 , [書式] )                    [365/2021]    文字列操作
```

値…変換対象のデータを指定
書式…0を指定するか省略すると、文字列データはそのまま返され、それ以外は文字列に変換される。1を指定すると、文字列は「"」で囲まれ、それ以外は文字列に変換される
「値」を文字列に変換します。日付／時刻はシリアル値に変換されます。エラー値は、エラー値の文字列として連結されます。

関連項目　【06-36】セル範囲のデータを配列定数形式の文字列に変換する
　　　　　　　【06-55】数値を表す文字列を数値に変換する

06-38 文字列の先頭や末尾から文字列を取り出す

LEFT／RIGHT
レフト　　ライト

LEFT関数を使うと文字列の先頭から、RIGHT関数を使うと文字列の末尾から、指定した文字数分の文字列を取り出せます。ここではA列に入力した注文番号の先頭2文字と末尾2文字を取り出します。

▶注文番号の先頭2文字と末尾2文字を取り出す

B3	= LEFT(A3 , 2)
	文字列　文字数

C3	= RIGHT(A3 , 2)
	文字列　文字数

	A	B	C
	注文番号の分解		
2	注文番号	LEFT関数	RIGHT関数
3	GL-A11-RD	GL	RD
4	HL-B21-BR	HL	BR
5	KS-C31-WT	KS	WT
6			
7		文字列	

セルB3とセルC3に数式を入力して、5行目までコピー

注文番号の前後からそれぞれ2文字ずつ取り出せた

=LEFT(文字列 , [文字数])　　　　　　　　　　　　　　　　　　文字列操作

　文字列…取り出す文字を含む元の文字列を指定
　文字数…取り出す文字の文字数を指定。省略した場合は 1 文字取り出される
「文字列」の先頭から「文字数」分の文字列を取り出します。「文字数」が「文字列」の文字数より大きい場合、「文字列」全体が返されます。

=RIGHT(文字列 , [文字数])　　　　　　　　　　　　　　　　　　文字列操作

　文字列…取り出す文字を含む元の文字列を指定
　文字数…取り出す文字の文字数を指定。省略した場合は 1 文字取り出される
「文字列」の末尾から「文字数」分の文字列を取り出します。「文字数」が「文字列」の文字数より大きい場合、「文字列」全体が返されます。

Memo

● LEFTB 関数と RIGHTB 関数については、【06-39】の Memo を参照してください。

関連項目　【06-39】文字列の途中から文字列を取り出す

06-39 文字列の途中から文字列を取り出す

MID

MID関数を使用すると、文字列の指定した位置から指定した文字数分の文字列を取り出せます。ここではA列に入力した注文番号の4文字目から3文字の文字列を取り出します。

▶**注文番号の4文字目から3文字を取り出す**

B3	= MID(A3 , 4 , 3)

文字列　┃　文字数
開始位置

| B3 | ∨ | : | × ✓ fx | =MID(A3,4,3) |

▲	A	B	C	D	E	F	G	H	I
1	注文番号の分解		文字列						
2	注文番号	MID関数							
3	GL-A11-RD	A11							
4	HL-B21-BR	B21							
5	KS-C31-WT	C31							
6									

> セルB3に数式を入力して、セルB5までコピー

> 注文番号の4文字目から3文字を取り出せた

=MID(文字列 , 開始位置 , 文字数)　　　　　　　　　　　**文字列操作**

　文字列…**取り出す文字を含む元の文字列を指定**
　開始位置…**取り出しを開始する位置を、「文字列」の先頭の文字を1と数えた数値で指定**
　文字数…**取り出す文字の文字数を指定**
「文字列」の「開始位置」から「文字数」分の文字列を取り出します。「開始位置」と「文字数」の和が「文字列」を超える場合、「開始位置」から「文字列」の末尾までが取り出されます。「開始位置」が「文字列」の文字数を超える場合は、空白文字列「""」が返されます。

Memo

● LEFTB、RIGHTB、MIDB 関数は、文字の長さや開始位置をバイト数で指定します。バイト数は全角文字を2、半角文字を1と数えます。

　・=LEFTB(" 売上集計 2023",4)　→　　　戻り値：　売上
　・=RIGHTB(" 売上集計 2023",4) →　　　戻り値：　2023
　・=MIDB(" 売上集計 2023",5,4)　→　　　戻り値：　集計

関連項目 【06-38】文字列の先頭や末尾から文字列を取り出す

06-40 スペースで区切られた氏名から「氏」と「名」を取り出す

スペース（全角スペース）で区切られた氏名を「氏」と「名」に分解するには、FIND関数でスペースの位置を調べます。LEFT関数で、スペースの1文字前までを取り出せば「氏」になります。また、MID関数で、スペースの次の文字以降を取り出せば「名」になります。MID関数で取り出す文字数を多めに指定すると、最後の文字までが取り出されます。

▶氏名から「氏」と「名」を取り出す

B3	= LEFT(A3 , FIND(" ",A3)-1)
	文字列　　　文字数
	氏名　（スペースの位置)-1

C3	= MID(A3 , FIND(" ",A3)+1 , 10)
	文字列　　開始位置　　文字数
	氏名　（スペースの位置)+1　多めに指定

B3	∨ : × ✓ fx	=LEFT(A3,FIND(" ",A3)-1)					

	A	B	C	D	E	F	G	H	I	J
1	氏名の分解			文字列						
2	氏名	氏	名							
3	飯島　吾郎	飯島	吾郎	セルB3とセルC3に数式を					
4	幹　真理子	幹	真理子	入力して、5行目までコピー					
5	上野原　剛	上野原	剛	氏名を分解できた					
6										
7										
8										
9										

=FIND(検索文字列 , 対象 , [開始位置])	→ 06-14
=LEFT(文字列 , [文字数])	→ 06-38
=MID(文字列 , 開始位置 , 文字数)	→ 06-39

Memo

● 「飯島　吾郎」のスペースの位置は3文字目です。したがってその1文字前の「2」文字を取り出せば「氏」となり、1文字後ろの「3」文字目以降を取り出せば「名」となります。

● Microsoft 365では、TEXTBEFORE関数とTEXTAFTER関数（→【06-45】）を使用すると、特定の文字の前後にある文字列をより簡単に取り出せます。

関連項目 【06-41】 氏名にスペースが含まれない場合は全体を「氏」と見なす①

 06-41 氏名にスペースが含まれない場合は 全体を「氏」と見なす①

✕ LEFT／FIND／MID

【06-40】では、氏名に必ず全角スペースが含まれているという前提で数式を作成しました。その場合、スペースが含まれない氏名にエラーが表示されます。FIND関数は、検索文字列が見つからない場合にエラーを返すからです。「氏」だけのデータが存在する場合は、氏名の末尾にスペースを追加してからFIND関数でスペースを探しましょう。そうすれば確実にスペースが見つかるので、エラーを防げます。

▶氏名から「氏」と「名」を取り出す

B3	= LEFT(A3,FIND("　",A3 & "　")-1)

末尾にスペースを追加

C3	= MID(A3,FIND("　",A3 & "　")+1,10)

末尾にスペースを追加

B3	∨ : × ✓ fx	=LEFT(A3,FIND("　",A3 & "　")-1)								
▲	A	B	C	D	E	F	G	H	I	J
1	氏名の分解									
2	氏名	氏	名							
3	飯島　吾郎	飯島	吾郎							
4	幹　真理子	幹	真理子							
5	佐々木	佐々木								

> セルB3とセルC3に数式を入力して、5行目までコピー

> 「名」がない場合は「氏」だけが取り出される

=FIND(検索文字列 , 対象 , [開始位置])	→	06-14
=LEFT(文字列 , [文字数])	→	06-38
=MID(文字列 , 開始位置 , 文字数)	→	06-39

Memo

● FIND 関数では 1 文字目のスペースの位置が求められるので、元々氏名にスペースがある場合はそのスペースの位置、ない場合は末尾に追加したスペースの位置が求められます。スペースの 1 つ前までの文字を取り出せば、どのデータからも必ず「氏」を取り出せます。また、MID 関数では取り出す位置に文字がなければ空白文字列 "" が返されるので、「名」が入力されていない場合に「名」が空欄になります。

関連項目【06-46】氏名にスペースが含まれない場合は全体を「氏」と見なす②

06-42 住所から都道府県を取り出す

 IF／MID／LEFT

　住所に必ず都道府県名が含まれているものとして、住所から都道府県を取り出しましょう。都道府県は「神奈川県」「和歌山県」「鹿児島県」の3県が4文字で、それ以外は3文字です。そこで、MID関数を使用して住所の4文字目を取り出し、IF関数を使用して4文字目が「県」かどうかを調べます。「県」に等しい場合は4文字取り出し、そうでない場合は3文字取り出します。

▶住所から都道府県を取り出す

C3	= IF(MID(B3,4,1)="県" , LEFT(B3,4) , LEFT(B3,3))

論理式 住所の4文字目が「県」に等しい　真の場合は住所から4文字取り出す　偽の場合は住所から3文字取り出す
Yes↑　No↓

C3　∨ : × ✓ fx　=IF(MID(B3,4,1)="県",LEFT(B3,4),LEFT(B3,3))

	A	B	C	D
1	支店住所録			
2	支店	住所	都道府県	
3	札幌店	北海道札幌市南区川沿二条x-x-x	北海道	
4	東京店	東京都新宿区四谷x-x-x	東京都	
5	千葉店	千葉県四街道市大日x-x-x	千葉県	
6	横浜店	神奈川県横浜市緑区鴨井x-x-x	神奈川県	
7	大阪店	大阪府大阪市西区北堀江xx-x	大阪府	
8	新宮店	和歌山県新宮市橋本x-x-x	和歌山県	
9	福岡店	福岡県太宰府市宰府x-x-x	福岡県	

セルC3に数式を入力して、セルC9までコピー

住所から都道府県を取り出せた

=IF(論理式 , 真の場合 , 偽の場合)	→	03-02
=MID(文字列 , 開始位置 , 文字数)	→	06-39
=LEFT(文字列 , [文字数])	→	06-38

Memo

●都道府県が含まれていない住所で上記の数式を使用すると、住所の先頭から3文字が都道府県として誤表示されてしまいます。都道府県名が含まれない可能性がある場合は【06-44】の数式を使用してください。

関連項目 【06-43】住所から市区町村以下を取り出す

06-43 住所から市区町村以下を取り出す

　住所から都道府県を取り出したあとで、市区町村を取り出すのは簡単です。住所から都道府県を削除するだけです。SUBSTITUTE関数を使用して、「検索文字列」に都道府県を指定し、「置換文字列」に空白文字列「""」を指定します。

▶住所から市区町村を取り出す

	A	B	C	D	E	F
1	支店住所録					
2	支店	住所	都道府県	住所		
3	札幌店	北海道札幌市南区川沿二条x-x-x	北海道	札幌市南区川沿二条x-x-x		
4	東京店	東京都新宿区四谷x-x-x	東京都	新宿区四谷x-x-x		
5	千葉店	千葉県四街道市大日x-x-x	千葉県	四街道市大日x-x-x		
6	横浜店	神奈川県横浜市緑区鴨井x-x-x	神奈川県	横浜市緑区鴨井x-x-x		
7	大阪店	大阪府大阪市西区北堀江xx-x	大阪府	大阪市西区北堀江xx-x		
8	新宮店	和歌山県新宮市橋本x-x-x	和歌山県	新宮市橋本x-x-x		
9	福岡店	福岡県太宰府市宰府x-x-x	福岡県	太宰府市宰府x-x-x		

D3 　✓ : × ✓ fx　=SUBSTITUTE(B3,C3,"")

文字列（B2上） / 検索文字列（C11） / セルD3に数式を入力して、セルD9までコピー / 都道府県より後の住所を取り出せた

=SUBSTITUTE(文字列 , 検索文字列 , 置換文字列 , [置換対象])　　→ **06-22**

Memo

●住所から都道府県を取り出す方法は、【06-42】または【06-44】を参照してください。

関連項目　【06-42】住所から都道府県を取り出す
　　　　　　【06-44】都道府県一覧表と突き合わせて住所から都道府県を取り出す

06-44 都道府県一覧表と突き合わせて 住所から都道府県を取り出す

IF／COUNTIF／LEFT

　【06-42】では、住所に必ず都道府県名が含まれているものとして都道府県を取り出しました。しかし、都道府県を含む住所と含まない住所が混在しているケースもあるでしょう。そこで、ここでは都道府県の一覧リストと住所を突き合わせ、住所に都道府県が含まれているかどうかを調べることにします。COUNTIF関数を使用し、住所の先頭3文字を都道府県リストからカウントします。結果が「1」であれば、先頭3文字を取り出します。「1」でない場合は、先頭4文字を都道府県リストからカウントし、結果が「1」であれば、先頭4文字を取り出します。「1」でない場合は住所に都道府県が入力されていないので、「都道府県」を空欄にします。

▶住所から都道府県を取り出す

C3	= IF(COUNTIF($E$2:$E$48,LEFT(B3,3))=1 ,
	論理式 住所の先頭3文字がセルE2〜E48に1つ存在する
	LEFT(B3,3) ,
	真の場合 住所の先頭3文字を取り出す
	IF(COUNTIF($E$2:$E$48,LEFT(B3,4))=1,LEFT(B3,4),""))
	偽の場合 住所の先頭4文字がセルE2〜E48に1つ存在する場合は4文字取り出し、そうでない場合は「""」を表示する

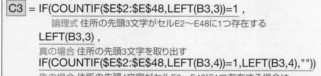

C3	∨ : × ✓ fx	=IF(COUNTIF($E$2:$E$48,LEFT(B3,3))=1,LEFT(B3,3),
		IF(COUNTIF($E$2:$E$48,LEFT(B3,4))=1,LEFT(B3,4),""))

	A	B	C	D	E	F	G	H
1	支店住所録				都道府県			
2	支店	住所	都道府県		北海道	セルE2〜E48に		
3	札幌店	北海道札幌市南区川沿二条x-x-x	北海道		青森県	都道府県名を		
4	東京店	東京都新宿区四谷x-x-x	東京都		岩手県	入力しておく		
5	千葉店	四街道市大日x-x-x			宮城県			
6	横浜店	神奈川県横浜市緑区鴨井x-x-x	神奈川県		秋田県			
7	大阪店	大阪市西区北堀江xx-x			山形県	都道府県が入力されている場合だけ都道府県名を取り出せた		
8	新宮店	和歌山県新宮市橋本x-x-x	和歌山県		福島県			
9	福岡店	太宰府市宰府x-x-x			茨城県			
10		セルC3に数式を入力して、セルC9までコピー			栃木県			
11					群馬県			
12					埼玉県			

=IF(論理式 , 真の場合 , 偽の場合)	→ 03-02
=COUNTIF(条件範囲 , 条件)	→ 02-30
=LEFT(文字列 , ［文字数］)	→ 06-38

Memo

● サンプルでは数式を途中で改行していますが、改行しなくてもかまいません。数式を改行する方法は【01-12】、数式バーに複数行を表示する方法は【01-13】を参照してください。

● 3文字目が「都」「道」「府」「県」のいずれかであれば3文字取り出し、そうでない場合は4文字目を調べ、4文字目が「県」であれば4文字取り出し、そうでない場合は何も取り出さない、という考え方もあります。その場合、「(千葉県) 四街道市」「(福岡県) 太宰府市」のような、3、4文字目に「都」「道」「府」「県」の文字が含まれている市区町村が誤って都道府県名として取り出されてしまいます。しかし、そのようなデータが含まれていないことを目視で確認できる規模の表であれば、この考え方で数式を立てるとサンプルより短い数式で済みます。

= IF(OR(MID(B3,3,1)={"都","道","府","県"}),
LEFT(B3,3),IF(MID(B3,4,1)="県",LEFT(B3,4),""))

	A	B	C	D	E	F	G	H	I
1	支店住所録								
2	支店	住所	都道府県						
3	札幌店	北海道札幌市南区川沿二条x-x-x	北海道						
4	東京店	新宿区四谷x-x-x							
5	千葉店	千葉県四街道市大日x-x-x	千葉県						
6	横浜店	神奈川県横浜市緑区鴨井x-x-x	神奈川県						
7	大阪店	大阪市西区北堀江xx-x							
8	新宮店	和歌山県新宮市楝本x-x-x	和歌山県						
9	福岡店	太宰府市宰府x-x-x	太宰府						
10									

「大宰府」が都道府県として取り出されてしまう

● 都道府県より後ろの住所を取り出す方法は、【06-43】を参照してください。

06-45 指定した文字の前後から文字列を取り出す

テキスト・ビフォー　　　　　テキスト・アフター
TEXTBEFORE／TEXTAFTER

　Microsoft 365の新関数であるTEXTBEFORE関数とTEXTAFTER関数を使用すると、特定の文字の前後からそれぞれ部分文字列を取り出せます。サンプルでは、メールアドレスを分解します。TEXTBEFORE関数で「@」の前からユーザー名を、TEXTAFTER関数で「@」の後ろからドメイン名を取り出します。引数「文字列」にメールアドレス、引数「区切り文字」に「@」を指定するだけなので簡単です。

　なお、文字列に同じ区切り文字が複数含まれる場合は、引数「位置」で区切り文字の位置を指定できます。正数を指定すると前から、負数を指定すると後ろから数えた位置になります。例えば、TEXTAFTER関数の「区切り文字」に「.」、「位置」に「-1」を指定すると、メールアドレスの最後の「.」の後ろの文字列を取り出せます。

▶メールアドレスを「@」の前後で分解する

B3	= TEXTBEFORE(A3 , "@")
	文字列　区切り文字

C3	= TEXTAFTER(A3 , "@")
	文字列　区切り文字

D3	= TEXTAFTER(A3 , "." , -1)
	文字列　│　位置
	区切り文字

B3	∨ : × ✓ fx	=TEXTBEFORE(A3,"@")			
▲	A	B	C	D	E　F　G
1	メールアドレスの分解				
2	メールアドレス	ユーザー名	ドメイン	トップレベル	セルB3、C3、D3
3	yutaka@example.com	yutaka	example.com	com	に数式を入力して、
4	mai@example.co.jp	mai	example.co.jp	jp	5行目までコピー
5	egawa@example.net	egawa	example.net	net	
6	文字列	「@」の前	「@」の後ろ	最後の「.」の	
7		の文字列	の文字列	後ろの文字列	

| =TEXTBEFORE(文字列 , 区切り文字 , ［位置］, ［一致モード］, ［末尾］, ［見つからない場合］) [365] | 文字列操作 |

文字列…取り出す文字を含む元の文字列を指定
区切り文字…取り出す文字を区切る文字列を指定
位置…「文字列」に「区切り文字」が複数含まれる場合に、何番目の「区切り文字」で区切るかを指定。正数は前から、負数は後ろから数えた番号になる。省略した場合は 1 が指定されたものと見なされる
一致モード…区切り文字を検索するときに大文字と小文字を区別するかどうかを指定。0 を指定すると区別され、1 を指定すると区別しない
末尾…「区切り文字」が見つからない場合に「文字列」の最後の文字の後ろに区切り文字があるものとするかどうかを指定。0 を指定するか省略すると区切り文字があるものとせずにエラー値 [#N/A] が返され、1 を指定すると区切り文字があるものとして文字列が取り出される
見つからない場合…「区切り文字」が見つからない場合に戻り値とする文字列を指定。省略した場合はエラー値 [#N/A] が返される
「文字列」から、指定した「位置」にある「区切り文字」の前の文字列を取り出します。

| =TEXTAFTER(文字列 , 区切り文字 , ［位置］, ［一致モード］, ［末尾］, ［見つからない場合］) [365] | 文字列操作 |

「文字列」から、指定した「位置」にある「区切り文字」の後ろの文字列を取り出します。引数は TEXTBEFORE 関数と同じです。

Memo

●引数「区切り文字」に配列定数の形式で複数の文字を指定できます。例えば、区切り文字として「+」と「=」を指定したい場合、「{" + "," = "}」と指定します。具体例は【06-46】を参照してください。

●「文字列」に「区切り文字」が複数含まており、かつ「位置」を指定しない場合、1 番目の「区切り文字」で区切られます。例えば「=TEXTBEFORE("AB-CD-EF","-")」の結果は「AB」、「=TEXTAFTER("AB-CD-EF","-")」の結果は「CD-EF」となります。

●TEXTBEFORE 関数では、引数「末尾」に「1」を指定することで、「区切り文字」が見つからない場合に「文字列」全体が返ります。また、TEXTAFTER 関数では空白文字列が返ります。「氏名にスペースが含まれない場合は全体を氏と見なして取り出したい」というようなときに使えます。

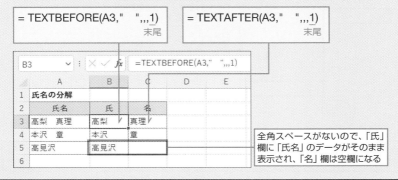

全角スペースがないので、「氏」欄に「氏名」のデータがそのまま表示され、「名」欄は空欄になる

関連項目 【06-46】氏名にスペースが含まれない場合は全体を「氏」と見なす②

06-46 氏名にスペースが含まれない場合は全体を「氏」と見なす②

テキスト・ビフォー　　　　　　　　　　テキスト・アフター
TEXTBEFORE／TEXTAFTER

　TEXTBEFORE関数とTEXTAFTER関数を使用すると、スペースの前後から簡単に「氏」と「名」を取り出せます。氏名に全角と半角のスペースが混在している場合は、引数「区切り文字」に配列定数で「{" "," "}」と指定します。また引数「見つからない場合」を利用すれば、氏名にスペースが含まれない場合に「氏」だけが入力されているものとして「氏」を取り出すことも簡単です。

▶氏名から「氏」と「名」を取り出す

B3	= TEXTBEFORE(A3 , {" "," "} ,,,, A3)
	文字列　区切り文字　見つからない場合

C3	= TEXTAFTER(A3 , {" "," "} ,,,, ---)
	文字列　区切り文字　見つからない場合

B3	∨	:	× ✓ fx	=TEXTBEFORE(A3,{" "," "},,,,A3)					
	A	B	C	D	E	F	G	H	I
1	氏名の分解								
2	氏名	氏	名						
3	高梨　真理	高梨	真理						
4	本沢 章	本沢	章						
5	小松　隆	小松	隆						
6	西　由美子	西	由美子						
7	佐々木 雪	佐々木	雪						
8	高見沢	高見沢	---						
9		文字列							
10									

セルB3とセルC3に数式を入力して、8行目までコピー

全角スペースと半角スペースのどちらも区切り文字となる

スペースがない場合は「氏名」が「氏」として取り出され、「名」は「---」となる

=TEXTBEFORE(文字列,区切り文字,[位置],[一致モード],[末尾],[見つからない場合])	→ 06-45
=TEXTAFTER(文字列,区切り文字,[位置],[一致モード],[末尾],[見つからない場合])	→ 06-45

関連項目　【06-41】氏名にスペースが含まれない場合は全体を「氏」と見なす①

06-47 スピルを利用して文字列を1文字ずつ別々のセルに取り出す

MID／SEQUENCE／LEN

　文字列を分解して、1文字ずつセルに取り出しましょう。例えば「エクセル関数」という文字列であれば、文字数は6文字なので、MID関数の引数「開始位置」に1〜6を順に当てはめていけば1文字ずつ取り出せます。文字数はLEN関数で求めます。また、「1〜6」という連番を作成するには、Microsoft 365とExcel 2021の新関数であるSEQUENCE関数を使用します。

▶文字列を1文字ずつ別々のセルに取り出す

| B2 | = MID(A2 , SEQUENCE(1,LEN(A2)) , 1) |

　　　　文字列　　　　　開始位置　　　　文字数
　　　　　　　1行「LEN(A2)」列のサイズの連番

| | B2 | | ∨ | : | × | ✓ | fx | | =MID(A2,SEQUENCE(1,LEN(A2)),1) | | | |

▲	A	B	C	D	E	F	G	H	I	J	K	L	M	N		R
1	文字列の分解														セルB2に数式を入力して、セルB4までコピー	
2	エクセル関数	エ	ク	セ	ル	関	数									
3	Excel 2021	E	x	c	e	l		2	0	2	1				文字列を分解できた	
4	Microsoft 365	M	i	c	r	o	s	o	f	t		3	6	5		
5																

セル B2 に数式を入力して【Enter】キーを押すと、数式がスピルして文字数分のセルに 1 文字ずつ文字が表示される。セル B2 の数式をセル B4 までコピーすると、コピー先でもそれぞれ数式がスピルして、セルに 1 文字ずつ表示される。

=MID(文字列 , 開始位置 , 文字数)	→	06-39
=SEQUENCE(行 , [列], [開始値], [増分])	→	04-09
=LEN(文字列)	→	06-08

Memo

● SEQUENCE 関数の引数の順序を逆にして「SEQUENCE(LEN(A2),1)」と指定すると、文字列が 1 文字ずつ縦方向のセルに取り出されます。

関連項目 【04-59】数値を右詰めで1桁ずつ別のセルに表示するには

06-48 区切り文字を境に文字列を複数のセルに分割する

TEXTSPLIT

Microsoft 365の新関数であるTEXTSPLIT関数を使用すると、文字列を区切り文字で区切って、複数のセルに一気に分割できます。分割結果を横一列に並べるには引数「列区切り」に、縦一列に並べるには引数「行区切り」に区切り文字を指定します。両方の引数を指定すれば、複数行複数列の範囲に分割することも可能です。数式は自動でスピルします。

▶区切り文字を境に文字列を複数のセルに分割する

B1 = TEXTSPLIT(A1 , "-")
　　　　　　文字列　列区切り

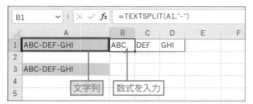

①「-」で区切られた文字列を横一列のセルに取り出すには、引数「列区切り」に「"-"」を指定する。セルB1に数式を入力して【Enter】キーを押すと、数式がスピルしてセルD1までの範囲に分割結果が表示される。

B3 = TEXTSPLIT(A3 ,, "-")
　　　　　　文字列　行区切り

B7 = TEXTSPLIT(A7 , "-" , "●")
　　　　　　文字列　│　行区切り
　　　　　　　列区切り

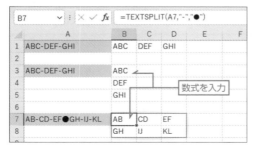

②引数「行区切り」に「"-"」を指定すると、縦一列の範囲に分割結果が表示される。また、「列区切り」に「"-"」、「行区切り」に「"●"」を指定すると、3列2行の範囲に文字列が分解される。

=TEXTSPLIT(文字列 , 列区切り , [行区切り] , [空白は無視] , [一致モード] , [代替文字]) [365]	文字列操作

文字列…分割する元となる文字列を指定
列区切り…「文字列」を複数列に分割するための区切り文字を指定
行区切り…「文字列」を複数行に分割するための区切り文字を指定。省略した場合、戻り値は 1 行に表示される
空白は無視…「文字列」を区切ったときに空白文字列がある場合の処理を指定する。「TRUE」を指定するか省略すると、空白文字列が無視され、詰めて表示される。「FALSE」を指定すると、空白文字列の分のセルが空欄になる
一致モード…区切り文字を検索するときに大文字と小文字を区別するかどうかを指定。0 を指定するか省略すると区別され、1 を指定すると区別しない
代替文字…「文字列」を複数列×複数行に分割したときに空いたセルができる場合に表示する値を指定。省略した場合は空いたセルにエラー値 [#N/A] が表示される
「文字列」を「行区切り」と「列区切り」で区切り、区切られてできた文字列を複数の列／行に分割して表示します。

Memo

●引数「列区切り」や「行区切り」に配列定数の形式で複数の区切り文字を指定できます。下図は、「@」と「.」を区切り文字としてメールアドレスを横方向に分割しています。

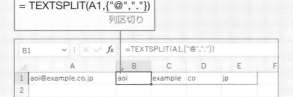

●下図の例では、「文字列」内に「AB--CD」という部分があります。「-」は区切り文字なので、「AB-」と「-CD」の間に本来データがあるべきですが、空白になっています。引数「空白は無視」に「FALSE」を指定しているので、「AB」と「CD」の間に 1 つ分の空白セルが挟まれます。また、「行区切り」の「●」の前のデータ数が「4」、後のデータ数が「2」です。引数「代替文字」に「なし」を指定したので、2 行目の 3、4 列目のセルに「なし」と表示されます。

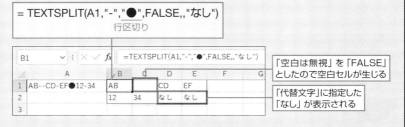

関連項目 【06-45】指定した文字の前後から文字列を取り出す
【06-49】「大分類-中分類-小分類-枝番」のコードから中分類を取り出す

06-49 「大分類-中分類-小分類-枝番」の コードから中分類を取り出す

INDEX／TEXTSPLIT
インデックス　テキスト・スプリット

　【06-48】で紹介したTEXTSPLIT関数は、区切り文字で区切られた文字列を一気に分解します。しかし、区切られた中の○番目のデータだけがほしい、ということもあるでしょう。そんなときは、配列から要素を取り出すINDEX関数を利用します。引数「配列」にTEXTSPLIT関数を指定し、引数「行番号」に取り出す位置を指定します。サンプルでは2番目のデータを取り出していますが、数式中の「2」を「3」に変えれば3番目のデータが取り出されます。

▶「-」で区切られた2番目のデータを取り出す

B3 = INDEX(TEXTSPLIT(A3,"-") , 2)
　　　　　　　　　　配列　　　　行番号

	A	B	C	D	E	F	G	H
1	注文コードの分解							
2	注文コード	中分類						
3	KS-DKE-P3-12	DKE						
4	KS-DKH-P3-14	DKH						
5	LSD-365-S3-15	365						
6	PKLD-MN-310-1	MN						
7								
8								

セルB3に数式を入力して、セルB6までコピー

「-」で区切られた2番目のデータを取り出せた

=INDEX(配列 , 行番号 , [列番号])　→ 07-23

=TEXTSPLIT(文字列 , 列区切り , [行区切り] , [空白は無視] , [一致モード] , [代替文字])　→ 06-48

Memo
● TEXTSPLIT関数で1行または1列に分解した場合、INDEX関数の引数「行番号」に取り出す位置を指定します。複数列複数行に分解した場合は、INDEX関数の引数「行番号」と「列番号」に取り出す位置を指定します。

関連項目【06-48】区切り文字を境に文字列を複数のセルに分割する

06-50 全角文字から半角文字に、半角文字から全角文字に変換する

ASC／JIS
<small>アスキー　ジス</small>

　ASC関数を使用すると、文字列に含まれる全角のアルファベット、数字、カタカナをすべて半角文字に変換できます。また、半角が存在する記号も半角文字に変換できます。漢字やひらがなは、そのまま返されます。

　反対に、JIS関数を使用すると、文字列に含まれる半角のアルファベット、数字、カタカナ、記号をすべて全角文字に変換できます。

▶文字列を半角文字／全角文字に変換する

B3 = ASC(A3)
文字列

C3 = JIS(A3)
文字列

B3		: ✕ ✓ fx	=ASC(A3)						
	A	B	C	D	E	F	G	H	I
1	全角文字と半角文字								
2	元の単語	ASC関数	JIS関数						
3	B.B.BASE	B.B.BASE	Ｂ．Ｂ．ＢＡＳＥ						
4	ふたつ星４０４７	ふたつ星4047	ふたつ星４０４７						
5	高輪ゲートウェイ	高輪ｹﾞｰﾄｳｪｲ	高輪ゲートウェイ						
6									
7	文字列	半角文字	全角文字						
8									

> セルB3とセルC3に数式を入力して、5行目までコピー

=ASC(文字列)	文字列操作

文字列…**変換元の文字列を指定**
「文字列」に含まれる全角文字を半角文字に変換して返します。

=JIS(文字列)	文字列操作

文字列…**変換元の文字列を指定**
「文字列」に含まれる半角文字を全角文字に変換して返します。

Memo

●元の文字列を半角または全角に統一したい場合は、数式を入力したセルをコピーして、【11-01】を参考に元のセルに値の貼り付けを行います。

関連項目 【06-51】小文字から大文字に、大文字から小文字に変換する

06-51 小文字から大文字に、大文字から小文字に変換する

UPPER／LOWER／PROPER
アッパー　　ロウアー　　プロパー

UPPER関数は文字列に含まれるアルファベットを大文字に、LOWER関数は小文字に変換します。また、PROPER関数は文字列に含まれるアルファベットの単語を、先頭が大文字、2文字目以降が小文字の形式に変換します。いずれも半角文字は半角のまま、全角文字は全角のまま変換されます。アルファベット以外の文字はそのまま返されます。

▶文字列を小文字／大文字に変換する

B3	= UPPER(A3)
	文字列

C3	= LOWER(A3)
	文字列

D3	= PROPER(A3)
	文字列

B3		✕ ✓ fx	=UPPER(A3)					
	A	B	C	D	E	F	G	H	I
1	大文字と小文字							
2	元の単語	UPPER関数	LOWER関数	PROPER関数				
3	PANCAKE	PANCAKE	pancake	Pancake				
4	apple pie	APPLE PIE	apple pie	Apple Pie				
5	Mont Blanc	MONT BLANC	mont blanc	Mont Blanc				
6								
7	文字列	大文字	小文字	先頭文字のみ大文字				
8								
9								

セルB3、C3、D3に数式を入力して、5行目までコピー

=UPPER(文字列)　　　　　　　　　　　　　　　　　　　　　　　　文字列操作

　文字列…変換元の文字列を指定
「文字列」に含まれるアルファベットを大文字に変換して返します。

=LOWER(文字列)　　　　　　　　　　　　　　　　　　　　　　　　文字列操作

　文字列…変換元の文字列を指定
「文字列」に含まれるアルファベットを小文字に変換して返します。

=PROPER(文字列)　　　　　　　　　　　　　　　　　　　　　　　　文字列操作

　文字列…変換元の文字列を指定
「文字列」に含まれる英単語の先頭文字を大文字に、2 文字目以降を小文字に変換して返します。

関連項目 【06-50】全角文字から半角文字に、半角文字から全角文字に変換する

06-52 英字表記の氏名を 「KASAI, Kaoru」形式に変換する

UPPER／MID／FIND／PROPER／LEFT
（アッパー）（ミッド）（ファインド）（プロパー）（レフト）

氏名を英語表記にするときに、「KASAI, Kaoru」の形式を使用することがあります。ここでは名前、苗字の順に半角スペースで区切って入力された氏名をこのような形式に変換します。それにはFIND関数を使用して半角スペースの位置を探し、その前後で氏名を分解します（詳細は【06-40】参照）。UPPER関数とPROPER関数で苗字と名前それぞれの文字種を整え、順番を入れ替え、半角カンマ「,」で区切って再連結します。

▶氏名の英字表記を「KASAI, Kaoru」形式に変換する

B3 = UPPER(MID(A3,FIND(" ",A3)+1,20))&",
　　　　氏名からスペースの次の文字以降を取り出す
"&PROPER(LEFT(A3,FIND(" ",A3)-1))
　　　　氏名からスペースの1文字前までを取り出す

| B3 | fx | =UPPER(MID(A3,FIND(" ",A3)+1,20))&", "&PROPER(LEFT(A3,FIND(" ",A3)-1)) |

	A	B
1	「FAMILY NAME, Given name」形式	
2	名前	変換後
3	Kaoru Kasai	KASAI, Kaoru
4	Goro Tokuda	TOKUDA, Goro
5	Mao Nakao	NAKAO, Mao

セルB3に数式を入力して、セルB5までコピー

氏名の英字表記を変換できた

=UPPER(文字列)	→ 06-51
=MID(文字列 , 開始位置 , 文字数)	→ 06-39
=FIND(検索文字列 , 対象 , [開始位置])	→ 06-14
=PROPER(文字列)	→ 06-51
=LEFT(文字列 , [文字数])	→ 06-38

Memo
● Microsoft 365 では、TEXTAFTER 関数と TEXTBEFORE 関数を使う方法もあります。
=UPPER(TEXTAFTER(A3," "))&", "&PROPER(TEXTBEFORE(A3," "))

関連項目【06-51】小文字から大文字に、大文字から小文字に変換する

06-53 数値を指定した表示形式の文字に変換する

TEXT関数を使用すると、データを指定した表示形式で表示できます。数値だけが入力されているセルであればセル自体に表示形式を設定するのが一般的ですが、数値に表示形式を設定した状態で文字列と連結したい場合などにTEXT関数が役に立ちます。ここでは売上高を千円単位の桁区切り形式に変換して、文字列と連結します。

▶数値を千円単位の桁区切り形式で表示する

D2 = "売上合計は" & TEXT(B6 , "#,##0,") & "千円です。"
　　　　　　　　　　　　　　 値　　 表示形式

D2		✓ : × ✓ fx	="売上合計は" & TEXT(B6,"#,##0,") & "千円です。"			
	A	B	C	D	E	F	G
1	売上実績						
2	月	売上高		売上合計は23,166千円です。 ◁ 数式を入力			
3	4月	7,384,676		売上合計を千円単位で表示できた			
4	5月	8,551,067					
5	6月	7,230,041					
6	合計	23,165,784	─ 値				
7							
8							

=TEXT(値 , 表示形式)　　　　　　　　　　　　　　　　　　　文字列操作

　値…表示形式を設定する数値や日付を指定
　表示形式…表示形式を表す書式記号をダブルクォーテーション「"」で囲んで指定
「値」を指定した「表示形式」の文字列に変換します。

Memo

●引数「表示形式」に指定した「#,##0,」の「#,##0」の部分は3桁ごとに「,」で区切ることを表し、末尾の「,」は数値の下3桁を省略することを表します。「表示形式」の指定で使用する書式記号について、詳しくは【11-13】を参照してください。

関連項目　【05-15】日付と文字列を組み合わせて表示する
　　　　　　　【11-13】数値の書式記号を理解しよう

06-54 数値を通貨スタイルの文字列に変換する

TEXT関数を使用すると数値を指定した表示形式で表示できますが、3桁区切りや通貨スタイルで表示するなら、FIXED関数やYEN関数を使用したほうが簡単です。FIXED関数で桁区切りスタイル、YEN関数で「¥」記号付きの桁区切りスタイルに変換できます。変換結果は文字列です。

▶数値を通貨スタイルで表示する

B4		:	× ✓ fx	=FIXED(B2,0)					
▲	A	B	C	D	E	F	G	H	I
1	数値の表記を変換する								
2	元の数値	123456.78	数値						
3									
4	桁区切り	123,457	数値を桁区切りスタイルで表示できた						
5	¥ 記号付き	¥123,457	数値を通貨スタイルで表示できた						
6									
7									
8									

=FIXED(数値, [桁位置], [桁区切り])　　　　　　　　　　　　　　文字列操作

　数値…**表示形式を設定する数値を指定**
　桁位置…**四捨五入する桁を数値で指定。省略した場合は「2」を指定したものと見なされて、小数点第 3 位が四捨五入される**
　桁区切り…**TRUE を指定した場合は桁区切りを行わない。FALSE を指定するか、指定を省略した場合は桁区切りを行う**
「数値」を「桁位置」で四捨五入して文字列として返します。桁区切りをするかどうかは、「桁区切り」の指定に応じて決まります。

=YEN(数値, [桁位置])　　　　　　　　　　　　　　　　　　　　文字列操作

　数値…**表示形式を設定する数値を指定**
　桁位置…**四捨五入する桁を数値で指定。省略した場合は「0」を指定したものと見なされて、小数点第 1 位が四捨五入される**
「数値」を「桁位置」で四捨五入して、「¥」記号付きの桁区切りスタイルの文字列として返します。

関連項目 【06-53】数値を指定した表示形式の文字に変換する

06-55 数値を表す文字列を数値に変換する

バリュー
VALUE

　VALUE関数を使用すると、通貨、パーセンテージ、分数、指数など、数値と見なせる文字列データを、実際の数値に変換できます。日付や時刻の文字列はシリアル値に変換されます。データを他のアプリケーションからコピーしたときに文字列として貼り付けられることがありますが、この関数を使用すれば、数値やシリアル値に戻すことができます。

▶文字列を数値に変換する

B3	= VALUE(A3)
	文字列

B3	✓ : × ✓ fx	=VALUE(A3)					
▲	A	B	C	D	E	F	G
1	**数字を数値に変換**		文字列				
2	数字の文字列	数値	セルB3に数式を入力して、				
3	12345	12345	セルB9までコピー				
4	¥12,345	12345	数字の文字列を数値に変換できた				
5	12.3%	0.123					
6	1 1/4	1.25					
7	1E+03	1000					
8	2023年4月1日	45017	日付や時刻の文字列は				
9	6:00	0.25	シリアル値に変換される				

=VALUE(文字列)	文字列操作

　文字列…数値、日付、時刻を表す文字列を指定。数値に変換できない文字列を指定した場合は **[#VALUE!]** が返される
「文字列」を数値に変換します。

Memo

●サンプルのセル A3～A9 には [文字列] の表示形式が設定してあり、データが文字列として入力されています。

関連項目　**[06-56]** 通常とは異なる桁区切り記号や小数点の数字を数値に変換する

06-56 通常とは異なる桁区切り記号や 小数点の数字を数値に変換する

NUMBERVALUE
ナンバー・バリュー

　日本では小数点に「.」(ピリオド)、桁区切りに「,」(カンマ)を使用しますが、どのような記号を使うかは国によって異なります。NUMBERVALUE関数を使用すると、異なる記号を使用した数値の文字列を実際の数値に変換できます。ここでは、小数点に「,」(カンマ)、桁区切りに「.」(ピリオド)が使われているデータを数値に変換します。

▶異なる記号を持つ数字の文字列を数値に変換する

```
B3 = NUMBERVALUE(A3 , "," , ".")
              文字列  │ 桁区切り記号
                 小数点記号
```

B3	✕ ✓ fx	=NUMBERVALUE(A3,",",".")					
	A	B	C	D	E	F	G
1	数字を値に変換						
2	数字の文字列	数値					
3	1.234.567,89	1234567.89					
4	€12.345,12	12345.12					
5	1,234%	0.01234					
6	文字列						
7							
8							

セルB3に数式を入力して、セルB5までコピー

「,」を小数点、「.」を桁区切り記号と見なして、数値に変換できた

=NUMBERVALUE(文字列 , [小数点記号] , [桁区切り記号])　　　文字列操作

文字列…数値、日付、時刻を表す文字列を指定。数値に変換できない文字列を指定した場合は[#VALUE!]が返される
小数点記号…「文字列」に含まれる小数点を指定。省略時は現在のパソコンの設定が使用される
桁区切り記号…「文字列」に含まれる桁区切り記号を指定。省略時は現在のパソコンの設定が使用される
「文字列」中の記号を「小数点記号」「桁区切り記号」と見なして、「文字列」を数値に変換します。

関連項目　【06-53】数値を指定した表示形式の文字に変換する
　　　　　　　【06-55】数値を表す文字列を数値に変換する

06-57 数値を漢数字の「壱弐参」で表示する

ナンバー・ストリング
NUMBERSTRING

NUMBERSTRING関数を使用すると、指定した数値を漢数字に変換できます。領収書や契約書などで、数値の改ざん防止のために金額を漢数字で印刷したいことがありますが、そんなときに役に立ちます。ここではセルE2に入力された数値を漢数字に変換します。

▶数値を漢数字に変換する

B4 = "金" & NUMBERSTRING(E2 , 2) & "円也"
　　　　　　　　　　数値　書式

| B4 | ✓ : × ✓ fx | ="金" & NUMBERSTRING(E2,2) & "円也" |

領　収　証　　金額 123,000 ←数値

No.12345
エクセルフーズ

金壱拾弐萬参阡円也 ←数式を入力　数値を漢数字に変換できた

=NUMBERSTRING(数値 , 書式)　　　　　　　　文字列操作

数値…変換元の数値を指定
書式…漢数字の書式を次表の数値で指定

値	説明	123000 の変換例
1	漢数字（一、二、三…）と位（十、百、千…）で表示	十二万三千
2	大字（壱、弐、参…）と位（拾、百、阡…）で表示	壱拾弐萬参阡
3	漢数字（一、二、三…）で表示	一二三〇〇〇

数値を指定した書式の漢数字に変換します。

Memo

● NUMBERSTRING 関数は［関数の挿入］ダイアログや［関数ライブラリ］に表示されないため、セルに直接入力する必要があります。

● NUMBERSTRING 関数の戻り値は文字列なので、計算に使用することはできません。漢数字で表示したあとで計算に使用したい場合は、【11-13】を参考に数値に直接表示形式を設定しましょう。

関連項目　【06-53】数値を指定した表示形式の文字に変換する

 **06-58** 数値をローマ数字に、
ローマ数字を数値に変換する

ROMAN / ARABIC
ローマン　アラビック

　ROMAN関数を使用すると、数値をローマ数字に変換できます。引数「書式」に「0」を指定すると正式なローマ数字となり、「1、2、3、4」を指定すると順に略式になっていきます。変換後のローマ数字は文字列扱いとなり、数値として計算に使用することはできません。

　反対に、ARABIC関数を使用すると、ローマ数字をアラビア数字に変換できます。指定できるローマ数字は、正式／略式を問いません。どちらの関数も、例えば「3」はアルファベットの「I」（アイ）を3つ並べるなど、ローマ数字をアルファベットの組み合わせで表現します。

▶**数値をローマ数字に、ローマ数字を数値に変換する。**

B3	= ROMAN(B2)
	数値

B4	= ARABIC(B3)
	文字列

B3	∨	:	× ✓ fx	=ROMAN(B2)										
▲	A	B	C	D	E	F	G	H	I	J	K	L	M	N	O
1	ローマ数字と数値の変換														
2	数値	1	2	3	4	5	6	7	8	9	10		ローマ数字に変換		
3	ローマ数字	I	II	III	IV	V	VI	VII	VIII	IX	X				
4	数値	1	2	3	4	5	6	7	8	9	10		数値に変換		
5	セルB3とセルB4に数式を入力して、K列までコピー														

=ROMAN(数値 , [書式])　　　　　　　　　　　　　数学 / 三角

　数値…変換元の数値を 1〜3999 の範囲で指定
　書式…ローマ数字の書式を 0〜4 の数値、または TRUE か FALSE で指定。0 または TRUE を指定するか、指定を省略すると、正式なローマ数字が返される。指定する値が大きくなるほど簡略化され、4 または FALSE を指定すると、略式のローマ数字が返される
「数値」を指定した「書式」のローマ数字に変換します。

=ARABIC(文字列)　　　　　　　　　　　　　　　数学 / 三角

　文字列…ローマ数字を指定
指定したローマ数字の「文字列」をアラビア数字に変換して返します。引数の最大長は 255 文字です。無効なローマ数字を指定した場合は [#VALUE!] が返されます。

06-59 ふりがなを自動的に表示する

 フォネティック
PHONETIC

　セルに文字データを入力すると、漢字変換前に入れた「読み」がふりがなとして内部に記録されます。PHONETIC関数を使用すると、セルに記録された読みを取り出せます。「氏名」列に入力した氏名のふりがなを「フリガナ」欄に表示したいときなどに便利です。

▶「氏名」のふりがなを表示する

C3	= PHONETIC(B3)
	範囲

	A	B	C	D	E	F	G	H
1	スタッフリスト							
2	No	氏名	フリガナ					
3	1	西　裕太	ニシ　ユウタ					
4	2	金子　あかね	カネコ　アカネ					
5	3	落合　秀	オチアイ　シュウ					
6	4	比企　愛子	ヒキ　アイコ					
7	5							
8			範囲					
9								

C3 ∨ : × ✓ fx =PHONETIC(B3)

- セルC3に数式を入力して、セルC7までコピー
- ふりがなを表示できた
- 「氏名」が未入力のときは何も表示されない

=PHONETIC(範囲)　　　　　情報

　範囲…文字列が入力されたセル、またはセル範囲を指定
「範囲」に入力された文字列のふりがなを表示します。

Memo

- 引数「範囲」に隣接するセル範囲を指定できます。例えばセル B3 に「西」、セル C3 に「裕太」が入力されている場合、「=PHONETIC(B3:C3)」の戻り値は「ニシユウタ」です。
- セルに本来のふりがなとは異なる読みで入力した場合は、漢字を入力したセルを選択し、[ホーム] タブの [フォント] グループにある [ふりがなの表示／非表示] → [ふりがなの編集] を選択すると、ふりがなを修正できます。

関連項目 【06-60】ひらがな／カタカナを統一する

06-60 ひらがな／カタカナを統一する

ひらがなとカタカナが混在している列のデータを一方に統一するには、ふりがなを利用します。PHONETIC関数でデータのふりがなを取り出すと、初期設定ではカタカナに統一されます。ひらがなに統一したい場合は、元データのセルでふりがなの文字種として［ひらがな］を指定します。

▶「氏名」のふりがなを表示する

`C3` = PHONETIC(B3)

①B列にはひらがなとカタカナが混在している。セルC3にPHONETIC関数を入力してコピーすると、B列のデータがカタカナで表示される。カタカナに統一したい場合はこれで終了する。

②ひらがなに統一したい場合は、セルB3〜B5を選択して、［ホーム］タブの［フォント］グループにある［ふりがなの表示／非表示］→［ふりがなの設定］を選択する。

③設定画面が表示されるので、［ふりがな］タブの［種類］欄で［ひらがな］を選択して［OK］ボタンをクリックする。

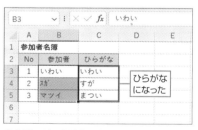

④B列のデータはそのまま、PHONTIC関数でC列に取り出したふりがながひらがなに統一される。

=PHONETIC(範囲)　　　　→ 06-59

関連項目【06-59】ふりがなを自動的に表示する

06-61 名簿に「ア」「イ」「ウ」と見出しを付けたい

五十音順に並んでいる名簿に「アイウエオ」索引を付けましょう。Excelの並べ替えでは清音と濁音を一緒くたに「カアイ→ガシュウ→カンバラ」と並べるので、「シメイ」の1文字目の清音と濁音を同じ文字と見なした索引を作ることにします。濁音のカタカナ「ガ」を半角にすると「カ」と「゛」が別の文字になるので、そこから1文字目を取り出すと濁点を削除できます。

▶名簿にアイウエオ索引を付ける

D2	= LEFT(ASC(C2))
	半角にしてから先頭文字を取り出す

A2	= IF(D2=D1,"",JIS(D2))
	1つ上と値が異なる場合に文字を全角にして表示

	D2	⌄	:	× ✓ fx	=LEFT(ASC(C2))

	A	B	C	D	E	F	G	H
1	index	氏名		シメイ	作業列			
2	ア	浅田 里香	アサダ リカ	ア		セルD2とセルA2に数式を入力して、11行目までコピー
3		阿部 好美	アベ ヨシミ	ア	
4	ウ	内山 亨	ウチヤマ リョウ	ウ	
5	カ	河相 ルカ	カアイ ルカ	カ	
6		賀集 夏奈	ガシュウ ナツナ	カ	「カ」と「ガ」は「カ」に分類される
7		神原 悟	カンバラ サトル	カ	
8	ス	須藤 恵理	スドウ エリ	ス	
9	ト	土井 武志	ドイ タケシ	ト	「ド」と「ト」は「ト」に分類される
10		戸田 涼子	トダ リョウコ	ト	
11	ワ	渡辺 秀征	ワタナベ ヒデユキ	ワ	

セル D2 に数式を入力して、セル D11 までコピーする。シメイを ASC 関数で半角にしてから LEFT 関数で 1 文字目を取り出したので、「ガ」「ド」などの濁音は「カ」「ト」のような清音になる。次にセル A3 に数式を入力してセル A11 までコピーする。IF 関数で現在行の D 列のセルとその上のセルを比べ、同じ場合は何も表示しない。同じでない場合は D 列の文字を全角に戻して表示する。

=LEFT(文字列 ,［文字数］)	→	06-38
=ASC(文字列)	→	06-50
=IF(論理式 , 真の場合 , 偽の場合)	→	03-02
=JIS(文字列)	→	06-50

関連項目 【06-59】ふりがなを自動的に表示する

第7章

表の検索と操作

表引きやセルの情報表示をマスターしよう

Excel 07-01 表引きって何？

　表引きとは、表から目的のデータを取り出すことです。下図のシートで、

・**商品リストから商品番号が「D-101」の商品の単価を取り出したい**
・**商品リストの「4番目」の商品データの単価を取り出したい**

というように、特定のキーワードや位置を手掛かりに検索して、表から目的のデータを取り出します。Excelには表引き用の関数が豊富に用意されており、目的に応じて使い分けます。

▶**キーワードや位置を頼りに目的のデータを取り出す**

	A	B	C	D	E
1		商品リスト			
2	商品番号	商品名	分類	単価	
3	B-101	和弁当	弁当	¥600	
4	B-102	洋弁当	弁当	¥650	
5	B-103	中華弁当	弁当	¥650	
6	D-101	プリン	デザート	¥100	
7	D-102	杏仁豆腐	デザート	¥160	
8					
9					

4番目の単価を取り出したい（位置を手掛かりに検索）

「D-101」の単価を取り出したい（キーワードを手掛かりに検索）

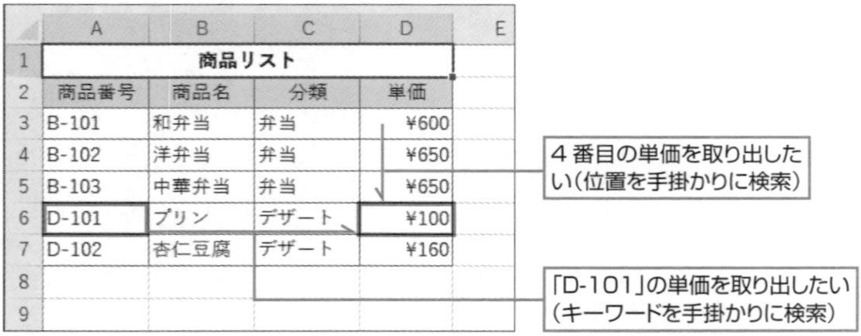

▶**表引きに使う関数の例**

関数	説明	参照先
VLOOKUP	特定のキーワードに該当するデータを取り出す。キーワードの検索は表の1列目、検索の方向は縦方向に限られる。	**07-02**
HLOOKUP	特定のキーワードに該当するデータを取り出す。キーワードの検索は表の1行目、検索の方向は横方向に限られる。	**07-12**
XLOOKUP	特定のキーワードに該当するデータを取り出す。キーワードを検索する位置や方向は自由に指定できる。Microsoft 365、Excel 2021対応。	**07-13**
INDEX	表から指定した行と列の位置にあるセルを取り出す。	**07-23**
OFFSET	指定したセルから指定した行数と列数だけ離れた位置にあるセルを取り出す。	**07-24**
MATCH	指定した範囲から特定のキーワードを探し、見つかった位置を返す。	**07-26**
XMATCH	指定した範囲から特定のキーワードを探し、見つかった位置を返す。「先頭から」「末尾から」など検索の向きを指定できる。Microsoft 365、Excel 2021対応。	**07-30**

Excel 07-02 指定した商品番号に該当する商品名を求める<①VLOOKUP関数>

ブイ・ルックアップ
VLOOKUP

VLOOKUP関数を使うと、特定のキーワードによる表引きを行えます。サンプルでは、商品番号をキーワードとして商品名を求めています。引数「検索値」に商品番号の「B-103」、「範囲」に商品リストのセル範囲、「列番号」に「範囲」内の商品名の列番号「2」、「検索の型」に完全一致検索を指示する「FALSE」を指定します。すると、商品リストの1列目から「B-103」が検索され、見つかったセルから数えて「2」列目の商品名が取り出されます。

▶商品番号「B-103」に該当する商品名を表引きする

B3 =VLOOKUP(B2,D2:F7,2,FALSE)
　　　　　　　　検索値　　範囲　　列番号　　検索の型

	A	B	C	D	E	F	G	H	I
					=VLOOKUP(B2,D2:F7,2,FALSE)				
1	商品検索			商品リスト					
2	商品番号	B-103	検索値	商品番号	商品名	単価			
3	商品名	中華弁当		B-101	和弁当	¥600			
4				B-102	洋弁当	¥650			
5		数式を入力		B-103	中華弁当	¥650	範囲		
6				D-101	プリン	¥100			
7		「B-103」の商品		D-102	杏仁豆腐	¥160			
8		名を表示できた		①	②	③	列番号		
9									

=VLOOKUP(検索値 , 範囲 , 列番号 , [検索の型])　　　　　　　検索/行列

検索値…検索する値を指定
範囲…検索する表のセル範囲を指定
列番号…戻り値として返す値が入力されている列の列番号を指定。「範囲」の 1 列目を 1 とする
検索の型…「TRUE」を指定するか指定を省略すると、検索値が見つからなかったときに検索値未満の最大値が検索される。「FALSE」を指定すると、検索値と完全に一致する値だけが検索され、見つからなかったときに [#N/A] が返される

「範囲」の 1 列目から「検索値」を探し、見つかった行の「列番号」の列にある値を返します。英字の大文字と小文字は区別されません。「検索の型」に TRUE を指定するか、指定を省略する場合は、「範囲」の 1 列目を昇順に並べ替えておく必要があります。

関連項目 【07-13】指定した商品番号に該当する商品名を求める<②XLOOKUP関数>

 07-03 別シートに作成した表から
表引きしたい

VLOOKUP関数で別のシートに入力された表から表引きするには、引数「範囲」を「シート名!セル範囲」の形式で指定します。例えば［商品］シートのセルA3〜C7に表が入力されている場合、「商品!A3:C7」のように指定します。引数を入力するときに［商品］シートのシート見出しをクリックし、セルA3〜C7をドラッグすると、数式に「商品!A3:C7」が自動入力されます。

▶別シートの表から商品番号「B-103」の商品名を表引きする

B3	=VLOOKUP(B2,商品!A3:C7,2,FALSE)

検索値　　範囲　　　　検索の型
列番号

検索シート

	A	B	C	D
1	**商品検索**			
2	商品番号	B-103	← 検索値	
3	商品名	中華弁当		
4				
5	数式を入力			
6				
7	「B-103」の商品名を表示できた			
8				
9				
10				

検索　商品　⊕
準備完了

商品シート

	A	B	C	D
1	**商品リスト**			
2	商品番号	商品名	単価	
3	B-101	和弁当	¥600	
4	B-102	洋弁当	¥650	
5	B-103	中華弁当	¥650	← 範囲
6	D-101	プリン	¥100	
7	D-102	杏仁豆腐	¥160	
8	①	②	③	← 列番号
9				
10				

検索　商品　⊕
準備完了

=VLOOKUP(検索値 , 範囲 , 列番号 , [検索の型])	→ 07-02

> **Memo**
>
> ● 【01-24】を参考に表に名前を付けておくと、引数の指定が簡単になります。例えばサンプルの［商品］シートのセル A3〜C7 に「商品表」という名前を付けた場合、数式は次のようになります。
> =VLOOKUP(B2, 商品表 ,2,FALSE)

関連項目 【01-24】セル範囲に名前を付ける
【07-02】指定した商品番号に該当する商品名を求める＜①VLOOKUP関数＞

438　7章／表の検索と操作

07-04 [#N/A] エラーが表示されない明細書を作成する

IFERROR／VLOOKUP
イフ・エラー　　　　ブイ・ルックアップ

　VLOOKUP関数による完全一致検索では、検索値のセルが未入力だとエラー値[#N/A]が返されます。あらかじめ関数を入力しておく表では、[#N/A]だらけになりかねません。これを防ぐには、IFERROR関数を使用して、エラーになる場合に何も表示されないようにします。サンプルでは、**【07-03】**と同じ商品リストを表引きしています。数式をコピーしたときにずれないように「範囲」は絶対参照（→ **【01-19】**）で指定します。

▶商品番号が未入力でもエラーが表示されないようにする

B3 =IFERROR(VLOOKUP(A3,商品!$A$3:$C$7,2,FALSE),"")
　　　　　　　　　　　　　値　　　　　　　　　エラーの場合の値

| B3 | ✓ : × ✓ *fx* | =IFERROR(VLOOKUP(A3,商品!$A$3:$C$7,2,FALSE),"") |

	A	B	C	D	E
1		見積明細			
2	商品番号	商品名	単価	数量	金額
3	B-103	中華弁当	¥650	3	¥1,950
4	D-102	杏仁豆腐	¥160	2	¥320
5					
6					
7					
8					

> セルB3に数式を入力してセルB6までコピー

> 「商品番号」が入力されている行は検索結果が表示されるが、未入力の行は何も表示されなくなる

=IFERROR(値 , エラーの場合の値)	→ **03-31**
=VLOOKUP(検索値 , 範囲 , 列番号 , [検索の型])	→ **07-02**

Memo

● セル C3 の単価とセル E3 の金額は次の数式で求めます。
　C3　　=IFERROR(VLOOKUP(A3, 商品 !$A$3:$C$7,3,FALSE),"")
　E3　　=IFERROR(C3*D3,"")

● IFERROR 関数による対処を行なわず、VLOOKUP 関数や掛け算の数式だけを入力した場合、「商品番号」欄が空欄の行に [#N/A] が表示されます。

	商品番号	商品名	単価	数量	金額
3	B-103	中華弁当	¥650	3	¥1,950
4	D-102	杏仁豆腐	¥160	2	¥320
5		#N/A	#N/A		#N/A
6		#N/A	#N/A		#N/A

07-05 横にコピーできる表引きの数式を作成する

VLOOKUP／COLUMN
ブイ・ルックアップ　カラム

　表から左右に隣り合う複数のセルのデータをまとめて取り出したいことがあります。VLOOKUP関数を使う場合、先頭のセルに入力して右方向にコピーした後、3番目の引数「列番号」を「2」「3」「4」と手修正する必要があり面倒です。そのようなときはCOLUMN関数で列番号を自動切り替えしましょう。そうすれば、先頭の数式を入力したあと、コピーするだけで済むので簡単です。必要に応じて、【07-04】を参考にIFERROR関数を組み合わせたエラー対策をしてください。

▶VLOOKUP関数をコピーするだけで表引きできるようにする

C3	=VLOOKUP($B3,$I$3:$L$7,COLUMN(B3),FALSE)
	検索値　　　範囲　　　　列番号　　　検索の型

	C3		✕ ✓ fx	=VLOOKUP($B3,$I$3:$L$7,COLUMN(B3),FALSE)								
	A	B	C	D	E	F	G	H	I	J	K	L	M
1			見積明細							商品リスト		
2	No	商品番号	商品名	分類	単価	数量	金額		商品番号	商品名	分類	単価
3	1	B-101	和弁当	弁当	¥600				B-101	和弁当	弁当	¥600
4	2	B-102	洋弁当	弁当	¥650				B-102	洋弁当	弁当	¥650
5	3	D-101	プリン	デザート	¥100				B-103	中華弁当	弁当	¥650
6	4	D-102	杏仁豆腐	デザート	¥160				D-101	プリン	デザート	¥100
7									D-102	杏仁豆腐	デザート	¥160
8												
9												
10												

範囲

検索値　　セルC3に数式を入力してセルE3までコピーし、さらに6行目までコピーする

列番号　① ② ③ ④

	=VLOOKUP(検索値 , 範囲 , 列番号 , [検索の型])	→ 07-02
	=COLUMN([参照])	→ 07-57

Memo

● 「COLUMN(B3)」は、セルB3の列番号の数値である「2」を返します。数式を右にコピーすると、「COLUMN(B3)」は「COLUMN(C3)」「COLUMN(D3)」と変わり、その結果、VLOOKUP関数の引数「列番号」は「2」→「3」→「4」と切り替わります。

● 「検索値」は常にB列を参照できるように列だけ固定の「$B3」と指定します。

07-06 複数の項目を組み合わせて検索するには＜①VLOOKUP関数＞

ブイ・ルックアップ
VLOOKUP

　複数の項目を検索値として表引きしたいことがあります。例えば「分類と品番の両方が一致する商品名を取り出したい」というようなケースです。しかし、VLOOKUP関数で指定できる検索値は1つです。複数の項目を検索値とするには、検索値と表の双方で、分類と品番を文字列結合します。その際、VLOOKUP関数では表の最左列しか検索できないので、取り出したい「商品名」列より左の列で文字列結合してください。

▶分類と品番の2つを検索値として商品名を調べる

```
D3 =E3&F3
```

```
B4 =VLOOKUP(B2&B3,D3:G7,4,FALSE)
       検索値    範囲   検索の型
              列番号
```

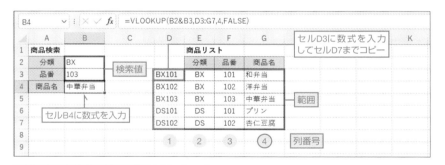

```
=VLOOKUP( 検索値 , 範囲 , 列番号 , [検索の型] )      → 07-02
```

> **Memo**
> ●空いている適当な列がない場合は、新しい列を挿入します。挿入したい位置の列番号を右クリックして、表示されるメニューから「挿入」を選ぶと挿入できます。数式の入力が済んだら、作業列のD列は【11-02】を参考に非表示にしておくとよいでしょう。

関連項目 【07-17】複数の項目を組み合わせて検索するには＜②XLOOKUP関数＞

07-07 新規データを自動で参照先に含めて検索する＜①列指定＞

ブイ・ルックアップ
VLOOKUP

　データの追加が頻繁にある表から表引きを行う場合、追加のたびにVLOOKUP関数の引数「範囲」を修正しなければならず面倒です。そのようなときは引数「範囲」に列全体を指定すると便利です。新規に追加したデータが自動的に「範囲」に含まれるので、数式を修正する手間が省けます。例えば表がA〜D列に入力されている場合、「A:D」と指定します。引数を入力する際に、列番号の「A」〜「D」の部分をドラッグすると、自動で「A:D」と入力できます。なお、表の最左列に入力する表タイトルや列見出しは、データと重複しないようにしてください。

▶新しいデータも自動で参照されるようにする

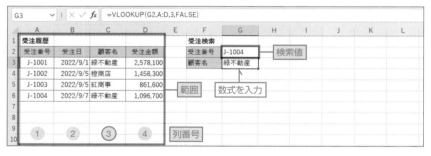

=VLOOKUP(検索値 , 範囲 , 列番号 , [検索の型])　　　→ 07-02

07-08 新規データを自動で参照先に含めて検索する＜②テーブル＞

VLOOKUP
ブイ・ルックアップ

　新規データを自動でVLOOKUP関数の参照先に含めるには、表をテーブルに変換しておく方法もあります。新規データを追加するとテーブルは自動拡張するので、VLOOKUP関数の引数「範囲」にテーブル名を指定すれば、常に新規データを参照先に含めて検索できます。サンプルでは表のテーブル名が「テーブル1」なので、引数「範囲」に「テーブル1」を指定しました。引数を入力する際に、セルA3〜D6をドラッグすると、自動で「テーブル1」と入力できます。テーブルの変換方法とテーブル名の確認方法は、**[01-28]**を参照してください。

▶新しいデータも自動で参照されるようにする

```
G3 =VLOOKUP(G2,テーブル1,3,FALSE)
     検索値  範囲     検索の型
             列番号
```

```
=VLOOKUP( 検索値 , 範囲 , 列番号 , [検索の型] )          → 07-02
```

 07-09 「○以上△未満」の条件で表を検索する＜①VLOOKUP関数＞

VLOOKUP関数による検索には、完全一致検索と近似一致検索の2種類があります。「検索値」に一致するデータが見つからない場合、完全一致検索では［#N/A］エラーが返されますが、近似一致検索では「○以上△未満」の条件の検索が行われます。

ここでは、得点に対応する評価を求めます。「○点以上△点未満」の「○」にあたる数値を、参照する表の1列目に小さい順に入力しておくことと、VLOOKUP関数の引数「検索の型」に近似一致検索を指示する「TRUE」を指定することがポイントです。

▶「○以上△未満」の条件で得点に応じた評価を求める

```
B3  =VLOOKUP(B2,D3:F6,3,TRUE)
              範囲  検索の型
       検索値     列番号
```

	A	B	C	D	E	F	G	H	I	J
1	成績判定			得点評価対応表						
2	得点	72	→検索値	得点		評価				
3	評価	B		0	～	F				
4		数式を入力		60	～	C	範囲			
5				70	～	B				
6		72点に対応する評価		80	～	A				
7		「B」が表示された		①	②	③	列番号			

=VLOOKUP(検索値 , 範囲 , 列番号 , [検索の型]) ➡ 07-02

Memo

●サンプルでは、「0点以上60点未満」が「F」、「60点以上70点未満」が「C」、「70点以上80点未満」が「B」、「80点以上」が「A」となります。「検索値」に負数を指定すると［#N/A］エラーになります。

関連項目 【07-20】「○以上△未満」の条件で表を検索する＜②XLOOKUP関数＞

07-10 表を作成せずに 表引き関数で検索したい！

VLOOKUP
ブイ・ルックアップ

　データ量が少ない場合などで表引き用の表を別途作成したくないときは、VLOOKUP関数の引数「範囲」に配列定数（→【01-29】）を指定することもできます。ここでは得点が「0点以上、60点以上、70点以上、80点以上」に応じて評価を「F、C、B、A」と切り替えます。配列定数は、列をカンマ「,」、行をセミコロン「;」で区切り、全体を中括弧「{}」で囲んで指定します。

▶表を作成せずに検索する

C3	=VLOOKUP(B3,{0,"F";60,"C";70,"B";80,"A"},2,TRUE)

検索値　　　　　　範囲　　　　　　　検索の型
列番号

C3	✓ : × ✓ fx	=VLOOKUP(B3,{0,"F";60,"C";70,"B";80,"A"},2,TRUE)

	A	B	C	D	E	F	G	H	I	J
1	成績表			検索値						
2	氏名	得点	評価							
3	伊藤　聡	71	B	数式を入力してセルC7までコピー						
4	小岩　塔子	86	A							
5	野村　博人	40	F	得点に応じた評価が表示された						
6	富士　由美	67	C							
7	渡瀬　隆太	70	B							
8										
9										
10										

=VLOOKUP(検索値 , 範囲 , 列番号 , [検索の型])	→ 07-02

Memo

● セルC3で指定した配列定数「{0,"F";60,"C";70,"B";80,"A"}」は、右図の表のセルE3〜F6を指定したことと同じ意味を持ちます。

C3	✓ : × ✓ fx	=VLOOKUP(B3,$E$3:$F$6,2,TRUE)

	A	B	C	D	E	F	G
1	成績表						
2	氏名	得点	評価		得点	評価	
3	伊藤　聡	71	B		0	F	
4	小岩　塔子	86	A		60	C	
5	野村　博人	40	F		70	B	
6	富士　由美	67	C		80	A	
7	渡瀬　隆太	70	B				

07-11 複数の表を切り替えて検索したい！

 VLOOKUP／INDIRECT
ブイ・ルックアップ　　インダイレクト

　複数の表を切り替えながら表引きするには、「名前」を利用します。ここでは、セルJ2に「弁当」が入力されたときは弁当の表、「デザート」が入力されたときはデザートの表から商品名を検索します。あらかじめ【01-24】を参考にセルA3〜C6に「弁当」、セルE3〜G5に「デザート」という名前を付けておきます。セルJ2に入力された名前をINDIRECT関数でセル参照に変換して、それをVLOOKUP関数の引数「範囲」に指定すると、目的の表から検索できます。単に「範囲」に「J2」を指定すると、セルJ2が検索先の表とみなされ正しく検索できないので注意しましょう。

▶セルJ2の「分類」欄で指定したほうの表から商品名を検索する

J4	=VLOOKUP(J3,INDIRECT(J2),2,FALSE)
	検索値　　　範囲　　　列番号 検索の型

	A	B	C	D	E	F	G	H	I	J	K	L	M
1		弁当				デザート				商品検索			
2	品番	商品名	単価		品番	商品名	単価			分類	デザート	分類を入力	
3	101	和弁当	¥600		101	プリン	¥100			品番	102	品番を入力	
4	102	洋弁当	¥650		102	杏仁豆腐	¥160			商品名	杏仁豆腐		
5	103	中華弁当	¥650		103	アイス	¥150						
6	104	焼肉弁当	¥980										
7										数式を入力			
8		名前：弁当			名前：デザート								

=VLOOKUP(検索値,範囲,列番号,[検索の型])	→ 07-02
=INDIRECT(参照文字列,[参照形式])	→ 07-53

Memo

● 名前を使いたくない場合は、CHOOSE 関数で参照先を切り替える方法もあります。
　=VLOOKUP(J3,CHOOSE(IF(J2=" 弁当 ",1,2),A3:C6,E3:G5),2,FALSE)

関連項目 【07-29】縦横同じ見出しの2つの表を切り替えてデータを取り出す

07-12 表を横方向に検索して表引きする <①HLOOKUP関数>

エイチ・ルックアップ
HLOOKUP

　横方向に検索して表引きしたいことがあります。VLOOKUP関数の仲間のHLOOKUP関数を使うと、表の1行目を左から右に向かって横方向に検索できます。サンプルでは、セルB10に入力された「2020年」を検索値として、売上数推移表の1行目のセルB2～F2を探し、見つかったセルから数えて6行目にある売上数合計を求めています。

▶セルB10で指定した年の売上数合計を求める

B11 =HLOOKUP(B10,B2:F7,6,FALSE)
　　　　　　｜　　｜範囲　｜検索の型
　　　検索値　　行番号

B11	✓	:	× ✓ fx	=HLOOKUP(B10,B2:F7,6,FALSE)					
	A	B	C	D	E	F	H	I	J
1	売上数推移								
2		2017年	2018年	2019年	2020年	2021年	①		
3	第1Q	3,775	2,976	3,786	3,037	3,131	②		
4	第2Q	2,736	2,605	2,847	2,049	2,824	③		
5	第3Q	2,840	2,456	3,397	2,843	3,512	④		
6	第4Q	2,063	2,060	3,396	3,794	2,669	⑤		
7	合計	11,414	10,097	13,426	11,723	12,136	⑥		
8									
9	売上数検索								
10	年度	2020年							
11	売上数	11,723							

行番号（①～⑥）

「2020年」の売上数の合計を表示できた

検索値（年度 2020年）

範囲

数式を入力

=HLOOKUP(検索値 , 範囲 , 行番号 , [検索の型])　　　　検索/行列

検索値…**検索する値を指定**
範囲…**検索する表のセル範囲を指定**
行番号…**戻り値として返す値が入力されている行の行番号を指定。「範囲」の1行目を1とする**
検索の型…**TRUE を指定するか指定を省略すると、検索値が見つからなかったときに検索値未満の最大値が検索される。FALSE を指定すると、検索値と完全に一致する値だけが検索され、見つからなかったときに [#N/A] が返される**
「範囲」の1行目から「検索値」を探し、見つかった列の「行番号」の行にある値を返します。英字の大文字と小文字は区別されません。「検索の型」に TRUE を指定するか、指定を省略する場合は、「範囲」の1行目を昇順に並べ替えておく必要があります。

関連項目　【07-19】表を横方向に検索して表引きする<②XLOOKUP関数>

07-13 指定した商品番号に該当する商品名を求める＜②XLOOKUP関数＞

XLOOKUP
エックス・ルックアップ

　Office 365とExcel 2021には、VLOOKUP関数やHLOOKUP関数など従来の表引き関数の統合・強化版といえるXLOOKUP関数があります。XLOOKUP関数は、検索の場所や方向、エラーの場合の処理などを柔軟に指定して、さまざまなケースの表引きに対応できる関数です。

　サンプルでは、商品番号をキーワードとして商品名を求めています。引数「検索値」に商品番号の「B-103」、「検索範囲」に商品リストの「商品番号」欄、「戻り値範囲」に商品リストの「商品名」欄を指定します。さらに、検索値が見つからない場合に［#N/A］エラーが表示されるのを防ぐために、引数「見つからない場合」に「"該当なし"」」を指定しました。

▶商品番号「B-103」に該当する商品名を表引きする

```
B3 =XLOOKUP(B2,D3:D7,E3:E7,"該当なし")
              検索範囲    見つからない場合
        検索値    戻り値範囲
```

B3	∨	⋮ × ✓ fx	=XLOOKUP(B2,D3:D7,E3:E7,"該当なし")					
	A	B	C	D	E	F	G	H	I
1	商品検索				商品リスト				
2	商品番号	B-103	検索値	商品番号	商品名	単価		
3	商品名	中華弁当		B-101	和弁当	¥600		
4		数式を入力		B-102	洋弁当	¥650		
5				B-103	中華弁当	¥650		
6	「B-103」の商品			D-101	プリン	¥100		
7	名を表示できた	検索範囲		D-102	杏仁豆腐	¥160	戻り値範囲	
8								

B3	∨	⋮ × ✓ fx	=XLOOKUP(B2,D3:D7,E3:E7,"該当なし")					
	A	B	C	D	E	F	G	H	I
1	商品検索				商品リスト				
2	商品番号	xyz		商品番号	商品名	単価	「検索値」が見つからない場合や未入力の場合は	
3	商品名	該当なし		B-101	和弁当	¥600	「該当なし」と表示される	
4				B-102	洋弁当	¥650		
5				B-103	中華弁当	¥650		

=XLOOKUP(検索値, 検索範囲, 戻り値範囲, [見つからない場合], [一致モード], [検索モード]) 【365/2021】 検索/行列

検索値…**検索する値を指定**
検索範囲…**検索する 1 列または 1 行の範囲を指定**
戻り値範囲…**戻り値として返す値が入力されているセル範囲を指定**
見つからない場合…**「検索値」が見つからない場合に返す値を指定**。省略した場合はエラー値［#N/A］が返される
一致モード…**どのような状態を一致と見なすのかを下表の数値で指定**
検索モード…**検索の向きを下表の数値で指定**
「検索範囲」から「検索値」を探し、最初に見つかった位置に対応する「戻り値範囲」の値を返します。

▶引数「一致モード」

値	説明
0	完全一致（既定）
-1	完全一致。見つからない場合は次に小さい項目
1	完全一致。見つからない場合は次に大きい項目
2	ワイルドカード文字との一致

▶引数「検索モード」

値	説明
1	先頭から末尾へ検索（既定）
-1	末尾から先頭へ検索
2	昇順で並べ替えた範囲をバイナリ検索
-2	降順で並べ替えた範囲をバイナリ検索

Memo

● 【07-04】で紹介したとおり、VLOOKUP 関数を使った明細書では、「検索値」のセルが空欄の場合に備えて IFERROR 関数を組み合わせたエラー対策が必要です。一方、XLOOKUP 関数の場合は、引数「見つからない場合」を指定することによって、関数単独でエラー対策を行えます。XLOOKUP 関数を使って明細書で表引きする方法は、【07-14】を参考にしてください。

● VLOOKUP 関数の初期値の検索方法は近似一致検索ですが、XLOOKUP 関数の初期値は完全一致検索です。サンプルのように完全一致をする場合（商品番号が完全に一致する値を商品リストから探す場合）、引数「一致モード」は省略できます。XLOOKUP 関数による近似一致検索については、【07-20】を参照してください。

● XLOOKUP 関数の引数「検索モード」では、検索の向きを指定できます。既定では、「検索範囲」の先頭から末尾に向かって検索が行われ、最初に見つかったデータで検索が終了します。「検索範囲」に「検索値」が複数存在する場合、検索の向きによって検索結果が変わります。【07-21】を参照してください。

● 「検索範囲」を昇順または降順に並べたうえで XLOOKUP 関数の引数「検索モード」に「2」または「-2」を指定すると「バイナリ検索」と呼ばれる高速検索が行われます。検索に時間がかかる大規模な表を検索する場合は、このオプションを利用しましょう。

07-14 スピルを利用して複数の項目を まとめて取り出したい

XLOOKUP
エックス・ルックアップ

　表から左右に隣り合う複数のセルのデータをまとめて取り出したいことがあります。XLOOKUP関数の引数「検索範囲」に1列、「戻り値範囲」に複数列を指定すると、スピル機能により複数のデータをまとめて取り出せます。サンプルでは、「戻り値範囲」に3列指定しているので、セルC3に入力した数式がセルE3まで横方向にスピルして、「商品名」「分類」「単価」が一気に表示されます。セルC3を下にコピーすると、下の行でも自動でスピルが行われます。

▶「商品名」「分類」「単価」をまとめて取り出す

C3 =XLOOKUP(B3,$I$3:$I$7,$J$3:$L$7,"")
　　　　　　　　検索値　　　　戻り値範囲
　　　　　　　　　　検索範囲　　　見つからない場合

▲	A	B	C	D	E	F	G	H	I	J	K	L	M
1				見積明細						商品リスト			
2	No	商品番号	商品名	分類	単価	数量	金額		商品番号	商品名	分類	単価	
3	1	B-101	=XLOOKUP(B3,$I$3:$I$7,$J$3:$L$7,"")						B-101	和弁当	弁当	¥600	
4	2	B-102							B-102	洋弁当	弁当	¥650	
5	3	D-101							B-103	中華弁当	弁当	¥650	
6	4	D-102							D-101	プリン	デザート	¥100	
7									D-102	杏仁豆腐	デザート	¥160	
8													
9													
10													

検索値　　セルC3に数式を入力して【Enter】キーを押す

検索範囲　　戻り値範囲

▲	A	B	C	D	E	F	G	H	I	J	K	L	M
1				見積明細						商品リスト			
2	No	商品番号	商品名	分類	単価	数量	金額		商品番号	商品名	分類	単価	
3	1	B-101	和弁当	弁当	¥600				B-101	和弁当	弁当	¥600	
4	2	B-102							B-102	洋弁当	弁当	¥650	
5	3	D-101							B-103	中華弁当	弁当	¥650	
6	4	D-102							D-101	プリン	デザート	¥100	
7									D-102	杏仁豆腐	デザート	¥160	
8													
9													
10													

セルC3の数式がセルE3までスピルして商品名、分類、単価が表示された

=XLOOKUP(検索値 , 検索範囲 , 戻り値範囲 , [見つからない場合] , [一致モード] , [検索モード]) → **07-13**

Memo

- 数式をコピーしたときにずれないように「検索範囲」と「戻り値範囲」は絶対参照（→【01-19】）で指定してください。

- 「商品番号」が未入力の場合、「商品名」欄のXLOOKUP関数の戻り値は「""」になります。その場合、右のセルへのスピルは行われず、「分類」「単価」は空欄のままになります。

- 「分類」「単価」欄のセルはゴーストのセルなので、数式を編集・削除できません。数式を編集・削除するには、「商品名」欄のセルで操作します。

- ここでは横方向のスピルを紹介しましたが、引数「検索値」に1列分のセルを指定すると縦方向にスピルさせることもできます。縦横同時にはスピルできません。

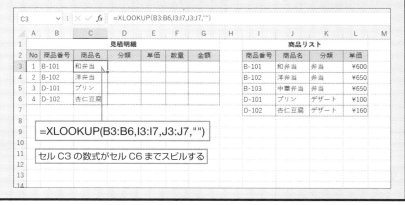

関連項目 【01-19】数式をコピーするときにセル参照を固定するには
【01-32】動的配列数式を入力するには

07-15 商品名から商品番号を逆引きする ＜①XLOOKUP関数＞

エックス・ルックアップ

VLOOKUP関数では検索する範囲は戻り値の列より左にないと検索できませんが、XLOOKUP関数では左右どちらの位置でも検索を行えます。そのため、右にある列を検索して左のデータを返す、いわゆる逆引きを簡単に行えます。ここでは、商品名から商品番号を逆引きします。

▶商品名「中華弁当」に対応する商品番号を表引きする

```
B3 =XLOOKUP(B2,E3:E7,D3:D7,"該当なし")
            │検索範囲 │ 見つからない場合
      検索値    戻り値範囲
```

	A	B	C	D	E	F
1	商品番号検索			商品リスト		
2	商品名	中華弁当	←検索値	商品番号	商品名	単価
3	商品番号	B-103		B-101	和弁当	¥600
4				B-102	洋弁当	¥650
5		数式を入力		B-103	中華弁当	¥650
6				D-101	プリン	¥100
7		「中華弁当」の商品		D-102	杏仁豆腐	¥160
8		番号を表示できた				
9				戻り値範囲	検索範囲	

B3 =XLOOKUP(B2,E3:E7,D3:D7,"該当なし")

```
=XLOOKUP(検索値,検索範囲,戻り値範囲,[見つからない場合],[一致モード],[検索モード]) → 07-13
```

Memo

● XLOOKUP関数が使えないバージョンでは、INDEX関数とMATCH関数の組み合わせで逆引きを行えます。詳しくは【07-27】を参照してください。

関連項目　【07-27】商品名から商品番号を逆引きする＜②INDEX関数＋MATCH関数＞

07-16 表の縦横の見出しからデータを調べる ＜①XLOOKUP関数＞

エックス・ルックアップ
XLOOKUP

　2つのXLOOKUP関数を入れ子にすると、2次元表の行見出しと列見出しからクロスする位置にあるデータを取り出せます。ここでは券種が「2デイ」、年齢区分が「小人」のチケット料金を調べます。

▶指定した券種（行見出し）と年齢区分（列見出し）の料金を調べる

B4 =XLOOKUP(B3,B7:D7,XLOOKUP(B2,A8:A10,B8:D10))

検索値① 検索範囲① 戻り値範囲①
検索値② 検索範囲② 戻り値範囲②

B4		fx	=XLOOKUP(B3,B7:D7,XLOOKUP(B2,A8:A10,B8:D10))							
	A	B	C	D	E	F	G	H	I	J	K
1	チケット料金検索									
2	券種	2デイ	← 検索値①							
3	年齢区分	小人	← 検索値②							
4	料金	7,500		「2デイ」の「小人」のチケット料金を表示できた						
5			数式を入力							
6	チケット料金表									
7		大人	中人	小人	← 検索範囲②					
8	1デイ	8,500	7,000	4,700						
9	2デイ	13,600	10,900	7,500	← 戻り値範囲①					
10	3デイ	17,800	14,300	9,800						
11					← 検索範囲①					
12										

=XLOOKUP(検索値 , 検索範囲 , 戻り値範囲 , [見つからない場合] , [一致モード] , [検索モード]) → **07-13**

Memo

●入れ子の内側のXLOOKUP関数では、スピルが働き、「2デイ」の3区分（大人、中人、小人）の料金（セルB9～D9）が返されます。内側のXLOOKUP関数を数式バーで選択して、【F9】キーを押すと、返される料金を確認できます。外側のXLOOKUP関数では、返されたセルB9～D9を「戻り値範囲」として表引きしています。

SUM		fx	=XLOOKUP(B3,B7:D7,{13600,10900,7500})
	A	B	C	XLOOKUP(検索値,検索範囲,戻り範囲,[見つからない場合],
1	チケット料金検索			

【F9】キーで内側の関数の結果を確認後、【Esc】キーで数式を元に戻す

関連項目　【07-28】表の縦横の見出しからデータを調べる＜②INDEX関数＋MATCH関数＞

07-17 複数の項目を組み合わせて検索するには＜②XLOOKUP関数＞

エックス・ルックアップ
XLOOKUP

XLOOKUP関数では、複数の項目を検索値とした表引きを簡単に行えます。例えば、分類と品番の両方が一致する商品名を取り出すには、引数「検索値」と「検索範囲」をともに「分類 & 品番」の形式で指定します。

▶分類と品番の2つを検索値として商品名を調べる

B4	=XLOOKUP(B2&B3,E3:E7&F3:F7,G3:G7,"該当なし")

検索値　　検索範囲　　戻り値範囲　見つからない場合

| B4 | ✓ ： ✕ ✓ fx | =XLOOKUP(B2&B3,E3:E7&F3:F7,G3:G7,"該当なし") |

	A	B	C	D	E	F	G	H	I
1	商品検索				商品リスト				
2	分類	BX		検索値	分類	品番	商品名		
3	品番	103			BX	101	和弁当		
4	商品名	中華弁当			BX	102	洋弁当		
5					BX	103	中華弁当		
6		数式を入力			DS	101	プリン		
7					DS	102	杏仁豆腐		
8		分類が「BX」、品番が「103」の商品名が求められた							
9					検索範囲		戻り値範囲		
10									
11									

=XLOOKUP(検索値,検索範囲,戻り値範囲,[見つからない場合],[一致モード],[検索モード]) → **07-13**

> **Memo**
>
> ●サンプルでは「分類 & 品番」の連結結果に重複がないので、連結結果を検索値として正しく検索が行える。連結すると重複してしまうような表で表引きをする場合は、重複を起こさないための区切り文字を挟んで連結するとよいでしょう。例えば、「BX」「101」と「BX1」「01」の連結結果はどちらも「BX101」になり区別できません。区切り文字の「-」を挟んで連結すれば、「BX-101」「BX1-01」と区別できるようになります。

関連項目　【07-06】複数の項目を組み合わせて検索するには＜①VLOOKUP関数＞

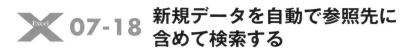

07-18 新規データを自動で参照先に含めて検索する

XLOOKUP
（エックス・ルックアップ）

　データの追加が頻繁にある表から表引きを行う場合は、引数「検索範囲」と「戻り値範囲」に列全体を「A:A」の形式で指定すると便利です。新規に追加したデータが自動的に「検索範囲」と「戻り値範囲」に含まれるので、数式を修正する手間が省けます。検索が正しく行えるように、指定した列には余計なデータを入力しないようにしてください。

▶新しいデータも自動で参照されるようにする

```
G3 =XLOOKUP(G2,A:A,C:C,"該当なし")
        検索値  検索範囲    戻り値範囲  見つからない場合
```

	A	B	C	D	E	F	G	H	I	J	K
	G3			fx	=XLOOKUP(G2,A:A,C:C,"該当なし")						
1	受注履歴					受注検索					
2	受注番号	受注日	顧客名	受注金額		受注番号	J-1004	←検索値			
3	J-1001	2022/9/1	緑不動産	2,578,100		顧客名	緑不動産	←数式を入力			
4	J-1002	2022/9/5	橙商店	1,458,300							
5	J-1003	2022/9/5	紅商事	861,600							
6	J-1004	2022/9/7	緑不動産	1,096,700							
7	J-1005	2022/9/8	藍電機	855,500		受注履歴表の新しい行（セルA8〜D8）					
8						にデータを追加すると、追加したデータ					
9						も自動で表引きの対象に含まれる					
10	検索範囲		戻り値範囲								
11											

```
=XLOOKUP(検索値,検索範囲,戻り値範囲,[見つからない場合],[一致モード],[検索モード]) → 07-13
```

> **Memo**
>
> ●新規データを自動で参照先に含めるには、表をテーブルに変換して引数を構造化参照で入力する方法もあります。新規データを追加するとテーブルは自動拡張します。テーブルの変換方法と構造化参照の入力方法は、【01-28】を参照してください。
> =XLOOKUP(G2,テーブル1[受注番号],テーブル1[顧客名],"該当なし")

関連項目　【07-07】新規データを自動で参照先に含めて検索する＜①列指定＞
　　　　　　　【07-08】新規データを自動で参照先に含めて検索する＜②テーブル＞

07-19　表を横方向に検索して表引きする
<②XLOOKUP関数>

エックス・ルックアップ

XLOOKUP関数は、縦だけでなく横方向の検索も行えます。サンプルでは、セルB10に入力された「2020年」を検索値として、売上数推移表から2020年の売上数の合計を求めています。

▶セルB10で指定した年の売上数合計を求める

```
B11 =XLOOKUP(B10,B2:F2,B7:F7,"該当なし")
          検索範囲    見つからない場合
   検索値     戻り値範囲
```

| B11 | : | × ✓ fx | =XLOOKUP(B10,B2:F2,B7:F7,"該当なし") |

	A	B	C	D	E	F	G	H	I
1	売上数推移								
2		2017年	2018年	2019年	2020年	2021年	検索範囲		
3	第1Q	3,775	2,976	3,786	3,037	3,131			
4	第2Q	2,736	2,605	2,847	2,049	2,824			
5	第3Q	2,840	2,456	3,397	2,843	3,512			
6	第4Q	2,063	2,060	3,396	3,794	2,669			
7	合計	11,414	10,097	13,426	11,723	12,136	戻り値範囲		
8									
9	売上数検索								
10	年度	2020年	検索値		「2020年」の売上数の合計を表示できた				
11	売上数	11,723	数式を入力						
12									

```
=XLOOKUP(検索値,検索範囲,戻り値範囲,[見つからない場合],[一致モード],[検索モード]) → 07-13
```

Memo

● XLOOKUP関数の引数「検索範囲」に1列のセル範囲を指定すると縦方向、1行のセル範囲を指定すると横方向の検索が行われます。「戻り値範囲」は、「検索範囲」と方向を合わせて指定します。

関連項目　【07-12】表を横方向に検索して表引きする<①HLOOKUP関数>

07-20 「○以上△未満」の条件で表を検索する＜②XLOOKUP関数＞

エックス・ルックアップ
XLOOKUP

　XLOOKUP関数の引数「一致モード」に「-1」を指定すると、「○以上△未満」の範囲から表引きを行えます。表引き用の表には、「○以上」にあたる値を並べた列を用意します。ここでは得点に応じた評価を求めます。

▶「○以上△未満」の条件で得点に応じた評価を求める

B3 `=XLOOKUP(B2,D3:D6,F3:F6,"---",-1)`
検索値　検索範囲　戻り値範囲　見つからない場合　一致モード

	B3	✓ : × ✓ fx	=XLOOKUP(B2,D3:D6,F3:F6,"---",-1)

成績判定　　得点評価対応表

| 得点 | 72 |←検索値
| 評価 | B |
数式を入力

得点		評価
0	～	F
60	～	C
70	～	B
80	～	A

検索範囲　　戻り値範囲

72点に対応する評価「B」が表示された

`=XLOOKUP(検索値,検索範囲,戻り値範囲,[見つからない場合],[一致モード],[検索モード])` → **07-13**

> **Memo**
>
> ● サンプルでは、「0点以上60点未満」が「F」、「60点以上70点未満」が「C」、「70点以上80点未満」が「B」、「80点以上」が「A」となります。「検索値」に負数を指定すると「---」が表示されます。
>
> ● 引数「一致モード」に「1」を指定すると、「○超△以下」の範囲から表引きを行えます。表引き用の表には、「△以下」にあたるデータを並べた列を用意します。
>
> ● VLOOKUP関数の近似一致検索では表の最左列を昇順に並べる必要がありますが、XLOOKUP関数の場合は並べ方を問いません。

関連項目 【07-09】「○以上△未満」の条件で表を検索する＜①VLOOKUP関数＞

07-21 該当データが複数ある中から最新の（1番下の）データを取り出す

エックス・ルックアップ
XLOOKUP

　XLOOKUP関数の引数「検索モード」に「-1」を指定すると、「検索範囲」の末尾から先頭に向かって検索が行われます。ここでは受注日順に並べられた受注履歴の表から「緑不動産」の最新の受注番号を求めます。末尾から検索を開始すると、最初に見つかるのは「緑不動産」のデータの中で一番下にあるデータ、すなわち最新の受注データとなります。

▶「緑不動産」の最新の受注番号を求める

B3	=XLOOKUP(B2,F3:F9,D3:D9,"---",0,-1)

　　　　　　　　　　検索範囲　見つからない場合　検索モード
　　　　　　検索値　戻り値範囲　　一致モード

	A	B	C	D	E	F	G	H	I	J
1	受注情報			受注履歴						
2	顧客名	緑不動産	←検索値	受注番号	受注日	顧客名	受注金額			
3	最新受注	1006		1001	2022/9/1	緑不動産	2,578,100	←検索範囲		
4				1002	2022/9/1	橙商店	1,458,300			
5		数式を入力		1003	2022/9/2	緑不動産	861,600			
6				1004	2022/9/5	藍電機	1,096,700			
7		戻り値範囲		1005	2022/9/6	橙商店	855,500	下から上に向かっ		
8				1006	2022/9/7	緑不動産	2,273,400	て検索される		
9				1007	2022/9/7	藍電機	1,572,500			
10										

=XLOOKUP(検索値,検索範囲,戻り値範囲,[見つからない場合],[一致モード],[検索モード]) ➡ **07-13**

> **Memo**
>
> ● XLOOKUP 関数の検索では最初に見つかったデータで検索が終了するので、検索値に該当するデータが複数存在する場合、検索の方向によって結果が変わります。引数「検索モード」を省略するか「1」を指定すると先頭に最も近いデータが取り出され、「-1」を指定すると末尾に最も近いデータが取り出されます。
>
> ● 引数「一致モード」の「0」は省略可能ですが、省略する場合でも引数「検索モード」と区別するための「,」は必要です。
> =XLOOKUP(B2,F3:F9,D3:D9,"---",,-1)

関連項目　【07-13】指定した商品番号に該当する商品名を求める＜②XLOOKUP関数＞

07-22 「1、2、3……」の番号によって
表示する値を切り替える

CHOOSE

CHOOSE関数を使用すると、数値の「1、2、3 ……」の番号に応じて表示するデータを切り替えることができます。ここでは「1」「2」「3」のコース番号に応じて「箱根」「草津」「鬼怒川」の3種類の値を切り替えます。

▶コース番号に応じてコース名の表示を切り替える

C3 =CHOOSE(B3,"箱根","草津","鬼怒川")
　　　インデックス　値1　　値2　　値3

	A	B	C
1	社内旅行希望コース		
2	氏名	コース番号	コース
3	川崎　誠	2	草津
4	飯島　弥生	3	鬼怒川
5	野々村　昭二	1	箱根
6	三田　夏子	3	鬼怒川
7	岡村　敬之	1	箱根

セルC3に数式を入力してセルC7までコピー

コース番号に応じたコース名が表示された

=CHOOSE(インデックス , 値 1, [値 2] ……)　　　検索/行列

インデックス…何番目の「値」を返すのかを指定
値…返す値を指定。数値、セル参照、名前、数式、関数、文字列を指定できる
「インデックス」で指定した番号の「値」を返します。「インデックス」が 1 より小さいか、「値」の個数より大きい場合、[#VALUE!] が返されます。「値」は 254 個まで指定できます。

Memo

● CHOOSE 関数の引数「値」には、セル範囲への参照を指定することもできます。例えば次の数式では、「インデックス」の「1」「2」の値に応じて、セル範囲 A1:A5 の合計、またはセル範囲 B1:B5 の合計が返されます。
=SUM(CHOOSE(1,A1:A5,B1:B5))　→　「=SUM(A1:A5)」が計算される
=SUM(CHOOSE(2,A1:A5,B1:B5))　→　「=SUM(B1:B5)」が計算される

関連項目【03-06】指定した条件により多数の値を切り替える＜③SWITCH関数＞

07-23 指定したセル範囲の○行△列目にあるデータを調べる

INDEX関数を使用すると、指定したセル範囲の中から○行△列目にあるセルを求めることができます。ここでは、部署別四半期別売上表のデータ欄（セルB8～E10）からセルを求めます。検索する行番号はセルC2、列番号はセルC3に入力されているものとします。サンプルではセルB8～E10の範囲から2行3列目にあるセルD9の値が求められます。

▶部署別四半期別売上表から○行△列目にあるデータを調べる

> C4 =INDEX(B8:E10,C2,C3)
> 　　　　　参照 行番号 列番号

	A	B	C	D	E	F	G	H	I
1	位置検索								
2	行	（部署）	2	←行番号					
3	列	（四半期）	3	←列番号					
4	検索結果	（売上高）	7,694,908	←数式を入力	2行3列目のデータが表示された				
5									
6	部署別四半期別売上表								
7	部署	第1四半期	第2四半期	第3四半期	第4四半期				
8	第1課	8,196,290	7,516,488	6,648,152	8,206,037				
9	第2課	6,449,900	7,056,401	7,694,908	7,216,100	←参照			
10	第3課	5,992,645	6,153,126	5,709,645	6,779,393				
11			2行3列目						
12									

=INDEX(参照 , 行番号 , [列番号] , [領域番号])　　　　　　　　　検索/行列

　参照…セル範囲を指定。複数のセル範囲をカンマ「,」で区切り、全体を括弧「()」で囲んで指定できる
　行番号…「参照」の先頭行を1として、取り出すデータの行番号を指定
　列番号…「参照」の先頭列を1として、取り出すデータの列番号を指定。「参照」が1行または1列のときは、指定を省略できる
　領域番号…「参照」に複数のセル範囲を指定した場合、何番目の範囲を検索対象にするかを数値で指定
「参照」の中から「行番号」と「列番号」で指定した位置のセル参照を返します。「行番号」または「列番号」に0を指定すると、列全体または行全体の参照が返されます。INDEX関数には、この「セル参照形式」のほかに「配列形式」（→ P.791）があります。「配列形式」の基本的な使い方は「セル参照形式」と同じですが、引数に「領域番号」を指定できません。

関連項目【07-24】基準のセルから○行△列目にあるデータを調べる

07-24 基準のセルから○行△列目にあるデータを調べる

OFFSET

OFFSET関数を使用すると、指定したセルを基準に、そこから○行△列移動したセルを求めることができます。ここでは、部署別四半期別売上表の先頭セルA7を基準に、セルC2で指定した行数、セルC3で指定した列数だけ移動したセルのデータを調べます。サンプルではセルA7から2行下、3列右に移動したセルD9の値が求められます。

▶部署別四半期別売上表から○行△列目にあるデータを調べる

C4 =OFFSET(A7,C2,C3)
　　　　基準 行数 列数

	A	B	C	D	E	F	G	H	I
1	位置検索								
2	行　（部署）		2	行数					
3	列　（四半期）		3	列数					
4	検索結果（売上高）		7,694,908	数式を入力		セルA7から2行3列移動したセルのデータが表示された			
5									
6	部署別四半期別売上表								
7	部署	第1四半期	第2四半期	第3四半期	第4四半期				
8	第1課	8,196,290	7,516,488	6,648,152	8,206,037				
9	第2課	6,449,900	7,056,401	7,694,908	7,216,100				
10	第3課	5,992,645	6,153,126	5,709,645	6,779,393				
11	基準		2行3列目						

=OFFSET(基準 , 行数 , 列数 , [高さ] , [幅])　　　　検索/行列

基準…基準とするセルまたはセル範囲を指定
行数…「基準」のセルから移動する行数を指定。負数を指定すると上方向、正数を指定すると下方向に移動する。0を指定すると移動しない
列数…「基準」のセルから移動する列数を指定。負数を指定すると左方向、正数を指定すると右方向に移動する。0を指定すると移動しない
高さ…戻り値となるセル参照の行数を指定。省略すると、「基準」と同じ行数になる
幅…戻り値となるセル参照の列数を指定。省略すると、「基準」と同じ列数になる
「基準」のセルから「行数」と「列数」だけ移動した位置のセル参照を返します。返されるセル参照の大きさを「高さ」と「幅」で指定することもできます。

関連項目　【07-23】指定したセル範囲の○行△列目にあるデータを調べる

07-25 基準のセルから○行目にあるデータを1行分取り出す

オフセット
OFFSET

OFFSET関数の引数「高さ」や「幅」に「2」以上の数値を指定すると、戻り値がセル範囲への参照となります。戻り値と同じ大きさのセル範囲を選択してOFFSET関数を入力し、【Ctrl】＋【Shift】＋【Enter】キーを押して配列数式（→【01-31】）として入力すると、自動で複数のセルに結果が表示されます。ここでは、セルC2に指定した行の1行分のデータを表から取り出します。

▶表の先頭セルA7から○行下にあるデータを1行分取り出す

A4:E4 =OFFSET(A7,C2,0,1,5)
　　　　　　基準 ┃ 列数 ┃ 幅
　　　　　　　行数　高さ

[配列数式として入力]

A4	▼ : × ✓ fx	{=OFFSET(A7,C2,0,1,5)}		
	A	B	C	D	E
1	位置検索				
2	行 （部署）		2	行数	
3	検索結果				
4	第2課	6,449,900	7,056,401	7,694,908	7,216,100
5					
6	部署別四半期別売上表			基準	
7	部署	第1四半期	第2四半期	第3四半期	第4四半期
8	第1課	8,196,290	7,516,488	6,648,152	8,206,037
9	第2課	6,449,900	7,056,401	7,694,908	7,216,100
10	第3課	5,992,645	6,153,126	5,709,645	6,779,393
11					

セルA4〜E4を選択してから数式を入力し、【Ctrl】＋【Shift】＋【Enter】キーで確定

セルA7から2行下にある1行5列分のデータを取り出せた

=OFFSET(基準 , 行数 , 列数 , [高さ] , [幅])　　　　　　→ 07-24

> **Memo**
>
> ● Microsoft 365／Excel 2021の場合は、セルA4を選択してOFFSET関数を入力し、【Enter】キーを押すだけで、スピル機能（→【01-32】）により自動でセルA4〜E4に結果が表示されます。
>
> ● INDEX関数を使用して、同じ処理をすることも可能です。次の数式をスピルを使用して入力するか、配列数式として入力してください。
> =INDEX(A8:E10,C2,0)

07-26 指定したデータが表の何番目にあるかを調べる＜①MATCH関数＞

MATCH関数を使用すると、指定したデータが指定したセル範囲の中で何番目にあるかを求めることができます。ここでは、セルB2に入力した商品名が、商品リストの上から何番目にあるかを調べます。

▶指定した商品名が表の何番目にあるか調べる

B3	=MATCH(B2,E3:E7,0)
	検査値　検査範囲　照合の型

B3		∨	:	×	✓	fx	=MATCH(B2,E3:E7,0)			
	A	B	C	D	E	F	G	H	I
1	位置検索				商品リスト				
2	商品名	プリン	検査値	商品番号	商品名	単価			
3	位置	4 行目		B-101	和弁当	¥600			
4		数式を入力		B-102	洋弁当	¥650	検査範囲		
5				B-103	中華弁当	¥650			
6				D-101	プリン	¥100	「プリン」が4番目に		
7				D-102	杏仁豆腐	¥160	あることがわかった		
8									
9									
10									
11									

=MATCH(検査値 , 検査範囲 , [照合の型])	検索/行列

検査値…**検索する値**を指定
検査範囲…検索対象となる1列または1行の範囲を指定
照合の型…「検査値」を探す方法を次表の数値で指定

照合の型	説明
1	「検査値」以下の最大値を検索する。「検査範囲」のデータは昇順に並べておく必要がある（既定）
0	「検査値」に一致する値を検索する。見つからない場合は［#N/A］が返される
-1	「検査値」以上の最小値を検索する。「検査範囲」のデータは降順に並べておく必要がある

「検査範囲」の中から「検査値」を検索し、最初に見つかったセルの位置を返します。セルの位置は、「検査範囲」の最初のセルを1として数えた数値です。英字の大文字と小文字は区別されません。

関連項目　【07-30】指定したデータが表の何番目にあるかを調べる＜②XMATCH関数＞

07-27 商品名から商品番号を逆引きする ＜②INDEX関数＋MATCH関数＞

INDEX／MATCH

　INDEX関数とMATCH関数を組み合わせると、さまざまな表引きを行えます。例えば、右にある列を検索して左の列のデータを取り出す、いわゆる逆引きも可能です。ここでは、商品名から商品番号を逆引きします。まずMATCH関数で「中華弁当」が「商品名」欄の何番目にあるかを調べます。その結果の「3」をINDEX関数の引数「行番号」に指定すると、「商品番号」欄の3行目にある「B-103」が求められます。

▶**商品名「中華弁当」に対応する商品番号を表引きする**

```
B3 =INDEX(D3:D7,MATCH(B2,E3:E7,0))
                 検査値 検査範囲 照合の型
         参照         行番号
```

B3	∨	：	× ✓ fx	=INDEX(D3:D7,MATCH(B2,E3:E7,0))			
	A	B	C	D	E	F	G	H
1	商品番号検索				商品リスト			
2	商品名	中華弁当	検査値	商品番号	商品名	単価		
3	商品番号	B-103		B-101	和弁当	¥600		
4		数式を入力		B-102	洋弁当	¥650		
5				B-103	中華弁当	¥650		
6	「中華弁当」の商品			D-101	プリン	¥100		
7	番号を表示できた			D-102	杏仁豆腐	¥160		
8								
9				参照	検査範囲			
10								
11								
12								

=INDEX(参照 , 行番号 , [列番号] , [領域番号])	→	07-23
=MATCH(検査値 , 検査範囲 , [照合の型])	→	07-26

関連項目 【07-15】商品名から商品番号を逆引きする＜①XLOOKUP関数＞
　　　　　　【07-28】表の縦横の列見出しからデータを調べる＜②INDEX＋MATCH関数＞

07-28 表の縦横の見出しからデータを調べる
<②INDEX関数＋MATCH関数＞

インデックス　　マッチ
INDEX／MATCH

　INDEX関数とMATCH関数の組み合わせ技を使うと、2次元表の行見出しと列見出しからクロスする位置にあるデータを取り出すこともできます。サンプルではチケット料金表から、券種が「2デイ」、年齢区分が「小人」のチケット料金を調べています。まずMATCH関数を使用して、「2デイ」の行番号と「小人」の列番号を求めます。その結果の「2」行目と「3」列目をINDEX関数の引数「行番号」と「列番号」に指定することで、「2デイ」の「小人」のチケット料金が求められます。

▶指定した券種（行見出し）と年齢区分（列見出し）の料金を調べる

B4	=INDEX(B8:D10,MATCH(B2,A8:A10,0),MATCH(B3,B7:D7,0))

	検査値①	検査範囲①	照合の型		検査値②	検査範囲②	照合の型
参照		行番号				列番号	

B4	▼	:	× ✓ *fx*	=INDEX(B8:D10,MATCH(B2,A8:A10,0),MATCH(B3,B7:D7,0))

	A	B	C	D	E	F	G	H	I	J
1	チケット料金検索									
2	券種	2デイ			検査値①					
3	年齢区分	小人			検査値②					
4	料金	7,500			数式を入力	「2デイ」の「小人」のチケット料金を表示できた				
5										
6	チケット料金表									
7		大人	中人	小人	検査範囲②					
8	1デイ	8,500	7,000	4,700						
9	2デイ	13,600	10,900	7,500	参照					
10	3デイ	17,800	14,300	9,800						
11										
12	検索範囲①									
13										

=INDEX(参照 , 行番号 , [列番号] , [領域番号])	→ 07-23
=MATCH(検査値 , 検査範囲 , [照合の型])	→ 07-26

関連項目　【07-16】表の縦横の見出しからデータを調べる＜①XLOOKUP関数＞

✕ 07-29 縦横同じ見出しの2つの表を 切り替えてデータを取り出す

INDEX／MATCH

INDEX関数の引数「参照」に複数のセル範囲を指定し、引数「領域番号」を指定すると、指定した番号のセル範囲から表引きできます。サンプルでは、「1」が指定された場合は「通常期」、「2」が指定された場合は「繁忙期」の表からチケット料金を表引きします。引数「参照」は、通常期と繁忙期のセル範囲をカンマ「,」で区切って丸カッコでくくり、「(B3:D5,G3:I5)」と指定します。2つの表は、縦横の見出しが同一とします。なお、実際に縦横の見出しからデータを取り出す考え方は、【07-28】を参照してください。

▶指定した表から指定した券種と年齢区分の料金を調べる

M5 =INDEX((B3:D5,G3:I5),MATCH(M3,A3:A5,0),MATCH(M4,B2:D2,0),M2)

	検査値①	検査範囲①の型	検査値② 検査範囲②の型	
参照（表1、表2）	行番号		列番号	領域番号

M5　=INDEX((B3:D5,G3:I5),MATCH(M3,A3:A5,0),MATCH(M4,B2:D2,0),M2)

検索範囲②

	A	B	C	D	E	F	G	H	I	J	K	L	M	N	O
1	表1	チケット料金（通常期）				表2	チケット料金（繁忙期）				チケット料金検索			表Noを入力	
2		大人	中人	小人			大人	中人	小人		表No		2	検査値①	
3	1デイ	8,500	7,000	4,700		1デイ	8,800	7,200	4,800		券種	2デイ		検査値②	
4	2デイ	13,600	10,900	7,500		2デイ	13,900	11,100	7,600		年齢区分	大人			
5	3デイ	17,800	14,300	9,800		3デイ	18,100	14,500	9,900		料金		13,900	数式を入力	
6															
7	検索範囲	参照（表1）					参照（表2）				表No	1 通常期			
8												2 繁忙期			
9															
10											表2から「2デイ」の「小人」				
11											のチケット料金を表示できた				
12															
13															
14															

=INDEX(参照 , 行番号 , [列番号] , [領域番号])	➡ 07-23
=MATCH(検査値 , 検査範囲 , [照合の型])	➡ 07-26

関連項目　【07-11】複数の表を切り替えて検索したい！
　　　　　　　【07-28】表の縦横の見出しからデータを調べる＜②INDEX＋MATCH関数＞

07-30 指定したデータが表の何番目にある かを調べる＜②XMATCH関数＞

エックス・マッチ
XMATCH

Office 365とExcel 2021には、MATCH関数の強化版であるXMATCH関数が用意されています。MATCH関数と同様に、指定したデータが指定したセル範囲の中で何番目にあるかを求めます。ここでは、セルB2に入力した商品名が、商品リストの上から何番目にあるかを調べます。MATCH関数と異なり、XMATCH関数では既定で完全一致検索が行われるので、今回の例では引数［一致モード］を省略できます。

▶指定した商品名が表の何番目にあるか調べる

B3	=XMATCH(B2,E3:E7)
	検索値　検索範囲

B3		: × ✓ fx	=XMATCH(B2,E3:E7)					
▲	A	B	C	D	E	F	G	H	I
1	位置検索				商品リスト			
2	商品名	プリン	検索値	商品番号	商品名	単価		
3	位置	4 行目		B-101	和弁当	¥600		
4				B-102	洋弁当	¥650	検索範囲	
5		数式を入力		B-103	中華弁当	¥650		
6				D-101	プリン	¥100	「プリン」が 4 番目に	
7				D-102	杏仁豆腐	¥160	あることがわかった	
8								

=XMATCH(検索値 , 検索範囲 , [一致モード] , [検索モード])	[365/2021] 検索/行列

検索値…**検索する値を指定**
検索範囲…**検索対象となる 1 列または 1 行の範囲を指定**
一致モード…どのような状態を一致と見なすのかを P.448 の表の数値で指定。省略した場合は完全一致検索が行われる
検索モード…検索の向きを P.448 の表の数値で指定。省略した場合は先頭から末尾に向かって検索が行われる
「検索範囲」から「検索値」を探し、最初に見つかったセルの位置を返します。セルの位置は、検索の向きにかかわらず「検索範囲」の先頭のセルを 1 として数えた数値です。英字の大文字と小文字は区別されません。

関連項目 【07-26】指定したデータが表の何番目にあるかを調べる＜①MATCH関数＞

07-31 表の縦横の見出しに一致する
データをまとめて取り出す

Office 365とExcel 2021では、XMATCH関数の引数「検索値」にセル範囲を指定することで、表の縦横の見出しに一致するデータをまとめて取り出すことができます。サンプルでは、指定した複数の人の年齢と都道府県をまとめて取り出します。

▶指定した複数の人の年齢と都道府県をまとめて取り出す

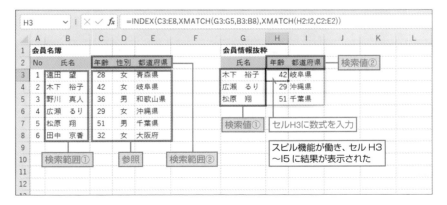

H3 =INDEX(C3:E8,XMATCH(G3:G5,B3:B8),XMATCH(H2:I2,C2:E2))

=INDEX(参照 , 行番号 , [列番号] , [領域番号])	→	07-23
=XMATCH(検索値 , 検索範囲 , [一致モード] , [検索モード])	→	07-30

Memo

● XMATCH 関数の引数「検索値」にセル範囲を指定すると複数の検索が行われ、「検索値」と同じサイズの配列が返されます。例えば、「XMATCH(G3:G5,B3:B8)」を実行すると、次の3つの検索が行われます。

- XMATCH(G3,B3:B8) → セル B3〜B8 から「木下　裕子」を検索 → 結果は「2」
- XMATCH(G4,B3:B8) → セル B3〜B8 から「広瀬　るり」を検索 → 結果は「4」
- XMATCH(G5,B3:B8) → セル B3〜B8 から「松原　翔」を検索 → 結果は「5」

「XMATCH(G3:G5,B3:B8)」の結果は3行1列の配列「{2;4;5}」になります。結果が3行1列になるのは、「G3:G5」が3行1列だからです。同様に「XMATCH(H2:I2,C2:E2)」では、セルC2〜H2から「年齢」「都道府県」が検索され、1行2列の「{1,3}」という配列が返されます。【01-30】の Memo で紹介したとおり、3行1列の配列と1行2列の配列の計算では3行2列の配列が返ります。その結果、スピルした各セルで INDEX 関数が下図のように実行されます。

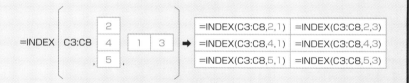

● 数式バーでXMATCH関数をそれぞれ選択し、【F9】キーを押すと、返される配列を確認できます。確認が済んだら、【Esc】キーを押して数式をもとに戻してください。

| UPPER | ∨ | ⋮ | × | ✓ | fx | =INDEX(C3:E8,{2;4;5},{1,3}) |

● Excel 2019/2016 では、配列数式を使用すると同様の処理を行えます。まずセル H3〜I5 を選択し、次の数式を入力して、【Ctrl】+【Shift】+【Enter】キーで確定します。
=INDEX(C3:E8,MATCH(G3:G5,B3:B8,0),MATCH(H2:I2,C2:E2,0))

ちなみに、Microsoft 365 と Excel 2021 では、上記の MATCH 関数の式を入力して【Enter】キーで確定するだけで、XMATCH 関数と同様に自動でスピルします。

関連項目 【01-30】 配列数式って何？
【07-28】 表の縦横の見出しからデータを調べる＜②INDEX＋MATCH関数＞

07-32 表の縦横を入れ替えて表示する

トランスポーズ
TRANSPOSE

　表の縦横を入れ替えたいときは、TRANSPOSE関数を使用します。あらかじめ結果を表示するセル範囲を選択してから、配列数式（→【01-31】）として入力します。ここでは元の表が5行4列なので、4行5列のセル範囲を選択してから数式を入力します。

▶表の行と列を入れ替える

F2:J5	=TRANSPOSE(A2:D6)	
	配列	[配列数式として入力]

F2		:	× √ fx	{=TRANSPOSE(A2:D6)}							
	A	B	C	D	E	F	G	H	I	J	K	L
1	売上実績		単位：千円									
2	店舗	4月	5月	6月		店舗	徳島店	高松店	松山店	高知店		
3	徳島店	6,097	4,601	5,554		4月	6097	5930	5605	6288		
4	高松店	5,930	4,053	5,909		5月	4601	4053	6264	4930		
5	松山店	5,605	6,264	5,475		6月	5554	5909	5475	6988		
6	高知店	6,288	4,930	6,988								
7						セルF2～J5を選択してから数式を入力し、						
8			配列			【Ctrl】＋【Shift】＋【Enter】キーで確定						
9						表の行と列が入れ替わった						
10												

=TRANSPOSE(配列)	検索/行列

配列…行と列を入れ替えたいセル範囲、または配列定数を指定
指定した「配列」の行と列を入れ替えた配列を返します。結果を表示するセル範囲を選択して、配列数式、または動的配列数式として入力します。元の表に未入力のセルがある場合、戻り値の該当のセルに「0」が表示されます。

Memo

● Microsoft 365 と Excel 2021 では、セル F2 を選択して数式を入力し、【Enter】キーで確定すると、スピル機能が働き自動でセル F2～J5 の範囲に結果が表示されます。

● 【11-01】を参考にセル F2～J5 の数式を値に変換すれば、元の表を削除できます。

 **07-33** 縦1列に並んだデータを複数行
複数列に分割表示する

INDEX／SEQUENCE

　縦または横1列に並んだデータを、複数行複数列の範囲に順序通りに並べて表示するには、INDEX関数の引数「参照」に元のデータを指定し、「行番号」にSEQUENCE関数で作成した複数行複数列の連番を指定します。ここでは縦1列に並んだ8個のデータを2行4列の範囲に表示します。

▶8個のデータを2行4列の範囲に表示する

D2 =INDEX(B3:B10,SEQUENCE(2,4))
　　　　　　　　　　　　　　　　行　列
　　　　　参照　　　　行番号

| =INDEX(参照 , 行番号 , [列番号] , [領域番号]) | → | 07-23 |
| =SEQUENCE(行 , [列] , [開始] , [増分]) | → | 04-09 |

> **Memo**
>
> ●データは、1行目に最初の4人、2行目に残りの4人という具合に行単位で並びます。列単位にしたい場合は、SEQUENCE関数の「行」と「列」を逆にしたうえで、TRANSPOSE関数を併用してください。
> =TRANSPOSE(INDEX(B3:B10,SEQUENCE(4,2)))
>
> ●例えばデータが7個しかなく、「参照」に「B3:B9」を指定した場合、戻り値の8番目に[#REF!]エラーが表示されます。エラーを回避するには、IFERROR関数を併用します。
> =IFERROR(INDEX(B3:B9,SEQUENCE(2,4)),"")

関連項目 【07-78】1列の配列を複数行×複数列に折り返した配列に変換する

07-34　表を並べ替える＜①SORT関数＞

ソート
SORT

　Microsoft 365とExcel 2021では、SORT関数を使用すると表のデータを並べ替えて別の場所に表示できます。サンプルでは、店舗別売上データを合計値の高い順に並べ替えます。引数「配列」に売上データのセル範囲、「並べ替えインデックス」に合計値の列番号「5」、「順序」に降順を示す「-1」を指定します。先頭のセルにSORT関数を入力すれば、自動的にスピルして並べ替えた結果が表示されます。

▶店舗別売上データを合計値の高い順に並べ替える

```
G3  =SORT(A3:E6,5,-1)
         配列   順序
      並べ替えインデックス
```

| UPPER | | ✕ ✓ fx | =SORT(A3:E6,5,-1) | | | | | | | | |
A	B	C	D	E	F	G	H	I	J	K	L
1 4月度売上表				(万円)		4月度売上表				(万円)	
2 店舗	衣料品	雑貨	食品	合計		店舗	衣料品	雑貨	食品	合計	
3 朝顔店	868	1,951	1,923	4,742		=SORT(A3:E6,5,-1)					
4 あやめ店	1,031	1,687	886	3,604							
5 紫陽花店	1,236	1,806	1,500	4,542							
6 桔梗店	1,738	1,586	2,055	5,379							

配列　セルG3に数式を入力し、【Enter】キーで確定

① ② ③ ④ ⑤　並べ替えインデックス

| G4 | | ✕ ✓ fx | =SORT(A3:E6,5,-1) | | | | | | | | |
A	B	C	D	E	F	G	H	I	J	K	L
1 4月度売上表				(万円)		4月度売上表				(万円)	
2 店舗	衣料品	雑貨	食品	合計		店舗	衣料品	雑貨	食品	合計	
3 朝顔店	868	1,951	1,923	4,742		桔梗店	1,738	1,586	2,055	5,379	
4 あやめ店	1,031	1,687	886	3,604		朝顔店	868	1,951	1,923	4,742	
5 紫陽花店	1,236	1,806	1,500	4,542		紫陽花店	1,236	1,806	1,500	4,542	
6 桔梗店	1,738	1,586	2,055	5,379		あやめ店	1,031	1,687	886	3,604	

数式が自動でスピルした　　売上データが合計の高い順に表示された

=SORT (配列 , [並べ替えインデックス] , [順序] , [方向]) 　　　　　[365/2021] 　**検索/行列**

配列…並べ替えの対象となるセル範囲や配列を指定
並べ替えインデックス…並べ替えの基準となる列番号または行番号を指定。既定値は「1」
順序…昇順の場合は「1」（既定値）、降順の場合は「-1」を指定
方向…行を並べ替える場合は「FALSE」（既定値）、列を並べ替える場合は「TRUE」を指定
「配列」を指定した条件で並べ替えます。引数を「配列」のみ指定した場合、「配列」の1列目を基準に昇順、行単位で並べ替えられます。関数式は、動的配列数式として入力されます。

Memo

● 戻り値には元のセルの表示形式は反映されません。サンプルのセルH3〜K6には、あらかじめ桁区切りスタイルが設定されています。

● 日付や時刻のデータを並べ替えると、戻り値はシリアル値で表示されます。適宜戻り値のセルに日付や時刻の表示形式を設定してください。

● SORT関数やSORTBY関数（→【07-35】）を使った並べ替えでは、大文字と小文字は区別されません。また、漢字データを並べ替える場合、ふりがな順ではなく文字コード順に並べ替えられます。ふりがな順に並べ替えたいときは、元の表に作業列を設けてPHONETIC関数（→【06-59】）でふりがなを取り出し、その列を基準に並べ替えます。

● SORT関数では並べ替えの基準を1つしか指定できません。複数の列を基準に並べ替えるには、SORT関数を入れ子にします。【07-36】のMemoを参照してください。

● ここでは行単位の並べ替えをしたのでSORT関数の引数「方向」を省略できました。列単位で並べ替えを行う場合は、「方向」に「TRUE」を指定します。下図では、セルG2にSORT関数を入力して、売上表の最下行の合計値を基準に列単位で並べ替えています。

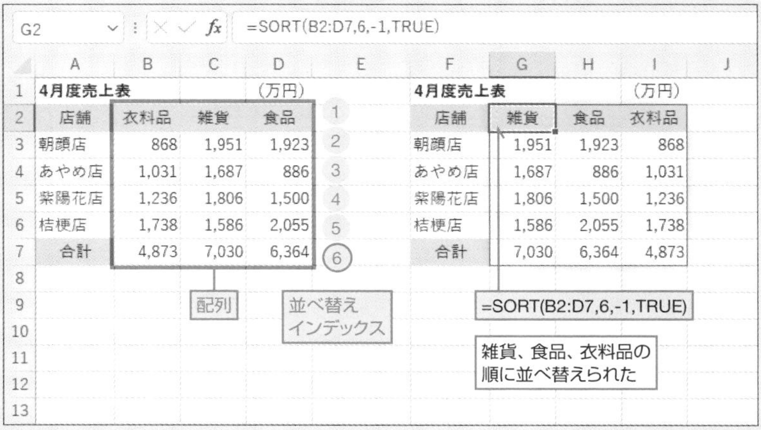

関連項目 【07-35】表を並べ替える＜②SORTBY関数＞

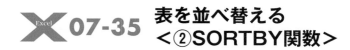

07-35　表を並べ替える
<②SORTBY関数>

ソート・バイ
SORTBY

　並べ替えを行う関数には、SORTBY関数もあります。SORT関数は並べ替えの基準を列番号や行番号で指定しますが、SORTBY関数では直接セル範囲を指定することが特徴です。ここでは【07-34】と同様に店舗別売上データを合計値の高い順に並べ替えます。数式を見比べると、SORT関数とSORTBY関数の違いがわかりやすいでしょう。

▶店舗別売上データを合計値の高い順に並べ替える

G3　=SORTBY(A3:E6,E3:E6,-1)
　　　　　　配列　基準1　順序1

UPPER　　　✓ : × ✓ fx　=SORTBY(A3:E6,E3:E6,-1)

	A	B	C	D	E	F	G	H	I	J	K	L
1	4月度売上表				(万円)		4月度売上表				(万円)	
2	店舗	衣料品	雑貨	食品	合計		店舗	衣料品	雑貨	食品	合計	
3	朝顔店	868	1,951	1,923	4,742		=SORTBY(A3:E6,E3:E6,-1)					
4	あやめ店	1,031	1,687	886	3,604							
5	紫陽花店	1,236	1,806	1,500	4,542							
6	桔梗店	1,738	1,586	2,055	5,379							
7												
8		配列			基準1							
9												

セルG3に数式を入力し、【Enter】キーで確定

G4　　　　　✓ : × ✓ fx　=SORTBY(A3:E6,E3:E6,-1)

	A	B	C	D	E	F	G	H	I	J	K	L
1	4月度売上表				(万円)		4月度売上表				(万円)	
2	店舗	衣料品	雑貨	食品	合計		店舗	衣料品	雑貨	食品	合計	
3	朝顔店	868	1,951	1,923	4,742		桔梗店	1,738	1,586	2,055	5,379	
4	あやめ店	1,031	1,687	886	3,604		朝顔店	868	1,951	1,923	4,742	
5	紫陽花店	1,236	1,806	1,500	4,542		紫陽花店	1,236	1,806	1,500	4,542	
6	桔梗店	1,738	1,586	2,055	5,379		あやめ店	1,031	1,687	886	3,604	
7												
8			数式が自動でスピルした			売上データが合計の高い順に表示された						
9												

=SORTBY(配列 , 基準 1, [順序 1] , [基準 2, 順序 2] …)　　　　　　　**[365/2021]**　**検索/行列**

　　配列…並べ替えの対象となるセル範囲や配列を指定
　　基準…並べ替えの基準となるセル範囲や配列を指定
　　順序…**昇順の場合は「1」（既定値）、降順の場合は「-1」を指定**
「配列」を指定した条件で並べ替えます。条件を複数指定する場合は、引数「基準」と「順序」をセットで指定します。関数式は、動的配列数式として入力されます。

Memo

● 戻り値には元のセルの表示形式は反映されません。サンプルのセル H3〜K6 には、あらかじめ桁区切りスタイルが設定されています。

● 日付や時刻のデータを並べ替えると、戻り値はシリアル値で表示されます。適宜戻り値のセルに日付や時刻の表示形式を設定してください。

● 引数「基準」に 1 列のセル範囲を指定すると行単位の並べ替え、1 行のセル範囲を指定すると列単位の並べ替えが行われます。

● SORT 関数（→【07-34】）や SORTBY 関数を使った並べ替えでは、大文字と小文字は区別されません。また、漢字データを並べ替える場合、ふりがな順ではなく文字コード順に並べ替えられます。ふりがな順に並べ替えたいときは、元の表に作業列を設けて PHONETIC 関数（→【06-59】）でふりがなを取り出し、その列を基準に並べ替えます。

● SORTBY 関数による並べ替えでは、引数「基準」に指定するのは「配列」の外のデータでもかまいません。下図では、セル A2〜C6 のデータを、D 列に表示したふりがなを基準に並べ替えています。

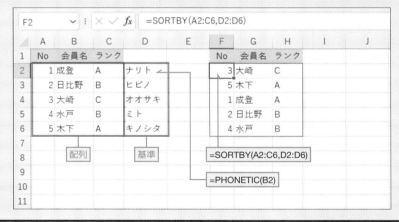

関連項目　【07-34】表を並べ替える＜①SORT関数＞

07-36 複数列を基準に表を並べ替える

SORTBY

SORTBY関数では、引数「基準」と「順序」のペアを複数指定することで、複数の列を基準に表を簡単に並べ替えられます。サンプルでは、名簿をランクの昇順に並べ替え、同じランクの中では年齢の降順に並べ替えています。優先順位の高い「ランク、昇順」を「年齢、降順」より先に指定することがポイントです。

▶名簿をランクの昇順、年齢の降順に並べ替える

```
F2 =SORTBY(A2:D8,C2:C8,1,D2:D8,-1)
                基準1    基準2
       配列    順序1    順序2
```

F2		fx	=SORTBY(A2:D8,C2:C8,1,D2:D8,-1)						
	A	B	C	D	E	F	G	H	I
1	No	会員名	ランク	年齢		No	会員名	ランク	年齢
2	1	成登 卓也	A	45		1	成登 卓也	A	45
3	2	日比野 健	B	29		5	木下 直樹	A	24
4	3	大崎 由香	C	53		6	村山 美代	B	40
5	4	水戸 夏美	B	38		4	水戸 夏美	B	38
6	5	木下 直樹	A	24		2	日比野 健	B	29
7	6	村山 美代	B	40		3	大崎 由香	C	53
8	7	野田 亨	C	33		7	野田 亨	C	33
9									
10	配列		基準1	基準2		数式を入力	ランクの昇順、同じランクの中では年齢の降順に並べ替えられた		
11									

```
=SORTBY( 配列 , 基準 1 , [順序 1] , [基準 2 , 順序 2] …)        → 07-35
```

Memo

● SORT 関数でサンプルと同じ並べ替えをするには、2 つの SORT 関数を入れ子にし、優先順位の高い並べ替えを外側の SORT 関数で指定します。
`=SORT(SORT(A2:D8,4,-1),3,1)`

関連項目 【07-35】表を並べ替える<②SORTBY関数>
【07-39】行も列も並べ替える

07-37 列の並び順を指定したい！

「会員名」「ランク」「年齢」の順に並んだ表の「ランク」列と「会員名」列を入れ替えて、「ランク」「会員名」「年齢」の順に表示したい。そんなときは、SORTBY関数の引数「基準」に配列定数を指定します。「会員名」を2列目、「ランク」を1列目、「年齢」を3列目に並べたいので、「{2,1,3}」と指定します。サンプルでは、列見出しを含めて並べ替えています。

▶名簿の列を「ランク」「会員名」「年齢」の順に並べる

F1 =SORTBY(B1:D8,{2,1,3})
　　　　　　　配列　　基準1

	A	B	C	D	E	F	G	H	I	J
1	No	会員名	ランク	年齢		ランク	会員名	年齢		
2	1	成登 卓也	A	45		A	成登 卓也	45		
3	2	日比野 健	B	29		B	日比野 健	29		
4	3	大崎 由香	C	53		C	大崎 由香	53		
5	4	水戸 夏美	B	38		B	水戸 夏美	38		
6	5	木下 直樹	A	24		A	木下 直樹	24		
7	6	村山 美代	B	40		B	村山 美代	40		
8	7	野田 亨	C	33		C	野田 亨	33		
9		2	1	3						
10						数式を入力	「ランク」「会員名」「年齢」			
11		基準1					の順に並べ替えられた			

F1セル：`=SORTBY(B1:D8,{2,1,3})`

配列：B1:D8　基準1：2/1/3　数式を入力

=SORTBY(配列 , 基準 1 , [順序 1] , [基準 2, 順序 2] …)　　→ **07-35**

Memo

●引数「基準」にセミコロン「;」区切りの配列定数を指定すると行単位の並べ替え、カンマ「,」区切りの配列定数を指定すると列単位の並べ替えになります。ここでは列単位で並べ替えるので、カンマ区切りの配列定数を使用しました。

関連項目 【07-38】あらかじめ入力された列見出しの順序に列を並べ替える

07-38 あらかじめ入力された列見出しの順序に列を並べ替える

ソート・バイ　　　　　エックス・マッチ
SORTBY／XMATCH

　新しいセルにあらかじめ列見出しを入力しておき、その列見出しの順序でデータを配置するには、SORTBY関数とXMATCH関数を使用します。XMATCH関数で元の列見出しと新しい列見出しから列の並び順の配列を作成し、それをSORTBY関数の引数「基準1」に指定します。

▶列見出しのとおりに列を並べ替える

```
F2 =SORTBY(B2:D8,XMATCH(B1:D1,F1:H1))
                    検索値 検索範囲
         配列        基準1
```

F2		✓ : × ✓ fx	=SORTBY(B2:D8,XMATCH(B1:D1,F1:H1))									
	A	B	C	D	E	F	G	H	I	J	K	L
1	No	会員名	ランク	年齢		ランク	会員名	年齢		セルF1～H1に列見出しを入力しておく		
2	1	成登　卓也	A	45		A	成登　卓也	45				
3	2	日比野　健	B	29		B	日比野　健	29		入力した列見出しのとおりに列を並べ替えられた		
4	3	大崎　由香	C	53		C	大崎　由香	53				
5	4	水戸　夏美	B	38		B	水戸　夏美	38				
6	5	木下　直樹	A	24		A	木下　直樹	24				
7	6	村山　美代	B	40		B	村山　美代	40				
8	7	野田　亨	C	33		C	野田　亨	33				
9												
10		配列			基準1	数式を入力						
11												

=SORTBY(配列 , 基準 1 , [順序 1] , [基準 2, 順序 2] …)	→	07-35
=XMATCH(検索値 , 検索範囲 , [一致モード] , [検索モード])	→	07-30

Memo

●「XMATCH(B1,F1:H1)」の結果は「2」、「XMATCH(C1,F1:H1)」の結果は「1」、「XMATCH(D1,F1:H1)」の結果は「3」なので、「XMATCH(B1:D1,F1:H1)」の結果は「{2,1,3}」という配列になります。この配列の意味は【07-37】を参照してください。

●「XMATCH(B1:D1,F1:H1)」の部分を数式バーで選択して【F9】キーを押すと、「{2,1,3}」という配列定数を確認できます。確認が済んだら【Esc】キーを押します。

関連項目　【07-39】行も列も並べ替える
　　　　　　　【07-74】入力されている見出しの位置に別表から列を取り出す

07-39 行も列も並べ替える

SORTBY関数を入れ子にすると、行単位の並べ替えと列単位の並べ替えを同時に行えます。サンプルでは、内側のSORTBY関数でランク順に行単位の並べ替えをしています。さらに外側のSORTBY関数で、あらかじめ入力されていた列見出しの順番に列単位の並べ替えをしています。列見出しの順番に並べ替える方法については、【07-38】を参照してください。

▶名簿をランク順（行単位）、列見出し順（列単位）に並べ替える

```
F2 =SORTBY(SORTBY(B2:D8,C2:C8),XMATCH(B1:D1,F1:H1))
        配列①  基準1①
        配列②              基準1②
```

F2			× √ fx	=SORTBY(SORTBY(B2:D8,C2:C8),XMATCH(B1:D1,F1:H1))						
▲	A	B	C	D	E	F	G	H	I	J	K
1	No	会員名	ランク	年齢		ランク	会員名	年齢		列見出しを入力しておく	
2	1	成登　卓也	A	45		A	成登　卓也	45			
3	2	日比野　健	B	29		A	木下　直樹	24			
4	3	大崎　由香	C	53		B	日比野　健	29			
5	4	水戸　夏美	B	38		B	水戸　夏美	38			
6	5	木下　直樹	A	24		B	村山　美代	40			
7	6	村山　美代	B	40		C	大崎　由香	53			
8	7	野田　亨	C	33		C	野田　亨	33			
9											
10		配列①	基準1①		基準1②		数式を入力		ランクの昇順に行を、入力した列見出しのとおりに列を並べ替えられた		
11											
12											
13											
14											

```
=SORTBY( 配列 , 基準 1 , [順序 1] , [基準 2, 順序 2] …)    → 07-35
```

関連項目 【07-35】表を並べ替える＜②SORTBY関数＞
　　　　　　　【07-38】あらかじめ入力された列見出しの順序に列を並べ替える

07-40 表から条件に合うデータを抽出する

FILTER

FILTER関数を使用すると、元の表はそのまま、条件に合致したデータを別のセルに抽出できます。引数「配列」に抽出元のセル範囲、「条件」に抽出条件、「見つからない場合」に条件に合致するデータがない場合に表示する値を指定します。

サンプルでは、会員名簿の「ランク」欄のセルC4～C8の値が「A」であるデータを抽出しています。抽出条件の「A」はセルF1に入力されているものとします。引数「条件」は、「C4:C8=F1」となります。

▶ランクがセルF1 の値「A」に等しいデータを抽出する

F4	=FILTER(A4:D8,C4:C8=F1,"該当なし")
	配列　　条件　見つからない場合

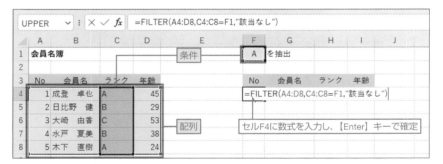

=FILTER(配列 , 条件 , [見つからない場合])	[365/2021]	検索/行列

配列…抽出元のセル範囲や配列を指定する
条件…抽出条件を「配列」と同じ行数または列数の配列で指定する。配列の要素は論理値または「1、0」
見つからない場合…抽出結果が存在しない場合に表示する値を指定。省略した場合はエラー値
「#CALC!」が表示される

「配列」から「条件」に合致するデータを取り出します。合致するデータがない場合は「見つからない場合」に指定した値が表示されます。関数式は、動的配列数式として入力されます。

Memo

- 引数「条件」には、行を取り出す場合は行数分、列を取り出す場合は列数分の論理値または「1、0」からなる配列を指定します。例えば、4行の表の1行目と3行目を取り出すには「{TRUE;FALSE;TRUE;FALSE}」または「{1;0;1;0}」を指定します。

- 引数「条件」を正しく指定できているかどうかを調べるには、空いているセルに「=条件」を入力します。サンプルでは5行の表から行を取り出すので、「TRUE, FALSE」からなる5行1列の配列が表示されるはずです。「ランク」欄に「A」が入力されている1行目と5行目が「TRUE」、そのほかが「FALSE」になっていればOKです。

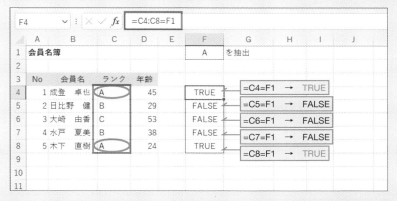

- FILTER関数がスピルするセル範囲は、抽出条件に応じて自動で変化します。例えば抽出条件のセルF1に「C」を入力すると、1行分のセル範囲にスピルします。また、「ランク」外の値を入力すると、FILTER関数を入力したセルF4に「該当なし」と表示されます。

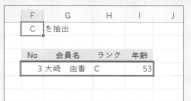

- 抽出結果の行数は指定した条件に応じて変わります。【11-28】を参考に条件付き書式を使用すると、データが抽出された行数だけ罫線を表示することができます。

関連項目 【07-44】複数の条件を指定して表のデータを抽出する

07-41 数値の範囲を指定して 表のデータを抽出する

FILTER 関数の引数「条件」に数値の範囲を指定するには、「>」「>=」などの比較演算子を使用します。例えばサンプルのような会員名簿から年齢（セルD4～D10）が40歳以上の会員データを抽出するには、「D4:D10>=40」と指定します。ここでは、セルF1に条件の「40」が入力されているものとして数式を立てています。

▶表から年齢が40歳（セルF1）以上の会員データを抽出する

```
F4 =FILTER(A4:D10,D4:D10>=F1,"該当なし")
        配列      条件     見つからない場合
```

	A	B	C	D	E	F	G	H	I	J	K
	F4			fx	=FILTER(A4:D10,D4:D10>=F1,"該当なし")						
1	会員名簿				条件	40	歳以上の会員				
2											
3	No	会員名	ランク	年齢		No	会員名	ランク	年齢		
4	1	成登 卓也	A	45		1	成登 卓也	A	45		
5	2	日比野 健	B	29		3	大崎 由香	C	53		
6	3	大崎 由香	C	53		6	村山 美代	B	40		
7	4	水戸 夏美	B	38	配列						
8	5	木下 直樹	A	24		数式を入力		40歳以上のデータが抽出された			
9	6	村山 美代	B	40							
10	7	野田 亨	C	33							
11											
12											

```
=FILTER( 配列 , 条件 , [見つからない場合] )　　　　　　　→ 07-40
```

Memo

●数式バーで引数「条件」の部分を選択して【F9】キーを押すと、条件となる配列を確認できます。確認したら、【Esc】キーを押して数式をもとに戻しましょう。

UPPER			fx	=FILTER(A4:D10,{TRUE;FALSE;TRUE;FALSE;FALSE;TRUE;FALSE},"該当なし"
A	B	C	FILTER(配列, 含む, [空の場合])	F G H I J

関連項目 【07-42】指定した日付が入力されているデータを抽出する
　　　　　　【07-43】指定した文字列を含むデータを抽出する

07-42 指定した日付が入力されているデータを抽出する

X FILTER／DATE
フィルター　　　　デイト

　FILTER関数で「2022/5/10」のデータを抽出したいときに、「条件」を「セル範囲="2022/5/10"」と指定しても「"2022/5/10"」は日付と見なされません。正しく抽出するにはDATE関数を使用して、「セル範囲=DATE(2022,5,10)」と指定します。なお、FILTER関数はシリアル値を戻すので、抽出結果には適宜表示形式を設定してください。

▶「2022/5/10」のデータを抽出する

```
E4  =FILTER(A4:C8,B4:B8=DATE(2022,5,10),"")
         配列        条件    見つからない場合
```

E4	∨ : × ✓ fx	=FILTER(A4:C8,B4:B8=DATE(2022,5,10),"")					
	A	B	C	D	E	F	G	H
1	受注データ			条件	「2022/5/10」のデータを抽出			
2								
3	受注No	受注日	受注金額		受注No	受注日	受注金額	
4	1001	2022/4/14	2,923,000		1003	2022/5/10	2,786,000	
5	1002	2022/4/23	1,399,000		1004	2022/5/10	2,611,000	
6	1003	2022/5/10	2,786,000					
7	1004	2022/5/10	2,611,000	配列	数式を入力	適宜表示形式を設定		
8	1005	2022/6/13	2,296,000					
9								

```
=FILTER( 配列 , 条件 , [見つからない場合] )            → 07-40
=DATE( 年 , 月 , 日 )                                → 05-11
```

> **Memo**
>
> ● 条件の日付がセルに入力されている場合、DATE 関数は不要です。例えばセル E1 に条件の日付が入力されている場合の式は下記のとおりです。
> =FILTER(A4:C8,B4:B8=E1,"")
>
> ● 「4 月の日付」という条件でデータを抽出したいときは、FILTER 関数と MONTH 関数を下記のように組み合わせます。
> =FILTER(A4:C8,MONTH(B4:B8)=4,"")

関連項目　【07-41】数値の範囲を指定して表のデータを抽出する
　　　　　　　【07-43】指定した文字列を含むデータを抽出する

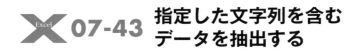

07-43 指定した文字列を含むデータを抽出する

FILTER／IFERROR／FIND
フィルター　イフ・エラー　ファインド

　FILTER関数で「○○を含む」を条件として抽出するには、文字列の中に特定の文字列が何文字目にあるかを調べるFIND関数を組み合わせます。ここでは、住所が「県」を含むデータを抽出します。FIND関数で「県」が何文字目にあるかを調べ、戻り値が「0」より大きければ「県」が含まれると判断します。「県」が含まれない場合にFIND関数はエラーになるので、IFERROR関数を使ってエラーの場合は「0」を返すようにします。

▶住所に「県」が含まれるデータを抽出する

E4 =FILTER(A4:C8,IFERROR(FIND(E1,C4:C8)>0,0),"")
　　　　　　配列　　　　　　　　条件　　　　　見つからない場合

| E4 | =FILTER(A4:C8,IFERROR(FIND(E1,C4:C8)>0,"")) |

	A	B	C	D	E	F	G	H
1	配送データ			条件	県	を含む住所を抽出		
2								
3	伝票No	配送先	住所		伝票No	配送先	住所	
4	1001	後藤　慶佑	千葉県柏市		1001	後藤　慶佑	千葉県柏市	
5	1002	高橋　加奈	東京都大田区		1004	原田　舞	埼玉県川口市	
6	1003	太田　裕	東京都三鷹市	配列				
7	1004	原田　舞	埼玉県川口市		数式を入力	住所に「県」を含む		
8	1005	渡辺　卓也	東京都北区			データが抽出された		
9								

=FILTER(配列 , 条件 , [見つからない場合])	→ 07-40
=IFERROR(値 , エラーの場合の値)	→ 03-31
=FIND(検索文字列 , 対象 , [開始位置])	→ 06-14

Memo

●ワイルドカードを使用したい場合は、SERACH 関数を使います。「東京都○○区」を抽出するには、次のような数式を立てます。
=FILTER(A4:C8,IFERROR(SEARCH(" 東京都 * 区 ",C4:C8)>0,0),"")

関連項目　【07-41】数値の範囲を指定して表のデータを抽出する
　　　　　　【07-42】指定した日付が入力されているデータを抽出する

07-44 複数の条件を指定して表のデータを抽出する

FILTER関数で複数の条件を指定することもできます。「条件Aかつ条件B」のようなAND条件を指定するには、複数の条件を「*」でつなぎます。また、「条件Aまたは条件B」のようなOR条件を指定するには、複数の条件を「+」でつなぎます。ここでは、「Bランクかつ30歳以上」の条件で会員名簿からデータを抽出します。

▶「Bランクかつ30歳以上」の会員データを抽出する

F5	=FILTER(A4:D10,(C4:C10=F1)*(D4:D10>=F2),"")
	配列　　　　　　　　条件　　　　見つからない場合

| F5 | ✓ : × ✓ fx | =FILTER(A4:D10,(C4:C10=F1)*(D4:D10>=F2),"") |

	A	B	C	D		F	G	H	I	J
1	会員名簿				[条件A]	B	ランク			
2					[条件B]	30	歳以上			
3	No	会員名	ランク	年齢						
4	1	成登　卓也	A	45		No	会員名	ランク	年齢	
5	2	日比野　健	B	29		4	水戸　夏美	B	38	
6	3	大崎　由香	C	53		6	村山　美代	B	40	
7	4	水戸　夏美	B	38						
8	5	木下　直樹	A	24	[数式を入力]	Bランクかつ30歳以上				
9	6	村山　美代	B	40		のデータが抽出された				
10	7	野田　亨	C	33						
11										
12	[配列]									

=FILTER(配列 , 条件 , [見つからない場合])	→ 07-40

> **Memo**
>
> ●次の数式では、「20歳以上40歳未満」のデータを抽出します。
> =FILTER(A4:D10,(D4:D10>=20)*(D4:D10<40),"")
>
> ●次の数式では、「ランクがAまたはランクがB」のデータを抽出します。
> =FILTER(A4:D10,(C4:C10="A")+(C4:C10="B"),"")

関連項目 【07-40】表から条件に合うデータを抽出する

07-45 表から指定した列を取り出す

 FILTER／COUNTIF
フィルター　カウント・イフ

　FILTER関数の引数「条件」に1行の配列を指定すると、列の抽出を行えます。サンプルでは、会員名簿から列見出しが「会員名」「年齢」に合致する列を取り出しています。抽出条件は「COUNTIF(F3:G3,A3:D3)」となります。

▶表から「会員名」と「年齢」の列を取り出す

F4 =FILTER(A4:D10,COUNTIF(F3:G3,A3:D3))
　　　　　　配列　　　　　　条件

| F4 | ▼ : × ✓ fx | =FILTER(A4:D10,COUNTIF(F3:G3,A3:D3)) |

	A	B	C	D	E	F	G	H	I	J
1	会員名簿					会員年齢一覧				
2										
3	No	会員名	ランク	年齢	条件	会員名	年齢			
4	1	成登　卓也	A	45		成登　卓也	45			
5	2	日比野　健	B	29		日比野　健	29			
6	3	大崎　由香	C	53	配列	大崎　由香	53			
7	4	水戸　夏美	B	38		水戸　夏美	38			
8	5	木下　直樹	A	24		木下　直樹	24			
9	6	村山　美代	B	40		村山　美代	40			
10	7	野田　亨	C	33		野田　亨	33			
11										
12										

セルF3〜G3に列見出しを入力しておく

数式を入力

指定した列見出しの列を取り出せた

| =FILTER(配列 , 条件 , [見つからない場合]) | → 07-40 |
| =COUNTIF(条件範囲 , 条件) | → 02-30 |

Memo

● 引数「条件」にセミコロン「;」で区切られた配列を指定すると行が取り出され、カンマ「,」で区切られた配列を指定すると列が取り出されます。

● 「COUNTIF(F3:G3,A3:D3)」は「{0,1,0,1}」という配列を返すので、表から2列目と4列目が取り出されます。

関連項目 【01-05】専用の入力画面を使用して関数をわかりやすく入力する
　　　　　　【07-38】あらかじめ入力された列見出しの順序に列を並べ替える
　　　　　　【07-74】入力されている見出しの位置に別表から列を取り出す

07-46 表から指定した列と条件に合う行を取り出す

フィルター FILTER

　表から行と列の両方を抽出するには、2つのFILTER関数を入れ子で使用します。ここでは、40歳以上の会員の「No」「会員名」「年齢」を抽出します。内側のFILTER関数で1、2、4列目を取り出し、外側のFILTER関数で40歳以上を抽出しています。年齢（セルD4〜D10）が40歳（セルF1）以上という条件は「D4:D10>=F1 」と表します。

▶40歳以上の会員の「No」「会員名」「年齢」を抽出する

F4 =FILTER(FILTER(A4:D10,{1,1,0,1}),D4:D10>=F1,"")

	配列①	条件①	
配列②		条件②	見つからない場合

	A	B	C	D	E	F	G	H	I	J
1	会員名簿	配列①			条件②	40	歳以上の会員			
2										
3	No	会員名	ランク	年齢		No	会員名	年齢		
4	1	成登 卓也	A	45		1	成登 卓也	45		
5	2	日比野 健	B	29		3	大崎 由香	53		
6	3	大崎 由香	C	53		6	村山 美代	40		
7	4	水戸 夏美	B	38						
8	5	木下 直樹	A	24		数式を入力				
9	6	村山 美代	B	40		40歳以上の会員の「No」「会				
10	7	野田 亨	C	33		員名」「年齢」を抽出できた				
11	1	1	0	1	条件①					
12										

=FILTER(配列 , 条件 , [見つからない場合]) ➡ 07-40

Memo

●列の条件として「{1,1,0,1}」を指定する代わりに、COUNTIF 関数を指定しても構いません。
=FILTER(FILTER(A4:D10,COUNTIF(F3:H3,A3:D3)),D4:D10>=F1,"")

関連項目【07-45】表から指定した列を取り出す

07-47　抽出したデータを並べ替えて表示する

SORT／FILTER

　FILTER関数で抽出した結果を並べ替えて表示するには、SORT関数とFILTER関数を入れ子にします。ここでは会員名簿からランクが「B」（セルF1）のデータを抽出して、年齢の昇順に並べ替えます。

▶Bランクの会員データを年齢の昇順に並べて表示する

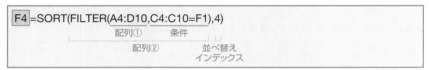

F4 =SORT(FILTER(A4:D10,C4:C10=F1),4)

	A	B	C	D	E	F	G	H	I
1	会員名簿				条件	B	ランクの会員		
2									
3	No	会員名	ランク	年齢			No	会員名	ランク	年齢
4	1	成登　卓也	A	45			2	日比野　健	B	29
5	2	日比野　健	B	29			4	水戸　夏美	B	38
6	3	大崎　由香	C	53			6	村山　美代	B	40
7	4	水戸　夏美	B	38						
8	5	木下　直樹	A	24						
9	6	村山　美代	B	40						
10	7	野田　亨	C	33						

数式を入力　／　ランクが「B」の会員を年齢の昇順に表示できた

=SORT(配列 , [並べ替えインデックス] , [順序] , [方向]) → 07-34
=FILTER(配列 , 条件 , [見つからない場合]) → 07-40

Memo

●条件に合うデータが存在しない場合、FILTER関数の引数「見つからない場合」に「""」を指定したとしても、4列目で並べ替えを行えないことによりSORT関数にエラーが出ます。エラーを回避するには、IFERROR関数を組み合わせます。もしくは、「見つからない場合」に1行4列の空文字からなる配列定数「{"","","",""}」を指定してもよいでしょう。

関連項目　【07-38】あらかじめ入力された列見出しの順序に列を並べ替える

07-48 抽出結果のセルに「0」ではなく
空白セルのまま表示したい！

FILTER／IF

　元の表に空白セルがあると、FILTER関数による抽出結果に「0」が表示されます。IF関数を組み合わせて、空白セルを「""」に置き換えた状態にして抽出を実行すると、空白セルを空白のまま（実際には完全な空白ではなく「""」が入力された状態で）表示できます。

▶抽出結果に「0」ではなく空白のまま表示する

E3	=FILTER(IF(A3:C7="","",A3:C7),B3:B7=6,"該当なし")
	配列　　　　　　　　条件　見つからない場合

=FILTER(配列 , 条件 , [見つからない場合])	→ 07-40
=IF(論理式 , 真の場合 , 偽の場合)	→ 03-02

Memo

●FILTER関数の引数「配列」に「A3:C7」を直接指定した場合、空白セルの位置に「0」が表示されます。

関連項目 【07-40】表から条件に合うデータを抽出する

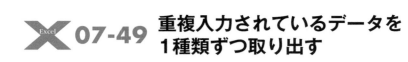

07-49 重複入力されているデータを 1種類ずつ取り出す

UNIQUE

　表の特定の列から、データを1種類ずつ取り出したいことがあります。UNIQUE関数を使用すると、引数「配列」に取り出し元のセル範囲を指定するだけで、重複なく1種類ずつ取り出せます。サンプルでは、「商品名」欄から商品名を1種類ずつ取り出しています。同じ商品名が複数入力されていますが、取り出されるのはそれぞれ1つずつです。先頭のセルにUNIQUE関数を入力すると、取り出すデータの数だけ自動でスピルします。

▶「商品名」欄から商品名を1種類ずつ取り出す

F3 =UNIQUE(B3:B7)
　　　　 配列

	A	B	C	D	E	F	G	H
1	入荷記録							
2	日付	商品名	色	数量		商品名		
3	4月1日	フェイスタオル	ホワイト	100		フェイスタオル		数式を入力
4	4月1日	フェイスタオル	ベージュ	100		バスタオル		
5	4月1日	バスタオル	ベージュ	50		ハンドタオル		
6	4月3日	ハンドタオル	ホワイト	60				
7	4月3日	バスタオル	ベージュ	50		数式がスピルし、商品名が1種類ずつ表示された		
8								
9		配列						

=UNIQUE(配列 , [比較の方向] , [回数])　　　　　　　　　　　　　　検索/行列

　配列…データの取り出し元のセル範囲や配列を指定する
　比較の方向…列を比較して列を取り出す場合はTRUE、行を比較して行を取り出す場合はFALSE（既定値）を指定
　回数…1回だけ出現するデータを取り出す場合はTRUE、複数出現するデータを1つにまとめて取り出す場合はFALSE（既定値）を指定
「比較の方向」「回数」で指定した条件で「配列」から一意のデータを取り出します。重複するデータを1つにまとめたり、1回だけ出現するデータを取り出したりできます。関数式は、動的配列数式として入力されます。

Memo

● 引数「配列」に複数列のセル範囲を指定すると、重複しないように行のデータが取り出されます。下図では、商品名と色の組み合わせが重複しないように取り出されます。

● 横方向に入力された中からデータを1種類ずつ取り出したいときは、2番目の引数「比較の方向」に「TRUE」を指定します。

● 3番目の引数「回数」に「TRUE」を指定すると、「配列」の中に1回しか出現しないデータが取り出されます。

● 取り出し元のデータを変更すると、それに応じて取り出されるデータ数が変わります。【11-28】を参考に条件付き書式を使用すると、データが取り出された範囲にだけ罫線を表示することができます。

関連項目 【07-50】 データの追加をUNIQUE関数の結果に自動で反映させるには
【07-51】 UNIQUE関数で取り出した項目ごとに集計したい！

 07-50 データの追加をUNIQUE関数の結果に自動で反映させるには

ユニーク　　　　オフセット　　　　カウント・エー
UNIQUE／OFFSET／COUNTA

　UNIQUE関数の引数「配列」に「セル番号：セル番号」を指定すると、表にデータが追加されたときに引数のセル番号を変更する手間が生じます。COUNTA関数でデータ数を調べ、OFFSET関数でデータ数分のセル範囲を自動取得して、UNIQUE関数の引数「配列」に指定すれば、データの追加を自動反映させられます。

▶「商品名」欄から商品名を1種類ずつ取り出す

F3	=UNIQUE(OFFSET(B3,0,0,COUNTA(B:B)-1))

基準 行数 列数　　　高さ
配列

F3		✓ fx	=UNIQUE(OFFSET(B3,0,0,COUNTA(B:B)-1))

	A	B	C	D	E	F	G	H	I
1	入荷記録								
2	日付	商品名	色	数量		商品名			
3	4月1日	フェイスタオル	ホワイト	100		フェイスタオル			
4	4月1日	フェイスタオル	ベージュ	100	配列	バスタオル			
5	4月1日	バスタオル	ベージュ	50		ハンドタオル			
6	4月3日	ハンドタオル	ホワイト	60					
7	4月3日	バスタオル	ベージュ	50					
8									

数式を入力

商品名が1種類ずつ取り出された

ここに新しい商品名を入力すると、その商品名が即座にUNIQUE関数で取り出される

=UNIQUE(配列 , [比較の方向] , [回数])	→ **07-49**
=OFFSET(基準 , 行数 , 列数 , [高さ] , [幅])	→ **07-24**
=COUNTA(値 1 , [値 2] …)	→ **02-27**

> **Memo**
>
> ●データの追加を UNIQUE 関数に自動反映させるには、【01-28】を参考に入荷記録表をテーブルに変換する方法もあります。「テーブル1」という名前のテーブルに変換した場合、UNIQUE 関数の数式は次のようになります。
> =UNIQUE(テーブル 1[商品名])

関連項目　【07-49】重複入力されているデータを1種類ずつ取り出す

 **07-51 UNIQUE関数で取り出した 項目ごとに集計したい！**

サム・イフ
SUMIF

　UNIQUE関数で取り出したデータは、集計表の項目として利用できます。集計の際、SUMIF関数の引数「条件」にUNIQUE関数の入力範囲全体を指定すると、SUMIF関数も自動でスピルします。入力範囲全体は、先頭のセル番号とスピル範囲演算子「#」を組み合わせて「F3#」のように表します。引数「条件」を入力するときにUNIQUE関数の入力範囲（サンプルではセルF3～F5）をドラッグすると、自動で「F3#」が入力されます。「条件範囲」と「合計範囲」は、列全体を指定します。なお、セルF3に入力されているUNIQUE関数の数式は【07-50】を参照してください。

▶UNIQUE関数で取り出した商品名ごとに数量を集計する

G3	=SUMIF(B:B,F3#,D:D)
	条件範囲　条件　合計範囲

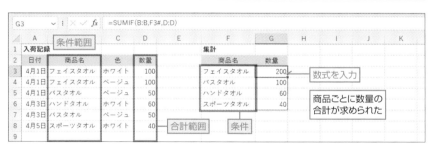

=SUMIF(条件範囲 , 条件 , [合計範囲])	→ 02-08

関連項目 【07-52】データの追加・変更時に自動更新されるクロス集計表を作る

X Excel 07-52 データの追加・変更時に自動更新されるクロス集計表を作る

k UNIQUE／SORTBY／TRANSPOSE／SUMIFS
ユニーク　　　　ソート・バイ　　　　　トランスポーズ　　　　　サム・イフ・エス

　UNIQUE関数の活用例としてクロス集計表の作成を紹介します。Excelにはピボットテーブルという集計機能がありますが、元表のデータの修正や追加は、自動ではピボットテーブルに反映されません。しかし、関数ならデータの修正・追加時に再計算機能が働くので、更新作業いらずの便利な集計表を作成できます。

　ここでは「テーブル1」という名前のテーブルをもとに、縦軸に商品名、横軸に色を表示したクロス集計表を作成します。商品名は商品ID順に並べ替えます。

▶商品ごと色ごとのクロス集計表を作成する

> **G3** =UNIQUE(SORTBY(テーブル1[商品名],テーブル1[商品ID]))
> 　　　　　　　　　　配列①　　　　　　　　　基準①①
> 　　　　　　　　　　　　　配列②

①セルG3に図の数式を入力すると、クロス集計表の縦軸となる商品名が商品ID順に表示される。
なお、この数式のSORTBY関数では、テーブル1の商品名の列を商品ID順に並べ替えている。数式バーでSORTBY関数の部分を選択して【F9】キーを押すと、「 {"バスタオル";"バスタオル";"バスタオル";"フェイスタオル";"フェイスタオル";"フェイスタオル";"ハンドタオル"} 」という、商品ID順に並んだ7行分の商品名を確認できる。UNIQUE関数では、この7行分の商品名から1つずつデータを取り出している。【F9】キーで確認したあとは、【Esc】キーで数式を元に戻すこと。

```
H2 =TRANSPOSE(UNIQUE(テーブル1[色]))
                    配列①
                 配列②
```

	H2		fx	=TRANSPOSE(UNIQUE(テーブル1[色]))					
	A	B	C	D	E	F	G	H	I	J

	A	B	C	D	E	F	G	H	I	J
1	入荷記録						集計			
2	日付	商品ID	商品名	色	数量			ホワイト	ベージュ	
3	4月1日	T02	フェイスタオル	ホワイト	100		バスタオル			
4	4月1日	T02	フェイスタオル	ベージュ	100		フェイスタオル	数式を入力		
5	4月1日	T01	バスタオル	ベージュ	50	配列①	ハンドタオル			
6	4月3日	T03	ハンドタオル	ホワイト	60			色名が1種類ずつ		
7	4月3日	T01	バスタオル	ベージュ	50			横方向に表示された		
8	4月5日	T02	フェイスタオル	ホワイト	80					
9	4月5日	T01	バスタオル	ホワイト	50					
10										

②セルH2に図の数式を入力すると、クロス集計表の横軸となる色名が横方向に並んで表示される。この数式では、UNIQUE関数で取り出した「ホワイト」「ベージュ」の2行1列のデータを、TRANSPOSE関数で縦横入れ替えている。

```
H3 =SUMIFS(テーブル1[数量],テーブル1[商品名],G3#,テーブル1[色],H2#)
          合計範囲          条件範囲1    条件1    条件範囲2    条件2
```

	H3		fx	=SUMIFS(テーブル1[数量],テーブル1[商品名],G3#,テーブル1[色],H2#)					

	A	B	C	D	E	F	G	H	I	J
1	入荷記録						集計		条件2	
2	日付	商品ID	商品名	色	数量			ホワイト	ベージュ	
3	4月1日	T02	フェイスタオル	ホワイト	100		バスタオル	50	100	
4	4月1日	T02	フェイスタオル	ベージュ	100	条件1	フェイスタオル	180	100	
5	4月1日	T01	バスタオル	ベージュ	50		ハンドタオル	60	0	
6	4月3日	T03	ハンドタオル	ホワイト	60					
7	4月3日	T01	バスタオル	ベージュ	50		数式を入力			
8	4月5日	T02	フェイスタオル	ホワイト	80					
9	4月5日	T01	バスタオル	ホワイト	50		商品ごと色ごとに			
10							数量を集計できた			
11			条件範囲1	条件範囲2	合計範囲					
12										
13										

③セルH3に図の数式を入力すると、商品ごと色ごとに数量が集計される。入荷記録表に新しい商品や色を追加すると、集計表の行数や列数が自動で変化し、常にテーブルのすべてのデータが集計される。

=UNIQUE(配列 , [比較の方向] , [回数])	→ 07-49
=SORTBY(配列 , 基準1 , [順序1] , [基準2, 順序2] …)	→ 07-35
=TRANSPOSE(配列)	→ 07-32
=SUMIFS(合計範囲 , 条件範囲1, 条件1, [条件範囲2, 条件2] …)	→ 02-09

関連項目 【07-50】データの追加をUNIQUE関数の結果に自動で反映させるには
【07-51】UNIQUE関数で取り出した項目ごとに集計したい！

07-53 指定したセル番号のセルを間接的に参照する

インダイレクト
INDIRECT

　INDIRECT関数は、「A5」のようなセル参照を表す文字列から実際のセル参照を求める関数です。サンプルでは、セルC2に「A5」という文字列が入力されています。セルに「=INDIRECT(C2)」と入力すると、セルC2に入力された「A5」が実際のセル参照となり、セルA5のデータ「火星」が表示されます。

▶セルC2に入力されているセル番号のセルを参照する

> **C4** =INDIRECT(C2)
> 　　　　　　参照文字列

	A	B	C	D	E	F	G	H	I
1	データ		セル番号						
2	水星		A5	← 参照文字列					
3	金星		そのセルのデータ						
4	地球		火星	← 数式を入力		セルC2で指定したセル番号(セルA5)のデータが表示された			
5	火星								
6	木星								
7	土星								

C4セルの数式バー：=INDIRECT(C2)

=INDIRECT(参照文字列 , [参照形式]) 　　　　　　　　　　　　　　　　検索/行列

　参照文字列…セル番号や名前など、セル参照を表す文字列を指定。セル参照を表す文字列が入力されているセルを指定してもよい
　参照形式…「参照文字列」が A1 形式の場合は TRUE を指定するか指定を省略する。「参照文字列」が R1C1 形式の場合は FALSE を指定する
「参照文字列」から実際のセル参照を返します。「参照文字列」からセルを参照できない場合は、[#REF!] が返されます。

> **Memo**
>
> ●セル参照の形式には、「A1 形式」と「R1C1 形式」があります。A1 形式では列をアルファベット、行を数値で表し、列、行の順に指定します。一方、R1C1 形式では、「R」に続けて行を表す数値、「C」に続けて列を表す数値を指定します。例えばセル D2 を A1 形式で表すと「D2」、R1C1 形式で指定すると「R2C4」となります。

関連項目【07-54】指定したシート名からそのシートのセルを間接的に参照する

07-54 指定したシート名からそのシートの
セルを間接的に参照する

INDIRECT

INDIRECT関数は、表に便利な「仕掛け」を施すのに活躍します。下図を見てください。［札幌店］から［横浜店］までの各シートのセルB2に入力された電話番号を、［電話帳］シートに表示しています。通常、他シートのセルは「＝シート名!セル」形式で参照しますが、「＝札幌店!セル」「＝仙台店!セル」……、といちいち入力するのは面倒です。INDIRECT関数でセルに入力された支店名からセル参照を作成すれば、数式をコピーするだけで、一気に全支店の電話番号を表示できます。

▶各支店シートのセルB2を参照する

B3 =INDIRECT(A3 & "!B2")
　　　　　　参照文字列

［電話帳］シートの「電話番号」欄に各シートのセルB2の値を表示できた

=INDIRECT(参照文字列 , ［参照形式］) **➜ 07-53**

Memo

●シート名にスペースやハイフン「-」が含まれているときは、シート名をシングルクォーテーション「'」で囲んでください。
=INDIRECT("'"& A3 & "'!B2")

関連項目【07-53】指定したセル番号のセルを間接的に参照する

 **07-55** データの追加に応じて
名前の参照範囲を自動拡張する

オフセット　　　　　カウント・エー
 OFFSET／COUNTA

　表に名前を付けておくと、表引きや集計の際にその名前で表を参照できるので便利です。しかしその一方で、表にデータを追加したときに名前の定義を修正しなければならないのは面倒です。データの追加に応じて名前の参照範囲を自動拡張するには、OFFSET関数とCOUNTA関数を使って名前を定義します。サンプルの名簿の場合、OFFSET関数の引数「基準」にセルA3、「高さ」にデータ数、「幅」に4を指定すれば、常にセルA3を基準に「データ数行×4列」のセル範囲を参照できます。なお、データ数はA列の全データ数から表タイトルと列見出しの分の2を引いて求めます。A列の「ID」欄は、必ず上から連続して入力するものとします。

▶セルA3から始まるデータの範囲を自動取得して名前を付ける

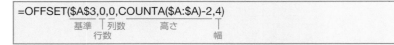

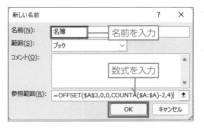

①［数式］タブの［定義された名前］グループにある［名前の定義］ボタンをクリックする。表示されるダイアログの［名前］欄に任意の名前（ここでは「名簿」）を入力し、［参照範囲］欄に数式を入力して、［OK］ボタンをクリックする。なお、ダイアログのサイズを広げると数式を入力しやすくなる。

②以上で名前が設定された。左図では、セル A3〜D5 を「名簿」という名前で参照できる。データを追加すると、追加したデータも「名簿」という名前の参照範囲に自動で含まれる。

=OFFSET(基準 , 行数 , 列数 , ［高さ］, ［幅］)　　➡ **07-24**

=COUNTA(値 1 , ［値 2］ …)　　➡ **02-27**

07-56 行番号と列番号から セル参照の文字列を作成する

ADDRESS
アドレス

ADDRESS関数を使用すると、指定した行番号と列番号からセル参照の文字列を作成できます。例えば、行番号として「4」、列番号として「2」を指定した場合、「$B$4」という文字列が作成されます。

▶行番号と列番号からセル参照の文字列を作成する

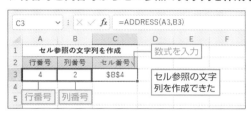

C3 =ADDRESS(A3 , B3)
　　　　　　　　　行番号 列番号

=ADDRESS(行番号 , [列番号] , [参照の型] , [参照形式] , [シート名])　　検索/行列

行番号…求めたいセル参照の行番号を指定
列番号…求めたいセル参照の列番号を指定
参照の型…戻り値のセル参照の種類を次表の数値で指定
参照形式…「1」（既定値）を指定した場合は A1 形式、「0」を指定した場合は R1C1 形式でセル参照が返される
シート名…戻り値に含めたいブック名やシート名を指定。省略した場合は、セルの番号だけが返される

参照の型	戻り値のセル参照の種類	A1 形式の戻り値	R1C1 形式の戻り値
1 （既定値）	絶対参照	$B$4	R4C2
2	行は絶対参照、列は相対参照	B$4	R4C[2]
3	行は相対参照、列は絶対参照	$B4	R[4]C2
4	相対参照	B4	R[4]C[2]

「行番号」「列番号」「シート名」からセル参照の文字列を作成します。作成されるセル参照の種類や形式は「参照の型」と「参照形式」で指定します。

▶ADDRESS関数の使用例

使用例	戻り値	説明
=ADDRESS(4,2,4)	B4	相対参照
=ADDRESS(4,2,1,0)	R4C2	絶対参照、R1C1 形式
=ADDRESS(4,2,,,"Sheet1")	Sheet1!$B$4	別のシートへの参照
=ADDRESS(4,2,,,"[Book1]Sheet1")	[Book1]Sheet1!$B$4	別のブックへの参照

関連項目　【07-57】指定したセルの行番号や列番号を調べる
　　　　　　　【07-58】指定したセル範囲の行数や列数、セル数を調べる

07-57 指定したセルの行番号や列番号を調べる

ROW関数を使うとセルの行番号、COLUMN関数を使うとセルの列番号を求められます。列番号は、A列なら1、B列なら2というように数値で返されます。ROW関数は縦方向の連番、COLUMN関数は横方向の連番を作成するのによく使用されます。

▶セルA1の行番号と列番号を利用して連番を作成する

A2	=ROW(A1)
	参照

①セル A2 に「=ROW(A1)」と入力すると、セル A1 の行番号である「1」が表示される。これを下方向にコピーすると、引数が「A2」「A3」「A4」と変わり、セルに「2」「3」「4」が表示される。

B1	=COLUMN(A1)
	参照

②セル B1 に「=COLUMN(A1)」と入力すると、セル A1 の列番号である「1」が表示される。これを右方向にコピーすると、引数が「B1」「C1」「D1」と変わり、セルに「2」「3」「4」が表示される。

=ROW([参照])　　　　　　　　　　　　　　　　　　　　　　　　検索/行列

　　参照…行番号を調べたいセルやセル範囲を指定。省略した場合は、ROW 関数を入力したセルの行番号が返される
指定したセルの行番号を求めます。

=COLUMN([参照])　　　　　　　　　　　　　　　　　　　　　　検索/行列

　　参照…列番号を調べたいセルやセル範囲を指定。省略した場合は、COLUMN 関数を入力したセルの列番号が返される
指定したセルの列番号を求めます。

関連項目　【07-56】行番号と列番号からセル参照の文字列を作成する
　　　　　　　【07-58】指定したセル範囲の行数や列数、セル数を調べる

07-58 指定したセル範囲の 行数や列数、セル数を調べる

ROWS／COLUMNS
ロウズ　　　カラムズ

　ROWS関数を使うとセル範囲の行数、COLUMNS関数を使うとセル範囲の列数を求められます。また、行数と列数をかけ合わせればセル数が求められます。ここでは、「名簿」という名前が付いたセル範囲（セルA3～D5）の行数、列数、セル数を求めます。

▶「名簿」に含まれる行数、列数、セル数を調べる

G2 =ROWS(名簿)
配列

G3 =COLUMNS(名簿)
配列

G4 =G2*G3

G2	∨ : × ✓ fx	=ROWS(名簿)								
	A	B	C	D	E	F	G	H	I	J	K
1		会員名簿				セル数の取得					
2	ID	会員名	生年月日	性別		行数	3				
3	1	上村　公佳	1998/4/15	女		列数	4				
4	2	所　修一	1987/11/6	男	配列	セル数	12				
5	3	阿部　優斗	1994/8/10	男							
6											
7											

セルG2～G4にそれぞれ数式を入力

セルA3～D5に「名簿」という名前が設定されている

=ROWS(配列)	検索/行列

　配列…行数を調べたいセル範囲や配列を指定
指定した「配列」に含まれるセルや要素の行数を求めます。

=COLUMNS(配列)	検索/行列

　配列…列数を調べたいセル範囲や配列を指定
指定した「配列」に含まれるセルや要素の列数を求めます。

> **Memo**
>
> ● ROWS関数とCOLUMNS関数の引数にはセル番号を指定することもできます。例えば「=ROWS(A3:D5)」とすると、セルA3～D5の行数が求められます。

関連項目 【07-56】行番号と列番号からセル参照の文字列を作成する
　　　　　 【07-57】指定したセルの行番号や列番号を調べる

07-59 セルの書式や位置などの情報を調べる

CELL
セル

CELL関数を使用すると、セルの位置や値、表示形式など、さまざまな情報を取得できます。取得内容は引数「検査の種類」で指定します。書式や位置などの情報が得られます。ここではA列のセルについて、B列に入力した「検査の種類」を調べます。

▶セルのさまざまな情報を調べる

> D2 =CELL(B2,A2)
>   検査の種類 対象範囲

	A	B	C	D	E	F	G	H
1	データ	検査の種類	説明	戻り値				
2		address	セル番号	$A$2				
3	¥1,234	contents	値	1234				
4	¥1,234	format	表示形式	C0-				
5	Excel	type	タイプ	l				
6	Excel	prefix	文字配置	^				
7	対象範囲	検査の種類						

セルD2に数式を入力してセルD6までコピー

A列のセルのセル番号や値などの情報を表示できた

> =CELL(検査の種類,[対象範囲])　　　　情報
>
> 検査の種類…調べたい情報の種類を次表の文字列で指定
> 対象範囲…調べたいセルを指定。セル範囲を指定した場合は、左上隅のセルの情報が返される。省略した場合は最後に変更されたセルが対象になる
> 「対象範囲」で指定したセルの情報を返します。返される情報は、「検査の種類」で指定します。

検査の種類	戻り値
"address"	絶対参照のセル番号
"col"	セルの列番号の数値
"color"	負数を色で表す表示形式が設定されている場合は「1」、設定されていない場合は「0」
"contents"	セルの値
"filename"	対象のセルを含むファイルのフルパス。ブックが保存されていない場合は空白文字列「""」が返される
"format"	セルの表示形式に対応する文字列定数（下表参照）

"parentheses"	正の値またはすべての値を括弧「()」で囲む書式がセルに設定されている場合は「1」、それ以外の場合は「0」
"prefix"	セルの文字配置に対応する文字列定数 　左揃えの文字列　　　：　単一引用符「'」 　右揃えの文字列　　　：　二重引用符「"」 　中央揃えの文字列　　：　キャレット「^」 　両端揃えの文字列　　：　円記号「¥」 　それ以外のデータ　　：　空白文字列「""」
"protect"	セルがロックされていない場合は「0」、ロックされている場合は「1」
"row"	セルの行番号
"type"	セルに含まれるデータのタイプに対応する文字列定数 　空白　　：　「b」　（Blank の頭文字） 　文字列　：　「l」　（Label の頭文字） 　その他　：　「v」　（Value の頭文字）
"width"	セルの幅を表す整数と既定の幅かどうかを表す論理値からなる配列。セルの幅の単位は標準のフォントサイズ 1 文字の幅

▶引数「検査の種類」に「"format"」を指定したときの戻り値の例

表示形式	戻り値
G/ 標準	G
# ?/?	G
0	F0
0.00	F2
#,##0	,0
#,##0;-#,##0	,0
#,##0;[赤]-#,##0	,0-
#,##0.00	,2
#,##0.00;-#,##0.00	,2
#,##0.00;[赤]-#,##0.00	,2-
¥#,##0;¥-#,##0	C0
¥#,##0_);(¥#,##0)	C0
¥#,##0;[赤]¥-#,##0	C0-
¥#,##0;[赤]¥-#,##0	C0-
¥#,##0.00;¥-#,##0.00	C2
¥#,##0.00;[赤]¥-#,##0.00	C2-

表示形式	戻り値
0%	P0
0.00%	P2
0.E+00	S0
0.00E+00	S2
yyyy/m/d	D1
yyyy" 年 "m" 月 "d" 日 "	D1
yyyy" 年 "m" 月 "	D2
m" 月 "d" 日 "	D3
ge.m.d	D4
ggge" 年 "m" 月 "d" 日 "	D4
h:mm:ss AM/PM	D6
h:mm AM/PM	D7
h:mm:ss	D8
h" 時 "mm" 分 "ss" 秒 "	D8
h:mm	D9
h" 時 "mm" 分 "	D9

Memo

● CELL 関数の引数「検査の種類」を数式の中で直接指定する場合は、「=CELL("address",A2)」のようにダブルクォーテーションで囲んで指定します。

●対象範囲のセルの書式を変更したときは、【F9】キーを押して再計算を実行すると、CELL 関数の戻り値が更新されます。

関連項目 【07-63】Excelの動作環境を調べる

07-60 セルにシート名を表示したい！

MID／CELL／FIND
ミッド／セル／ファインド

　セルにそのセルを含むシートの名前を表示するには、まずCELL関数の引数「検査の種類」に「"filename"」を指定して、パス付き、ファイル名付きのシート名を取得します。次にFIND関数を使用してシート名の位置を調べ、MID関数を使用してシート名の部分だけを取り出します。なお、保存していないブックではシート名は表示できないので注意してください。

▶**セルA1にシート名を表示する**

A1	=MID(CELL("filename",A1),FIND("]",CELL("filename",A1))+1,31)
	文字列　　　　　　　　　　　開始位置　　　　　　文字数

| A1 | ▽ | ： | × ✓ fx | =MID(CELL("filename",A1),FIND("]",CELL("filename",A1))+1,31) |

	A	B	C	D	E	F	G	H
1	札幌店							
2	郵便番号	〒060-0042						
3	住　　所	北海道札幌市中央区大通西X-X-X						
4	代表電話	011-712-XXXX						

数式を入力 / 数式を入力したセルにシート名を表示できた

札幌店　仙台店　福島店　東京店　横浜店　⊕

準備完了

=MID(文字列 , 開始位置 , 文字数)	→ 06-39
=CELL(検査の種類 ,[対象範囲])	→ 07-59
=FIND(検索文字列 , 対象 ,[開始位置])	→ 06-14

Memo

●「CELL("filename",A1)」の戻り値の形式は「ドライブ名:¥フォルダ名¥[ファイル名.拡張子]シート名」です。したがってFIND関数で「]」の位置を検索し、MID関数を使用して「]」の次の文字から最後の文字までを取り出せば、シート名が取り出せます。なお、MID関数の3番目の引数に指定した「31」は、シート名の最大文字数です。

●各シートのシート見出しを【Ctrl】キーを押しながらクリックしてグループ化し、セルA1に数式を入力すると、複数シートのセルA1にまとめて数式を入力できます。シート見出しを右クリックして[シートのグループ解除]をクリックすると、グループ化を解除できます。

関連項目【07-61】シートの位置を表すシート番号やブックに含まれるシート数を求める

Excel 07-61 シートの位置を表すシート番号やブックに含まれるシート数を求める

SHEET／T／SHEETS

　SHEET関数は、指定したシート名のシート番号を返す関数です。シート番号は、左から順に「1、2、3……」と数えます。また、SHEETS関数は、ブックに含まれるシートの数を返す関数です。ここではセルB2に入力したシート名のシート番号と、ブックに含まれる全シートの数を求めます。

▶セルB2に入力されたシート名のシート番号と全シート数を求める

B3	=SHEET(T(B2))
	値

B4	=SHEETS()

=SHEET(【値】) 　　　　　　　　　　　　　　　　　　　　　　　　情報

　値…シート番号を求めるシート名の文字列やセル参照を指定。省略すると、この関数を含むシートの番号が返される

「値」にシート名を指定した場合は、そのシートのシート番号が返ります。セル参照を指定した場合は、参照先のセルを含むシートのシート番号が返ります。非表示のシートやグラフシートもカウントされます。

=T(値) 　　　　　　　　　　　　　　　　　　　　　　　　　　　文字列操作

　値…文字列に変換する値を指定

「値」が文字列である場合は文字列を返し、文字列でない場合は空白文字列「""」を返します。

=SHEETS(【範囲】) 　　　　　　　　　　　　　　　　　　　　　　　情報

　範囲…シート数を求めるセル参照を指定。省略すると、ブック内の全シート数が返される

指定した範囲のシート数を求めます。非表示のシートやグラフシートもカウントされます。ブック内の全シート数を求めたいときは、引数を省略します。

Memo

● 「=SHEET(B2)」のように引数にセル番号を指定すると、セルB2を含むシートのシート番号が返されます。セルB2に入力されているシート名のシート番号を調べるには、引数に「T(B2)」と指定します。そうすれば「=SHEET("仙台店")」と指定したことになり、[仙台店]シートのシート番号が求められます。

07-62 セルに入力した数式を 別のセルに表示してチェックする

 FORMULATEXT
フォーミュラ・テキスト

　数式をセルに表示して検証したいことがあります。FORMULATEXT関数を使うと、指定したセルに入力されている数式をセルに表示できます。ここでは、E列のセルに入力されている数式を隣のセルに表示します。

▶セルの数式を別のセルに表示する

F2	=FORMULATEXT(E2)
	参照

	A	B	C	D	E	F
1	上半期新規契約数推移			集計		
2	月	新規契約数		合計	675	=SUM(B3:B8)
3	4月	144		平均	112.5	=AVERAGE(B3:B8)
4	5月	122		最大値	144	=MAX(B3:B8)
5	6月	103		最小値	93	=MIN(B3:B8)
6	7月	109				
7	8月	93				
8	9月	104				
9						

F2 の数式バー: =FORMULATEXT(E2)

セルF2に数式を入力してセルF5までコピー

合計、平均、最大値、最小値の数式を表示できた

参照

=FORMULATEXT(参照) 　　　　　　　　　　　　　　　　検索/行列

参照…セルまたはセル範囲を指定
指定したセルに入力されている数式を文字列として返します。セル範囲を指定した場合は先頭のセルの数式が返されます。セルに数式が含まれていない場合は、[#N/A] が返されます。

Memo

●数式をチェックするには、[数式の表示] ボタンを使う方法もあります。ボタンのクリックでシート上の数式がすべてセル内に表示されるので簡単です。一方、FORMULATEXT 関数を使う方法は、数式とその結果を一緒に確認できる点がメリットです。[数式の表示] 機能については【11-09】を参照してください。

関連項目 【03-20】セルの内容が数式かどうかを調べる
　　　　　 【11-09】セルに数式を表示してシート上の数式をまとめて検証する

07-63 Excelの動作環境を調べる

インフォメーション
INFO

INFO関数を使用すると、カレントフォルダのパスやOSのバージョンなど、Excelの操作環境を取得できます。

▶Excelの動作環境を調べる

	A	B	C	D	E	F	G	H
1	項目	戻り値						
2	OSのバージョン	Windows (64-bit) NT 10.00						
3	運用環境	pcdos						
4								
5								
6								
7								

B2 ∨ ✕ ✓ fx =INFO("OSVERSION")

→ セルB2とセルB3に数式を入力

OS のバージョンと運用環境を表示できた

=INFO(検査の種類) 情報

検査の種類…調べたい情報の種類を次表の文字列で指定

「検査の種類」で指定した情報を返します。環境が変わったときは、【F9】キーを押すと戻り値を更新できます。

検査の種類	戻り値
"DIRECTORY"	カレントフォルダのパス名。カレントフォルダとは、[名前を付けて保存] ダイアログや [開く] ダイアログを開いたときにフォルダの指定欄に表示されるフォルダのこと
"NUMFILE"	開いているワークシートの枚数。非表示のブックもカウントされる
"ORIGIN"	現在ウィンドウに表示されている範囲の左上隅のセル参照が「$A:」で始まる文字列として返される
"OSVERSION"	現在使用されているオペレーティングシステムのバージョン
"RECALC"	現在設定されている再計算のモード。戻り値は「自動」または「手動」
"RELEASE"	Excel のバージョン。Excel 2007 は「12.0」、Excel 2010 は「14.0」、Excel 2013 は「15.0」になる。2022 年 11 月現在、Excel 2016/2019/2021 及び Office 365 は「16.0」
"SYSTEM"	運用環境の名前。Windows 版 Excel では「pcdos」、Mac 版 Excel では「mac」になる

関連項目 【07-59】セルの書式や位置などの情報を調べる

07-64 セルのワンクリックで画像ファイルを開きたい！

HYPERLINK関数の引数「リンク先」にファイルを指定すると、そのファイルへのハイパーリンクを作成できます。ここでは、クリックすると自動的に画像表示用のアプリが起動して、指定した写真が表示される仕組みを作成します。

▶セルのクリックで写真が表示されるようにする

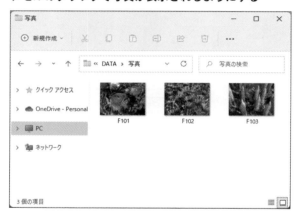

①ここでは、「F101」「F102」「F103」というファイル名の3つのJPEG画像が「D:¥DATA¥写真」フォルダに保存されているものとする。

```
C3  =HYPERLINK("D:¥DATA¥写真¥" & A3 & ".jpg")
             リンク先
```

	A	B	C	D
1	商品リスト（花苗）			
2	ID	商品名	写真	
3	F101	ラナンキュラス	D:¥DATA¥写真¥F101.jpg	
4	F102	オステオスペルマム	D:¥DATA¥写真¥F102.jpg	
5	F103	ルピナス	D:¥DATA¥写真¥F103.jpg	
6				

C3 ✕ ✓ fx =HYPERLINK("D:¥DATA¥写真¥" & A3 &

②セル C3 に HYPERLINK 関数を入力して、セル C5 までコピーする。なお、数式中のフォルダ名「D:¥DATA¥写真¥」は、保存先に応じて適宜変更すること。

セルC3に数式を入力してセルC5までコピー

③動作を確認するため、セル C3 に作成されたハイパーリンクをクリックする。

	A	B	C
1	**商品リスト（花苗）**		
2	ID	商品名	写真
3	F101	ラナンキュラス	D:¥DATA¥写真¥F101.jpg
4	F102	オステオスペルマム	D:¥DATA¥写真¥F102.jpg
5	F103	ルピナス	D:¥DATA¥写真¥F103.jpg

K18

④ JPEG ファイルに関連付けられているアプリが起動し、写真が表示される。その際、環境によってはセキュリティの確認メッセージが表示されるが、保存場所や開くファイルなどの信頼性に問題がなければ続行する。

=HYPERLINK(リンク先 ,【別名】)　　検索/行列

リンク先…リンク先を表す文字列をダブルクォーテーション「"」で囲んで指定。Web ページの URL やメールアドレス、セルや他のファイルを指定できる

別名…セルに表示する文字列を指定。省略した場合は「リンク先」が表示される
指定した「リンク先」にジャンプするハイパーリンクを作成します。

Memo

●次表は、HYPERLINK 関数の引数「リンク先」の指定例です。

リンク先	リンク先指定例
Web ページの URL	http://www.seshop.com/
メールアドレス	mailto:info@example.com
UNC パス	¥¥PC01¥DATA¥test.xlsx
ファイル	C:¥DATA¥test.xlsx
フォルダ	C:¥DATA
他のブックのセル	[C:¥DATA¥test.xlsx]Sheet1!C3
同じブックのセル	#Sheet1!C3
同じシートのセル	#C3

●ハイパーリンクが挿入されたセルを選択するには、セル内のハイパーリンクの文字列以外の場所をクリックします。もしくは、ハイパーリンクの文字上を、マウスポインターの形が十字形に変わるまで長押しします。

関連項目【07-65】指定したシートにジャンプできるシート目次を作成する

07-65 指定したシートにジャンプできる
シート目次を作成する

ハイパーリンク
HYPERLINK

　HYPERLINK関数を使用すると、ブック内の各シートにすばやくジャンプできるシート見出しを作成できます。下準備として、シート名を入力しておきます。その隣のセルに、HYPERLINK関数を入力して、指定したシート名のセルA1にジャンプするように設定します。

▶指定したシートをワンクリックで開く

B2 =HYPERLINK("#" & A2 & "!A1","開く")
　　　　　　 リンク先　　　　 別名

セルB2に数式を入力してセルB6までコピー

作成されたハイパーリンクをクリック

クリックしたシートにジャンプした

=HYPERLINK(リンク先,[別名])　　　　　　　　　　　➡ 07-64

関連項目 【07-64】セルのワンクリックで画像ファイルを開きたい！

07-66 ネット上の画像をセルの中に
挿入するには

IMAGE

　Microsoft 365の新関数であるIMAGE関数を使用すると、指定したURLにある画像をセルの中に挿入できます。通常の機能で画像を挿入するとセルの上に配置されますが、IMAGE関数の画像は関数の戻り値としてセルの中に挿入されるので、表の並べ替えやフィルター、行の非表示などを行ったときに完全にセルに連動します。

▶指定したURLの画像をセルに挿入する

> B2 =IMAGE(B1, "円柱")
> 　　　　　ソース 代替テキスト

※サンプルで使用しているURLはMicrosoft社が提供するものです。このURLは予告なく変更・削除される可能性があります。

=IMAGE(ソース , [代替テキスト] , [サイズ] , [高さ] , [幅])　　　　　　　　　**Web**

ソース…**画像ファイルの「https」プロトコルを使用する URL パスを指定。サポートされる画像の形式は BMP、JPG/JPEG、GIF、TIFF、PNG、ICO、WEBP**
代替テキスト…アクセシビリティのためのイメージを説明する代替テキストを指定
サイズ…画像のサイズを下表の数値で指定
高さ…「サイズ」に 3 を指定した場合に画像の高さをピクセル単位で指定
幅…「サイズ」に 3 を指定した場合に画像の幅をピクセル単位で指定
「ソース」に指定した URL の画像を指定したサイズでセルに挿入します。

サイズ	説明
0	セルのサイズに合わせて表示する。画像の縦横比を維持するので、セルのサイズによってはセルの上下または左右が空白になる（既定値）
1	画像の縦横比を無視して、セルいっぱいに表示する
2	元の画像のサイズで表示する。セルのサイズによっては画像が途切れる
3	指定した「高さ」と「幅」で表示する。セルのサイズによっては画像が途切れる

07-67 住所をURLエンコードして Googleマップを表示する

エンコード・ユーアールエル　　ハイパーリンク
ENCODEURL／HYPERLINK

　Webサイトを開く際に日本語を含むURLを指定すると、環境によっては日本語が文字化けしてしまうことがあります。文字化けを防ぐには、ENCODEURL関数を使用して、日本語をURLエンコードします。URLエンコードとは、文字をURLに対応する形式に変換することです。ここでは住所をURLエンコードし、さらにHYPERLINK関数を使用して、URLエンコードした住所をGoogleマップで表示するためのリンクを作成します。なお、本解説は2022年11月現在のものです。GoogleマップのURLや仕様は今後変更される可能性があります。

▶セルB2の住所をもとにGoogleマップへのリンクを作成する

B3 =ENCODEURL(B2)
　　　　　文字列

B4 =HYPERLINK("http://maps.google.co.jp/maps?q="&B3,"表示")
　　　　　　　　　　　　リンク先　　　　　　　　　　　　別名

	B3		:	× ✓	fx	=ENCODEURL(B2)		
	A		文字列		B			C
1	浅草寺			「台東区浅草2」をURLエンコードした結果の文字列				
2	住所	台東区浅草2						
3	エンコード	%E5%8F%B0%E6%9D%B1%E5%8C%BA%E6%B5%85%E8%8D%892						
4	リンク	表示		このリンクをクリックすると「台東区浅草2」の地図が表示される				
5								

=ENCODEURL(文字列)　　　　　　　　　　　　　　　　　　　　　　Web

文字列…エンコードする対象の文字列を指定

引数で指定した「文字列」をURLエンコードした結果の文字列を返します。「UTF-8」という文字コードでコード化されます。

=HYPERLINK(リンク先 ,[別名])　　　　　　　　　　　　→ 07-64

関連項目　【07-68】Webサービスを利用して住所録の郵便番号を一気に住所に変換する

07-68 Webサービスを利用して住所録の郵便番号を一気に住所に変換する

WEBSERVICE／FILTERXML
ウェブ・サービス　　　　　フィルター・エックスエムエル

　インターネット上には、「Webサービス」という機能を使って有益なデータを提供してくれるさまざまなサイトがあります。WEBSERVICE関数を使用すると、指定したURLのWebサービスからExcelのセルにそのようなデータをダウンロードできます。

　ダウンロードされるのはXML形式やJSON形式のデータで、そのままでは使い勝手がよくありません。XML形式であれば、FILTERXML関数を使うことで、XMLデータの中から必要なデータだけを抽出できます。

　ここでは、住所録に入力されている郵便番号を住所に変換する操作を例に、これらの関数の使い方を紹介します。まず、WEBSERVICE関数を使用して、「郵便番号検索API」というWebサービスからXML形式の住所情報をダウンロードします。次にFILTERXML関数を使用して、ダウンロードしたXMLデータから都道府県、市区町村、町域を取り出します。

▶住所録の郵便番号を住所に変換する

C3 =WEBSERVICE("http://zip.cgis.biz/xml/zip.php?zn="&B3)
　　　　　　　　　　　　　URL

C3	⁝ × ✓ fx	=WEBSERVICE("http://zip.cgis.biz/xml/zip.php?zn="&B3)				
	A	B	C	D	E	F	G	H

	A	B	C	D	E	F	G
1	拠点情報						
2	本支社	郵便番号	XMLデータ	都道府県	市区町村	町域	番地
3	本社	1600006	<?xml version="1.0" encoding="utf-8" ?>				
4	釧路支社	0850016					
5	北陸支社	9200901	数式を入力				
6	沖縄支社	9000015		セル B3 の郵便番号に対応する			
7				住所の XML データが表示された			
8	郵便番号を入力しておく						
9							

① B列に入力した郵便番号から都道府県、市区町村、町域データを取得したい。まず、セル C3 に WEBSERVICE 関数を入力して、「郵便番号検索 API」から住所情報をダウンロードする。なお、「0」で始まる郵便番号を正しく入力できるように、B列の「郵便番号」欄には [文字列] の表示形式が設定してある。また、XMLデータは複数行にわたる長いデータなので、C列の「XMLデータ」欄には [ホーム] タブの [折り返して全体を表示する] を設定したうえで、1 行だけが表示されるように行高を調整してある。

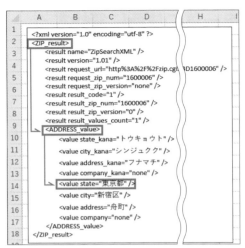

②セル C3 にダウンロードした XML データを確認したい場合は、セルをコピーして図形などに貼り付けるとよい。左図は図形に貼り付けたあと、行頭を字下げして見やすく加工したもの。

XML データは階層構造をしている。都道府県データは、「<ZIP_result> → <ADDRESS_value> → <value state=" 東京都 " />」とたどった先にあることがわかる。「ZIP_result」「ADDRESS_value」「value」は要素名。「state」は属性名という。

D3 =FILTERXML(C3,"//value/@state")
　　　　　　XML　　　　XPath

E3 =FILTERXML(C3,"//value/@city")

F3 =FILTERXML(C3,"//value/@address")

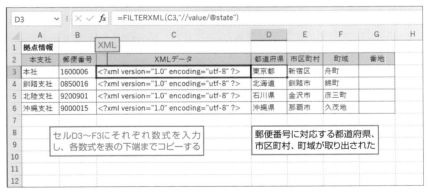

③続いて、FILTERXML 関数を使用して、XML データから都道府県を取り出す。引数「XPath」には、都道府県までのパスを「/」で区切りながら記述する。属性名には「@」を付ける。正式な XPath は「/ZIP_result/ADDRESS_value/value/@state」だが、途中のパスは「//」で置き換えて記述してもよい。
セル D3〜F3 に FILTERXML 関数を入力し、各数式を表の下端までコピーすると、郵便番号に対応する住所を取り出せる。

=WEBSERVICE(URL) Web

URL…Webサービスを提供するサイトのURLを指定

「URL」で指定したWebサービスにデータ提供のリクエストを送信し、その結果の文字列（XML形式または JSON形式）を受け取ります。指定した「URL」がデータを返せない場合、エラー値［#VALUE!］が返されます。

=FILTERXML(XML, XPath) Web

XML…XML形式の文字列を指定
XPath…取り出したい情報を指定するためのパスをXPath形式で指定

XMLデータから、指定したパスにあるデータを取り出します。指定されたパスが複数存在する場合は、配列が返されます。

> **Memo**
>
> ● 「郵便番号検索API」は、「zip.cgis.biz」で提供されるWebサービスです。サンプルのように郵便番号をパラメータとしてリクエストを送信すると、住所情報を含むXMLデータが返されます。
>
> ● 本解説は2022年11月現在のものです。本解説に使用したURLやWebサービスの仕様は今後変更される可能性があります。
>
> ● ブックを保存して初めて開いたときに標準では「セキュリティの警告」が表示されるので、「コンテンツの有効化」をクリックします。
>
> ● FILTERXML関数の引数「XPath」は、XMLの構造に合わせて指定する必要があります。Webサービスを提供するサイトで公開されているXMLの構造や要素名、属性名などの情報をもとに指定してください。
>
> ● 表に郵便番号をハイフン入りで「160-0006」の形式で入力したい場合は、WEBSERVICE関数で郵便番号を指定する際にSUBSTITUTE関数を使用して、郵便番号からハイフンを削除してください。
> `=WEBSERVICE("http://zip.cgis.biz/xml/zip.php?zn="&SUBSTITUTE(B3,"-",""))`
>
> ● XMLデータ、都道府県、住所、番地をまとめて求めるには、FILTERXML関数の引数「XML」にWEBSERVICE関数を指定したうえで、3つのFILTERXML関数を連結します。ただし、数式が非常に長くなってしまうので、Microsoft 365やExcel 2021ではLET関数を使用してWEBSERVICE関数の数式に名前を付けるとよいでしょう。
> `=LET(xml,WEBSERVICE("http://zip.cgis.biz/xml/zip.php?zn="&SUBSTITUTE(B3,"-","")),FILTERXML(xml, "//value/@state")&FILTERXML(xml, "//value/@city")&FILTERXML(xml, "//value/@address"))`
>
> ● 必要に応じて【01-17】を参考に数式のセルをコピーして値の貼り付けを行えば、住所データをExcelで自由に編集できるようになります。

関連項目　【07-67】 住所をURLエンコードしてGoogleマップを表示する

07-69 株式や地理などリンクされた データ型から情報を取り出す

フィールド・バリュー
FIELDVALUE

通貨ペアを「リンクされたデータ型」に変換する

　Microsoft 365では、銘柄名や通貨名、地名などの文字列を「リンクされたデータ型」に変換できます。変換すると信頼できるデータソースに接続され、さまざまな情報を取得できるようになります。ここでは、通貨ペアを株式型に変換する操作を例に、変換方法を紹介します。

▶通貨ペアをリンクされたデータ型（株式型）に変換する

①セルに「USD/JPY」のような ISO 通貨コードの通貨ペアを入力しておく。セルを選択して、[データ] タブの [データの種類] の一覧から [通貨 (英語)] をクリックする。

②通貨ペアの文字列が株式型に変換され、文字列の先頭に株式型のアイコンが表示された。

> **Memo**
>
> ●リンクされたデータ型を通常の文字列に戻すには、セルを右クリックして [データの種類] → [テキストに変換] をクリックします。
>
> ●[データの種類] の機能は、不定期に強化されています。本解説は、2022 年 11 月現在のものです。

リンクされたデータ型の情報を確認する

リンクされたデータ型に変換すると、データソースからさまざまな情報を取得できます。データ型カードで確認することも、セルに取得することもできます。

▶リンクされたデータ型から情報を取得する

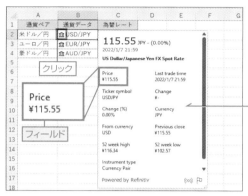

① 「USD/JPY」の前のアイコンをクリックすると、データ型カードが開き、「米ドル／円」の為替情報が表示される。「Price」(為替レート)、「Last trade time」(最終取引時間) などの項目を「フィールド」と呼ぶ。

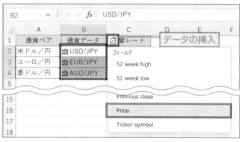

②フィールド値をセルに取得することもできる。リンクされたデータ型のセルを選択すると、[データの挿入] ボタンが表示される。これをクリックして、フィールドの一覧から [Price] を選択する。

③隣のセルに「=B2.Price」という数式が入力され、Price フィールドの値 (為替レート) が表示される。

Memo

●リンクされたデータ型のセルを右クリックして [データの種類] → [更新] をクリックすると、フィールド値を最新の値に更新できます。また、[データの種類] → [設定の更新をしています] をクリックすると、[データ型更新設定] 作業ウィンドウが開き、更新のタイミングを設定できます。

FIELDVALUE関数を使用して情報を取得する

リンクされたデータ型からの情報をセルに表示するには、FIELDVALUE関数を使う方法もあります。引数「フィールド名」を文字列で指定するので、セルに入力したフィールド名を使用できます。

▶FIELDVALUE関数を使用して情報を取得する

C2	=FIELDVALUE($B2,C$1)
	値　フィールド名

C2	✓ : × ✓ fx	=FIELDVALUE($B2,C$1)								
	A	B	C	D	E	F	G	H	I	J
1	通貨ペア	通貨データ	Price	Last trade time						
2	米ドル／円	🏛USD/JPY	¥ 115.55	2022/1/7 21:59			セル C2～D4 にはあらかじめ会計や日付の表示形式が設定してある			
3	ユーロ／円	🏛EUR/JPY	¥ 131.25	2022/1/7 21:59						
4	豪ドル／円	🏛AUD/JPY	¥ 82.94	2022/1/7 21:59						
5										
6		値	数式を入力してセルD4までコピー							
7										
8										

=FIELDVALUE (値 , フィールド名)	[365/2021]	検索/行列

値…リンクされたデータ型のセルを指定
フィールド名…取得したいフィールドのフィールド名を指定
リンクされたデータ型のデータから指定したフィールドの情報を取得します。

Memo

● Excel 2021 では、文字列をリンクされたデータ型に変換する機能はありませんが、変換済みのデータから FIELDVALUE 関数を使用して情報を取得することはできます。

● 株式、地理、動物、化学、食べ物、人物、植物など、さまざまなデータ型が用意されています。基本的にデータ型は英語ですが、一部日本語も対応しています。例えば、「カナダ」を地理型に変換すると、自動で「Canada」に変換されます。フィールドはデータ型によって異なります。例えば地理型の国名には「image（画像）」「Area（面積）」「Population（人口）」などのフィールドがあります。

	A	B	C	D	E	F	G	H	I
1	世界の面積ランキング								
2	順位	国名	データ型	画像 image	面積（km²） Area	人口 Population	首都 Capital/Major City		
3	1位	ロシア	🏔Russia		17,098,240	144,373,535	🏔Moscow	地理型のデータ	
4	2位	カナダ	🏔Canada	🍁	9,984,670	37,589,262	🏔Ottawa		
5	3位	アメリカ	🏔United States	🇺🇸	9,833,517	328,239,523	🏔Washington		
6									

関連項目　【09-38】指定した銘柄の株価データを取り込む

07-70　複数の配列を左右に合わせて結合する

HSTACK
エイチ・スタック

　Microsoft 365には、配列を操作する関数が複数追加されています。そのうちのHSTACK関数は、複数の配列を横につなぎ合わせる関数です。ここでは、2つの表の列を合体させて1つの表を作ります。表の列を入れ替えてたいときなどにも利用できます。

▶新旧コード対応表と旧商品リストから新商品リストを作成する

H3	=HSTACK(B3:B6,E3:F6)
	配列1　配列2

	A	B	C	D	E	F	G	H	I	J	K	L	M	N
1	新旧コード対応			旧商品リスト				新商品リスト						
2	旧	新		コード	商品名	単価		コード	商品名	単価				
3	K102	KL101		K102	八重桜	9,500		KL101	八重桜	9,500		数式を入力		
4	K104	KL102		K104	椿	6,800		KL102	椿	6,800				
5	P106	PS101		P106	パキラ	3,600		PS101	パキラ	3,600				
6	P213	PS102		P213	アロエ	1,500		PS102	アロエ	1,500				
7												スピル機能が働き、セル		
8		配列1			配列2							H3〜J6の範囲に、結合		
9												結果の配列が表示された		

=HSTACK(配列 1, [配列 2]…)　　　　　　　　　　　　[365]　検索/行列

配列…結合する配列やセル範囲を指定

「配列」を横方向に並べて結合した配列を返します。結合する配列の行数が異なる場合、結合結果の配列の空いた部分が [#N/A] エラーになります。

Memo

● HSTACK 関数の戻り値をセルに表示せずに、仮想の表としてさまざまな処理に利用できます。別シートにある2つの表を結合して表引きしたいときなどに便利です。

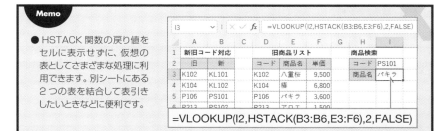

=VLOOKUP(I2,HSTACK(B3:B6,E3:F6),2,FALSE)

関連項目　【07-71】複数の配列を上下に重ねて結合する

07-71 複数の配列を上下に重ねて結合する

 VSTACK
ブイ・スタック

　Microsoft 365の新関数であるVSTACK関数を使用すると、複数の配列を上下に重ねた配列を作成できます。ここでは同じ項目で構成された2つのテーブル「関東」「関西」のデータを1つにまとめます。テーブル名「関東」「関西」は、見出しを除いたセル範囲（A4:C8、E4:G6）を参照します。テーブル名の確認・変更方法は【01-28】を参照してください。

▶関東の売上表と関西の売上表を1つの表にまとめる

I4	=VSTACK(関東,関西)
	配列1 配列2

	I4	∨ : × ✓ fx	=VSTACK(関東,関西)							
	A	B	C	D	E	F	G	H	I	J	K	L
1	関東売上実績		（百万円）		関西売上実績		（百万円）		全国売上実績		（百万円）	数式を入力
2												
3	支店	形態	売上高		支店	形態	売上高		支店	形態	売上高	
4	銀座店	路面店	371		大阪店	路面店	271		銀座店	路面店	371	
5	青山店	テナント	286		京都店	テナント	186		青山店	テナント	286	
6	浦安店	テナント	149		神戸店	テナント	153		浦安店	テナント	149	
7	浦安店	テナント	184		テーブル名：関西 配列2				浦和店	テナント	184	
8	横浜店	路面店	210		スピル機能が働き、セル				横浜店	路面店	210	
9					I4〜K11の範囲に、結合				大阪店	路面店	271	
10	テーブル名：関東 配列1				結果の配列が表示された				京都店	テナント	186	
11									神戸店	テナント	153	
12												

=VSTACK(配列 1, [配列 2]…)	[365] 検索/行列

配列…結合する配列やセル範囲を指定
「配列」を縦方向に並べて結合した配列を返します。結合する配列の列数が異なる場合、結合結果の配列の空いた部分が [#N/A] エラーになります。

Memo

●テーブルにデータを追加すると、数式がスピルし直されて、VSTACK 関数の結果にも新しいデータが追加されます。

関連項目 【07-70】複数の配列を左右に合わせて結合する

07-72 複数の売上表を1つにまとめて売上順に並べ替える

SORT／VSTACK

VSTACK関数で結合した配列のデータを並べ替えるには、SORT関数の引数「配列」にVSTACK関数を指定します。サンプルでは3列目の売上高の降順で並べ替えを行います。SORT関数の引数「並べ替えインデックス」に列番号の「3」、「順序」に降順を表す「-1」を指定します。

▶関東と関西の売上表を1つにまとめて売上順に並べ替える

I4 =SORT(VSTACK(関東,関西),3,-1)
　　　　　　　　配列1 配列2
　　　　　　　配列　　　並べ替え　順序
　　　　　　　　　　　インデックス

	A	B	C	D	E	F	G	H	I	J	K	L	M
1	関東売上実績		（百万円）		関西売上実績		（百万円）		全国売上実績		（百万円）		
2												数式を入力	
3	支店	形態	売上高		支店	形態	売上高		支店	形態	売上高		
4	銀座店	路面店	371		大阪店	路面店	271		銀座店	路面店	371		
5	青山店	テナント	286		京都店	テナント	186		青山店	テナント	286		
6	浦安店	テナント	149		神戸店	テナント	153		大阪店	路面店	271		
7	浦和店	テナント	184						横浜店	路面店	210		
8	横浜店	路面店	210						京都店	テナント	186		
9									浦和店	テナント	184		
10	テーブル名：関東		配列1		テーブル名：関西		配列2		神戸店	テナント	153		
11									浦安店	テナント	149		
12					売上順のデータが表示された								

=SORT(配列 , [並べ替えインデックス] , [順序] , [方向]) → 07-34
=VSTACK(配列 1, [配列 2]…) → 07-71

Memo

●複数の基準で並べ替えを行うには、SORT 関数を入れ子にします。次の数式では、「形態」の降順、「売上高」の降順に並べ替えています。
=SORT(SORT(VSTACK(関東 , 関西),3,-1),2,-1)

関連項目 【07-71】複数の配列を上下に重ねて結合する

07-73 行番号や列番号を指定して配列から行や列を取り出す

 CHOOSEROWS／CHOOSECOLS
チューズ・ロウズ　チューズ・カラムズ

　Microsoft 365の新関数CHOOSEROWS関数は配列から指定した行番号の行を取り出し、CHOOSECOLS関数は配列から指定した列番号の列を取り出します。行／列番号を複数指定でき、離れた複数の行／列を取り出せます。また、負数の行／列番号を指定すると、末尾から○番目の行／列を取り出せます。サンプルでは、表から最後の行、および1列目と3列目を取り出しています。先頭のセルに数式を入力すると、スピル機能が働き、セル範囲に結果が表示されます。

▶後ろから数えて1番目の行と、前から1、3番目の列を取り出す

E2 =CHOOSEROWS(A4:C8,-1)
　　　　　　　配列　行番号1

E4 =CHOOSECOLS(A4:C8,1,3)
　　　　　　　配列　　列番号2
　　　　　　　　　　　列番号1

| E2 | ▼ | : | × ✓ fx | =CHOOSEROWS(A4:C8,-1) |

	A	B	C	D	E	F	G	H	I	J	K
1	関東売上実績		(百万円)								
2					横浜店	路面店	210				
3	支店	形態	売上高								
4	銀座店	路面店	371		銀座店	371					
5	青山店	テナント	286		青山店	286					
6	浦安店	テナント	149	配列	浦安店	149					
7	浦和店	テナント	184		浦和店	184					
8	横浜店	路面店	210		横浜店	210					
9											

CHOOSEROWS関数で最後の行を取り出す

CHOOSECOLS関数で1列目と3列目を取り出す

=CHOOSEROWS(配列 , 行番号 1, [行番号 2]…)　[365] 検索/行列

　　配列…取り出し元の配列やセル範囲を指定
　　行番号…取り出す行番号を指定。正数は上から、負数は末尾から数えた行番号になる
「配列」から「行番号」の行を取り出します。

=CHOOSECOLS(配列 , 列番号 1, [列番号 2]…)　[365] 検索/行列

　　配列…取り出し元の配列やセル範囲を指定
　　列番号…取り出す列番号を指定。正数は左端から、負数は末尾から数えた列番号になる
「配列」から「列番号」の列を取り出します。

関連項目 【07-45】表から指定した列を取り出す
　　　　 【07-74】入力されている見出しの位置に別表から列を取り出す

07-74 入力されている見出しの位置に別表から列を取り出す

チューズ・カラムズ　　　　　エックス・マッチ
CHOOSECOLS／XMATCH

　下図のような会員名簿から列を取り出して、セルG2〜I2に入力されている列見出しの下に並べてみましょう。CHOOSECOLS関数を使用して列を取り出す場合、引数「列番号」に列見出しの文字ではなく列番号の数値を指定しなければなりません。そこでXMATCH関数を使用してセルG2〜I2の文字列を会員名簿の列見出しと照合し、それぞれの列番号を求め、それをCHOOSECOLS関数の引数「列番号」に指定します。

▶列見出しを照合して表の列を並べ替える

> **G3** =CHOOSECOLS(A3:E7,XMATCH(G2:I2,A2:E2))
> 　　　　　　　　　　　　　　　検査値　照合範囲
> 　　　　　　　配列　　　　列番号1：{5,2,3}

	A	B	C	D	E	F	G	H	I	J	K	L	M
G3				fx	=CHOOSECOLS(A3:E7,XMATCH(G2:I2,A2:E2))								
1	会員名簿						入れ替え						
2	No	会員名	年齢	住所	ランク		ランク	会員名	年齢				
3	1	飯島	33	東京都	B		B	飯島	33				
4	2	榊原	51	埼玉県	A		A	榊原	51				
5	3	五十嵐	28	千葉県	C		C	五十嵐	28				
6	4	内山	39	東京都	A		A	内山	39				
7	5	西田	42	千葉県	B		B	西田	42				
8													
9			配列					数式を入力					
10													

ここに入力した列見出しの順序で列を取り出せた

| =CHOOSECOLS(配列 , 列番号 1 , [列番号 2]…) | → 07-73 |
| =XMATCH(検索値 , 検索範囲 , [一致モード] , [検索モード]) | → 07-30 |

> **Memo**
>
> ●列を入れ替えると同時に行の並べ替えもできます。例えばランクの昇順（A、B、C 順）に並べ替えるには次のように式を立てます。
> =CHOOSECOLS(SORT(A3:E7,5),XMATCH(G2:I2,A2:E2))

関連項目　【07-38】あらかじめ入力された列見出しの順序に列を並べ替える
　　　　　　【07-73】行番号や列番号を指定して配列から行や列を取り出す

 07-75 配列の先頭や末尾から連続する 行や列を取り出す

テイク
TAKE

　Microsoft 365の新関数であるTAKE関数は、配列から指定した行数と列数を取り出した配列を返します。引数「行数」「列数」に正数を指定すると先頭から取り出され、負数を指定すると末尾から取り出されます。【07-73】で紹介したCHOOSEROWS関数やCHOOSECOLS関数は飛び飛びの行や列を取り出すのに対して、TAKE関数は先頭や末尾から連続した行や列を取り出す点が異なります。行と列を同時に取り出せる点も特徴です。

▶先頭3列を取り出す／先頭2行と末尾3列を取り出す

F3	=TAKE(A3:D7,,3)
	配列　列数

J3	=TAKE(A3:D7,2,-3)
	配列　｜　列数
	行数

	F3		:	× ✓ fx	=TAKE(A3:D7,,3)							
	A	B	C	D	E	F	G	H	I	J	K	L	M	N
1	会員名簿					先頭から3列取り出す				先頭2行、末尾3列取り出す			
2	No	会員名	年齢	ランク		No	会員名	年齢		会員名	年齢	ランク	
3	1	飯島	33	A		1	飯島	33		飯島	33	A	
4	2	榊原	51	A		2	榊原	51		榊原	51	A	
5	3	五十嵐	28	B		3	五十嵐	28					
6	4	内山	39	B		4	内山	39					
7	5	西田	42	C		5	西田	42					
8													
9		配列											
10						数式がスピルして、先頭3列が取り出された				数式がスピルして、先頭2行、末尾3列が取り出された			
11													
12													

=TAKE(配列 , [行数], [列数])	[365] 検索/行列

配列…取り出し元の配列やセル範囲を指定
行数…「配列」から取り出す行数を指定。正数は上から、負数は末尾からの行数になる。省略した場合は「配列」と同じ行数を取り出す
列数…「配列」から取り出す列数を指定。正数は左から、負数は末尾からの列数になる。省略した場合は「配列」と同じ列数を取り出す
「配列」の先頭または末尾から指定した「行数」「列数」を取り出した配列を作成します。「行数」と「列数」を同時に省略することはできません。

関連項目 【07-76】配列の先頭や末尾から連続する行や列を除外する

07-76 配列の先頭や末尾から連続する行や列を除外する

ドロップ
DROP

Microsoft 365の新関数であるDROP関数は、配列から指定した行数と列数を除外した配列を返します。引数「行数」「列数」に正数を指定すると先頭から除外され、負数を指定すると末尾から除外されます。【07-75】で紹介したTAKE関数が取り出す行数／列数を指定するのに対して、DROP関数は除外する行数／列数を指定します。サンプルは、【07-75】でTAKE関数を使用して取り出したのと同じ配列を、DROP関数を使用して取り出しています。

▶末尾1列を除外する／末尾3行と先頭1列を除外する

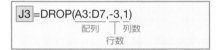

F3	∨	:	×	✓	fx	=DROP(A3:D7,,-1)							
	A	B	C	D	E	F	G	H	I	J	K	L	M	N
1	会員名簿					末尾1列を除外				末尾3行、先頭1列除外				
2	No	会員名	年齢	ランク		No	会員名	年齢		会員名	年齢	ランク		
3	1	飯島	33	A		1	飯島	33		飯島	33	A		
4	2	榊原	51	A		2	榊原	51		榊原	51	A		
5	3	五十嵐	28	B		3	五十嵐	28						
6	4	内山	39	B		4	内山	39						
7	5	西田	42	C		5	西田	42						
8														
9		配列												
10						数式がスピルして、末尾1列が除外された				数式がスピルして、末尾3行、先頭1列が除外された				
11														
12														

=DROP(配列 , [行数] , [列数])　　　　　　　　　　　[365] 検索/行列

配列…取り出し元の配列やセル範囲を指定
行数…「配列」から除外する行数を指定。正数は上から、負数は末尾からの行数になる。省略した場合は除外を行わない
列数…「配列」から除外する列数を指定。正数は左から、負数は末尾からの列数になる。省略した場合は除外を行わない
「配列」の先頭または末尾から指定した「行数」「列数」を除外した配列を作成します。「行数」と「列数」を同時に省略することはできません。

関連項目 【07-75】配列の先頭や末尾から連続する行や列を取り出す

07-77 複数の表を1つにまとめた 中からデータを抽出する

LET／VSTACK／FILTER／CHOOSECOLS
レット　ブイ・スタック　フィルター　チューズ・カラムズ

　下図のような2つの表から「路面店」のデータを取り出してみましょう。VSTACK関数でデータを縦に連結し、そこからFILTER関数で抽出を実行します。抽出条件は、抽出元がセルに入力されている1つの表であれば「B4:B8="路面店"」のようにセル番号で指定できます。しかし、今回の抽出元はVSTACK関数で連結された表なのでセル番号はありません。そこでCHOOSECOLS関数を使用して、「VSTACK関数で連結した表の2列目="路面店"」のような条件を指定します。そのままだと数式の中にVSTACK関数が2回登場するので、LET関数を使用してVSTACK関数の式に「ar」（配列ARRAYの略）という名前を付けて、処理の効率化を図ります。

▶関東の表と関西の表から路面店のデータを抽出する

I4 `=LET(ar,VSTACK(A4:C8,E4:G6),FILTER(ar,CHOOSECOLS(ar,2)="路面店"))`

　2つのセル範囲を連結した表に「ar」という名前を付ける　　「ar」から、「ar」の2列目が「路面店」に等しいデータを抽出する

=LET(名前1, 式1, [名前2, 式2]…, 計算式)	03-32
=VSTACK(配列1, [配列2]…)	07-71
=FILTER(配列, 条件, [見つからない場合])	07-40
=CHOOSECOLS(配列, 列番号1, [列番号2]…)	07-73

関連項目　【07-40】表から条件に合うデータを抽出する
【07-71】複数の配列を上下に重ねて結合する

07-78 1列の配列を複数行×複数列に 折り返した配列に変換する

WRAPROWS / WRAPCOLS
ラップ・ロウズ　　　ラップ・カラムズ

　1列に並んだ氏名を5個ずつ折り返して再配置しましょう。Microsoft 365の新関数であるWRAPROWS関数を使うと、横に5個並べたあと次の行に折り返せます。また、WRAPCOLS関数を使うと、縦に5個並べたあと次の列に折り返せます。空いたセルに「--」と表示することにします。

▶1列の氏名を5個並べて折り返す

E3	=WRAPROWS(B3:B14,5,"--")
	ベクトル ｜ 代替値
	折り返し数

L2	=WRAPCOLS(B3:B14,5,"--")
	ベクトル ｜ 代替値
	折り返し数

=WRAPROWS(ベクトル , 折り返し数 , [代替値])	[365]	検索/行列
=WRAPCOLS(ベクトル , 折り返し数 , [代替値])	[365]	検索/行列

ベクトル…分割の元になる1行または1列の配列やセル範囲を指定
折り返し数…「ベクトル」の要素を何個並べたあとで折り返すかを指定
代替値…「ベクトル」を複数列×複数行に分割したときに空いたセルができる場合に表示する値を指定。省略した場合は空いたセルにエラー値［#N/A］が表示される
WRAPROWS関数は、「ベクトル」を横方向に並べ、指定した「折り返し数」で折り返した配列を返します。
WRAPCOLS関数は、「ベクトル」を縦方向に並べ、指定した「折り返し数」で折り返した配列を返します。

関連項目　【07-33】縦1列に並んだデータを複数行複数列に分割表示する
　　　　　　　【07-79】複数行×複数列の配列を1行または1列の配列に変換する

07-79 複数行×複数列の配列を1行または1列の配列に変換する

TOROW／TOCOL
トゥ・ロウ　　　トゥ・カラム

　表のデータを1行に並べ替えるにはTOROW関数、1列に並べ替えるにはTOCOL関数を使用します。いずれもMicrosoft 365の新関数です。複数行×複数列を1行または1列に並べ替えたり、縦1列を横1列に、または横1列を縦1列に並べ替えたいときなどに利用できます。

　下図では3行2列をTOROW関数で1行に、TOCOL関数で1列に並べ替えています。この場合、データが1行ずつ取り出され、「1、高木、2、丘、3、杉本」の順に並びます。なお、引数「方向」に「FALSE」を指定するとデータが1列ずつ取り出され、「1、2、3、高木、丘、杉本」の順に並びます。

▶3行2列を1行／1列に並べ替える

D2 =TOROW(A3:B5)	K2 =TOCOL(A3:B5)
配列	配列

D2		∨	:	× ✓ fx	=TOROW(A3:B5)							
▲	A	B	C	D	E	F	G	H	J	K	L	M	N	O
1	名簿			TOROW						TOCOL				
2	No	氏名		1 高木		2 丘		3 杉本		1				
3	1	高木								高木				
4	2	丘								2				
5	3	杉本								丘				
6										3				
7	配列									杉本				
8														

TOROW関数で配列を1行に並べ替える

TOROW関数で配列を1列に並べ替える

=TOROW(配列 , [無視する値] , [方向])	[365]	検索/行列
=TOCOL(配列 , [無視する値] , [方向])	[365]	検索/行列

配列…1行または1列に並べる元になる配列やセル範囲を指定
無視する値…無視する値を指定する。「0」を指定するとすべての値を保持（既定値）。「1」を指定すると空白を無視、「2」を指定するとエラー値を無視、「3」を指定すると空白とエラー値を無視する
方向… 取り出す順序を指定する。「FALSE」を指定すると、「配列」が1行ずつ取り出される（既定値）。「TRUE」を指定すると、「配列」が1列ずつ取り出される
TOROW関数は、「配列」を1行に並べます。TOCOLS関数は、「配列」を1列に並べます。

関連項目　【07-78】1列の配列を複数行×複数列に折り返した配列に変換する

07-80 配列を指定した行数と列数に拡張する

Microsoft 365の新関数であるEXPAND関数を使用すると、配列を指定した行数と列数に拡張できます。拡張された空白の場所に表示する値は、引数「代替値」で指定します。サンプルでは、4行2列の配列を1列増やして4行3列に拡張しています。「行数」は変わらないので指定を省略し、「列数」には「3」を指定します。空きセルを空白にしたいので、「代替値」に「""」を指定しました。

▶4行2列の配列を4行3列に拡張する

```
D3 =EXPAND(A3:B6,,3,"")
       配列  |   代替値
            列数
```

D3			: × ✓ fx	=EXPAND(A3:B6,,3,"")				
	A	B	C	D	E	F	G	H	I
1	名簿			配列拡張				
2	No	氏名		No	氏名	チェック		
3	1	高木	数式を入力	1	高木			
4	2	丘		2	丘			
5	3	杉本	配列	3	杉本			
6	4	小林		4	小林			
7			1 列拡張できた					

=EXPAND(配列 , 【行数】, 【列数】, 【代替値】)   [365] **検索/行列**

配列…拡張する元になる配列やセル範囲を指定
行数…拡張した結果の行数を指定。省略した場合は元の「配列」と同じ行数となる
列数…拡張した結果の列数を指定。省略した場合は元の「配列」と同じ列数となる
代替値… 拡張してできた場所に入れる値を指定。省略した場合はエラー値 [#N/A] で埋められる
「配列」を指定した「行数」「列数」になるように拡張します。「行数」や「列数」に元の「配列」のサイズより小さい値を指定するとエラー値 [#VALUE!] が返されます。

Memo

● EXPAND 関数は、他の関数と組み合わせることで役立ちます。例えば、【07-71】のサンプルで次の数式を入力すると、「関東」と「関西」を結合する際に空行を挟めます。
=VSTACK(EXPAND(関東 ,ROWS(関東)+1,,""), 関西)

07-81 住所録のデータを 宛名ラベル形式に再配置する

 WRAPCOLS／TOCOL／HSTACK
ラップ・カラムズ　　トゥ・カラム　　エイチ・スタック

【07-70】～【07-80】で配列を操作する関数を紹介しましたが、これらの関数は組み合わせてこそ威力を発揮します。ここでは例として、「住所録」シートのデータを宛名ラベル形式に再配置します。

▶住所録のデータを宛名ラベル形式に再配置する

	A	B	C	D	E
1	No	氏名	郵便番号	住所	
2	1	橋本　淳	153-0064	東京都目黒区下目黒x-x	
3	2	岸辺　紀子	689-3514	鳥取県米子市尾高x-x	
4	3	長峰　琢磨	277-0884	千葉県柏市みどり台x-x	
5	4	水木　理恵	410-0006	静岡県沼津市中沢田x-x	
6	5	髙松　良平	334-0011	埼玉県川口市三ッ和x-x	
7					

①サンプルの「住所録」シートに5件の宛名データが入力されている。

A1 =WRAPCOLS(TOCOL(HSTACK(住所録!C2:D6,住所録!B2:B6 & " 様")),9,"")

①：郵便番号、住所の配列と「氏名 様」の配列を結合

②：①の配列を1列に並べ替える

③：②の配列を縦に9要素ずつ折り返して並べ替える

A1		=WRAPCOLS(TOCOL(HSTACK(住所録!C2:D6,住所録!
	A	B	C	D
1	153-0064	410-0006		
2	東京都目黒区下目黒x-x	静岡県沼津市中沢田x-x		
3	橋本　淳 様	水木　理恵 様		
4	689-3514	334-0011		
5	鳥取県米子市尾高x-x	埼玉県川口市三ッ和x-x		
6	岸辺　紀子 様	髙松　良平 様		
7	277-0884			
8	千葉県柏市みどり台x-x			
	長峰　琢磨 様			

② HSTACK 関数を使用して、郵便番号と住所の配列と、氏名に「様」を付けた配列を隣り合わせに結合する。TOCOL 関数で配列を1列に並べ替え、それを WRAPCOLS 関数で縦に並べ、9個の要素を配置したところで次の列に折り返す。空きセルは空白にする。ここでは3つの関数を組み合わせたが、さらに EXPAND 関数を組み合わせて配列の行を拡張し、CHOOSEROWS 関数で行を並べ替えれば、空行を挟むことも可能。

=WRAPCOLS(ベクトル , 折り返し数 , [代替文字])	→	07-78
=TOCOL(配列 , 無視する値 , 方向)	→	07-79
=HSTACK(配列 1 , [配列 2]…)	→	07-70

関連項目 【07-78】1列の配列を複数行×複数列に折り返した配列に変換する
【07-79】複数行×複数列の配列を1行または1列の配列に変換する

統計計算

データ分析に役立つ統計値を求めよう

08-01 最頻値（モード）を求める

モード・シングル
MODE.SNGL

「最頻値」とは、数値データの中で最も頻繁に出現する値のことです。MODE.SNGL関数を使用すると、最頻値を求められます。下図には「70」が3個、「65」が2個、その他の数値が1個ずつ入力されているので、最頻値は「70」になります。

▶10個の数値の最頻値を求める

```
D3 =MODE.SNGL(B3:B12)
        数値1
```

	A	B	C	D	E	F	G	H	I	J	K
				D3 =MODE.SNGL(B3:B12)							
1	実力テスト結果										
2	順位	得点		最頻値							
3	1	95		70	← 最頻値が求められた						
4	2	85									
5	3	80									
6	4	70									
7	5	70		数値1							
8	6	70									
9	7	65									
10	8	65									
11	9	50									
12	10	40									
13											
14											

=MODE.SNGL(数値 1, [数値 2] …)　　　　　　　　　　　　　　統計

数値…数値、またはセル範囲を指定。数値以外のデータは無視される

数値データの最頻値（モード）を返します。最頻値とは、指定された数値データの中で、最も頻繁に出現する値です。最頻値が複数ある場合は、最初に現れた最頻値が返されます。最頻値が存在しない（すべてのデータが異なる）場合は、エラー値［#N/A］が返されます。「数値」は、255 個まで指定できます。

> **Memo**
>
> ●最頻値が複数ある場合の MODE.SNGL 関数の戻り値は、最初に出現する数値です。例えば「8、4、1、4、8」の最頻値は、「8」「4」のうち最初に出現する「8」になります。すべての最頻値を求めたい場合は、【08-02】を参照してください。

関連項目 【08-02】最頻値（モード）をすべて求める

08-02 最頻値（モード）をすべて求める

MODE.MULT関数を配列数式（→【01-31】）として入力すると、複数の最頻値をすべて求めることができます。サンプルでは「80」「70」「65」の3個の最頻値が求められます。あらかじめ多めのセルを選択して数式を入力した場合、余ったセルには［#N/A］が表示されます。

▶10個の数値の最頻値をすべて求める

D3:D6	=MODE.MULT(B3:B12)
	数値1

[配列数式として入力]

	D3		⌄ : × ✓ fx	{=MODE.MULT(B3:B12)}						
	A	B	C	D	E	F	G	H	I	J	K
1	実力テスト結果									
2	順位	得点		最頻値						
3	1	95		80						
4	2	85		70						
5	3	80		65						
6	3	80		#N/A						
7	5	70								
8	5	70								
9	7	65								
10	7	65								
11	9	50								
12	10	40								

セルD3〜D6を選択して数式を入力し、【Ctrl】+【Shift】+【Enter】キーで確定

すべての最頻値が表示された

空いたセルに［#N/A］が表示される

数値1

=MODE.MULT(数値 1, [数値 2] …)	統計

数値…数値、またはセル範囲を指定。数値以外のデータは無視される
数値データの最頻値（モード）を返します。配列数式として入力することで、最頻値が複数ある場合に、すべての最頻値を表示できます。最頻値が存在しない場合は、エラー値［#N/A］が返されます。「数値」は255個まで指定できます。

Memo

● Microsoft 365 と Excel 2021 では、セル D3 のみを選択してサンプルの数式を入力し、【Enter】キーを押すと、最頻値の個数分ぴったりのセルに数式がスピル（→【01-32】）して、すべての最頻値が表示されます。

関連項目【08-01】最頻値（モード）を求める

08-03 中央値（メディアン）を求める

メディアン
MEDIAN

　「中央値」とは数値を大きさ順に並べたときに中央に来る値のことです。MEDIAN関数を使用すると簡単に求められます。下図では10個の数値の中央値を求めています。数値が偶数個なので、中央値は5、6番目の「400」と「420」の平均値である「410」になります。

▶10個の数値の中央値を求める

D3	=MEDIAN(B3:B12)
	数値1

	A	B	C	D	E	F	G	H	I	J	K	L
1	アンケート結果											
2	No	年収（万円）		中央値								
3	1	280		410	← 中央値が求められた							
4	2	570										
5	3	300		平均値								
6	4	400		552								
7	5	1,600										
8	6	200	数値1									
9	7	420										
10	8	350										
11	9	900										
12	10	500										
13												

=MEDIAN(数値 1, [数値 2] …)	統計

数値…**数値、またはセル範囲を指定。数値以外のデータは無視される**
数値データの中央値（メディアン）を返します。中央値とは、数値を大きさ順に並べたときに、ちょうど中央に位置する値のことです。数値が奇数個の場合は中央の値そのもの、偶数個の場合は中央の数値2つの平均値が返されます。「数値」は255個まで指定できます。

> **Memo**
>
> ●複数の数値データの中心を量る指標には、平均値、中央値、最頻値があります。そのうち中央値や最頻値は、平均値に比べて極端なデータの影響を受けにくいというメリットがあります。例えば所得データの場合、10名の中に極端な高所得者が1名いると平均値は吊り上がりますが、中央値や最頻値は影響を受けません。

関連項目【02-38】平均値（相加平均・算術平均）を求める

 **08-04** 区間ごとのデータ数を求めて
度数分布表を作成する

　年齢を10歳単位に分けて人数を求め、度数分布表を作成してみましょう。度数分布表に各区間の上限値（ここでは「29」「39」「49」）を入力し、人数欄のセルH3〜H6を選択してからFREQUENCY関数を配列数式として入力すると、区間ごとの人数が一度に求められます。

▶度数分布表を作成する

H3:H6	=FREQUENCY(C3:C10,G3:G5)	
	データ配列　区間配列	[配列数式として入力]

（画面：H3セルに =FREQUENCY(C3:C10,G3:G5) を配列数式として入力。度数分布表の人数欄に上から 1, 2, 4, 1 が表示されている）

各区間の上限値を入力しておく

セルH3〜H6を選択して数式を入力し、【Ctrl】+【Shift】+【Enter】キーで確定

区間配列

データ配列

=FREQUENCY(データ配列 , 区間配列)	統計

データ配列…カウント対象のデータを指定
区間配列…各区間の上限値を指定
「データ配列」の数値が、「区間配列」に指定した区間ごとにいくつ含まれるかをカウントし、それぞれの個数を返します。縦方向の配列数式として入力します。

Memo

● FREQUENCY 関数の戻り値の数は、「区間配列」の個数より1つ多くなります。最後の戻り値は、「区間配列」の最大値（ここでは「49」）を超えるデータの個数が返ります。

● Microsoft 365 と Excel 2021 では、セルH3に数式を入力して【Enter】キーを押すと、数式がスピルして各区間の人数が一気に求められます。

関連項目 【01-31】配列数式を入力するには

08-05 分散を求める

バリアンス・ピー
VAR.P

全数検査した製品の重量データから分散を求めましょう。分散とは、データの散らばり具合を測る指標です。全製品のデータを使用して計算するので、母集団の分散（母分散）を求めるVAR.P関数を使います。

▶全数検査した商品の重量の分散を求める

```
D3 =VAR.P(B3:B10)
      数値1
```

	A	B	C	D	E
1	全数検査				
2	検品No	重量(mg)		分散	
3	1	61		1.25	← 分散が求められた
4	2	58			
5	3	59		平均	
6	4	60		59.5	
7	5	58			
8	6	61		数値1	
9	7	59			
10	8	60			

セル D3 に数式バー `=VAR.P(B3:B10)` が表示されている。

```
=VAR.P( 数値 1, [数値 2] …)                                          統計
```

数値…数値、またはセル範囲を指定。数値以外のセルは無視される
引数を母集団そのものと見なして、分散を求めます。「数値」は255個まで指定できます。

Memo

- データ全体の集合のことを「母集団（Population）」、母集団から無作為に取り出したデータのことを「標本（Sample）」と呼びます。VAR.P 関数は母集団の分散を求めます。

- 分散は、平均値の周りにデータがどの程度散らばっているかを測る指標です。分散の値が大きいほど、平均値からの散らばりが大きいと言えます。分散は次の式で求められます。

$$VAR.P = \frac{\sum(データ - 平均値)^2}{データ数}$$

$$= \frac{1}{8}\{(61-59.5)^2 + (58-59.5)^2 + \cdots + (60-59.5)^2\} = 1.25$$

関連項目 【08-07】標準偏差を求める

08-06 不偏分散を求めて母分散を推定する

バリアンス・エス
VAR.S

　抜き取り検査した製品の重量データから不偏分散を求めましょう。不偏分散は、母集団の分散の推定値となります。VAR.S関数を使用すると、不偏分散を求められます。

▶抜き取り検査した商品の重量の不偏分散を求める

D3	=VAR.S(B3:B10)
	数値1

	A	B	C	D	E	F	G	H	I	J	K
1	抜き取り検査										
2	検品No	重量(mg)		不偏分散							
3	1	61		1.428571		不偏分散が求められた					
4	2	58									
5	3	59		平均							
6	4	60		59.5							
7	5	58									
8	6	61		数値1							
9	7	59									
10	8	60									

=VAR.S(数値1, [数値2] …)	統計

数値…数値、またはセル範囲を指定。数値以外のセルは無視される
引数を標本と見なして、不偏分散を求めます。「数値」は 255 個まで指定できます。

Memo

●製品の重量検査などで、母集団をすべて検査することが困難な場合に、無作為に取り出した標本（Sample）を検査して、そのデータから母集団の分散を推定することがあります。VAR.S 関数を使用すると、母集団の分散の推定値となる不偏分散を求められます。不偏分散を求める式は次のとおりです。

$$VAR.S = \frac{\sum(データ - 平均値)^2}{データ数 - 1}$$
$$= \frac{1}{7}\{(61 - 59.5)^2 + (58 - 59.5)^2 + \cdots + (60 - 59.5)^2\} = 1.42857\cdots$$

関連項目　【08-08】母集団の標準偏差を推定する

08-07 標準偏差を求める

スタンダード・ディビエーション・ピー
 STDEV.P

　全数検査した製品の重量データから、STDEV.P関数で標準偏差を求めましょう。標準偏差は分散の正の平方根の値で、分散と同様にデータが平均値の周りにどの程度散らばっているかの目安となります。

▶全数検査した商品の重量の標準偏差を求める

D3 =STDEV.P(B3:B10)
数値1

D3	: × ✓ fx	=STDEV.P(B3:B10)								
	A	B	C	D	E	F	G	H	I	J	K
1	全数検査										
2	検品No	重量(mg)		標準偏差							
3	1	61		1.118034	← 標準偏差が求められた						
4	2	58									
5	3	59		平均							
6	4	60		59.5							
7	5	58									
8	6	61		数値1							
9	7	59									
10	8	60									
11											
12											

=STDEV.P(数値 1, [数値 2] …)	統計

> **数値…数値、またはセル範囲を指定。数値以外のセルは無視される**
> 引数を母集団そのものと見なして、標準偏差を求めます。「数値」は 255 個まで指定できます。

Memo

● 標準偏差と分散は、「標準偏差 ＝ $\sqrt{分散}$」の関係にあります。サンプルでは、「=SQRT(VAR.P(B3:B10))」としても同じ結果を得られます。

● 分散は計算の過程でデータを 2 乗するため、データと分散を直接比較できません。一方、標準偏差は、分散の平方根をとるので元のデータと同じ単位になり、比較が容易です。例えば標準偏差が「1.1」であれば、「平均±1.1mg の範囲に〇%のデータが分布している」といった表現が可能で、分散より直感的なイメージがつかみやすいのがメリットです。

関連項目 【08-05】分散を求める

08-08 母集団の標準偏差を推定する

 スタンダード・ディビエーション・エス
STDEV.S

　抜き取り検査した製品の重量データ（標本）があるとき、STDEV.S関数を使用すると全製品（母集団）の標準偏差を推定できます。すべての製品の検査ができない場合でも、この推定値から母集団の様子がつかめます。

▶全製品の重量の標準偏差を推定する

D3 =STDEV.S(B3:B10)
　　　　　　数値1

	A	B	C	D	E
1	抜き取り検査				
2	検品No	重量(mg)		標準偏差	
3	1	61		1.195229	← 標準偏差の推定値が求められた
4	2	58			
5	3	59		平均	
6	4	60		59.5	
7	5	58			
8	6	61	数値1		
9	7	59			
10	8	60			

=STDEV.S(数値 1, [数値 2] …)　　　　　　　　　　統計

　数値…数値、またはセル範囲を指定。数値以外のセルは無視される
引数を標本と見なして、母集団の標準偏差の推定値を求めます。「数値」は、255 個まで指定できます。

Memo

●標本が正規分布にしたがう場合、「平均値±標準偏差」の範囲に約 68% のデータが、「平均値±標準偏差×2」の範囲に約 95%のデータが含まれると考えられます。平均値を「μ」、標準偏差を「σ」とすると、右図のようになります。

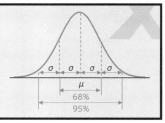

関連項目 【08-06】不偏分散を求めて母分散を推定する

08-09 平均偏差を求める

アベレージ・ディビエーション
AVEDEV

データの散らばり具合を測る指標の1つに「平均偏差」があります。平均偏差は、それぞれのデータが平均値から、平均してどの程度離れているかを示します。AVEDEV関数を使用すると求められます。

▶平均偏差を求める

D3	=AVEDEV(B3:B10)
	数値1

	A	B	C	D	E	F	G	H	I	J	K
1	製品検査										
2	検品No	重量(mg)		平均偏差							
3	1	61		1	← 平均偏差が求められた						
4	2	58									
5	3	59		平均							
6	4	60		59.5							
7	5	58									
8	6	61		数値1							
9	7	59									
10	8	60									
11											

=AVEDEV(数値 1, [数値 2] …)　　　　　　　　　　　　　　　　　　　　　　　　統計

数値…数値、またはセル範囲を指定。数値以外のセルは無視される
平均偏差を返します。偏差とは各値と平均値との差で、平均偏差とは偏差の平均値です。「数値」は255個まで指定できます。

> **Memo**
>
> ●平均偏差は、偏差(データと平均値の差)の絶対値をデータ数で割ったものです。サンプルの表の場合、平均偏差は下記のように検算できます。
>
> $$平均偏差 = \frac{\sum | データ - 平均値 |}{データ数}$$
> $$= \frac{1}{8}(|\,61-59.5\,|+|\,58-59.5\,|+\cdots+|\,60-59.5\,|) = 1$$

関連項目　【08-10】変動(偏差平方和)を求める

08-10 変動（偏差平方和）を求める

ディビエーション・スクエア
DEVSQ

「変動」はデータの散らばり具合を測る指標の1つで、分散を求める式の分子にあたる数値です。DEVSQ関数の引数にデータのセル範囲を指定すると求められます。

▶変動を求める

D3	=DEVSQ(B3:B10)
	数値1

D3		:	× ✓ fx	=DEVSQ(B3:B10)						
	A	B	C	D	E	F	G	H	I	J	K
1	製品検査										
2	検品No	重量(mg)		変動							
3	1	61		10	← 変動が求められた						
4	2	58									
5	3	59		平均							
6	4	60		59.5							
7	5	58									
8	6	61		数値1							
9	7	59									
10	8	60									
11											

=DEVSQ(数値 1, [数値 2] …)　　　　　　　　　　　　　　　　　　　　統計

数値…数値、またはセル範囲を指定。数値以外のセルは無視される
変動を返します。変動とは、偏差（各値と平均値の差）の 2 乗の総和です。「数値」は 255 個まで指定できます。

> **Memo**
>
> ●変動は、偏差（データと平均値の差）の 2 乗の総和で、「偏差平方和」とも呼ばれます。サンプルの表の場合、変動は下記のように検算できます。
>
> $$変動 = \sum(データ - 平均値)^2$$
> $$= (61 - 59.5)^2 + (58 - 59.5)^2 + \cdots + (60 - 59.5)^2 = 10$$
>
> ●変動の値をデータ数で割ると、【08-05】で求めた分散に一致します。

関連項目 【08-09】平均偏差を求める

08-11 歪度（分布の偏り）を求める

スキュー
SKEW

　ある地区で無作為に選んだ学生のアルバイト収入がセルA2～B5に入力されています。SKEW関数を使用して、地区全体の分布の「歪度（わいど）」を推定しましょう。歪度は分布の歪み具合を測る指標です。サンプルの場合、歪度が約1.3なので、分布のピークは左に傾いています。

▶分布の歪度を求める

D2	=SKEW(A2:B5)
	数値1

	A	B	C	D	E	F	G	H	I	J	K
1	アルバイト収入(万円)			歪度							
2	2	11		1.299187	← 歪度が求められた						
3	4	5	数値1								
4	7	1									
5	3	3									
6											

=SKEW(数値 1, [数値 2] …)　　　　　　　　　　　　　　　　　　　　統計

数値…数値、またはセル範囲を指定。数値以外のセルは無視される
母集団の歪度の推定値を返します。歪度は、分布が左右対称であるかどうかを示します。分布が平均値を中心に左右対称であれば、歪度は 0 になります。また、分布のピークが左にあり、裾が右に長く伸びていると歪度は正の値になり、その逆の形のときは負の値になります。「数値」は 255 個まで指定できます。

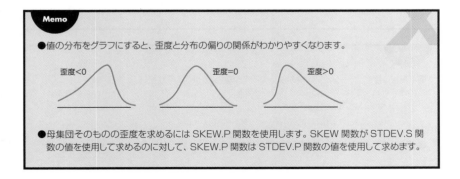

Memo

●値の分布をグラフにすると、歪度と分布の偏りの関係がわかりやすくなります。

歪度<0　　　　　　　　　歪度=0　　　　　　　　　歪度>0

●母集団そのものの歪度を求めるには SKEW.P 関数を使用します。SKEW 関数が STDEV.S 関数の値を使用して求めるのに対して、SKEW.P 関数は STDEV.P 関数の値を使用して求めます。

関連項目　【08-12】尖度（分布の集中具合）を求める

08-12 尖度（分布の集中具合）を求める

KURT

　ある地区で無作為に選んだ学生のアルバイト収入がセルA2〜B5に入力されています。KURT関数を使用して、地区全体の分布の「尖度（せんど）」を求めましょう。尖度は分布の集中具合を測る指標です。サンプルの場合、尖度が約1.66なので、正規分布に比べて尖った形になります。

▶**分布の尖度を求める**

=KURT(数値 1, [数値 2] …)　　　　　　　　　　　　　　　　　　　　統計

　数値…**数値、またはセル範囲を指定。数値以外のセルは無視される**
母集団の尖度の推定値を返します。尖度は、正規分布に比べて分布が尖った形か、平坦な形かを示します。正規分布の尖度は0で、それより尖っていれば尖度は正の値、平坦であれば尖度は負の値になります。「数値」は255個まで指定できます。

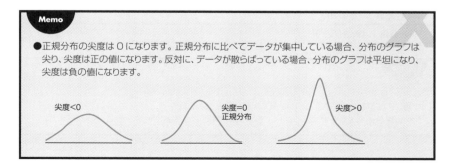

●正規分布の尖度は0になります。正規分布に比べてデータが集中している場合、分布のグラフは尖り、尖度は正の値になります。反対に、データが散らばっている場合、分布のグラフは平坦になり、尖度は負の値になります。

関連項目　【08-11】歪度（分布の偏り）を求める

08-13 レンジ（値の範囲）を求める

データの散らばり具合を示す指標は複数ありますが、最も単純なのは「レンジ」です。レンジとは値の範囲のことで、最大値から最小値を引くことで求められます。最大値はMAX関数、最小値はMIN関数を使用して求めます。

▶レンジを求める

B3	=MAX(B3:B10)-MIN(B3:B10)
	数値1　　　　　数値1

D3 ✓ : × ✓ fx =MAX(B3:B10)-MIN(B3:B10)

	A	B	C	D	E	F	G	H	I	J	K
1	検定試験										
2	受験者	得点		レンジ							
3	市川　理央	68		52	←レンジが求められた						
4	柿沼　雄二	48									
5	瀬戸　史郎	100									
6	鄒築　真由子	82									
7	西　英雄	57		数値1							
8	保土田　瞳	79									
9	松　一太	55									
10	渡辺　弘子	70									
11											
12											
13											
14											

=MAX(数値 1, [数値 2] …)	→ 02-48
=MIN(数値 1, [数値 2] …)	→ 02-48

Memo

●データの散らばり具合を測る指標には、レンジ、分散、標準範囲、四分位範囲など、さまざまな種類があります。その中でレンジは、最も単純な指標といえます。データの中に極端な値があるとその影響を受け、レンジが大きくなってしまうのが欠点ですが、計算が簡単で手軽に使用できます。

関連項目 【02-48】最大値や最小値を求める

08-14 四分位数を求めて データの分布を確認する

クアタイル・インクルード
QUARTILE.INC

　四分位数とは、数値を小さい順に並べて4等分した区切りの位置にある数値のことです。QUARTILE.INC関数を使用すると、最小値、第1四分位数（25%）、第2四分位数（中央値、50%）、第3四分位数（75%）、最大値にあたる数値を求めることができます。四分位の位置の数値を求めることで、データの偏り具合などを考察できます。

▶四分位数を求める

```
F3 =QUARTILE.INC(B$3:B$10,$H3)
        範囲      位置
```

| F3 | ✓ : × ✓ fx | =QUARTILE.INC(B$3:B$10,$H3) |

	A	B	C	D	E	F	G	H	I	J	K	L
1	製品耐久テスト				四分位数							
2	No	A社	B社			A社	B社	作業列				
3	1	464	497		最小値	452	452	0	位置			
4	2	452	484		第1四分位数	462.5	467	1				
5	3	476	486		中央値	475	476	2				
6	4	492	470		第3四分位数	487.5	484.5	3				
7	5	474	452		最大値	498	497	4				
8	6	458	458		範囲							
9	7	486	478									
10	8	498	474									

セルF3に数式を入力して、セルF7までコピーし、さらにセルG7までコピー

四分位数が求められた

```
=QUARTILE.INC( 範囲 , 位置 )                          → 04-24
```

Memo

●四分位数を求める関数には、QUARTILE.INC 関数のほかに QUARTILE.EXC 関数があります。後者の関数は、0% と 100% を含めずに 25%、50%、75% の位置の数値を返します。例えば 11 個の数値から四分位数を求めると下図のようになります。

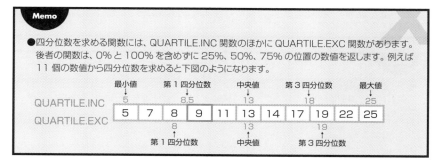

 **08-15** データを標準化して
異種のデータを同じ尺度で評価する

スタンダーダイズ
STANDARDIZE

STANDARDIZE関数で平均値と標準偏差を元に「標準化変量」を求めると、データを同じ尺度に揃えて比較できます。サンプルでは、松本さんの仏語と西さんの独語の得点を比較します。得点では松本さんが78点、西さんが63点で松本さんが上です。しかし、標準化変量はそれぞれ1.25と1.4で、西さんのほうが上位の成績と判断できます。なお、平均点と標準偏差は、各科目の受験者全体の得点データから求めたものとします。

▶仏語と独語のどちらの成績が上位にあるか判定する

F3 =STANDARDIZE(C3,D3,E3)
　　　　　　　　 値 　　 標準偏差
　　　　　　　　平均値

	A	B	C	D	E	F
1	外国語テスト					
2	受験者	科目	得点	平均点	標準偏差	標準化変量
3	松本	仏語	78	68	8	1.25
4	西	独語	63	56	5	1.4
5			値	平均値	標準偏差	
6						

F3のセル: `=STANDARDIZE(C3,D3,E3)`

セルF3に数式を入力して、セルF4までコピー

標準化変量が求められた

=STANDARDIZE(値 , 平均値 , 標準偏差)　　　　　　　　　　　　　　　　　統計

　値…**標準化したい数値を指定**
　平均値…**平均値（算術平均）を指定**
　標準偏差…**標準偏差の値を指定**
標準化変量を返します。標準化変量とは、「値」が、「平均値」から「標準偏差」の何倍離れているかを示す指標です。

Memo

●平均点と標準偏差が異なる得点は、素点のままでは比較できません。そこで、次式を使用して平均点が「0」、標準偏差が「1」になるように得点を換算します。この換算を「標準化」、結果の値を「標準化変量」と呼びます。標準化により数値の尺度が揃い、比較が可能になります。

$$標準化変量 = \frac{値 - 平均値}{標準偏差}$$

08-16 偏差値を求める

「偏差値」は、平均値が50、標準偏差が10になるように、各自の成績を調整したものです。成績を評価する指標としてよく利用されます。各学期の得点をそのまま比較しても成績が伸びているのかどうか判断できませんが、得点を偏差値に換算すれば判断が可能になります。

▶各学期の得点から偏差値を求める

```
E3 =STANDARDIZE(B3,C3,D3)*10+50
        値 ┬ 標準偏差
        平均値
```

	E3	: × ✓ fx	=STANDARDIZE(B3,C3,D3)*10+50						
⊿	A	B	C	D	E	F	G	H	I	J
1	模擬テスト結果								
2	学期	得点	平均点	標準偏差	偏差値				
3	1学期	460	420	25	66				
4	2学期	400	380	20	60				
5	3学期	450	405	20	72.5				
6									
7		値	平均値	標準偏差					
8									
9									
10									
11									

セルE3に数式を入力して、セルE5までコピー

偏差値が求められた

```
=STANDARDIZE( 値 , 平均値 , 標準偏差 )                    → 08-15
```

> **Memo**
>
> ●偏差値は、標準化変量を10倍した値に50を加えたものです。標準化変量の平均値は0、標準偏差は1なので、偏差値の平均値は50、標準偏差は10になります。
>
> $$偏差値 = 標準化変量 \times 10 + 50 = \frac{値 - 平均値}{標準偏差} \times 10 + 50$$

関連項目 【08-15】データを標準化して異種のデータを同じ尺度で評価する

08-17 相関と回帰分析を理解しよう

📑 相関

2項目の数値の一方が変化すると他方も変化するような関係を「相関」といいます。気温と売上高、広告費と来客数、年収と購買力など、2項目の数値から「相関係数」を求めると、どの程度の相関があるかがわかります。相関係数は「-1以上1以下」の値をとります。相関係数が「0」の場合は相関がなく、「-1」または「1」に近いほど強い相関となります。

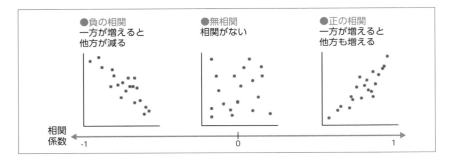

📑 回帰分析

「気温が売上に及ぼす影響」「広告費が来客数に与える効果」など、データを元に数式を使用して項目の関係を明らかにすることを「回帰分析」と呼びます。例えば気温（xとする）と売上（yとする）に直線の相関がある場合、その関係は「$y=ax+b$」という「回帰式」で表せます。xを「独立変数」、yを「従属変数」と呼びます。また、aは「回帰係数」と呼ばれ、直線の傾きを表します。bは「切片」と呼ばれ、「$x=0$」のときのyの値を表します。測定値や実験値のデータを元に回帰分析することで、現状の分析や未知のデータの予測に役立ちます。

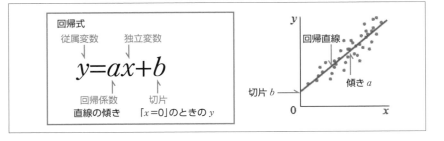

08-18 2種類のデータの相関関係（相関係数）を調べる

CORREL／PEARSON
コーレル／ピアソン

　気温と売上、年収と購買力など、2項目の関連の度合いを調べるには、CORREL関数、またはPEARSON関数を使用して「相関係数」を求めます。2項目間に、どの程度直線状の関係があるかがわかります。

▶気温と売上数の相関係数を求める

I2 =CORREL(B2:B11,C2:C11)
　　　　　　　配列1　　　配列2

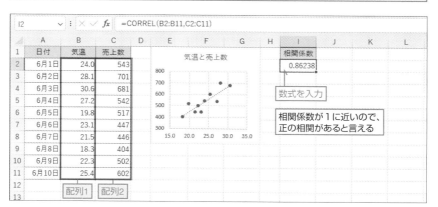

=CORREL(配列 1, 配列 2)	統計
=PEARSON(配列 1, 配列 2)	統計

配列… 相関関係を求めるデータの配列またはセル範囲を指定
「配列 1」と「配列 2」の相関係数を返します。「配列 1」と「配列 2」には、同じデータ数を指定します。求められるのは直線の相関です。どちらの関数を使用しても、同じ結果が得られます。

> **Memo**
>
> ● PEARSON 関数を使用しても、サンプルと同じ結果が得られます。
> 　=PEARSON(B2:B11,C2:C11)
>
> ● 相関係数は、次の式で求められます。
>
> $$相関係数 = \frac{x と y の共分散}{x の標準偏差 \times y の標準偏差}$$

08-19 2種類のデータの共分散を求める

コバリアンス・ピー
COVARIANCE.P

「共分散」とは2項目の相関を調べるための指標の1つで、相関係数を求めるときの元になる値です。データを母集団と見なして共分散を求めるには、COVARIANCE.P関数を使用します。

▶気温と売上数の共分散を求める

| E2 | =COVARIANCE.P(B2:B11,C2:C11) |
| | 配列1　　　　配列2 |

	E2		:	× ✓	fx	=COVARIANCE.P(B2:B11,C2:C11)					
⊿	A	B	C	D	E	F	G	H	I	J	K	L
1	日付	気温	売上数		共分散							
2	6月1日	24.0	543		293.945							
3	6月2日	28.1	701									
4	6月3日	30.6	681									
5	6月4日	27.2	542									
6	6月5日	19.8	517									
7	6月6日	23.1	447									
8	6月7日	21.5	446									
9	6月8日	18.3	404									
10	6月9日	22.3	502									
11	6月10日	25.4	602									

数式を入力

気温と売上数の共分散が求められた

配列2

配列1

=COVARIANCE.P(配列 1, 配列 2)　　　　　　　　　　　　　　　　　　　統計

　配列… 共分散を求めるデータの配列またはセル範囲を指定
引数を母集団そのものと見なして、「配列 1」と「配列 2」の共分散を返します。「配列 1」と「配列 2」は、同じデータ数に揃える必要があります。

Memo

● 母集団の共分散は、次の式で求められます。

$$共分散 = \frac{\sum(x - x の平均値)(y - y の平均値)}{データ数}$$

● 正の相関 (一方が増えると他方も増える) があるとき、共分散は正の値になります。また、負の相関 (一方が増えると他方が減る) があるとき、共分散は負の値になります。

関連項目 【08-20】 2種類のデータから母集団の共分散を推定する

2種類のデータから母集団の共分散を推定する

COVARIANCE.S
コバリアンス・エス

　データを標本と見なして共分散を求めるには、COVARIANCE.S関数を使用します。求めた共分散は、母集団の共分散の推定値となります。

▶母集団の共分散の推定値を求める

E2	=COVARIANCE.S(B2:B11,C2:C11)
	配列1　　　配列2

	A	B	C	D	E	F	G	H	I	J	K	L
1	日付	気温	売上数		共分散							
2	6月1日	24.0	543		326.6056							
3	6月2日	28.1	701									
4	6月3日	30.6	681									
5	6月4日	27.2	542									
6	6月5日	19.8	517									
7	6月6日	23.1	447									
8	6月7日	21.5	446									
9	6月8日	18.3	404									
10	6月9日	22.3	502									
11	6月10日	25.4	602									
12												

数式を入力

共分散の推定値が求められた

配列2

配列1

=COVARIANCE.S(配列 1, 配列 2)　　　　　　　　　　　　　　統計

配列… 共分散を求めるデータの配列またはセル範囲を指定
引数を標本と見なして、母集団の共分散の推定値を返します。「配列 1」と「配列 2」は、同じデータ数に揃える必要があります。

Memo

●母集団の共分散の推定値は、次の式で求められます。

$$共分散の推定値 = \frac{\sum(x - xの平均値)(y - yの平均値)}{データ数 - 1}$$

●相関係数は、【08-18】で紹介したとおり共分散と標準偏差から計算できます。その場合、「COVARIANCE.P 関数と STDEV.P 関数」または「COVARIANCE.S 関数と STDEV.S 関数」の組み合わせで計算します。どちらの組み合わせで計算しても、相関係数は同じ値になります。

関連項目 【08-19】 2種類のデータの共分散を求める

08-21 単回帰分析における
回帰直線の傾きを求める

SLOPE
スロープ

2項目に直線の相関がある場合、回帰直線は「y=ax+b」という回帰式で表せます。「a」は「回帰係数」と呼ばれ、回帰直線の傾きを表します。

SLOPE関数を使用すると、2項目のデータから回帰係数aを求めることができます。サンプルでは回帰係数が約22なので、気温が1度上がると売上数が22個増えると予測されます。

▶回帰係数を求める

I3	=SLOPE(C3:C12,B3:B12)
	yの範囲　xの範囲

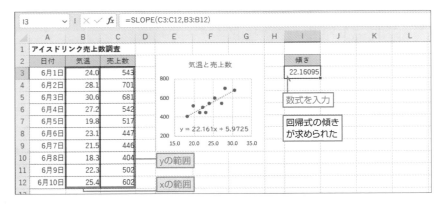

=SLOPE(yの範囲 , xの範囲)　　　　　　　　　　　　　　　　　　　統計

　yの範囲…**y**の値（従属変数）を指定
　xの範囲…**x**の値（独立変数）を指定
「yの範囲」と「xの範囲」を元に、「y=ax+b」で表される回帰直線の傾きaを求めます

> **Memo**
> ● 表を作成する際、「xの範囲」を左、「yの範囲」を右に置くのが一般的ですが、SLOPE関数の引数は「yの範囲」「xの範囲」と、表とは逆の順番なので注意してください。
> ● 2項目に直線の相関がない場合は、SLOPE関数で傾きを求めても意味がありません。

08-22 単回帰分析における回帰直線の切片を求める

インターセプト
 INTERCEPT

回帰直線の回帰式「y=ax+b」の「b」は「切片」と呼ばれ、「x=0」のときのyの値を表します。INTERCEPT関数を使用すると、2項目のデータから切片bを求めることができます。サンプルでは切片が約6なので、理論上、気温が0度のときに売上数は6個になる計算です。

▶切片を求める

I3 =INTERCEPT(C3:C12,B3:B12)
　　　　　　　　yの範囲　xの範囲

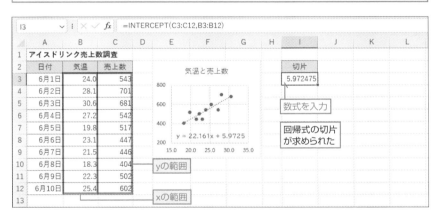

=INTERCEPT(y の範囲 , x の範囲)　　　　　　　　　　　　　　　　統計

　y の範囲…y の値（従属変数）を指定
　x の範囲…x の値（独立変数）を指定
「y の範囲」と「x の範囲」を元に、「y=ax+b」で表される回帰直線の切片 b を求めます

Memo

● Excel のグラフには近似曲線を追加して回帰式を表示する機能があります。「線形」（直線）の近似曲線を追加すると、回帰式が「y=ax+b」の形式で表示されます。その a の値が SLOPE 関数の戻り値と一致し、b の値が INTERCEPT 関数の戻り値と一致します。

● 2 項目に直線の相関がない場合は、SLOPE 関数で傾きを求めても意味がありません。

08-23 単回帰分析における回帰直線から売上を予測する

フォーキャスト・リニア

FORECAST.LINEAR

2項目間に直線の相関がある場合、FORECAST.LINEAR関数を使用すると「xが○のときのy」を予測できます。例えば、気温と売上数のデータから「気温が○度のときの売上数」を求められます。明日の予想気温から売上数を予測して仕入れの量に反映させるなど、業務に役立ちます。

▶気温が25度のときの売上数を予測する

F3 =FORECAST.LINEAR(E3,C3:C12,B3:B12)
　　　　　　　新しいx　yの範囲　xの範囲

	A	B	C	D	E	F
1	アイスドリンク売上数調査				予測	
2	日付	気温	売上数		気温	売上数
3	6月1日	24.0	543		25	559.9961
4	6月2日	28.1	701			
5	6月3日	30.6	681			
6	6月4日	27.2	542			
7	6月5日	19.8	517			
8	6月6日	23.1	447			
9	6月7日	21.5	446			
10	6月8日	18.3	404			
11	6月9日	22.3	502			
12	6月10日	25.4	602			
13						

数式バー：=FORECAST.LINEAR(E3,C3:C12,B3:B12)

新しいx
数式を入力
気温が25度のときの売上数は560個と予測される
yの範囲
xの範囲

=FORECAST.LINEAR(新しいx, yの範囲 , xの範囲)　　　　　　　統計

新しいx…予測するyに対するxの値を指定
yの範囲…yの値（従属変数）を指定
xの範囲…xの値（独立変数）を指定
「yの範囲」と「xの範囲」から、回帰直線に基づいて「新しいx」に対するyの予測値を返します。実験や測定で求めたxとyの値を元に、未知の予測を行えます。

> **Memo**
>
> ● 予測値は、回帰式にxの値を代入したものです。したがって、FORECAST.LINEAR関数の戻り値は、SLOPE関数とINTERCEPT関数を使用して、次のように計算した結果と一致します。
> =SLOPE(C3:C12,B3:B12)*E3+INTERCEPT(C3:C12,B3:B12)

関連項目 【08-30】 重回帰分析における回帰直線から売上を予測する

08-24 単回帰分析における 予測値と残差を求める

フォーキャスト・リニア
FORECAST.LINEAR

　回帰分析において、実際のyの値からyの予測値を引いたものを「残差」と呼びます。FORECAST.LINEAR関数を使用してxに対する予測値を求め、それをyから引くと残差が求められます。

▶予測値と残差を求める

D3	=FORECAST.LINEAR(B3,$C$3:$C$12,$B$3:$B$12)
	新しいx　y の範囲　　x の範囲

E3	=C3-D3
	売上数 予測値

	A	B	C	D	E
1	アイスドリンク売上数調査				
2	日付	気温	売上数	予測値	残差
3	6月1日	24.0	543	537.835172	5.16482837
4	6月2日	28.1	701	628.695049	72.304951
5	6月3日	30.6	681	684.097413	-3.0974133
6	6月4日	27.2	542	608.750198	-66.750198
7	6月5日	19.8	517	444.7592	72.2408004
8	6月6日	23.1	447	517.89032	-70.89032
9	6月7日	21.5	446	482.432807	-36.432807
10	6月8日	18.3	404	411.517781	-7.5177811
11	6月9日	22.3	502	500.161564	1.83843608
12	6月10日	25.4	602	568.860496	33.1395044

セルD3とセルE3に数式を入力して、12行目までコピー

それぞれの気温に対する予測値と残差が求められた

=FORECAST.LINEAR(新しい x, y の範囲 , x の範囲)　→ 08-23

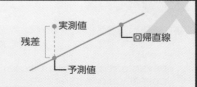

Memo

●回帰式は残差の2乗の総和が最小になるように計算されるなど、回帰分析において残差は重要な要素です。残差を調べると、各データが回帰直線からどれだけ離れているかがわかります。

関連項目 【08-23】単回帰分析における回帰直線から売上を予測する

08-25 単回帰分析における回帰直線の決定係数（精度）を求める

アール・エス・キュー
RSQ

回帰式の精度は、RSQ関数で「決定係数」を求めて判断します。決定係数は「0以上1以下」の値をとります。1に近いほど回帰式の精度が高く、あてはまりがよいことを表します。

▶回帰直線の決定係数を求める

G3 =RSQ(C3:C12,B3:B12)
　　　　　 yの範囲　 xの範囲

	A	B	C	D	E	F	G	H	I	J	K	L	M
	G3		fx	=RSQ(C3:C12,B3:B12)									
1	アイスドリンク売上数調査												
2	日付	気温	売上数	予測値	残差		決定係数						
3	6月1日	24.0	543	537.8352	5.164828		0.7436993						
4	6月2日	28.1	701	628.695	72.30495								
5	6月3日	30.6	681	684.0974	-3.09741		数式を入力						
6	6月4日	27.2	542	608.7502	-66.7502								
7	6月5日	19.8	517	444.7592	72.2408		決定係数が求められた						
8	6月6日	23.1	447	517.8903	-70.8903								
9	6月7日	21.5	446	482.4328	-36.4328								
10	6月8日	18.3	404	411.5178	-7.51778		yの範囲						
11	6月9日	22.3	502	500.1616	1.838436								
12	6月10日	25.4	602	568.8605	33.1395								
13							xの範囲						

=RSQ(y の範囲 , x の範囲)　　　　　　　　　　　　　　　　　　　　　　　　　　　統計

y の範囲…y の値（従属変数）を指定
x の範囲…x の値（独立変数）を指定

「y の範囲」と「x の範囲」を元に、回帰直線の決定係数を求めます。この値は、回帰直線のあてはまりのよさ、すなわち回帰式の精度を表します。

> **Memo**
>
> ●決定係数は、y の予測値の変動を実際の y の変動で割った値です。単回帰分析の場合、回帰直線の決定係数は相関係数の二乗の値に一致します。次の 2 つの式の結果は RSQ 関数の戻り値に一致します。
> =DEVSQ(D3:D12)/DEVSQ(C3:C12)
> =CORREL(C3:C12,B3:B12)^2

08-26 単回帰分析における
回帰直線の標準誤差を求める

スタンダード・エラー・ワイエックス
STEYX

STEYX関数を使用すると、単回帰分析における回帰直線の標準誤差を求められます。標準誤差を求めると、データが直線からどの程度離れているかを知る目安になります。標準誤差が小さいほど、回帰式の精度が高いと判断できます。

▶回帰直線の標準誤差を求める

> **G3** =STEYX(C3:C12,B3:B12)
> 　　　　　yの範囲　xの範囲

	A	B	C	D	E	F	G	H
1	アイスドリンク売上数調査							
2	日付	気温	売上数	予測値	残差		標準誤差	
3	6月1日	24.0	543	537.8352	5.164828		52.97347	
4	6月2日	28.1	701	628.695	72.30495			
5	6月3日	30.6	681	684.0974	-3.09741			
6	6月4日	27.2	542	608.7502	-66.7502			
7	6月5日	19.8	517	444.7592	72.2408			
8	6月6日	23.1	447	517.8903	-70.8903			
9	6月7日	21.5	446	482.4328	-36.4328			
10	6月8日	18.3	404	411.5178	-7.51778			
11	6月9日	22.3	502	500.1616	1.838436			
12	6月10日	25.4	602	568.8605	33.1395			

数式を入力

標準誤差が求められた

xの範囲　yの範囲

> **=STEYX(yの範囲,xの範囲)**　　　　　　　　　　　　　　　　　　　統計
>
> 　yの範囲…yの値（従属変数）を指定
> 　xの範囲…xの値（独立変数）を指定
> 「yの範囲」と「xの範囲」を元に、回帰直線の標準誤差を求めます。

Memo

●標準誤差は、残差の変動を「データ数 - 独立変数の数 -1」で割った値の正の平方根です。次のように計算しても、標準誤差を求められます。
=SQRT(DEVSQ(E3:E12)/(COUNT(E3:E12)-1-1))

08-27 重回帰分析における回帰直線の情報を調べる

ライン・エスティメーション
LINEST

　「気温が売上に及ぼす影響」「広告費が来客数に与える効果」など、単一の要因による影響を調べる回帰分析を「単回帰分析」と呼びます。一方、「折込チラシとタウン情報誌の広告が売上に及ぼす影響」のような、2種類以上の要因による回帰分析は、「重回帰分析」と呼びます。

　LINEST関数を配列数式として入力すると、単回帰分析や重回帰分析の回帰直線のさまざまな情報を求めることができます。ここでは、折込チラシの広告費、タウン情報誌の広告費、売上の3種類のデータから、重回帰分析を行います。引数「xの範囲」として2種類の広告費、「yの範囲」として売上のセル範囲を指定します。引数「補正」に「TRUE」を指定すると、回帰式の回帰係数や切片のほか、精度を表す決定係数や標準誤差などをまとめて求められます。

▶回帰直線の情報を調べる

G4:I8	=LINEST(D3:D10,B3:C10,TRUE,TRUE)

　　　　　　　yの範囲　xの範囲　定数　補正　　　　　　　[配列数式として入力]

G4 　　　∨ : × ✓ fx　{=LINEST(D3:D10,B3:C10,TRUE,TRUE)}

	A	B	C	D	E	F	G	H	I	J
1	広告費と売上高			(万円)		回帰直線 $y = a_1x_1 + a_2x_2 + b$				
2	年	タウン誌	チラシ	売上			チラシ	タウン誌	切片	
3	1	15	11	924			x_2	x_1	b	
4	2	23	11	1,165		係数	12.8577	34.89643	229.297	
5	3	32	21	1,607		係数に対する標準誤差	4.02229	2.261746	45.2666	
6	4	37	20	1,733		決定係数と標準誤差	0.99643	39.36014	#N/A	
7	5	36	24	1,793		分散比と残差の自由度	697.322	5	#N/A	
8	6	41	30	2,008		回帰の変動と残差の変動	2160612	7746.103	#N/A	
9	7	42	28	2,110						
10	8	60	29	2,712						
11							セルG4～I8を選択してから数式を入力し、			
12		xの範囲		yの範囲			【Ctrl】＋【Shift】＋【Enter】キーで確定			
13										
14										

=LINEST(y の範囲 , [x の範囲] , [定数] , [補正])　　　　　　統計

y の範囲…y の値（従属変数）を指定
x の範囲…x の値（独立変数）を指定。複数の独立変数を指定可能。省略した場合は「y の範囲」と
同じサイズの {1, 2, 3, ……} を指定したものと見なされる
定数…TRUE を指定するか省略すると、切片 b の値が計算される。FALSE を指定すると切片 b の
値が 0 になるように係数が調整される
補正…TRUE を指定すると、回帰直線のさまざまな情報が返される。FALSE を指定するか省略する
と、回帰直線の係数と切片だけが返される
「y の範囲」と「x の範囲」を元に、「y=a₁x₁+a₂x₂+a₃x₃+……+b」で表される回帰直線の情報を返します。
配列が返されるので、配列数式として入力する必要があります。

「y の範囲」と「x の範囲」を元に、「$y=a_1x_1+a_2x_2+a_3x_3+\cdots+b$」で表される回帰直線の情報を返します。

Memo

● 回帰分析では、要因となる項目を独立変数、要因によって影響を受ける項目を従属変数と
呼びます。独立変数（x_1、x_2、x_3…）と従属変数（y）の関係が直線になる場合、回帰式は
「$y=a_1x_1+a_2x_2+a_3x_3+\cdots+b$」と表せます。LINEST 関数の戻り値から、サンプルの回帰式はおお
よそ「$y=34.9x_1+12.9x_2+229.3$」となります。

● 返されるデータの列数は「独立変数の数＋1」になります。また、返されるデータの行数は、引数「補
正」に TRUE を指定した場合は 5 行、FALSE を指定するか省略した場合は 1 行になります。こ
こでは独立変数は面積と広告費の 2 つあり、「補正」に TRUE を指定したので、5 行 3 列のセル
範囲を選択して、LINEST 関数を配列数式として入力します。

● Microsoft 365 と Excel 2021 では、セル G3 を選択してサンプルの数式を入力し、【Enter】
キーを押して動的配列数式として入力することもできます。数式が自動でスピルし、5 行 3 列のセ
ル範囲にサンプルと同じ戻り値が表示されます。

● 2 つの独立変数が、表の左から順に x_1、x_2 と並んでいる場合、戻り値の内容は以下のとおりです。
3～5 行目は、独立変数の数にかかわらず 2 列分のデータが返され、残りの列にはエラー値 [#N/
A] が表示されます。

▶戻り値

	1 列目	2 列目	3 列目
1 行目	x_2 の係数	x_1 の係数	切片
2 行目	x_2 の標準誤差	x_1 の標準誤差	切片の標準誤差
3 行目	回帰直線の決定係数	回帰直線の標準誤差	#N/A
4 行目	分散比（F値）	残差の自由度	#N/A
5 行目	回帰の変動	残差の変動	#N/A

● LINEST 関数は、単回帰分析と重回帰分析のどちらにも使用できます。なお、単回帰分析
には単回帰専用の関数も用意されており、x の係数は SLOPE 関数（→【08-21】）、切片は
INTERCEPT 関数（→【08-22】）、回帰直線の決定係数は RSQ 関数（→【08-25】）、回帰直線
の標準誤差は STEYX 関数（→【08-26】）を使用しても求められます。

関連項目　【08-28】重回帰分析における回帰直線の個々の情報を取り出す
　　　　　　【08-30】重回帰分析における回帰直線から売上を予測する

08-28 重回帰分析における 回帰直線の個々の情報を取り出す

インデックス　　　　　ライン・エスティメーション
ʃx INDEX／LINEST

　【08-27】で紹介したLINEST関数の戻り値は配列になります。そこから目的の情報だけを取り出すには、INDEX関数を使用して配列の行番号と列番号を指定します。ここでは係数a_2、切片b、決定係数を取り出します。「a_1、a_2、…、b」を取り出す際に行番号や列番号に指定する数値は、独立変数の数によって変わるので注意してください。

▶回帰直線の個々の情報を取り出す

G3	=INDEX(LINEST(D3:D10,B3:C10),1)
	回帰直線の係数と切片を求める　1つ目の要素を取り出す

G4	=INDEX(LINEST(D3:D10,B3:C10),3)
	回帰直線の係数と切片を求める　3つ目の要素を取り出す

G5	=INDEX(LINEST(D3:D10,B3:C10,TRUE,TRUE),3,1)
	回帰直線のすべての情報を求める　　　3行1列目の要素を取り出す

| G3 | ：× ✓ fx | =INDEX(LINEST(D3:D10,B3:C10),1) |

	A	B	C	D	E	F	G	H	I	J
1	広告費と売上高			(万円)		回帰直線 y = a_1x_1 + a_2x_2 + b				
2	年	タウン誌	チラシ	売上		項目	数値			
3	1	15	11	924		チラシの係数 a_2	12.8577297			
4	2	23	11	1,165		切片 b	229.297087			
5	3	32	21	1,607		決定係数	0.99642766			
6	4	37	20	1,733						
7	5	36	24	1,793						
8	6	41	30	2,008		セルG3、セルG4、セルG5に				
9	7	42	28	2,110		数式を入力				
10	8	60	29	2,712						
11		xの範囲		yの範囲						
12										

=INDEX(配列 , 行番号 , [列番号])	➡ 07-23
=LINEST(y の範囲 , [x の範囲] , [定数] , [補正])	➡ 08-27

08-29 2つの要因のうちどちらが売上に影響しているかを調べる

インデックス　ライン・エスティメーション
INDEX／LINEST

　ここではタウン誌とチラシのどちらがより売上に影響しているかを調べます。独立変数（タウン誌、チラシ）が従属変数（売上）に与える影響度は、「t値」と呼ばれる数値で比較します。t値は独立変数の係数を独立変数の標準誤差で割ったものです。t値の絶対値が大きい独立変数ほど、従属変数への影響度は高くなります。サンプルの場合、チラシよりタウン誌のほうが、若干影響度が高いといえます。

▶チラシとタウン誌のどちらが売上に影響するかを調べる

F3 =INDEX(LINEST(D3:D10,B3:C10),2)/INDEX(LINEST(D3:D10,B3:C10,TRUE,TRUE),2,2)
　　　　　タウン誌の係数　　　　　　　　　　　タウン誌の標準偏差

G3 =INDEX(LINEST(D3:D10,B3:C10),1)/INDEX(LINEST(D3:D10,B3:C10,TRUE,TRUE),2,1)
　　　　　チラシの係数　　　　　　　　　　　　チラシの標準偏差

	A	B	C	D	E	F	G
1	広告費と売上高			（万円）		t値	
2	年	タウン誌	チラシ	売上		タウン誌	チラシ
3	1	15	11	924		15.4289758	3.196621281
4	2	23	11	1,165			
5	3	32	21	1,607			
6	4	37	20	1,733			
7	5	36	24	1,793			
8	6	41	30	2,008			
9	7	42	28	2,110			
10	8	60	29	2,712			

F3セルの数式バー: =INDEX(LINEST(D3:D10,B3:C10),2)/INDEX(LINEST(D3:D10,B3:C10,TRUE,TRUE),2,2)

セルF3とセルG3に数式を入力

タウン誌のほうがt値が大きく、チラシより売上に影響している

xの範囲　yの範囲

=INDEX(配列 , 行番号 , [列番号])　→ **07-23**

=LINEST(y の範囲 , [x の範囲] , [定数] , [補正])　→ **08-27**

08-30 重回帰分析における回帰直線から売上を予測する

TREND トレンド

　回帰直線は、未知のデータの予測に役立ちます。ここでは、「タウン誌に70万円、チラシに20万円の予算をかけた場合に、いくらの売上を見込めるか」を予測します。過去のタウン誌、チラシ、売上のデータを元に、TREND関数を使用すると簡単に求められます。

▶タウン誌に70万円、チラシに20万円をかけた場合の売上を予測する

> F7 =TREND(D3:D10,B3:C10,F3:G3)
> 　　　　 yの範囲　 xの範囲 新しいx

	A	B	C	D	E	F	G	H	I	J	K	L	M
1	広告費と売上高			(万円)		今期予算							
2	年	タウン誌	チラシ	売上		タウン誌	チラシ						
3	1	15	11	924		70	20	← 新しいx					
4	2	23	11	1,165									
5	3	32	21	1,607		売上予測							
6	4	37	20	1,733		売上(万円)							
7	5	36	24	1,793		2,929		← 今期は 2,929 万円の売上が見込める					
8	6	41	30	2,008									
9	7	42	28	2,110		yの範囲							
10	8	60	29	2,712									
11						xの範囲							

> =TREND(y の範囲 , [x の範囲] , [新しい x] , [定数])　　　　　　統計
>
> y の範囲…y の値(従属変数)を指定
> x の範囲…x の値(独立変数)を指定。複数の独立変数を指定可能。省略した場合は「y の範囲」と同じサイズの {1, 2, 3, …} を指定したものと見なされる
> 新しい x…予測する y に対する x の値を指定
> 定数…TRUE を指定するか省略すると、切片 b の値が計算される。FALSE を指定すると切片 b の値が 0 になるように係数が調整される
> 「y の範囲」と「x の範囲」から、回帰直線に基づいて「新しい x」に対する y の予測値を返します。

Memo

●回帰直線の精度が低いと、予測が意味を成しません。あらかじめ【08-27】を参考に LINEST 関数で重回帰分析の決定係数を求めるなどして、精度を確認しておきましょう。

関連項目　【08-23】単回帰分析における回帰直線から売上を予測する
　　　　　　　【08-27】重回帰分析における回帰直線の情報を調べる

Excel 08-31 重回帰分析における回帰直線から売上の理論値を求める

TREND（トレンド）

　既存のデータから、売上の理論値を求めてみましょう。TREND関数を配列数式として入力すると、回帰直線を元に複数の予測をまとめて計算できます。理論値を求める場合、TREND関数の3番目の引数「新しいx」は省略できます。

▶売上の理論値を求める

E3:E10 =TREND(D3:D10,B3:C10)
　　　　　　　　　yの範囲　xの範囲　　　　　　　　　　　　　[配列数式として入力]

E3			fx	{=TREND(D3:D10,B3:C10)}					
	A	B	C	D	E	F	G	H	I	J
1	広告費と売上高				(万円)				
2	年	タウン誌	チラシ	売上	売上(理論値)				
3	1	15	11	924	894				
4	2	23	11	1,165	1,173				
5	3	32	21	1,607	1,616				
6	4	37	20	1,733	1,778				
7	5	36	24	1,793	1,794				
8	6	41	30	2,008	2,046				
9	7	42	28	2,110	2,055				
10	8	60	29	2,712	2,696				
11									
12		xの範囲		yの範囲					
13									

セルE3～E10を選択してから数式を入力し、【Ctrl】+【Shift】+【Enter】キーで確定

=TREND(yの範囲,[xの範囲],[新しいx],[定数])　　→ 08-30

Memo

● 回帰直線を元に予測値を求める関数には、【08-23】で紹介した FORECAST.LINEAR 関数と、ここで紹介した TREND 関数があります。前者は単回帰分析専用ですが、後者は単回帰分析と重回帰分析の両方に使用できます。

● Microsoft 365 と Excel 2021 では、セル E3 に数式を入力して【Enter】キーを押すと、数式がスピルしてセル E10 までの範囲にサンプルと同じ戻り値が表示されます。

関連項目　【08-23】単回帰分析における回帰直線から売上を予測する

08-32 指数回帰曲線の係数と底を求める

ログ・エスティメーション
LOGEST

　「Aが増えればBも増える」という関係で、「Aが1増えるごとにBが5増える」のように一定の割合で増えていく場合は直線の相関になり、回帰直線を使って分析を行います。

　一方、「Aが1増えるごとにBが指数的に増加する」という場合は、「$y=bm^x$」で表される指数回帰曲線による回帰分析を行います。回帰式の中のbを「係数」、mを「底（てい）」と呼びます。LOGEST関数を配列数式として入力すると、指数回帰曲線の係数や底など、さまざまな情報が得られます。ここでは、独立変数が1つの場合を例に、関数の使用例を紹介します。

▶指数回帰曲線の係数と底を求める

E3：F7=LOGEST(B3:B7,A3:A7,TRUE,TRUE)
　　　　　　　yの範囲 xの範囲 定数 補正　　　　　　　　[配列数式として入力]

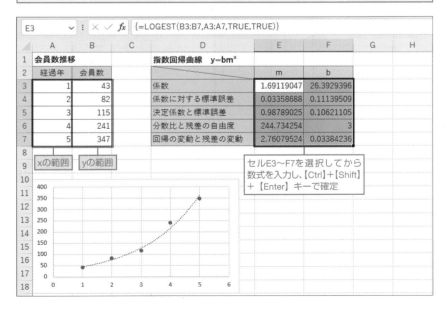

> **=LOGEST(y の範囲,[x の範囲],[定数],[補正])** 〔統計〕
>
> y の範囲…y の値（従属変数）を指定
> x の範囲…x の値（独立変数）を指定。複数の独立変数を指定可能。省略した場合は「y の範囲」と
> 同じサイズの {1, 2, 3, ……} を指定したものと見なされる
> 定数…TRUE を指定するか省略すると、係数 b の値が計算される。FALSE を指定すると係数 b の
> 値が 1 になるよう底 m の値が調整される
> 補正…TRUE を指定すると、指数回帰曲線のさまざまな情報が返される。FALSE を指定するか省略
> すると、指数回帰曲線の底と係数だけが返される
>
> 「y の範囲」と「x の範囲」を元に、「$y=bm^x$」で表される指数回帰曲線の情報を返します。配列が返され
> るので、配列数式として入力する必要があります。

Memo

● 返されるデータの列数は「独立変数の数＋ 1」になります。また、返されるデータの行数は、引数
「補正」に TRUE を指定した場合は 5 行、FALSE を指定するか省略した場合は 1 行になります。
ここでは独立変数は 1 つ、「補正」に TRUE を指定したので、5 行 2 列のセル範囲を選択して、
LOGEST 関数を配列数式として入力しました。戻り値の内容は以下のとおりです。この結果、回
帰式は「$y=26.393 \times 1.691^x$」と求められます。

▶戻り値

	1 列目	**2 列目**
1行目	底	係数
2行目	底の標準誤差	係数の標準誤差
3行目	回帰曲線の決定係数	回帰曲線の標準誤差
4行目	分散比（F値）	残差の自由度
5行目	回帰の変動	残差の変動

● Microsoft 365 と Excel 2021 では、セル E3 を選択してサンプルの数式を入力し、【Enter】
キーを押して動的配列数式として入力することもできます。数式が自動でスピルし、5 行 2 列のセ
ル範囲にサンプルと同じ戻り値が表示されます。

● ここでは独立変数が 1 つの回帰分析の例を紹介しましたが、LOGEST 関数は独立変数が複数の
回帰分析でも使用できます。その場合、回帰式は次のようになります。
$y=b \times m1^{x1} \times m2^{x2} \times m3^{x3}$

関連項目 【08-33】指数回帰曲線から会員数を予測する
【08-34】指数回帰曲線から売上の理論値を求める

08-33 指数回帰曲線から会員数を予測する

GROWTH
グロウス

GROWTH関数を使用すると、指数回帰曲線に基づいて、未知のデータを予測できます。ここでは経過年と会員数のデータを使用して、経過年が「6」である場合の会員数を予測します。

▶6年目の会員数を予測する

C8 =GROWTH(C3:C7,B3:B7,B8)
　　　　　yの範囲 xの範囲 新しいx

=GROWTH(y の範囲 , [x の範囲] , [新しい x] , [定数])　　　　　統計

y の範囲…y の値（従属変数）を指定
x の範囲…x の値（独立変数）を指定。省略した場合は「y の範囲」と同じサイズの {1, 2, 3, …} を指定したものと見なされる
新しい x…予測する y に対する x の値を指定。複数の独立変数を指定可能。省略した場合は「x の範囲」と同じ値を指定したものと見なされる
定数…TRUE を指定するか省略すると、係数 b の値が計算される。FALSE を指定すると係数 b の値が 1 になるよう底 m の値が調整される
「y の範囲」と「x の範囲」から、指数回帰曲線に基づいて「新しい x」に対する y の予測値を返します。実験や測定で求めた x と y の値を元に、未知の予測を行えます。

> **Memo**
>
> ●サンプルには独立変数 x が 1 つしかありませんが、GROWTH 関数は独立変数が複数ある場合にも使用できます。

関連項目 【08-32】指数回帰曲線の係数と底を求める

Excel 08-34 指数回帰曲線から売上の理論値を求める

GROWTH
グロウス

GROWTH関数を配列数式として使用すると、指数回帰曲線を元に複数の予測をまとめて計算できます。下図では、既存のデータから理論値を求めています。理論値を求める場合、GROWTH関数の3番目の引数「新しいx」は省略できます。

▶売上の理論値を求める

C3:C7 =GROWTH(B3:B7,A3:A7)
　　　　　　　yの範囲 xの範囲　　　　　　　　　　　　　[配列数式として入力]

C3　=GROWTH(B3:B7,A3:A7)

	A	B	C
1	会員数推移		
2	経過年	会員数	理論値
3	1	43	44.63549
4	2	82	75.48711
5	3	115	127.6631
6	4	241	215.9026
7	5	347	365.1324

セルC3〜C7を選択してから数式を入力し、【Ctrl】+【Shift】+【Enter】キーで確定

xの範囲　yの範囲

=GROWTH(y の範囲 , [x の範囲] , [新しい x] , [定数])　　→ 08-33

Memo

● 【08-32】の Memo で求めた回帰式に「x」を代入しても、理論値や予測値を求めることができます。例えば、「x=2」の場合、次のように計算します。
y=26.393×1.691²=75.47…

● Microsoft 365 と Excel 2021 では、セル C3 に数式を入力して【Enter】キーを押すと、数式がスピルしてセル C7 までの範囲にサンプルと同じ戻り値が表示されます。

関連項目 【08-32】指数回帰曲線の係数と底を求める

08-35 時系列データから未来のデータを予測する

フォーキャスト・イーティーエス
FORECAST.ETS

FORECAST.ETS関数を使用すると、一定の時間間隔で入力された時系列データから、未来のデータを予測できます。ここでは、毎月の売上数データから、今後の売上数を予測します。なお、サンプルの「年月」欄のセルには毎月1日の日付を入力し、「○年○月」と表示されるように「yyyy"年"m"月"」というユーザー定義の表示形式が設定してあります。

▶過去3年分の売上数データから今後半年分の売上数を予測する

C39	=FORECAST.ETS(B39,$C$3:$C$38,$B$3:$B$38)
	目標期日　　　　値　　　タイムライン

セルC39に数式を入力して、セルC44までコピー

過去のデータから今後の売上を予測できた

=FORECAST.ETS (目標期日 , 値 , タイムライン , [季節性] , [データ補完] , [集計]) 　　統計

目標期日…**値を予測する期日を指定**
値…**過去の値を指定**
タイムライン…**一定間隔の日付や時刻の並びを指定。「値」と同じサイズで指定すること**
季節性…**データの季節パターンの長さを正の整数で指定。季節性を Excel に自動検出させる場合は「1」を指定（既定値）。データに季節性がない場合は「0」を指定**
データ補完…**タイムラインのデータ間隔が一定ではない場合の調整方法を「0」か「1」で指定。「0」は不足データを 0 とし、「1」は不足データが隣接データの平均となるように補完される。最大 30%の不足データが補完される**
集計…**タイムラインに同じ日付や時刻が入力されていた場合の、データの集計方法を下表の数値で指定。既定値は「1」の AVERAGE**

集計	関数
1	AVERAGE（平均）
2	COUNT（数値の個数）
3	COUNTA（データの個数）
4	MAX（最大値）
5	MEDIAN（中央値）
6	MIN（最小値）
7	SUM（合計）

「タイムライン」と「値」を元に、「目標期日」に対応するデータを予測します。

Memo

● サンプルのグラフは、セル B2〜C44 を元に作成した折れ線グラフです。

● 「予測シート」という機能を使用すると、より簡単にデータの予測を行えます。サンプルの場合、セル B2〜C38 を選択して、[データ] タブにある [予測シート] ボタンをクリックし、表示される設定画面で予測の最終日を指定すると、新しいシートに予測値とグラフが自動表示されます。

● 【08-36】で紹介する FORECAST.ETS.CONFINT 関数を使用すると、予測値の信頼区間を求められます。

● 【08-37】で紹介する FORECAST.ETS.SEASONALITY 関数を使用すると、時系列データに季節性がある場合に季節変動の長さを求められます。

関連項目　【08-23】単回帰分析における回帰直線から売上を予測する
　　　　　　【08-36】時系列分析における予測値の信頼区間を求める
　　　　　　【08-37】時系列分析における季節変動の長さを求める

08-36 時系列分析における
予測値の信頼区間を求める

 フォーキャスト・イーティーエス・コンフィデンスインターバル
FORECAST.ETS.CONFINT

【08-35】で時系列データから予測値を求める方法を紹介しました。FORECAST.ETS.CONFINT関数を使うと、その予測値に対する信頼区間を求めることができます。特に指定しない場合、信頼レベルは95%になります。サンプルでは予測値が「11,490」（FORECAST.ETS関数で計算）、信頼区間が「856」なので、95%の信頼区間が「11,490±856」であることがわかります。

▶予測値の信頼区間を求める

D7	=FORECAST.ETS.CONFINT(D3,B3:B38,A3:A38)
	目標期日　値　タイムライン

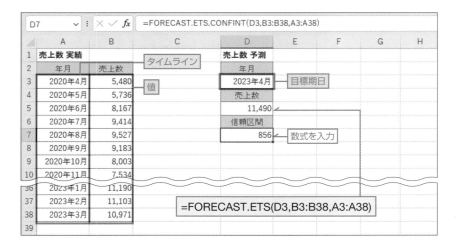

=FORECAST.ETS.CONFINT(目標期日, 値, タイムライン, [信頼レベル], [季節性], [データ補完], [集計]) 統計

　　目標期日…値を予測する期日を指定
　　値…過去の値を指定
　　タイムライン…一定間隔の日付や時刻の並びを指定。「値」と同じサイズで指定すること
　　信頼レベル…信頼区間の信頼度を 0 より大きく 1 より小さい数値で指定。省略時は 0.95
　　季節性、データ補完、集計… P.569 の FORECAST.ETS 関数を参照
「タイムライン」と「値」を元に、「目標期日」に対応する予測の信頼区間を求めます。

=FORECAST.ETS(目標期日, 値, タイムライン, [季節性], [データ補完], [集計]) ➡ 08-35

08-37 時系列分析における季節変動の長さを求める

フォーキャスト・イーティーエス・シーズナリティ
FORECAST.ETS.SEASONALITY

「夏場に売れる商品の売上数」「春と秋に客足が伸びる行楽地の来客数」のように、季節変動があるデータでFORECAST.ETS.SEASONALITY関数を使用すると、季節変動の長さ（値の増減の周期）を求められます。例えばタイムラインが月単位で戻り値が「12」の場合、1年周期で同じ増減のパターンを繰り返すと考えられます。

▶季節変動の長さを求める

D3 =FORECAST.ETS.SEASONALITY(B3:B38,A3:A38)
　　　　　　　　　　　　　　　　　値　タイムライン

=FORECAST.ETS.SEASONALITY(値,タイムライン,[データ補完],[集計]) 　統計

値…過去の値を指定
タイムライン…一定間隔の日付や時刻の並びを指定。「値」と同じサイズで指定すること
データ補完、集計… P.569 の FORECAST.ETS 関数を参照
「タイムライン」と「値」を元に、季節変動の長さを求めます。

08-38 確率分布を理解しよう

確率変数と確率分布、累積分布

コインを2回投げたとき、「表」が出る回数をxとすると、「xが0のときの確率」「xが1のときの確率」「xが2のときの確率」というように、xの値を元に確率を計算できます。xを「確率変数」、xと確率の関係を「確率分布」と呼びます。また、xとx以下の確率の関係を「累積分布」と呼びます。

離散型の確率分布

コイントスやサイコロ振りのように、確率変数xが飛び飛びの値になる確率分布を「離散型」と呼びます。離散型の確率分布をグラフにするときは、飛び飛びの状態を表現できる棒グラフがよく使われます。棒グラフの高さは、それぞれのxに対する確率を表します。また、累積分布のグラフは階段状になり、最後の値は1になります。階段の高さは、xまでの確率を表します。離散型の場合、確率分布も累積分布も確率を表すので、どちらを使用しても確率を計算できます。

▶離散型の確率分布と累積分布

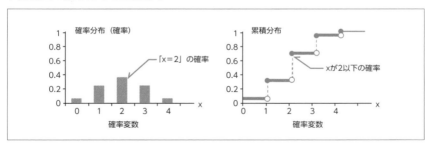

連続型の確率分布

身長や体重のように、確率変数が連続的な値になる確率分布を「連続型」と呼びます。連続型の確率分布をグラフにする場合は、散布図（平滑線）がよく使用されます。連続型の確率分布では、xに対応するグラフの高さは、確率ではなく確率密度となります。一方、累積分布のグラフの高さは、xまでの確率を表します。連続型の場合、確率を表すのは累積分布なので、確率の計算には累積分布を使用します。

▶連続型の確率分布と累積分布

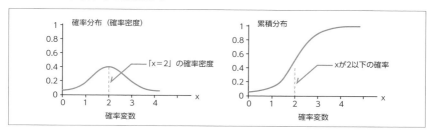

Excelの関数で確率を求める

確率分布にはさまざまな種類がありますが、Excelでは確率変数xを引数として、確率を求める関数が豊富に用意されています。例えば二項分布の確率を求める関数はBINOM.DIST関数、正規分布の確率を求める関数はNORM.DIST関数、というように、関数名に「DIST」が付く関数のほとんどが確率を求める関数です。

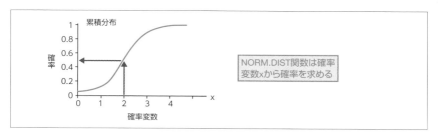

逆関数

Excelには、確率から確率変数xを求める「逆関数」も用意されています。例えば二項分布の逆関数はBINOM.INV関数、正規分布の逆関数はNORM.INV関数です。

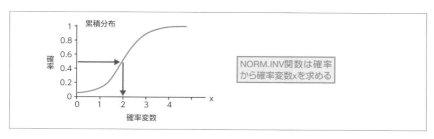

08-39 二項分布に基づいてコイントスで表がx回出る確率を求める

バイノミアル・ディストリビューション
BINOM.DIST

コインを投げたときに表が出る確率は「二項分布」にしたがいます。二項分布の確率は、BINOM.DIST関数で求められます。ここではコインを5回投げたときに表がx回出る確率と累積確率を求めます。5回投げるので、表が出る回数は「0、1、2、3、4、5」のいずれかです。表がx回出る確率を求めるには、引数「成功数」に表の出る回数、「試行回数」に「5」(5回投げる)、成功率に「1/2」(表の出る確率)を指定します。引数「関数形式」に「FALSE」を指定すると確率、「TRUE」を指定すると累積確率になります。

例えば表が3回出る確率は「0.3125」であることがわかります。また、表が出る回数が3回以下の確率は「0.8125」です。なお、確率の合計と最後の累積確率は必ず「1」になります。

▶コイントスで表が出る確率を求める

	B4 =BINOM.DIST(A4,5,1/2,FALSE)
	成功 試行 成功 関数 数 回数 率 形式

	C4 =BINOM.DIST(A4,5,1/2,TRUE)
	成功 試行 成功 関数 数 回数 率 形式

B4		: × ✓ fx	=BINOM.DIST(A4,5,1/2,FALSE)						
	A	B	C	D	E	F	G	H	I
1	5回中、表が x 回出る確率								
2	表が出る回数	確率	累積						
3	x	f(x)	F(x)						
4	0	0.03125	0.03125		セルB4とC4に数式を入力して、9行目までコピー				
5	1	0.15625	0.1875						
6	2	0.3125	0.5		表が出る回数が3回の確率は「0.3125」 で、3 回以下の確率は「0.8125」				
7	3	0.3125	0.8125						
8	4	0.15625	0.96875						
9	5	0.03125	1						
10	合計	1			=SUM(B4:B9)				
11	成功数								
12									
13									
14									
15									

=BINOM.DIST(成功数 , 試行回数 , 成功率 , 関数形式)　　　　　　　　　　　統計

　成功数…「試行回数」のうち、目的の事象が起こる回数（確率変数）を指定
　試行回数…試行の回数を指定
　成功率…目的の事象が起こる確率を指定
　関数形式…**TRUE を指定した場合の戻り値は累積分布、FALSE を指定した場合の戻り値は確率になる**
二項分布の確率分布、または累積分布を返します。「成功率」の確率で起こる事象について、「試行回数」
のうち「成功数」だけ事象が起こる確率や累積確率を求めることができます。

Memo

● B 列の確率の数値を集合縦棒グラフに表すと、確率分布の様子がわかります。

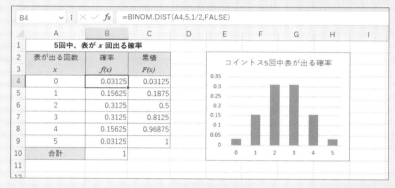

●二項分布は、一定の確率で 2 者択一の結果が出る事象を扱います。例えば、「5 個のサイコロを
投げてそのうち x 個が 1 である確率」を求めるには、引数「成功数」に「x」、「試行回数」に「5」、「成
功率」に「1／6」を指定します。

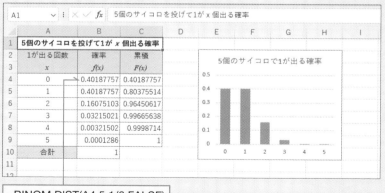

=BINOM.DIST(A4,5,1/6,FALSE)

関連項目　【08-40】100個の製品の中で不良品が3個以内に収まる確率を求める
　　　　　　　【08-42】二項分布の逆関数を使用して不良品の許容数を求める

08-40 100個の製品の中で不良品が 3個以内に収まる確率を求める

バイノミアル・ディストリビューション
BINOM.DIST

　製品に含まれる不良品の個数が二項分布にしたがう場合、不良品が出る確率はBINOM.DIST関数で求められます。ここでは、長年の経験で不良率が1%であることがわかっている生産ラインのあるロットから100個取り出して検査したとき、不良品が3個以下（0個〜3個）である確率を求めます。「以下」を求めるので累積確率を計算します。なお、確率関連の引数名に出てくる「成功」とは、目的となる事象が起こることです。ここでの目的の事象は不良品が出ることなので、引数「成功数」に不良品の数、「成功率」に不良品が出る確率を指定します。

▶不良品が3個以下になる確率を求める

E2	=BINOM.DIST(B2,B3,B4,TRUE)

　　　　　　成功　試行　成功　関数
　　　　　　数　　回数　率　　形式

		E2		:	× ✓	fx	=BINOM.DIST(B2,B3,B4,TRUE)			

	A	B	C	D	E	F	G
1	不良品検査　条件			不良品が3個以下である確率			
2	不良品数（以下）	3	成功数	確率	0.981625964		
3	サンプル数	100	試行回数				
4	不良率	1%	成功率	不良品が3個以下である確率は約98%			
5							

=BINOM.DIST(成功数 , 試行回数 , 成功率 , 関数形式)	→ 08-39

Memo

● ここで求めた数値は、BINOM.DIST関数を使用して作成した確率分布表において、不良品の数が「0〜3」の確率の合計です。

この数値の合計が約98%になる

		L19		:	× ✓	fx	=BINOM.DIST(A3,100,1%,FALSE)

	A			
1	確率分布		確率	累積
2	不良品の数			
3		0	0.366032341	0.366032341
4		1	0.369729638	0.735761979
5		2	0.184864819	0.920626798
6		3	0.060999166	0.981625964
7		4	0.014941715	0.996567678

関連項目 【08-43】負の二項分布に基づいて不良品が出る前に良品が5個出る確率を求める

08-41 100個の製品の中で不良品が 1~3個出る確率を求める

 バイノミアル・ディストリビューション・レンジ
BINOM.DIST.RANGE

　BINOM.DIST.RANGE関数を使用すると、二項分布の成功数が○以上△以下の確率を求められます。ここでは、不良率が1%である製品を100個取り出したときに、不良品が1~3個出る確率を求めます。

▶不良品が1~3個出る確率を求める

E2 =BINOM.DIST.RANGE(B2,B3,B4,B5)
　　　　　　　　　　　　　試行　成功　成功　成功
　　　　　　　　　　　　　回数　率　　数1　数2

E2	∨ : × ✓ fx	=BINOM.DIST.RANGE(B2,B3,B4,B5)				
▲	A	B	C	D	E	F	G
1	不良品検査　条件			不良品が1~3個出る確率			
2	サンプル数	100	試行回数	確率	0.615593622		
3	不良率	1%	成功率				
4	不良品数（以上）	1	成功数1	不良品が1個~3個である確率は約62%			
5	不良品数（以下）	3	成功数2				
6							
7							

=BINOM.DIST.RANGE(試行回数 , 成功率 , 成功数1 , [成功数2])	統計

　　試行回数…**試行の回数を指定**
　　成功率…**目的の事象が起こる確率を指定**
　　成功数1…**目的の事象が起こる回数（確率変数）を0以上「試行回数」以下の数値で指定**
　　成功数2…**目的の事象が起こる回数（確率変数）を「成功数1」以上「試行回数」以下の数値で指定。**
　　省略した場合は「成功数1」の確率が求められる
「試行回数」「成功率」で指定した二項分布において、「成功数1」から「成功数2」までの確率を求めます。

Memo

● ここで求めた数値は、BINOM.DIST関数を使用して作成した確率分布表において、不良品の数が「1」~「3」の確率の合計です。

この数値の合計が約62%になる

▲	A	B	C	D
1	確率分布			
2	不良品の数	確率	累積	
3	0	0.366032341	0.366032341	
4	1	0.369729638	0.735761979	
5	2	0.184864819	0.920626798	
6	3	0.060999166	0.981625964	
7	4	0.014941715	0.996567678	

関連項目　【08-39】二項分布に基づいてコイントスで表がx回出る確率を求める

08-42 二項分布の逆関数を使用して不良品の許容数を求める

バイノミアル・インバース
BINOM.INV

　【08-40】でBINOM.DIST関数を使用して不良品の個数から累積確率を求めましたが、反対にBINOM.INV関数を使用すると、累積確率から不良品の個数を逆算できます。ここでは、不良率1%の生産ラインのあるロットから100個検査したときに、95%の信頼度でそのロットが合格するための不良品の許容数を求めます。

▶不良品の許容数を求める

E2 =BINOM.INV(B2,B3,B4)
　　　　　　 試行 成功 基準
　　　　　　 回数 率　 値

	A	B	C	D	E	F	G	H
1	不良品検査	条件		許容数				
2	サンプル数	100	試行回数	不良品数	3			
3	不良率	1%	成功率					
4	累積確率	95%	基準値	不良品の許容数は100個中3個とわかる				
5								

BINOM.INV (試行回数 , 成功率 , 基準値)　　　　　　　　　　統計

　試行回数…**試行の回数を指定**
　成功率…**目的の事象が起こる確率を指定**
　基準値…**基準となる累積確率を指定**
指定した「試行回数」「成功率」の二項分布で、累積確率の値が「基準値」以上になるような最小の値を返します。

Memo

●サンプルでは、不良率1%の製品を100個検査したときに、累積確率が95%以上になるための不良品の個数を求めています。つまり、不良率1%の場合、95%の確率で不良品は100個中3個に収まるはずです。不良品がそれより多く見つかった場合、そのロットは製造過程で何らかの問題があった可能性が考えられます。

関連項目【08-40】100個の製品の中で不良品が3個以内に収まる確率を求める

08-43 負の二項分布に基づいて不良品が出る前に良品が5個出る確率を求める

ネガティブ・バイノミアル・ディストリビューション
NEGBINOM.DIST

　NEGBINOM.DIST関数を使用すると、k回目の成功を得るまでの失敗の回数xに対する確率を計算できます。このような確率分布を負の二項分布と呼びます。ここでは、不良品が1つ出るまでに、良品が5個出る確率を求めます。ここでの目的の事象は不良品が出ることなので、「失敗数」には不良品が出ない回数、「成功数」には不良品が出る回数、「成功率」には不良品が出る確率を指定します。

▶不良品が出るまでに良品が5個出る確率を求める

E2 =NEGBINOM.DIST(B2,B3,B4,FALSE)
　　　　　　　　　失敗　成功　成功　関数
　　　　　　　　　数　　数　　率　　形式

=NEGBINOM.DIST(失敗数 , 成功数 , 成功率 , 関数形式)　　　統計

　失敗数…目的の事象が起こらない回数を指定
　成功数…目的の事象が起こる回数を指定
　成功率…目的の事象が起こる確率を指定
　関数形式…TRUE を指定した場合の戻り値は累積分布、FALSE を指定した場合の戻り値は確率分布になる
　負の二項分布の確率分布、または累積分布を返します。「成功率」の確率で起こる事象について、「成功数」だけ事象が起こるまでに、その事象が「失敗数」だけ起こらない確率を求めることができます。

Memo

● 二項分布は成功数を確率変数とするのに対し、負の二項分布は失敗数を確率変数とします。また、二項分布が試行回数を固定しているのに対し、負の二項分布は成功数を固定します。

関連項目 【08-40】100個の製品の中で不良品が3個以内に収まる確率を求める

08-44 超幾何分布に基づいて4本中○本のくじが当たる確率を求める

ハイパー・ジオメトリック・ディストリビューション
HYPGEOM.DIST

30本の当たりを含む100本のくじの中から4本を引いたときに、くじが当たる確率は「超幾何分布」にしたがいます。超幾何分布の確率は、HYPGEOM.DIST関数で求めます。4本を引くので、くじが当たる本数は「0, 1, 2, 3, 4」のいずれかです。ここでは、それぞれの確率を求めます。例えば、4本中3本当たる確率は約7%とわかります。

▶4本中x本のくじが当たる確率を求める

B7 =HYPGEOM.DIST(A7,$B$2,$B$3,$B$4,FALSE)

| | 標本の
成功数 | 標本
数 | 母集団の
成功数 | 母集団の
大きさ | 関数
形式 |

B7 =HYPGEOM.DIST(A7,$B$2,$B$3,$B$4,FALSE)

	A	B	C	D	E	F	G	H	I	J
1	くじがx本当たる確率			標本数						
2	引く本数	4		母集団の成功数						
3	当たりの総数	30								
4	くじの総数	100		母集団の大きさ						
5				標本の成功数						
6	当たりの数 x	確率 f(x)								
7	0	0.233828714		セルB7に数式を入力して、セルB11までコピー						
8	1	0.418797697								
9	2	0.26790735								
10	3	0.072477351		4本中3本くじが当たる確率						
11	4	0.006988887								
12	合計	1								

=HYPGEOM.DIST(標本の成功数 , 標本数 , 母集団の成功数 , 母集団の大きさ , 関数形式)　　統計

標本の成功数…目的の事象が起こる回数（確率変数）を指定
標本数…取り出した標本数を指定
母集団の成功数…母集団の中で目的の事象が起こる回数を指定
母集団の大きさ…母集団の数を指定
関数形式…TRUE を指定した場合の戻り値は累積分布、FALSE を指定した場合の戻り値は確率分布になる

超幾何分布の確率分布、または累積分布を返します。「母集団の大きさ」と「母集団の成功数」がわかっている母集団から「標本数」の標本を取り出したときに、「標本の成功数」だけ事象が起こる確率や累積確率を求めることができます。

関連項目 【08-45】確率分布の表を使って複数本のくじが当たる確率を求める

08-45 確率分布の表を使って複数本のくじが当たる確率を求める

プロバビリティ
PROB

PROB関数を使用すると、離散型の確率分布の表の中から、指定した範囲の確率を求めることができます。ここでは【08-44】で作成した確率分布の表を使い、4本中2〜4本のくじが当たる確率（2本当たる確率と3本当たる確率と4本当たる確率の合計）を求めます。

▶くじが2〜4本当たる確率を求める

E4 =PROB(A7:A11,B7:B11,E2,E3)
　　　　 x範囲　　確率範囲　下限上限

	A	B	C	D	E	F	G	H	I	J	K
	E4			fx	=PROB(A7:A11,B7:B11,E2,E3)						
1	くじがx本当たる確率			○本〜△本当たる確率							
2	引く本数	4		下限	2	下限					
3	当たりの総数	30		上限	4	上限					
4	くじの総数	100		確率	0.34737359						
5	x範囲	確率範囲									
6	当たりの数 x	確率 fx									
7	0	0.233828714									
8	1	0.418797697									
9	2	0.26790735									
10	3	0.072477351									
11	4	0.006988887									
12	合計	1									

くじが2〜4本当たる確率（セルB9〜B11の合計）が求められた

=PROB(x 範囲 , 確率範囲 , 下限 , [上限])　　　　　　　　　　　　　統計

x 範囲…確率変数のセル範囲を指定
確率範囲…x 範囲に対応する確率のセル範囲を指定
下限…計算対象の確率変数の下限値を指定
上限…計算対象の確率変数の上限値を指定。省略した場合は下限に対応する確率が返る

離散型の確率分布表において、「x 範囲」の中で「下限」から「上限」に含まれる範囲に対応する「確率範囲」の確率の合計値を返します。

Memo

●引数「確率範囲」の合計が 1 にならない場合、[#NUM!] エラーになります。そのため「確率範囲」の値を四捨五入した場合などに、PROB 関数でエラーが出る可能性があります。

関連項目　【08-44】超幾何分布に基づいて4本中○本のくじが当たる確率を求める

08-46 ポアソン分布に基づいて1日に ○個の商品が売れる確率を求める

ポアソン・ディストリビューション
POISSON.DIST

POISSON.DIST関数は、単位時間中にある事象が発生する平均回数を元に、単位時間中にその事象が発生する確率や累積確率を求めるものです。引数「事象の平均」の単位が、引数「事象の数」の単位となります。サンプルでは1日に平均5個売れる商品が、1日に○個売れる確率を求めます。例えば7個売れる確率は約10%であることがわかります。

▶1日に平均5個売れる商品が○個売れる確率を求める

B5	=POISSON.DIST(A5,$A$2,FALSE)
	事象 事象の 関数
	の数 平均 形式

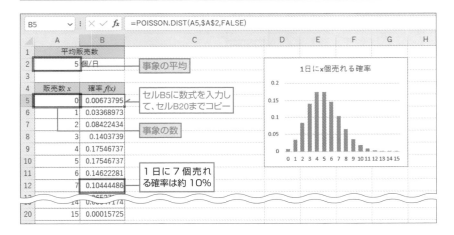

=POISSON.DIST(事象の数 , 事象の平均 , 関数形式)　　　　　統計

事象の数…目的の事象が起こる回数（確率変数）を指定
事象の平均…目的の事象が単位時間当たりに発生する平均回数を指定
関数形式…TRUE を指定した場合の戻り値は累積分布、FALSE を指定した場合の戻り値は確率分布になる
ポアソン分布の確率分布、または累積分布を返します。単位時間当たりの発生回数がわかっている事象において、「事象の数」だけ事象が起こる確率や累積確率を求めることができます。

関連項目 【08-47】ポアソン分布に基づいて欠品を5％以内に抑える在庫数を求める

08-47 ポアソン分布に基づいて欠品を 5%以内に抑える在庫数を求める

ポアソン・ディストリビューション
POISSON.DIST

【08-46】で1日に平均5個売れる商品が1日に○個売れる確率を求めました。ここでは、欠品を5%以内に抑えるための1日の在庫数を求めます。それにはPOISSON.DIST関数の引数「関数形式」に「TRUE」を指定して累積確率を計算し、95%を超える確率変数（販売数x）を調べます。サンプルの表から販売数が8個以下の確率が93.2%、9個以下の確率が96.8%なので、毎日9個の在庫を確保すれば欠品を5%に抑えられることがわかります。

▶欠品を5%以内に抑えるための1日の在庫数を求める

```
C5 =POISSON.DIST(A5,$A$2,TRUE)
        事象  事象の  関数
        の数  平均    形式
```

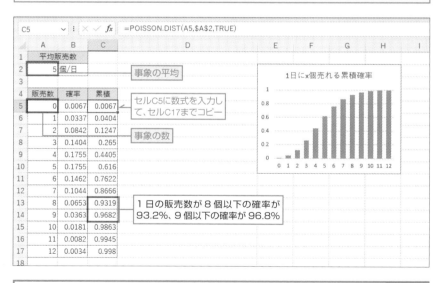

```
=POISSON.DIST( 事象の数 , 事象の平均 , 関数形式 )          → 08-46
```

関連項目 【08-46】ポアソン分布に基づいて1日に○個の商品が売れる確率を求める

08-48 正規分布の確率密度と累積分布を求める

ノーマル・ディストリビューション
NORM.DIST

「正規分布」は、自然現象や社会現象に多く見られる重要な分布です。NORM.DIST関数を使用すると、「平均」と「標準偏差」から正規分布の確率密度と累積分布を求めることができます。ここでは平均が50、標準偏差が15の正規分布について計算してみます。正規分布は連続型なので、xは連続した値をとりますが、便宜的に0から100までを5刻みにして計算することにします。

▶正規分布の確率密度と累積分布を求める

B6	=NORM.DIST(A6,$B$2,$B$3,FALSE)
	x 平均 標準偏差 関数形式

C6	=NORM.DIST(A6,$B$2,$B$3,TRUE)
	x 平均 標準偏差 関数形式

| B6 | | : | × ✓ | fx | =NORM.DIST(A6,$B$2,$B$3,FALSE) | | | | | | |

	A	B	C	D	E	F	G	H	I	J	K
1	正規分布										
2	平均	50		平均							
3	標準偏差	15		標準偏差							
4											
5	x	確率密度	累積分布								
6	0	0.000103	0.000429		セルB6とC6に数式を入力して、26行目までコピー						
7	5	0.000295	0.00135								
8	10	0.00076	0.00383								
9	15	0.001748	0.009815	x							
10	20	0.003599	0.02275								
11	25	0.006632	0.04779								
12	30	0.010934	0.091211								
13	35	0.016131	0.158655								
14	40	0.021297	0.252493								
15	45	0.025159	0.369441								
16	50	0.026596	0.5								
25	95	0.000295	0.99865								
26	100	0.000103	0.999571								

=NORM.DIST(x, 平均, 標準偏差, 関数形式)　　　　　　　　　　　　　　　　`統計`

x…確率変数を指定
平均…対象となる正規分布の平均値を指定
標準偏差…対象となる正規分布の標準偏差を指定
関数形式…TRUE を指定した場合の戻り値は累積分布、FALSE を指定した場合の戻り値は確率密度
になる

正規分布の確率密度、または累積分布を返します。指定した「平均」と「標準偏差」で表される正規分布で、「x」の確率密度や「x」までの確率を求めることができます。

Memo

● 正規分布のグラフを描くには、セル A5〜B26 をもとに「散布図（平滑線）」という種類のグラフを作成します。グラフの横軸が確率変数x、縦軸が確率密度となります。

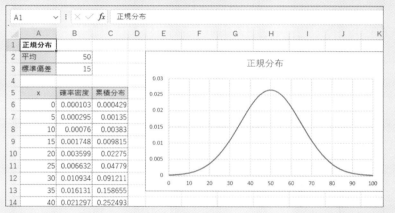

● 正規分布のグラフは、左右対称の釣鐘型になります。釣鐘のピークの位置は平均値に一致します。また、「平均値±標準偏差」はグラフの変曲点に一致します。変曲点とは、グラフの曲線のふくらみ方（凹凸）が変化する点のことです。標準偏差の値によって、グラフの高さと裾の広がり方が変わります。

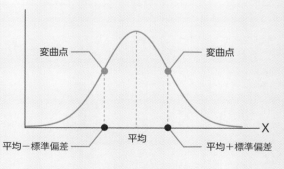

関連項目　【08-49】正規分布に基づいて60点以下の受験者の割合を求める
　　　　　　　【08-51】標準正規分布の確率密度の累積分布を求める

08-49 正規分布に基づいて 60点以下の受験者の割合を求める

ノーマル・ディストリビューション
NORM.DIST

テストの結果が平均50点、標準偏差15点の正規分布にしたがうものとして、60点以下の受験者がどのくらいいるかを調べましょう。NORM.DIST関数を使用して、60点の位置の累積分布の値を計算すれば求められます。サンプルでは約75%と算出されたので、例えば受験者が100名の場合、60点以下の人は75名いると考えられます。

▶60点以下の受験者の割合を求める

D3 =NORM.DIST(B2,B3,B4,TRUE)
x 平均 標準 関数
偏差 形式

	A	B	C	D	E	F	G	H	I	J
1	得点分析									
2	得点（以下）	60	x	確率						
3	平均	50	平均	0.7475075						
4	標準偏差	15	標準偏差							
5										
6										
7										

60点以下の受験者の割合が求められた

=NORM.DIST(x, 平均 , 標準偏差 , 関数形式) → 08-48

Memo

● サンプルで求めた確率を 1 から引けば、60 点以上の人の割合を求められます。また、サンプルで求めた確率から 40 点以上の確率を引けば、40 点以上 60 点以下の割合を求められます。

● 連続型の確率分布で確率を求めるときは、x の区間に対する確率を計算します。60 点以下の受験者の割合は、「x=60」のときの累積確率に等しく、確率分布のグラフの「x ≦ 60」の区間の面積に一致します。

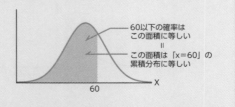

60 以下の確率はこの面積に等しい
＝
この面積は「x＝60」の累積分布に等しい

関連項目【08-50】正規分布の逆関数を利用して上位20%に入るための得点を求める

08-50 正規分布の逆関数を利用して 上位20%に入るための得点を求める

ノーマル・インバース
NORM.INV

　NORM.INV関数は、NORM.DIST関数の逆関数です。NORM.DIST関数が確率変数xから累積分布を求めるのに対して、NORM.INV関数を使用すると累積分布からxの値を逆算できます。これを利用して、平均50点、標準偏差15点の試験で、上位20%に入るための得点を求めましょう。累積分布は下位からの累積なので、「上位20%」を求めるには引数「確率」に「0.8（80%）」を指定します。

▶上位20%に入るための得点を求める

D3	=NORM.INV(B2,B3,B4)
	確率 平均 標準偏差

=NORM.INV(確率 , 平均 , 標準偏差)　　　　　　　　　　　　　統計

　　確率…正規分布の確率（累積分布の確率）を指定
　　平均…対象となる正規分布の平均値を指定
　　標準偏差…対象となる正規分布の標準偏差を指定
指定した「平均」「標準偏差」で表される正規分布で、累積分布の確率に対応する確率変数xを返します。

Memo

●右図は、NORM.DIST 関数で求めた累積分布をグラフにしたものです。上図で求めた「62.6」という数値は、累積確率が 0.8 のときのグラフをたどって求めた得点 x と一致します。

関連項目 【08-49】重回正規分布に基づいて60点以下の受験者の割合を求める

08-51 標準正規分布の確率密度と累積分布を求める

ノーマル・スタンダード・ディストリビューション
NORM.S.DIST

「標準正規分布」は、平均0、標準偏差1の正規分布です。NORM.S.DIST関数を使用すると、標準正規分布の確率密度と累積分布を計算できます。ここでは「-4≦x≦4」の範囲で計算します。

▶**標準正規分布の確率密度と累積分布を求める**

B3 =NORM.S.DIST(A3,FALSE)
　　　　z　関数形式

C3 =NORM.S.DIST(A3,TRUE)
　　　　z　関数形式

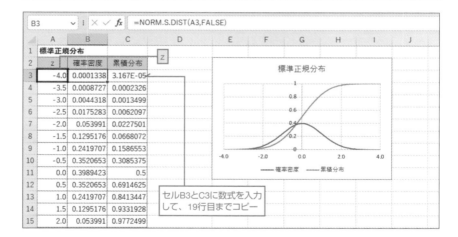

=NORM.S.DIST(z, 関数形式)　　　　統計

z…確率変数を指定
関数形式…TRUE を指定した場合の戻り値は累積分布、**FALSE** を指定した場合の戻り値は確率密度になる
標準正規分布の確率密度、または累積分布を返します。標準正規分布とは、平均 0、標準偏差 1 の正規分布です。

関連項目 【08-52】標準正規分布の逆関数の値を求める

08-52 標準正規分布の逆関数の値を求める

ノーマル・スタンダード・インバース
NORM.S.INV

　NORM.S.INV関数は、NORM.S.DIST関数の逆関数です。NORM.S.DIST関数が確率変数zから累積分布を求めるのに対して、NORM.S.INV関数を使用すると累積分布からzの値を逆算できます。サンプルでは、上位30%の位置のzの値を求めます。累積分布は下位からの累積なので、「上位30%」を求めるには引数「確率」に「0.7（70%)」を指定します。

▶**上位30%の位置の数値を求める**

B3	=NORM.S.INV(B2)
	確率

B3		: × ✓ fx	=NORM.S.INV(B2)				
⊿	A	B	C	D	E	F	G
1	標準正規分布						
2	確率	0.7	—確率				
3	z	0.524400513					
4							
5		上位 30% の位置の確率変数 z の値がわかった				
6							

=NORM.S.INV(確率)　　　　　　　　　　　　　　　　　　　　　　統計

　確率…標準正規分布の確率（累積分布の確率）を指定
標準正規分布の累積分布の確率に対応する確率変数 z を返します。

> **Memo**
> ●標準正規分布は平均 0、標準偏差 1 の正規分布なので、正規分布の逆関数の値を求める NORM.INV 関数の引数を以下のように指定してもサンプルと同じ結果が得られます。
> =NORM.INV(B2,0,1)

関連項目　【08-49】重回正規分布に基づいて60点以下の受験者の割合を求める

 08-53 指数分布の確率密度と累積分布を求める

エクスポネンシャル・ディストリビューション
EXPON.DIST

　EXPON.DIST関数を使用すると、「指数分布」の確率密度と累積分布を計算できます。指数分布は、待ち時間を近似する分布としてよく使用されます。ここでは「λ=0.8」として、確率密度と累積分布を求めます。

▶指数分布の確率密度と累積分布を求める

B5 =EXPON.DIST(A5,$B$2,FALSE)
　　　　　　　 x　　 λ　　 関数形式

C5 =EXPON.DIST(A5,$B$2,TRUE)
　　　　　　　 x　　 λ　　 関数形式

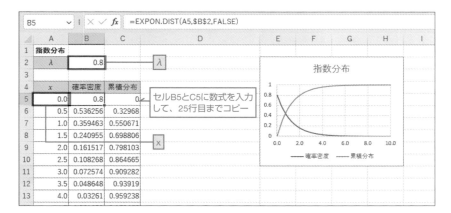

=EXPON.DIST(x, λ, 関数形式)　　　　　　　　　　　　　　　統計

　x…確率変数を指定。負の値を指定するとエラー値 [#NUM!] が返される
　λ…単位時間当たりに事象が発生する平均回数を指定。0 以下の数値を指定するとエラー値 [#NUM!] が返される
　関数形式…TRUE を指定した場合の戻り値は累積分布、FALSE を指定した場合の戻り値は確率密度になる
指数分布の確率密度、または累積分布を返します。指定した「λ」で表される指数分布の「x」の確率密度や「x」までの確率を求めることができます。

関連項目 【08-54】指数分布に基づいて次の客が5分以内に来る確率を求める

08-54 指数分布に基づいて次の客が5分以内に来る確率を求める

エクスポネンシャル・ディストリビューション
EXPON.DIST

　EXPON.DIST関数は、単位時間中にある事象が発生する平均回数λを元に、その発生間隔がx時間である確率を計算します。これを利用して、1時間に平均10人の客が来る店で、客が来てから次の客が来るまでの間隔が5分以内である確率を求めてみましょう。単位を「時間」に揃えるために、引数「λ」に「5/60」を指定します。確率を求めるので、「関数形式」には「TRUE」を指定します。

▶次の客が5分以内に来る確率を求める

D3 =EXPON.DIST(B2/60,B3,TRUE)
　　　　　　　　x　　λ　関数形式

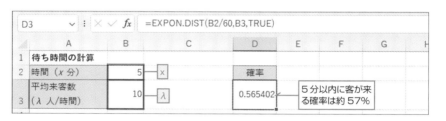

=EXPON.DIST(x, λ, 関数形式)　　→ 08-53

Memo

●右図は「λ=10」として EXPON.DIST 関数で累積分布を求めてグラフにしたものです。上図で求めた確率「57%」は、グラフ横軸の「5分」の位置をたどった縦軸の確率の値です。

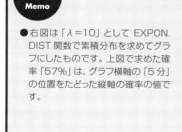
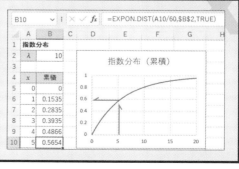

関連項目【08-53】指数分布の確率密度と累積分布を求める

08-55 ガンマ分布の確率密度と累積分布を求める

ガンマ・ディストリビューション
GAMMA.DIST

GAMMA.DIST関数を使用すると、「ガンマ分布」の確率密度と累積分布を計算できます。ガンマ分布は待ち行列分析などで利用されます。ここでは「α=3」「β=1」として、確率密度と累積分布を求めます。

▶ガンマ分布の確率密度と累積分布を求める

B6 =GAMMA.DIST(A6,$B$2,$B$3,FALSE)
　　　　　　　　x　　α　　β　関数形式

C6 =GAMMA.DIST(A6,$B$2,$B$3,TRUE)
　　　　　　　　x　　α　　β　関数形式

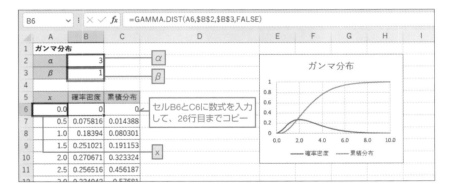

=GAMMA.DIST(x, α , β , 関数形式)　　　　　　　　　　　統計

　x…確率変数を指定。負の値を指定するとエラー値 [#NUM!] が返される
　α…形状パラメータ（分布の形状を決める要素）を指定。0 以下の数値を指定するとエラー値 [#NUM!] が返される
　β…尺度パラメータ（分布の規模を決める要素）を指定。0 以下の数値を指定するとエラー値 [#NUM!] が返される
　関数形式…TRUE を指定した場合の戻り値は累積分布、FALSE を指定した場合の戻り値は確率密度になる
　ガンマ分布の確率密度、または累積分布を返します。指定した「α」「β」で表されるガンマ分布の「x」の確率密度や「x」までの確率を求めることができます。

08-56 ベータ分布の確率密度と累積分布を求める

ベータ・ディストリビューション
BETA.DIST

BETA.DIST関数を使用すると、「ベータ分布」の確率密度と累積分布を計算できます。ベータ分布は、割合の変化を分析する場合などに利用されます。ここでは「$\alpha=3$」「$\beta=2$」として計算します。

▶ベータ分布の確率密度と累積分布を求める

B6	=BETA.DIST(A6,\$B\$2,\$B\$3,FALSE)
	x α β 関数形式

C6	=BETA.DIST(A6,\$B\$2,\$B\$3,TRUE)
	x α β 関数形式

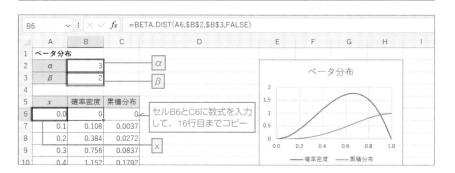

セルB6とC6に数式を入力して、16行目までコピー

=BETA.DIST(x, α , β , 関数形式 , [A] , [B])   統計

x…「A」以上「B」以下の範囲で確率変数を指定
α…パラメータを指定。0 以下の数値を指定するとエラー値［#NUM!］が返される
β…パラメータを指定。0 以下の数値を指定するとエラー値［#NUM!］が返される
関数形式…TRUE を指定した場合の戻り値は累積分布、FALSE を指定した場合の戻り値は確率密度になる
A…区間の下限を指定。省略した場合は「0」として計算される。B と同じ値を指定すると、エラー値［#NUM!］が返される
B…区間の上限を指定。省略した場合は「1」として計算される。A と同じ値を指定すると、エラー値［#NUM!］が返される
ベータ分布の確率密度、または累積分布を返します。指定した「α」「β」「A」「B」で表されるベータ分布の「x」の確率密度や「x」までの確率を求めることができます。

08-57 ワイブル分布の確率密度と累積分布を求める

ワイブル・ディストリビューション
WEIBULL.DIST

WEIBULL.DIST関数を使用すると、「ワイブル分布」の確率密度と累積分布を計算できます。ワイブル分布は信頼性の分布などに利用されます。ここでは「$\alpha=2$」「$\beta=1$」として、確率密度と累積分布を求めます。

▶ワイブル分布の確率密度と累積分布を求める

B6 =WEIBULL.DIST(A6,$B$2,$B$3,FALSE)
　　　　　　　　x　 α　　β　 関数形式

C6 =WEIBULL.DIST(A6,$B$2,$B$3,TRUE)
　　　　　　　　x　 α　　β　 関数形式

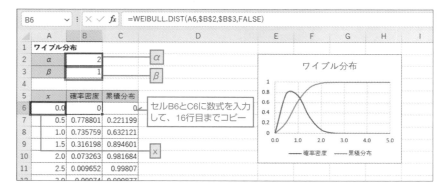

=WEIBULL.DIST(x, α , β , 関数形式)　　　　　　　統計

x…確率変数を指定。負の値を指定するとエラー値 [#NUM!] が返される
α…形状パラメータ（分布の形状を決める要素）を指定。0 以下の数値を指定するとエラー値 [#NUM!] が返される
β…尺度パラメータ（分布の規模を決める要素）を指定。0 以下の数値を指定するとエラー値 [#NUM!] が返される
関数形式…TRUE を指定した場合の戻り値は累積分布、FALSE を指定した場合の戻り値は確率密度になる
ワイブル分布の確率密度、または累積分布を返します。指定した「α」「β」で表されるワイブル分布の「x」の確率密度や「x」までの確率を求めることができます。

08-58 対数正規分布の確率密度と累積分布を求める

ログ・ノーマル・ディストリビューション

LOGNORM.DIST

　確率変数xの対数ln(x)が正規分布にしたがうとき、元のxは「対数正規分布」にしたがいます。LOGNORM.DIST関数を使用すると、対数正規分布の確率密度と累積分布を計算できます。ここでは平均が0、標準偏差が1として、確率密度と累積分布を求めます。なお、「x=0」のとき対数正規分布は0ですが、LOGNORM.DIST関数ではエラーになるので、サンプルではセルB6とセルC6に直接0を入力しました。

▶対数正規分布の確率密度と累積分布を求める

B7	=LOGNORM.DIST(A7,$B$2,$B$3,FALSE)
	x　平均 標準偏差 関数形式

C7	=LOGNORM.DIST(A7,$B$2,$B$3,TRUE)
	x　平均 標準偏差 関数形式

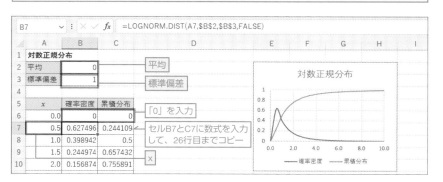

=LOGNORM.DIST(x, 平均, 標準偏差, 関数形式)　　　　　　　　　　　統計

　x…**確率変数を指定。0以下の値を指定するとエラー値［#NUM!］が返される**
　平均…ln(x)の平均を指定
　標準偏差…ln(x)の標準偏差を指定
　関数形式…TRUEを指定した場合の戻り値は累積分布、FALSEを指定した場合の戻り値は確率密度になる
　対数正規分布の確率密度、または累積分布を返します。指定した「平均」「標準偏差」の対数正規分布で、「x」の確率密度や「x」までの確率を求めることができます。

08-59 t分布の確率密度と累積分布（左側確率）を求める

ティー・ディストリビューション
T.DIST

「t分布」は、小さい標本から母平均の区間推定をするときなどに使用される分布です。T.DIST関数を使用すると、t分布の確率密度と累積分布を計算できます。この累積分布の値は、t分布の左側確率となります。左側確率の意味は、【08-60】のMemoを参照してください。ここでは自由度を10として、確率密度と累積分布を計算します。

▶t分布の確率密度と累積分布を求める

B5	=T.DIST(A5,$B$2,FALSE)
	x 自由度 関数形式

C5	=T.DIST(A5,$B$2,TRUE)
	x 自由度 関数形式

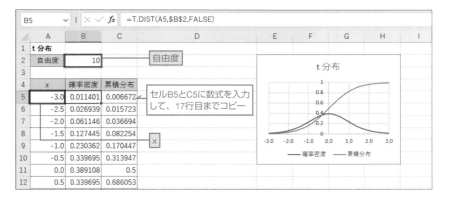

=T.DIST(x, 自由度 , 関数形式)　統計

x…確率変数を指定
自由度…自由度を 1 以上の数値で指定
関数形式…TRUE を指定した場合の戻り値は累積分布、FALSE を指定した場合の戻り値は確率密度になる
t分布の確率密度、または累積分布を返します。指定した「自由度」で表される t 分布の「x」の確率密度や「x」までの確率を求めることができます。

関連項目　【08-60】t分布の右側確率を求める
【08-61】t分布の両側確率を求める

08-60 t分布の右側確率を求める

ティー・ディストリビューション・ライトテール
T.DIST.RT

　T.DIST.RT関数を使用すると、t分布の右側確率を求められます。ここではxが1.5、自由度が10の場合の右側確率を求めます。

▶t分布の右側確率を求める

D3 =T.DIST.RT(B2,B3)
　　　　　x　自由度

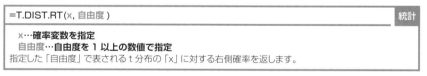

=T.DIST.RT(x, 自由度) 　　　　　　　　　　　　　　　　　　統計

　x…**確率変数を指定**
　自由度…**自由度を1以上の数値で指定**
指定した「自由度」で表されるt分布の「x」に対する右側確率を返します。

Memo

●確率分布において、ある値の右の確率を「右側確率」または「上側確率」、左の確率を「左側確率」または「下側確率」と呼びます。t分布は「x=0」を境に左右対称なので、「x=1.5」の右側確率と「x=-1.5」の左側確率は等しくなります。

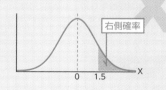

● T.DIST関数の累積分布の値は左側確率です。引数「x」「自由度」に同じ値を指定した場合、T.DIST関数による左側確率とT.DIST.RT関数による右側確率の和は1になります。

●自由度とは、「自由に動ける変数の数」です。通常、何らかの条件の下で推定や検定を行いますが、条件が増えるごとにデータが制約され、自由度が減ります。例えば「11個のデータの平均が0」という条件がある場合、最初の10個の値は自由ですが、最後の値は平均を0にするために自ずと決まります。この場合、自由度は10となります。

関連項目 【08-59】t分布の確率密度と累積分布（左側確率）を求める

08-61 t分布の両側確率を求める

ティー・ディストリビューション・ツー・テール
T.DIST.2T

　T.DIST.2T関数を使用すると、t分布の両側確率を計算できます。ここではxが1.5、自由度が10の場合の両側確率を計算してみましょう。この場合、「x=1.5」の右側確率と「x=-1.5」の左側確率の合計が求められます。t分布は「x=0」を境に左右対称なので、【08-60】で求めたT.DIST.RT関数の戻り値の2倍の値が求められます。

▶t分布の両側確率を求める

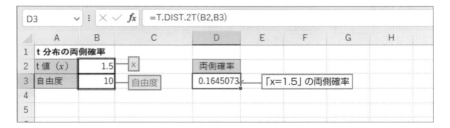

D3 =T.DIST.2T(B2,B3)
　　　　x 自由度

	A	B	C	D	E	F	G	H
1	t 分布の両側確率							
2	t 値 (x)	1.5	x	両側確率				
3	自由度	10	自由度	0.1645073	「x=1.5」の両側確率			
4								
5								

=T.DIST.2T(x, 自由度)　　　　　　　　　　　　　　　　　　　統計

　x…確率変数を 0 以上の数値で指定
　自由度…自由度を 1 以上の数値で指定
指定した「自由度」で表される t 分布の「x」に対する両側確率を返します。

Memo

● 「x=1.5」の両側確率は、「x=1.5」の右側確率と「x=-1.5」の左側確率の合計値です。「x=0」のとき、両側確率は 1 になります。

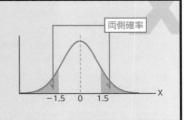

関連項目 【08-60】 t分布の右側確率を求める
　　　　　　【08-62】 t分布の両側確率からt値を逆算する

08-62 t分布の両側確率からt値を逆算する

ティー・インバース・ツー・テール
T.INV.2T

T.INV.2T関数は、T.DIST.2T関数の逆関数です。T.INV.2T関数を使用すると、t分布の両側確率の値から、対応する確率変数x（t値）を逆算できます。ここでは両側確率が0.16、自由度が10の場合についてt値を求めます。

▶t分布の両側確率からt値を逆算する

D3	=T.INV.2T(B2,B3)
	確率 自由度

=T.INV.2T(確率 , 自由度)　　　　　　　　　　　　　　　　統計

　確率…**両側確率を指定**
　自由度…**自由度を 1 以上の数値で指定**
指定した「自由度」で表される t 分布の両側確率から t 値を返します。

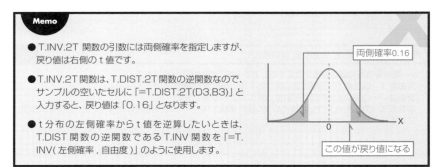

Memo

● T.INV.2T 関数の引数には両側確率を指定しますが、戻り値は右側の t 値です。

● T.INV.2T 関数は、T.DIST.2T 関数の逆関数なので、サンプルの空いたセルに「=T.DIST.2T(D3,B3)」と入力すると、戻り値は「0.16」となります。

● t 分布の左側確率から t 値を逆算したいときは、T.DIST 関数の逆関数である T.INV 関数を「=T.INV(左側確率 , 自由度)」のように使用します。

両側確率0.16

この値が戻り値になる

関連項目　【**08-61**】 t分布の両側確率を求める

08-63 f分布の確率密度と 累積分布（左側確率）を求める

エフ・ディストリビューション
F.DIST

　「f分布」は、母分散の比の検定をするときなどに使用される分布です。F.DIST関数を使用すると、f分布の確率密度と累積分布を計算できます。この累積分布の値は、f分布の左側確率となります。ここでは一方の自由度が10、もう一方が8として、確率密度と累積分布を計算します。

▶f分布の確率密度と累積分布を求める

B6	=F.DIST(A6,$B$2,$B$3,FALSE)
	x 自由度1 自由度2 関数形式

C6	=F.DIST(A6,$B$2,$B$3,TRUE)
	x 自由度1 自由度2 関数形式

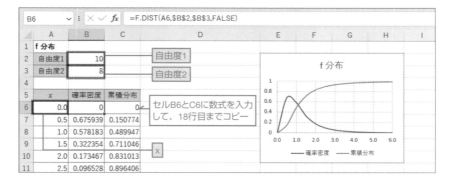

=F.DIST(x, 自由度 1, 自由度 2, 関数形式)　　　　統計

　x…確率変数を指定。負数を指定するとエラー値 [#NUM!] が返される
　自由度 1…自由度（分子側の自由度）を 1 以上の数値で指定
　自由度 2…自由度（分母側の自由度）を 1 以上の数値で指定
　関数形式…TRUE を指定した場合の戻り値は累積分布、FALSE を指定した場合の戻り値は確率密度になる
f 分布の確率密度、または累積分布を返します。指定した「自由度 1」「自由度 2」で表される f 分布の「x」の確率密度や「x」までの確率を求めることができます。

08-64 f分布の右側確率を求める

 F.DIST／F.DIST.RT
エフ・ディストリビューション　エフ・ディストリビューション・ライトテール

　確率分布において、ある値の右の確率を「右側確率」、左の確率を「左側確率」と呼びます。F.DIST.RT関数を使用すると、f分布の右側確率を計算できます。ここでは一方の自由度が10、もう一方が8として、xが2のときの右側確率を求めます。さらに、F.DIST関数を使用して左側確率も求めます。求めた2つの値の和は「1」になります。

▶f分布の右側確率と左側確率を求める

D3 =F.DIST(B2,B3,B4,TRUE)
　　　　　x　自由　自由　関数
　　　　　　　度1　度2　形式

E3 =F.DIST.RT(B2,B3,B4)
　　　　　x　自由　自由
　　　　　　　度1　度2

E3		✓ fx	=F.DIST.RT(B2,B3,B4)				
	A	B	C	D	E	F	G	H
1	f 分布			確率				
2	f 値 (x)	2	x	左側確率	右側確率			
3	自由度1	10	自由度1	0.8310131	0.1689869			
4	自由度2	8	自由度2					
5								

左側確率と右側確率が求められた

この 2 つの数値の和が 1 になる

=F.DIST(x, 自由度 1, 自由度 2, 関数形式)　　　　　　　　　　→ 08-63

=F.DIST.RT(x, 自由度 1, 自由度 2)　　　　　　　　　　　　　　統計

x…確率変数を指定。負数を指定するとエラー値 [#NUM!] が返される
自由度 1…自由度（分子側の自由度）を 1 以上の数値で指定
自由度 2…自由度（分母側の自由度）を 1 以上の数値で指定
指定した「自由度 1」「自由度 2」で表される f 分布の「x」に対する右側確率を返します。

関連項目　【08-63】f分布の確率密度と累積分布（左側確率）を求める
　　　　　　【08-65】f分布の右側確率からf値を逆算する

08-65 f分布の右側確率からf値を逆算する

エフ・インバース・ライトテール
F.INV.RT

F.INV.RT関数は、F.DIST.RT関数の逆関数です。F.INV.RT関数を使用すると、f分布の右側確率の値から、対応する確率変数x（f値）を逆算できます。ここでは右側確率が0.17、自由度が10と8の場合についてf値を求めます。

▶f分布の右側確率からf値を逆算する

```
D3 =F.INV.RT(B2,B3,B4)
       確率  自由  自由
             度1   度2
```

	D3	✓ : × ✓ fx	=F.INV.RT(B2,B3,B4)				
▲	A	B	C	D	E	F	G	H
1	f 値の逆算						
2	右側確率	0.17	確率	f 値（x）			
3	自由度1	10	自由度1	1.99418045	右側確率が 0.17 にあたる f 値		
4	自由度2	8	自由度2				
5							
6							
7							
8							
9							

=F.INV.RT(確率 , 自由度 1, 自由度 2)　　　　　　　　　　　　　　　　　　統計

確率…右側確率を指定
自由度 1…自由度（分子側の自由度）を 1 以上の数値で指定
自由度 2…自由度（分母側の自由度）を 1 以上の数値で指定
指定した「自由度 1」「自由度 2」で表される f 分布の右側「確率」から、f 値を返します。

Memo

●左側確率から f 値を逆算したいときは、F.DIST 関数の逆関数である F.INV 関数を「=F.INV(左側確率 , 自由度)」のように使用します。

関連項目　【08-63】f分布の確率密度と累積分布（左側確率）を求める
　　　　　　　【08-64】f分布の右側確率を求める

08-66 カイ二乗分布の確率密度と 累積分布（左側確率）を求める

カイ・スクエア・ディストリビューション
CHISQ.DIST

「カイ二乗分布」は、母分散の区間推定をするときなどに使用される分布です。CHISQ.DIST関数を使用すると、カイ二乗分布の確率密度と累積分布を計算できます。この累積分布の値は、カイ二乗分布の左側確率となります。ここでは自由度を3として、確率密度と累積分布を求めます。

▶カイ二乗分布の確率密度と累積分布を求める

B5 =CHISQ.DIST(A5,$B$2,FALSE)
　　　　　　　 x 　自由度 　関数形式

C5 =CHISQ.DIST(A5,$B$2,TRUE)
　　　　　　　 x 　自由度 　関数形式

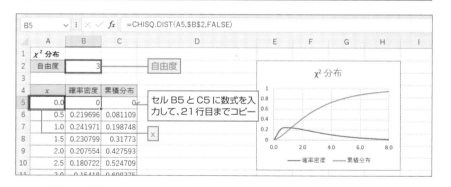

=CHISQ.DIST(x, 自由度 , 関数形式)　　　　　　統計

x…確率変数を指定。負数を指定するとエラー値 [#NUM!] が返される
自由度…自由度を 1 以上の数値で指定
関数形式…TRUE を指定した場合の戻り値は累積分布、FALSE を指定した場合の戻り値は確率密度になる

カイ二乗分布の確率密度、または累積分布を返します。指定した「自由度」で表されるカイ二乗分布の「x」の確率密度や「x」までの確率を求めることができます。

関連項目 【08-67】 カイ二乗分布の右側確率を求める
　　　　　 【08-68】 カイ二乗分布の右側確率からカイ二乗値を逆算する

08-67 カイ二乗分布の右側確率を求める

 カイ・スクエア・ディストリビューション・ライトテール
CHISQ.DIST.RT

CHISQ.DIST.RT関数を使用すると、カイ二乗分布の右側確率を計算できます。ここではxが4、自由度が3の場合の右側確率を求めます。

▶カイ二乗分布の右側確率を求める

D3 =CHISQ.DIST.RT(B2,B3)
            x 自由度

	A	B	C	D	E	F	G	H
1	x^2 分布			確率				
2	x^2値（x）	4	x	右側確率				
3	自由度	3	自由度	0.2614641	←右側確率が求められた			
4								
5								
6								
7								
8								

=CHISQ.DIST.RT(x, 自由度)　　　　　　　　　　　　　　　　　　　統計

x…確率変数を指定。負数を指定するとエラー値 [#NUM!] が返される
自由度…自由度を 1 以上の数値で指定
指定した「自由度」で表されるカイ二乗分布の「x」に対する右側確率を返します。

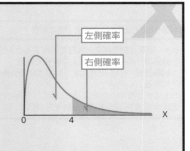

Memo

● 確率分布において、ある値の左の確率を「左側確率」または「下側確率」、右の確率を「右側確率」または「上側確率」と呼びます。

● カイ二乗分布の左側確率は、CHISQ.DIST 関数の引数「関数形式」に「TRUE」を指定して求めます。

● 引数「x」「自由度」に同じ値を指定した場合、CHISQ.DIST 関数による左側確率と CHISQ.DIST.RT 関数による右側確率の和は 1 になります。

関連項目 【08-66】 カイ二乗分布の確率密度と累積分布（左側確率）を求める

08-68 カイ二乗分布の右側確率から カイ二乗値を逆算する

カイ・スクエア・インバース・ライトテール
CHISQ.INV.RT

CHISQ.INV.RT関数を使用すると、カイ二乗分布の右側確率の値から、対応する確率変数x（カイ二乗値）を逆算できます。ここでは右側確率が0.26、自由度が3の場合についてカイ二乗値を求めます。

▶カイ二乗分布の右側確率からカイ二乗値を逆算する

D3	=CHISQ.INV.RT(B2,B3)
	確率 自由度

```
=CHISQ.INV.RT( 確率 , 自由度 )                                    統計
```

確率…右側確率を指定
自由度…自由度を 1 以上の数値で指定
指定した「自由度」で表されるカイ二乗分布の右側「確率」から、カイ二乗値を返します。

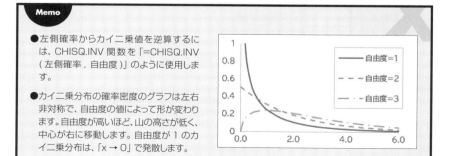

Memo

- 左側確率からカイ二乗値を逆算するには、CHISQ.INV 関数を「=CHISQ.INV (左側確率 , 自由度)」のように使用します。

- カイ二乗分布の確率密度のグラフは左右非対称で、自由度の値によって形が変わります。自由度が高いほど、山の高さが低く、中心が右に移動します。自由度が 1 のカイ二乗分布は、「x → 0」で発散します。

関連項目　【08-67】カイ二乗分布の右側確率を求める

08-69 正規分布に基づいて 母平均の信頼区間を求める

CONFIDENCE.NORM
コンフィデンス・ノーマル

　母集団の平均や分散が、ある確率のもとでどのくらいの区間に含まれるかを、確率分布を用いて推定することを「区間推定」と呼びます。例えば母平均の区間推定を行うと、「○%の信頼度で母平均は○以上○以下である」ことが導けます。このとき、「○以上○以下」を信頼区間と呼びます。

　正規分布を使用して母平均の区間推定を行うには、CONFIDENCE.NORM関数を使用します。ここでは、母標準偏差が2.2であることがわかっている母集団から100個の製品を取り出して重さを調べたところ、その平均が49.8gだったとして、信頼度95%で母平均を区間推定します。引数「有意水準」に信頼度の95%を1から引いた値（ここでは0.05）を指定します。戻り値は約「0.43」なので、母平均の95%信頼区間は「49.8±0.43」となります。

▶正規分布を使用して母平均を区間推定する

```
B8 =CONFIDENCE.NORM(1-B2,B3,B4)
        有意  標準 標本
        水準  偏差 数
```

	B8		f_x	=CONFIDENCE.NORM(1-B2,B3,B4)		
	A	B	C	D	E	F	G	H

	A	B	C	D
1	品質検査			
2	信頼度	95%	1からこの数値を引いたものが「有意水準」	
3	母標準偏差	2.2	標準偏差	
4	標本数	100	標本数	
5	平均の重さ	49.8		
6				
7	母平均μの区間推定			
8	幅（1/2）	0.431192	数式を入力　信頼区間の1/2の幅が求められる	
9	信頼区間	49.36881 ≦ μ ≦		50.23119　信頼区間
10		=B5-B8		=B5+B8
11				

=CONFIDENCE.NORM(有意水準 , 標準偏差 , 標本数) 　　　　　　　　　　　統計

有意水準…**有意水準（信頼度を 1 から引いた数）を指定。信頼度 95% の場合は 0.05 を指定する**
標準偏差…**母集団の標準偏差を指定**
標本数…**標本数を指定**
正規分布を使用して、指定した信頼度（「有意水準」を 1 から引いた数）で、母平均の信頼区間の 1/2
の値を返します。

Memo

● 区間推定の信頼度は、90%、95%、99%がよく使用されます。信頼度が高いほど、信頼区間は
広くなります。つまり、母平均を当てようとすると区間の絞り込みが甘くなり、反対に絞ろうとする
と当たる確率が下がります。

● CONFIDENCE.NORM 関数の戻り値は、以下の式の結果と一致します。式中の「z」は標準正規
分布の 0.025% の位置の確率変数のことで、NORM.S.INV 関数（→【08-52】）の引数「確率」
に「1-0.025」を指定して求めると約「1.96」となります。

$$CONFIDENCE.NORM = z \times \frac{標準偏差}{\sqrt{標本数}} = 1.96 \times \frac{2.2}{\sqrt{100}} = 0.4312$$

標準正規分布の確率分布

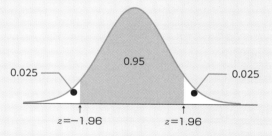

● 母平均の区間推定には、t 分布を使用する場合もあります。Excel では【08-70】で紹介する
CONFIDENCE.T 関数を使用して信頼区間を求めます。

関連項目　【08-70】 t分布に基づいて母平均の信頼区間を求める
　　　　　　　【08-71】 カイ二乗分布に基づいて母分散の信頼区間を求める

08-70 t分布に基づいて 母平均の信頼区間を求める

CONFIDENCE.T
コンフィデンス・ティー

t分布を使用して母平均の区間推定を行うには、CONFIDENCE.T関数を使用します。ここでは、母標準偏差が1.8であることがわかっている母集団から10個の製品を取り出して重さを調べたところ、その平均が20.3gだったとして、信頼度95％で母平均を区間推定します。

▶t分布を使用して母平均を区間推定する

```
B8 =CONFIDENCE.T(1-B2,B3,B4)
       有意   標準  標本
       水準   偏差  数
```

	A	B	C	D
1	品質検査		
2	信頼度	95%	
3	母標準偏差	1.8	
4	標本数	10	
5	平均の重さ	20.3	
6			
7	母平均μの区間推定		
8	幅（1/2）	1.287642	
9	信頼区間	19.01236	≦ μ ≦	21.58764

1からこの数値を引いたものが「有意水準」
標準偏差
標本数
数式を入力　信頼区間の1/2の幅が求められる
信頼区間は「B5-B8」以上「B5+B8」以下となる

```
=CONFIDENCE.T( 有意水準 , 標準偏差 , 標本数 )                    統計
```

有意水準…有意水準（信頼度を1から引いた数）を指定。信頼度95％の場合は0.05を指定する
標準偏差…母集団の標準偏差を指定
標本数…標本数を指定
t分布を使用して、指定した信頼度（「有意水準」を1から引いた数）で、母平均の信頼区間の1/2の値を返します。

> **Memo**
>
> ● CONFIDENCE.T 関数の戻り値は、右の式の結果と一致します。式中の「t」は自由度が「標本数-1」（ここでは9）のt分布で両側確率が0.05になるt値のことです。
>
> $t \times \dfrac{標準偏差}{\sqrt{標本数}}$

関連項目 【08-69】正規分布に基づいて母平均の信頼区間を求める

08-71 カイ二乗分布に基づいて母分散の信頼区間を求める

カイ・スクエア・インバース・ライトテール
CHISQ.INV.RT

　母分散の区間推定にはカイ二乗分布を使用します。専用の関数はありませんが、Memoで紹介する公式に当てはめれば計算できます。公式の「k」は、CHISQ.INV.RT関数で求めます。ここでは、標本数10、不偏分散0.83というデータから、信頼度95％で母分散を区間推定します。

▶カイ二乗分布を使用して母分散を区間推定する

E4	=(B3-1)*B4/CHISQ.INV.RT(E3,B3-1)
	確率 自由度

G4	=(B3-1)*B4/CHISQ.INV.RT(G3,B3-1)
	確率 自由度

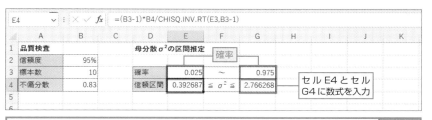

=CHISQ.INV.RT(確率 , 自由度)　　→ 08-68

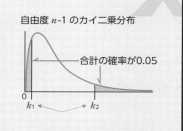

Memo

●標本数を n、不偏分散を s² とします。カイ二乗分布を使用して信頼度 95％で母分散σ² の信頼区間を求めるには、自由度が「n-1」のカイ二乗分布の右側確率が 0.975（左側確率が 0.025）になる k_1 と、右側確率が 0.025 になる k_2 を、CHISQ.INV.RT関数で求めます。これを下記の公式に当てはめて、区間の下限値と上限値を求めます。

$$\frac{(n-1)s^2}{k_2} \leq \sigma^2 \leq \frac{(n-1)s^2}{k_1}$$

自由度 n-1 のカイ二乗分布

合計の確率が0.05

08-72 仮説検定を理解しよう

仮説検定

　出荷基準が20gの製品（母集団）からいくつか標本を取り出して重さを測定したとき、その平均が20.8gだったとします。これを20gと見なせるのかどうか、感覚任せでは人によって判断が変わるでしょう。

　「仮説検定」を行うと、確率をもとに統計的な根拠をもって数値の差が誤差の範囲内なのか「有意差」なのかを判定できます。有意差とは統計的に意味のある差のことです。

帰無仮説と対立仮説

　仮説検定では、「有意差がない」ことを統計的に否定することで、「有意差がある」ことを証明します。「有意差がない」という仮説を「帰無（きむ）仮説」、「有意差がある」という仮説を「対立仮説」と呼びます。また、帰無仮説を否定することを「棄却する」と表現します。

　前述の例では、帰無仮説は「測定した重さは20gと等しい（有意差がない）」、対立仮説は「測定した重さは20gと等しくない（有意差がある）」となります。

・帰無仮説：　重さは20gと等しい　←この仮説をもとに検定を行う
・対立仮説：　重さは20gと等しくない　←証明される仮説

P値と有意水準

　Excelの仮説検定では、関数を使用して「P値」と呼ばれる確率を求めます。P値とは、帰無仮説が正しいと仮定したときに、測定結果よりもまれなことが起こる確率です。このP値が定めた基準より低ければ帰無仮説を棄却し、対立仮説を採択します。この帰無仮説を棄却するための基準となる確率のことを「有意水準」と呼びます。一般に5%がよく使用されますが、厳しく判定したい場合は1%とします。

▶仮説検定の流れ
1. 帰無仮説を立て、対立仮説を決める
2. P値を計算して有意水準と比べる
3. 「P＜有意水準」であれば帰無仮説を棄却し、対立仮説を採用する

📖 両側検定と片側検定

帰無仮説を「重さは20gに等しい」とした場合、対立仮説は次の3通り考えられます。対立仮説によって検定方法を「両側検定」にするか「片側検定」にするかが決まります。有意水準が5%の場合、両側検定では両側の確率の合計が5%、片側検定では片側だけで5%になります。

●**対立仮説： 重さは20gに等しくない → 両側検定**

左右2.5%ずつで、合計が5%を有意水準とする。
両側確率P値が5%より小さければ帰無仮説は棄却され、「重さは20gに等しくない」が採択される。

●**対立仮説 重さは20gより重い → 片側検定**

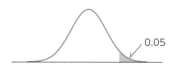

右側確率P値が5%より小さければ帰無仮説は棄却され、「重さは20gより重い」が採択される。

●**対立仮説 重さは20gより軽い → 片側検定**

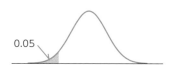

左側確率P値が5%より小さければ帰無仮説は棄却され、「重さは20gより軽い」が採択される。

📖 仮説検定から導かれる結論

有意水準を5%として仮説検定を行う場合、「P<0.05」であれば帰無仮説が棄却され、対立仮説が採択されます。一方、棄却されない場合、帰無仮説が積極的に採択されるわけではありません。「対立仮説が正しいとはいえない」という結論になります。仮説検定では、帰無仮説が棄却されたときのみ、明確な結論が出ます。

P値<有意水準 → 帰無仮説が棄却され、対立仮説が採択される
P値>有意水準 → 帰無仮説は棄却されない（対立仮説が正しいとはいえない）

08-73 正規分布を使用して母平均の片側検定を行う

正規分布を使用して母平均を検定するには、Z.TEST関数を使用します。ここでは、1日の売上数が平均10個、標準偏差が3.2の商品について、広告施策後の平均が以前より増加したかどうかを有意水準5%で検定します。売上数は正規分布にしたがうものとします。帰無仮説「売上数は10個に等しい」、対立仮説「売上数は増加した」として、片側検定を行います。

▶母平均の片側検定を行う

```
E7 =Z.TEST(B3:B12,E4,E5)
        配列 基準値 標準偏差
```

	A	B	C	D	E	F	G	H	I	J	K	L
1	売上数（標本）			z検定（片側）								
2	No	得点		標本平均	11.8							
3	1	12										
4	2	9		母平均	10	基準値						
5	3	15		母標準偏差	3.2	標準偏差						
6	4	10										
7	5	12		P値（右片側）	0.037638							
8	6	14										
9	7	8			「P値＜0.05」なので対立仮説が採択され、売上数は増加したと判定できる							
10	8	14		配列								
11	9	11										
12	10	13										
13												

```
=Z.TEST( 配列 , 基準値 , 【標準偏差】)                    統計
```

　　配列…標本のセル範囲を指定
　　基準値…検定の対象となる数値（母集団の平均）を指定
　　標準偏差…母集団の標準偏差を指定。省略した場合は、標本から計算された不偏標準偏差が使用される
正規分布を使用して、「配列」で指定した標本から母平均を検定し、「基準値」に対応する右側確率を返します。

Memo

● Z.TEST 関数は右側確率を返すので、対立仮説が「基準値より小さい」の場合は、「1-Z.TEST 関数の戻り値」を 5%と比較し、5%以下であれば対立仮説を採択します。

関連項目　【08-74】正規分布を使用して母平均の両側検定を行う

08-74　正規分布を使用して母平均の両側検定を行う

Z.TEST／MIN
ゼット・テスト　ミニマム

　Z.TEST関数の戻り値のP値は右側確率ですが、「=MIN(P値, 1-P値)*2」で両側確率が求められます。ここでは、ある製品の重量を平均20g、標準偏差0.5gで管理している場合について、母平均を有意水準5％で検定し、正しく20gで制作されているかどうかを調べます。帰無仮説「平均は20gに等しい」、対立仮説「平均は20gに等しくない」の両側検定になります。

▶母平均の両側検定を行う

E7	=Z.TEST(B3:B12,E4,E5)
	配列 基準値 標準偏差

E8	=MIN(E7,1-E7)*2

E7				fx	=Z.TEST(B3:B12,E4,E5)					
	A	B	C	D	E	F	G	H	I	J	K
1	検査結果（標本）			z検定（両側）						
2	No	重さ		標本平均	19.89					
3	1	20.9								
4	2	20.4		母平均	20	基準値				
5	3	19.8		母標準偏差	0.5	標準偏差				
6	4	18.0								
7	5	19.2		P値（右片側）	0.756692	数式を入力				
8	6	20.3		P値（両側）	0.486616					
9	7	20.5								
10	8	19.6								
11	9	19.4		配列						
12	10	20.8								
13										
14										

「P値 >0.05」なので帰無仮説は棄却されず、製品は 20g でないとはいえない

=Z.TEST(配列 , 基準値 , [標準偏差])	→ 08-73
=MIN(数値 1 , [数値 2] …)	→ 02-48

Memo

● Z.TEST 関数の戻り値（右側確率）は 0.5 以上になることもあるので、単純に片側確率を 2 倍しても両側確率になりません。両側確率を求めるには、右側確率（E7）と左側確率（1-E7）の小さいほうを 2 倍して両側確率を求めます。

関連項目 【08-73】正規分布を使用して母平均の片側検定を行う

08-75 t検定で対応のあるデータの平均値の差を検定する

ティー・テスト
T.TEST

T.TEST関数を使用すると、母集団が正規分布にしたがう2つの標本の平均値の差を検定できます。

ここでは、従来品と改良版の2つのクッキーの食べ比べアンケートの結果を検定します。平均値は、従来品が6.75、改良版が7.75です。改良版の点数が上ですが、「改良版のほうが評価が高い」と言い切れるのか、有意水準5%で検定します。帰無仮説は「評価に差はない」、対立仮説は「改良品のほうが評価が高い」です。対立仮説が「○○のほうが高い」という形なので片側検定を行います。同じ人が2つの商品を評価しているので、2つの配列は対をなす配列と見なせます。結果はP値が5%より小さく、対立仮説が採択され、改良品のほうが評価が高いという結論になります。

▶平均値の差を検定する

G3 =T.TEST(D3:D14,E3:E14, 1, 1)
　　　　 配列1　　配列2　 検定の指定　検定の種類
　　　　　　　　　　　　 （片側検定）（対をなすデータ）

G3　　　fx　=T.TEST(D3:D14,E3:E14,1,1)

	A	B	C	D	E	F	G	H	I	J	K	L
1		食べ比べアンケート				配列1	t 検定					
2	No	年齢	性別	従来品	改良版		P値（片側）					
3	1	28	女	8	6	配列2	0.033567116		数式を入力			
4	2	35	男	7	8							
5	3	41	男	5	7							
6	4	36	女	4	6							
7	5	29	女	9	10							
8	6	40	男	7	7							
9	7	51	女	6	5							
10	8	25	男	8	8							
11	9	46	男	7	10							
12	10	28	女	5	9							
13	11	37	女	6	8							
14	12	31	男	9	9							
15		平均		6.75	7.75							

「P値<0.05」なので帰無仮説は棄却され、改良版のほうが評価が高いと判断できる

平均値は改良版のほうが高い

=T.TEST(配列 1, 配列 2, 検定の指定 , 検定の種類) 統計

配列 1…一方の標本のセル範囲を指定
配列 2…もう一方の標本のセル範囲を指定
検定の指定…1 を指定した場合の戻り値は片側確率、2 を指定した場合の戻り値は両側確率になる
検定の種類…t 検定の種類を次表の値で指定

検定の種類	説明
1	対をなすデータの t 検定
2	等分散の 2 標本を対象とする t 検定
3	非等分散の 2 標本を対象とする t 検定

t 検定を行います。t 分布を使用して、2 つの「配列」で指定した標本から母平均の差を検定し、片側確率、または両側確率を返します。

Memo

●従来品のセル範囲と改良版のセル範囲を「配列 1」と「配列 2」のどちらに指定しても、T.TEST 関数の戻り値は同じです。帰無仮説の「配列 1 と配列 2 が等しい」を棄却できた場合、片側検定では「配列 1」と「配列 2」のどちらかの平均値が高いという結論になりますが、どちらが高いのかは「配列 1」と「配列 2」の平均値を計算して判断します。

G3 : × ✓ fx =T.TEST(E3:E14,D3:D14,1,1)

	A	B	C	D	E	F	G	H	I	J	K
1		食べ比べアンケート					t 検定				
2	No	年齢	性別	従来品	改良版		P値（片側）				
3	1	28	女	8	6		0.033567116				
4	2	35	男	7	8						
5	3	41	男	5	7						
6	4	36	女	4	6		=T.TEST(E3:E14,D3:D14,1,1)				
7	5	29	女	9	10						
8	6	40	男	7	7		「配列 1」と「配列 2」を逆に				
9	7	51	女	6	5		指定した場合も同じ結果が出る				
10	8	25	男	8	8						
11	9	46	男	7	10						

●引数「検定の指定」では、片側検定と両側検定のどちらの検定を行うかを指定します。対立仮説が「○は△より大きい」「○は△より小さい」である場合は片側検定、「○と△は等しくない」である場合は両側検定を選びます。

●引数「検定の種類」に指定する値は、2 つの標本の状態によって決めます。同じ人の 1 回目と 2 回目の試験結果など、2 つの標本に対応がある場合は「1」を指定します。A 社の社員の年齢と B 社の社員の年齢など、2 つの標本に対応がない場合は「2」か「3」を指定します。

関連項目 【08-76】t 検定で対応のないデータの平均値の差を検定する
【08-77】f 検定で分散に違いがあるかどうか検定する

08-76 t検定で対応のないデータの平均値の差を検定する

ティー・テスト
T.TEST

　T.TEST関数を使用して、対応のない2つの配列の検定をしてみましょう。ここでは2つの高校のテストの得点に差があるかどうかを検定します。帰無仮説は「得点は同じ」、対立仮説は「得点に差がある」として、有意水準5%で両側検定を行います。なお、対応がない配列の場合、分散が等しいかどうかによって引数「検定の種類」に指定する値が変わります。ここではF.TEST関数（→【08-77】）で分散が等しくないことを確認したものとして、「3」（非等分散の2標本を対象とするt検定）を指定します。

▶平均値の差を検定する

```
E7 =T.TEST(B3:B14,C3:C12, 2,  3)
     配列1   配列2  検定の指定  検定の種類
                   （両側検定）（非等分散）
```

E7	: × ✓ fx	=T.TEST(B3:B14,C3:C12,2,3)

	A	B	C	D	E	F	G	H	I	J
1	統一テスト得点				**f 検定**					
2	No	A高校	B高校		P値（両側）					
3	1	100	69		0.032257117	← 分散が等しくないことを調べておく				
4	2	48	70							
5	3	98	62		**t 検定**					
6	4	81	64		P値（両側）					
7	5	53	75		0.027103961	← 数式を入力				
8	6	92	52							
9	7	73	64							
10	8	50	56		「P値＜0.05」なので帰無仮説は棄却され、A高校とB高校の得点に差があると判断できる					
11	9	81	47							
12	10	100	72							
13	11	74								
14	12	89								
15	平均	78.25	63.1							
16		配列1	配列2							
17										

```
=T.TEST( 配列 1, 配列 2, 検定の指定 , 検定の種類 )            → 08-75
```

関連項目 【08-77】f検定で分散に違いがあるかどうか検定する

08-77 f検定で分散に違いがあるか どうか検定する

エフ・テスト
F.TEST

2つの標本の母分散が等しいかどうかを検定するには、F.TEST関数を使用します。ここでは、2つの高校のテストの得点の分散を有意水準5%で検定します。帰無仮説「分散は等しい」、対立仮説「分散は等しくない」として、両側検定を行います。F.TEST関数の戻り値は両側確率なので、そのまま有意水準と比較できます。

▶分散の違いを検定する

E3 =F.TEST(B3:B14,C3:C12)
　　　　 配列1　　　配列2

		E3		∨	:	×	✓	fx	=F.TEST(B3:B14,C3:C12)		

▲	A	B	C	D	E	F	G	H	I	J
1	統一テスト得点				f 検定					
2	No	A高校	B高校		P値（両側）					
3	1	100	69		0.032257117	← 数式を入力				
4	2	48	70							
5	3	98	62		「P値＜0.05」なので対立仮説が採択され、A高					
6	4	81	64		校とB高校の点数の分散に差があると判定できる					
7	5	53	75							
8	6	92	52							
9	7	73	64							
10	8	50	56							
11	9	81	47							
12	10	100	72							
13	11	74								
14	12	89								
15	分散	368.3864	82.1							
16		配列1	配列2							

=F.TEST(配列 1, 配列 2)　　　　　　　　　　　　　　　　　　統計

配列 1…一方の標本のセル範囲を指定
配列 2…もう一方の標本のセル範囲を指定
f 検定を行います。f 分布を使用して、2 つの「配列」で指定した標本の母分散の分散比を検定し、両側確率を返します。

08-78 カイ二乗検定で独立性の検定を行う

カイ・スクエア・テスト
CHISQ.TEST

CHISQ.TEST関数を使用すると、クロス集計表の行項目と列項目の関連性を調べることができます。ここでは、ある商品に興味があるかどうかのアンケート結果をもとに、興味の有無と性別の関係を調べます。期待度数表に、2項目に関連性がないことを仮定した場合の期待値（理論値のこと）を入力し、実測値との差がどれくらいあるかによって検定を行います。帰無仮説は「興味の有無と性別に関連性がない」、対立仮説は「興味の有無と性別に関連性がある」です。このような検定を「独立性の検定」と呼びます。

▶独立性を検定する

B9	=B$5*$D3/$D$5

B9		▼	:	× ✓ fx	=B$5*$D3/$D$5		

	A	B	C	D	E	F	G	H	I
1	実測値（商品Aに興味があるか）								
2	性別＼回答	ある	ない	合計					
3	男性	34	86	120		アンケートの結果からクロ			
4	女性	55	75	130		ス集計表を作成しておく			
5	合計	89	161	250					
6									
7	期待値					セル B9 に数式を入力し			
8	性別＼回答	ある	ない	合計		て、セル C10 までコピー			
9	男性	42.72	77.28	120					
10	女性	46.28	83.72	130		SUM 関数で合計を求めておく			
11	合計	89	161	250					
12									
13	x^2検定	P値							
14									

①アンケートの結果から実測値のクロス集計表を作成しておく。次に、この実測値をもとに期待値を計算する。興味の有無と性別に関連性がない場合、各性別の興味の有無の比率は合計の比率（89：161）に一致するはずである。また、各回答の男女の比率は合計の比率（120：130）に一致するはずである。そのような期待値（理論値）を求めるために、セル B9 に図の数式を入力して、セル C10 までコピーする。それぞれの合計を SUM 関数で求めておく。

C13 =CHISQ.TEST(B3:C4,B9:C10)
　　　　　　実測値範囲　期待値範囲

C13	: × ✓ fx	=CHISQ.TEST(B3:C4,B9:C10)							
	A	B	C	D	E	F	G	H	I
1	実測値（商品Aに興味があるか）								
2	性別＼回答	ある	ない	合計					
3	男性	34	86	120	実測値範囲				
4	女性	55	75	130					
5	合計	89	161	250					
6									
7	期待値								
8	性別＼回答	ある	ない	合計					
9	男性	42.72	77.28	120	期待値範囲				
10	女性	46.28	83.72	130					
11	合計	89	161	250					
12					「興味の有無と性別に関連性がある」が採択される				
13	χ^2検定	P値	0.021141	数式を入力					
14									
15									

② CHISQ.TEST 関数を使用して P 値を求めると、「P＜0.05」となり帰無仮説が棄却され、対立仮説「興味の有無と性別に関連性がある」が採択される。

=CHISQ.TEST(実測値範囲 , 期待値範囲)　　　　　　　　　　　　　　　　　　統計

実測値範囲…**実測値のセル範囲を指定**
期待値範囲…**期待値のセル範囲を指定**
カイ二乗検定を行います。カイ二乗分布を使用して、「実測値範囲」と「期待値範囲」の分布を検定し、右側確率を返します。

> **Memo**
>
> ● CHISQ.TEST 関数の戻り値が有意水準以下なら、実測値は期待値と適合していないことになります。今回、期待値は「興味の有無と性別に関連性がない」と仮定した値が入力されています。したがって、実測値は「興味の有無と性別に関連性がない」とした期待値と適合していないことになり、結論として、興味の有無と性別に関連性が認められます。
>
> ●カイ二乗検定は、期待値が 5 以上ないと適切な結果が得られません。

関連項目 【08-79】カイ二乗検定で適合性の検定を行う

08-79 カイ二乗検定で適合性の検定を行う

 カイ・スクエア・テスト
CHISQ.TEST

　CHISQ.TEST関数では、【08-78】で紹介した独立性の検定のほかに、適合性の検定を行えます。適合性の検定とは、実測値と期待値の適合度を検定するものです。ここでは1袋50個入りの飴の袋を10袋開封し、500個の中に5種類の味が何個ずつ含まれているかを調べます。均等に含まれている場合の「100」個を期待値として検定します。帰無仮説は「適合している」、対立仮説は「適合していない」です。戻り値Pが5%より小さければ、実測値は期待値と適合していないことになります。

▶**適合性を検定する**

E3 =CHISQ.TEST(B3:B7,C3:C7)
　　　　　　　実測値範囲 期待値範囲

	A	B	C	D	E	F	G	H	I
1	アソートキャンディの内容調査				χ²検定				
2	味	実測値	期待値		P値				
3	オレンジ	132	100		0.00198553	数式を入力			
4	アップル	103	100						
5	グレープ	98	100		「P<0.05」なので帰無仮説が棄却され、飴は均等に入っていないことがわかる				
6	レモン	91	100						
7	ピーチ	76	100	期待値範囲					
8	合計	500	500						
9				実測値範囲					

=CHISQ.TEST(実測値範囲 , 期待値範囲)　　　　　　　➡ **08-78**

Memo

● CHISQ.TEST 関数では、実測値範囲と期待値範囲の 2 つの分布が一致していれば、戻り値の右側確率は 1 になります。反対に、2 つの分布が異なれば、戻り値の右側確率は 0 に近づきます。サンプルの場合、右側確率が有意水準より小さく、実測値と期待値は適合しておらず、飴が均等に入っているわけではないという結論になります。

関連項目 【08-78】カイ二乗検定で独立性の検定を行う

財務計算

ローンや投資のシミュレーションをしよう

09-01 財務関数の基礎を理解しよう

📗 ローン計算と積立計算

　財務関数の中で特に身近に使われるのは、ローンの計算や積立預金の計算でしょう。Excelには、ローンや積立預金の期間、支払額、頭金、満期金などを求める関数が豊富に用意されています。そのような関数には、よく出てくる共通の引数があります。引数の意味を押さえておくことが、財務関数の使いこなしの一歩となります。

▶**財務関数でよく使う引数**

引数	内容
利率	ローンや積立の利率（借入金／預入金等の金額に対する利息の割合）。年払いの場合は年利、月払いの場合は月利（年利÷12）を指定する
期間	ローンや積立の支払回数。年払いの場合は年数、月払いの場合は月数（年数×12）を指定する
定期支払額	ローンや積立の毎回の支払額。年払いの場合は年額、月払いの場合は月額を指定する
現在価値	ローンや積立の現在の価値。ローンの場合は借入金、積立の場合は頭金を指定する
将来価値	最後の支払いのあとに残る金額。ローンの場合は返済後の残高、積立の場合は満期金を指定する
支払期日	支払いの期日を期末払いのときに0、期首払いのときに1で指定。省略すると0が指定されたものと見なされる

📗 利率と期間の指定

　引数を指定するとき、「利率」と「期間」は時間的な単位を一致させる必要があります。例えば、年利12%、期間5年とすると、年払い、半年払い、月払いのそれぞれの指定方法は次のようになります。

▶**利率と期間の指定方法**

支払方法	利率	期間
年払い	12%	5
半年払い	6%（12%÷2）	10（5年×2）
月払い	1%（12%÷12）	60（5年×12）

📗 定期支払額、現在価値、将来価値の指定

　財務計算では、支払う金額を負数、受け取る金額を正数で指定します。ローンと積立の場合で「定期支払額」、「現在価値」、「将来価値」の指定方法は次のようになります。

▶金額の指定方法

引数	ローン	積立
定期支払額	返済額を負数で指定する	積立額を負数で指定する
現在価値	借入金を正数で指定する	頭金を負数で指定する 頭金がない場合は「0」を指定する
将来価値	借入残高を負数で指定する 完済の場合は「0」を指定する	満期金を正数で指定する

📖 支払期日の指定

　「支払期日」とは、支払う期日（返済日または預入日）のことです。例えば月払いの場合、月の初めに支払うことを「期首払い」、月の終わりに支払うことを「期末払い」といいます。指定を省略すると期末払いとなります。本書のサンプルでは指定を省略して期末払いとして計算しますが、支払いをいつ行うのかによって、期首払いと期末払いを使い分けてください。

📖 戻り値

　財務関数の中には、戻り値に自動で［通貨］の表示形式が設定されるものがあります。［通貨］の表示形式では小数点以下の数値を表示しない設定になっているため、戻り値が整数のように見えても、小数点以下の数値が含まれている場合があります。必要に応じて端数処理の関数を使用して処理してください。

📖 元利均等返済と元金均等返済

　ローンの返済方法には、「元利均等返済」と「元金均等返済」があります。元利均等返済は、毎回の返済額（元金と利息の合計）を一定とする返済方法です。一方、元金均等返済は、毎回の元金の返済額を一定とします。どちらの返済方法を利用するかによって、Excelで使用する関数が異なるので注意してください。ほとんどの関数は元利均等方式に基づいた計算を行います。

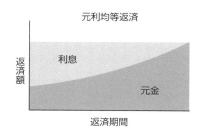

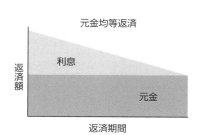

09-02 年利○%、返済月額○円のローンで何回払うと100万円を完済できる？

ナンバー・オブ・ピリオド
NPER

　元利均等方式のローンの支払額は、NPER関数で求められます。ここでは年利4%、返済月額5万円のローンで、何回支払いを行えば、100万円を完済できるかを求めます。時間の単位を揃えるため、年利は12で割って月利にします。返済月額は支払額なので負数で、借入金額は受取額なので正数で指定します。将来価値の「0」と支払期日の「期末」の指定は省略できます。計算の結果、20.7回（20.7カ月）で完済できることがわかります。

▶返済月額5万円、借入金額100万円のローンの支払回数を求める

B6	=NPER(B2/12,B3,B4)
	利率 定期支払額 現在価値

B6	∨	:	× ✓ fx	=NPER(B2/12,B3,B4)			
▲	A	B	C	D	E	F	G
1	ローン計算						
2	年利	4.00%	利率				
3	返済月額	¥-50,000	定期支払額				
4	借入金額	¥1,000,000	現在価値				
5							
6	返済期間（回）	20.73233875	数式を入力	返済回数が求められた			
7							
8							

=NPER(利率 , 定期支払額 , 現在価値 , [将来価値] , [支払期日]) 　　財務

　利率…利率を指定。年払いの場合は年利、月払いの場合は月利（年利÷12）となる
　定期支払額…毎回の支払額を指定。年払いの場合は年額、月払いの場合は月額となる
　現在価値…ローンの場合は借入金、積立の場合は頭金を指定
　将来価値…ローンの場合は返済後の残高、積立の場合は満期金を指定。省略時は0と見なす
　支払期日…支払期日を指定。0を指定するか指定を省略すると期末払い、1を指定すると期首払いとなる
ローンや積立において一定の利率で定額の支払いを定期的に行う場合の支払回数を求めます。元利均等方式に基づいて計算が行われます。

関連項目 【09-01】財務関数の基礎を理解しよう

09-03 年利○%、期間○年、100万円のローンの毎月の返済額はいくら？

PMT
ペイメント

元利均等方式のローンの返済額は、PMT関数で求められます。ここでは年利4%、期間3年のローンで、いくらずつ返済を行えば100万円を完済できるかを求めます。時間の単位を揃えるため、年利は12で割って月利に、期間は12を掛けて月数にします。借入金額は受取額なので正数で指定します。将来価値の「0」と支払期日の「期末」の指定は省略できます。結果は支払額なので負数で求められます。正数で求めたい場合は、数式の先頭に「-」を付けて「=-PMT(……)」と入力してください。

▶期間3年、借入金額100万円のローンの毎月の返済額を求める

```
B6 =PMT(B2/12,B3*12,B4)
       利率   期間   現在価値
```

B6	∨	:	× ✓ fx	=PMT(B2/12,B3*12,B4)			
	A	B	C	D	E	F	G
1		ローン計算					
2	年利	4.00%	利率				
3	返済期間（年）	3	期間				
4	借入金額	¥1,000,000	現在価値				
5							
6	返済月額	¥-29,524	数式を入力	返済額が求められた			
7							

```
=PMT( 利率 , 期間 , 現在価値 , [将来価値] , [支払期日] )                    財務
```

利率…利率を指定。年払いの場合は年利、月払いの場合は月利（年利÷12）となる
期間…支払い回数を指定。年払いの場合は年数、月払いの場合は月数となる
現在価値…ローンの場合は借入金、積立の場合は頭金を指定
将来価値…ローンの場合は返済後の残高、積立の場合は満期金を指定。省略時は0と見なす
支払期日…支払期日を指定。0を指定するか指定を省略すると期末払い、1を指定すると期首払いとなる
ローンや積立において一定の利率で定額の支払いを定期的に行う場合の定期支払額を求めます。元利均等方式に基づいて計算が行われます。

関連項目 【09-05】月払いとボーナス払いを併用すると毎回の返済額はいくらになる？

09-04 分割回数によって毎月の返済額が どう変わるか試算する

ベイメント
PMT

年利4%、借入金100万円のローンにおいて、分割回数によって毎月の返済額がどのように変わるのかをシミュレーションしましょう。返済額を求めるので、PMT関数を使用します。ここでは関数名の前に「-」を付けて、戻り値を正数で表示します。年利と借入金額のセルは、数式をコピーしたときに固定されるように絶対参照で指定してください。

▶分割回数によって返済額がどう変わるかを調べる

B6	=-PMT($B$2/12,A6,$B$3)
	利率　　期間　現在価値

| B6 | ∨ | : | × ✓ ƒx | =-PMT($B$2/12,A6,$B$3) |

	A	B	C	D	E	F	G	H	I
1	返済シミュレーション								
2	年利	4.00%	← 利率						
3	借入金額	¥1,000,000	← 現在価値						
4									
5	分割回数	返済月額	← 期間						
6	6	¥168,617	← セルB6に数式を入力して、セルB11までコピー						
7	12	¥85,150	分割回数に応じた返済額が求められた						
8	18	¥57,331							
9	24	¥43,425							
10	30	¥35,083							
11	36	¥29,524							

=PMT (利率 , 期間 , 現在価値 , [将来価値] , [支払期日])　　　　　➡ **09-03**

Memo

● PMT関数を入力すると、セルに自動で［通貨］の表示形式が設定されるので、小数点以下が非表示になります。【11-12】を参考に表示形式を初期設定の［標準］に戻すと、小数点以下の数値を確認できます。

5	分割回数	返済月額
6	6	168616.5033
7	12	85149.9042
8	18	57331.40142
9	24	43424.92217
10	30	35083.25172

関連項目　【09-02】年利○%、返済月額○円のローンで何回払うと100万円を完済できる？

09-05 月払いとボーナス払いを併用すると毎回の返済額はいくらになる？

ペイメント
PMT

　年利4%、期間3年、借入金100万円のローンにおいて、返済を月払いとボーナス払いで併用した場合の支払額を求めましょう。このようなときは、借入金100万円のうち、いくらをボーナス払いに充てるかを決めて、月払いの支払額とボーナス払いの支払額を別々に計算します。ここでは100万円のうち、40万円をボーナス時に支払うこととします。つまり、月払いの分は60万円です。サンプルの計算の結果、毎月の返済額は17,714円で、ボーナス月は返済月額＋71,410円となりました。

▶月払いの返済額とボーナス払いの返済額を求める

B7 =-PMT(B2/12,B3*12,B4-B5)
　　　　　　利率　　期間　　現在価値

B8 =-PMT(B2/2,B3*2,B5)
　　　　　　利率　　期間　現在価値

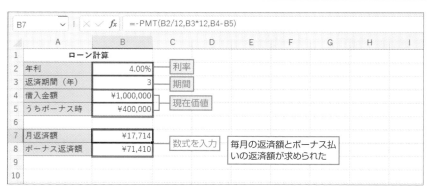

=PMT(利率 , 期間 , 現在価値 , [将来価値] , [支払期日]) **→ 09-03**

Memo

●ローンをボーナス払いで返済する場合は、利率と期間を半年の単位に換算します。つまり、利率は年利を2で割り、期間は年数に2を掛けて指定します。なお、今回の計算のボーナス返済額は、借入時からボーナス月までの期間を6カ月として計算したものです。

関連項目 【09-03】年利○%、期間○年、100万円のローンの毎月の返済額はいくら？

09-06 年利○％、期間○年、月3万円返済する場合、いくら借りられる？

プレゼント・バリュー
X PV

　元利均等方式のローンの借入金額は、PV関数で求められます。ここでは年利4%、期間3年のローンで、毎月3万円ずつ返済する場合に、借入可能な金額がいくらになるかを求めます。時間の単位を揃えるため、年利は12で割って月利に、期間は12を掛けて月数にします。返済月額は支払額なので負数で指定します。将来価値の「0」と支払期日の「期末」の指定は省略できます。結果は受取額なので正数で求められます。

▶期間3年、返済月額3万円のローンの借入可能金額を求める

B6 =PV(B2/12,B3*12,B4)
　　　 利率　　 期間　定期支払額

=PV(利率 , 期間 , 定期支払額 ,［将来価値］,［支払期日］) 　　　　財務

　　利率…利率を指定。年払いの場合は年利、月払いの場合は月利（年利÷12）となる
　　期間…支払い回数を指定。年払いの場合は年数、月払いの場合は月数となる
　　定期支払額…毎回の支払額を指定。年払いの場合は年額、月払いの場合は月額となる
　　将来価値…ローンの場合は返済後の残高、積立の場合は満期金を指定。省略時は0と見なす
　　支払期日…支払日を指定。0を指定するか指定を省略すると期末払い、1を指定すると期首払いとなる
　ローンや積立において一定の利率で定額の支払いを定期的に行う場合の現在価値を求めます。ローンの場合は借入金額、積立の場合は頭金が求められます。元利均等方式に基づいて計算が行われます。

Memo

●計算の条件となるセルB4の返済月額を正数で入力したいときは、引数に「-」を付けて「=PV(B2/12,B3*12,-B4)」のように指定します。

関連項目 【09-01】財務関数の基礎を理解しよう

09-07 支払い可能な資金から マイホームの予算を決めたい！

プレゼント・バリュー
PV

　年利、期間、現在用意できる頭金、月々の給与から返済に回せる金額、ボーナスから返済に回せる金額の5つの数値から、自分が購入できるマイホームの予算を計算しましょう。ここでは年利3%、期間30年、頭金800万円、月返済額6万円、ボーナス時返済額15万円として計算します。PV関数で月返済分の借入額とボーナス時返済分の借入額をそれぞれ求め、それらを合計して頭金を加えれば、マイホームの予算になります。

▶マイホームの予算を求める

B8 =PV(B2/12,B3*12,B5)
　　　利率　　期間　定期支払額

B9 =PV(B2/2,B3*2,B6)
　　　利率　　期間　定期支払額

B10 =B4+B8+B9
　　　頭金 月返済分 ボーナス返済分

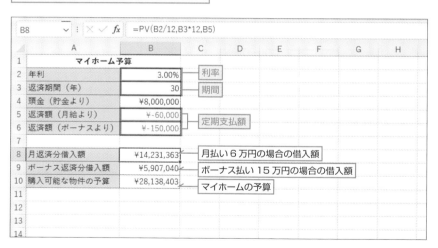

=PV(利率 , 期間 , 定期支払額 , [将来価値] , [支払期日])　　→ 09-06

関連項目 【09-05】月払いとボーナス払いを併用すると毎回の返済額はいくらになる？

09-08 返済開始○年後のローン残高はいくら？

フューチャー・バリュー
FV

　元利均等方式のローンの残高は、FV関数で求められます。ここでは年利4%、返済月額3万円、借入金額100万円のローンを組んだときに、返済を開始して1年後（12カ月後）のローン残高を求めます。時間の単位を揃えるため、年利は12で割って月利に、期間は12を掛けて月数にします。返済月額は支払額なので負数で指定します。支払期日の「期末」の指定は省略できます。結果は今後の支払額なので負数で求められます。

▶返済開始1年後のローン残高を求める

B7	=FV(B2/12,B3*12,B4,B5)
	利率　期間　定期　現在 　　　　　　支払額　価値

B7		fx	=FV(B2/12,B3*12,B4,B5)		

	A	B	C	D	E	F	G
1	ローン計算						
2	年利	4.00%	利率				
3	返済期間（年）	1	期間				
4	返済月額	¥-30,000	定期支払額				
5	借入金額	¥1,000,000	現在価値				
6							
7	ローン残高	¥-674,068	数式を入力　ローン残高が求められた				
8							

=FV(利率 , 期間 , 定期支払額 , [現在価値] , [支払期日])　　　財務

　利率…利率を指定。年払いの場合は年利、月払いの場合は月利（年利÷12）となる
　期間…支払い回数を指定。年払いの場合は年数、月払いの場合は月数となる
　定期支払額…毎回の支払額を指定。年払いの場合は年額、月払いの場合は月額となる
　現在価値…ローンの場合は借入金、積立の場合は頭金を指定。省略時は0と見なす
　支払期日…支払期日を指定。0を指定するか指定を省略すると期末払い、1を指定すると期首払いとなる
ローンや積立において一定の利率で定額の支払いを定期的に行う場合の将来価値を求めます。ローンの場合は「期間」後の残高、積立の場合は「期間」後の受取額が求められます。元利均等方式に基づいて計算が行われます。

関連項目 【09-01】財務関数の基礎を理解しよう

09-09 返済可能なローンの金利の上限を調べる

RATE（レート）

　元利均等方式のローンの利率は、RATE関数で求められます。ここでは100万円を借りて、毎月3万円ずつ返済して3年で完済するための金利を調べます。月々の返済なので、期間は12を掛けて月数にします。返済月額は支払額なので負数で、借入金額は受取額なので正数で指定します。戻り値は月利になるので、12を掛けて年利とします。なお、RATE関数は「反復計算」の仕組みで計算されます。反復計算とは、推定値から逆算して元の値を求め、その誤差が小さくなるように推定値を修正し、これを繰り返しながら誤差を小さくしていく手法です。

▶ローンの利率を求める

```
B6 =RATE(B2*12,B3,B4)*12
       期間 定期支  現在
            払額    価値
```

B6		: × ✓ fx	=RATE(B2*12,B3,B4)*12					
	A	B	C	D	E	F	G	H	I
1	ローン計算								
2	返済期間（年）	3	期間						
3	返済月額	¥-30,000	定期支払額						
4	借入金額	¥1,000,000	現在価値						
5									
6	年利	5.06%	年利が5.06%までなら返済可能とわかる						

=RATE(期間 , 定期支払額 , 現在価値 , [将来価値] , [支払期日] , [推定値])　　　　財務

期間…支払い回数を指定。年払いの場合は年数、月払いの場合は月数となる
定期支払額…毎回の支払額を指定。年払いの場合は年額、月払いの場合は月額となる
現在価値…ローンの場合は借入金、積立の場合は頭金を指定
将来価値…ローンの場合は返済後の残高、積立の場合は満期金を指定。省略時は0と見なす
支払期日…支払期日を指定。0を指定するか指定を省略すると期末払い、1を指定すると期首払いとなる
推定値…利率の推定値を指定。省略すると10%を指定したと見なされる。この値は、利率を求めるための反復計算の初期値として使用される
一定の利率で定額の支払いを定期的に行う場合の利率を求めます。元利均等方式に基づいて計算が行われます。反復計算を20回実行した時点で収束しない場合は［#NUM!］が返されます。

09-10 ローンの○回目の
返済額の内訳（元金、利息）を求める

プリンシプル・ペイメント　　　インタレスト・ペイメント
PPMT／ IPMT

　ローンの返済額は、元金と利息の合計額です。元利均等返済でローンを組んだ場合、毎回の返済額は一定となり、元金と利息の割合が変化します。ローンを組んだ直後は利息の割合が高く、その後徐々に元金の割合が増えていきます。

　○回目の支払における元金相当額はPPMT関数で、利息相当額はIPMT関数で求められます。ここでは、年利3%、期間20年、借入金2,000万円のローンにおいて、60回目の支払いの元金相当額と利息相当額を求めます。2つの関数に指定する引数は同じです。

▶60回目の支払いの内訳（元金、利息）を求める

B7	=PPMT(B2/12,B3,B4*12,B5)
	利率　期　期間　現在価値

B8	=IPMT(B2/12,B3,B4*12,B5)
	利率　期　期間　現在価値

B9	=B7+B8
	元金 利息

B7	∨	⋮	× ✓ fx	=PPMT(B2/12,B3,B4*12,B5)		

	A	B	C	D	E	F	G
1	住宅ローン計算						
2	年利	3.00%	利率				
3	期（回目）	60	期				
4	返済期間（年）	20	期間				
5	借入金額	¥20,000,000	現在価値				
6							
7	元金相当分	¥-70,589	60 回目に支払う元金				
8	利息相当分	¥-40,331	60 回目に支払う利息				
9	返済月額	¥-110,920	60 回目に支払う合計金額				
10							
11							

=PPMT (利率 , 期 , 期間 , 現在価値 ,[将来価値],[支払期日])　**財務**

利率…利率を指定。年払いの場合は年利、月払いの場合は月利（年利÷ 12）となる
期…元金支払額を求める期を 1 〜「期間」の範囲で指定
期間…支払い回数を指定。年払いの場合は年数、月払いの場合は月数となる
現在価値…ローンの場合は借入金を指定
将来価値…ローンの場合は返済後の残高を指定。省略時は 0 と見なす
支払期日…支払期日を指定。0 を指定するか指定を省略すると期末払い、1 を指定すると期首払いとなる

一定の利率で定額の支払いを定期的に行う場合に、指定した「期」に支払う元金を求めます。元利均等方式に基づいて計算が行われます。

=IPMT (利率 , 期 , 期間 , 現在価値 ,[将来価値],[支払期日])　**財務**

一定の利率で定額の支払いを定期的に行う場合に、指定した「期」に支払う利息を求めます。元利均等方式に基づいて計算が行われます。引数の説明は PPMT 関数を参照。

Memo

●元利均等返済では、返済当初は返済額に占める利息の割合が高く、返済が進むと徐々に元金の割合が増えます。サンプルでは、60 回目の返済額のうち、元金と利息がそれぞれいくらになるのかを求めました。

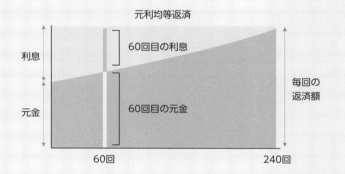

元利均等返済

60回目の利息
利息
毎回の返済額
元金
60回目の元金

60回　　　　　　　　　　　　　240回

●サンプルではセル B9 の返済月額を「元金＋利息」で求めましたが、PMT 関数を使用しても求めることができます。「元金＋利息」の結果や PMT 関数の戻り値は、20 年間（240 回）ずっと同じ金額になります。
=PMT(B2/12,B4*12,B5)

●サンプルで求めた金額は支払額なので負数になります。正数で求めたい場合は、数式の先頭に「-」を付けてください。
=-PPMT(B2/12,B3,B4*12,B5)
=-IPMT(B2/12,B3,B4*12,B5)

関連項目　【09-11】○回目までの返済で支払った元金と利息の累計を求める
　　　　　　　【09-12】元利均等方式の住宅ローン返済予定表を作成する
　　　　　　　【09-17】元金均等方式のローンの○回目の返済額の内訳（元金、利息）を求める

09-11 ○回目までの返済で支払った元金と利息の累計を求める

キュムラティブ・プリンシパル　キュムラティブ・インタレスト・ペイメント
CUMPRINC／CUMIPMT

　　ローンの返済額は、元金と利息の合計額です。元利均等返済でローンを組んだ場合、毎回の返済額は一定となり、元金と利息の割合が変化します。CUMPRINC関数を使用すると○回目から○回目までに支払った元金の累計を、CUMIPMT関数を使用すると○回目から○回目までに支払った利息の累計を計算できます。毎回の支払額を求めて合計しなくても、開始回と終了回を指定するだけで累計を求められるので便利です。

　　ここでは、年利3%、期間20年、借入金2,000万円のローンにおいて、60回目までの支払いの元金累計額と利息累計額を求めます。

▶1～60回目の支払いの元金累計と利息累計を求める

B7 =CUMPRINC(B2/12,B3*12,B4,1,B5,0)
　　　　　　　利率　　期間　現在　開始　終了　支払
　　　　　　　　　　　　　　価値　期　　期　　期日

B8 =CUMIPMT(B2/12,B3*12,B4,1,B5,0)
　　　　　　　利率　　期間　現在　開始　終了　支払
　　　　　　　　　　　　　　価値　期　　期　　期日

B9 =B7+B8
　　元金累計　利息累計

B7		$\times \checkmark f_x$	=CUMPRINC(B2/12,B3*12,B4,1,B5,0)			
	A	B	C	D	E	F	G
1	住宅ローン計算						
2	年利	3.00%	利率				
3	返済期間（年）	20	期間				
4	借入金額	¥20,000,000	現在価値				
5	期（回目）	60	終了期				
6							
7	元金累計	¥-3,938,247	1～60 回目に支払う元金累計				
8	利息累計	¥-2,716,924	1～60 回目に支払う利息累計				
9	返済額累計	¥-6,655,171	1～60 回目に支払う合計金額				

=CUMPRINC (利率 , 期間 , 現在価値 , 開始期 , 終了期 , 支払期日) 　　　　財務

利率…利率を指定。年払いの場合は年利、月払いの場合は月利（年利÷12）となる
期間…支払い回数を指定。年払いの場合は年数、月払いの場合は月数となる
現在価値…ローンの場合は借入金を指定
開始期…**元金支払額累計を求める期間の最初の期を指定**
終了期…**元金支払額累計を求める期間の最後の期を指定**
支払期日…支払期日を指定。0を指定すると期末払い、1を指定すると期首払いとなる

一定の利率で定額の支払いを定期的に行う場合に、指定した期間に支払う元金の累計を求めます。元利均等方式に基づいて計算が行われます。

=CUMIPMT (利率 , 期間 , 現在価値 , 開始期 , 終了期 , 支払期日) 　　　　財務

一定の利率で定額の支払いを定期的に行う場合に、指定した期間に支払う利息の累計を求めます。元利均等方式に基づいて計算が行われます。引数の説明は CUMPRINC 関数を参照。

Memo

●サンプルでは、1～60回目の元金の累計と利息の累計を求めました。

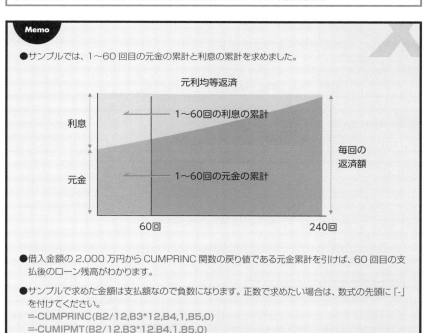

元利均等返済

●借入金額の 2,000 万円から CUMPRINC 関数の戻り値である元金累計を引けば、60 回目の支払後のローン残高がわかります。

●サンプルで求めた金額は支払額なので負数になります。正数で求めたい場合は、数式の先頭に「-」を付けてください。
=-CUMPRINC(B2/12,B3*12,B4,1,B5,0)
=-CUMIPMT(B2/12,B3*12,B4,1,B5,0)

関連項目　【09-01】財務関数の基礎を理解しよう
　　　　　【09-10】ローンの○回目の返済額の内訳（元金、利息）を求める
　　　　　【09-12】元利均等方式の住宅ローン返済予定表を作成する

09-12 元利均等方式の 住宅ローン返済予定表を作成する

プリンシプル・ペイメント　インタレスト・ペイメント
PPMT／ IPMT

　年利3%、期間20年、借入金2,000万円の固定金利ローンを組んだ場合の返済予定表を作成します。返済方法は元利均等方式とします。1回分の支払いの元金相当額はPPMT関数、利息相当額はIPMT関数で求めます。通常これらの関数の戻り値は負数となりますが、ここでは関数の先頭にマイナス「-」を付けて正数で求めます。

▶住宅ローンの返済予定表を作成する

B7	=-PPMT($A$3/12,A7,$B$3*12,$C$3)
	利率　　期　　期間　現在価値

C7	=-IPMT($A$3/12,A7,$B$3*12,$C$3)
	利率　　期　　期間　現在価値

D7	=B7+C7
	元金 利息

E7	=E6-B7
	前回の残高 今回の元金返済額

B7	▼	:	× ✓ fx	=-PPMT($A$3/12,A7,$B$3*12,$C$3)

	A	B	C	D	E	F	G	H
1	住宅ローン返済予定表（元利均等）							
2	年利	返済期間(年)	借入金額					
3	3.00%	20	¥20,000,000			ローンの条件を入力しておく		
4								
5	回数			返済額	ローン残高			
6		元金額	利息額		¥20,000,000			
7	1	¥60,920	¥50,000	¥110,920	¥19,939,080	数式を入力		
8	2							
9	3							
10	4							
11								

①年利、返済期間、借入金額など、ローンの条件を入力しておく。セルB7にPPMT関数、セルC7にIPMT関数を入力して1回目の元金と利息を求める。セルD7に元金と利息の合計を求める。さらに、セルE7に残高を求める。

B247	=SUM(B7:B246)
	数値1

| B247 | ∨ : × ✓ fx | =SUM(B7:B246) | | | | | |

	A	B	C	D	E	F	G	H
1	住宅ローン返済予定表（元利均等）							
2	年利	返済期間(年)	借入金額					
3	3.00%	20	¥20,000,000					
4								
5	回数	元金額	利息額		返済額	ローン残高		
6						¥20,000,000		
7	1	¥60,920	¥50,000		¥110,920	¥19,939,080		
8	2	¥61,072	¥49,848		¥110,920	¥19,878,009		
9	3	¥61,224	¥49,695		¥110,920	¥19,816,784		
10	4	¥61,378	¥49,542		¥110,920	¥19,755,407		数式をコピー
11	5	¥61,531	¥49,389		¥110,920	¥19,693,876		
12	6	¥61,685	¥49,235		¥110,920	¥19,632,191		
242	236	¥109,543	¥1,376		¥110,920	¥440,919		
243	237	¥109,817	¥1,102		¥110,920	¥331,102		
244	238	¥110,092	¥828		¥110,920	¥221,010		
245	239	¥110,367	¥553		¥110,920	¥110,643		
246	240	¥110,643	¥277		¥110,920	¥0		
247	合計	¥20,000,000	¥6,620,685		¥26,620,685			
248								
249				セルB247に数式を入力してコピー				
250								

②セル B7～E7 を選択し、240 回目までコピーする。最終行に SUM 関数を入力して合計を求めると、返済予定表が完成する。

=PPMT(利率 , 期 , 期間 , 現在価値 , [将来価値] , [支払期日])	➡ **09-10**
=IPMT(利率 , 期 , 期間 , 現在価値 , [将来価値] , [支払期日])	➡ **09-10**
=SUM(数値 1 , [数値 2] …)	➡ **02-02**

> **Memo**
>
> ●サンプルでは端数処理をしていないので、求めた各金額の小数部に端数が含まれます。必要に応じて、利用するローンの端数処理の方法に合わせた端数処理をしてください。

関連項目 【09-01】財務関数の基礎を理解しよう
【09-10】ローンの○回目の返済額の内訳（元金、利息）を求める
【09-18】元金均等方式の住宅ローン返済予定表を作成する

09-13 返済額軽減型の繰上返済をすると毎月の返済額はどれだけ安くなる？

PMT／FV
_{ペイメント　フューチャー・バリュー}

　返済額軽減型の繰上返済では、返済期間は変わらず、繰上返済後の月々の返済額が軽減されます。ここでは、年利3%、20年の元利均等方式の固定金利ローンで2,000万円の借入をしているものとします。返済開始から5年（60カ月）経過した時点で、300万円を内入れ金として繰上返済した場合の、繰上返済後の返済月額を求めます。繰上返済後の返済年数は、「20年－5年」で15年（180カ月）となります。

▶返済額軽減型繰上返済後の返済月額を求める

C9 =PMT(A3/12,B3*12,C3)
　　　　利率　　期間　　現在価値

C10 =FV(A3/12,C6,C9,C3)
　　　　利率 期間 定期支 現在
　　　　　　　　払額 価値

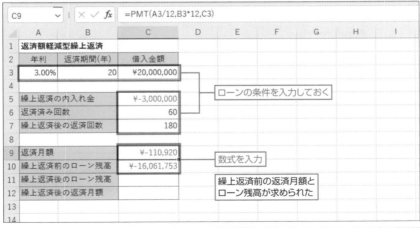

①年利、返済期間、借入金額、内入れ金など、ローンや繰上返済の条件を入力しておく。内入れ金は返済額なので負数で入力すること。PMT 関数を使用して、セル C9 に元々の返済月額を求める。次に、FV 関数を使用して、セル C10 に 60 回返済後のローン残高を求める。

=PMT(利率 , 期間 , 現在価値 ,[将来価値],[支払期日]) → 09-03

=FV(利率 , 期間 , 定期支払額 ,[現在価値],[支払期日]) → 09-08

C11 `=-C10+C5`
　　　ローン残高 内入れ金

C12 `=PMT(A3/12,C7,C11)`
　　　　　利率　期間 現在価値

②手順①で求めた繰上返済前のローン残高から内入れ金を引いて、セル C11 に新たなローン残高を求める。その際、結果が正数になるように符号を調整する。この結果をもとに、年利 3％、返済回数 180 回、借入額 13,061,753 円の新たなローンとして、PMT 関数で返済月額を求める。

| C12 | ▼ | ： | × | ✓ | ƒx | =PMT(A3/12,C7,C11) |

	A	B	C	D
1	返済額軽減型繰上返済			
2	年利	返済期間(年)	借入金額	
3	3.00%	20	¥20,000,000	
4				
5	繰上返済の内入れ金		¥-3,000,000	
6	返済済み回数		60	
7	繰上返済後の返済回数		180	
8				
9	返済月額		¥-110,920	
10	繰上返済前のローン残高		¥-16,061,753	
11	繰上返済後のローン残高		¥13,061,753	
12	繰上返済後の返済月額		¥-90,202	
13				

数式を入力

繰上返済後のローン残高と返済月額が求められた

Memo

● 住宅ローンの返済途中で、ローン残高の一部を繰上返済する場合、返済額軽減型と期間短縮型の2 つの方法があります。同じローンで同じ時期に同じ金額の繰上返済をする場合、通常、期間短縮型のほうが節約利息の額が大きくなります。

● 返済額軽減型は、内入れ金を返済期間終了までの元金に割り当て、繰上返済以降の返済金額を少なくします。

● 期間短縮型の繰上返済では、内入れ金がある期間の元金分に充てられ、その期間の分だけ返済期間が短くなります。その結果、その期間に相当する利息を節約できます(→【09-15】)。

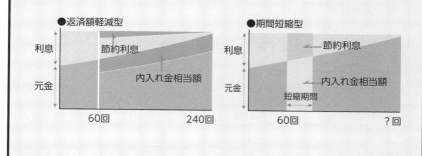

●返済額軽減型 — 利息／元金／節約利息／内入れ金相当額／60回／240回

●期間短縮型 — 利息／元金／節約利息／内入れ金相当額／短縮期間／60回／? 回

関連項目 【09-14】返済額軽減型の繰上返済をすると利息はどれだけ節約できる？
【09-15】期間短縮型の繰上返済をすると利息はどれだけ節約できる？

09-14 返済額軽減型の繰上返済をすると利息はどれだけ節約できる？

キュムラティブ・インタレスト・ペイメント

CUMIPMT

　返済額軽減型の繰上返済では、繰上返済以降の返済金額を少なくして、減額分の利息を節約します。ここでは【09-13】と同じ条件の繰上返済における節約利息を求めます。それには、繰上返済しない場合に61回以降に支払うはずだった利息の合計から、繰上返済後の利息の合計を減算します。その結果、当初の返済計画より約35万円の利息を節約できることがわかります。なお、同じローンで同じ時期に同じ金額の繰上返済をする場合、通常、期間短縮型のほうが返済額軽減型より節約利息の額が大きくなります。その計算方法は【09-15】で紹介します。

▶返済額軽減型繰上返済の節約利息を求める

C14	=CUMIPMT(A3/12,B3*12,C3,C6+1,B3*12,0)

　　　　　利率　　期間　現在　開始　終了 支払
　　　　　　　　　　　　価値　期　　期　 期日

　　　　-CUMIPMT(A3/12,C7,C11,1,C7,0)

　　　　　利率　　期間 現在 開始 終了 支払
　　　　　　　　　　　 価値 期　 期　 期日

C14	▼	:	× ✓ fx	=CUMIPMT(A3/12,B3*12,C3,C6+1,B3*12,0)-CUMIPMT(A3/12,C7,C11,1,C7,0)

	A	B	C	D	E	F	G	H	I	J
1	返済額軽減型繰上返済									
2	年利	返済期間(年)	借入金額							
3	3.00%	20	¥20,000,000							
4										
5	繰上返済の内入れ金		¥-3,000,000							
6	返済済み回数		60							
7	繰上返済後の返済回数		180							
8										
9	返済月額		¥-110,920							
10	繰上返済前のローン残高		¥-16,061,753							
11	繰上返済後のローン残高		¥13,061,753	【09-13】を参考に繰上返済後のローン残高を求めておく						
12	繰上返済後の返済月額		¥-90,202							
13										
14	節約利息		¥-729,141	数式を入力	節約利息を求められた					

=CUMIPMT(利率 , 期間 , 現在価値 , 開始期 , 終了期 , 支払期日)	→ 09-11

関連項目　【09-13】返済額軽減型の繰上返済をすると毎月の返済額はどれだけ安くなる？

09-15 期間短縮型の繰上返済をすると利息はどれだけ節約できる？

キュムラティブ・プリンシパル　キュムラティブ・インタレスト・ペイメント
CUMPRINC／CUMIPMT

　期間短縮型の繰上返済では、内入れ金をある期間の元金に充てて、それに相当する利息分を節約します。ここでは、年利3％、20年の元利均等方式の固定金利ローンで2,000万円の借入をしているものとします。返済開始から5年（60カ月）経過した時点で、38回分の元金を内入れ金として繰上返済する場合の計算を行います。つまり、繰上返済の期間は61回から98回となります。CUMPRINC関数で内入れ金、CUMIPMT関数で節約利息を求めます。返済条件は【09-14】とほぼ同じですが、こちらのほうが節約効果は大きいです。

▶期間短縮型繰上返済の節約利息を求める

```
C8 =CUMPRINC(A3/12,B3*12,C3,C5,C6,0)
         利率    期間   現在 開始 終了 支払
                     価値  期   期   期日
```

```
C9 =CUMIPMT(A3/12,B3*12,C3,C5,C6,0)
        利率    期間   現在 開始 終了 支払
                    価値 期   期   期日
```

	C8		fx	=CUMPRINC(A3/12,B3*12,C3,C5,C6,0)			
	A	B	C	D	E	F	G	H
1	期間短縮型繰上返済							
2	年利	返済期間(年)	借入金額					
3	3.00%	20	¥20,000,000					
4								
5	繰上返済	開始期	61					
6		終了期	98					
7								
8	繰上返済の内入れ金		¥-2,817,259					
9	節約利息		¥-1,397,683					
10								

利率 → C2
期間 → C3
現在価値 → C3
開始期 → C5
終了期 → C6
数式を入力　内入れ金と節約利息を求められた

```
=CUMPRINC( 利率 , 期間 , 現在価値 , 開始期 , 終了期 , 支払期日 )  → 09-11
=CUMIPMT( 利率 , 期間 , 現在価値 , 開始期 , 終了期 , 支払期日 )  → 09-11
```

関連項目　【09-14】返済額軽減型の繰上返済をすると利息はどれだけ節約できる？

09-16 段階金利型ローンの返済月額を求める

PMT／FV
ペイメント　フューチャー・バリュー

　住宅ローンには、返済開始から数年後に金利が上がるタイプのものがあります。ここでは、期間20年、借入金2,000万円のローンで、当初5年の金利が1.5%、それ以降15年の金利が4%のときの返済月額を求めます。

▶段階金利型ローンの返済月額を求める

C10 =PMT(C6/12,C2*12,C3)
　　　　　利率　　期間　現在価値

C11 =-FV(C6/12,C5*12,C10,C3)
　　　　　利率　　期間　定期　現在
　　　　　　　　　　　支払額 価値

C12 =PMT(C8/12,C7*12,C11)
　　　　　利率　　期間　現在価値

	C10	:	× ✓ ƒx	=PMT(C6/12,C2*12,C3)				
	A	B	C	D	E	F	G	H
1	段階金利型ローン							
2	返済期間（年）		20					
3	借入金額		¥20,000,000	1段階目の借入金額				
4								
5	1段階目	期間（年）	5	2段階目は、1段階目のローン残高を借入金額として計算する				
6		年利	1.50%					
7	2段階目	期間（年）	15					
8		年利	4.00%					
9								
10	1段階目	返済月額	¥-96,509	1段階目の返済月額				
11		ローン残高	¥15,547,349	1段階目のローン残高（2段階目の借入金額）				
12	2段階目	返済月額	¥-115,002	2段階目の返済月額				
13								
14								

=PMT(利率,期間,現在価値,[将来価値],[支払期日])	→ 09-03
=FV(利率,期間,定期支払額,[現在価値],[支払期日])	→ 09-08

関連項目 【09-03】年利○%、期間○年、100万円のローンの毎月の返済額はいくら？

09-17 元金均等方式のローンの○回目の返済額の内訳（元金、利息）を求める

イズ・ベイメント
ISPMT

　元金均等返済でローンを組んだ場合、毎回の返済額のうち元金相当額が一定になり、利息相当額が変化します。ISPMT関数を使用すると、指定した回の利息相当額を求めることができます。ここでは例として、年利3%、期間20年、借入金2,000万円のローンにおいて、60回目の支払いの利息相当額を求めます。元利均等返済の利息を求めるIPMT関数（→【09-10】）と異なり、ISPMT関数では1回目を「0」と指定するので、引数［期］には「59」を指定します。なお、元金相当額は、2,000万円を240回（20年×12月）で割れば簡単に求められます。

▶60回目の支払いの内訳（元金、利息）を求める

| B7 =-B5/(B4*12) | | B8 =ISPMT(B2/12,B3-1,B4*12,B5) | | B9 =B7+B8 |

B8　＝ISPMT(B2/12,B3-1,B4*12,B5)　利率　期　期間　現在価値

	A	B	C	D	E	F	G	H
1	住宅ローン計算							
2	年利	3.00%	利率					
3	期（回目）	60	期					
4	返済期間（年）	20	期間					
5	借入金額	¥20,000,000	現在価値					
6								
7	元金相当分	¥-83,333	60回目に支払う元金					
8	利息相当分	¥-37,708	60回目に支払う利息					
9	返済月額	¥-120,833	60回目に支払う合計金額					
10								

=ISPMT(利率,期,期間,現在価値)　統計

利率…利率を指定。年払いの場合は年利、月払いの場合は月利（年利÷12）となる
期…元金支払額を求める期を初回を0として「[期間]-1」までの範囲で指定
期間…支払い回数を指定。年払いの場合は年数、月払いの場合は月数となる
現在価値…ローンの場合は借入金を指定
一定の利率で定額の元金の支払いを定期的に行う場合に、指定した「期」に支払う利息を求めます。元金均等方式に基づいて計算が行われます。

関連項目【09-10】ローンの○回目の返済額の内訳（元金、利息）を求める

09-18 元金均等方式の住宅ローン返済予定表を作成する

ISPMT／SUM
イズ・ペイメント　*サム*

　元金均等方式で年利3%、期間20年、借入金2,000万円の固定金利ローンを組んだ場合の返済予定表を作成します。通常、財務計算では支払額を負数で表しますが、ここでは正数になるように求めます。返済額のうち、元金は単純な割り算で求められます。利息はISPMT関数を使用して求めます。

▶住宅ローンの返済予定表を作成する

B7	=$C$3/($B$3*12)
	借入金額 返済年数 月数

C7	=-ISPMT($A$3/12,A7-1,$B$3*12,$C$3)
	利率　　　期　期間　現在価値

D7	=B7+C7
	元金 利息

E7	=E6-B7
	前回の残高 今回の元金返済額

C7	⌄ : × ✓ fx	=-ISPMT($A$3/12,A7-1,$B$3*12,$C$3)				
▲	A	B	C	D	E	F	G	H
1	住宅ローン返済予定表（元金均等）						
2	年利	返済期間(年)	借入金額				
3	3.00%	20	¥20,000,000			ローンの条件を入力しておく	
4							
5	回数			返済額	ローン残高		
6		元金額	利息額		¥20,000,000		
7	1	¥83,333	¥50,000	¥133,333	¥19,916,667	数式を入力	
8	2						
9	3						
10	4						
11	5						
12							

①年利、返済期間、借入金額など、ローンの条件を入力しておく。セルB7に、借入金額を返済回数で割って、元金の返済月額を求める。続いてセルC7に、ISPMT関数を使用して1回目の利息を求める。ISPMT関数では1回目を「0」と指定するので、引数［期］には「A7-1」を指定すること。さらに、セルD7で元金と利息を合計し、セルE7に残高を求める。

B247	=SUM(B7:B246)
	数値1

B247	∨	:	× ✓	fx	=SUM(B7:B246)			
▲	A	B	C	D	E	F	G	H

	A	B	C	D	E	F	G	H
1	住宅ローン返済予定表（元金均等）							
2	年利	返済期間(年)	借入金額					
3	3.00%	20	¥20,000,000					
4								
5	回数				返済額	ローン残高		
6		元金額	利息額			¥20,000,000		
7	1	¥83,333	¥50,000	¥133,333	¥19,916,667			
8	2	¥83,333	¥49,792	¥133,125	¥19,833,333			
9	3	¥83,333	¥49,583	¥132,917	¥19,750,000	数式をコピー		
10	4	¥83,333	¥49,375	¥132,708	¥19,666,667			
242	236	¥83,333	¥1,042	¥84,375	¥333,333			
243	237	¥83,333	¥833	¥84,167	¥250,000			
244	238	¥83,333	¥625	¥83,958	¥166,667			
245	239	¥83,333	¥417	¥83,750	¥83,333			
246	240	¥83,333	¥208	¥83,542	¥-0			
247	合計	¥20,000,000	¥6,025,000	¥26,025,000				
248								
249			セルB247に数式を入力してコピー					

②セル B7〜E7 を選択し、240 回目までコピーする。最終行に SUM 関数を入力して合計を求めると、返済予定表が完成する。

=ISPMT (利率 , 期 , 期間 , 現在価値)	→	**09-17**
=SUM (数値 1, [数値 2] …)	→	**02-02**

Memo

●元金均等方式では、返済期間中の元金は一定で、利息が徐々に減っていきます。

● 【09-12】で元利均等方式の住宅ローン返済予定表を作成しましたが、元利均等返済は毎回の返済額（D 列の値）が一定なので返済計画が立てやすいことがメリットです。一方、元金均等返済は最終的な支払利息総額（セル C247 の値）が元利均等返済に比べて少なくなることがメリットです。

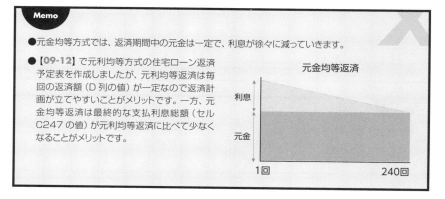

関連項目 【09-12】元利均等方式の住宅ローン返済予定表を作成する

09-19 年利○%、月額○円の積み立てで 目標100万円まで何年かかる？

ナンバー・オブ・ピリオド
NPER

NPER関数を使用して、積立回数を求めましょう。サンプルでは想定利回り3%、月額2万円を何回積み立てれば目標の100万円を達成するかを求めます。時間の単位を揃えるため、年利は12で割って月利にします。積立月額は支払額なので負数で、満期金は受取額なので正数で指定します。頭金はないので「現在価値」として0を指定します。計算結果は「47.17」となるので、4年かかることがわかります。

▶月額2万円、目標額100万円に必要な積立回数を求める

B6 =NPER(B2/12,B3,0,B4)
　　　利率 定期 現在 将来
　　　　　支払額 価値 価値

	A	B	C	D	E	F	G
1		積立計画					
2	運用利回り（年）	3.00%	利率				
3	積立月額	-20,000	定期支払額				
4	目標資産額	¥1,000,000	現在価値				
5							
6	積立期間（回）	47.17208127	数式を入力 / 積立回数が求められた				
7							
8							
9							

=NPER(利率 , 定期支払額 , 現在価値 , [将来価値] , [支払期日]) → 09-02

Memo

● NPER 関数で得た支払回数を整数にしたいときは、次の式のように ROUNDUP 関数で切り上げ計算を行います。サンプルの例では結果は 48 となり、48 回積み立てれば目標額に達します。
=ROUNDUP(NPER(B2/12,B3,0,B4),0)

関連項目 【09-01】財務関数の基礎を理解しよう

09-20 年利○%、期間○年、目標100万円に必要な毎月の積立額は？

PMT

　PMT関数を使用すると、目標額を達成するための毎月の積立額を求められます。サンプルで想定利回り3%、期間5年でいくらずつ積み立てれば目標の100万円に達するかを求めます。時間の単位を揃えるため、年利は12で割って月利に、期間は12を掛けて月数にします。頭金はないので「現在価値」として0を指定します。満期金は受取額なので正数で指定します。

▶**期間5年、目標額100万円の積立預金の毎月の積立額を求める**

B6 =PMT(B2/12,B3*12,0,B4)
　　　利率　期間　現在　将来
　　　　　　　　価値 価値

	A	B	C	D	E	F	G
	B6	: × ✓ fx	=PMT(B2/12,B3*12,0,B4)				
1	積立計画						
2	運用利回り（年）	3.00%	利率				
3	積立期間（年）	5	期間				
4	目標資産額	¥1,000,000	将来価値				
5							
6	積立月額	¥-15,469	数式を入力　積立額が求められた				
7							
8							

=PMT(利率 , 期間 , 現在価値 , [将来価値] , [支払期日])　　→ **09-03**

Memo

●一般に財務計算では、支払う金額を負数、受け取る金額を正数で指定します。PMT関数の戻り値は支払額なので負数になります。戻り値をセルに正数で表示したい場合は、PMT関数の先頭にマイナス記号「-」を付けます。
=-PMT(B2/12,B3*12,0,B4)

関連項目【09-21】目標100万円を達成するために必要な初期投資額を求める

09-21 目標100万円を達成するために 必要な初期投資額を求める

プレゼント・バリュー
PV

預金計算にPV関数を使用すると、初期投資額を計算できます。サンプルでは、想定利回り3%で月額1万円を積み立てて、5年後に目標の100万円を達成するために必要な初期投資額を求めます。時間の単位を揃えるため、年利は12で割って月利に、期間は12を掛けて月数にします。積立月額は支払額なので負数で、満期金は受取額なので正数で指定します。結果は支払額なので負数で求められます。

▶期間5年、月額1万円、目標額100万円に必要な初期投資額を求める

B7	=PV(B2/12,B3*12,B4,B5)
	利率　期間　定期　将来 　　　　　支払額 価値

| B7 | ✓ | fx | =PV(B2/12,B3*12,B4,B5) |

	A	B	C	D	E	F	G
1		積立計画					
2	運用利回り（年）	3.00%	利率				
3	積立期間（年）	5	期間				
4	積立月額	¥-10,000	定期支払額				
5	目標資産額	¥1,000,000	将来価値				
6							
7	初期投資額	¥-304,346	数式を入力	初期投資額が求められた			

=PV(利率 , 期間 , 定期支払額 , [将来価値] , [支払期日])　　　　　➡ 09-06

Memo

●一般に財務計算では支払う金額を負数、受け取る金額を正数で指定しますが、すべて正数で指定したい場合は、数式の符号を調整します。例えばサンプルでセルB4の積立月額を正数の「10000」と入力した場合、数式の中で「-B4」と指定します。PV関数の先頭にもマイナス記号「-」を付けると、戻り値も正数で表示できます。
=-PV(B2/12,B3*12,-B4,B5)

関連項目 【09-19】年利○%、月額○円の積み立てで目標100万円まで何年かかる？

09-22 目標100万円を達成するためには 何パーセントで運用すればいい？

 RATE

RATE関数を使用して、目標額に達するために必要な運用利回りを求めましょう。サンプルでは、毎月2万円ずつ4年間積み立てたときに100万円に達するための利率を年利で求めます。月々の積み立てなので、期間は12を掛けて月数にします。積立月額は支払額なので負数で指定します。頭金はないので「現在価値」として0を指定します。戻り値は月利なので、12を掛けて年利とします。

▶100万円を達成するための利回りを求める

B6 =RATE(B2*12,B3,0,B4)*12
　　　 期間 定期 現在 将来
　　　 支払額 価値 価値

B6 ✓ fx =RATE(B2*12,B3,0,B4)*12

	A	B	C	D	E	F	G
1		積立計画					
2	積立期間（年）	4	期間				
3	積立月額	¥-20,000	定期支払額				
4	目標資産額	¥1,000,000	将来価値				
5							
6	運用利回り（年）	2.07%	数式を入力	約2%で運用すればいいことがわかる			
7							

=RATE(期間 , 定期支払額 , 現在価値 , [将来価値] , [支払期日] , [推定値]) → 09-09

Memo

●ここではRATE関数の戻り値に12を掛けましたが、RATE関数をセルに単独で入力した場合は、小数点以下の桁数が「0」の「パーセンテージ」の表示形式が自動設定されます。そのため、結果が1％に満たない場合に「0％」と表示されます。そのようなときは、[ホーム]タブの[数値]グループにある[小数点以下の表示桁数を増やす]ボタンを使用して、小数点以下の桁を表示してください。

関連項目【09-24】積立の元本と運用収益の推移をシミュレーションする

09-23 年利○％、期間○年、月額○円を積み立てたら将来いくらになる？

FV フューチャー・バリュー

　FV関数を使用すると、将来の運用資産額や積立預金の満期金を計算できます。サンプルでは想定利回り3％で毎月1万円を20年間積み立てた場合の資産額を計算します。時間の単位を揃えるため、年利は12で割って月利に、期間は12を掛けて月数にします。積立月額は支払額なので負数で指定します。頭金はないので「現在価値」は0ですが、この指定は省略できます。ここではさらに、求めた資産額から元本を引いて、運用収益も求めます。元本を引く際、積立額を負数で入力しているので、相殺して足し算になることに注意してください。

▶ 月額1万円ずつ積み立てたときの20年後の資産額と収益を求める

B6 =FV(B2/12,B3*12,B4)
　　　利率　期間　定期支払額

B7 =B6+B4*B3*12
　　　資産額　元本

	A	B
1	積立計画	
2	運用利回り（年）	3.00%
3	積立期間（年）	20
4	積立月額	¥-10,000
5		
6	資産額	¥3,283,020
7	運用収益	¥883,020

数式を入力　→　20年後の資産額と運用収益を求められた

=FV(利率 , 期間 , 定期支払額 , [現在価値] , [支払期日])　→ 09-08

関連項目 【09-20】年利○％、期間○年、目標100万円に必要な毎月の積立額は？

09-24 積み立ての元本と運用収益の推移をシミュレーションする

FV
フューチャー・バリュー

　毎月2万円を想定利回り3%で積み立てたときの元本と運用収益の推移をシミュレーションしてみましょう。総資産はFV関数で求めます。元本は、毎月の積立額に積立回数をかけて求めます。運用収益は総資産から元本を引いて求めます。通常、財務計算では支払額を負数で表しますが、ここでは正数になるように求めます。

▶積み立ての元本と運用収益の推移をシミュレーションする

D7	=FV($C$2/12,A7*12,-$C$3)
	利率　期間 定期支払額

B7	=$C$3*A7*12
	積立額 積立回数

C7	=D7-B7
	総資産額 元金

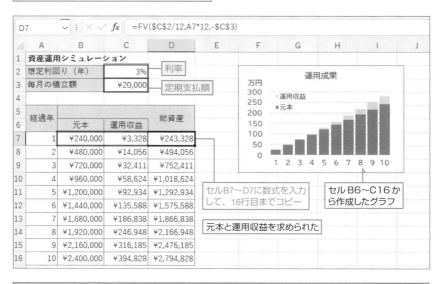

セルB7〜D7に数式を入力して、16行目までコピー

セルB6〜C16から作成したグラフ

元本と運用収益を求められた

=FV(利率 , 期間 , 定期支払額 , [現在価値] , [支払期日])　→ 09-08

関連項目【09-22】目標100万円を達成するためには何パーセントで運用すればいい？

09-25 1000万円を○%で運用しながら 10年で取り崩す場合の受取月額は？

PMT
ペイメント

退職金などのまとまった資金を運用しながら一定金額ずつ取り崩していくケースで、受取金額を計算してみましょう。サンプルではPMT関数を使用して、1000万円を想定利回り3%で運用しながら10年で取り崩す場合の毎月の受取金額を求めています。手元の資金は支払額なので負数で入力し、PMT関数の引数「現在価値」に指定します。「将来価値」の「0」は省略できます。戻り値は受取金額なので正数となります。

▶**1000万円を10年で取り崩す場合の毎月の受取額を求める**

```
B6 =PMT(B2/12,B3*12,B4)
       利率    期間   現在価値
```

	B6	：× ✓ fx	=PMT(B2/12,B3*12,B4)			
	A	B	C	D	E	F	G
1	資産の取り崩しシミュレーション					
2	運用利回り（年）	3%	利率			
3	受取期間（年）	10	期間			
4	資金	¥-10,000,000	現在価値			
5						
6	受取金額（月）	¥96,561	数式を入力	毎月の受取額が求められた		
7						
8						

```
=PMT( 利率 , 期間 , 現在価値 , [将来価値] , [支払期日] )        → 09-03
```

Memo

●セルB4に資金を正数で「10,000,000」と入力する場合、引数「現在価値」にマイナス記号「-」を付けます。
=PMT(B2/12,B3*12,-B4)

関連項目【09-26】1000万円を○%で運用しながら毎月10万円取り崩すと何年もつ？

09-26 1000万円を○％で運用しながら毎月10万円取り崩すと何年もつ？

NPER／QUOTIENT／INT／MOD
ナンバー・オブ・ピリオド クオーシャント インテジャー モッド

退職金などのまとまった資金を運用しながら一定金額ずつ取り崩していくケースで、資金が何年もつかを計算してみましょう。サンプルではNPER関数を使用して、1000万円を想定利回り3％で運用しながら毎月5万円ずつ取り崩す場合の受取期間を求めています。受取金額は正数で入力して、引数「定期支払額」に指定します。手元の資金は支払額なので負数で入力し、引数「現在価値」に指定します。戻り値は月数で求められますが、QUOTIENT関数、INT関数、MOD関数を利用すると、「○年○カ月」の形式で表示できます。

▶ **1000万円を毎月5万円ずつ取り崩す場合の受取期間を求める**

C6 =NPER(C2/12,C3,C4)
　　　　 利率　定期　現在
　　　　　　　支払額 価値

C7 =QUOTIENT(C6,12) & "年" & INT(MOD(C6,12)) & "カ月"
　　　　　 年数　　　　　　　　　月数（端数は切り捨て）

	C6	: × ✓ fx	=NPER(C2/12,C3,C4)				
	A	B	C	D	E	F	G	H
1	資産の取り崩しシミュレーション						
2	運用利回り（年）		3%	利率			
3	受取金額（月）		¥50,000	定期支払額			
4	資金		¥-10,000,000	現在価値			
5							
6	受取期間	（月）	277.6053016	数式を入力	受取期間が求められた		
7		（年月）	23年1カ月				

=NPER(利率 , 定期支払額 , 現在価値 , [将来価値] , [支払期日])	→	**09-02**
=QUOTIENT(数値 , 除数)	→	**04-36**
=INT(数値)	→	**04-44**
=MOD(数値 , 除数)	→	**04-36**

関連項目 【09-25】1000万円を○％で運用しながら10年で取り崩す場合の受取月額は？

09-27 半年複利の定期預金の満期受取額を求める

フューチャー・バリュー

FV

　FV関数を使用して定期預金の満期受取額を求めるには、「定期支払額」に「0」、「現在価値」に預入額を指定します。半年複利の場合、「利率」には年利を2で割って指定し、「期間」には年数に2を掛けて指定します。

▶**期間5年、預入額100万円の定期預金の満期受取額を求める**

B6	=FV(B2/2,B3*2,0,B4)
	利率　期間　定期　現在
	支払額　価値

B6	▼ : ✕ ✓ *fx*	=FV(B2/2,B3*2,0,B4)				
	A	B	C	D	E	F	G
1	定期預金　満期受取額計算						
2	年利	0.05%	利率				
3	預入期間（年）	5	期間				
4	預入額	¥-1,000,000	現在価値				
5							
6	満期受取額	¥1,002,503	数式を入力　満期受取額が求められた				
7							
8							

=FV(利率 , 期間 , 定期支払額 , [現在価値] , [支払期日])　　→ **09-08**

Memo

● 「複利」とは、元金に付いた利息を元金と合わせて、新たな元金として運用する利息の計算方法です。例えば年利1%の半年複利の商品に100万円預け入れたとすると、半年後に元金100万円に対して利息5,000円（1,000,000×1%÷2）が付きます。そして100万5000円が新たな元金となって、その半年後に元金100万5000円に対して利息5,025円（1,005,000×1%÷2）が付くという仕組みです。NPER関数、PMT関数、PV関数、FV関数はいずれも複利で計算されます。

● 単利型の定期預金の場合は、単純に「1,000,000円×0.05%×5年」のように計算すると利息を計算できます。これを元金に加えれば満期受取額になります。

関連項目 **【09-23】** 年利○％、期間○年、月額○円を積み立てたら将来いくらになる？

09-28 変動金利型の定期預金の満期受取額を求める

フューチャー・バリュー・スケジュール
FVSCHEDULE

変動金利型の金融商品の満期受取額を求めるには、FVSCHEDULE関数を使用します。ここでは、半年複利の変動金利型の商品に100万円を3年間預けた場合の満期受取額を求めます。その場合、半年ごとの利率を並べて入力しておき、引数「利率配列」に指定します。預金商品の利率が年利で与えられた場合は、2で割った値を指定する必要があります。

▶変動金利型の定期預金の3年後の満期受取額を求める

C3 =FVSCHEDULE(A3,B3:B8)
　　　　　　　元金 利率配列

	A	B	C	D	E	F
1	利率変動型定期預金　満期受取額計算					
2	元金	利率	満期受取額			
3	¥1,000,000	0.15%	¥1,009,537	←数式を入力	満期受取額が求められた	
4		0.15%				
5	元金	0.20%	利率配列			
6		0.18%				
7		0.15%				
8		0.12%				

=FVSCHEDULE(元金 , 利率配列)　　　　　　　　　　　財務

元金…投資の現在価値を指定。預金の場合は預入額を指定する
利率配列…利率を入力したセル範囲、または配列定数を指定
利率が変動する預金や投資の将来価値を求めます。

Memo

● FV 関数など、預金を扱う他の財務関数と異なり、FVSCHEDULE 関数では支払額を正の値で指定します。また、FVSCHEDULE 関数の戻り値には［通貨］の表示形式が自動で適用されることはありません。必要に応じて手動で設定してください。

● 引数「利率配列」の要素数が期間を表します。年利を 6 個入力した場合の期間は 6 年、半年の利率を 6 個入力した場合の期間は 3 年となります。

09-29 80万円を運用して5年で 100万円にするための利率は？

レリバント・レート・オブ・インタレスト
RRI

　RRI関数を使用すると、元金と目標金額から複利の利率を求めることができます。引数「期間」に年数を指定すると年利、月数を指定すると月利が求められます。サンプルでは、80万円を5年間運用して目標金額の100万円にするための利率を求めています。財務関数の多くが支払額を負数で指定しますが、RRI関数では正数で指定するので注意してください。

▶期間、元金、目標金額から利率を求める

```
B6 =RRI(B2,B3,B4)
     期間 現在 将来
        価値 価値
```

	B6 ∨ : × ✓ fx =RRI(B2,B3,B4)

	A	B	C	D	E	F	G	H
1		運用計画						
2	運用年数	5	→期間					
3	元金	¥800,000	→現在価値					
4	目標金額	¥1,000,000	→将来価値					
5								
6	利率（年）	4.56%	→数式を入力	利率が求められた				
7								

=RRI(期間 , 現在価値 , 将来価値)	財務

　　期間…投資の期間を指定
　　現在価値…投資の元金を正数で指定
　　将来価値…満期受取額を指定
「現在価値」が「将来価値」に達するのに必要な複利の利率（等価利率）を求めます。

Memo

● RRI 関数では次の数式で計算された利率が返されます。
　RRI=(将来価値 / 現在価値)^(1/ 期間)-1

● RATE 関数を使用しても、同様の結果が得られます。
　RATE(B2,0,-B3,B4)

Excel 09-30 80万円を○％で運用して100万円にするための期間は？

ピリオド・デュレーション
PDURATION

定期的な積み立てをせずに初期投資の金額だけを運用する場合の運用期間はPDURATION関数で求められます。ここでは、80万円を3%で運用して目標100万円を達成するための期間を求めています。引数「利率」に年利を指定すると年数、月利を指定すると月数が求められます。サンプルでは年利を指定したので、戻り値は「7.5年」となります。財務関数の多くが支払額を負数で指定しますが、PDURATION関数では正数で指定するので注意してください。

▶利率、元金、目標金額から期間を求める

```
B6 =PDURATION(B2,B3,B4)
        利率 現在  将来
            価値 価値
```

	A	B	C
1	運用計画		
2	利率（年）	3.00%	利率
3	元金	¥800,000	現在価値
4	目標金額	¥1,000,000	将来価値
5			
6	運用年数	7.549140506	数式を入力

7.5年間運用すればいいことがわかる

=PDURATION(期間 , 現在価値 , 将来価値 **)** 財務

利率…**投資の利率を指定**
現在価値…**投資の元金を正数で指定**
将来価値…**満期受取額を指定**
「現在価値」が「将来価値」に達するのに必要な期間を求めます。

Memo

●以下の数式を入力すると、「7年6カ月」と表示できます。
=INT(B6) & "年" & INT(12*(B6-INT(B6))) & "カ月"

● NPER関数を使用しても、同様の結果を得られます。
=NPER(B2,0,-B3,B4)

09-31 実効年利率を求める

エフェクト
EFFECT

　同じ年利でも、複利の間隔が異なると、実質的な利率が変わります。この実質的な利率を「実効年利率」と呼び、それに対して元の名目上の年利のことを「名目年利率」と呼びます。実効年利率は、EFFECT関数を使用して求めます。ここでは、年利0.5%として、1カ月複利、半年複利、1年複利の場合について実効年利率を求めます。求めた結果を比べると、複利計算の回数が多いほど実効年利率が高くなることがわかります。

▶実効年利率を求める

B6	=EFFECT($B$2,B5)
	名目年利率　複利計算回数

=EFFECT(名目年利率 , 複利計算回数)　　　　　　　　　　　　　　　　　　財務

名目年利率…**名目年利率を指定**
複利計算回数…**1年あたりの複利計算回数を指定。1年複利なら1、半年複利なら2、1カ月複利なら12となる**
指定された「名目年利率」と1年あたりの「複利計算回数」を元に実効年利率を返します。

Memo

●名目年利率0.5%の半年複利の定期預金に100万円を預ける場合、半年後の元利合計は「1,000,000×(1+0.005÷2) = 1,002,500」になります。これが次の元金となり、次の半年後の元利合計は「1,002,500×(1+0.005÷2) = 1,005,006」になります。100万円に対して1年後に5006円の利息が付くので実効年利率は0.5006%になります。

関連項目　【09-32】名目年利率を求める

09-32 名目年利率を求める

 NOMINAL

【09-31】でEFFECT関数を使用して、名目年利率から実効年利率を求めました。反対に実効年利率から名目年利率を求めるにはNOMINAL関数を使用します。ここでは、実効年利率が0.5006%、半年複利の場合の名目年利率を求めます。

▶名目年利率を求める

B5	=NOMINAL(B2,B3)
	実効年利率　複利計算回数

B5		∨	:	× ✓	fx	=NOMINAL(B2,B3)		
	A	B	C	D	E	F	G	H
1	名目年利率の計算							
2	実効年利率	0.5006%	─ 実効年利率					
3	複利計算回数	2	─ 複利計算回数					
4								
5	名目年利率	0.5000%	─ 数式を入力　名目年利率が求められた					
6								
7								
8								

=NOMINAL(実効年利率 , 複利計算回数)	財務

実効年利率…**実効年利率を指定**
複利計算回数…**1 年あたりの複利計算回数を指定。1 年複利なら 1、半年複利なら 2、1 カ月複利なら 12 となる**
指定された「実効年利率」と 1 年あたりの「複利計算回数」を元に名目年利率を返します。

Memo

● NOMINAL 関数と EFFECT 関数の関係は、次の等式で表されます。

$$実効年利率 = \left(1 + \frac{名目年利率}{複利計算回数}\right)^{複利計算回数} - 1$$

関連項目【09-31】実効年利率を求める

09-33 定期的なキャッシュフローから正味現在価値を求める

ネット・プレゼント・バリュー
NPV

　NPV関数を使用すると、割引率とキャッシュフローをもとに正味現在価値を計算できます。正味現在価値とは、将来の収支の金額を現在の価値に換算したものです。割引率には、将来の金額を現在価値に換算するときに用いる割合を指定します。また、キャッシュフローには、将来行われる支払いや収益の流れを指定します。正味現在価値は、投資判断の指標として使われます。

　ここでは100万円の初期投資に対して、その後の各年の収益が10万円、20万円、40万円、65万円見込めるときの正味現在価値を求めます。初期投資と収益の発生は期末とし、割引率は5%とします。

▶正味現在価値を求める

> **D6** =NPV(D3,B3:B7)
> 　　　割引率　値1

	D6	:	× ✓ fx	=NPV(D3,B3:B7)		
▲	A	B	C	D	E	F	G
1	正味現在価値を求める						
2	年数	収益見込み		割引率			
3	初期投資	¥-1,000,000		5%	割引率		
4	1年目	¥100,000					
5	2年目	¥200,000	値1	正味現在価値			
6	3年目	¥400,000		¥149,463	数式を入力		
7	4年目	¥650,000			正味現在価値が求められた		
8							

> =NPV(割引率 , 値 1, [値 2] …)　　　　　　　　　　　　　　**財務**
>
> 　割引率…**投資期間に対する割引率を指定**
> 　値…**定期的に発生する収支の値を指定。支払額は負数、収益額は正数で指定する。値は収支の発生**
> 　　**順に指定すること**
> 指定された「割引率」とキャッシュフローの「値」を元に正味現在価値を返します。「値」は254個まで指定できます。収支は定期的に各期末に発生するものとして計算されます。

Memo

● 割引率には、将来の現金の価値を現在の現金の価値に換算する際の年利を指定します。初期投資の金額を安全な金融商品で運用する際の利率などを参考に決定します。例えば1年後の11万円が現在の10万円に当たる場合、割引率は10%となります。

● 正味現在価値が負数になる場合、その投資は採算がとれないものと見なされます。反対に正数であれば、利益が出ると見なされます。

● 各年の収益を現在価値に換算し、それを合計した値が正味現在価値になります。サンプルの場合、次のような過程で計算されます。

初期投資の現在価値　　-952,381 $=-1,000,000/(1+5\%)^1$
初年度の収益の現在価値　　90,703 $=100,000/(1+5\%)^2$
2年目の収益の現在価値　172,768 $=200,000/(1+5\%)^3$
3年目の収益の現在価値　329,081 $=400,000/(1+5\%)^4$
4年目の収益の現在価値　509,292 $=650,000/(1+5\%)^5$

合計（正味現在価値）　　149,463

● NPV関数では、キャッシュフローの収支は期末払いとして計算されます。そのため、キャッシュフローに初期投資を含めた場合、初期投資も期末払いと見なされます。初期投資を期首として計算したい場合は、下図のように初期投資をキャッシュフローに含めずにそのまま加算します。

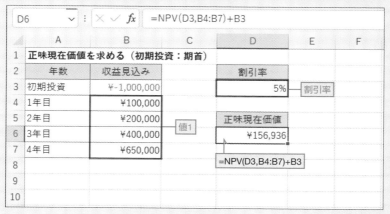

初期投資の現在価値　　-1,000,000
初年度の収益の現在価値　　95,238 $=100,000/(1+5\%)^1$
2年目の収益の現在価値　181,406 $=200,000/(1+5\%)^2$
3年目の収益の現在価値　345,535 $=400,000/(1+5\%)^3$
4年目の収益の現在価値　534,757 $=650,000/(1+5\%)^4$

合計（正味現在価値）　　156,936

関連項目　【09-34】定期的なキャッシュフローから内部利益率を求める
　　　　　　　【09-35】定期的なキャッシュフローから修正内部利益率を求める

09-34 定期的なキャッシュフローから内部利益率を求める

インターナル・レイト・オブ・リターン
IRR

　IRR関数を使用すると、定期的なキャッシュフローから「内部利益率」を求めることができます。内部利益率は投資の採算性を測る指標の1つです。ここでは、2つの投資案件について内部利益率を求めます。現在から4年目までの収支を合計すると両者とも60万円ですが、内部利益率を比較すると案件Bのほうが優れた投資先であることがわかります。

▶内部利益率を求める

> **B8** =IRR(B3:B7)
> 　　　　範囲

	A	B	C
1	内部利益率の計算		
2	年	案件A	案件B
3	現在	-1,000,000	-1,000,000
4	1年目	-100,000	200,000
5	2年目	200,000	300,000
6	3年目	500,000	400,000
7	4年目	1,000,000	700,000
8	IRR	14%	18%
9			

セルB8に数式を入力して、セルC8にコピー

内部利益率が求められた

=IRR(範囲 , [推定値])　　　　　　　　　　　　　　　　　　　　　　財務

範囲…定期的に発生する支払い（負数）と収益（正数）を発生順に入力したセル範囲、または配列を指定。「範囲」内には負数と正数がそれぞれ 1 つ以上含まれている必要がある
推定値…IRR 関数の戻り値に近いと思われる数値を指定。省略した場合は 10％ が指定されたと見なされる。IRR 関数では、「推定値」を初期値として誤差が小さくなるように反復計算を行って結果を求める
定期的なキャッシュフローに対する内部利益率を求めます。反復計算を 20 回実行した時点で解が見つからない場合は [#NUM!] が返されます。

Memo

●内部利益率は、正味現在価値を 0 にするための割引率に等しくなります。つまり、NPV 関数の第1 引数「割引率」に内部利益率を指定すると、NPV 関数の戻り値が 0 になります。

関連項目 【09-35】定期的なキャッシュフローから修正内部利益率を求める

09-35 定期的なキャッシュフローから修正内部利益率を求める

モディファイド・インターナル・レイト・オブ・リターン
MIRR

MIRR関数を使用すると、定期的なキャッシュフローから「修正内部利益率」を求めることができます。修正内部利益率とは、初期投資で借入したときの利率や収益を再投資に回したときの利率を考慮して求めた内部利益率です。前者の利率は「安全利率」、後者の利率は「危険利率」という引数で指定します。

▶修正内部利益率を求める

```
D7 =MIRR(B3:B7,D3,D5)
      範囲 安全利率 危険利率
```

D7	: × ✓ fx	=MIRR(B3:B7,D3,D5)				
	A	B	C	D	E	F	G
1	修正内部利益率の計算						
2	年	収益見込み		借入利率			
3	初期投資	-1,000,000		7%	安全利率		
4	1年目	100,000		再投資利率			
5	2年目	300,000	範囲	10%	危険利率		
6	3年目	500,000		修正内部利益率			
7	4年目	350,000		9%	数式を入力		
8					修正内部利益率が求められた		
9							
10							

```
=MIRR( 範囲 , 安全利率 , 危険利率 )                                    財務
```

範囲…定期的に発生する支払い（負数）と収益（正数）を発生順に入力したセル範囲、または配列を指定。「範囲」内には負数と正数がそれぞれ1つ以上含まれている必要がある
安全利率…支払額（負のキャッシュフロー）に対する利率を指定
危険利率…収益額（正のキャッシュフロー）に対する利率を指定
一定の定期的なキャッシュフローに対して、投資に対する借入利率と収益の再投資による受取利率を考慮した内部利益率を求めます。

関連項目　【09-33】定期的なキャッシュフローから正味現在価値を求める
　　　　　　　【09-34】定期的なキャッシュフローから内部利益率を求める

09-36 不定期なキャッシュフローから正味現在価値を求める

XNPV
エクストラ・ネット・プレゼント・バリュー

　不定期なキャッシュフローから正味現在価値を求めるには、XNPV関数を使用します。【09-33】で紹介したNPV関数が定期的なキャッシュフローから正味現在価値を求めるのに対して、この関数では日付と収支データの組から正味現在価値を計算します。ここでは100万円の初期投資に対して、その後不定期に10万円、20万円、40万円、65万円の収益が見込まれる場合の正味現在価値を計算します。割引率は5%とします。

▶正味現在価値を求める

```
E6 =XNPV(E3,B3:B7,C3:C7)
     割引率 キャッシュフロー 日付
```

E6	∨	:	× ✓ fx	=XNPV(E3,B3:B7,C3:C7)		
	A	B	C	D	E	F	G	H

	A	B	C	D	E	F
1	正味現在価値を求める					
2	回数	収益見込み	日付		割引率	
3	初期投資	¥-1,000,000	2022/4/1		5%	─割引率
4	1回目	¥100,000	2022/9/30			
5	2回目	¥200,000	2022/12/28		正味現在価値	
6	3回目	¥400,000	2023/2/27		¥287,220	─数式を入力
7	4回目	¥650,000	2023/5/31			
8					正味現在価値	
9		キャッシュフロー	日付		が求められた	
10						

```
=XNPV( 割引率 , キャッシュフロー, 日付 )                                    財務
```

　割引率…キャッシュフローに適用する割引率を指定
　キャッシュフロー…不定期に発生する収支の値を指定。支払額は負数、収益額は正数で指定する
　日付…「キャッシュフロー」の値に対応する日付を指定。最初の日付は先頭に指定する必要がある。
　以降の日付の指定順序は自由
指定された「割引率」と「キャッシュフロー」「日付」を元に正味現在価値を返します。

関連項目 【09-33】定期的なキャッシュフローから正味現在価値を求める

09-37　不定期なキャッシュフローから内部利益率を求める

不定期なキャッシュフローから内部利益率を求めるには、XIRR関数を使用します。【09-34】で紹介したIRR関数が定期的なキャッシュフローから内部利益率を求めるのに対して、この関数では日付と収支データの組から内部利益率を計算します。ここでは100万円の初期投資に対して、その後不定期に10万円、20万円、40万円、65万円の収益が見込まれる場合の内部利益率を計算します。

▶内部利益率を求める

```
E3  =XIRR(B3:B7,C3:C7)
        範囲    日付
```

	E3	∨ : × ✓ fx	=XIRR(B3:B7,C3:C7)				
	A	B	C	D	E	F	G
1	内部利益率の計算						
2	回数	収益見込み	日付		内部利益率		
3	初期投資	¥-1,000,000	2022/4/1		36%		
4	1回目	¥100,000	2022/9/30				
5	2回目	¥200,000	2022/12/28				
6	3回目	¥400,000	2023/2/27				
7	4回目	¥650,000	2023/5/31				
8		範囲	日付				

数式を入力

内部利益率が求められた

=XIRR(範囲 , 日付 , [推定値])　　　　　　　　　　　　**財務**

範囲…不定期に発生する収支の値を指定。支払額は負数、収益額は正数で指定する。「範囲」内には負数と正数がそれぞれ1つ以上含まれている必要がある
日付…「キャッシュフロー」の値に対応する日付を指定。最初の日付は先頭に指定する必要がある。以降の日付の指定順序は自由
推定値…XIRR関数の戻り値に近いと思われる数値を指定。省略した場合は10%が指定されたと見なされる。XIRR関数では、「推定値」を初期値として誤差が小さくなるように反復計算を行って結果を求める
指定された「範囲」「日付」を元に内部利益率を返します。

関連項目　【09-36】不定期なキャッシュフローから正味現在価値を求める

09-38 指定した銘柄の株価データを取り込む

STOCKHISTORY

Microsoft 365では、新関数のSTOCKHISTORY関数を使用すると、引数で指定した「銘柄名」の株価データをワークシートに取り込めます。取り込む日付は、引数「開始日」と「終了日」で指定します。取り込む間隔は、「日次」「月次」「週次」から選択できます。取り込む情報は、「0：日付」「1：終値」「2：始値」「3：高値」「4：安値」「5：出来高」を取り込みたい順に並べて指定します。

ここでは、セルに入力した銘柄、日付の株価を「日付、始値、高値、安値、終値、出来高」の順に並べて取り込みます。数式がスピルするので、数式を入力したセルを先頭とするセル範囲に株価情報が表示されます。

▶株価を取り込む

```
A6                                    日 始 高 安 終 出
                                      付 値 値 値 値 来高
=STOCKHISTORY(B2,B3,B4,0,2,0,2,3,4,1,5)
              銘柄 開始 終了 間隔 見出   プロパティ
              名  日  日      し
```

A6	: × ✓ fx	=STOCKHISTORY(B2,B3,B4,0,2,0,2,3,4,1,5)

	A	B	C	D	E	F	G	H
1	**株価情報**							
2	銘柄コード	MSFT	← 銘柄名					
3	開始日	2022/9/1	← 開始日					
4	終了日	2022/9/9	← 終了日					
5						スピル機能が働き、セルA6を先頭とする		
6	XNAS:MSFT		← セルA6に数式を入力			セル範囲に、株価情報が表示される		
7	日付	始値	高値	安値	終値	出来高		
8	2022/9/1	$ 258.87	$ 260.89	$ 255.41	$ 260.40	23,263,431		
9	2022/9/2	$ 261.70	$ 264.74	$ 254.47	$ 256.06	22,855,380		
10	2022/9/6	$ 256.20	$ 257.83	$ 251.94	$ 253.25	21,328,242		
11	2022/9/7	$ 254.70	$ 258.83	$ 253.22	$ 258.09	24,126,700		
12	2022/9/8	$ 257.51	$ 260.43	$ 254.79	$ 258.52	20,319,911		
13	2022/9/9	$ 260.50	$ 265.23	$ 260.29	$ 264.46	22,093,190		

=STOCKHISTORY(銘柄名, 開始日, [終了日], [間隔], [見出し], [プロパティ1], …, [プロパティ6])　財務

銘柄名…株式の銘柄を文字列で指定。直接指定する場合は「"MSFT"」のようにダブルクォーテーションで囲んで指定する。「ISO 市場識別コード（MIC）：銘柄」（例："XNAS:MSFT"）の形式で指定してもよい。株式データ型のセルへの参照も指定可能
開始日…株価データを取り出す最初の日付を指定
終了日…株価データを取り出す最後の日付を指定。省略時は「開始日」のデータだけが取り出される
間隔…データを取り出す間隔を次表の数値で指定
見出し…取り出す情報の上部に見出しを表示するかどうかを次表の数値で指定
プロパティ…表示する情報を指定。次表の数値を表示したい順に並べて指定する。6個まで指定可能。すべて省略した場合は日付と終値だけが表示される

「銘柄名」で指定した銘柄の株価情報をワークシートに取り出します。

▶引数「間隔」

値	説明
0 または省略	日次
1	週次
2	月次

▶引数「見出し」

値	説明
0	見出しを表示しない
1 または省略	見出しを表示する
2	銘柄名と見出しを表示する

▶引数プロパティ

値	説明
0	日付
1	終値
2	始値
3	高値
4	安値
5	出来高

Memo

● 2022 年 10 月現在、日本の株式はサポートされていません。

● サンプルの数式では引数「見出し」に「2」を指定していますが、「1」を指定した場合は現在セルA6 に表示されている「XNAS:MSFT」が表示されず、セル A6〜F6 に「日付」「始値」などの見出しが表示されます。また、「0」を指定した場合は、見出しも表示されず、セル A6 以降に日付データや株価データが表示されます。

関連項目　【07-69】株式や地理などリンクされたデータ型から情報を取り出す

09-39 定期利付債の年利回りを求める

YIELD
イールド

　定期利付債の利回りを求めるには、YIELD関数を使用します。ここでは、利率1.5%、償還価額100、利払い年2回の利付債を現在価格97で購入し、満期日まで保有した場合の利回りを計算します。戻り値のセルには、必要に応じてパーセント表示の設定をしてください。

▶定期利付債の利回りを求める

G3	=YIELD(A3,B3,C3,D3,E3,F3,1)

受渡　満期　利率　現在　償還　頻度　基準
日　　日　　　　　価格　価額

	G3		✕ ✓ ƒx	=YIELD(A3,B3,C3,D3,E3,F3,1)		
	A	B	C	D	E	F	G	H	I
1	定期利付債の利回りの計算							
2	受渡日	満期日	利率	現在価格	償還価額	頻度	利回り
3	2020/4/1	2023/6/15	1.50%	97.00	100.00	2	2.48%
4	受渡日	満期日	利率	現在価格	償還価額	頻度	利回りが求められた
5							

=YIELD(受渡日 , 満期日 , 利率 , 現在価格 , 償還価額 , 頻度 , [基準])　　財務

　受渡日…債券の購入日を指定
　満期日…債券の満期日（償還日）を指定
　利率…債券の利率を指定
　現在価格…債券の購入時の価格を額面 100 に対する値で指定
　償還価額…債券の満期日受取額を額面 100 に対する値で指定
　頻度…年間の利息支払い回数を指定
　基準…基準日数を P.669 の表の値で指定
定期利付債を満期日まで保有した場合に得られる利回りを求めます。

Memo

● 「定期利付債」とは、定期的に「クーポン」と呼ばれる利息が支払われる債券です。新規に発行された新発債と、途中転売された既発債があります。

発行日 → 利払日 → 購入日（受渡日） → 利払日 → 満期日（償還日）

発行価格（新発債） → 現在価格（既発債） → 償還価額

関連項目　【09-41】定期利付債の経過利息を求める

09-40 定期利付債の現在価格を求める

PRICE

　定期利付債の現在価格を求めるには、PRICE関数を使用します。ここでは、利率1.5%、利回り2.5%、償還価額100、利払い年2回の利付債を購入する場合の現在価格を計算します。戻り値のセルには、必要に応じて小数点以下の表示桁数を設定してください。

▶定期利付債の現在価格を求める

G3	=PRICE(A3,B3,C3,D3,E3,F3,1)

受渡日　満期日　利率　利回り　償還価額　頻度　基準

	A	B	C	D	E	F	G	H
1	定期利付債の現在価格の計算							
2	受渡日	満期日	利率	利回り	償還価額	頻度	現在価格	
3	2020/4/1	2023/6/15	1.50%	2.50%	100.00	2	96.94	

受渡日　満期日　利率　利回り　償還価額　頻度　現在価格が求められた

=PRICE(受渡日 , 満期日 , 利率 , 利回り , 償還価額 , 頻度 , [基準])　　　財務

受渡日…債券の購入日を指定
満期日…債券の満期日（償還日）を指定
利率…債券の利率を指定
利回り…債券の利回りを指定
償還価額…債券の満期日受取額を額面 100 に対する値で指定
頻度…年間の利息支払い回数を指定
基準…基準日数を下表の値で指定
定期利付債の現在価格を額面 100 に対する値で返します。

▶引数「基準」

値	基準日数（月／年）
0 または省略	30 日／ 360 日（NASD 方式）
1	実際の日数／実際の日数
2	実際の日数／ 360 日
3	実際の日数／ 365 日
4	30 日／ 360 日（ヨーロッパ方式）

09-41 定期利付債の経過利息を求める

アクルード・インタレスト
ACCRINT

　定期利付債の経過利息（未収利息）を求めるには、ACCRINT関数を使用します。引数「計算方式」に「TRUE」を指定するか省略すると発行日から受渡日まで、「FALSE」を指定すると初回利払日から受渡日までの経過利息が求められます。ここでは、利率1.5%、償還価額100、利払い年2回の利付債の発行日から受渡日までの経過利息を計算します。

▶定期利付債の経過利息を求める

G3 =ACCRINT(A3,B3,C3,D3,E3,F3,1)
　　　　　発行 初回 受渡 利率 額面 頻度 基準
　　　　　日　利払日 日

	A	B	C	D	E	F	G	H
1	定期利付債の経過利息の計算							
2	発行日	初回利払日	受渡日	利率	額面	頻度	経過利息	
3	2020/9/21	2021/3/21	2022/4/1	1.50%	100.00	2	2.30	
4	発行日	初回利払日	受渡日	利率	額面	頻度	経過利息が求められた	
5								
6								
7								

=ACCRINT(発行日 , 初回利払日 , 受渡日 , 利率 , 額面 , 頻度 , [基準] , [計算方式])　　　　　財務

　発行日…債券の発行日を指定
　初回利払日…利息が最初に支払われる日付を指定
　受渡日…債券の購入日を指定
　利率…債券の利率を指定
　額面…債券の額面価格を指定
　頻度…年間の利息支払い回数を指定
　基準…基準日数を P.669 の表の値で指定
　計算方式…発行日から受渡日までの経過利息を求める場合は TRUE、初回利払日から受渡日までの
　経過利息を求めるには FALSE を指定。省略した場合は TRUE が指定されたものと見なされる
　定期利付債の受け渡し日までに発生する経過利息（未収利息）を求めます。

関連項目 【07-39】定期利付債の年利回りを求める
　　　　　　【07-40】定期利付債の現在価格を求める

 **09-42** 定期利付債の受渡日直前／直後の
利払日を求める

 クーポン・ピー・シー・ディー　クーポン・エヌ・シー・ディー
COUPPCD／COUPNCD

　COUPPCD関数は定期利付債の受渡日直前の利払日を、COUPNCD関数は定期利付債の受渡日直後の利払日を求めます。ここでは利払いの頻度が年4回の定期利付債について、受渡日直前／直後の利払日を求めます。なお、戻り値はシリアル値と呼ばれる数値で表示されるので、【05-02】を参考に日付の表示形式を設定してください。

▶受渡日直前／直後の利払日を求める

D3 =COUPPCD(A3,B3,C3,1)
　　　　　　受渡　満期　頻度　基準
　　　　　　日　　日

E3 =COUPNCD(A3,B3,C3,1)
　　　　　　受渡　満期　頻度　基準
　　　　　　日　　日

D3		∨ : ✕ ✓ fx	=COUPPCD(A3,B3,C3,1)			
	A	B	C	D	E	F	G	H

	A	B	C	D	E
1	定期利付債の利払日を求める				
2	受渡日	満期日	頻度	直前の利払日	直後の利払日
3	2022/4/10	2025/4/15	4	2022/1/15	2022/4/15
4	2022/7/20	2025/4/15	4	2022/7/15	2022/10/15
5	2022/10/15	2025/4/15	4	2022/10/15	2023/1/15
6					
7	受渡日	満期日	頻度		
8					

セルD3とセルE3に
数式を入力して、
5行目までコピー

受渡日の直前／直後
の利払日が求められた

=COUPPCD(受渡日 , 満期日 , 頻度 , [基準] **)**　　　　財務

受渡日…債券の購入日を指定
満期日…債券の満期日（償還日）を指定
頻度…年間の利息支払い回数を指定。年1回の場合は1、半年ごとの場合は2、四半期ごとの場合は4を指定する
基準…基準日数をP.669の表の値で指定
定期利付債の受渡日以前で最も近い利払日を返します。

=COUPNCD(受渡日 , 満期日 , 頻度 , [基準] **)**　　　　財務

定期利付債の受渡日以降で最も近い利払日を返します。引数の説明はCOUPPCD関数を参照。

関連項目 【09-44】定期利付債の受渡日から満期日までの日数を求める

09-43 定期利付債の受渡日から満期日までの利払回数を求める

COUPNUM関数を使用すると、定期利付債の受渡日と満期日の間に、利息の支払いが何回あるかを求めることができます。あと何回の利払いが受けられるかを知りたいときに便利です。ここでは利払いの頻度が年4回の定期利付債について、利払回数を求めます。

▶受渡日から満期日までの利払回数を求める

D3	=COUPNUM(A3,B3,C3,1)
	受渡日 満期日 頻度 基準

D3			=COUPNUM(A3,B3,C3,1)				
	A	B	C	D	E	F	G	H
1	定期利付債の利払回数を求める						
2	受渡日	満期日	頻度	利払回数			
3	2022/4/10	2025/4/15	4	13	セルD3に数式を入力して、セルD5までコピー		
4	2022/7/20	2025/4/15	4	11			
5	2022/10/15	2025/4/15	4	10	受渡日から満期日までの利払回数が求められた		
6	受渡日	満期日	頻度				
7							

=COUPNUM(受渡日 , 満期日 , 頻度 , [基準])	財務

受渡日…債券の購入日を指定
満期日…債券の満期日(償還日)を指定
頻度…年間の利息支払い回数を指定。年1回の場合は1、半年ごとの場合は2、四半期ごとの場合は4を指定する
基準…基準日数をP.669の表の値で指定
定期利付債の受渡日から満期日までに利息が支払われる回数を返します。

関連項目 【09-42】定期利付債の受渡日直前／直後の利払日を求める
【09-44】定期利付債の受渡日から満期日までの日数を求める

09-44 定期利付債の受渡日から満期日までの日数を求める

COUPDAYS
クーポン・デイズ

COUPDAYS関数を使用すると、定期利付債の受渡日を含む利払期間の日数を求めることができます。受渡日を含む利払期間とは、受渡日直前の利払日から次の利払日までのことです。ここでは、利払いの頻度が年4回の定期利付債について、利払期間を求めます。

▶受渡日を含む利払期間の日数を求める

D3	=COUPDAYS(A3,B3,C3,1)
	受渡 満期 頻度 基準
	日 日

D3		: × √ fx	=COUPDAYS(A3,B3,C3,1)				
⊿	A	B	C	D	E	F	G	H
1	受渡日を含む利払期間を求める						
2	受渡日	満期日	頻度	利払期間（日）			
3	2022/4/10	2025/4/15	4	90			
4	2022/7/20	2025/4/15	4	92			
5	2022/10/15	2025/4/15	4	92			
6	受渡日	満期日	頻度				
7							

セルD3に数式を入力して、セルD5までコピー

受渡日から満期日までの期間が求められた

=COUPDAYS(受渡日 , 満期日 , 頻度 , [基準]) 　　　　　　　　　　財務

受渡日…債券の購入日を指定
満期日…債券の満期日（償還日）を指定
頻度…年間の利息支払い回数を指定。年 1 回の場合は 1、半年ごとの場合は 2、四半期ごとの場合は 4 を指定する
基準…基準日数を P.669 の表の値で指定
定期利付債の受渡日を含む利払期間の日数を返します。

Memo

● COUPDAYS 関数では、受渡日直前の利払日から受渡日直後の利払日までの日数を求めます。次の数式を使用しても、同じ結果になります。
=COUPNCD(A3,B3,C3,1)-COUPPCD(A3,B3,C3,1)

09-45 定期利付債の受渡日と利払日の間の日数を求める

クーポン・デイズ・ビー・エス　　　　クーポン・デイズ・エス・エヌ・シー
COUPDAYBS／COUPDAYSNC

　COUPDAYBS関数を使用すると、定期利付債の受渡日直前の利払日から受渡日までの日数を求められます。また、COUPDAYSNC関数を使用すると、定期利付債の受渡日から直後の利払日までの日数を求められます。ここでは利払いの頻度が年4回の定期利付債について、受渡日と利払日の間の日数を求めます。

▶受渡日と利払日の間の日数を求める

D3	=COUPDAYBS(A3,B3,C3,1)

受渡　満期　頻度　基準
日　　日

E3	=COUPDAYSNC(A3,B3,C3,1)

受渡　満期　頻度　基準
日　　日

D3		:	× ✓ fx	=COUPDAYBS(A3,B3,C3,1)		

	A	B	C	D	E	F G H
1	受渡日と利払日の間の日数を求める					
2	受渡日	満期日	頻度	直前の利払日 ～受渡日	受渡日～ 直後の利払日	セルD3とセルE3に 数式を入力して、 5行目までコピー
3	2022/4/10	2025/4/15	4	85	5	
4	2022/7/20	2025/4/15	4	5	87	受渡日と利払日の間 の日数が求められた
5	2022/10/15	2025/4/15	4	0	92	
6	受渡日	満期日	頻度			

=COUPDAYBS (受渡日 , 満期日 , 頻度 , [基準])　　　　　　　　財務

　受渡日…債券の購入日を指定
　満期日…債券の満期日（償還日）を指定
　頻度…年間の利息支払い回数を指定。年1回の場合は1、半年ごとの場合は2、四半期ごとの場合は4を指定する
　基準…基準日数をP.669の表の値で指定
定期利付債の受渡日直前の利払日から受渡日までの日数を返します。

=COUPDAYSNC (受渡日 , 満期日 , 頻度 , [基準])　　　　　　　財務

定期利付債の受渡日から直後の利払日までの日数を返します。引数の説明はCOUPDAYBS関数を参照。

関連項目 【09-44】定期利付債の受渡日から満期日までの日数を求める

09-46 定期利付債のデュレーションまたは修正デュレーションを求める

DURATION／MDURATION

　定期利付債のデュレーションを求めるにはDURATION関数を、修正デュレーションを求めるにはMDURATION関数を使用します。債券の償還価額（額面）が100であるものとして計算されます。

▶デュレーション／修正デュレーションを求める

F3	=DURATION(A3,B3,C3,D3,E3,1)

受渡日 満期日 利率 利回り 頻度 基準

G3	=MDURATION(A3,B3,C3,D3,E3,1)

受渡日 満期日 利率 利回り 頻度 基準

F3			: × ✓ fx	=DURATION(A3,B3,C3,D3,E3,1)			
	A	B	C	D	E	F	G	H

	A	B	C	D	E	F	G	H
1	定期利付債のデュレーションの計算							
2	受渡日	満期日	利率	利回り	頻度	デュレーション	修正デュレーション	
3	2020/4/1	2023/6/15	1.50%	2.50%	2	3.13	3.09	
4								
5	受渡日	満期日	利率	利回り	頻度	数式を入力		
6								
7								
8								

=DURATION(受渡日 , 満期日 , 利率 , 利回り , 頻度 , [基準])　　　　財務

　受渡日…債券の購入日を指定
　満期日…債券の満期日（償還日）を指定
　利率…債券の利率を指定
　利回り…債券の利回りを指定
　頻度…年間の利息支払い回数を指定
　基準…基準日数を P.669 の値で指定
定期利付債のデュレーションを求めます。

=MDURATION(受渡日 , 満期日 , 利率 , 利回り , 頻度 , [基準])　　　　財務

定期利付債の修正デュレーションを求めます。引数の説明は DURATION 関数を参照。

09-47 最初の利払期間が半端な定期利付債の利回りを求める

ODDFYIELD

ODDFYIELD関数を使用すると、最初の利払期間（1期目の日数）が半端な定期利付債を満期日まで保有した場合に得られる利回りを求めることができます。引数に指定する日付は、「発行日→受渡日→初回利払日→満期日」の順になっている必要があります。戻り値のセルには、必要に応じてパーセント表示の設定をしてください。

▶最初の利払期間が半端な定期利付債の利回りを求める

E7 =ODDFYIELD(A3,B3,C3,D3,A7,B7,C7,D7,1)
　　　　　　受渡　満期　発行　初回　利率　現在　償還　頻度　基準
　　　　　　日　　日　　日　　利払日　　　　価格　価額

| E7 | ✓ fx | =ODDFYIELD(A3,B3,C3,D3,A7,B7,C7,D7,1) |

	A	B	C	D	E	F	G	H
1	最初の利払期間が半端な定期利付債の利回りを求める							
2	受渡日	満期日	発行日	初回利払日				
3	2018/11/10	2031/3/1	2018/10/15	2019/3/1				
4	受渡日	満期日	発行日	初回利払日				
5								
6	利率	現在価格	償還価額	頻度	利回り			
7	1.50%	90.00	100.00	2	2.45%	利回りが求められた		
8	利率	現在価格	償還価額	頻度				
9								

=ODDFYIELD(受渡日 , 満期日 , 発行日 , 初回利払日 , 利率 , 現在価格 , 償還価額 , 頻度 , [基準])　財務

　　受渡日…債券の購入日を指定
　　満期日…債券の満期日（償還日）を指定
　　発行日…債券の発行日を指定
　　初回利払日…債券の最初の利払日を指定
　　利率…債券の利率を指定
　　現在価格…債券の購入時の価格を額面100に対する値で指定
　　償還価額…債券の満期日受取額を額面100に対する値で指定
　　頻度…年間の利息支払い回数を指定
　　基準…基準日数をP.669の値で指定
最初の利払期間が半端な定期利付債を満期日まで保有した場合に得られる利回りを求めます。

関連項目 【09-48】最後の利払期間が半端な定期利付債の利回りを求める

09-48 最後の利払期間が半端な定期利付債の利回りを求める

オッド・ラスト・イールド
ODDLYIELD

ODDLYIELD関数を使用すると、最後の利払期間（最終期の日数）が半端な定期利付債を満期日まで保有した場合に得られる利回りを求めることができます。引数に指定する日付は、「最終利払日→受渡日→満期日」の順になっている必要があります。戻り値のセルには、必要に応じてパーセント表示の設定をしてください。

▶最後の利払期間が半端な定期利付債の利回りを求める

E7 =ODDLYIELD(A3,B3,C3,A7,B7,C7,D7,1)
受渡日 満期日 最終利払日 利率 現在価格 償還価額 頻度 基準

	A	B	C	D	E	F	G	H
1	最後の利払期間が半端な定期利付債の利回りを求める							
2	受渡日	満期日	最終利払日					
3	2021/8/1	2022/10/15	2021/4/1					
4	受渡日	満期日	最終利払日					
6	利率	現在価格	償還価額	頻度	利回り			
7	1.50%	97.00	100.00	2	4.09%	利回りが求められた		
8	利率	現在価格	償還価額	頻度				

=ODDLYIELD(受渡日 , 満期日 , 最終利払日 , 利率 , 現在価格 , 償還価額 , 頻度 , [基準]) 財務

受渡日…債券の購入日を指定
満期日…債券の満期日（償還日）を指定
最終利払日…債券の最後の利払日を指定
利率…債券の利率を指定
現在価格…債券の購入時の価格を額面100に対する値で指定
償還価額…債券の満期日受取額を額面100に対する値で指定
頻度…年間の利息支払い回数を指定
基準…基準日数をP.669の値で指定
最後の利払期間が半端な定期利付債を満期日まで保有した場合に得られる利回りを求めます。

関連項目 【09-47】最初の利払期間が半端な定期利付債の利回りを求める

09-49 最初の利払期間が半端な 定期利付債の現在価格を求める

オッド・ファースト・プライス
ODDFPRICE

　ODDFPRICE関数を使用すると、最初の利払期間（1期目の日数）が半端な定期利付債の満期日までの利回りに対して、額面100当たりの現在価格を求めることができます。引数に指定する日付は、「発行日→受渡日→初回利払日→満期日」の順になっている必要があります。戻り値のセルには、必要に応じて小数点以下の表示桁数を設定してください。

▶最初の利払期間が半端な定期利付債の現在価格を求める

E7	=ODDFPRICE(A3,B3,C3,D3,A7,B7,C7,D7,1)
	受渡日 満期日 発行日 初回利払日 利率 利回り 償還価額 頻度 基準

=ODDFPRICE(受渡日, 満期日, 発行日, 初回利払日, 利率, 利回り, 償還価額, 頻度, [基準])　財務

受渡日…債券の購入日を指定
満期日…債券の満期日（償還日）を指定
発行日…債券の発行日を指定
初回利払日…債券の最初の利払日を指定
利率…債券の利率を指定
利回り…債券の利回りを指定
償還価額…債券の満期日受取額を額面100に対する値で指定
頻度…年間の利息支払い回数を指定
基準…基準日数をP.669の値で指定
最初の利払期間が半端な定期利付債の現在価格を、額面100に対する値で返します。

関連項目　【09-50】最後の利払期間が半端な定期利付債の現在価格を求める

09-50 最後の利払期間が半端な 定期利付債の現在価格を求める

オッド・ラスト・プライス

ODDLPRICE

ODDLPRICE関数を使用すると、最後の利払期間（最終期の日数）が半端な定期利付債の満期日までの利回りに対して、額面100当たりの現在価格を求めることができます。引数に指定する日付は、「最終利払日→受渡日→満期日」の順になっている必要があります。戻り値のセルには、必要に応じて小数点以下の表示桁数を設定してください。

▶最後の利払期間が半端な定期利付債の現在価格を求める

```
E7 =ODDLPRICE(A3,B3,C3,A7,B7,C7,D7,1)
       受渡 満期 最終 利率 利回 償還 頻度 基準
       日   日  利払日      り  価額
```

	A	B	C	D	E	F	G	H
	E7	∨ : × ✓ fx	=ODDLPRICE(A3,B3,C3,A7,B7,C7,D7,1)					
1	最後の利払期間が半端な定期利付債の現在価格を求める							
2	受渡日	満期日	最終利払日					
3	2021/8/1	2022/10/15	2021/4/1					
4	受渡日	満期日	最終利払日					
5								
6	利率	利回り	償還価額	頻度	現在価格			
7	1.50%	4.00%	100.00	2	97.10			
8	利率	利回り	償還価額	頻度		現在価格が求められた		
9								

```
=ODDLPRICE( 受渡日 , 満期日 , 最終利払日 , 利率 , 利回り , 償還価額 , 頻度 , [基準] )   財務
  受渡日…債券の購入日を指定
  満期日…債券の満期日（償還日）を指定
  最終利払日…債券の最後の利払日を指定
  利率…債券の利率を指定
  利回り…債券の利回りを指定
  償還価額…債券の満期日受取額を額面 100 に対する値で指定
  頻度…年間の利息支払い回数を指定
  基準…基準日数を P.669 の値で指定
最後の利払期間が半端な定期利付債の現在価格を、額面 100 に対する値で返します。
```

関連項目 【09-49】最初の利払期間が半端な定期利付債の現在価格を求める

09-51 割引債の年利回りを求める

イールド・ディスカウント
YIELDDISC

割引債の満期日受取額と購入時の価格から年利回りを求めるには、YIELDDISC関数を使用します。ここでは、償還価額100の割引債を2018年4月1日に現在価格92で購入し、満期日の2023年4月1日まで保有した場合の年利回りを計算します。

▶割引債の年利回りを求める

```
E3 =YIELDDISC(A3,B3,C3,D3,1)
      受渡 満期 現在 償還 基準
       日   日  価格 価額
```

	A	B	C	D	E	F	G
1	割引債の利回りの計算						
2	受渡日	満期日	現在価格	償還価額	利回り		
3	2018/4/1	2023/4/1	92.00	100.00	1.74%		
4	受渡日	満期日	現在価格	償還価額	利回りが求められた		
5							

=YIELDDISC(受渡日 , 満期日 , 現在価格 , 償還価額 , [基準])　　　財務

受渡日…債券の購入日を指定
満期日…債券の満期日（償還日）を指定
現在価格…債券の購入時の価格を額面100に対する値で指定
償還価額…債券の満期日受取額を額面100に対する値で指定
基準…基準日数をP.681の表の値で指定
割引債の年利回りを求めます。

Memo

●割引債とは、利息が支払われない代わりに利息相当額を額面から割り引いて発行される債券です。満期日には額面どおりの金額を受け取れます。新規に発行された新発債と途中転売された既発債があります。

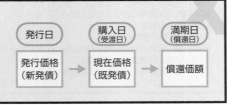

発行日 → 購入日（受渡日） → 満期日（償還日）

発行価格（新発債） → 現在価格（既発債） → 償還価額

関連項目【09-54】割引債の満期日受取額を求める

09-52 割引債の割引率を求める

ディスカウント
DISC

　DISC関数を使用すると、割引債の満期日受取額と購入時の価格から割引率を求めることができます。ここでは、償還価額100、満期日2023年4月1日の割引債を2018年4月1日に現在価格92で購入した場合の割引率を計算します。

▶割引債の割引率を求める

E3	=DISC(A3,B3,C3,D3,1)

受渡　満期　現在　償還　基準
日　　日　価格　価額

E3	✓ : × ✓ fx	=DISC(A3,B3,C3,D3,1)				
▲	A	B	C	D	E	F	G
1	割引債の割引率の計算						
2	受渡日	満期日	現在価格	償還価額	割引率		
3	2018/4/1	2023/4/1	92.00	100.00	1.60%		
4	受渡日	満期日	現在価格	償還価額	割引率が求められた		
5							

=DISC (受渡日 , 満期日 , 現在価格 , 償還価額 , [基準])　　　　　財務

　受渡日…債券の購入日を指定
　満期日…債券の満期日（償還日）を指定
　現在価格…債券の購入時の価格を額面 100 に対する値で指定
　償還価額…債券の満期日受取額を額面 100 に対する値で指定
　基準…基準日数を次表の値で指定
割引債の割引率を求めます。

▶引数「基準」

値	基準日数（月／年）
0 または省略	30 日／ 360 日（NASD 方式）
1	実際の日数／実際の日数
2	実際の日数／ 360 日
3	実際の日数／ 365 日
4	30 日／ 360 日（ヨーロッパ方式）

関連項目 【09-53】割引債の現在価格を求める

09-53 割引債の現在価格を求める

プライス・ディスカウント
PRICEDISC

PRICEDISC関数を使用すると、割引債の割引率と満期日受取額から現在価格を求めることができます。ここでは、割引率1.6%、償還価額100、満期日2023年4月1日の割引債を2018年4月1日に購入した場合の現在価格を求めます。

▶割引債の現在価格を求める

E3	=PRICEDISC(A3,B3,C3,D3,1)

受渡 満期 割引 償還 基準
日 日 率 価額

| E3 | ∨ | ⋮ | × ✓ fx | =PRICEDISC(A3,B3,C3,D3,1) |

▲	A	B	C	D	E	F	G
1	割引債の現在価格の計算						
2	受渡日	満期日	割引率	償還価額	現在価格		
3	2018/4/1	2023/4/1	1.60%	100.00	92.00		
4	受渡日	満期日	割引率	償還価額	現在価格が求められた		
5							

=PRICEDISC(受渡日 , 満期日 , 割引率 , 償還価額 , [基準])　　　　財務

　受渡日…**債券の購入日を指定**
　満期日…**債券の満期日（償還日）を指定**
　割引率…**債券の割引率を指定**
　償還価額…**債券の満期日受取額を額面 100 に対する値で指定**
　基準…**基準日数を次表の値で指定**
割引債の現在価格を額面 100 に対する値で返します。

▶引数「基準」

値	基準日数（月／年）
0 または省略	または省略 30 日／ 360 日（NASD 方式）
1	実際の日数／実際の日数
2	実際の日数／ 360 日
3	実際の日数／ 365 日
4	30 日／ 360 日（ヨーロッパ方式）

関連項目 【09-52】割引債の割引率を求める

09-54 割引債の満期日受取額を求める

 **RECEIVED**

　RECEIVED関数を使用すると、割引債の割引率と投資額から満期日に受け取る金額を求めることができます。ここでは、割引率1.6%、満期日2023年4月1日の割引債を2018年4月1日に投資額92で購入した場合の償還価額（満期日受取額）を求めます。

▶割引債の満期日受取額を求める

E3	=RECEIVED(A3,B3,C3,D3,1)
	受渡日　満期日　投資額　割引率　基準

E3		:	× ✓	fx	=RECEIVED(A3,B3,C3,D3,1)		
▲	A	B	C	D	E	F	G
1	割引債の満期日受取額の計算						
2	受渡日	満期日	投資額	割引率	償還価額		
3	2018/4/1	2023/4/1	92.00	1.60%	100.00		
4	受渡日	満期日	投資額	割引率	満期日受取額が求められた		

=RECEIVED(受渡日 , 満期日 , 投資額 , 割引率 , [基準])	財務

　　受渡日…**債券の購入日を指定**
　　満期日…**債券の満期日（償還日）を指定**
　　投資額…**債券の投資額を指定**
　　割引率…**債券の割引率を指定**
　　基準…**基準日数を次表の値で指定**
割引債の満期日受取額を求めます。

▶引数「基準」

値	基準日数（月／年）
0または省略	30日／360日（NASD方式）
1	実際の日数／実際の日数
2	実際の日数／360日
3	実際の日数／365日
4	30日／360日（ヨーロッパ方式）

関連項目　【09-51】割引債の年利回りを求める

09-55 満期利付債の利回りを求める

YIELDMAT
イールド・マット

満期利付債の利回りを求めるには、YIELDMAT関数を使用します。ここでは、利率1.5%の満期利付債を現在価格92で購入し、満期日まで保有した場合の利回りを計算します。

▶満期利付債の利回りを求める

F3	=YIELDMAT(A3,B3,C3,D3,E3,1)
	受渡日　満期日　発行日　利率　現在価格　基準

F3	✓ fx	=YIELDMAT(A3,B3,C3,D3,E3,1)				
	A	B	C	D	E	F	G

	A	B	C	D	E	F	G
1	満期利付債の利回りの計算						
2	受渡日	満期日	発行日	利率	現在価格	利回り	
3	2019/10/1	2023/4/1	2013/4/1	1.50%	92.00	3.72%	
4	受渡日	満期日	発行日	利率	現在価格	利回りが求められた	
5							

=YIELDMAT(受渡日 , 満期日 , 発行日 , 利率 , 現在価格 , [基準])　　財務

受渡日…債券の購入日を指定
満期日…債券の満期日（償還日）を指定
発行日…債券の発行日を指定
利率…債券の利率を指定
現在価格…債券の購入時の価格を額面 100 に対する値で指定
基準…基準日数を P.685 の表の値で指定
満期利付債の年利回りを求めます。

Memo

● 「満期利付債」とは、発行日から満期日までに付いた利息が、満期日に償還価額と一緒に支払われる債券です。新規に発行された新発債と途中転売された既発債があります。

関連項目 【09-57】 満期利付債の経過利息を求める

09-56 満期利付債の現在価格を求める

プライス・マット
PRICEMAT

満期利付債の現在価格を求めるには、PRICEMAT関数を使用します。ここでは、利率1.5%、利回り3.7%の満期利付債を購入したときの現在価格を計算します。

▶満期利付債の現在価格を求める

F3	=PRICEMAT(A3,B3,C3,D3,E3,1)

受渡　満期　発行　利率　利回　基準
日　　日　　日　　　　　り

F3		✕ ✓ *fx*	=PRICEMAT(A3,B3,C3,D3,E3,1)			
	A	B	C	D	E	F	G
1	満期利付債の現在価格の計算						
2	受渡日	満期日	発行日	利率	利回り	現在価格	
3	2019/10/1	2023/4/1	2013/4/1	1.50%	3.70%	92.06	
4	受渡日	満期日	発行日	利率	利回り	現在価格が求められた	
5							

=PRICEMAT(受渡日 , 満期日 , 発行日 , 利率 , 利回り , [基準])　　　　　**財務**

受渡日…**債券の購入日を指定**
満期日…**債券の満期日（償還日）を指定**
発行日…**債券の発行日を指定**
利率…**債券の利率を指定**
利回り…**債券の利回りを指定**
基準…**基準日数を次表の値で指定**
満期利付債の現在価格を額面100に対する値で返します。

▶引数「基準」

値	基準日数 （月／年）
0または省略	30日／ 360日 （NASD方式）
1	実際の日数／実際の日数
2	実際の日数／ 360日
3	実際の日数／ 365日
4	30日／ 360日 （ヨーロッパ方式）

関連項目 【09-55】満期利付債の利回りを求める

09-57 満期利付債の経過利息を求める

アクルード・インタレスト・マット
ACCRINTM

ACCRINTM関数を使用すると、満期利付債の経過利息を求めることができます。ここでは、利率1.5%、額面100の満期利付債を購入した場合の経過利息を計算します。

▶満期利付債の経過利息を求める

E3 =ACCRINTM(A3,B3,C3,D3,1)
　　　　　　発行　受渡　利率　額面　基準
　　　　　　日　　日

	A	B	C	D	E	F	G	H
1	満期利付債の経過利息の計算							
2	発行日	受渡日	利率	額面	経過利息			
3	2013/4/1	2023/4/1	1.50%	100.00	15.00			
4	発行日	受渡日	利率	額面	経過利息が求められた			
5								

E3　｜×✓fx　=ACCRINTM(A3,B3,C3,D3,1)

=ACCRINTM(発行日, 受渡日, 利率, 償還価額, [基準])　　　　　財務

　発行日…債券の発行日を指定
　受渡日…債券の購入日を指定
　利率…債券の利率を指定
　額面…債券の額面価格を指定
　基準…基準日数を次表の値で指定
満期利付債の経過利息を求めます。

▶引数「基準」

値	基準日数（月／年）
0または省略	30日／360日（NASD方式）
1	実際の日数／実際の日数
2	実際の日数／360日
3	実際の日数／365日
4	30日／360日（ヨーロッパ方式）

関連項目 【09-56】満期利付債の現在価格を求める

数学計算

対数・三角関数の計算や基数変換を行おう

10-01 最大公約数を求める

 **GCD**
ジー・シー・ディー

　GCD関数を使用すると、引数に指定した数値の「最大公約数」を求めることができます。最大公約数とは、複数の整数に共通する約数のうち、最も大きい約数のことです。また、「GCD」はGreatest Common Divisorの略です。

▶最大公約数を求める

D3	=GCD(A3:C3)
	数値1

D3		:	× ✓ fx	=GCD(A3:C3)				
▲	A	B	C	D	E	F	G	H	I
1	最大公約数を求める				数値1			
2	x	y	z	最大公約数				
3	12	8	6	2	セルD3に数式を入力して、セルD7までコピー			
4	24	16	12	4				
5	100	80	45	5				
6	144	24	18	6				
7	300	180	-15	#NUM!	負数を指定するとエラーになる			
8								
9								
10								

=GCD(数値 1, [数値 2] …)	数学/三角

　数値…数値、またはセル範囲を指定。数値以外のデータを指定すると、[#VALUE!] が返される。負数を指定すると、[#NUM!] が返される
指定した「数値」の最大公約数を返します。「数値」は 255 個まで指定できます。

> **Memo**
> ●引数に整数以外の数値を指定すると、小数点以下が切り捨てられて、最大公約数が求められます。
> ●最大公約数は、それぞれの数値を素因数分解して、共通の素因数を掛け合わせることで求められます。例えば、12=2×2×3、30=2×3×5なので、12と30の最大公約数は2×3=6となります。

関連項目 【10-02】最小公倍数を求める

10-02 最小公倍数を求める

エル・シー・エム
LCM

　LCM関数を使用すると、引数に指定した数値の「最小公倍数」を求めることができます。最小公倍数とは、複数の整数に共通する倍数うち、最も小さい倍数のことです。また、「LCM」はLeast Common Multipleの略です。

▶**最小公倍数を求める**

```
D3 =LCM(A3:C3)
      数値1
```

	A	B	C	D	E
1	最小公倍数を求める				数値1
2	x	y	z	最小公倍数	
3	12	8	6	24	セルD3に数式を入力して、セルD7までコピー
4	12	9	8	72	
5	15	9	6	90	
6	18	14	12	252	
7	300	180	-15	#NUM!	負数を指定するとエラーになる

```
=LCM( 数値 1, [数値 2] …)                                    数学/三角
```
数値…数値、またはセル範囲を指定。数値以外のデータを指定すると、[#VALUE!] が返される。負数を指定すると、[#NUM!] が返される
指定した「数値」の最小公倍数を返します。「数値」は 255 個まで指定できます。

Memo

●引数に整数以外の数値を指定すると、小数点以下が切り捨てられて、最小公倍数が求められます。

●最小公倍数は、それぞれの数値を素因数分解して、重複する素因数を除いた残りを掛け合わせることで求められます。例えば、$12=2 \times 2 \times 3$、$30=2 \times 3 \times 5$ なので、12 と 30 の最小公倍数は $2 \times 2 \times 3 \times 5=60$ となります。

関連項目 【10-01】最大公約数を求める

10-03 階乗を求める

FACT

FACT関数を使用すると、数値の「階乗」を求めることができます。階乗は、1からnまでの整数を掛け合わせた数値のことで、一般に「n!」で表されます。例えば、5の階乗は「5!=5×4×3×2×1」で120になります。ここでは0から5までの整数の階乗を求めてみます。

▶0から5までの整数の階乗を求める

B3	=FACT(A3)
	数値

B3		: × ✓ fx	=FACT(A3)						
▲	A	B	C	D	E	F	G	H	I
1	階乗の計算		数値						
2	数値	階乗							
3	0	1	セルB3に数式を入力して、セルB8までコピー						
4	1	1							
5	2	2							
6	3	6							
7	4	24							
8	5	120	5の階乗は120になる						
9									

=FACT(数値)	数学/三角

数値…数値を指定。数値以外のデータを指定すると、[#VALUE!] が返される。負数を指定すると、[#NUM!] が返される。整数以外の数値を指定すると、小数点以下を切り捨てて計算される
指定した「数値」の階乗を返します。

Memo

● 一般にnの階乗は次の式で求められます。
　n! = n×(n-1)×(n-2)×…×2×1　ただし 0! =1

● Excel の数値の有効桁数は 15 桁なので、21 以上の階乗に誤差が出ます。また、171 以上の階乗は、Excel で扱える数値の範囲を超えるためエラー値 [#NUM!] になります。

関連項目　【10-04】二乗階乗を求める

10-04 二乗階乗を求める

ファクト・ダブル
FACTDOUBLE

FACTDOUBLE関数を使用すると、数値の「二重階乗」を計算できます。二重階乗とは、一般に「n‼」で表される計算で、nが奇数のときは1からnまでの奇数の総乗、nが偶数のときは2からnまでの偶数の総乗になります。ここでは0から5までの整数の二重階乗を求めてみます。

▶0から5までの整数の二乗階乗を求める

B3	=FACTDOUBLE(A3)
	数値

B3	∨	:	× ✓ fx	=FACTDOUBLE(A3)

	A	B	C	D	E	F	G	H	I
1	二乗階乗の計算		数値						
2	数値	二乗階乗							
3	0	1	←セルB3に数式を入力して、セルB8までコピー						
4	1	1							
5	2	2							
6	3	3							
7	4	8	←4の二乗階乗は「4×2」で8になる						
8	5	15	←5の二乗階乗は「5×3×1」で15になる						

=FACTDOUBLE(数値)	数学/三角

数値…**数値を指定。数値以外のデータを指定すると、[#VALUE!] が返される。負数を指定すると、[#NUM!] が返される。整数以外の数値を指定すると、小数点以下を切り捨てて計算される**
指定した「数値」の二乗階乗を返します。

> **Memo**
>
> ●一般に n の二重階乗は次の式で求められます。-1 の階乗は 1 ですが、その他の負数の階乗は求められません。
> n が偶数の場合：n‼ = n×(n-2)×(n-4)×…×4×2
> n が奇数の場合：n‼ = n×(n-2)×(n-4)×…×3×1
> ただし 0‼=1、(-1)‼=1

関連項目 【10-03】階乗を求める

10-05 平方和を求める

サム・スクエア
 SUMSQ

　SUMSQ関数を使用すると、「平方和」を求めることができます。平方和とは、複数の数値をそれぞれ2乗して、合計した数値のことです。平方和は、分散や変動など、統計の公式の中によく出てくる基本的な計算です。ここでは、3つの数値から平方和を求めます。

▶平方和を求める

D3	=SUMSQ(A3:C3)
	数値1

D3	⌄	:	× ✓ fx	=SUMSQ(A3:C3)				
	A	B	C	D	E	F	G	H	I
1	平方和を求める				数値1				
2	x	y	z	$x^2+y^2+z^2$					
3	1	1	1	3	セルD3に数式を入力して、セルD7までコピー			
4	2	2	2	12				
5	1	2	3	14				
6	2	3	4	29	2の2乗と3の2乗と4の2乗の合計で29になる			
7	10	10	10	300				
8								
9								
10								

=SUMSQ(数値 1, [数値 2] …)	数学/三角

　数値…**数値を指定。数値以外のデータは無視される**
「数値」の 2 乗の和を返します。「数値」は 255 個まで指定できます。

関連項目 【10-06】2つの配列の平方和を合計する

10-06　2つの配列の平方和を合計する

サム・エックスジジョウ・プラス・ワイジジョウ
SUMX2PY2

　SUMX2PY2関数を使用すると、2つの配列で対になる数値の「平方和」を合計できます。平方和とは、2乗した値の和のことです。ひとつひとつ2乗の計算をしなくても、一気に結果が求められるので便利です。

▶**平方和の合計を求める**

D3	=SUMX2PY2(A3:A6,B3:B6)
	配列1　　配列2

	A	B	C	D	E	F	G	H	I
1	平方和の合計								
2	配列1 x	配列2 y		平方和の合計					
3	3	2		98					
4	4	6							
5	2	2							
6	4	3							
7	配列1	配列2							

数式バー：=SUMX2PY2(A3:A6,B3:B6)

平方和の合計が求められた

=SUMX2PY2(配列 1, 配列 2)　　　　数学/三角

　　配列 1…計算の対象となる一方の配列定数、またはセル範囲を指定
　　配列 2…計算の対象となるもう一方の配列定数、またはセル範囲を指定
「配列 1」と「配列 2」の要素同士の平方和を合計します。「配列 1」の要素数と「配列 2」の要素数が異なると [#N/A] が返されます。

Memo

●平方和の合計は、下記の式で表せます。
$$SUMX2PY2 = \sum(x^2 + y^2)$$

●サンプルでは、「(3²+2²)+(4²+6²)+(2²+2²)+(4²+3²)」という計算が行われています。なお、「=SUMSQ(A3:B6)」としても、同じ結果になります。

関連項目【10-07】2つの配列の平方差を合計する

10-07 2つの配列の平方差を合計する

 サム・エックスジジョウ・マイナス・ワイジジョウ
SUMX2MY2

　SUMX2MY2関数を使用すると、2つの配列で対になる数値の「平方差」を合計できます。平方差とは、2乗した値の差のことです。ひとつひとつ2乗の計算をしなくても、一気に結果が求められるので便利です。

▶平方差の合計を求める

D3	=SUMX2MY2(A3:A6,B3:B6)
	配列1　配列2

	A	B	C	D	E	F	G	H	I
D3				=SUMX2MY2(A3:A6,B3:B6)					
1	平方差の合計								
2	配列1 x	配列2 y		平方差の合計					
3	3	2		-8					
4	4	6							
5	2	2							
6	4	3							
7	配列1	配列2							
8									

平方差の合計が求められた

=SUMX2MY2(配列 1, 配列 2) 　　　　　　　　　　　　　　数学/三角

　　配列 1…計算の対象となる一方の配列定数、またはセル範囲を指定
　　配列 2…計算の対象となるもう一方の配列定数、またはセル範囲を指定
「配列 1」と「配列 2」の要素同士の平方差を合計します。「配列 1」の要素数と「配列 2」の要素数が異なると [#N/A] が返されます。

> **Memo**
>
> ●平方差の合計は、下記の式で表せます。
>
> $$SUMX2MY2 = \sum (x^2 - y^2)$$
>
> ●サンプルでは、「(3^2-2^2)+(4^2-6^2)+(2^2-2^2)+(4^2-3^2)」という計算が行われています。なお、「=SUMSQ(A3:A6)-SUMSQ(B3:B6)」としても、同じ結果になります。

関連項目 【10-06】2つの配列の平方和を合計する

10-08 2つの配列の差の平方を合計する

サム・エックス・マイナス・ワイジジョウ
SUMXMY2

SUMXMY2関数を使用すると、2つの配列で対になる数値の差をそれぞれ平方して合計できます。差の平方和は、分散や標準偏差など、さまざまな統計値を求める過程で必要になる計算です。

▶差の平方の合計を求める

D3	=SUMXMY2(A3:A6,B3:B6)
	配列1　配列2

D3			:	× ✓ fx	=SUMXMY2(A3:A6,B3:B6)			
▲	A	B	C	D	E	F	G	H	I
1	差の平方の合計								
2	配列1 x	配列2 y		差の平方の合計					
3	3	2		6					
4	4	6							
5	2	2							
6	4	3							
7									
8	配列1	配列2							
9									

差の平方の合計が求められた

=SUMXMY2(配列 1, 配列 2)	数学/三角

　　配列 1…計算の対象となる一方の配列定数、またはセル範囲を指定
　　配列 2…計算の対象となるもう一方の配列定数、またはセル範囲を指定
「配列 1」と「配列 2」の要素同士の差を平方して合計します。「配列 1」の要素数と「配列 2」の要素数が異なると [#N/A] が返されます。

Memo

●差の平方の合計は、下記の式で表せます。

$$SUMXMY2 = \sum (x-y)^2$$

●サンプルでは、「$(3-2)^2+(4-6)^2+(2-2)^2+(4-3)^2$」という計算が行われています。

関連項目 【10-07】 2つの配列の平方差を合計する

10-09 対数を求める

 LOG

LOG関数を使用すると、「対数」を求めることができます。対数とは、「R=aʳ」の「r」に当たる数値のことです。対数を求めると、「aを何乗したらRになるか」がわかります。「a」は底と呼ばれます。対数rを数学の式で表すと「r=log_aR」となります。LOG関数では、数値Rと底aを指定して対数rを求めます。ここでは2を底とする対数を求めます。

▶2を底とする対数を求める

B3 =LOG(A3,2)
　　　　数値 底

	B3	✓ : × ✓ fx	=LOG(A3,2)

	A	B	C D E F G H I J K
1	対数の計算		
2	R	Log₂ R	
3	1	0	← セルB3に数式を入力して、セルB8までコピー
4	2	1	
5	数値 3	1.5849625	
6	4	2	← 2を2乗すると4となる
7	5	2.32192809	
8	8	3	← 2を3乗すると8となる

=LOG(数値 ,[底])　　　　　　　　　　　　　　　　　　数学/三角

　数値…対数を求める正の実数を指定。0以下の値を指定すると [#NUM!] が返される
　底…底を指定。省略すると、10を指定したとみなされる。0以下の値を指定すると [#NUM!] が返される。1を指定すると [#DIV/0!] が返される
指定した「底」を底とする「数値」の対数を求めます。「=LOG(x,a)」は、「aを底とするxの対数」と表現します。

> **Memo**
>
> ● LOG関数は、POWER関数の逆関数です。aを底とすると、以下の式が成り立ちます。ただし、a>0、a≠1、R>0です。なお、底の値にかかわらず、「log_a1=0」になります。
> POWER(a,r)：R=aʳ
> LOG(a,R)：r=log_aR

関連項目 【10-10】常用対数を求める
　　　　　　【10-11】自然対数を求める

10-10 常用対数を求める

ログ10
LOG10

LOG10関数を使用すると、底を10とする対数を求めることができます。底が10の対数は「常用対数」と呼ばれ、数値の整数部分の桁数を求めるときなどに使用されます。

▶常用対数を求める

B3 =LOG10(A3)
　　　　数値

	A	B	C	D	E	F	G	H	I
B3		fx	=LOG10(A3)						
1	常用対数の計算		数値						
2	x	Log x							
3	1	0	セルB3に数式を入力して、セルB8までコピー						
4	5	0.69897							
5	10	1							
6	50	1.69897							
7	100	2							
8	1000	3	10を3乗すると1000となる						

=LOG10(数値)　　　　　　　　　　　　　　　　　　　　　　　　数学/三角

数値…対数を求める正の実数を指定。0以下の値を指定すると [#NUM!] が返される
「数値」の常用対数を求めます。常用対数は10を底とする対数です。

> **Memo**
>
> ●常用対数は、「10のべき乗」のべき乗部分の値になります。例えば1000は「10の3乗」なので、1000の常用対数は「3」になります。また、0.01は「10の-2乗」なので、0.01の常用対数は「-2」になります。
>
> ●Nがn桁の整数とすると、「$n-1 \leqq \log_{10}N < n$」が成り立ちます。このことから、例えば「$\log_{10}x=2.7$」の場合、「$2 \leqq 2.7 < 3$」なのでxの整数部分は3桁であることがわかります。

関連項目 【10-09】対数を求める
　　　　　　【10-11】自然対数を求める

10-11 自然対数を求める

LN関数を使用すると、底がネピア数eである対数を求めることができます。底がeの対数を「自然対数」と呼びます。自然対数は、数学の分野で非常に重要な関数です。

▶自然対数を求める

B3 =LN(A3)
　　　数値

	B3	⌄	:	× ✓ *fx*	=LN(A3)			
▲	A	B	C	D	E	F	G	H	I
1	自然対数の計算								
2	x	Ln x							
3	1	0	← セルB3に数式を入力して、セルB8までコピー						
4	5	1.60943791							
5	10	2.30258509							
6	50	3.91202301							
7	100	4.60517019							
8	1000	6.90775528							
9									
10									

（セルA3・A4に「数値」の注釈）

=LN(数値)　　　　　　　　　　　　　　　　　　　　　　　　数学/三角

　　数値…対数を求める正の実数を指定。0 以下の値を指定すると [#NUM!] が返される
「数値」の自然対数を求めます。自然対数はネピア数 e を底とする対数です。

Memo

● LN 関数は、次の式で表せます。
　LN(x)=$\log_e x$

● ネピア数については【10-12】を参照してください。

関連項目 【10-09】対数を求める
　　　　　　【10-10】常用対数を求める

10-12 自然対数の底（ネピア数）の べき乗を求める

エクスポーネンシャル
EXP

EXP関数は、自然対数の底e（ネピア数）のべき乗を求める関数です。引数に「1」を指定すれば、ネピア数自体を求めることもできます。ここでは、0乗〜5乗を求めてみます。

▶ネピア数eのべき乗を求める

B3	=EXP(A3)
	数値

B3	✓ fx	=EXP(A3)						
	A	B	C	D	E	F	G	H	I
1	eのべき乗計算		数値						
2	x	eˣ							
3	0	1	← セルB3に数式を入力して、セルB8までコピー						
4	1	2.71828183	引数「数値」に1を指定したときの戻り値はネピア数eとなる						
5	2	7.3890561							
6	3	20.0855369							
7	4	54.59815							
8	5	148.413159							
9									

=EXP(数値)	数学/三角

数値…指数となる数値を指定
ネピア数 e を底とする数値のべき乗を返します。

> **Memo**
>
> ● 「ネピア数」は、円周率πと並ぶ重要な数学の定数で、記号 e で表します。ネピア数は無理数（分数で表せない数値）ですが、Excelでは有効桁数が15桁なので、「e=2.71828182845905」として扱います。
>
> ● LN 関数は EXP 関数の逆関数で、以下の式が成り立ちます。
> EXP(r)：R=eʳ
> LN(R)：r=log_e R

関連項目 【10-11】自然対数を求める

10-13 円周率を求める

PI

PI関数は、Excelの有効桁数である15桁の精度で円周率 π を返します。引数はありませんが、「()」の入力は必要です。戻り値は「3.14159265358979」となります。PI関数を使うと、円周率を手入力する手間が省け、円周率を使って計算をしていることが見た目にわかりやすくなります。

▶円周率を求める

| A2 | =PI() |

A2	:	× ✓ fx	=PI()				
	A	B	C	D	E	F	G
1	円周率 π						
2	3.14159265358979	← 円周率が求められた					
3							
4							
5							
6							
7							

=PI()	数学/三角
円周率を 15 桁の精度で返します。引数はありませんが、カッコ「()」の入力は必要です。	

> **Memo**
>
> ●表示形式が「標準」に設定されているセルに PI 関数を入力したとき、表示される円周率の桁数は列幅に依存します。列幅が狭いと、表示される桁数は少なくなります。列幅が十分広い場合、円周率が 10 桁（小数点以下は 9 桁）表示されますが、リボンの［ホーム］タブの［数値］グループにある［小数点以下の表示桁数を増やす］ボタンをクリックすれば、表示される桁数を増やせます。ただし、16 桁目以降は「0」が表示されます。

関連項目 【10-12】自然対数の底（ネピア数）のべき乗を求める

10-14 角度の単位「度」と「ラジアン」を変換する

RADIANS／DEGREES
（ラジアンズ／ディグリーズ）

角度の単位には、一般に馴染み深い「度」と、数学などでよく使用される「ラジアン」があります。度とラジアンには「360°＝2πラジアン」という関係があります。RADIANS関数を使用すると、度単位の角度をラジアン単位に変換できます。また、DEGREES関数を使用すると、ラジアン単位の角度を度単位に変換できます。

▶角度を「度」から「ラジアン」に、「ラジアン」から「度」に変換する

B3 =RADIANS(A3)
角度

C3 =DEGREES(B3)
角度

B3		✕ ✓ fx	=RADIANS(A3)				
	A	B	C	D	E	F	G	H
1	角度の単位変換							
2	度	ラジアン	度					
3	0	0	0		セルB3とセルC3に数式を入力して、7行目までコピー			
4	90	1.57079633	90					
5	180	3.14159265	180					
6	270	4.71238898	270					
7	360	6.28318531	360					
8								
9								
10	度をラジアンに変換	ラジアンを度に変換						
11								

=RADIANS(角度)	数学/三角

角度…ラジアンに変換する度単位の角度を指定
「角度」に指定した値をラジアン単位の角度に変換します。

=DEGREES(角度)	数学/三角

角度…度に変換するラジアン単位の角度を指定
「角度」に指定した値を度単位の角度に変換します。

10-15 正弦（サイン）を求める

x SIN／PI
サイン　　パイ

SIN関数を使用すると、三角関数の「正弦（サイン）」を求められます。引数の角度はラジアン単位で指定します。ここではPI関数を併用して、-π～πラジアンを0.25πラジアン刻みにして正弦を計算します。

▶正弦（サイン）を求める

B3 =SIN(A3*PI())
　　　　数値

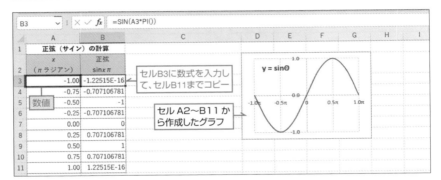

	A	B
1	正弦（サイン）の計算	
2	x（πラジアン）	正弦 sinxπ
3	-1.00	-1.22515E-16
4	-0.75	-0.707106781
5	-0.50	-1
6	-0.25	-0.707106781
7	0.00	0
8	0.25	0.707106781
9	0.50	1
10	0.75	0.707106781
11	1.00	1.22515E-16

セルB3に数式を入力して、セルB11までコピー

セルA2～B11から作成したグラフ

=SIN(数値) 　　　　　　　　　　　　　　　　　　　　　　　　数学/三角

数値…正弦（サイン）を求める角度をラジアン単位で指定
「数値」に指定した角度の正弦（サイン）を返します。2π（360°）を周期とする周期関数で、戻り値は2πごとに同じ値になります。戻り値の範囲は-1以上1以下です。

=PI() 　　　　　　　　　　　　　　　　　　　　　　　　　→ 10-13

Memo

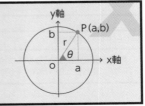

●半径 r の円周上に点 P(a, b) をとったとき、x 軸と線分 OP のなす角をθとすると、正弦は右のように定義されます。
なお、sin π は本来 0 ですが、SIN 関数で求めると誤差が生じて「1.22515E-16」になります。

$$SIN(\theta) = \sin\theta = \frac{b}{r}$$

10-16 余弦（コサイン）を求める

コサイン **パイ**
COS／PI

　COS関数を使用すると、三角関数の「余弦（コサイン）」を求められます。引数の角度はラジアン単位で指定します。ここではPI関数を併用して、-π〜πラジアンの範囲のいくつかの値について余弦を計算します。

▶余弦（コサイン）を求める

B3 =COS(A3*PI())
　　　　数値

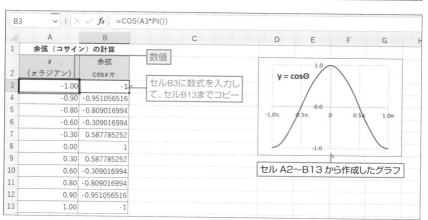

=COS(数値)
数学／三角

数値…余弦（コサイン）を求める角度をラジアン単位で指定
「数値」に指定した角度の余弦（コサイン）を返します。2π（360°）を周期とする周期関数で、戻り値は2πごとに同じ値になります。戻り値の範囲は -1 以上 1 以下です。

=PI()
➡ **10-13**

Memo

●半径 r の円周上に点 P(a, b) をとったとき、x 軸と線分 OP のなす角をθとすると、余弦は右のように定義されます。

$$COS(\theta) = \cos\theta = \frac{a}{r}$$

10-17 正接（タンジェント）を求める

TAN／PI
タンジェント　パイ

　TAN関数を使用すると、三角関数の「正接（タンジェント）」を求められます。引数の角度はラジアン単位で指定します。ここではPI関数を併用して、-0.4π〜0.4πラジアンの範囲のいくつかの値の正接を計算します。

▶正接（タンジェント）を求める

B3	=TAN(A3*PI())
	数値

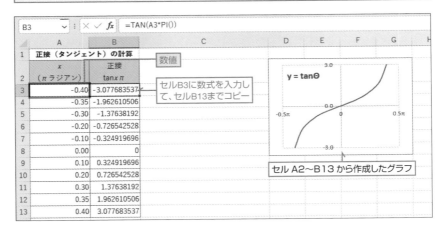

数値

セルB3に数式を入力して、セルB13までコピー

	A	B
1	正接（タンジェント）の計算	
2	x（πラジアン）	正接 tanxπ
3	-0.40	-3.077683537
4	-0.35	-1.962610506
5	-0.30	-1.37638192
6	-0.20	-0.726542528
7	-0.10	-0.324919696
8	0.00	0
9	0.10	0.324919696
10	0.20	0.726542528
11	0.30	1.37638192
12	0.35	1.962610506
13	0.40	3.077683537

$y = \tan\theta$

セル A2〜B13 から作成したグラフ

=TAN(数値)	数学/三角

数値…正接（タンジェント）を求める角度をラジアン単位で指定
「数値」に指定した角度の正接（タンジェント）を返します。π（180°）を周期とする周期関数で、戻り値はπごとに同じ値になります。

=PI()	→ 10-13

Memo

●半径 r の円周上に点 P(a, b) をとったとき、x軸と線分 OP のなす角をθとすると、正接は右のように定義されます。

$$TAN(\theta) = \tan\theta = \frac{\sin\theta}{\cos\theta} = \frac{b}{a}$$

 10-18 度単位の数値から三角関数を計算する

サイン コサイン ラジアンズ
SIN／COS／RADIANS

SIN関数、COS関数、TAN関数の引数には、ラジアン単位で角度を指定します。「30°の正弦」のように度単位の角度を指定したいときは、RADIANS関数を使用して、度単位からラジアン単位に変換します。ここでは例として、0°～360°を30°刻みにして正弦と余弦を計算します。

▶度単位の角度から正弦と余弦を求める

| B3 =SIN(RADIANS(A3)) |
| 数値 |

| C3 =COS(RADIANS(A3)) |
| 数値 |

| B3 | | : | × | ✓ | fx | =SIN(RADIANS(A3)) |

	A	B	C
1		正弦と余弦の計算	
2	角度(°)	正弦 sinxπ	余弦 scos π
3	0	0	1
4	30	0.5	0.866025404
5	60	0.866025404	0.5
6	90	1	6.12574E-17
7	120	0.866025404	-0.5
8	150	0.5	-0.866025404
9	180	1.22515E-16	-1
10	210	-0.5	-0.866025404
11	240	-0.866025404	-0.5
12	270	-1	-1.83772E-16
13	300	-0.866025404	0.5
14	330	-0.5	0.866025404
15	360	-2.4503E-16	1
16			
17			
18			

y=sinΘ
y=cosΘ

セルB3とセルC3に数式を入力して、15行目までコピー

=SIN(数値)	→ 10-15
=COS(数値)	→ 10-16
=RADIANS(角度)	→ 10-14

関連項目 【10-14】角度の単位「度」と「ラジアン」を変換する

10-19 逆正弦（アークサイン）を求める

アークサイン　ディグリーズ
ASIN／DEGREES

　ASIN関数を使用すると、数値の「逆正弦（アークサイン）」を求められます。この関数はSIN関数の逆関数で、例えば「SIN(θ)=0.5」となるようなθを知りたいときに、「=ASIN(0.5)」のようにして求めます。戻り値はラジアン単位の数値になるので、度単位の結果が必要なときはDEGREES関数を使用して単位を変換します。ここでは、-1〜1の範囲のいくつかの数値について、逆正弦をラジアン単位と度単位で求めます。

▶逆正弦（アークサイン）を求める

B3 =ASIN(A3)	C3 =DEGREES(B3)
数値	角度

B3		: × ✓ fx	=ASIN(A3)					
▲	A	B	C	D	E	F	G	H	I
1	逆正弦（アークサイン）の計算								
2	正弦 sin θ	θ（ラジアン）	θ（°）						
3	-1.0	-1.570796327	-90						
4	-0.5	-0.523598776	-30						
5	0.0	0	0						
6	0.5	0.523598776	30						
7	1.0	1.570796327	90						
8									

> セルB3とセルC3に数式を入力して、7行目までコピー

> 「SIN(θ)=0.5」となるθは30°

=ASIN(数値)　　　　　　　　　　　　　　　　　　　　　　　　　数学/三角

　数値…求める角度の正弦（サイン）の値を -1 以上 1 以下の範囲の数値で指定。範囲外の数値を指定すると、[#NUM!] が返される
「数値」を正弦（サイン）の値と見なして、対応する角度を -π/2〜π/2 の範囲のラジアン単位の数値で返します。

=DEGREES(角度)　　　　　　　　　　　　　　　　　　　　→ **10-14**

関連項目　【10-14】角度の単位「度」と「ラジアン」を変換する
　　　　　　　【10-15】正弦（サイン）を求める

10-20 逆余弦（アークコサイン）を求める

アークコサイン ディグリーズ
ACOS／DEGREES

ACOS関数を使用すると、数値の「逆余弦（アークコサイン）」を求められます。この関数はCOS関数の逆関数で、例えば「COS(θ)=0.5」となるようなθを知りたいときに、「=ACOS(0.5)」のようにして求めます。戻り値はラジアン単位の数値になるので、度単位の結果が必要なときはDEGREES関数を使用して単位を変換します。ここでは、-1～1の範囲のいくつかの数値について、逆余弦をラジアン単位と度単位で求めます。

▶逆余弦（アークコサイン）を求める

| B3 |=ACOS(A3)
数値

| C3 |=DEGREES(B3)
角度

B3		:	× ✓	fx	=ACOS(A3)				
	A	B	C	D	E	F	G	H	I
1	逆余弦（アークコサイン）の計算								
2	余弦 cos θ	θ （ラジアン）	θ （°）						
3	-1.0	3.141592654	180		セルB3とセルC3に数式を入力して、7行目までコピー				
4	-0.5	2.094395102	120						
5	0.0	1.570796327	90						
6	0.5	1.047197551	60		「COS(θ)=0.5」となるθは60°				
7	1.0	0	0						
8									

=ACOS(数値)   数学/三角

数値…求める角度の余弦（コサイン）の値を -1 以上 1 以下の範囲の数値で指定。範囲外の数値を指定すると、[#NUM!] が返される
「数値」を余弦（コサイン）の値と見なして、対応する角度を -π/2～π/2 の範囲のラジアン単位の数値で返します。

=DEGREES(角度)   ➡ 10-14

関連項目　【10-14】角度の単位「度」と「ラジアン」を変換する
　　　　　　　【10-16】余弦（コサイン）を求める

 10-21 逆正接（アークタンジェント）を求める

ATAN／ DEGREES
アークタンジェント ディグリーズ

ATAN関数を使用すると、数値の「逆正接（アークタンジェント）」を求められます。この関数はTAN関数の逆関数で、例えば「TAN(θ)=0.5」となるようなθを知りたいときに、「=ATAN(0.5)」のようにして求めます。戻り値はラジアン単位の数値になるので、度単位の結果が必要なときはDEGREES関数を使用して単位を変換します。ここでは、-1～1の範囲のいくつかの数値について、逆正接をラジアン単位と度単位で求めます。

▶逆正接（アークタンジェント）を求める

B3 =ATAN(A3)
数値

C3 =DEGREES(B3)
角度

B3		fx =ATAN(A3)							
	A	B	C	D	E	F	G	H	I
1	逆正接（アークタンジェント）の計算								
2	正接 tan θ	θ （ラジアン）	θ （°）						
3	-1.0	-0.785398163	-45						
4	-0.5	-0.463647609	-26.56505						
5	0.0	0	0						
6	0.5	0.463647609	26.565051						
7	1.0	0.785398163	45						
8									
9									

セルB3とセルC3に数式を入力して、7行目までコピー

「TAN(θ)=0.5」となるθは約 26.6°

=ATAN(数値)　　　　　　　　　　　　　　　　　　　　　　　　数学/三角

数値…求める角度の正接（タンジェント）の値を指定
「数値」を正接（タンジェント）の値と見なして、対応する角度を - π /2～π /2 の範囲のラジアン単位の数値で返します。

=DEGREES(角度)　　　　　　　　　　　　　　　　　　　　→ 10-14

関連項目　【10-17】正接（タンジェント）を求める
【10-22】XY座標からX軸との角度を求める

10-22 XY座標からX軸との角度を求める

アークタンジェント2 ディグリーズ
ATAN2／DEGREES

　逆正接（アークタンジェント）を求める関数には、【10-21】で紹介した
ATAN関数のほかにATAN2関数があります。この関数は、XY座標から逆
正接を求めます。

▶XY座標から逆正接（アークタンジェント）を求める

C3	=DEGREES(ATAN2(A3,B3))

x座標　y座標

	C3	: × ✓ fx	=DEGREES(ATAN2(A3,B3))		

	A	B	C	D
1	逆正接（アークタンジェント）の計算			
2	x 座標	y 座標	θ（°）	
3	1.0	0.0	0	
4	1.0	1.0	45	
5	0.0	1.0	90	
6	-1.0	1.0	135	

セルC3に数式を入力して、セルC6までコピー

点 P の座標が「x=-1, y=1」のとき、線分 OP と x 軸のなす角度は 135 度

=ATAN2(x 座標 , y 座標)	数学/三角

x 座標…逆正接（アークタンジェント）を求めたい座標の x 座標を指定
y 座標…逆正接（アークタンジェント）を求めたい座標の y 座標を指定
指定された XY 座標から逆正接の値を返します。戻り値は - π〜π（ただし - π は除く）の範囲のラジアン
単位の数値になります。「x 座標」と「y 座標」の両方に 0 を指定すると [#DEV/O!] が返されます。

=DEGREES(角度)	10-14

Memo

● ATAN2 関数では、座標 P(a, b) について、線分 OP と x 軸
がなす角を求めます。「=ATAN2(a,b)」と「=ATAN(b/a)」
の結果は同じ値になります。ただし、ATAN 関数の場合は a に
0 を指定すると [#DEV/O!] が返されるのに対して、ATAN2
関数では同時に b に 0 を指定しない限りエラーになりません。

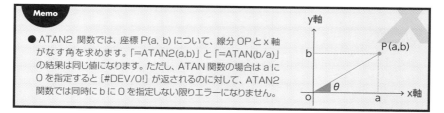

関連項目【10-21】逆正接（アークタンジェント）を求める

10-23 双曲線関数の値を求める

ハイパボリック・サイン　ハイパボリック・コサイン　ハイパボリック・タンジェント

SINH／　COSH／　TANH

SINH関数、COSH関数、TANH関数を使用すると、双曲線正弦、双曲線余弦、双曲線正接を求めることができます。

▶双曲線関数の値を求める

| **B3** =SINH(A3) | **C3** =COSH(A3) | **D3** =TANH(A3) |
| 数値 | 数値 | 数値 |

B3		✕ ✓ fx	=SINH(A3)					
⊿	A	B	C	D	E	F	G	H	I
1	双曲線関数							
2	*x*	sinh *x*	cosh *x*	tanh *x*				
3	3	10.0178749	10.067662	0.99505475				
4								

x=3のときの「sinh x」「cosh x」「tanh x」が求められた

=SINH(数値)　　　　　　　　　　　　　　　　　　　　　　　数学/三角

　数値…双曲線正弦（ハイパボリックサイン）を求める数値を指定
指定した「数値」の双曲線正弦（ハイパボリックサイン）を返します。

=COSH(数値)　　　　　　　　　　　　　　　　　　　　　　　数学/三角

　数値…双曲線余弦（ハイパボリックコサイン）を求める数値を指定
指定した「数値」の双曲線余弦（ハイパボリックコサイン）を返します。

=TANH(数値)　　　　　　　　　　　　　　　　　　　　　　　数学/三角

　数値…双曲線正接（ハイパボリックタンジェント）を求める数値を指定
指定した「数値」の双曲線正接（ハイパボリックタンジェント）を返します。

Memo

●双曲線関数は、次の式で定義されます。

$$SINH(x) = \frac{e^x - e^{-x}}{2} \qquad COSH(x) = \frac{e^x + e^{-x}}{2} \qquad TANH(x) = \frac{e^x - e^{-x}}{e^x + e^{-x}}$$

関連項目 【10-24】 逆双曲線関数の値を求める

10-24 逆双曲線関数の値を求める

<small>ハイパボリック・アークサイン　ハイパボリック・アークコサイン　ハイパボリック・アークタンジェント</small>
ASINH／　　ACOSH／　　ATANH

　ASINH関数、ACOSH関数、ATANH関数は、それぞれSINH関数、COSH関数、TANH関数の逆関数です。例えば「=ASINH(5)」とすると、「SINH(x)=5」となるようなxが求められます。

▶逆双曲線関数の値を求める

	A	B	C	D	E	F	G	H
1	双曲線関数の逆関数							
2	逆関数	x	戻り値					
3	asinh x	5	2.312438341	「SINH(x)=5」となる x				
4	acosh x	6	2.47788873	「COSH(x)=6」となる x				
5	atanh x	0.4	0.42364893	「TANH(x)=0.4」となる x				
6								

C3 ▽ : × ✓ fx =ASINH(B3)

=ASINH(数値)　　　　　　　　　　　　　　　　　　　　　　　　　　**数学/三角**

　数値…双曲線逆正弦（ハイパボリックアークサイン）を求める数値を指定
指定した「数値」の双曲線逆正弦（ハイパボリックアークサイン）を返します。

=ACOSH(数値)　　　　　　　　　　　　　　　　　　　　　　　　　　**数学/三角**

　数値…双曲線逆余弦（ハイパボリックアークコサイン）を求める数値を指定。1 未満の数値を指定すると [#NUM!] が返される
指定した「数値」の双曲線逆余弦（ハイパボリックアークコサイン）を返します。戻り値は 0 以上の数値になります。

=ATANH(数値)　　　　　　　　　　　　　　　　　　　　　　　　　　**数学/三角**

　数値…双曲線逆正接（ハイパボリックアークタンジェント）を求める数値を指定。-1 以下の数値や 1 以上の数値を指定すると [#NUM!] が返される
指定した「数値」の双曲線逆正接（ハイパボリックアークタンジェント）を返します。

関連項目 【10-23】双曲線関数の値を求める

10-25 商品から3つ選んでショーケースに置く並べ方の総数を求める（順列）

PERMUT関数は「順列」を求める関数です。順列は、異なるn個のものから異なるk個のものを抜き出して並べる並べ方の総数のことです。例えば「1、2、3」から2つを取り出して並べる順列の総数は「12、13、21、23、31、32」の6通りで、「=PERMUT(3,2)」で求められます。

サンプルでは、50種類の商品の中から、ショーケースの上段、中段、下段に1つずつ並べるときの並べ方は何通りあるかを計算します。

▶順列を求める

F3	=PERMUT(A3,C3)
	総数　抜き取り数

F3			fx	=PERMUT(A3,C3)						
	A	B	C	D	E	F	G	H	I	J	K
1	商品を上中下段に並べる									
2	商品数		棚の段数			並べ方				
3	50	種類	3	段		117,600	通り			
4										
5	総数		抜き取り数			50個から3個取り出して並べる方法は117,600通り				
6										

=PERMUT(総数 , 抜き取り数)　　　　　　　　　　　統計

総数…対象の総数を指定。0以下の数値を指定すると [#NUM!] が返される
抜き取り数…総数の中から抜き出して並べる個数を指定。負数を指定すると [#NUM!] が返される
「総数」個から「抜き取り数」個を取り出して並べるときに、何通りの並べ方があるかを返します。

Memo

●n個からk個を抜き出して並べる順列は、次の式で表されます。サンプルの場合、求めた結果は「50×49×48」の結果と同じです。

$$_nP_k = n(n-1)(n-2)\cdots(n-k+1) = \frac{n!}{(n-k)!}$$

関連項目 【10-26】英文字から8桁のパスワードが何通りできるか求める（重複順列）

10-26 英文字から8桁のパスワードが 何通りできるか求める（重複順列）

PERMUTATIONA関数は「重複順列」を求める関数です。重複順列とは、異なるn個のものから重複を許してk個を抜き出して並べる並べ方の総数です。例えば1〜3の数字を使ってできる2桁の数値は、「11、12、13、21、22、23、31、32、33」の9通りで、「=PERMUTATIONA(3,2)」で求められます。

サンプルでは、アルファベット26文字を使ってできる8桁のパスワードが何通りあるかを調べます。同じ文字を複数使うことを許可し、大文字／小文字は区別しないものとします。

▶重複順列を求める

> **F3** =PERMUTATIONA(A3,C3)
>   総数 抜き取り数

	F3		⌄ : × ✓ *fx*	=PERMUTATIONA(A3,C3)					
▲	A	B	C	D E	F	G	H	I	J
1	アルファベットから8桁のパスワードを作成								
2	アルファベット		パスワード		並べ方				
3	26	文字	8	文字	208,827,064,576	通り			
4									
5	総数		抜き取り数		26 個から 8 個取る重複順列				
6									

> **=PERMUTATIONA(総数 , 抜き取り数)** 　　　　　　　　　　　　　　　　　　統計
>
> 総数…**対象の総数を指定**
> 抜き取り数…**総数の中から抜き出して並べる個数を指定。負数を指定すると [#NUM!] が返される**
> 「総数」個から重複を許して「抜き取り数」個を取り出して並べるときに、何通りの並べ方があるかを返します。

Memo

● n 個から k 個を抜き出して並べる重複順列は、「n^k」で求められます。サンプルの場合、求めた結果は「26^8」（26×26×26×26×26×26×26×26）の結果と同じです。

関連項目 【10-25】商品から3つ選んでショーケースに置く並べ方の総数を求める（順列）

10-27 50種類の商品から広告に載せる3つを選ぶ組み合わせの数を求める

コンビネーション
COMBIN

COMBIN関数を使用すると、異なるn個のものから異なるk個のものを抜き出すときの組み合わせの数を計算できます。例えば「A、B、C」から2つ取り出す組み合わせの数は、「AB」「AC」「BC」の3通りです。サンプルでは、50種類の商品から広告に掲載する商品を3つ選ぶときの選び方は何通りあるかを調べます。

▶組み合わせの数を求める

F3 =COMBIN(A3,C3)
　　　　　総数 抜き取り数

	A	B	C	D	E	F	G
1	広告掲載商品を3つ選ぶ						
2	商品数		掲載数			選び方	
3	50	種類	3	商品		19,600	通り
4							
5	総数		抜き取り数		50個から3個取り出す組み合わせは19,600通り		
6							
7							

=COMBIN(総数 , 抜き取り数)　　　　　　　　　　　　　　　　　数学/三角

総数…対象の総数を指定。0以下の数値を指定すると [#NUM!] が返される
抜き取り数…総数の中から抜き出す個数を指定。負数を指定すると [#NUM!] が返される
「総数」個から「抜き取り数」個を取り出す組み合わせの数を返します。

> **Memo**
>
> ●n個からk個を抜き出す組み合わせの数は、次の式で表されます。サンプルの場合、求めた結果は「(50×49×48)÷(3×2×1)」の結果と同じです。
>
> $$_nC_k = \frac{_nP_k}{k!} = \frac{n!}{k!(n-k)!}$$

関連項目 【10-28】3種類の焼菓子で10個詰め合わせを作る重複組み合わせの数を求める

10-28 3種類の焼菓子で10個詰め合わせを作る重複組み合わせの数を求める

COMBINA

COMBINA関数は、重複組み合わせの数を求める関数です。この関数を使用すると、異なるn個のものから重複を許して異なるk個のものを抜き出すときの組み合わせの数を計算できます。例えば「A、B、C」から2つ取り出す重複組み合わせの数は、「AA」「AB」「AC」「BB」BC」「CC」の6通りです。サンプルでは、3種類の焼菓子を10個詰め合わせる場合の重複組み合わせの数を求めます。

▶重複組み合わせの数を求める

F3 =COMBINA(A3,C3)
　　　　　　総数　抜き取り数

F3		fx	=COMBINA(A3,C3)						
	A	B	C	D	E	F	G	H	I	J	K
1	3種類の焼菓子で10個詰め合わせを作る								
2	商品数		詰め合わせ数			選び方			
3	3	種類	10	個/箱		66	通り		
4									
5	総数		抜き取り数		3種類から10個取り出す重複組み合わせは66通り				

=COMBINA(総数 , 抜き取り数)　　　　　　　　　　数学/三角

　総数…対象の総数を指定。0以下の数値を指定すると[#NUM!]が返される
　抜き取り数…総数の中から抜き出す個数を指定。負数を指定すると[#NUM!]が返される
「総数」個から「抜き取り数」個を取り出す重複組み合わせの数を返します。

Memo

●「=COMBINA(n, k)」は、「=COMBIN(n+k-1, k)」と同じ結果になります。

関連項目【10-27】50種類の商品から広告に載せる3つを選ぶ組み合わせの数を求める

10-29 二項係数を求める

コンビネーション
COMBIN

　組み合わせの数を求めるときに使うCOMBIN関数は、「二項係数」の計算にも使用できます。二項係数とは、「$(a+b)^n$」を展開したときの各項の係数のことです。ここでは、「$(a+b)^3$」について、係数を求めてみましょう。

▶二項係数を求める

H3 =COMBIN(3,0)
総数 抜き取り数

K3 =COMBIN(3,1)
総数 抜き取り数

N3 =COMBIN(3,2)
総数 抜き取り数

Q3 =COMBIN(3,3)
総数 抜き取り数

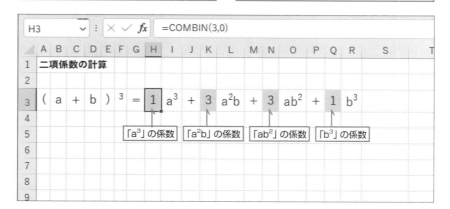

=COMBIN(総数 , 抜き取り数)　　　　　　→ 10-27

> **Memo**
>
> ●「$(a+b)^n$」を展開すると、下記のようになります。一般に「$a^{n-k}b^k$」の係数は「$_nC_k$」です。
>
> $$(a+b)^n = \sum_{k=0}^{n} {_nC_k}\, a^{n-k}b^k = {_nC_0}a^n + {_nC_1}a^{n-1}b + {_nC_2}a^{n-2}b^2 + \cdots + {_nC_n}b^n$$

関連項目　【10-30】多項係数を求める

10-30 多項係数を求める

マルチノミアル
MULTINOMIAL

MULTINOMIAL関数を使用すると、「多項係数」を求めることができます。多項係数とは、「$(a_1+a_2+\cdots+a_k)^n$」を展開したときの各項の係数のことです。ここでは「$(a+b+c)^3$」について、係数を求めます。

▶多項係数を求める

B6	=MULTINOMIAL(B3:B5)
	数値1

B6		f_x	=MULTINOMIAL(B3:B5)										
	A	B	C	D	E	F	G	H	I	J	K	L	M	N
1	多項係数の計算　$(a+b+c)^3$の係数													
2	項	a^3	b^3	c^3	a^2b	a^2c	ab^2	b^2c	ac^2	bc^2	abc			
3	aのべき乗	3	0	0	2	2	1	0	1	0	1			
4	bのべき乗	0	3	0	1	0	2	2	0	1	1			
5	cのべき乗	0	0	3	0	1	0	1	2	2	1			
6	係数	1	1	1	3	3	3	3	3	3	6			
7														
8	数値1　セルB6に数式を入力して、セルK6までコピー													
9														
10														

=MULTINOMIAL(数値 1, [数値 2] …)	数学/三角

数値…数値、またはセル範囲を指定。数値以外のデータを指定すると、[#VALUE!] が返される
「数値」の和の階乗を「数値」の階乗の積で割った商、すなわち多項係数を返します。

Memo

● 「$(a_1+a_2+\cdots+a_k)^n$」を展開したとき、「$a_1^{n_1}a_2^{n_2}\cdots a_k^{n_k}$」の係数は次の式で求められます。

$$MULTINOMIAL(n_1,\ n_2,\ \cdots n_k) = \frac{(n_1+n_2+\cdots n_k)!}{n_1!n_2!\cdots n_k!}$$

● サンプルの結果をまとめると、次式になります。

$$(a+b+c)^3 = a^3+b^3+c^3+3a^2b+3a^2c+3ab^2+3b^2c+3ac^2+3bc^2+6abc$$

関連項目 【10-29】二項係数を求める

10-31 行列の積を求める

マトリックス・マルチプリケーション
MMULT

　MMULT関数を使用すると、2つの行列の積を計算できます。あらかじめ1つ目の行列と同じ行数、2つ目の行列と同じ列数のセル範囲を選択して、配列数式（→【01-31】）として入力します。ここでは2行3列と3行2列の行列の積を求めるので、2行2列のセル範囲にMMULT関数を入力します。

▶行列の積を求める

H3:I4	=MMULT(A3:C4,E3:F5)	
	配列1　配列2	［配列数式として入力］

H3		⋮	× ✓	fx	{=MMULT(A3:C4,E3:F5)}						
▲	A	B	C	D	E	F	G	H	I	J	K	L
1	**行列の積**										
2		行列1			行列2			積				
3	3	-2	4		1	3		19	23			
4	2	3	-1		-4	-1		-12	0			
5					2	3						
6		配列1	配列2									

セルH3〜I4を選択してから数式を入力し、【Ctrl】＋【Shift】＋【Enter】キーで確定

=MMULT(配列 1, 配列 2)	数学／三角

　　配列 1…**行列が入力されたセル範囲、または配列定数を指定**
　　配列 2…**行列が入力されたセル範囲、または配列定数を指定**
「配列 1」と「配列 2」の積を返します。「配列 1」の列数と「配列 2」の行数は同じである必要があります。結果は「配列 1」の行数と「配列 2」の列数と同じ大きさになります。結果が配列になる場合は、配列数式として入力します。

> **Memo**
>
> ●求められる積の i 行 j 列の成分は、「配列 1」の i 行目と「配列 2」の j 列目の各成分の積の総和です。例えば 2 行 3 列と 3 行 2 列の行列の積の場合、右図のように計算します。
>
> $$\begin{bmatrix} a & b & c \\ d & e & f \end{bmatrix} \begin{bmatrix} u & v \\ w & x \\ y & z \end{bmatrix} = \begin{bmatrix} au+bw+cy & av+bx+cz \\ du+ew+fy & dv+ex+fz \end{bmatrix}$$

関連項目　【10-32】逆行列を求める

10-32 逆行列を求める

マトリックス・インバース
MINVERSE

　MINVERSE関数を使用すると、正方行列（行数と列数が等しい数値配列）の逆行列を求めることができます。あらかじめ元の行列と同じ大きさのセル範囲を選択して、配列数式（→【01-31】）として入力します。サンプルでは、逆行列のセル範囲に分数の表示形式を設定しています。

▶逆行列を求める

E2:G4	=MINVERSE(A2:C4)	
	配列	[配列数式として入力]

E2	▼	⋮	× ✓ fx	{=MINVERSE(A2:C4)}						
	A	B	C	D	E	F	G	H	I	J	K
1	3次正方行列				逆行列						
2	3	-2	2	配列	4/5	1/5	- 3/5	セルE2〜G4を選択してから			
3	-1	2	1		1/2	1/2	- 1/2	数式を入力し、【Ctrl】+【Shift】			
4	2	-2	3		- 1/5	1/5	2/5	+【Enter】キーで確定			

=MINVERSE(配列)	数学/三角

配列…行数と列数が等しいセル範囲、または配列定数を指定。行数と列数が等しくない場合や配列に空白や文字列が含まれる場合、[#VALUE!] が返される
指定した「配列」の逆行列を返します。指定した「配列」に逆行列がない場合は、[#NUM!] が返されます。逆行列がない行列の行列式は 0 になります。

Memo

●逆行列は、行列と掛け合わせたときに結果が単位行列（右下がりの対角線上にある成分がすべて1で、その他の成分がすべて 0 である正方行列）になる行列です。

$$\begin{bmatrix} 3 & -2 & 2 \\ -1 & 2 & 1 \\ 2 & -2 & 3 \end{bmatrix} \begin{bmatrix} 0.8 & 0.2 & -0.6 \\ 0.5 & 0.5 & -0.5 \\ -0.2 & 0.2 & 0.4 \end{bmatrix} = \begin{bmatrix} 1 & 0 & 0 \\ 0 & 1 & 0 \\ 0 & 0 & 1 \end{bmatrix}$$

　　　行列　　　×　　　逆行列　　　=　　　単位行列

●行列式が 0 になる行列には逆行列がありません。行列式は、MDETERM 関数を使用して「=MDETERM(A2:C4)」のように式を立てると求められます。

関連項目 【10-31】行列の積を求める

10-33 実部と虚部から複素数を作成する・分解する

 COMPLEX／IMREAL／IMAGINARY
コンプレックス　　イマジナリー・リアル　　イマジナリー

　複素数は、虚数単位（$i = \sqrt{-1}$）と実数a、bを用いて、「a+bi」の形で表される数です。aを「実部」、bを「虚部」と呼びます。COMPLEX関数を使用すると、指定した実部と虚部から複素数形式「a+bi」の文字列を作成できます。反対に、IMREAL関数を使うと複素数形式の文字列から実部を、IMAGINARY関数を使うと虚部を数値として取り出せます。

▶実部と虚部から複素数を作成し、複素数から実部と虚部を取り出す

C3 =COMPLEX(A3,B3)	D3 =IMREAL(C3)	E3 =IMAGINARY(C3)
実部 虚部	複素数	複素数

	C3	⌄	：	× ✓ fx	=COMPLEX(A3,B3)				
▲	A	B	C	D	E	F	G	H	I	J

	A	B	C	D	E
1	複素数の作成・分解				
2	実部	虚部	複素数	実部	虚部
3	3	1	3+i	3	1
4	0	4	4i	0	4
5	1.2	0.5	1.2+0.5i	1.2	0.5
6	-2	0	-2	-2	0

セルC3、セルD3、セルE3に数式を入力して、6行目までコピー

実部と虚部から複素数を作成

複素数から実部と虚部を取り出す

=COMPLEX(実部 , 虚部 , [虚数単位])　　　　　　　　　　エンジニアリング

実部…作成する複素数の実部の数値を指定
虚部…作成する複素数の虚部の数値を指定
虚数単位…虚数単位を小文字の「"i"」または「"j"」で指定。大文字や他のアルファベットは指定できない。省略した場合は「"i"」が指定されたものと見なされる
指定した「実部」「虚部」「虚数単位」から複素数形式の文字列データを作成します。

Chapter 10 数学計算

=IMREAL(複素数)　　　　　　　　　　　　　　　　　　　　　エンジニアリング

> **複素数**…**実部を取り出す元の複素数を「a+bi」または「a+bj」の形式の文字列で指定**
> 指定した「複素数」から実部の数値を取り出します。

=IMAGINARY(複素数)　　　　　　　　　　　　　　　　　　　　エンジニアリング

> **複素数**…**虚部を取り出す元の複素数を「a+bi」または「a+bj」の形式の文字列で指定**
> 指定した「複素数」から虚部の数値を取り出します。

Memo

● Excel には、複素数を扱う関数が豊富に用意されています。IMCONJUGATE 関数は共役複素数を、IMABS 関数は複素数の絶対値を、IMARGUMENT 関数は複素数の偏角を求めます。

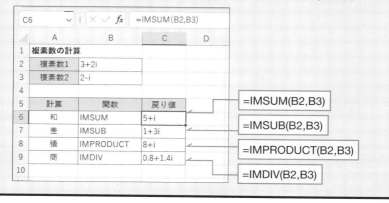

	A	B	C	D
1	複素数の計算			
2	複素数	3+2i		
3				
4	計算	関数	戻り値	
5	共役複素数	IMCONJUGATE	3-2i	
6	絶対値	IMABS	3.605551	
7	偏角	IMARGUMENT	0.588003	
8				

=IMCONJUGATE(B2)
=IMABS(B2)
=IMARGUMENT(B2)

● 2 つの複素数を四則演算するための関数も用意されています。2 つの複素数の和は IMSUM 関数で、差は IMSUB 関数で、積は IMPRODUCT 関数で、商は IMDIV 関数で求めます。

	A	B	C	D
1	複素数の計算			
2	複素数1	3+2i		
3	複素数2	2-i		
4				
5	計算	関数	戻り値	
6	和	IMSUM	5+i	
7	差	IMSUB	1+3i	
8	積	IMPRODUCT	8+i	
9	商	IMDIV	0.8+1.4i	
10				

=IMSUM(B2,B3)
=IMSUB(B2,B3)
=IMPRODUCT(B2,B3)
=IMDIV(B2,B3)

10-34 10進数をn進数に変換する <①DEC2BIN、DEC2OCT、DEC2HEX関数>

デシマル・トゥ・バイナリ　デシマル・トゥ・オクタル　デシマル・トゥ・ヘキサデシマル
DEC2BIN／DEC2OCT／DEC2HEX

　「n進数」とは、1桁をn個の文字で表す数値の表現方法です。一般的に使われるのは10進数で、1桁を0～9で表します。2進数は0と1、8進数は0～7、16進数は0～9とA～Fで表します。10進数から2進数への変換にはDEC2BIN関数、8進数への変換にはDEC2OCT関数、16進数の変換にはDEC2HEX関数を使います。変換結果は文字列です。

▶A列に入力した10進数をn進数に変換する

| B3 =DEC2BIN(A3,8) | C3 =DEC2OCT(A3,4) | D3 =DEC2HEX(A3,4) |
| 数値 桁数 | 数値 桁数 | 数値 桁数 |

=DEC2BIN(数値 ,［桁数］)　　　　　　　　　　　　　　　エンジニアリング

数値…10進数の整数を指定。指定できる範囲は -512 以上 511 以下
桁数…戻り値の桁数を 1 以上 10 以下の整数で指定。変換結果の桁が少ない場合、先頭に 0 が補われる。省略した場合は、必要最小限の桁数で結果が返される
10 進数の「数値」を指定した「桁数」の 2 進数に変換した文字列を返します。「数値」が負数の場合、「桁数」は無視され、先頭が 1 の 10 桁の 2 進数が返されます。

=DEC2OCT(数値 , [桁数])　　　　　　　　　　　　　　エンジニアリング

数値…10進数の整数を指定。指定できる範囲は -536,870,912 以上 536,870,911 以下
桁数…戻り値の桁数を 1 以上 10 以下の整数で指定。変換結果の桁が少ない場合、先頭に 0 が補われる。省略した場合は、必要最小限の桁数で結果が返される

10進数の「数値」を指定した「桁数」の 8 進数に変換した文字列を返します。「数値」が負数の場合、「桁数」は無視され、先頭が 7 の 10 桁の 8 進数が返されます。

=DEC2HEX(数値 , [桁数])　　　　　　　　　　　　　　エンジニアリング

数値…10進数の整数を指定。指定できる範囲は -549,755,813,888 以上 549,755,813,887 以下
桁数…戻り値の桁数を 1 以上 10 以下の整数で指定。変換結果の桁が少ない場合、先頭に 0 が補われる。省略した場合は、必要最小限の桁数で結果が返される

10進数の「数値」を指定した「桁数」の 16 進数に変換した文字列を返します。「数値」が負数の場合、「桁数」は無視され、先頭が F の 10 桁の 16 進数が返されます

Memo

● n進数は、「n − 1」の次に桁上がりして「10」になります。
　・2 進数　　「0, 1」の次の数値は「10」
　・8 進数　　「0, 1, 2, 3, 4, 5, 6, 7」の次の数値は「10」
　・16 進数　　「0, 1, 2, 3, 4, 5, 6, 7, 8, 9」の次の数値は「10」
　・16 進数　　「0, 1, 2, 3, 4, 5, 6, 7, 8, 9, A, B, C, D, E, F」の次の数値は「10」

● 10進数の正の整数 m を n進数に変換するには、まず m を n で割り、次に商を繰り返し n で割って、その余りを逆順に並べます。例えば 10 進数の 250 を 8 進数の 372 に変換する過程は次のようになります。

　　　250 ÷ 8 ＝ 31　余り 2
　　　31 ÷ 8 ＝ 3　余り 7
　　　3 ÷ 8 ＝ 0　余り 3　／　余りを並べると「372」

● 2進数、8進数、16進数の正負の符号を反転させるには、次表の計算を行います。例えば 8 進数の「372」（10 進数の 250）の負数にあたる表記は、「7777777777」から「372」を引いて 1 を加えた「7777777406」です。「372」（10 進数の 250）と「7777777406」（10 進数の -250）を足すと、8 進数では 7 の次に桁上がりするため、11 桁の「10000000000」になります。Excel で扱う n進数の最大桁は 10 桁なので、先頭の「1」は無視され「0」と見なされます。「372」（10 進数の 250）「7777777406」（10 進数の -250）の和が 0 になるので、このような負数表記は理にかなっているといえます。

n 進数	n 進数で表された m の正負を反転する方法
2 進数	「1」を 10 桁並べた「1111111111」から m を引いて 1 を加える
8 進数	「7」を 10 桁並べた「7777777777」から m を引いて 1 を加える
16 進数	「F」を 10 桁並べた「FFFFFFFFFF」から m を引いて 1 を加える

関連項目　【10-35】 10進数をn進数に変換する ＜②BASE関数＞
　　　　　　【10-36】 広範囲の10進数を2進数に変換する
　　　　　　【10-37】 n進数を10進数に変換する

10-35 10進数をn進数に変換する
<②BASE関数>

 BASE

BASE関数を使用すると、10進数を指定したn進数に変換できます。「n」の値は引数「基数」で指定します。2〜36の範囲で指定できます。2進数、8進数、16進数以外の基数を指定できる点が特長です。ただし、負数の変換はできません。変換結果は文字列です。

▶A列に入力した10進数をn進数に変換する

D3	=BASE(A3,B3,C3)
	数値 基数 最小桁数

D3	⌄ : × ✓ fx	=BASE(A3,B3,C3)				

	A	B	C	D	E	F	G	H	I
1	10進数の変換								
2	10進数	n	桁数	変換結果					
3	13	2	4	1101	セルD3に数式を入力して、セルD6までコピー				
4	13	8	4	0015					
5	3757	16	4	0EAD					
6	3757	32	4	03LD					
7	数値	基数	最小桁数						
8									

=BASE(数値 , 基数 , [最小桁数])	数学/三角

数値…10進数の数値を指定。指定できる範囲は0以上 2^{53} 未満。負数は指定できない
基数…何進数に変換するかを2以上36以下の整数で指定
最小桁数…戻り値の桁数を0以上の整数で指定。変換結果の桁が少ない場合、先頭に0が補われる。省略した場合は、必要最小限の桁数で結果が返される
10進数の「数値」を指定した「最小桁数」のn進数に変換した文字列を返します。

> **Memo**
>
> ●引数「最小桁数」を省略した場合、戻り値は必要最小限の桁数になります。例えば、「=BASE(13,8,4)」の結果は「0015」、「=BASE(13,8)」の結果は「15」になります。

関連項目 【10-34】10進数をn進数に変換する<①DEC2BIN、DEC2OCT、DEC2HEX関数>
【10-37】n進数を10進数に変換する

10-36 広範囲の10進数を2進数に変換する

CONCAT／HEX2BIN／MID／DEC2BIN／SEQUENCE

DEC2BIN関数で2進数に変換できるのは、−512以上511以下の範囲に限られます。より広い範囲の数値を2進数に変換するには、まずDEC2HEX関数を使用して10進数をいったん10桁の16進数に変換します。その16進数を1桁ずつ分解して、4桁の2進数に変換します。4桁の2進数が10個できるので、最後にそれらを連結します。これなら、DEC2HEX関数と同じ広範囲の10進数を2進数に変換できます。

▶広範囲の10進数を2進数に変換する

B3	=CONCAT(HEX2BIN(MID(DEC2HEX(B2,10),SEQUENCE(1,10),1),4))

　　　　　　　セルB2を10桁の16進数に変換　1～10の連番を作成

　　　　　　　16進数の1桁目から10桁目までを順に取り出す

　　　　　　　1桁分の16進数を4桁の2進数に変換

	A	B	C	D	E	F
1	10進数から2進数に変換					
2	10進数	123,456,789,123				
3	2進数	0001110010111101001100100011010100000011				

大きな10進数を2進数に変換できた

=CONCAT(文字列 1 , [文字列 2] …)	→ 06-32

=HEX2BIN(数値 , [桁数])	エンジニアリング

数値…変換する 16 進数を 10 桁以内で指定
桁数…戻り値の桁数を 1 以上 10 以下の整数で指定。変換結果の桁が少ない場合、先頭に 0 が補われる。省略した場合は、必要最小限の桁数で結果が返される
16 進数の「数値」を指定した「桁数」の 2 進数に変換します。「数値」が負数の場合、「桁数」は無視され、先頭が 1 の 10 桁の 2 進数が返されます。

=MID(文字列 , 開始位置 , 文字数)	→ 06-39
=DEC2HEX(数値 , [桁数])	→ 10-34
=SEQUENCE(行 , [列] , [開始値] , [増分])	→ 04-09

10-37 n進数を10進数に変換する

 DECIMAL／BIN2DEC／OCT2DEC／HEX2DEC
<small>デシマル　バイナリ・トゥ・デシマル　オクタル・トゥ・デシマル　ヘキサデシマル・トゥ・デシマル</small>

　DECIMAL関数を使用すると、n進数表記の文字列を10進数の数値に変換できます。「n」の値は引数「基数」で指定します。2～36の範囲で指定できます。2進数、8進数、16進数を10進数に変換する場合は、BIN2DEC関数、OCT2DEC関数、HEX2DEC関数も使えます。サンプルでは「0101」を2進数、8進数、16進数と見なして、10進数に変換します。なお、「0101」を入力したセルには［文字列］の表示形式が設定してあります。

▶A列に入力したn進数を10進数に変換する

C3	=DECIMAL(A3,2)
	数値 基数

C4	=BIN2DEC(A4)
	数値

C5	=OCT2DEC(A5)
	数値

C6	=HEX2DEC(A6)
	数値

C3	∨	:	× ✓ fx	=DECIMAL(A3,2)		

	A	B	C	D	E	F	G
1	n進数を10進数に変換						
2	n進数	関数	戻り値				
3	0101	DECIMAL（基数：2）	5	DEXIMAL 関数で 2 進数を 10 進数に変換			
4	0101	BIN2DEC	5	BIN2DEC 関数で 2 進数を 10 進数に変換			
5	0101	OCT2DEC	65	OCT2DEC 関数で 8 進数を 10 進数に変換			
6	0101	HEX2DEC	257	HEX2DEC 関数で 16 進数を 10 進数に変換			
7							
8							
9							
10							

=DECIMAL(数値 , 基数) 　　　　　　　　　　　　　　　　　　　　　　　数学/三角

> 数値…「基数」で指定した n 進数表記の文字列を 255 文字以下で指定
> 基数…n 進数の「n」に当たる整数を 2〜36 の範囲で指定
「数値」を「基数」進数と見なして、10 進数の数値に変換します。

=BIN2DEC(数値) 　　　　　　　　　　　　　　　　　　　　　　エンジニアリング

> 数値…**10 文字までの 2 進数を指定。111111111（511）より大きい数や 1000000000（-512）より小さい数は指定できない**
2 進数の「数値」を 10 進数の数値に変換します。

=OCT2DEC(数値) 　　　　　　　　　　　　　　　　　　　　　　エンジニアリング

> 数値…**10 文字までの 8 進数を指定**
8 進数の「数値」を 10 進数の数値に変換します。

=HEX2DEC(数値) 　　　　　　　　　　　　　　　　　　　　　　エンジニアリング

> 数値…**10 文字までの 16 進数を指定**
16 進数の「数値」を 10 進数の数値に変換します。

Memo

● Excel には、2 進数、8 進数、10 進数、16 進数の表記を互いに変換する専用の関数が 12 種類用意されています。いずれも ［エンジニアリング関数］ に分類されます。

関数	説明
=BIN2OCT(数値 , [桁数])	2 進数を 8 進数に変換
=BIN2DEC(数値)	2 進数を 10 進数に変換
=BIN2HEX(数値 , [桁数])	2 進数を 16 進数に変換
=DEC2BIN(数値 , [桁数])	10 進数を 2 進数に変換
=DEC2OCT(数値 , [桁数])	10 進数を 8 進数に変換
=DEC2HEX(数値 , [桁数])	10 進数を 16 進数に変換
=OCT2BIN(数値 , [桁数])	8 進数を 2 進数に変換
=OCT2DEC(数値)	8 進数を 10 進数に変換
=OCT2HEX(数値 , [桁数])	8 進数を 16 進数に変換
=HEX2BIN(数値 , [桁数])	16 進数を 2 進数に変換
=HEX2OCT(数値 , [桁数])	16 進数を 8 進数に変換
=HEX2DEC(数値)	16 進数を 10 進数に変換

関連項目 【10-34】 10進数をn進数に変換する＜①DEC2BIN、DEC2OCT、DEC2HEX関数＞
　　　　　 【10-35】 10進数をn進数に変換する＜②BASE関数＞

10-38 10進数のRGB値から16進表記の
カラーコードを作成する

デシマル・トゥ・ヘキサデシマル
DEC2HEX

　ディスプレイに表示する色は、光の三原色である赤（R）、緑（G）、青（B）の掛け合わせです。色を指定する方法には、「#5B9AFF」のように記号「#」と赤2桁、緑2桁、青2桁の16進数のカラーコードで指定する方法と、赤、緑、青の割合をそれぞれ0〜255の範囲の10進数で指定する方法があります。ここでは、DEC2HEX関数を使用して、10進数のR、G、Bの各値から16進表記のカラーコードを求めます。

▶RGBの各値から16進表記のカラーコードを作成する

D3	="#" & DEC2HEX(B2,2) & DEC2HEX(B3,2) & DEC2HEX(B4,2)
	R値を16進数に変換　G値を16進数に変換　B値を16進数に変換

D3		fx	="#" & DEC2HEX(B2,2) & DEC2HEX(B3,2) & DEC2HEX(B4,2)

	A	B	C	D	E	F	G	H	I
1	RGB値から16進表記のカラーコードを作成								
2	R（赤）	91		カラーコード					
3	G（緑）	154		#5B9AFF		数式を入力			
4	B（青）	255							

RGB値から16進表記の
カラーコードを作成できた

=DEC2HEX(数値 , [桁数])　　→ **10-34**

> **Memo**
>
> ●色の16進表記は、アプリやプログラミング言語によって、先頭に付ける記号やRGBの並び順が異なるので注意してください。Webページの色を設定するスタイルシートでは、サンプルの「#5B9AFF」のように「# 赤緑青」の形式で指定します。VBAでは赤、緑、青の順が逆で、「&HFF9A5B」のように「&H 青緑赤」の形式で指定します。

関連項目 【10-39】16進表記のカラーコードを10進数のRGB値に変換する

10-39 16進表記のカラーコードを
10進数のRGB値に分解する

ヘキサデシマル・トゥ・デシマル　ミッド
HEX2DEC／　MID

【10-38】では10進数のRGB値から16進表記のカラーコードを作成しました
が、ここでは反対に16進表記のカラーコードを10進数のRGB値に分解し
ます。MID関数を使用してカラーコードから各色の16進数を取り出します。
サンプルでは「5B」「9A」「FF」が取り出されます。HEX2DEC関数を使用
して、取り出した16進数をそれぞれ10進数に変換します。

▶16進表記のカラーコードからRGB値を求める

D2 `=HEX2DEC(MID(A3,2,2))`
　　　　　　　　　　セルA3の2文字目から2文字

D3 `=HEX2DEC(MID(A3,4,2))`
　　　　　　　　　　セルA3の4文字目から2文字

D4 `=HEX2DEC(MID(A3,6,2))`
　　　　　　　　　　セルA3の6文字目から2文字

D2	: × ✓ *fx*	=HEX2DEC(MID(A3,2,2))						
	A	B	C	D	E	F	G	H	I
1	16進表記のカラーコードをRGB値に変換							
2	カラーコード		R（赤）	91	数式を入力			
3	#5B9AFF		G（緑）	154				
4			B（青）	255	16進表記のカラーコード			
5					を RGB 値に分解できた			
6								
7								
8								
9								
10								

`=HEX2DEC(` 数値 `)` → **10-37**

`=MID(` 文字列 , 開始位置 , 文字数 `)` → **06-39**

関連項目 【06-39】文字列の途中から文字列を取り出す
　　　　　【10-38】10進数のRGB値から16進表記のカラーコードを作成する

10-40 ビットごとの論理積・論理和・排他的論理和を求める

ビット・アンド　　　ビット・オア　　　ビット・エクスクルーシブ・オア
BITAND／BITOR／BITXOR

　数値を2進数で表したときの1つ1つの桁のことを「ビット」と呼びます。プログラミング言語の中にはビット単位で演算を行えるものがありますが、Excelでも関数を使用すればビット演算が行えます。「論理積」を求めるにはBITAND関数、「論理和」を求めるにはBITOR関数、「排他的論理和」を求めるにはBITXOR関数を使用します。いずれも引数に2つの数値を指定すると、2進数で表記したときに同じ位置にあるビット同士で演算が行われます。戻り値は10進数の数値です。なお、サンプルのC列にはDEC2BIN関数を入力して、B列の数値の2進数を表示しています。

▶論理積、論理和、排他的論理和を求める

B6	=BITAND(B3,B4)
	数値1　数値2

B7	=BITOR(B3,B4)
	数値1　数値2

B8	=BITXOR(B3,B4)
	数値1　数値2

B6	∨ : × ✓ ƒx	=BITAND(B3,B4)				
	A	B	C	D	E	F	G
1	ビット演算						
2		10進数	2進数	数値1			
3	数値1	3	0011				
4	数値2	5	0101	数値2			
5							
6	論理積	1	0001	←論理積			
7	論理和	7	0111	←論理和			
8	排他的論理和	6	0110	←排他的論理和			
9							
10		数式を入力					
11							
12							

=BITAND(数値 1, 数値 2)

数値…論理積を求めたい数値を指定

「数値 1」と「数値 2」の論理積を求めます。2 つの数値を 2 進数で表記したときに同じ位置にあるビットが両方 1 の場合に 1、それ以外は 0 となります。

=BITOR(数値 1, 数値 2)

数値…論理和を求めたい数値を指定

「数値 1」と「数値 2」の論理和を求めます。2 つの数値を 2 進数で表記したときに同じ位置にあるビットの少なくとも 1 つが 1 の場合に 1、それ以外は 0 となります。

=BITXOR(数値 1, 数値 2)

数値…排他的論理和を求めたい数値を指定

「数値 1」と「数値 2」の排他的論理和を求めます。2 つの数値を 2 進数で表記したときに同じ位置にあるビットの一方のみが 1 の場合に 1、それ以外は 0 となります。

Memo

● 論理積は、両方のビットが 1 のときだけ結果が 1 になります。論理和は、少なくとも 1 つのビットが 1 のときに結果が 1 になります。排他的論理和は、一方が 1、もう一方が 0 のときに結果が 1 になります。

ビット 1	ビット 2	論理積	論理和	排他的論理和
0	0	0	0	0
0	1	0	1	1
1	0	0	1	1
1	1	1	1	0

● 論理積、論理和、排他的論理和の計算では、2 進数表記の同じ位置にあるビット同士で演算が行われます。

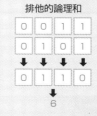

		論理積	論理和	排他的論理和
数値 1	3	0 0 1 1	0 0 1 1	0 0 1 1
数値 2	5	0 1 0 1	0 1 0 1	0 1 0 1
		0 0 0 1	0 1 1 1	0 1 1 0
		1	7	6

関連項目 【10-34】 10進数をn進数に変換する＜①DEC2BIN、DEC2OCT、DEC2HEX関数＞
【10-41】 ビットを左または右にシフトする

10-41 ビットを左または右にシフトする

ビット・レフト・シフト　　　　　ビット・ライト・シフト
BITLSHIFT／BITRSHIFT

BITLSHIFT関数やBITRSHIFT関数を使用すると、数値のビットを左または右にずらせます。空いたビットには0が入り、はみ出たビットは捨てられます。

▶数値を左シフトまたは右シフトする

B4	=BITLSHIFT(B3,2)
	数値 シフト数

B5	=BITRSHIFT(B3,2)
	数値 シフト数

B4		fx	=BITLSHIFT(B3,2)				
	A	B	C	D	E	F	G	H
1	左シフト・右シフト						
2		10進数	2進数				
3	数値	13	1101	数値			
4	左へ2ビットシフト	52	110100	数式を入力			
5	右へ2ビットシフト	3	11				
6							

=BITLSHIFT(数値 , シフト数) 　　　　　エンジニアリング

　数値…シフトする数値を指定
　シフト数…シフトする桁数を指定
「数値」を2進数で表記したときのビットを「シフト数」だけ左にシフトした結果の数値を返します。末尾にできた桁には0が入ります。

=BITRSHIFT(数値 , シフト数) 　　　　　エンジニアリング

「数値」を2進数で表記したときのビットを「シフト数」だけ右にシフトした結果の数値を返します。シフトではみ出た末尾の桁は削除されます。引数はBITLSHIFT参照。

Memo

●シフト演算では、2進数表記にした数値のビットが左または右にシフトされます。

左シフト　　　　　　　　　　　　右シフト
← ← 1 1 0 1 　 1 1 0 1 → →
1 1 0 1 0 0 　　　 1 1 0 1
　　　　　0が入る　　　　　　削除される

関連項目 【10-40】ビットごとの論理積・論理和・排他的論理和を求める

組み合わせワザ

Excel の便利機能と関数の組み合わせワザ

11-01 計算結果だけを残して 数式を削除したい

　ほかのセルから参照しているセルを削除すると、数式が［#REF!］エラーになります。例えば「=JIS(B3)」はセルB3を参照する数式ですが、セルB3を削除すると、この数式がエラーになってしまいます。このようなエラーを回避するには、事前に数式を計算結果に置き換えます。

▶値のコピーを利用して数式を計算結果に変換する

① B列に入力されているデータは全角／半角がばらばらなので、C列に関数を入力して統一した。B列は不要になったので削除したい。B列の列番号を右クリックして［削除］をクリックする。

> B列のセルを参照する数式が入力されている

> B列を削除したい

② B列をそのまま削除すると、数式で参照していたセルがなくなったため、元のC列（現在のB列）がエラーになる。元に戻すため、［ホーム］タブ（Excel 2019/2016の場合はクイックアクセスツールバー）の［元に戻す］ボタンをクリックする。

③ B列を正しく削除するには、事前にB列を参照しているC列の数式を値に置き換える。それにはまずセルC3〜C5を選択して、［ホーム］タブの［コピー］ボタンをクリックする。

> 数式のセルを選択して「コピー」をクリック

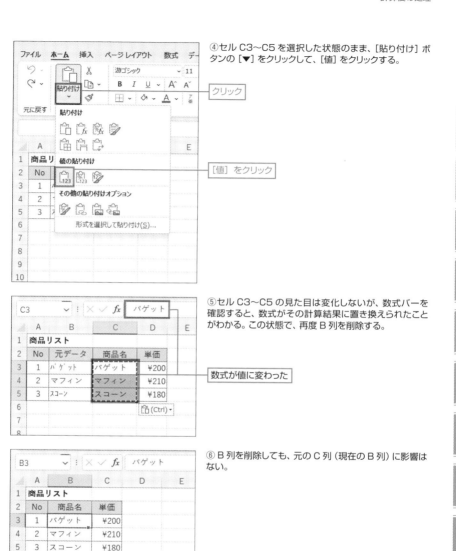

④セル C3〜C5 を選択した状態のまま、[貼り付け] ボタンの [▼] をクリックして、[値] をクリックする。

> クリック

> [値] をクリック

⑤セル C3〜C5 の見た目は変化しないが、数式バーを確認すると、数式がその計算結果に置き換えられたことがわかる。この状態で、再度 B 列を削除する。

> 数式が値に変わった

⑥ B 列を削除しても、元の C 列 (現在の B 列) に影響はない。

Memo

● 手順③でセル C3〜C5 をコピーしたあと、セル B3 を選択して [値] を貼り付けると、元データ自体を全角文字に変換できます。その場合、元データを残して、数式を入力した C 列を削除します。

11-02 作業用の列が見えないように隠したい

目的の計算結果を得るために、作業列で途中の計算を行うことがあります。印刷するときなどに、作業列を表示したままでは体裁がよくありません。以下の手順で作業列を非表示にしましょう。

▶作業用のC列を非表示にする

① 月別集計を行うために、作業列のC列に売上日から月を取り出した。作業列を非表示にするには、C列の列番号を右クリックして [非表示] を選択する。

右クリック

クリック

② C列が非表示になった。

	A	B		D	E	F	G
1	売上表				月別売上集計		
2	売上日	売上			月	売上	
3	2023/4/1	477,000			4	1,216,000	
4	2023/4/10	328,000			5	1,302,000	
5	2023/4/26	411,000					
6	2023/5/8	474,000					
7	2023/5/17	346,000					
8	2023/5/30	482,000					
9							

Memo

●非表示の列を再表示するには、まず非表示の列を囲むように両隣の列を選択します。サンプルの場合はB列～D列を選択します。選択範囲を右クリックして、[再表示] をクリックすると、非表示の列が再表示されます。なお、A列を非表示にした場合は、B列の列見出しから全セル選択ボタンまでをドラッグして選択します。

X 11-03 その都度再計算せずに 後でまとめて再計算する

Excelでは、データや数式を入力したり修正したりすると、その都度自動的に再計算が行われます。複雑な数式が数多く入力されている場合、再計算に時間がかかることがあります。そのようなときは、再計算の設定を初期設定の［自動］から［手動］に変更します。ある程度まとまった量を入力してから手動で再計算を実行すれば、効率よく入力できます。入力が済んだら、設定を［自動］に戻しておきましょう。

▶計算方法を［手動］に変更して手動で再計算する

①［数式］タブの［計算方法］グループにある［計算方法の設定］ボタンをクリックする。初期設定で［自動］にチェックが付いており、自動的に再計算される設定になっている。再計算が自動で行われないようにするには、［手動］をクリックする。

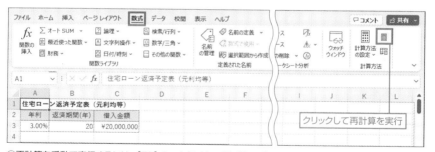

②再計算を手動で実行するには、【F9】キーを押すか、［数式］タブの［再計算実行］ボタンをクリックする。

> **Memo**
>
> ●計算方法を変更すると、そのとき同時に開いていたすべてのブックにその変更が適用されるので注意しましょう。

11-04 データや数式がうっかり 書き換えられないようにする

シートに入力したデータや数式が変更されないようにするには、[シートの保護]を実行します。不注意で上書きしてしまったり、削除してしまうといったミスを防げます。

▶シート全体を編集禁止にする

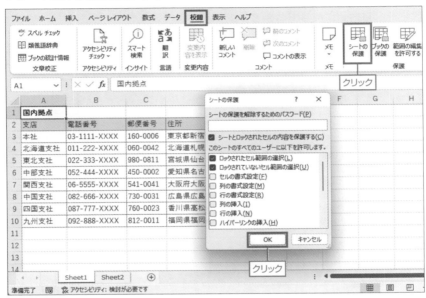

① 保護したいシートを前面に表示して、[校閲]タブの[保護]グループにある[シートの保護]ボタンをクリックする。表示される画面で[OK]をクリックすると、シートの保護が設定される。

②シートが保護された状態でデータや数式を変更しようとすると、エラーメッセージが表示され、うっかり変更してしまうミスを防げる。なお、本当にデータや数式を修正したいときは、[校閲]タブの[シート保護の解除]ボタンをクリックして保護を解除する。

関連項目【11-05】入力欄は「編集可」、他のセルは「編集不可」にしたい

11-05 入力欄は「編集可」、他のセルは「編集不可」にしたい

[シートの保護]（→【11-04】）を実行する前に、セルのロックをオフにしておくと、シートが保護されたときにロックがオフのセルだけ自由に入力・編集できるようになります。ロックのオン／オフを使い分けることで、セルの編集の禁止と許可を自由に制御できます。

▶入力欄は編集可能、それ以外は編集不可とする

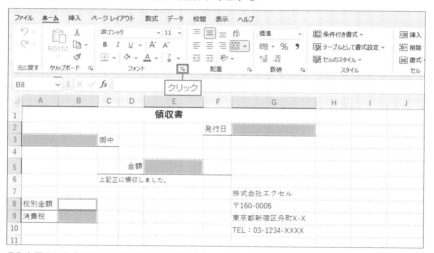

①入力欄のセル（ここではセル G2、A3、E5、B8〜B9）を選択して、[ホーム] タブの [フォント] グループの右下にある小さいボタンをクリックする。

② [セルの書式設定] ダイアログが開くので、[保護] タブで [ロック] を初期設定のオンからオフに変更し、[OK] ボタンをクリックする。これで入力欄のロックはオフ、その他のセルのロックはオンの状態になる。【11-04】を参考にシートを保護すると、手順①で選択した入力欄のみが編集可能になる。他のセルを編集しようとすると、エラーメッセージが表示される。

関連項目 【11-04】データや数式がうっかり書き換えられないようにする

11-06 自分を参照するセルや 自分が参照するセルをチェックする

参照元のトレース

数式を入力したセルを選択して「参照元のトレース」を実行すると、その数式がどのセルのデータを使って計算しているのかをトレース矢印で確認できます。目的のセルを正しく参照しているかどうか、視覚的にチェックしたいときに役に立ちます。

▶[参照元のトレース] を実行する

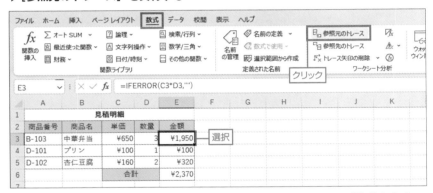

① セル E3 の数式がどのセルを参照しているのかチェックしたい。セル E3 をクリックし、[数式] タブの [ワークシート分析] グループにある [参照元のトレース] ボタンをクリックする。

②セル E3 の数式が参照しているセル（ここではセル C3 とセル D3）からセル E3 に向かってトレース矢印が表示された。

③さらに [参照元のトレース] ボタンをクリックすると、間接的に参照するセルを確認できる。「セル E3 がセル C3 を参照し、そのセル C3 がセル A3 を参照し、…」のように参照するセルをたどれる。他のシートを参照する場合は、シートのアイコンから破線のトレース矢印が表示される。破線をダブルクリックすると、ほかのシートにジャンプできる。

参照先のトレース

　データや数式を入力したセルを選択して「参照先のトレース」を実行すると、そのセルが他のセルから参照されているかどうかを確認できます。そのセルのデータが、どのセルに影響を及ぼしているのか、一目瞭然になります。

▶[参照先のトレース] を実行する

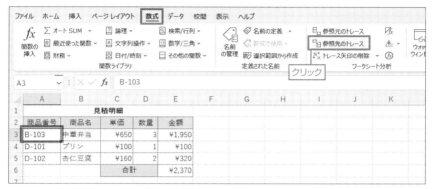

① セル A3 を参照しているセルがあるかどうか調べたい。セル A3 をクリックし、[数式] タブの [ワークシート分析] グループにある [参照先のトレース] ボタンをクリックする。

②セル A3 を使用して計算を行っているセル（ここではセル B3 とセル C3）に向かうトレース矢印が表示された。なお、セル A3 を参照するセルがない場合は、「トレースできません。」というメッセージが表示される。

③ [参照先のトレース] ボタンを何度かクリックすると、セル A3 を間接的に参照するセルをたどることができる。

> **Memo**
>
> ●トレース矢印を削除するには、[数式] タブの [ワークシート分析] グループにある [トレース矢印の削除] をクリックします。

関連項目【11-09】セルに数式を表示してシート上の数式をまとめて検証する

11-07 数式を一段階ずつ計算して検証する

　「数式の検証」という機能を使用すると、数式の内容を1段階ずつ順番に確認できます。予期したとおりに計算が進むかどうか確認したいときや、思いどおりの結果が得られない原因を探りたいときなどに役に立ちます。

▶数式を1段階ずつ実行する

① セル B3 の数式を検証するには、セル B3 を選択して、[数式] タブの [ワークシート分析] グループにある [数式の検証] ボタンをクリックする。

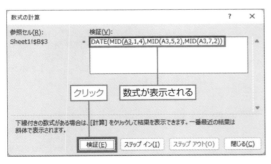

② [数式の計算] ダイアログに、セル B3 の数式が表示される。最初に実行される式には下線が引かれる。[検証] ボタンをクリックする。

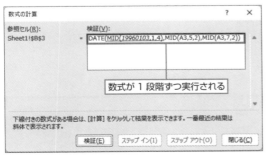

③手順②の下線部分が実行され、次に実行される式に下線が引かれる。[検証] ボタンをクリックするたびに、計算が1段階ずつ進む。検証が終わったら、[閉じる] ボタンをクリックする。

関連項目 【11-08】数式の一部だけを実行して検証する

11-08 数式の一部だけを実行して検証する

　数式を部分的に検証したい場合は、数式バーで調べたい部分を選択して【F9】キーを押します。選択した部分だけが計算され、予期したとおりの結果が得られているかどうかを手軽に確認できます。検証が終わったら、【Esc】キーを押すと数式を元に戻せます。

▶数式を部分的に実行する

B3	∨	:	× ✓ fx	=DATE(MID(A3,1,4),MID(A3,5,2),MID(A3,7,2))			

	A	B	C	D	E	F	G
1	8桁の数値を日付に変換						
2	数値	日付					
3	19960103	1996/1/3	─→ クリック				
4	20011023	2001/10/23					
5	20140813	2014/8/13					

① 検証したい数式のセルをクリックして選択する。

DECIMAL	∨	:	× ✓ fx	=DATE(MID(A3,1,4),MID(A3,5,2),MID(A3,7,2))			

	A	B	DATE(年, 月, 日) D	E	F	G
1	8桁の数値を日付に変換					
2	数値	日付	選択して【F9】キーを押す			
3	19960103	1,4),MID(A3,5,2),				
4	20011023	2001/10/23				
5	20140813	2014/8/13				

②数式バーで、検証したい部分の式をドラッグして選択し、【F9】キーを押す。

DECIMAL	∨	:	× ✓ fx	=DATE("1996",MID(A3,5,2),MID(A3,7,2))			

	A	B	DATE(年, 月, 日) D	E	F	G
1	8桁の数値を日付に変換					
2	数値	日付	実行結果を確認			
3	19960103	=DATE("1996",				
			確認が済んだら【ESC】キーを押す			
4	20011023	2001/10/23				
5	20140813	2014/8/13				

③選択した部分の数式の実行結果が表示された。確認したら【ESC】キーで部分実行を解除する。【Enter】キーを押すと部分実行されたまま確定されてしまうので注意すること。誤って確定してしまった場合は、【元に戻す】ボタンを使うとよい。

関連項目 【11-07】数式を一段階ずつ計算して検証する

11-09 セルに数式を表示して シート上の数式をまとめて検証する

通常、セルには数式の結果が表示されますが、「ワークシート分析モード」に切り替えるとセルに数式を表示できます。シート上の数式をまとめて確認したり、数式を見比べたりしたいときに便利です。

▶セルに数式を表示する

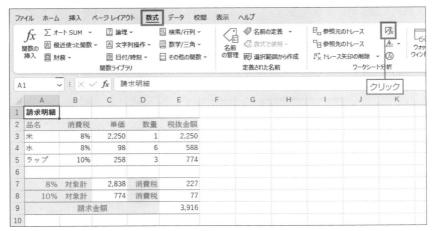

① [数式] タブの [ワークシート分析] グループにある [数式の表示] ボタンをクリックする。

②列幅が広がり、セルに数式が表示された。数式が入力されているセルを選択すると、カラーリファレンスが表示され、参照しているセルを視覚的に確認できる。再度 [数式の表示] をクリックすると、ワークシート分析モードを解除できる。なお、セルに数式を表示した状態で印刷したいときは、[ページレイアウト] タブの [シートのオプション] グループにある [見出し] → [印刷] にチェックを付けると、行番号や列番号を一緒に印刷できるのでわかりやすい。

関連項目 【11-06】自分を参照するセルや自分が参照するセルをチェックする

11-10 独自の表示形式を設定するには

「書式記号」と呼ばれる記号を使用すると、独自の表示形式を定義できます。ここでは数値の下6桁を省略して表示します。なお、「書式記号」の詳細については【11-13】および【11-14】を参照してください。

▶数値の下6桁を省略して表示する

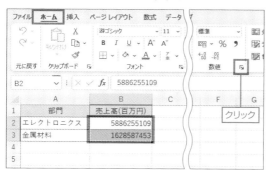

① 売上高のセルを選択して、[ホーム] タブの [数値] グループの右下にある [表示形式] ボタンをクリックする。

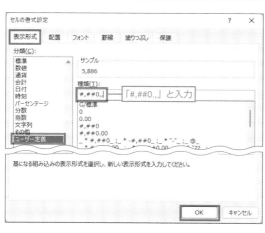

② [セルの書式設定] ダイアログが表示された。[表示形式] タブの [分類] 欄で [ユーザー定義] を選択し、[種類] 欄に「#,##0,,」と入力する。「0」の後ろにカンマ「,」を2つ続けて入力すること。「,」が1つにつき数値の下3桁が省略される。最後に [OK] ボタンをクリックする。

③数値の下6桁が省略されて表示された。

関連項目 【11-13】数値の書式記号を理解しよう
【11-14】日付／時刻の書式記号を理解しよう

11-11 正数と負数で異なる表示形式を指定するには

ユーザー定義の表示形式は、下記のように「;」（セミコロン）で区切って正負別に指定できます。例えば、正数と負数と0にそれぞれ異なる表示形式を指定したい場合は、3つに区切って指定します。ここでは正数に「△」、負数に「▼」記号を付け、0の場合は「－」と表示します。

- ・区切りなし　　：　正負0の表示形式
- ・2つに区切る　：　正0の表示形式；負の表示形式
- ・3つに区切る　：　正の表示形式；負の表示形式；0の表示形式

▶正数を「△1,234」、負数を「▼1,234」、ゼロを「－」と表示する

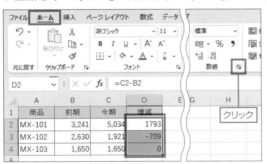

① 「増減」欄のセルを選択して、[ホーム] タブの [数値] グループの右下にある[表示形式]ボタンをクリックする。

② [セルの書式設定] ダイアログが表示された。[表示形式] タブの [分類] 欄で[ユーザー定義]を選択し、[種類] 欄に「△ #,##0; ▼ #,##0;" － "」と入力して、[OK]ボタンをクリックする。

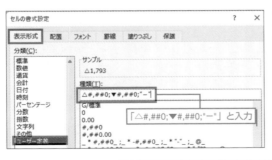

③正数、負数、0を異なる表示形式で表示できた。

関連項目 【11-10】独自の表示形式を設定するには

Excel 11-12 表示形式を解除して セルを初期状態に戻したい

数値に設定した表示形式を解除するには、［標準］の表示形式を設定し直します。［標準］は初期状態のセルに設定されている表示形式です。

▶通貨表示形式とパーセントスタイルを解除する

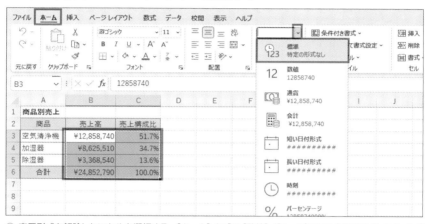

① 表示形式を解除したいセルを選択する。［ホーム］タブの［数値］グループにある［表示形式］の［▼］ボタンをクリックして、一覧から［標準］を選択する。

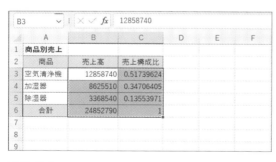

②「売上高」欄の通貨表示形式と「売上構成比」欄のパーセントスタイルが解除された。

Memo

●日付や時刻が入力されたセルに「標準」の表示形式を設定した場合は、日付や時刻が「シリアル値」と呼ばれる数値に変わります。

11-13 数値の書式記号を理解しよう

　　数値の表示形式に使用する書式記号、およびその使用例を紹介します。実際の手順は【11-10】を参照してください。

▶数値の書式記号

記号	説明
0	位を表す。「0」の数よりも数値の桁が少ない場合、数値に「0」を補う
#	位を表す。「#」の数よりも数値の桁が少ない場合、何も補わない
?	位を表す。「?」の数よりも数値の桁が少ない場合、スペースを補う
.	小数点を表す
,	3桁区切りの記号を表す。位を表す書式記号の最後に付けると、「,」記号1つにつき数値の下3桁が省略される
%	パーセント表示にする
/	分数を表す
E、e	指数を表す
[DBNum1]	数字を漢数字（一、二、三、…）と位（十、百、千、…）で表示する
[DBNum2]	数字を漢数字（壱、弐、参、…）と位（拾、百、阡、…）で表示する
[DBNum3]	数字を全角の（1、2、3、…）と位（十、百、千、…）で表示する

※「[DBNum1]」「[DBNum2]」「[DBNum3]」は日付の表示形式としても使用可。

▶表示形式の設定例

設定例	データ	表示例	説明
0.00	123.4	123.40	小数点以下を2桁表示する
	123.456	123.46	
#,##0	123	123	3桁区切りの「,」を表示する
	1234567	1,234,567	
#,##0,	12345	12	数値の下3桁を省略する
	1234567	1,235	
0.0%	0.1234	12.3%	小数点以下1桁のパーセント表示にする
???.??	12.345	12.35	小数点の位置を揃える（同じ列の数値の小数点が揃う）
	123.4	123.4	
# ?/?	0.5	1/2	分母が1桁の分数で表示し、「/」の位置を揃える
	1.5	1 1/2	
0.00E+0	123456789	1.23E+8	指数で表示する
0"cm"	12	12cm	数値に単位を付ける
[DBNum2]	12000	壱萬弐阡	数値を漢数字で表示する

関連項目　【11-10】独自の表示形式を設定するには

11-14 日付／時刻の書式記号を理解しよう

　日付と時刻の表示形式に使用する書式記号と、その使用例を紹介します。実際の手順は【11-10】を参照してください。

▶日付の書式記号

記号	説明
yyyy、yy	西暦を4桁／2桁で表示する
e	和暦の年を表示する
ggg、gg、g	和暦の元号を「令和」／「令」／「R」のように表示する
mmmm、mmm	月を英語で「January」／「Jan」のように表示する
mm、m	月を2桁／1桁で表示する※
dd、d	日を2桁／1桁で表示する※
aaaa、aaa	曜日を「月曜日」／「月」のように表示する
dddd、ddd	曜日を英語で「Monday」／「Mon」のように表示する

※書式記号「mm」と「dd」では1桁の数値の先頭に「0」を補って2桁で表示する。例えば5月の日付の場合、「05」となる。元の月や日にちが2桁の場合、書式記号「mm」「m」「dd」「d」のいずれも2桁の数値を表示する。次表の「hh」「h」「mm」「m」「ss」「s」についても同様。

▶時刻の書式記号

記号	説明
hh、h	時を2桁／1桁で表示する
mm、m	分を2桁／1桁で表示する※
ss、s	秒を2桁／1桁で表示する
AM/PM	午前はAM、午後はPMを表示する
[h]、[mm]、[ss]	経過時間を表す

※書式記号「mm」と「m」は単独で使用すると「月」と見なされ、他の時刻の書式記号を共に使用したときだけ「分」と見なされる。

▶表示形式の設定例

設定例	データ	表示例
yyyy/mm/dd	2023/6/4 13:08:09	2023/06/04
ggge" 年 "m" 月 "d" 日 "	2023/6/4 13:08:09	令和5年6月4日
ge.m.d	2023/6/4 13:08:09	R5.6.4
m" 月 "d" 日 "(aaa)	2023/6/4 13:08:09	6月4日（日）
h" 時 "m" 分 "	2023/6/4 13:08:09	13時8分
h:mm AM/PM	2023/6/4 13:08:09	1:08 PM
h:mm	26:04:08	2:05
[h]:mm	26:04:08	26:04
[m]	2:07:00	127

11-15 「セルの入力規則」を利用して100個単位でしか入力できないようにする

MOD（モッド）

　セルに入力するデータを細かく制限したいときは、［データの入力規則］という機能を使用して入力条件となる論理式を指定します。すると、論理式が成立するデータは入力でき、成立しないデータはエラーメッセージが出て再入力を促されるようになります。ここでは、セルに100個単位の数値しか入力できないようにします。

▶「数量」欄に100個単位でしか入力できないようにする

① 「数量」欄のセルを選択して、［データ］タブの［データツール］グループにある［データの入力規則］ボタンをクリックする。

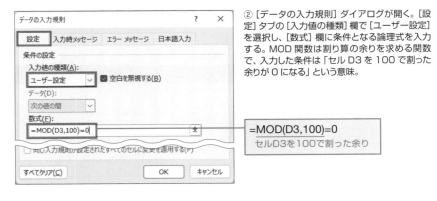

② ［データの入力規則］ダイアログが開く。［設定］タブの［入力値の種類］欄で［ユーザー設定］を選択し、［数式］欄に条件となる論理式を入力する。MOD 関数は割り算の余りを求める関数で、入力した条件は「セル D3 を 100 で割った余りが 0 になる」という意味。

=MOD(D3,100)=0
セルD3を100で割った余り

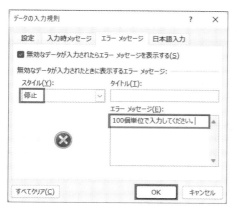

③ [エラーメッセージ] タブに切り替え、[スタイル] 欄で [停止] が選択されていることを確認する。[停止] を設定することで、条件に違反するデータの入力を禁止できる。[エラーメッセージ] 欄に警告用のメッセージ文を入力して、[OK] ボタンをクリックする。

④「数量」欄には 100 で割り切れる数値だけが入力できる。100 で割り切れない数値を入力すると、手順③で設定したエラーメッセージが表示される。入力し直す場合は [再試行] ボタン、入力をキャンセルする場合は [キャンセル] ボタンをクリックする。

`=MOD( 数値 , 除数 )` **→ 04-36**

> **Memo**
>
> ● 複数のセルを選択して入力規則を設定する場合は、先頭のセルに対する条件を設定します。先頭以外のセルでは、先頭のセルに設定した数式をコピーした状態の条件が設定されます。ここでは条件を相対参照で指定したので、セル D4 の条件は「=MOD(D4,100)=0」、セル D5 の条件は「=MOD(D5,100)=0」になります。
>
> ● サンプルでは「0」や「-100」などの数値の入力が可能です。これらの数値の入力も禁止する場合は、AND 関数を使用して「数値が 0 より大きい」という条件を追加します。
> =AND(MOD(D3,100)=0,D3>0)
>
> ● [データの入力規則] で入力を禁止できるのは、キーボードから打ち込んだ値です。コピー／貼り付けを使用してデータを貼り付けた場合、入力規則で設定した以外の値でも入力できてしまうので注意してください。
>
> ● [データの入力規則] ダイアログで [すべてクリア] ボタンをクリックすると、ダイアログの各タブで行った設定がすべて解除されます。

Excel 11-16 土日祝日の日付を入力できないようにする

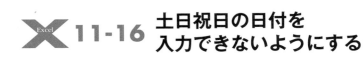

ネットワークデイズ
NETWORKDAYS

　「お渡し日」欄に、土日祝日の日付が入力できないようにします。それにはNETWORKDAYS関数の引数「開始日」と「終了日」にお渡し日を指定します。NETWORKDAYS関数は、「開始日」から「終了日」までの土日祝日を除いた日数を求める関数なので、戻り値が1なら平日の日付が入力されたと判断できます。

▶「お渡し日」欄に土日祝日の日付を入力できないようにする

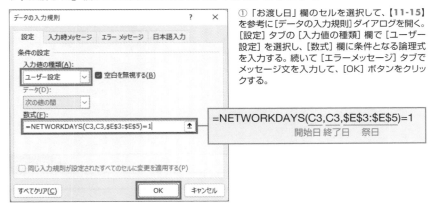

① 「お渡し日」欄のセルを選択して、【11-15】を参考に[データの入力規則]ダイアログを開く。[設定]タブの[入力値の種類]欄で[ユーザー設定]を選択し、[数式]欄に条件となる論理式を入力する。続いて[エラーメッセージ]タブでメッセージ文を入力して、[OK]ボタンをクリックする。

=NETWORKDAYS(C3,C3,$E$3:$E$5)=1
　　　　　　　　開始日 終了日　祭日

② 「お渡し日」欄に土日の日付やセルE3～E5に入力した祝日の日付を入力すると、エラーメッセージが表示される。

=NETWORKDAYS(開始日 , 終了日 , [祭日])　　　　　➡ 05-33

関連項目 【05-51】指定した日が営業日なのか休業日なのかを調べる

Excel 11-17 全角文字しか入力できないようにする

LEN／LENB
レングス　レングス・ビー

　すべての文字が全角文字の文字列では、バイト数が文字数の2倍になります。したがって文字数の2倍がバイト数に一致すれば、文字列はすべて全角文字と判断できます。ここではこれを条件として、セルに全角文字しか入力できないようにします。ちなみに「文字数とバイト数が等しい」という条件を指定すれば、半角文字しか入力できないようになります。

▶全角文字しか入力できないようにする

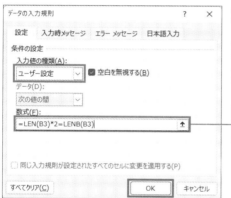

① 「商品名」欄のセルを選択して、【11-15】を参考に［データの入力規則］ダイアログを開く。［設定］タブの［入力値の種類］欄で［ユーザー設定］を選択し、［数式］欄に条件となる論理式を入力する。続いて［エラーメッセージ］タブでメッセージ文を入力して、［OK］ボタンをクリックする。

```
=LEN(B3)*2=LENB(B3)
    文字数       バイト数
```

② 「商品名」欄にはすべて全角の文字しか入力できない。半角文字を入力すると、エラーメッセージが表示される。

| =LEN(文字列) | → | 06-08 |
| =LENB(文字列) | → | 06-08 |

関連項目　【06-09】全角の文字数と半角の文字数をそれぞれ求める

11-18 アルファベットの小文字の入力を禁止する

EXACT／UPPER
（イグザクト／アッパー）

　入力されたアルファベットが大文字かどうかを調べるには、データをUPPER関数で大文字に変換し、その変換結果を元のデータと比較します。両者が等しくない場合は、元のデータに小文字が交ざっていると判断できます。「＝」演算子は大文字と小文字を区別した比較が行えないので、比較にはEXACT関数を使用します。

▶アルファベットの小文字の入力を禁止する

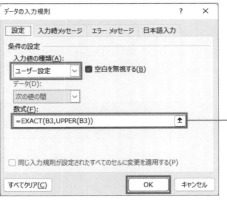

① 「商品コード」欄のセルを選択して、【11-15】を参考に[データの入力規則]ダイアログを開く。[設定]タブの[入力値の種類]欄で[ユーザー設定]を選択し、[数式]欄に条件となる論理式を入力する。続いて[エラーメッセージ]タブでメッセージ文を入力する。さらに[日本語入力]タブの[日本語入力]欄で[無効]を選択して日本語入力を禁止しておく。最後に[OK]ボタンをクリックする。

```
=EXACT(B3,UPPER(B3))
      文字列1 文字列2
```

② 「商品コード」欄に小文字を含むデータを入力すると、エラーメッセージが表示される。

=EXACT(文字列 1 , 文字列 2)	→	06-31
=UPPER(文字列)	→	06-51

関連項目 【06-31】2つの文字列が等しいかどうかを調べる

11-19 同じ列に重複データを入力できないようにする

カウント・イフ
COUNTIF

　データの重複入力を防ぐには、「入力したデータが同じ列に1つしかない」ことを条件に入力規則を設定します。ここでは、表の「社員番号」欄に同じデータが入力されないようにします。COUNTIF関数の引数「条件範囲」に「社員番号」欄のセル範囲を絶対参照で指定し、「条件」に「社員番号」欄の先頭セルを相対参照で指定してください。

▶同じ社員番号を入力できないようにする

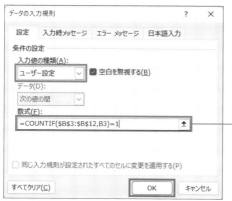

① 「社員番号」欄のセルを選択して、【11-15】を参考に[データの入力規則]ダイアログを開く。[設定]タブの[入力値の種類]欄で[ユーザー設定]を選択し、[数式]欄に条件となる論理式を入力する。続いて[エラーメッセージ]タブでメッセージ文を入力して、[OK]ボタンをクリックする。

```
=COUNTIF($B$3:$B$12,B3)=1
         条件範囲     条件
```

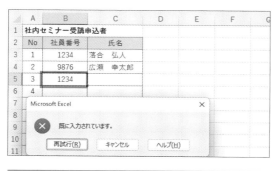

② 「社員番号」欄に同じ列に入力されているデータを重複入力すると、エラーメッセージが表示される。

```
=COUNTIF( 条件範囲 , 条件 )
```
→ 02-30

関連項目 【03-25】表に重複入力されているすべてのデータをチェックする

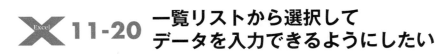

Excel 11-20 一覧リストから選択して データを入力できるようにしたい

　［データの入力規則］ダイアログでリスト入力の設定を行えます。あらかじめリストに表示したいデータを空きセルに入力しておき、そのセル範囲を選択肢として登録します。その際、同じシートの場合は「=セル範囲」、別シートの場合は「=シート名!セル範囲」の形式で登録します。

▶コースをリスト入力する

① 準備として、選択肢を空いたセル（ここではセル E2〜E4）に入力しておく。リスト入力を設定する「コース」欄のセルを選択して、【11-15】を参考に［データの入力規則］ダイアログを開く。

② ［設定］タブの［入力値の種類］欄で［リスト］を選択し、［元の値］欄をクリックしてカーソルを表示する。セル E2〜E4 をドラッグし、絶対参照で「=$E$2:$E$4」と入力されたら、［OK］ボタンをクリックする。なお、選択肢を別シートに入力した場合は、［元の値］欄にカーソルを表示したあと、シートを切り替えてセルをドラッグすればよい。

=$E$2:$E$4

③ 「コース」欄のセルを選択すると、［▼］ボタンが現れる。これをクリックすると、リストが表示され、データを選択してセルに入力できる。

11-21 データの追加に応じてリストに表示される項目を自動拡張する

OFFSET／COUNTA

【11-20】でリスト入力の設定を行いました。ここでは、リストに表示する選択肢が増えたときに、自動でリストに追加表示されるように改良します。それには、[元の値]を設定するときにOFFSET関数を使用して入力範囲の先頭のセルE2からデータ数分の高さを指定します。

▶リストの表示項目を自動追加する

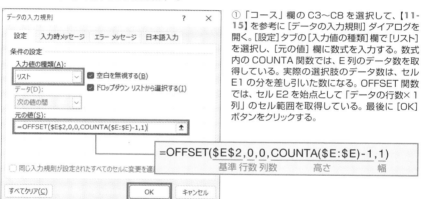

①「コース」欄のC3〜C8を選択して、【11-15】を参考に[データの入力規則]ダイアログを開く。[設定]タブの[入力値の種類]欄で[リスト]を選択し、[元の値]欄に数式を入力する。数式内のCOUNTA関数では、E列のデータ数を取得している。実際の選択肢のデータ数は、セルE1の分を差し引いた数になる。OFFSET関数では、セルE2を始点として「データの行数×1列」のセル範囲を取得している。最後に[OK]ボタンをクリックする。

$$=OFFSET(\$E\$2,0,0,COUNTA(\$E:\$E)-1,1)$$

基準 行数 列数　　　高さ　　　幅

②「選択肢」欄のデータがリストに表示されるようになる。「選択肢」欄に新しいコースを追加すると、追加したコースが自動でリストに表示される。

=OFFSET(基準 , 行数 , 列数 , [高さ] , [幅])　　→ 07-24

=COUNTA(値1 , [値2] …)　　→ 02-27

関連項目【07-55】データの追加に応じて名前の参照範囲を自動拡張する

11-22 地区欄と店舗欄の2つの入力リストを連動させる

インダイレクト
INDIRECT

「地区」の入力リストで「関東」を選択したときは「店舗」欄の入力リストに関東の店舗を表示し、「関西」を選択したときは「店舗」欄の入力リストに関西の店舗を表示する、というように、「地区」の入力内容に応じて「店舗」欄のリストの内容を切り替えます。準備として、店舗の選択肢のセル範囲に「関東」「関西」といった地区名の名前を設定しておきます。INDIRECT関数を使用して、地区に応じたセル範囲を参照します。

▶「地区」に応じて「店舗」欄のリストの表示項目を切り替える

① リストに表示する選択肢を入力しておく。「地区」欄のセル B3〜B7 を選択する。

選択肢を入力しておく

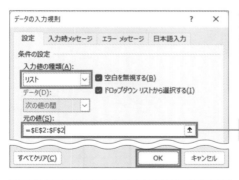

② 【11-15】を参考に[データの入力規則]ダイアログを開く。[設定]タブの[入力値の種類]欄で[リスト]を選択し、[元の値]欄に地区のセル E2〜F2 を絶対参照で指定して[OK]ボタンをクリックする。

=$E$2:$F$2

③地区名をリスト入力できるようになった。先頭のセル B3 で「関西」を選択しておく。

④次に店舗のリスト入力の準備として、店舗の選択肢のセル範囲に名前を付ける。セル E3〜E6 を選択し、[名前ボックス] に「関東」と入力して【Enter】キーを押す。同様にセル F3〜F5 に「関西」という名前を付けておく。

⑤「店舗」欄の C3〜C7 を選択して、【11-15】を参考に [データの入力規則] ダイアログを開く

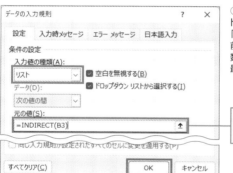

⑥[設定] タブの [入力値の種類] 欄で [リスト] を選択し、[元の値] 欄に数式を入力する。「INDIRECT(B3)」は、セル B3 の文字列を名前と見なして、その名前のセル範囲を参照する数式。引数の「B3」は相対参照で指定すること。最後に [OK] ボタンをクリックする。

=INDIRECT(B3)
参照文字列

⑦セル B3 の値が「関西」なので、セル C3 の選択肢として関西の店舗が表示される。
なお、セル B3 を空欄の状態で手順⑥を実行した場合、警告メッセージが表示されるがそのまま操作を続けてよい。

=INDIRECT(参照文字列 , [参照形式])　　→ 07-53

関連項目　【11-21】データの追加に応じてリストに表示される項目を自動拡張する

11-23 成績トップ3の数値に色を付けて目立たせる

LARGE

「条件付き書式」という機能を使用すると、論理式を指定して、その論理式が成り立つ場合にセルに色や罫線などの書式を自動表示できます。ここでは、テストの得点が高い順に3位までの数値に色を設定します。

▶成績トップ3の数値に色を付ける

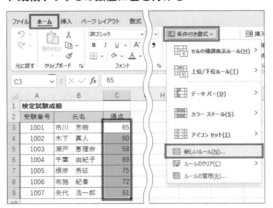

① 条件付き書式を設定する「得点」欄のセル C3〜C9 を選択して、[ホーム] タブの [スタイル] グループにある [条件付き書式] → [新しいルール] をクリックする。

② [新しい書式ルール] ダイアログが表示される。[数式を使用して、書式設定するセルを決定] を選択すると、数式の入力欄が表示されるので、論理式を入力する。今回のように複数のセルにまとめて条件付き書式を設定する場合、先頭のセルに対する論理式を指定する。「C3」は相対参照、「$C$3:$C$9」は絶対参照で指定すること。続いて [書式] ボタンをクリックする。

=C3>=LARGE($C$3:$C$9,3)
    セルC3〜C9の中で第3位の数値

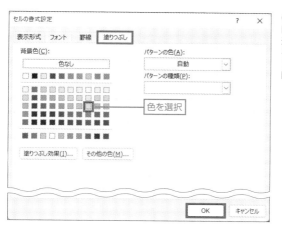

③ [セルの書式設定] ダイアログが
開くので、[塗りつぶし] タブで色を
選択して、[OK] ボタンをクリックす
る。すると手順②の画面に戻るので、
[OK] ボタンをクリックして画面を
閉じる。

④「得点」欄の数値の大きい順に3
位までの数値に色が付いた。

A1				fx	検定試験成績		

	A	B	C	D	E	F	G
1	検定試験成績						
2	受験番号	氏名	得点				
3	1001	市川　芳樹	65				
4	1002	木下　真人	80				
5	1003	瀬戸　恵理奈	58				
6	1004	千葉　由紀子	89				
7	1005	根岸　秀征	75				
8	1006	布施　紀香	72				
9	1007	矢代　浩一郎	61				
10							
11							

=LARGE(範囲 , 順位)　　　→ 04-25

Memo

● 「LARGE($C$3:$C$9,3)」からは、セル C3～C9 の数値の中から大きい順に第 3 位の数値
が求められます。サンプルでは第 3 位の数値は「75」点です。つまり、手順②で指定した論理式は
「=C3>=75」となります。セル C3 の数値は 65 で論理式が成立せず、色は付きません。

● セル C4 では、相対参照の「C3」がずれて、「=C4>=LARGE($C$3:$C$9,3)」という条件が
判定されます。セル C4 の数値は 80 で論理式が成立し、セルに色が付きます。

● 条件付き書式を解除するには、対象のセルを選択して、[ホーム] タブの [条件付き書式] ボタン→
[ルールのクリア] → [選択したセルからルールをクリア] をクリックします。

● 条件付き書式で設定した論理式や書式を修正するには、対象のセルを選択して、[ホーム] タブの
[条件付き書式] ボタン→ [ルールの管理] をクリックします。表示される画面で変更する条件付
き書式をクリックし、[ルールの編集] ボタンをクリックします。

11-24 日程表の土日の行を自動的に色分けする

テキスト
TEXT

　土曜日の行は青、日曜日の行は赤というように、曜日に応じて日程表を自動的に色分けしましょう。論理式を入力する際に、条件判定と対象となる曜日の列番号Bを絶対参照、行番号を相対参照で指定することが、行全体に色を付けるポイントです。

▶土曜日の行と日曜日の行に自動で色を付ける

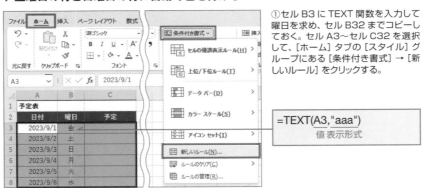

①セル B3 に TEXT 関数を入力して曜日を求め、セル B32 までコピーしておく。セル A3～セル C32 を選択して、[ホーム] タブの [スタイル] グループにある [条件付き書式] → [新しいルール] をクリックする。

=TEXT(A3,"aaa")
値　表示形式

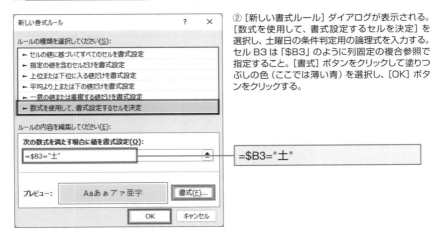

②[新しい書式ルール] ダイアログが表示される。[数式を使用して、書式設定するセルを決定] を選択し、土曜日の条件判定用の論理式を入力する。セル B3 は「$B3」のように列固定の複合参照で指定すること。[書式] ボタンをクリックして塗りつぶしの色（ここでは薄い青）を選択し、[OK] ボタンをクリックする。

=$B3="土"

③土曜日に色を設定できた。引き続きセル範囲A3:C32を選択したまま、[条件付き書式] ボタンをクリックして、[新しいルール] を選択する。

土曜日が青になった

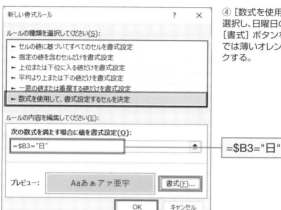

④[数式を使用して、書式設定するセルを決定] を選択し、日曜日の条件判定用の論理式を入力する。[書式] ボタンをクリックして塗りつぶしの色 (ここでは薄いオレンジ) を選択し、[OK] ボタンをクリックする。

=$B3="日"

⑤日曜日に色を設定できた。

日曜日がオレンジになった

=TEXT(値 , 表示形式) → 06-53

Memo

●スケジュール表に「曜日」欄を設けたくない場合は、WEEKDAY関数を使用してA列の日付から曜日番号を求めて判定します。その場合、手順②と手順④の数式は次のようになります。
手順② ： =WEEKDAY($A3)=1
手順④ ： =WEEKDAY($A3)=7

関連項目 【11-25】日程表の祝日の行に自動的に色を付ける

11-25 日程表の祝日の行に自動的に色を付ける

ここでは、【11-24】で土日を塗り分けた日程表に、さらに条件付き書式を追加して、祝日の行にも日曜日と同じ色を設定します。空いたセルに祝日を入力しておき、日程表の日付と照らし合わせて判断します。

▶土日に加えて祝日にも色を付ける

	A	B	C	D	E
1	予定表				
2	日付	曜日	予定		祝日
3	2023/9/1	金			2023/9/18
4	2023/9/2	土			2023/9/23
5	2023/9/3	日			
6	2023/9/4	月			祝日を入力
7	2023/9/5	火			
8	2023/9/6	水			
9	2023/9/7	木			
10	2023/9/8	金			
11	2023/9/9	土			
12	2023/9/10	日			
13	2023/9/11	月			
14	2023/9/12	火			
15	2023/9/13	水			

① 祝日、振替休日、夏季休暇などを入力しておく。セル A3～セル C32 を選択して、[ホーム] タブの [スタイル] グループにある [条件付き書式] → [新しいルール] をクリックする。

新しい書式ルール　　　　? ×

ルールの種類を選択してください(S):
- ► セルの値に基づいてすべてのセルを書式設定
- ► 指定の値を含むセルだけを書式設定
- ► 上位または下位に入る値だけを書式設定
- ► 平均より上または下の値だけを書式設定
- ► 一意の値または重複する値だけを書式設定
- ► 数式を使用して、書式設定するセルを決定

ルールの内容を編集してください(E):

次の数式を満たす場合に値を書式設定(O):

=COUNTIF($E$3:$E$4,$A3)>=1

プレビュー:　　Aaあぁアァ亜宇　[書式(F)...]

　　　　　　　　[OK]　[キャンセル]

② [新しい書式ルール] ダイアログが開いたら、[数式を使用して、書式設定するセルを決定] を選択し、論理式を入力する。この論理式は、セル E3～E4 にセル A3 と同じ日付が 1 つ以上存在する」という意味。「$E$3:$E:$4」を絶対参照、「$A3」を列固定の複合参照で指定すること。続いて、[書式] ボタンをクリックして日曜日と同じ色を設定し、[OK] ボタンをクリックする。

=COUNTIF($E$3:$E$4,$A3)>=1
　　　　　条件範囲　　条件

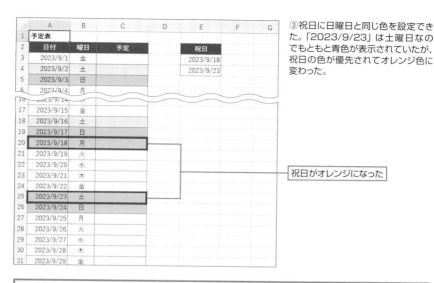

③祝日に日曜日と同じ色を設定できた。「2023/9/23」は土曜日なのでもともと青色が表示されていたが、祝日の色が優先されてオレンジ色に変わった。

祝日がオレンジになった

=COUNTIF(条件範囲 , 条件) → 02-30

Memo

●同じセルに土曜日、日曜日、祝日の3つの条件を設定するときは、最優先となる祝日の条件を最後に設定しましょう。あとから設定した条件の優先順位は高くなるので、祝日が土曜日にあたる場合に、土曜日の色ではなく祝日の色を表示できます。なお、土曜日と日曜日は重なることがないのでどちらを先に設定してもかまいません。

●設定した条件の優先順位は、[ホーム] タブの [条件付き書式] ボタン→ [ルールの管理] をクリックして [条件付き書式ルールの管理] ダイアログを開くと確認できます。上の行にある条件ほど、優先順位が高くなります。今回の例では、祝日の条件がいちばん上にあれば OK です。設定の順序を間違えた場合は、移動したい行を選択して、[上へ移動](▲)ボタンや [下へ移動](▼)ボタンをクリックすると、優先順位を変更できます。

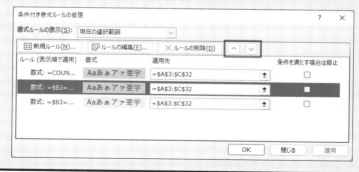

関連項目 【11-24】日程表の土日の行を自動的に色分けする

11-26 日程表の本日の行に自動的に色を付ける

TODAY トゥデイ

条件付き書式を利用して日程表の本日の行に自動で色を付けるには、本日の日付がTODAY関数の結果と一致する場合だけ行全体に色を塗ります。条件を入力する際、日付の列番号Aを絶対参照、行番号を相対参照で指定することが、行全体に色を付けるポイントです。

▶日程表の本日の行に色を付ける

① 日程表のセル A3～C33 を選択して、【11-23】を参考に [新しい書式ルール] ダイアログを開く。[数式を使用して、書式設定するセルを決定] を選択し、条件の式を入力し、書式として塗りつぶしの色を指定して、[OK] ボタンをクリックする。

=$A3=TODAY()
本日

②本日の行全体に色が付いた。

	A	B	C
1	日程表		
2	月日	曜日	予定
3	2022/12/1	木	
4	2022/12/2	金	
5	2022/12/3	土	
6	2022/12/4	日	
7	2022/12/5	月	
8	2022/12/6	火	
9	2022/12/7	水	
10	2022/12/8	木	
11	2022/12/9	金	

=TODAY()   → 05-03

11-27 1行おきに色を付ける

MOD／ROW

モッド　ロウ

1行おきに色を付けるには、行番号を2で割った余りを条件に、条件付き書式を使用してセルに色を塗ります。余りとして「1」を指定すると奇数の行番号、「0」を指定すると偶数の行番号に色が付きます。

▶表の1行おきに自動で色を付ける

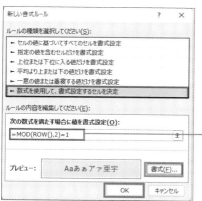

① 日程表のセルA3〜D49を選択して、【11-23】を参考に［新しい書式ルール］ダイアログを開く。［数式を使用して、書式設定するセルを決定］を選択し、条件の式を入力し、書式として塗りつぶしの色を指定して、［OK］ボタンをクリックする。

=MOD(ROW(),2)=1
現在行を2で割った余り

②表の1行おきに色が付いた。

	A	B	C	D	E
1	都道府県別売上				
2	No	都道府県	衣料品	雑貨	
3	1	北海道	3094000	2087900	
4	2	青森	3668600	1965400	
5	3	岩手	3297200	2387200	
6	4	宮城	4276800	2011300	
7	5	秋田	4320400	2369400	
8	6	山形	5039600	2638400	
9	7	福島	4405400	1840800	
10	8	東京	6874200	3414300	
11	9	神奈川	3945400	1717900	

=MOD(数値 , 除数) → 04-36

=ROW([参照]) → 07-57

11-28 データが入力されたセル範囲に自動で格子罫線を引く

 OR（オア）

　条件付き書式を利用して、データの入力範囲に自動で格子罫線が引かれるようにしましょう。OR関数を使用して、表の各行のいずれかのセルが空白文字列「""」でない、という条件を設定します。

▶データの入力範囲に自動で罫線を引く

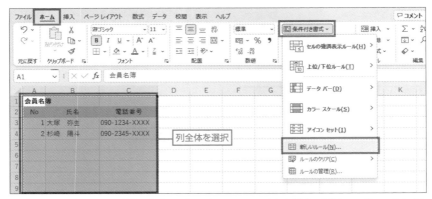

① 会員名簿のデータの入力範囲に自動で罫線を引きたい。A～C列を列単位で選択して、［ホーム］タブの［スタイル］グループにある［条件付き書式］→［新しいルール］をクリックする。

② ［新しい書式ルール］ダイアログが開いたら、［数式を使用して、書式設定するセルを決定］を選択し、論理式を入力する。この論理式自体は「セル A1～C1 の少なくとも 1 つが空白でない」という意味で、これを「$A1:$C1」と列のみ固定の複合参照で指定することで、「現在行の A 列～C 列のセルの少なくとも 1 つが空白でない」という意味になる。続いて［書式］ボタンをクリックする。

=OR($A1:$C1<>"")
セルA1～C1の少なくとも1つが空白でない

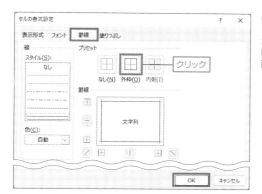

③[セルの書式設定]ダイアログが開くので、[罫線]タブで[外枠]をクリックして、[OK]ボタンをクリックする。すると手順②の画面に戻るので、[OK]ボタンをクリックして画面を閉じる。

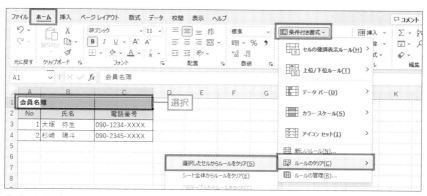

④データが入力されている範囲(セルA1〜C4)に格子罫線が引かれた。セルA1〜C1を選択し、[ホーム]タブの[条件付き書式]→[ルールのクリア]→[選択したセルからルールをクリア]をクリックして、1行目の条件付き書式を解除しておく。

⑤新しい行にデータを入力すると、自動でその行に罫線が表示される。

=OR(論理式 1, [論理式 2] …) → 03-09

> **Memo**
> ●Excel 2019以降では、A〜C列を選択したあと、【Ctrl】キーを押しながらセルA1〜C1をドラッグすると、セルA1〜C1の選択を解除できます。その状態で条件付き書式を設定すれば、あとでセルA1〜C1の条件付き書式を解除する手間を省けます。

関連項目 【05-57】万年日程表に罫線を自動表示するには

11-29 5行おきに罫線の種類を変える

MOD／ROW
モッド／ロウ

あらかじめ表に点線の格子罫線を設定しておき、条件付き書式を利用して5行おきに罫線の種類を実線に変えましょう。サンプルではデータ行が3行目から始まっており、7、12、17……行目の下に罫線を引きたいので、行番号を5で割った余りが「2」である場合に下罫線を実線にします。

▶表の5行おきに罫線を実線に変える

① セル A3〜D49 を選択して、【11-23】を参考に［新しい書式ルール］ダイアログを開く。［数式を使用して、書式設定するセルを決定］を選択し、条件の式を入力し、書式として下罫線を指定して、［OK］ボタンをクリックする。

=MOD(ROW(),5)=2
行番号を5で割った余り

②表の5 行おきに実線が表示された。

| =MOD(数値 , 除数) | → 04-36 |
| =ROW([参照]) | → 07-57 |

11-30 表に追加したデータを自動的にグラフにも追加する

オフセット　カウント・エー　シリーズ
OFFSET／COUNTA／SERIES

　グラフでデータ系列を選択すると、数式バーにSERIES関数の式が表示されます。この関数は、グラフのデータ系列を定義する関数です。ここではSERIES関数と名前を組み合わせて、表に追加したデータが自動でグラフに追加されるような仕組みを作ります。データはワークシートの3行目から下に隙間なく入力されているものとします。

▶表に追加したデータがグラフに自動追加されるようにする

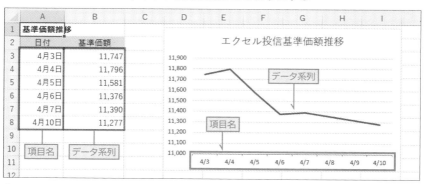

① セル A2～B8 をもとに折れ線グラフが作成されている。セル A3～A8 の日付は項目軸に並び、セル B3～B8 の数値はデータ系列のもとになっている。表の末尾に新しいデータを追加したときに、追加したデータが自動的に折れ線グラフに含まれるように設定していく。

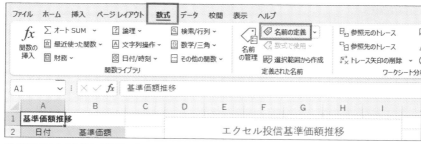

②グラフのもととなるセル範囲に名前を付けるために、[数式] タブの [定義された名前] グループにある [名前の定義] ボタンをクリックする。

③ [新しい名前] ダイアログが表示される。まずは、項目名の
セル範囲に「日付」という名前を付ける。その際、新規データ
が追加されたときに名前の参照範囲が自動拡張するように設
定する。[名前] 欄に「日付」、[参照範囲] 欄に数式を入力し
て [OK] ボタンをクリックする。数式の意味は【07-55】を参
照すること。

=OFFSET(Sheet1!$A$3,0,0,COUNTA(Sheet1!$A:$A)-2)
　　　　　 基準　 行数 列数　　　　 高さ

④続いて、データ系列のセル範囲に「数値」という名前を付
ける。再度、[新しい名前] ダイアログを開き、[名前] 欄に「数
値」、[参照範囲] 欄に数式を入力して [OK] ボタンをクリック
する。

=OFFSET(Sheet1!$B$3,0,0,COUNTA(Sheet1!$B:$B)-1)
　　　　　 基準　 行数 列数　　　　 高さ

=SERIES(Sheet1!$B$2,Sheet1!$A$3:$A$8,Sheet1!$B$3:$B$8,1)
　　　　　 系列名　　　　 項目名　　　　　 数値　　　 順序

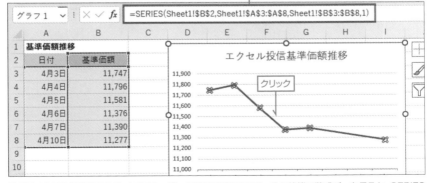

⑤グラフの折れ線部分をクリックすると、データ系列が選択される。その状態で数式バーを見ると、SERIES
関数を確認できる。この関数はデータ系列を定義する関数で、第2引数に項目名のセル範囲、第3引数に
データ系列のセル範囲が指定されている。

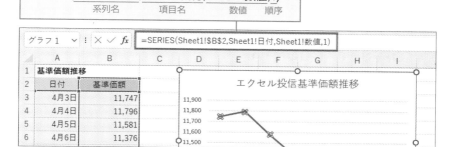

⑥引数「項目名」に指定されている「Sheet1!$A$3:$A$8」を「Sheet1! 日付」に変える。また、引数「数値」に指定されている「Sheet1!$B$3:$B$8」を「Sheet1! 数値」に変える。SERIES 関数の引数に別の関数を指定できないので、ここでは OFFSET 関数の式に名前を付け、その名前を SERIES 関数の引数に指定した。なお、数式を確定すると「Sheet1」の部分はブック名に変わる。

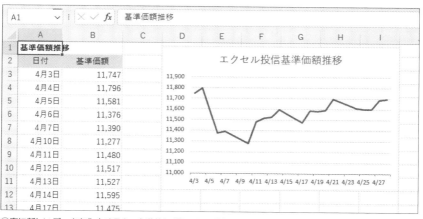

⑦表に新しいデータを入力すると、自動的にグラフにも追加される。

=OFFSET(基準 , 行数 , 列数 , [高さ] , [幅])	→ 07-24
=COUNTA(値 1 , [値 2] …)	→ 02-27

=SERIES(系列名 , 項目名 , 数値 , 順序) その他

系列名…**系列名を指定。グラフの凡例に表示される**
項目名…**項目名を指定。グラフの項目軸に表示される**
数値…**データ系列の数値を指定。データ系列は、棒グラフでは同じ色の棒の集まり、折れ線グラフでは 1 本の折れ線のこと**
順序…**棒グラフや積み上げグラフなどでデータ系列を並べる順序**
グラフのデータ系列を定義します。グラフでデータ系列を選択すると、数式バーに表示されます。この関数をセルに入力することはできません。また、引数に別の関数や数式を指定することもできません。

11-31 常にデータが入力された
セル範囲だけを印刷する

OFFSET／COUNTA
オフセット／カウント・エー

　セル範囲に「Print_Area」という名前を付けると、シート上のそのセル範囲だけが印刷の対象になります。ここでは会員名が入力されている行だけが印刷されるようにします。会員名はセルB3から下に隙間なく入力されているものとします。

▶会員名が入力されている行だけを印刷する

```
=OFFSET(Sheet1!$A$1,0,0,COUNTA(Sheet1!$B:$B)+1,4)
          基準  行数 列数    高さ              幅
```

① 【11-30】を参考に［新しい名前］ダイアログを開き、［名前］欄に「Print_Area」と入力する。続いて［範囲］から現在のシート名を選択し、［参照範囲］欄に数式を入力して、［OK］ボタンをクリックする。この数式では、COUNTA関数でB列の行数を調べ、OFFSET関数で行数分のセル範囲を自動取得している。

②印刷を実行すると、会員名が入力されている行だけが印刷される。データを追加すると、追加したデータが自動的に印刷対象に含まれる。空白行を作らずに入力すること。

| =OFFSET(基準 , 行数 , 列数 , [高さ] , [幅]) | → | 07-24 |
| =COUNTA(値 1 , [値 2] …) | → | 02-27 |

Excel

付録❶

関数一覧

●関数一覧の見方

		追加バージョン	参照ページ		関数の分類
		↓	↓		↓

関数の書式 →　ACOT：アークコタンジェント［------------------------］ ▶ 00-00　　【数学／三角】

関数の書式 → = ACOT(数値)

関数の解説 → 「数値」の逆余接（アークコタンジェント）を求める。COT 関数の逆関数
　　　　　　　［(例) = DEGREES(ACOT(1)) → 戻り値：45、「cot x=1」となる x が求められる］
　　　　　　　　　　　　　　↑
　　　　　　　　　　　関数の使用例

バージョンに「365」の記載がある関数は、Excel 2021/2019/2016/2013 で使用できません。
バージョンに「2021」の記載がある関数は、Excel 2019/2016/2013 で使用できません。
バージョンに「2019」の記載がある関数は、Excel 2016/2013 で使用できません。
バージョンに「2016」の記載がある関数は、Excel 2013 で使用できません。

A

ABS：アブソリュート　▶ 04-32　　　　　　　　　　　　　　　　　　　　　　　　【数学／三角】
= ABS(数値)
「数値」の絶対値を求める

ACCRINT：アクルード・インタレスト　▶ 09-41　　　　　　　　　　　　　　　　　　　　【財務】
=ACCRINT(発行日 , 初回利払日 , 受渡日 , 利率 , 額面 , 頻度 ,［基準］,［計算方式］)
定期利付債の「受渡日」までに発生する経過利息を求める

ACCRINTM：アクルード・インタレスト・マット　▶ 09-57　　　　　　　　　　　　　　　　【財務】
=ACCRINTM(発行日 , 受渡日 , 利率 , 償還価額 ,［基準］)
満期利付債の「受渡日」までに発生する経過利息を求める

ACOS：アークコサイン　▶ 10-20　　　　　　　　　　　　　　　　　　　　　　　　【数学／三角】
=ACOS(数値)
「数値」の逆余弦（アークコサイン）をラジアン単位で求める。COS 関数の逆関数

ACOSH：ハイパボリック・アークコサイン　▶ 10-24　　　　　　　　　　　　　　　　【数学／三角】
=ACOSH(数値)
「数値」の双曲線逆余弦（ハイパボリックアークコサイン）を求める。COSH 関数の逆関数

ACOT：アークコタンジェント　　　　　　　　　　　　　　　　　　　　　　　　　　【数学／三角】
=ACOT(数値)
「数値」の逆余接（アークコタンジェント）を求める。COT 関数の逆関数
（例）=DEGREES(ACOT(1)) → 戻り値：45、「cot x=1」となる x が求められる

ACOTH：ハイパボリック・アークコタンジェント　　　　　　　　　　　　　　　　　【数学／三角】
=ACOTH(数値)
「数値」の双曲線逆余接（ハイパボリックアークコタンジェント）を求める
（例）=ACOTH(2.164) → 戻り値：0.4999…、「COTH(x)=2.164」となる x が求められる

ADDRESS：アドレス　▶ 07-56　　　　　　　　　　　　　　　　　　　　　　　　　【検索／行列】
=ADDRESS(行番号 , 列番号 ,［参照の型］,［参照形式］,［シート名］)
「行番号」「列番号」「シート名」からセル参照の文字列を作成する

AGGREGATE：アグリゲート　▶ 02-25　　　　　　　　　　　　　　　　　　　　　【数学／三角】
=AGGREGATE(集計方法 , 除外条件 , 範囲 1 ,［範囲 2］…)
=AGGREGATE(集計方法 , オプション , 配列 , 値)
指定した「集計方法」で「範囲」のデータを集計する。「集計方法」の指定に応じて書式が変わる

AMORDEGRC：アモルティスモン・デグレシフ・コンタビリテ 【財務】
=AMORDEGRC(取得価額 , 購入日 , 開始期 , 残存価額 , 期 , 率 , [年の基準])
フランスの会計システムの減価償却費を求める。耐用年数に応じた減価償却係数が計算に適用される
　(例) =AMORDEGRC(A3,B3,C3,D3,E3,F3,1) → 取得価額（セル A3）、購入日（セル B3）、最初の決算日（セル
　　　C3）、残存価額（セル D3）、期（セル E3）、償却率（セル F3）、年の基準（実際の日数）の条件でフランスの会計
　　　システムの減価償却費を求める

AMORLINC：アモルティスモン・リネール・コンタビリテ 【財務】
=AMORLINC(取得価額 , 購入日 , 開始期 , 残存価額 , 期 , 率 , [年の基準])
フランスの会計システムの減価償却費を求める
　(例) =AMORLINC(A3,B3,C3,D3,E3,F3,1) → 取得価額（セル A3）、購入日（セル B3）、最初の決算日（セル C3）、
　　　残存価額（セル D3）、期（セル E3）、償却率（セル F3）、年の基準（実際の日数）の条件でフランスの会計システ
　　　ムの減価償却費を求める

AND：アンド　▶ 03-07 【論理】
=AND(論理式 1 , [論理式 2] …)
「論理式」がすべて TRUE のときに TRUE、それ以外のときに FALSE を返す

ARABIC：アラビック　▶ 06-58 【数学／三角】
=ARABIC(文字列)
ローマ数字の「文字列」をアラビア数字に変換する

AREAS：エリアズ 【検索／行列】
=AREAS(参照)
指定した「参照」に含まれる領域の個数を返す。「参照」に複数のセル範囲を指定する場合は丸カッコでくくる
　(例) =AREAS(エリア) →「エリア」という名前の参照範囲の領域数を求める ／ =AREAS((B9:B10,D9:D10)) → 戻
　　　り値：2

ARRAYTOTEXT：アレイ・トゥ・テキスト [2021]　▶ 06-36 【文字列操作】
=ARRAYTOTEXT(配列 , [書式])
「書式」にしたがって「配列」から配列の文字列を作成する

ASC：アスキー　▶ 06-50 【文字列操作】
=ASC(文字列)
「文字列」に含まれる全角文字を半角文字に変換する

ASIN：アークサイン　▶ 10-19 【数学／三角】
=ASIN(数値)
「数値」の逆正弦（アークサイン）をラジアン単位で求める。SIN 関数の逆関数

ASINH：ハイパボリック・アークサイン　▶ 10-24 【数学／三角】
=ASINH(数値)
「数値」の双曲線逆正弦（ハイパボリックアークサイン）を求める。SINH 関数の逆関数

ATAN：アークタンジェント　▶ 10-21 【数学／三角】
=ATAN(数値)
「数値」の逆正接（アークタンジェント）をラジアン単位で求める。TAN 関数の逆関数

ATAN2：アークタンジェント 2(x 座標 , y 座標)　▶ 10-22 【数学／三角】
=ATAN2(x 座標 , y 座標)
「x 座標」と「y 座標」から逆正接（アークタンジェント）をラジアン単位で求める

ATANH：ハイパボリック・アークタンジェント　▶ 10-24 【数学／三角】
=ATANH(数値)
「数値」の双曲線逆正接（ハイパボリックアークタンジェント）を求める。TANH 関数の逆関数

AVEDEV：アベレージ・ディビエーション　▶ 08-09 【統計】
=AVEDEV(数値 1 , [数値 2] …)
「数値」の平均偏差を求める

AVERAGE：アベレージ　▶ 02-38 【統計】
=AVERAGE(数値 1 , [数値 2] …)
「数値」の平均を求める

AVERAGEA：アベレージ・エー　▶ 02-39 【統計】
=AVERAGEA(値 1 , [値 2] …)
「値」の平均を求める。文字列は 0、TRUE は 1、FALSE は 0 と見なされる

AVERAGEIF：アベレージ・イフ　▶ 02-40 【統計】
=AVERAGEIF(条件範囲 , 条件 , [平均範囲])
「条件」に合致するデータの平均を求める

AVERAGEIFS：アベレージ・イフ・エス　▶ 02-41　　　　　　　　　　　　【統計】
=AVERAGEIFS(平均範囲 , 条件範囲 1, 条件 1, [条件範囲 2, 条件 2] …)
「条件」に合致するデータの平均を求める。「条件」を複数指定できる

B

BAHTTEXT：バーツ・テキスト　　　　　　　　　　　　　　　　　【文字列操作】
=BAHTTEXT(数値)
「数値」をバーツ形式（タイの通貨）の文字列に変換する
（例）=BAHTTEXT(123) → 戻り値：หนึ่งร้อยยี่สิบสามบาทถ้วน

BASE：ベース　▶ 10-35　　　　　　　　　　　　　　　　　　　【数学／三角】
=BASE(数値, 基数, [最小長])
10 進数の「数値」を「最小長」桁の「基数」進数に変換する

BESSELI：ベッセル・アイ　　　　　　　　　　　　　　　　【エンジニアリング】
=BESSELI(x, n)
第 1 種変形ベッセル関数 $I_n(x)$ を求める
（例）=BESSELI(2.5,0) → 戻り値：3.2898…、0 次の第 1 種変形ベッセル関数 $I_0(2.5)$ の値が求められる

BESSELJ：ベッセル・ジェイ　　　　　　　　　　　　　　　【エンジニアリング】
=BESSELJ(x, n)
第 1 種ベッセル関数 $J_n(x)$ を求める
（例）=BESSELJ(2.5,0) → 戻り値：-0.048383…、0 次の第 1 種ベッセル関数 $J_0(2.5)$ の値が求められる

BESSELK：ベッセル・ケー　　　　　　　　　　　　　　　　【エンジニアリング】
=BESSELK(x, n)
第 2 種変形ベッセル関数 $K_n(x)$ を求める
（例）=BESSELK(2.5,0) → 戻り値：0.062347…、0 次の第 2 種変形ベッセル関数 $K_0(2.5)$ の値が求められる

BESSELY：ベッセル・ワイ　　　　　　　　　　　　　　　　【エンジニアリング】
=BESSELY(x, n)
第 2 種ベッセル関数 $Y_n(x)$ を求める
（例）=BESSELY(2.5,0) → 戻り値：0.49807…、0 次の第 2 種変形ベッセル関数 $Y_0(2.5)$ の値が求められる

BETA.DIST：ベータ・ディストリビューション　▶ 08-56　　　　　　　　【統計】
=BETA.DIST(x, α , β , 関数形式, [A] , [B])
ベータ分布の確率分布、または累積分布を求める

BETA.INV：ベータ・インバース　　　　　　　　　　　　　　　　　　【統計】
=BETA.INV(確率, α , β , [A] , [B])
ベータ分布の累積分布関数の逆関数の値を求める
（例）=BETA.INV(0.3125,3,2) → 戻り値：0.5、α =3、β =2 のベータ分布で累積分布の値が 0.3125 になる x の
　　　値を求める

BETADIST：ベータ・ディストリビューション　　　　　　　　【統計（互換性）】
=BETADIST(x, α , β , [A] , [B])
ベータ分布の累積分布を求める
（例）=BETADIST(0.5,3,2) → 戻り値：0.3125、α =3、β =2、x=0.5 のときのベータ分布の累積分布の値を求め
　　　る

BETAINV：ベータ・インバース　　　　　　　　　　　　　　【統計（互換性）】
=BETAINV(確率, α , β , [A] , [B])
ベータ分布の累積分布関数の逆関数の値を求める
（例）=BETAINV(0.3125,3,2) → 戻り値：0.5、α =3、β =2 のベータ分布で累積分布の値が 0.3125 になる x の
　　　値を求める

BIN2DEC：バイナリ・トゥ・デシマル　▶ 10-37　　　　　　　【エンジニアリング】
=BIN2DEC(数値)
2 進数を 10 進数に変換する

BIN2HEX：バイナリ・トゥ・ヘキサデシマル　　　　　　　　【エンジニアリング】
=BIN2HEX(数値, [桁数])
2 進数を指定した「桁数」の 16 進数に変換する
（例）=BIN2HEX(11001000) → 戻り値：C8 ／ =BIN2HEX(1101,4) → 戻り値：000D

BIN2OCT：バイナリ・トゥ・オクタル　　　　　　　　　　　【エンジニアリング】
=BIN2OCT(数値, [桁数])
2 進数を指定した「桁数」の 8 進数に変換する
（例）=BIN2OCT(11001000) → 戻り値：310 ／ =BIN2OCT(1101,4) → 戻り値：0015

CHIDIST：カイ・ディストリビューション 【統計（互換性）】
=CHIDIST(x, 自由度)
　カイ二乗分布の「x」に対する右側確率を求める
　(例) =CHIDIST(4,3) → 戻り値：0.26146…、x=4、自由度が 3 のカイ二乗分布の右側確率を求める

CHIINV：カイ・インバース 【統計（互換性）】
=CHIINV(確率, 自由度)
　カイ二乗分布の右側確率からカイ二乗値を求める
　(例) =CHIINV(0.26,3) → 戻り値：4.0135…、右側確率が 0.26、自由度が 3 のカイ二乗分布の x を求める

CHISQ.DIST：カイ・スクエア・ディストリビューション　▶ 08-66 【統計】
=CHISQ.DIST(x, 自由度, 関数形式)
　カイ二乗分布の確率密度、または累積分布を求める

CHISQ.DIST.RT：カイ・スクエア・ディストリビューション・ライトテール　▶ 08-67 【統計】
=CHISQ.DIST.RT(x, 自由度)
　カイ二乗分布の「x」に対する右側確率を求める

CHISQ.INV：カイ・スクエア・インバース 【統計】
=CHISQ.INV(確率, 自由度)
　カイ二乗分布の左側確率からカイ二乗値を求める
　(例) =CHISQ.INV(0.74,3) → 戻り値：4.0135…、左側確率が 0.74、自由度が 3 のカイ二乗分布の x を求める

CHISQ.INV.RT：カイ・スクエア・インバース・ライトテール　▶ 08-68 【統計】
=CHISQ.INV.RT(確率, 自由度)
　カイ二乗分布の右側確率からカイ二乗値を求める

CHISQ.TEST：カイ・スクエア・テスト　▶ 08-78 【統計】
=CHISQ.TEST(実測値範囲, 期待値範囲)
　実測値と期待値を元にカイ二乗検定を行う

CHITEST：カイ・テスト 【統計（互換性）】
=CHITEST(実測値範囲, 期待値範囲)
　実測値と期待値を元にカイ二乗検定を行う
　(例) =CHITEST(B3:C4,B9:C10) → 実測値（セル B3 ～ C4）と期待値（セル B9 ～ C10）からカイ二乗検定を行う

CHOOSE：チューズ　▶ 07-22 【検索／行列】
=CHOOSE(インデックス, 値 1, [値 2] …)
　「インデックス」で指定した番号の「値」を返す

CHOOSECOLS：チューズ・カラムズ [365]　▶ 07-73 【検索／行列】
=CHOOSECOLS(配列, 列番号 1, [列番号 2]…)
　「配列」から「列番号」の列を取り出す

CHOOSEROWS：チューズ・ロウズ 365]　▶ 07-73 【検索／行列】
=CHOOSEROWS(配列, 行番号 1, [行番号 2]…)
　「配列」から「行番号」の行を取り出す

CLEAN：クリーン　▶ 06-30 【文字列操作】
=CLEAN(文字列)
　「文字列」に含まれる制御文字を削除する

CODE：コード　▶ 06-04 【文字列操作】
=CODE(文字列)
　「文字列」の 1 文字目の文字コードを 10 進数の数値で返す

COLUMN：カラム　▶ 07-57 【検索／行列】
=COLUMN([参照])
　指定したセルの列番号を求める

COLUMNS：カラムズ　▶ 07-58 【検索／行列】
=COLUMNS(配列)
　「配列」に含まれるセルや要素の列数を求める

COMBIN：コンビネーション　▶ 10-27 【数学／三角】
=COMBIN(総数, 抜き取り数)
　「総数」個から「抜き取り数」個を取り出す組み合わせの数を求める

Chapter 1 表記の基本

Chapter 2 数値演算

Chapter 3 日付/時刻

Chapter 4 数学/三角

Chapter 5 論理演算

Chapter 6 文字列操作

Chapter 7 統計計算

Chapter 8 検索/行列

Chapter 9 情報表示

Chapter 10 データベース

Chapter 11 Web関数

COMBINA：コンビネーション・エー　▶ **10-28**　　　　　　　　　　　　　　　　　【数学／三角】
=COMBINA(**数値, 抜き取り数**)
「総数」個から「抜き取り数」個を取り出す組み合わせ（重複あり）の数を求める

COMPLEX：コンプレックス　▶ **10-33**　　　　　　　　　　　　　　　　　　　【エンジニアリング】
=COMPLEX(**実部, 虚部, [虚数単位]**)
「実部」「虚部」「虚数単位」から複素数形式の文字列を作成する

CONCAT：コンカット［2019］　▶ **06-32**　　　　　　　　　　　　　　　　　　　【文字列操作】
=CONCAT(**文字列 1, [文字列 2]** …)
複数の「文字列」を連結する

CONCATENATE：コンカティネイト　　　　　　　　　　　　　　　　　　　　【文字列操作（互換性）】
=CONCATENATE(**文字列 1, [文字列 2]** …)
複数の「文字列」を連結する。「文字列」にセル範囲を指定できない
（例）=CONCATENATE(C3,D3,E3,F3) → セル C3 ～ F3 の文字列を連結する

CONFIDENCE：コンフィデンス　　　　　　　　　　　　　　　　　　　　　　　【統計（互換性）】
=CONFIDENCE(**有意水準, 標準偏差, 標本数**)
母平均の信頼区間の 1/2 の値を求める
（例）=CONFIDENCE(1-95%,2.2,100) → 戻り値：0.43119…、母標準偏差が 2.2 である母集団から 100 個取り
出したときについて、信頼度 95% で信頼区間の 1/2 の値を求める

CONFIDENCE.NORM：コンフィデンス・ノーマル　▶ **08-69**　　　　　　　　　　　　　　　　【統計】
=CONFIDENCE.NORM(**有意水準, 標準偏差, 標本数**)
母平均の信頼区間の 1/2 の値を求める

CONFIDENCE.T：コンフィデンス・ティー　▶ **08-70**　　　　　　　　　　　　　　　　　　　【統計】
=CONFIDENCE.T(**有意水準, 標準偏差, 標本数**)
t 分布を使用して、指定した信頼度（「有意水準」を 1 から引いた数）で、母平均の信頼区間の 1/2 の値を返します。

CONVERT：コンバート　▶ **04-60**　　　　　　　　　　　　　　　　　　　　【エンジニアリング】
=CONVERT(**数値, 変換前単位, 変換後単位**)
「変換前単位」で表された「数値」を「変換後単位」に換算して返す

CORREL：コーレル　▶ **08-18**　　　　　　　　　　　　　　　　　　　　　　　　　　　　【統計】
=CORREL(**配列 1, 配列 2**)
「配列 1」と「配列 2」の相関係数を求める

COS：コサイン　▶ **10-16**　　　　　　　　　　　　　　　　　　　　　　　　　　　【数学／三角】
=COS(**数値**)
「数値」で指定した角度の余弦（コサイン）を求める

COSH：ハイパボリック・コサイン　▶ **10-23**　　　　　　　　　　　　　　　　　　【数学／三角】
=COSH(**数値**)
「数値」の双曲線余弦（ハイパボリックコサイン）を求める

COT：コタンジェント　　　　　　　　　　　　　　　　　　　　　　　　　　　　【数学／三角】
=COT(**数値**)
「数値」で指定した角度の余接（コタンジェント）を求める。TAN 関数の逆数
（例）=COT(RADIANS(45)) → 戻り値：1、「cot 45°」が求められる

COTH：ハイパボリック・コタンジェント　　　　　　　　　　　　　　　　　　　【数学／三角】
=COTH(**数値**)
「数値」の双曲線余接（ハイパボリックコタンジェント）を求める。TANH 関数の逆数
（例）=COTH(0.5) → 戻り値：2.1639…

COUNT：カウント　▶ **02-27**　　　　　　　　　　　　　　　　　　　　　　　　　　　　【統計】
=COUNT(**値 1, [値 2]** …)
「値」に含まれる数値の個数を求める

COUNTA：カウント・エー　▶ **02-27**　　　　　　　　　　　　　　　　　　　　　　　　　【統計】
=COUNTA(**値 1, [値 2]** …)
「値」に含まれるデータの個数を求める。未入力のセルはカウントしない

COUNTBLANK：カウント・ブランク　▶ **02-28**　　　　　　　　　　　　　　　　　　　　　【統計】
=COUNTBLANK(**範囲**)
「範囲」に含まれる空白セルの個数を求める。空白文字列「""」が入力されているセルもカウントされる

COUNTIF：カウント・イフ　▶ 02-30　　　　　　　　　　　　　　　　　　　　　　　　　【統計】
=COUNTIF(条件範囲 , 条件)
　「条件」に合致するデータの個数を求める

COUNTIFS：カウント・イフ・エス　▶ 02-31　　　　　　　　　　　　　　　　　　　　【統計】
=COUNTIFS(条件範囲 1, 条件 1, [条件範囲 2, 条件 2] …)
　「条件」に合致するデータの個数を求める。「条件」を複数指定できる

COUPDAYBS：クーポンデイズ・ビー・エス　▶ 09-45　　　　　　　　　　　　　　　　【財務】
=COUPDAYBS(受渡日 , 満期日 , 頻度 , [基準])
　定期利付債の直前の利払日から「受渡日」までの日数を求める

COUPDAYS：クーポンデイズ　▶ 09-44　　　　　　　　　　　　　　　　　　　　　　【財務】
=COUPDAYS(受渡日 , 満期日 , 頻度 , [基準])
　定期利付債の「受渡日」を含む利払期間の日数を求める

COUPDAYSNC：クーポンデイズ・エス・エヌ・シー　▶ 09-45　　　　　　　　　　　　【財務】
=COUPDAYSNC(受渡日 , 満期日 , 頻度 , [基準])
　定期利付債の「受渡日」から直後の利払日までの日数を求める

COUPNCD：クーポン・エヌ・シー・ディー　▶ 09-42　　　　　　　　　　　　　　　　【財務】
=COUPNCD(受渡日 , 満期日 , 頻度 , [基準])
　定期利付債の「受渡日」以降でもっとも近い利払日を求める

COUPNUM：クーポン・ナンバー　▶ 09-43　　　　　　　　　　　　　　　　　　　　【財務】
=COUPNUM(受渡日 , 満期日 , 頻度 , [基準])
　定期利付債の「受渡日」から「満期日」までに利息が支払われる回数を求める

COUPPCD：クーポン・ピー・シー・ディー　▶ 09-42　　　　　　　　　　　　　　　　【財務】
=COUPPCD(受渡日 , 満期日 , 頻度 , [基準])
　定期利付債の「受渡日」以前でもっとも近い利払日を求める

COVAR：コバリアンス　　　　　　　　　　　　　　　　　　　　　　　　　【統計（互換性）】
=COVAR(配列 1, 配列 2)
　「配列 1」と「配列 2」の共分散を求める
　（例）=COVAR(B2:B11,C2:C11) → セル B2 ～ B11 の数値とセル C2 ～ C11 の数値の共分散を求める

COVARIANCE.P：コバリアンス・ピー　▶ 08-19　　　　　　　　　　　　　　　　　　【統計】
=COVARIANCE.P(配列 1, 配列 2)
　「配列 1」と「配列 2」の共分散を求める

COVARIANCE.S：コバリアンス・エス　▶ 08-20　　　　　　　　　　　　　　　　　　【統計】
=COVARIANCE.S(配列 1, 配列 2)
　「配列 1」と「配列 2」の不偏共分散を求める

CRITBINOM：クライテリア・バイノミアル　　　　　　　　　　　　　　　　　【統計（互換性）】
=CRITBINOM(試行回数 , 成功率 , 基準以上)
　二項分布の累積確率の値が「基準値」以上になる最小の値を求める
　（例）=CRITBINOM(100,1%,95%) → 戻り値：3、不良率が 1% の生産ラインのあるロットから 100 個検査したと
　　きに 95% の信頼度でそのロットが合格するための不良品の許容数を求める

CSC：コセカント　　　　　　　　　　　　　　　　　　　　　　　　　　　　【数学／三角】
=CSC(数値)
　「数値」で指定した角度の余割（コセカント）を求める。SIN 関数の逆数
　（例）=CSC(RADIANS(30)) → 戻り値：2、「cosec 30°」が求められる

CSCH：ハイパボリック・コセカント　　　　　　　　　　　　　　　　　　　　【数学／三角】
=CSCH(数値)
　「数値」の双曲線余割（ハイパボリックコセカント）を求める。SINH 関数の逆数
　（例）=CSCH(0.5) → 戻り値：1.9191…

CUBEKPIMEMBER：キューブ・ケーピーアイ・メンバー　　　　　　　　　　　　　【キューブ】
=CUBEKPIMEMBER(接続名 , KPI 名 , KPI のプロパティ , [キャプション])
　キューブの主要業績評価基準（KPI）のプロパティを求める。ブックが Microsoft SQL Server 2005 Analysis
　Services 以降のデータソースに接続されている場合にのみサポートされる
　（例）=CUBEKPIMEMBER(B1,B2,B3) → 接続名（セル B1）、KPI 名（セル B2）、プロパティ（セル B3）から KPI
　　のプロパティの値を求める（サンプルの提供はありません）

CUBEMEMBER：キューブ・メンバー　▶ 02-72　　　　　　　　　　　　　　　　　　　　　　　　　　【キューブ】
=CUBEMEMBER(接続名 , メンバー式 , [キャプション])
　キューブのメンバーや組を取り出す

CUBEMEMBERPROPERTY：キューブ・メンバー・プロパティ　　　　　　　　　　　　　　　　　　【キューブ】
=CUBEMEMBERPROPERTY(接続名 , メンバー式 , プロパティ)
　キューブからメンバー のプロパティの値を求める
　（例）=CUBEMEMBERPROPERTY(B1,B2,B3) → 接続名（セル B1）、メンバー式（セル B2）、プロパティ名（セル
　　　B3）からメンバーのプロパティの値を求める（サンプルの提供はありません）

CUBERANKEDMEMBER：キューブ・ランクト・メンバー　▶ 02-73　　　　　　　　　　　　　　　【キューブ】
=CUBERANKEDMEMBER(接続名 , セット式 , ランク , [キャプション])
　キューブ内の指定した順位の メンバーを取り出す

CUBESET：キューブ・セット　▶ 02-73　　　　　　　　　　　　　　　　　　　　　　　　　　【キューブ】
=CUBESET(接続名 , セット式 , [キャプション] , [並べ替え順序] , [並べ替えキー])
　キューブからメンバーや組のセットを取り出す

CUBESETCOUNT：キューブ・セット・カウント　　　　　　　　　　　　　　　　　　　　　　　【キューブ】
=CUBESETCOUNT(セット)
　キューブセット内のアイテムの数を求める
　（例）=CUBESETCOUNT(B2) → セル B2 に求めたキューブセットのアイテム数を求める

CUBEVALUE：キューブ・バリュー　▶ 02-72　　　　　　　　　　　　　　　　　　　　　　　　【キューブ】
=CUBEVALUE(接続名 , [メンバー式 1] , [メンバー式 2] …)
　キューブから集計値を求める

CUMIPMT：キュムラティブ・インタレスト・ペイメント　▶ 09-11　　　　　　　　　　　　　　　【財務】
=CUMIPMT(利率 , 期間 , 現在価値 , 開始期 , 終了期 , 支払期日)
　定期的なローンの返済で、指定した期間に支払う利息の累計を求める

CUMPRINC：キュムラティブ・プリンシパル　▶ 09-11　　　　　　　　　　　　　　　　　　　　【財務】
=CUMPRINC(利率 , 期間 , 現在価値 , 開始期 , 終了期 , 支払期日)
　定期的なローンの返済で、指定した期間に支払う元金の累計を求める

D

DATE：デイト　▶ 05-11　　　　　　　　　　　　　　　　　　　　　　　　　　　　　　　【日付／時刻】
=DATE(年 , 月 , 日)
　「年」「月」「日」の数値から日付を求める

DATEDIF：デイト・ディフ　▶ 05-36　　　　　　　　　　　　　　　　　　　　【日付／時刻（直接入力）】
=DATEDIF(開始日 , 終了日 , 単位)
　「開始日」から「終了日」までの期間の長さを、指定した「単位」で求める

DATESTRING：デイト・ストリング　▶ 05-17　　　　　　　　　　　　　　　　　【日付／時刻（直接入力）】
=DATESTRING(シリアル値)
　「シリアル値」を和暦の文字列に変換する

DATEVALUE：デイト・バリュー　▶ 05-14　　　　　　　　　　　　　　　　　　　　　　　　【日付／時刻】
=DATEVALUE(日付文字列)
　「日付文字列」をその日付を表すシリアル値に変換する

DAVERAGE：ディー・アベレージ　▶ 02-66　　　　　　　　　　　　　　　　　　　　　　【データベース】
=DAVERAGE(データベース , フィールド , 条件範囲)
　「条件範囲」で指定した条件を満たすデータの平均を求める

DAY：デイ　▶ 05-05　　　　　　　　　　　　　　　　　　　　　　　　　　　　　　　　【日付／時刻】
=DAY(シリアル値)
　「シリアル値」が表す日付から「日」を求める

DAYS：デイズ　▶ 05-38　　　　　　　　　　　　　　　　　　　　　　　　　　　　　　　【日付／時刻】
=DAYS(開始日 , 終了日)
　「開始日」と「終了日」からその期間の日数を求める

DAYS360：デイズ 360　　　　　　　　　　　　　　　　　　　　　　　　　　　　　　　　【日付／時刻】
=DAYS360(開始日 , 終了日 , [方式])
　1 年を 360 日として指定した期間の日数を求める。「方式」に FALSE を指定すると米国 NASD 方式（既定値）、
　TRUE を指定するとヨーロッパ方式で計算される
　（例）=DAYS360(A3,B3) → 1 年を 360 日としてセル A3 の日付からセル B3 の日付までの日数を求める

DB : ディクライニング・バランス 【財務】
=DB(取得価額 , 残存価額 , 耐用年数 , 期 , [月])
旧定率法（2007 年 3 月 31 日までに取得した資産に適用）を使用して減価償却費を求める
（例）=DB(A3,B3,C3,1,4) → 取得価額（セル A3）、残存価額（セル B3）、耐用年数（セル C3）、初年度に使用した月
　　　数（4 カ月）から 1 期の減価償却費を求める

DCOUNT : ディー・カウント ▶ **02-53** 【データベース】
=DCOUNT(データベース , フィールド , 条件範囲)
「条件範囲」で指定した条件を満たす数値データの個数を求める

DCOUNTA : ディー・カウント・エー ▶ **02-64** 【データベース】
=DCOUNTA(データベース , フィールド , 条件範囲)
「条件範囲」で指定した条件を満たす空白でないセルの個数を求める

DDB : ダブル・ディクライニング・バランス 【財務】
=DDB(取得価額 , 残存価額 , 耐用年数 , 期間 , [率])
減価償却費を求める。「率」に 2 を指定するか省略すると倍額定率法で計算される
（例）=DDB(A3,B3,C3,1) → 取得価額（セル A3）、残存価額（セル B3）、耐用年数（セル C3）から 1 年目の減価償
　　　却費を求める

DEC2BIN : デシマル・トゥ・バイナリ ▶ **10-34** 【エンジニアリング】
=DEC2BIN(数値 , [桁数])
10 進数の「数値」を指定した「桁数」の 2 進数に変換する

DEC2HEX : デシマル・トゥ・ヘキサデシマル ▶ **10-34** 【エンジニアリング】
=DEC2HEX(数値 , [桁数])
10 進数の「数値」を指定した「桁数」の 16 進数に変換する

DEC2OCT : デシマル・トゥ・オクタル ▶ **10-34** 【エンジニアリング】
=DEC2OCT(数値 , [桁数])
10 進数の「数値」を指定した「桁数」の 8 進数に変換する

DECIMAL : デシマル ▶ **10-37** 【数学／三角】
=DECIMAL(数値 , 基数)
「基数」進数の「数値」を 10 進数に変換する

DEGREES : ディグリーズ ▶ **10-14** 【数学／三角】
=DEGREES(角度)
ラジアン単位の「角度」を度単位に変換する

DELTA : デルタ 【エンジニアリング】
=DELTA(数値 1 , [数値 2])
2 つの数値が等しいかどうかを調べ、等しい場合は 1、等しくない場合は 0 を返す
（例）=DELTA(4,4) → 戻り値：1 ／ =DELTA(4,5) → 戻り値：0

DEVSQ : ディビエーション・スクエア ▶ **08-10** 【統計】
=DEVSQ(数値 1 , [数値 2] …)
「数値」の変動（偏差平方和）を求める

DGET : ディー・ゲット ▶ **02-68** 【データベース】
=DGET(データベース , フィールド , 条件範囲)
「条件範囲」で指定した条件を満たすデータを求める

DISC : ディスカウント ▶ **09-52** 【財務】
=DISC(受渡日 , 満期日 , 現在価格 , 償還価額 , [基準])
割引債の割引率を求める

DMAX : ディー・マックス ▶ **02-67** 【データベース】
=DMAX(データベース , フィールド , 条件範囲)
「条件範囲」で指定した条件を満たすデータの最大値を求める

DMIN : ディー・ミニマム ▶ **02-67** 【データベース】
=DMIN(データベース , フィールド , 条件範囲)
「条件範囲」で指定した条件を満たすデータの最小値を求める

DOLLAR : ダラー 【文字列操作】
=DOLLAR(数値 , [桁数])
「数値」を指定した「桁数」の「$」「,」付きの文字列に変換する
（例）=DOLLAR(1234) → 戻り値：$1,234.00

DOLLARDE：ダラー・デシマル 【財務】
=DOLLARDE(整数部と分子部 , 分母)
分数表記のドル価格を小数表記に変換する。分子部の桁数は分母の桁数に合わせる必要がある
(例) =DOLLARDE(10.01,16) → 戻り値：10.0625、分数の「10 1/16」（10 と 16 分の 1）を小数に変換

DOLLARFR：ダラー・フラクション 【財務】
=DOLLARFR(小数値 , 分母)
小数表記のドル価格を分数表記のドル価格に変換する。「整数部 . 分子部」が戻り値となる
(例) =DOLLARFR(10.75,4) → 戻り値：10.3、小数の「10.75」を分母が 4 の分数表記に変換

DPRODUCT：ディー・プロダクト 【データベース】
=DPRODUCT(データベース , フィールド , 条件範囲)
「条件範囲」で指定した条件を満たすデータの積を求める
(例) =DPRODUCT(A2:C7,C2,E2:E5) → データベース（セル A2 ～ C7）から条件表（セル E2 ～ E5）に合うデータを探し、見つかったデータの C 列の値を掛け合わせる

DROP：ドロップ [365] ▶ 07-76 【検索／行列】
=DROP(配列 , [行数], [列数])
「配列」の先頭／末尾から指定した「行数」「列数」を除外する

DSTDEV：ディー・スタンダード・ディビエーション 【データベース】
=DSTDEV(データベース , フィールド , 条件範囲)
「条件範囲」で指定した条件を満たすデータの不偏標準偏差を求める
(例) =DSTDEV(A2:C12,C2,E2:E3) → データベース（セル A2 ～ C12）から条件表（セル E2 ～ E3）に合うデータを探し、見つかったデータの C 列の値の不偏標準偏差を求める

DSTDEVP：ディー・スタンダード・ディビエーション・ピー 【データベース】
=DSTDEVP(データベース , フィールド , 条件範囲)
「条件範囲」で指定した条件を満たすデータの標準偏差を求める
(例) =DSTDEVP(A2:C12,C2,E2:E3) → データベース（セル A2 ～ C12）から条件表（セル E2 ～ E3）に合うデータを探し、見つかったデータの C 列の値の標準偏差を求める

DSUM：ディー・サム ▶ 02-65 【データベース】
=DSUM(データベース , フィールド , 条件範囲)
「条件範囲」で指定した条件を満たすデータの合計を求める

DURATION：デュレーション ▶ 09-46 【財務】
=DURATION(受渡日 , 満期日 , 利率 , 利回り , 頻度 , [基準])
定期利付債のデュレーションを求める

DVAR：ディー・バリアンス 【データベース】
=DVAR(データベース , フィールド , 条件範囲)
「条件範囲」で指定した条件を満たすデータの不偏分散を求める
(例) =DVAR(A2:C12,C2,E2:E3) → データベース（セル A2 ～ C12）から条件表（セル E2 ～ E3）に合うデータを探し、見つかったデータの C 列の値の不偏分散を求める

DVARP：ディー・バリアンス・ピー 【データベース】
=DVARP(データベース , フィールド , 条件範囲)
「条件範囲」で指定した条件を満たすデータの分散を求める
(例) =DVARP(A2:C12,C2,E2:E3) → データベース（セル A2 ～ C12）から条件表（セル E2 ～ E3）に合うデータを探し、見つかったデータの C 列の値の分散を求める

E

EDATE：イー・デイト ▶ 05-19 【日付／時刻】
=EDATE(開始日 , 月)
「開始日」から「月」数後、または「月」数前の日付を求める

EFFECT：エフェクト ▶ 09-31 【財務】
=EFFECT(名目年利率 , 複利計算回数)
「名目年利率」と「複利計算回数」から実効年利率を求める

ENCODEURL：エンコード・ユーアールエル ▶ 07-67 【Web】
=ENCODEURL(文字列)
「文字列」を URL エンコードする

EOMONTH：エンド・オブ・マンス ▶ 05-20 【日付／時刻】
=EOMONTH(開始日 , 月)
「開始日」から「月」数後、または「月」数前の月末日を求める

ERF：エラー・ファンクション　【エンジニアリング】
=ERF(下限 , [上限])
「下限」～「上限」の区間で誤差関数を積分した値を求める。「上限」を省略した場合は 0 ～「下限」の区間で求められる
（例）=ERF(0.5,1) → 戻り値：0.32220…、0.5 から 1 の区間で誤差関数を積分した値を求める

ERF.PRECISE：エラー・ファンクション・プリサイス　【エンジニアリング】
=ERF.PRECISE(上限)
0 ～「上限」の区間で誤差関数を積分した値を求める
（例）=ERF.PRECISE(1) → 戻り値：0.84270…、0 から 1 の区間で誤差関数を積分した値を求める

ERFC：エラー・ファンクション・シー　【エンジニアリング】
=ERFC(下限)
「下限」から無限大の区間で相補誤差関数を積分した値を求める。「ERF(x)+ERFC(x)=1」という関係が成り立つ
（例）=ERFC(1) → 戻り値：0.15729…、1 から無限大の区間で相補誤差関数を積分した値を求める

ERFC.PRECISE：エラー・ファンクション・シー・プリサイス　【エンジニアリング】
=ERFC.PRECISE(下限)
「下限」から無限大の区間で相補誤差関数を積分した値を求める
（例）=ERFC.PRECISE(1) → 戻り値：0.15729…、1 から無限大の区間で相補誤差関数を積分した値を求める

ERROR.TYPE：エラー・タイプ　▶ 03-29　【情報】
=ERROR.TYPE(エラー値)
「エラー値」に指定したエラーの種類を調べる

EVEN：イーブン　▶ 04-45　【数学／三角】
=EVEN(数値)
「数値」を偶数に切り上げる

EXACT：イグザクト　▶ 06-31　【文字列操作】
=EXACT(文字列 1, 文字列 2)
「文字列 1」と「文字列 2」が等しいかどうか調べる

EXP：エクスポーネンシャル　▶ 10-12　【数学／三角】
=EXP(数値)
ネピア数 e を底とする数値のべき乗を求める

EXPAND：エクスパンド［365-］　▶ 07-80　【検索／行列】
=EXPAND(配列 , [行数] , [列数] , [代替値])
「配列」を指定した「行数」「列数」になるように拡張する

EXPON.DIST：エクスポーネンシャル・ディストリビューション　▶ 08-53　【統計】
=EXPON.DIST(x , λ , 関数形式)
指数分布の確率密度、または累積分布を求める

EXPONDIST：エクスポーネンシャル・ディストリビューション　【統計（互換性）】
=EXPONDIST(x, λ , 関数形式)
指数分布の確率密度、または累積分布を求める
（例）=EXPONDIST(5/60,10,TRUE) → 戻り値：0.56540…、1 時間に平均 10 人の客が来る店で、客が来てから次の客が来るまでの時間が 5 分以内である確率を求める

F

F.DIST：エフ・ディストリビューション　▶ 08-63　【統計】
=F.DIST(x, 自由度 1, 自由度 2, 関数形式)
f 分布の確率密度、または累積分布を求める

F.DIST.RT：エフ・ディストリビューション・ライトテール　▶ 08-64　【統計】
=F.DIST.RT(x, 自由度 1, 自由度 2)
f 分布の「x」に対する右側確率を求める

F.INV：エフ・インバース　【統計】
=F.INV(確率 , 自由度 1, 自由度 2)
f 分布の左側確率から逆関数の値を求める
（例）=F.INV(0.83,10,8) → 戻り値：1.9941…、自由度 1 が 10、自由度 2 が 8 の f 分布で左側確率が 0.83 になる x を求める

F.INV.RT：エフ・スクエア・インバース・ライトテール　▶ **08-65** 【統計】
=F.INV.RT(確率 , 自由度 1, 自由度 2)
　ｆ分布の右側確率から逆関数の値を求める

F.TEST：エフ・テスト　▶ **08-77** 【統計】
=F.TEST(配列 1, 配列 2)
　2 つの「配列」を元にｆ検定を行い、両側確率を返す

FACT：ファクト　▶ **10-03** 【数学／三角】
=FACT(数値)
　「数値」の階乗を求める

FACTDOUBLE：ファクト・ダブル　▶ **10-04** 【数学／三角】
=FACTDOUBLE(数値)
　「数値」の二重階乗を求める

FALSE：フォールス 【論理】
=FALSE()
　論理値 FALSE を返す
　（例）=FALSE() → セルに「FALSE」を表示する

FDIST：エフ・ディストリビューション 【統計（互換性）】
=FDIST(x, 自由度 1, 自由度 2)
　ｆ分布の「x」に対する右側確率を求める
　（例）=FDIST(2,10,8) → 戻り値：0.16898…、x=2、自由度 1 が 10、自由度 2 が 8 のときのｆ分布の右側確率を求める

FIELDVALUE：フィールド・バリュー［2021］　▶ **07-69** 【検索／行列】
=FIELDVALUE(値 , フィールド名)
　「値」で指定した外部データから「フィールド名」のデータを取り出す

FILTER：フィルター［2021］　▶ **07-40** 【検索／行列】
=FILTER(配列 , 条件 , [見つからない場合])
　「配列」から「条件」に合うデータを抽出する

FILTERXML：フィルター・エックスエムエル　▶ **07-68** 【Web】
=FILTERXML(xml, xpath)
　XML 形式のデータから必要な情報を取り出す

FIND：ファインド　▶ **06-14** 【文字列操作】
=FIND(検索文字列 , 対象 , [開始位置])
　「検索文字列」が「対象」の何文字目にあるかを調べる

FINDB：ファインド・ビー 【文字列操作】
=FINDB(検索文字列 , 対象 , [開始位置])
　「検索文字列」が「対象」の何バイト目にあるかを調べる
　（例）=FINDB(" 東京 "," JR 東京駅 ") → 戻り値：3、「東京」は「JR 東京駅」の 3 バイト目

FINV：エフ・インバース 【統計（互換性）】
=FINV(確率 , 自由度 1, 自由度 2)
　ｆ分布の右側確率から逆関数の値を求める
　（例）=FINV(0.17,10,8) → 戻り値：1.9941…、自由度 1 が 10、自由度 2 が 8 のｆ分布で右側確率が 0.17 になる x を求める

FISHER：フィッシャー 【統計】
=FISHER(x)
　「x」をフィッシャー変換した値を求める
　相関係数「x」をフィッシャー変換した値を求める
　（例）=FISHER(B2) → セル B2 の相関係数をフィッシャー変換した値を求める

FISHERINV：フィッシャー・インバース 【統計】
=FISHERINV(y)
　フィッシャー変換の逆関数の値を求める
　フィッシャー変換後の値から相関係数を求める
　（例）=FISHERINV(B2) → セル B2 のフィッシャー変換後の値から相関係数を求める

FIXED：フィックスト　▶ **06-54** 【文字列操作】
=FIXED(数値 , [桁数] , [桁区切り])
　「数値」を指定した「桁数」の「桁区切り」付きの文字列に変換する

FLOOR：フロア 【数学／三角（互換性）】
=FLOOR(数値 , 基準値)
　「数値」を「基準値」の倍数に切り下げる
　（例）=FLOOR(10,4) → 戻り値：8 ／ =FLOOR(-10,4) → 戻り値：-12

FLOOR.MATH：フロア・マス　▶ **04-49** 【数学／三角】
=FLOOR.MATH(数値 , [基準値] , [モード])
「数値」を指定した方法で「基準値」の倍数に切り下げる

FLOOR.PRECISE：フロア・プリサイス 【数学／三角（直接入力）】
=FLOOR.PRECISE(数値 , [基準値])
「数値」を「基準値」の倍数に切り下げる。数値の正負に関係なく、数学上の大きい側に切り下げられる
（例）=FLOOR.PRECISE(10,4) → 戻り値：8 ／ =FLOOR.PRECISE(-10,4) → 戻り値：-12

FORECAST：フォーキャスト 【統計（互換性）】
=FORECAST(新しい x , y の範囲 , x の範囲)
回帰直線に基づいて「新しいx」に対する y の予測値を求める
（例）=FORECAST(E3,C3:C12,B3:B12) → 気温（セル B3 ～ B12）と売上数（セル C3 ～ C12）のデータからセル E3 の気温のときの売上数を予測する

FORECAST.ETS：フォーキャスト・イーティーエス［2016］　▶ **08-35** 【統計】
=FORECAST.ETS(目標期日 , 値 , タイムライン , [季節性] , [データ補完] , [集計])
「タイムライン」と「値」に基づいて「目標期日」に対する予測値を求める

FORECAST.ETS.CONFINT：フォーキャスト・イーティーエス・コンフィデンスインターバル［2016］ 【統計】
▶ **08-36**
=FORECAST.ETS.CONFINT(目標期日 , 値 , タイムライン , [信頼レベル] , [季節性] , [データ補完] , [集計])
「目標期日」の予測値に対する信頼区間を求める

FORECAST.ETS.SEASONALITY：フォーキャスト・イーティーエス・シーズナリティ［2016］　▶ **08-37**
=FORECAST.ETS.SEASONALITY(値 , タイムライン , [データ補完] , [集計]) 【統計】
「タイムライン」と「値」に基づいて反復パターン（季節性）の長さを求める

FORECAST.ETS.STAT：フォーキャスト・イーティーエス・スタティスティック［2016］ 【統計】
=FORECAST.ETS.STAT(値 , タイムライン , 統計の種類 , [季節性] , [データ補完] , [集計])
「タイムライン」と「値」に基づいて各種統計値を求める
（例）=FORECAST.ETS.STAT($B$3:$B$38,$A$3:$A$38,D3) → タイムライン（セル A3 ～ A38）と値（セル B3 ～ B38）に基づいてセル D3 で指定した統計値を求める

FORECAST.LINEAR：フォーキャスト・リニア［2016］　▶ **08-23** 【統計】
=FORECAST.LINEAR(新しい x , y の範囲 , x の範囲)
回帰直線に基づいて「新しいx」に対する y の予測値を求める

FORMULATEXT：フォーミュラ・テキスト　▶ **07-62** 【検索／行列】
=FORMULATEXT(参照)
「参照」のセルの数式を文字列として返す

FREQUENCY：フリーケンシー　▶ **08-04** 【統計】
=FREQUENCY(データ配列 , 区間配列)
「データ配列」の数値が「区間配列」に指定した区間ごとにいくつ含まれるかをカウントする

FTEST：エフ・テスト 【統計（互換性）】
=FTEST(配列 1 , 配列 2)
2 つの「配列」を元に f 検定を行い、両側確率を返す
（例）=FTEST(B3:B14,C3:C12) → 戻り値：0.03225…、セル B3 ～ B14 とセル C3 ～ C12 を元に f 検定を行い両側確率を返す

FV：フューチャー・バリュー　▶ **09-08** 【財務】
=FV(利率 , 期間 , 定期支払額 , [現在価値] , [支払期日])
定期的なローンの返済や積立預金において将来価値を求める

FVSCHEDULE：フューチャー・バリュー・スケジュール　▶ **09-28** 【財務】
=FVSCHEDULE(元金 , 利率配列)
利率が変動する預金や投資の将来価値を求める

G

GAMMA：ガンマ 【統計】
=GAMMA(x)
「x」のガンマ関数値を求める
（例）=GAMMA(2.5) → 戻り値：1.3293…、2.5 に対するガンマ関数の値を求める

GAMMA.DIST：ガンマ・ディストリビューション　▶ 08-55 　　　　　　　　　　　　　　【統計】
=GAMMA.DIST(x, α, β, 関数形式)
　ガンマ分布の確率密度、または累積分布を求める

GAMMA.INV：ガンマ・インバース　　　　　　　　　　　　　　　　　　　　　　　【統計】
=GAMMA.INV(確率 , α , β)
　ガンマ分布の累積分布関数の逆関数の値を求める
　（例）=GAMMA.INV(90%,100,1/5) → 戻り値：22.602…、1 分あたり平均 5 人の客が来る窓口で、90% の確率
　　　で来客が 100 に達する時間を求める

GAMMADIST：ガンマ・ディストリビューション　　　　　　　　　　　　　　【統計（互換性）】
=GAMMADIST(x, α, β, 関数形式)
　ガンマ分布の確率密度、または累積分布を求める
　（例）=GAMMADIST(20,100,1/5,TRUE) → 戻り値：0.51329…、1 分あたり平均 5 人の客が来る窓口で、20 分
　　　で来客が 100 人に達する確率を求める

GAMMAINV：ガンマ・インバース　　　　　　　　　　　　　　　　　　　　【統計（互換性）】
=GAMMAINV(確率 , α , β)
　ガンマ分布の累積分布関数の逆関数の値を求める
　（例）=GAMMAINV(90%,100,1/5) → 戻り値：22.602…、1 分あたり平均 5 人の客が来る窓口で、90% の確率で
　　　来客が 100 に達する時間を求める

GAMMALN：ガンマ・ログ・ナチュラル　　　　　　　　　　　　　　　　　　【統計（互換性）】
=GAMMALN(x)
　ガンマ関数の自然対数の値を求める
　（例）=GAMMALN(2.5) → 戻り値：0.28468…、2.5 に対するガンマ関数の値から自然対数を求める

GAMMALN.PRECISE：ガンマ・ログ・ナチュラル・プリサイス　　　　　　　　　　　【統計】
=GAMMALN.PRECISE(x)
　ガンマ関数の自然対数の値を求める
　（例）=GAMMALN.PRECISE(2.5) → 戻り値：0.28468…、2.5 に対するガンマ関数の値から自然対数を求める

GAUSS：ガウス　　　　　　　　　　　　　　　　　　　　　　　　　　　　　　　【統計】
=GAUSS(x)
　標準正規分布母集団の値が、平均から標準偏差の「x」倍の範囲に入る確率を求める
　（例）=GAUSS(2) → 戻り値：0.47725…、標準正規分布の母集団に含まれる値が、平均から標準偏差の 2 倍の範囲
　　　に入る確率

GCD：ジー・シー・ディー　▶ 10-01 　　　　　　　　　　　　　　　　　　【数学／三角】
=GCD(数値 1, [数値 2] …)
　「数値」の最大公約数を求める

GEOMEAN：ジオ・ミーン　▶ 02-44 　　　　　　　　　　　　　　　　　　　　　【統計】
=GEOMEAN(数値 1, [数値 2] …)
　「数値」の相乗平均（幾何平均）を求める

GESTEP：ジー・イー・ステップ　　　　　　　　　　　　　　　　　　　【エンジニアリング】
=GESTEP(数値 , [しきい値])
　「数値」が「しきい値」以上かどうか調べ、しきい値以上の場合は 1、しきい値より小さい場合は 0 を返す
　（例）=GESTEP(8,5) → 戻り値：1 ／ =GESTEP(3,5) → 戻り値：0

GETPIVOTDATA：ゲット・ピボット・データ　▶ 02-69 　　　　　　　　　　【検索／行列】
=GETPIVOTDATA(データフィールド , ピボットテーブル , [フィールド 1, アイテム 1], [フィールド 2, アイテム 2]…)
　「ピボットテーブル」から指定した「データフィールド」のデータを取り出す

GROWTH：グロウス　▶ 08-33 　　　　　　　　　　　　　　　　　　　　　　　【統計】
=GROWTH(y の範囲 , [x の範囲], [新しい x], [係数の扱い))
　指数回帰曲線に基づいて「新しい x」に対する y の予測値を求める

H

HARMEAN：ハー・ミーン　▶ 02-45 　　　　　　　　　　　　　　　　　　　　　【統計】
=HARMEAN(数値 1, [数値 2] …)
　「数値」の調和平均を求める

HEX2BIN：ヘキサデシマル・トゥ・バイナリ　▶ 10-36 　　　　　　　　【エンジニアリング】
=HEX2BIN(数値 , [桁数])
　16 進数を指定した「桁数」の 2 進数に変換する

HEX2DEC：ヘキサデシマル・トゥ・デシマル　▶ **10-37**　　　　　　　　　　　　　　　【エンジニアリング】
=HEX2DEC(**数値**)
　16 進数を 10 進数に変換する

HEX2OCT：ヘキサデシマル・トゥ・オクタル　　　　　　　　　　　　　　　　　　　【エンジニアリング】
=HEX2OCT(**数値** , [**桁数**])
　16 進数を指定した「桁数」の 8 進数に変換する
　(例) =HEX2OCT(15) → 戻り値：25 ／ =HEX2OCT("1AC",4) → 戻り値：0654

HLOOKUP：エイチ・ルックアップ　▶ **07-12**　　　　　　　　　　　　　　　　　　【検索／行列】
=HLOOKUP(**検索値** , **範囲** , **行番号** , [**検索の型**])
　「範囲」の 1 行目から「検索値」を探し、見つかった列の「行番号」の行にある値を返す

HOUR：アワー　▶ **05-06**　　　　　　　　　　　　　　　　　　　　　　　　　　【日付／時刻】
=HOUR(**シリアル値**)
　「シリアル値」が表す時刻から「時」を求める

HSTACK：エイチ・スタック［365］　▶ **07-70**　　　　　　　　　　　　　　　　　【検索／行列】
=HSTACK(**配列 1** , [**配列 2**]…)
　「配列」を横方向に並べて結合した配列を返す

HYPERLINK：ハイパーリンク　▶ **07-64**　　　　　　　　　　　　　　　　　　　　【検索／行列】
=HYPERLINK(**リンク先** , [**別名**])
　指定した「リンク先」にジャンプするハイパーリンクを作成する

HYPGEOM.DIST：ハイパー・ジオメトリック・ディストリビューション　▶ **08-44**　　　　　【統計】
=HYPGEOM.DIST(**標本の成功数** , **標本数** , **母集団の成功数** , **母集団の大きさ** , **関数形式**)
　超幾何分布の確率分布、または累積分布を求める

HYPGEOMDIST：ハイパー・ジオメトリック・ディストリビューション　　　　　　　【統計（互換性）】
=HYPGEOMDIST(**標本の成功数** , **標本数** , **母集団の成功数** , **母集団の大きさ**)
　超幾何分布の確率分布を求める
　(例) =HYPGEOMDIST(3,4,30,100) → 戻り値：0.07247…、30 本の当たりを含む 100 本のくじの中から 4 本
　　　引いたときに 3 本当たる確率を求める

I

IF：イフ　▶ **03-02**　　　　　　　　　　　　　　　　　　　　　　　　　　　　　【論理】
=IF(**論理式** , **真の場合** , **偽の場合**)
　「論理式」が TRUE（真）のときに「真の場合」、FALSE（偽）のときに「偽の場合」を返す

IFERROR：イフ・エラー　▶ **03-31**　　　　　　　　　　　　　　　　　　　　　　【論理】
=IFERROR(**値** , **エラーの場合の値**)
　「値」がエラーになる場合は「エラーの場合の値」を返し、エラーにならない場合は「値」を返す

IFNA：イフ・エヌ・エー　▶ **03-30**　　　　　　　　　　　　　　　　　　　　　　【論理】
=IFNA(**値** , **NA の場合の値**)
　「値」が［#N/A］でない場合は「値」を返し、［#N/A］である場合は「NA の場合の値」を返す

IFS：イフ・エス［2019］　▶ **03-04**　　　　　　　　　　　　　　　　　　　　　【論理】
=IFS(**論理式 1** , **値 1** , [**論理式 2** , **値 2**]…)
　「論理式」をチェックして、最初に TRUE（真）になる「論理式」に対応する「値」を返す

IMABS：イマジナリー・アブソリュート　　　　　　　　　　　　　　　　　　　　　【エンジニアリング】
=IMABS(**複素数**)
　「複素数」の絶対値を求める
　(例) =IMABS("3+4i") → 戻り値：5

IMAGE：イメージ　▶ **07-66**　　　　　　　　　　　　　　　　　　　　　　　　　【WEB】
=IMAGE(**ソース** , [**代替テキスト**] , [**サイズ**] , [**高さ**] , [**幅**])
　「ソース」に指定した URL の画像を指定したサイズでセルに挿入する

IMAGINARY：イマジナリー　▶ **10-33**　　　　　　　　　　　　　　　　　　　　　【エンジニアリング】
=IMAGINARY(**複素数**)
　「複素数」から虚部の数値を取り出す

IMARGUMENT：イマジナリー・アーギュメント　　　　　　　　　　　　　　　　　　【エンジニアリング】
=IMARGUMENT(**複素数**)
　「複素数」の偏角をラジアン単位で求める
　(例) =IMARGUMENT("3+4i") → 戻り値：0.927295218

IMCONJUGATE：イマジナリー・コンジュゲイト 【エンジニアリング】
=IMCONJUGATE(複素数)
「複素数」から共役複素数を求める
（例）=IMCONJUGATE("3+4i") → 戻り値：3-4i

IMCOS：イマジナリー・コサイン 【エンジニアリング】
=IMCOS(複素数)
「複素数」の余弦（コサイン）を求める
（例）=IMCOS("3+4i") → 戻り値：-27.0349456030742-3.85115333481178i

IMCOSH：イマジナリー・ハイパボリック・コサイン 【エンジニアリング】
=IMCOSH(複素数)
「複素数」の双曲線余弦（ハイパボリックコサイン）を求める
（例）=IMCOSH("3+4i") → 戻り値：-6.58066304055116-7.58155274274654i

IMCOT：イマジナリー・コタンジェント 【エンジニアリング】
=IMCOT(複素数)
「複素数」の余接（コタンジェント）を求める
（例）=IMCOT("3+4i") → 戻り値：-0.000187587737983659-1.00064439247156i

IMCSC：イマジナリー・コセカント 【エンジニアリング】
=IMCSC(複素数)
「複素数」の余割（コセカント）を求める
（例）=IMCSC("3+4i") → 戻り値：0.0051744731840194+0.036275889628626i

IMCSCH：イマジナリー・ハイパボリック・コセカント 【エンジニアリング】
=IMCSCH(複素数)
「複素数」の双曲線余割（ハイパボリックコサインコセカント）を求める
（例）=IMCSCH("3+4i") → 戻り値：-0.0648774713706355+0.0754898329158637i

IMDIV：イマジナリー・ディバイデッド 【エンジニアリング】
=IMDIV(複素数 1, 複素数 2)
「複素数 1」を「複素数 2」で割った商を求める
（例）=IMDIV("3+i","4-3i") → 戻り値：0.36+0.52i

IMEXP：イマジナリー・エクスポーネンシャル 【エンジニアリング】
=IMEXP(複素数)
ネピア数 e を底として「複素数」乗を求める
（例）=IMEXP("3+4i") → 戻り値：-13.1287830814622-15.200784463068i

IMLN：イマジナリー・ログ・ナチュラル 【エンジニアリング】
=IMLN(複素数)
「複素数」の自然対数を求める
（例）=IMLN("3+4i") → 戻り値：1.6094379124341+0.927295218001612i

IMLOG10：イマジナリー・ログ 10 【エンジニアリング】
=IMLOG10(複素数)
「複素数」の常用対数を求める
（例）=IMLOG10("3+4i") → 戻り値：0.698970004336019+0.402719196273373i

IMLOG2：イマジナリー・ログ 2 【エンジニアリング】
=IMLOG2(複素数)
「複素数」の 2 を底とする対数を求める
（例）=IMLOG2("3+4i") → 戻り値：2.32192809488736+1.33780421245098i

IMPOWER：イマジナリー・パワー 【エンジニアリング】
=IMPOWER(複素数 , 指数)
「複素数」の「指数」乗を求める
（例）=IMPOWER("3+4i",3) → 戻り値：-117+44i

IMPRODUCT：イマジナリー・プロダクト 【エンジニアリング】
=IMPRODUCT(複素数 1, [複素数 2] …)
「複素数」の積を求める
（例）=IMPRODUCT("3+i","4-3i") → 戻り値：15-5i

IMREAL：イマジナリー・リアル ▶ 10-33 【エンジニアリング】
=IMREAL(複素数)
「複素数」から実部の数値を取り出す

IMSEC：イマジナリー・セカント 【エンジニアリング】
=IMSEC(**複素数**)
　「複素数」の正割（セカント）を求める
　（例）=IMSEC("3+4i") → 戻り値：-0.0362534969158689+0.00516434460775318i

IMSECH：イマジナリー・ハイパボリック・セカント 【エンジニアリング】
=IMSECH(**複素数**)
　「複素数」の双曲線正割（ハイパボリックセカント）を求める
　（例）=IMSECH("3+4i") → 戻り値：-0.065294027857947+0.0752249603027732i

IMSIN：イマジナリー・サイン 【エンジニアリング】
=IMSIN(**複素数**)
　「複素数」の正弦（サイン）を求める
　（例）=IMSIN("3+4i") → 戻り値：3.85373803791938-27.0168132580039i

IMSINH：イマジナリー・ハイパボリック・サイン 【エンジニアリング】
=IMSINH(**複素数**)
　「複素数」の双曲線正弦（ハイパボリックサイン）を求める
　（例）=IMSINH("3+4i") → 戻り値：-6.548120040911-7.61923172032141i

IMSQRT：イマジナリー・スクエア・ルート 【エンジニアリング】
=IMSQRT(**複素数**)
　「複素数」の平方根を求める
　（例）=IMSQRT("3+4i") → 戻り値：2+i

IMSUB：イマジナリー・サブトラクト 【エンジニアリング】
=IMSUB(**複素数 1, 複素数 2**)
　「複素数 1」と「複素数 2」の差を求める
　（例）=IMSUB("3+i","4-3i") → 戻り値：-1+4i

IMSUM：イマジナリー・サム 【エンジニアリング】
=IMSUM(**複素数 1, [複素数 2] …**)
　「複素数」の和を求める
　（例）=IMSUM("3+i","4-3i") → 戻り値：7-2i

IMTAN：イマジナリー・タンジェント 【エンジニアリング】
=IMTAN(**複素数**)
　「複素数」の正接（タンジェント）を求める
　（例）=IMTAN("3+4i") → 戻り値：-0.000187346204629478+0.999355987381473i

INDEX：インデックス ▶ **07-23** 【検索／行列】
=INDEX(**参照 , 行番号 , [列番号] , [領域番号]**)
　「参照」のセル範囲から「行番号」と「列番号」で指定した位置のセル参照を返す（セル参照形式）

INDEX：インデックス ▶ **07-23** 【検索／行列】
=INDEX(**配列 , 行番号 , [列番号]**)
　「配列」から「行番号」と「列番号」で指定した位置の値を求める（配列形式）

INDIRECT：インダイレクト ▶ **07-53** 【検索／行列】
=INDIRECT(**参照文字列 , [参照形式]**)
　「参照文字列」から実際のセル参照を返す

INFO：インフォメーション ▶ **07-63** 【情報】
=INFO(**検査の種類**)
　「検査の種類」で指定した Excel の操作環境の情報を調べる

INT：インテジャー ▶ **04-44** 【数学／三角】
=INT(**数値**)
　「数値」以下で最も近い整数を求める

INTERCEPT：インターセプト ▶ **08-22** 【統計】
=INTERCEPT(**y の範囲 , x の範囲**)
　「y の範囲」と「x の範囲」を元に回帰直線の切片を求める

INTRATE：イントレート 【財務】
=INTRATE(**受渡日 , 満期日 , 投資額 , 償還価額 , [基準]**)
　割引債を「満期日」まで保有した場合の利回りを求める
　（例）=INTRATE(A3,B3,C3,D3,1) → 受渡日（セル A3）、満期日（セル B3）、現在価格（セル C3）、償還価額（セル D3）の割引債の利回りを求める

IPMT：インタレスト・ペイメント　▶ **09-10**　　　　　　　　　　　　　　　　【財務】
=IPMT(**利率** , **期** , **期間** , **現在価値** ,[**将来価値**],[**支払期日**])
　定期的なローンの返済で、指定した「期」に支払う利息を求める

IRR：インターナル・レイト・オブ・リターン　▶ **09-34**　　　　　　　　　　【財務】
=IRR(**範囲** ,[**推定値**])
　定期的なキャッシュフローから内部利益率を求める

ISBLANK：イズ・ブランク　▶ **03-17**　　　　　　　　　　　　　　　　　　【情報】
=ISBLANK(**テストの対象**)
　「テストの対象」が空白セルかどうかを調べる

ISERR：イズ・エラー　▶ **03-28**　　　　　　　　　　　　　　　　　　　　【情報】
=ISERR(**テストの対象**)
　「テストの対象」が［#N/A］以外のエラー値かどうかを調べる

ISERROR：イズ・エラー　▶ **03-28**　　　　　　　　　　　　　　　　　　　【情報】
=ISERROR(**テストの対象**)
　「テストの対象」がエラー値かどうかを調べる

ISEVEN：イズ・イーブン　　　　　　　　　　　　　　　　　　　　　　　　【情報】
=ISEVEN(**テストの対象**)
　「テストの対象」が偶数かどうかを調べる
　（例）=ISEVEN(4) → 戻り値：TRUE ／ =ISEVEN(5) → 戻り値：FALSE

ISFORMULA：イズ・フォーミュラ　▶ **03-20**　　　　　　　　　　　　　　　【情報】
=ISFORMULA(**テストの対象**)
　「テストの対象」が数式かどうかを調べる

ISLOGICAL：イズ・ロジカル　▶ **03-15**　　　　　　　　　　　　　　　　　【情報】
=ISLOGICAL(**テストの対象**)
　「テストの対象」が論理値かどうかを調べる

ISNA：イズ・エヌ・エー　▶ **03-28**　　　　　　　　　　　　　　　　　　　【情報】
=ISNA(**テストの対象**)
　「テストの対象」がエラー値［#N/A］かどうかを調べる

ISNONTEXT：イズ・ノン・テキスト　　　　　　　　　　　　　　　　　　　　【情報】
=ISNONTEXT(**テストの対象**)
　「テストの対象」が文字列以外かどうかを調べる
　（例）=ISNONTEXT(123) → 戻り値：TRUE ／ =ISNONTEXT("ABC") → 戻り値：FALSE

ISNUMBER：イズ・ナンバー　▶ **03-15**　　　　　　　　　　　　　　　　　【情報】
=ISNUMBER(**テストの対象**)
　「テストの対象」が数値かどうかを調べる

ISO.CEILING：アイエスオー・シーリング　　　　　　　　　　　　【数学／三角（直接入力）】
=ISO.CEILING(**数値** ,[**基準値**])
　「数値」を「基準値」の倍数に切り上げる。数値の正負に関係なく、数学上の大きい側に切り上げられる。CEILING.
　PRECISE 関数と同等の関数
　（例）=ISO.CEILING(10,4) → 戻り値：12 ／ =ISO.CEILING(-10,4) → 戻り値：-8

ISODD：イズ・オッド　　　　　　　　　　　　　　　　　　　　　　　　　　【情報】
=ISODD(**テストの対象**)
　「テストの対象」が奇数かどうかを調べる
　（例）=ISODD(3) → 戻り値：TRUE ／ =ISODD(4) → 戻り値：FALSE

ISOMITTED：イズ・オミッテッド［365］　　　　　　　　　　　　　　　　　【論理】
=ISOMITTED(**引数**)
　LAMBDA 関数の引数が省略されているかどうか調べる
　（例）=LAMBDA(x,y, IF(ISOMITTED(y), x, x+y))(123,) → 戻り値：123、LAMBDA 関数の引数 y が省略されてい
　　　 る場合に「y=0」として計算する

ISOWEEKNUM：アイエスオー・ウィーク・ナンバー　▶ **05-44**　　　　　　【日付／時刻】
=ISOWEEKNUM(**日付**)
　「日付」から ISO 週番号を求める

ISPMT：イズ・ペイメント　▶ **09-17**　　　　　　　　　　　　　　　　　　【財務】
=ISPMT(**利率** , **期** , **期間** , **現在価値**)
　定期的なローンの返済で、指定した「期」に支払う利息を求める

LOG10：ログ 10　▶ 10-10
【数学／三角】
=LOG10(数値)
「数値」の常用対数を求める

LOGEST：ログ・エスティメーション　▶ 08-32
【統計】
=LOGEST(y の範囲 , [x の範囲] , [係数の扱い] , [補正項の扱い])
「y の範囲」と「x の範囲」から指数回帰曲線の情報を求める

LOGINV：ログ・インバース
【統計（互換性）】
=LOGINV(確率 , 平均 , 標準偏差)
対数正規分布の累積分布の逆関数の値を求める
(例) =LOGINV(0.75,0,1) → 戻り値：1.9630…、平均が 0、標準偏差が 1 の対数正規分布で累積分布の値が 0.75 となる x を求める

LOGNORM.DIST：ログ・ノーマル・ディストリビューション　▶ 08-58
【統計】
=LOGNORM.DIST(x, 平均 , 標準偏差 , 関数形式)
対数正規分布の確率密度、または累積分布を求める

LOGNORM.INV：ログ・ノーマル・インバース
【統計】
=LOGNORM.INV(確率 , 平均 , 標準偏差)
対数正規分布の逆関数の値を求める
(例) =LOGNORM.INV(0.75,0,1) → 戻り値：1.9630…、平均が 0、標準偏差が 1 の対数正規分布で 累積分布の値が 0.75 となる x を求める

LOGNORMDIST：ログ・ノーマル・ディストリビューション
【統計（互換性）】
=LOGNORMDIST(x, 平均 , 標準偏差)
対数正規分布の累積分布を求める
(例) =LOGNORMDIST(2,0,1) → 戻り値：0.75589…、平均が 0、標準偏差が 1 の対数正規分布で x=2 のときの累積分布の値を求める

LOOKUP：ルックアップ
【検索／行列】
=LOOKUP(検査値 , 検査範囲 , [対応範囲])
「検査値」を「検査範囲」（昇順にしておく）から近似一致検索し、「対応範囲」にある値を返す（ベクトル形式）
(例) =LOOKUP(1204,A4:A8,C4:C8) → セル A4 ～ A8 から「1204」を検索し、見つかったのと同じ位置にあるデータをセル C4 ～ C8 から取り出す

LOOKUP：ルックアップ
【検索／行列】
=LOOKUP(検査値 , 配列)
「配列」の行列の長い方向に先頭行／先頭列（昇順にしておく）から「検査値」を近似一致検索し、最終行／列の値を返す（配列方式）
※配列形式の LOOKUP 関数は検索方向が定まらないので VLOOKUP 関数や HLOOKUP 関数の使用が推奨されている
(例) =LOOKUP(1204,A4:C8) → セル A4 ～ C8 は列より行が長いので、1 列目から「1204」を検索し、見つかったのと同じ位置にあるデータを最終列から取り出す

LOWER：ロウアー　▶ 06-51
【文字列操作】
=LOWER(文字列)
「文字列」に含まれるアルファベットを小文字に変換する

M

MAKEARRAY：メイク・アレイ［365］　▶ 03-38
【論理】
=MAKEARRAY(行数 , 列数 , ラムダ)
LAMBDA 関数の「変数 1」「変数 2」に連番を渡して、その計算結果を返す

MAP：マップ［365］　▶ 03-35
【論理】
=MAP(配列 1, [配列 2…], ラムダ)
「配列」の要素を 1 つずつ LAMBDA 関数で計算し、その結果の配列を返す

MATCH：マッチ　▶ 07-26
【検索／行列】
=MATCH(検査値 , 検査範囲 , [照合の型])
「検査範囲」の中から「検査値」を検索し、見つかったセルの位置を返す

MAX：マックス　▶ 02-48
【統計】
=MAX(数値 1, [数値 2] …)
「数値」の最大値を求める

MAXA：マックス・エー
【統計】
=MAXA(数値 1, [数値 2] …)
「数値」の最大値を求める。文字列は 0、TRUE は 1、FALSE は 0 と見なされる
(例) =MAXA(B3:B7) → セル B3 ～ B7 の最大値を求める

MAXIFS：マックス・イフ・エス［2019］　▶ 02-50　　　　　　　　　　　　　　　　　　　　　　　　【統計】
=MAXIFS(最大範囲 , 条件範囲 1, 条件 1, [条件範囲 2, 条件 2] …)
　「条件」に合致するデータの最大値を求める。「条件」を複数指定できる

MDETERM：マトリックス・ディターミナント　　　　　　　　　　　　　　　　　　　　　　　　　【数学／三角】
=MDETERM(配列)
　指定した「配列」の行列式を求める
　（例）=MDETERM(A2:C4) → セル A2 ～ C4 の 3 次正方行列の行列式を求める

MDURATION：モディファイド・デュレーション　▶ 09-46　　　　　　　　　　　　　　　　　　　【財務】
=MDURATION(受渡日 , 満期日 , 利率 , 利回り , 頻度 , [基準])
　定期利付債の修正デュレーションを求める

MEDIAN：メディアン　▶ 08-03　　　　　　　　　　　　　　　　　　　　　　　　　　　　　　　【統計】
=MEDIAN(数値 1, [数値 2] …)
　数値データの中央値を求める

MID：ミッド　▶ 06-39　　　　　　　　　　　　　　　　　　　　　　　　　　　　　　　　　【文字列操作】
=MID(文字列 , 開始位置 , 文字数)
　「文字列」の「開始位置」から「文字数」分の文字列を取り出す

MIDB：ミッド・ビー　　　　　　　　　　　　　　　　　　　　　　　　　　　　　　　　　　【文字列操作】
=MIDB(文字列 , 開始位置 , バイト数)
　「文字列」の「開始位置」から「バイト数」分の文字列を取り出す
　（例）=MIDB("JR 東京駅 ",3,4) → 戻り値：東京、3 バイト目から 4 バイト取り出す

MIN：ミニマム　▶ 02-48　　　　　　　　　　　　　　　　　　　　　　　　　　　　　　　　　【統計】
=MIN(数値 1, [数値 2] …)
　「数値」の最小値を求める

MINA：ミニマム・エー　　　　　　　　　　　　　　　　　　　　　　　　　　　　　　　　　　【統計】
=MINA(数値 1, [数値 2] …)
　「数値」の最小値を求める。文字列は 0、TRUE は 1、FALSE は 0 と見なされる
　（例）=MINA(B3:B7) → セル B3 ～ B7 の最小値を求める

MINIFS：ミニマム・イフ・エス［2019］　▶ 02-51　　　　　　　　　　　　　　　　　　　　　　【統計】
=MINIFS(最小範囲 , 条件範囲 1, 条件 1, [条件範囲 2, 条件 2] …)
　「条件」に合致するデータの最小値を求める。「条件」を複数指定できる

MINUTE：ミニット　▶ 05-06　　　　　　　　　　　　　　　　　　　　　　　　　　　　　　【日付／時刻】
=MINUTE(シリアル値)
　「シリアル値」が表す時刻から「分」を求める

MINVERSE：マトリックス・インバース　▶ 10-32　　　　　　　　　　　　　　　　　　　　　　【数学／三角】
=MINVERSE(配列)
　指定した「配列」の逆行列を求める

MIRR：モディファイド・インターナル・レイト・オブ・リターン　▶ 09-35　　　　　　　　　　　【財務】
=MIRR(範囲 , 安全利率 , 危険利率)
　定期的なキャッシュフローから修正内部利益率を求める

MMULT：マトリックス・マルチプリケーション　▶ 10-31　　　　　　　　　　　　　　　　　　【数学／三角】
=MMULT(配列 1, 配列 2)
　「配列 1」と「配列 2」の積を求める

MOD：モッド　▶ 04-36　　　　　　　　　　　　　　　　　　　　　　　　　　　　　　　　【数学／三角】
=MOD(数値 , 除数)
　「数値」を「除数」で割ったときの剰余を求める

MODE：モード　　　　　　　　　　　　　　　　　　　　　　　　　　　　　　　　　　　【統計（互換性）】
=MODE(数値 1, [数値 2] …)
　「数値」の最頻値を求める
　（例）=MODE(B3:B7) → セル B3 ～ B7 の最頻値を求める

MODE.MULT：モード・マルチ　▶ 08-02　　　　　　　　　　　　　　　　　　　　　　　　　　【統計】
=MODE.MULT(数値 1, [数値 2] …)
　「数値」の最頻値を求める。複数の最頻値を表示できる

MODE.SNGL：モード・シングル　▶ 08-01　　　　　　　　　　　　　　　　　　　　　　　　　【統計】
=MODE.SNGL(数値 1, [数値 2] …)
　「数値」の最頻値を求める

MONTH：マンス　▶ 05-05
【日付／時刻】

=MONTH(シリアル値)
　「シリアル値」が表す日付から「月」を求める

MROUND：エム・ラウンド　▶ 04-50
【数学／三角】

=MROUND(数値 , 基準値)
　「数値」を「基準値」の倍数に丸める

MULTINOMIAL：マルチノミアル　▶ 10-30
【数学／三角】

=MULTINOMIAL(数値 1 , [数値 2] …)
　多項係数を求める

MUNIT：マトリックス・ユニット
【数学／三角】

=MUNIT(次元)
　指定した「次元」の単位行列を返す
　（例）{=MUNIT(3)} → 3 次元の単位行列を求める、配列数式として入力

N

N：ナンバー
【情報】

=N(値)
　「値」を数値に変換する。日付はシリアル値、TRUE は 1、FALSE は 0、文字列は 0 に変換される。数値とエラー値は
　そのまま返される
　（例）=N(123) → 戻り値：123 ／ =N("ABC") → 戻り値：0

NA：エヌ・エー
【情報】

=NA()
　エラー値［#N/A］を返す
　（例）=NA() → セルにエラー値［#N/A］を表示する

NEGBINOM.DIST：ネガティブ・バイノミアル・ディストリビューション　▶ 08-43
【統計】

=NEGBINOM.DIST(失敗数 , 成功数 , 成功率 , 関数形式)
　負の二項分布の確率分布、または累積分布を求める

NEGBINOMDIST：ネガティブ・バイノミアル・ディストリビューション
【統計（互換性）】

=NEGBINOMDIST(失敗数 , 成功数 , 成功率)
　負の二項分布の確率分布を求める
　（例）=NEGBINOMDIST(5,1,1%) → 戻り値：0.00951、不良率が 1% の生産ラインで、不良品が 1 つ出るまでに
　　　良品が 5 個出る確率を求める

NETWORKDAYS：ネットワークデイズ　▶ 05-33
【日付／時刻】

=NETWORKDAYS(開始日 , 終了日 , [祭日])
　土日および指定した「祭日」を除外して「開始日」から「終了日」までの日数を求める

NETWORKDAYS.INTL：ネットワークデイズ・インターナショナル　▶ 05-34
【日付／時刻】

=NETWORKDAYS.INTL(開始日 , 終了日 , [週末] , [祭日])
　指定した「週末」および「祭日」を除外して「開始日」から「終了日」までの日数を求める

NOMINAL：ノミナル　▶ 09-32
【財務】

=NOMINAL(実効年利率 , 複利計算回数)
　「実効年利率」と「複利計算回数」から名目年利率を求める

NORM.DIST：ノーマル・ディストリビューション　▶ 08-48
【統計】

=NORM.DIST(x, 平均 , 標準偏差 , 関数形式)
　正規分布の確率密度、または累積分布を求める

NORM.INV：ノーマル・インバース　▶ 08-50
【統計】

=NORM.INV(確率 , 平均 , 標準偏差)
　正規分布の累積分布の逆関数の値を求める

NORM.S.DIST：ノーマル・スタンダード・ディストリビューション　▶ 08-51
【統計】

=NORM.S.DIST(z, 関数形式)
　標準正規分布の確率密度、または累積分布を求める

NORM.S.INV：ノーマル・スタンダード・インバース　▶ 08-52
【統計】

=NORM.S.INV(確率)
　標準正規分布の累積分布の逆関数の値を求める

NORMDIST：ノーマル・ディストリビューション 【統計（互換性）】
=NORMDIST(x, 平均, 標準偏差, 関数形式)
　正規分布の確率密度、または累積分布を求める
　（例）=NORMDIST(60,50,15,TRUE) → 戻り値：0.74750…、平均50点、標準偏差15点のテストで60点以下
　　の人の割合を求める

NORMINV：ノーマル・インバース 【統計（互換性）】
=NORMINV(確率, 平均, 標準偏差)
　正規分布の累積分布の逆関数の値を求める
　（例）=NORMINV(0.8,50,15) → 戻り値：62.6243…、平均50点、標準偏差15点のテストで上位20%に入るた
　　めの得点を求める

NORMSDIST：ノーマル・スタンダード・ディストリビューション 【統計（互換性）】
=NORMSDIST(z)
　標準正規分布の累積分布を求める
　（例）=NORMSDIST(0.5) → 戻り値：0.69146…、z=0.5のときの標準正規分布の累積分布の値を求める

NORMSINV：ノーマル・スタンダード・インバース 【統計（互換性）】
=NORMSINV(確率)
　標準正規分布の累積分布の逆関数の値を求める
　（例）=NORMSINV(0.7) → 戻り値：0.52440…、標準正規分布で下位から70%の位置のzを求める

NOT：ノット　▶ 03-13 【論理】
=NOT(論理式)
　「論理式」がTRUEのときにFALSE、FALSEのときにTRUEを返す

NOW：ナウ　▶ 05-03 【日付／時刻】
=NOW()
　システム時計を元に現在の日付と時刻を求める

NPER：ナンバー・オブ・ピリオド　▶ 09-02 【財務】
=NPER(利率, 定期支払額, 現在価値, [将来価値], [支払期日])
　定期的なローンの返済や積立預金において支払回数を求める

NPV：ネット・プレゼント・バリュー　▶ 09-33 【財務】
=NPV(割引率, 値1, [値2] …)
　「割引率」とキャッシュフローの「値」から正味現在価値を求める

NUMBERSTRING：ナンバー・ストリング　▶ 06-57 【文字列操作（直接入力）】
=NUMBERSTRING(数値, 書式)
　「数値」を指定した「書式」の漢数字に変換する

NUMBERVALUE：ナンバー・バリュー　▶ 06-56 【文字列操作】
=NUMBERVALUE(文字列, [小数点記号], [桁区切り記号])
　「文字列」をその文字列が表す数値に変換する

O

OCT2BIN：オクタル・トゥ・バイナリ 【エンジニアリング】
=OCT2BIN(数値, [桁数])
　8進数を指定した「桁数」の2進数に変換する
　（例）=OCT2BIN(15) → 戻り値：1101 ／ =OCT2BIN(123,8) → 戻り値：01010011

OCT2DEC：オクタル・トゥ・デシマル　▶ 10-37 【エンジニアリング】
=OCT2DEC(数値)
　8進数を10進数に変換する

OCT2HEX：オクタル・トゥ・ヘキサデシマル 【エンジニアリング】
=OCT2HEX(数値, [桁数])
　8進数を指定した「桁数」の16進数に変換する
　（例）=OCT2HEX(15) → 戻り値：D ／ =OCT2HEX(123,4) → 戻り値：0053

ODD：オッド　▶ 04-45 【数学／三角】
=ODD(数値)
　「数値」を奇数に切り上げる

ODDFPRICE：オッド・ファースト・プライス　▶ 09-49 【財務】
=ODDFPRICE(受渡日, 満期日, 発行日, 初回利払日, 利率, 利回り, 償還価額, 頻度, [基準])
　最初の利払期間が半端な定期利付債の現在価格を求める

ODDFYIELD：オッド・ファースト・イールド　▶ 09-47　　　　　　　　　　　　　　　　　　　　　　【財務】
=ODDFYIELD(受渡日 , 満期日 , 発行日 , 初回利払日 , 利率 , 現在価格 , 償還価額 , 頻度 , [基準])
　　最初の利払期間が半端な定期利付債の利回りを求める

ODDLPRICE：オッド・ラスト・プライス　▶ 09-50　　　　　　　　　　　　　　　　　　　　　　　　【財務】
=ODDLPRICE(受渡日 , 満期日 , 最終利払日 , 利率 , 利回り , 償還価額 , 頻度 , [基準])
　　最後の利払期間が半端な定期利付債の現在価格を求める

ODDLYIELD：オッド・ラスト・イールド　▶ 09-48　　　　　　　　　　　　　　　　　　　　　　　　【財務】
=ODDLYIELD(受渡日 , 満期日 , 最終利払日 , 利率 , 現在価格 , 償還価額 , 頻度 , [基準])
　　最後の利払期間が半端な定期利付債の利回りを求める

OFFSET：オフセット　▶ 07-24　　　　　　　　　　　　　　　　　　　　　　　　　　　　【検索／行列】
=OFFSET(基準 , 行数 , 列数 , [高さ] , [幅])
　　「基準」のセルから「行数」と「列数」だけ移動した位置のセル参照を返す

OR：オア　▶ 03-09　　　　　　　　　　　　　　　　　　　　　　　　　　　　　　　　　　　【論理】
=OR(論理式 1, [論理式 2] …)
　　「論理式」のうち少なくとも 1 つが TRUE であれば TRUE、それ以外のときは FALSE を返す

P

PDURATION：ピリオド・デュレーション　▶ 09-30　　　　　　　　　　　　　　　　　　　　　　【財務】
=PDURATION(利率 , 現在価値 , 将来価値)
　　投資の利率、元金、目標額から期間を求める

PEARSON：ピアソン　▶ 08-18　　　　　　　　　　　　　　　　　　　　　　　　　　　　　　【統計】
=PEARSON(配列 1, 配列 2)
　　「配列 1」と「配列 2」の相関係数を求める

PERCENTILE：パーセンタイル　　　　　　　　　　　　　　　　　　　　　　　　　　【統計（互換性）】
=PERCENTILE(範囲 , 率)
　　「範囲」の数値の百分位数を求める
　　（例）=PERCENTILE(A3:A13,0.9) → セル A3 ～ A13 から上位 10% の位置にある数値を求める

PERCENTILE.EXC：パーセンタイル・エクスクルード　　　　　　　　　　　　　　　　　　　　　【統計】
=PERCENTILE.EXC(範囲 , 率)
　　0%と 100%を除外して「範囲」の数値の百分位数を求める
　　（例）=PERCENTILE.EXC(A3:A13,0.9) → セル A3 ～ A13 から上位 10% の位置にある数値を求める

PERCENTILE.INC：パーセンタイル・インクルード　▶ 04-23　　　　　　　　　　　　　　　　　【統計】
=PERCENTILE.INC(範囲 , 率)
　　「範囲」の数値の百分位数を求める

PERCENTRANK：パーセント・ランク　　　　　　　　　　　　　　　　　　　　　　　【統計（互換性）】
=PERCENTRANK(範囲 , 数値 , [有効桁数])
　　「数値」が「範囲」の中で何 % の位置にあるかを求める
　　（例）=PERCENTRANK($A$3:$A$13,A3) → セル A3 ～ A13 の中のセル A3 の百分率の順位を求める

PERCENTRANK.EXC：パーセント・ランク・エクスクルード　　　　　　　　　　　　　　　　　　【統計】
=PERCENTRANK.EXC(範囲 , 数値 , [有効桁数])
　　0%と 100%を除外して「数値」が「範囲」の中で何 % の位置にあるかを求める
　　（例）=PERCENTRANK.EXC($A$3:$A$13,A3) → セル A3 ～ A13 の中のセル A3 の百分率の順位を求める

PERCENTRANK.INC：パーセント・ランク・インクルード　▶ 04-21　　　　　　　　　　　　　　【統計】
=PERCENTRANK.INC(範囲 , 数値 , [有効桁数])
　　「数値」が「範囲」の中で何 % の位置にあるかを求める

PERMUT：パーミュテーション　▶ 10-25　　　　　　　　　　　　　　　　　　　　　　　　　【統計】
=PERMUT(総数 , 抜き取り数)
　　「総数」個から「抜き取り数」個を取り出して並べるときに何通りの並べ方があるかを求める

PERMUTATIONA：パーミュテーション・エー　▶ 10-26　　　　　　　　　　　　　　　　　　　【統計】
=PERMUTATIONA(数値 , 抜き取り数)
　　「総数」個から「抜き取り数」個を取り出して並べるときに何通りの並べ方（重複あり）があるかを求める

PHI：ファイ　　　　　　　　　　　　　　　　　　　　　　　　　　　　　　　　　　　　　【統計】
=PHI(x)
　　標準正規分布の密度関数の値を求める
　　（例）=PHI(0.5) → 戻り値：0.35206…、z=0.5 のときの標準正規分布の確率密度の値を求める

PHONETIC：フォネティック　▶ 06-59　　　　　　　　　　　　　　　　　　　　　　　【情報】
=PHONETIC(範囲)
　「範囲」に入力された文字列のふりがなを表示する

PI：パイ　▶ 10-13　　　　　　　　　　　　　　　　　　　　　　　　　　　　　　【数学／三角】
=PI()
　円周率を 15 桁の精度で返す

PMT：ペイメント　▶ 09-03　　　　　　　　　　　　　　　　　　　　　　　　　　　【財務】
=PMT(利率 , 期間 , 現在価値 ,［将来価値］,［支払期日］)
　定期的なローンの返済や積立預金において定期支払額を求める

POISSON：ポアソン　　　　　　　　　　　　　　　　　　　　　　　　　　【統計（互換性）】
=POISSON(事象の数 , 事象の平均 , 関数形式)
　ポアソン分布の確率分布、または累積分布を求める
　(例) =POISSON(7,5,FALSE) → 戻り値：0.10444…、1 日に平均 5 個売れる商品が、1 日に 7 個売れる確率を求める

POISSON.DIST：ポアソン・ディストリビューション　▶ 08-46　　　　　　　　　　　　【統計】
=POISSON.DIST(事象の数 , 事象の平均 , 関数形式)
　ポアソン分布の確率分布、または累積分布を求める

POWER：パワー　▶ 04-37　　　　　　　　　　　　　　　　　　　　　　　　　【数学／三角】
=POWER(数値 , 指数)
　「数値」の「指数」乗を求める

PPMT：プリンシプル・ペイメント　▶ 09-10　　　　　　　　　　　　　　　　　　　　【財務】
=PPMT(利率 , 期 , 期間 , 現在価値 ,［将来価値］,［支払期日］)
　定期的なローンの返済で、指定した「期」に支払う元金を求める

PRICE：プライス　▶ 09-40　　　　　　　　　　　　　　　　　　　　　　　　　　　【財務】
=PRICE(受渡日 , 満期日 , 利率 , 利回り , 償還価額 , 頻度 ,［基準］)
　定期利付債の「満期日」までの「利回り」から現在価格を求める

PRICEDISC：プライス・ディスカウント　▶ 09-53　　　　　　　　　　　　　　　　　　【財務】
=PRICEDISC(受渡日 , 満期日 , 割引率 , 償還価額 ,［基準］)
　割引債の現在価格を求める

PRICEMAT：プライス・マット　▶ 09-56　　　　　　　　　　　　　　　　　　　　　　【財務】
=PRICEMAT(受渡日 , 満期日 , 発行日 , 利率 , 利回り ,［基準］)
　満期利付債の「満期日」までの「利回り」から現在価格を求める

PROB：プロバビリティ　▶ 08-45　　　　　　　　　　　　　　　　　　　　　　　　　【統計】
=PROB(x 範囲 , 確率範囲 , 下限 ,［上限］)
　離散型の確率分布表において指定した範囲の確率を求める

PRODUCT：プロダクト　▶ 04-34　　　　　　　　　　　　　　　　　　　　　　　【数学／三角】
=PRODUCT(数値 1 ,［数値 2］…)
　「数値」の積を求める

PROPER：プロパー　▶ 06-51　　　　　　　　　　　　　　　　　　　　　　　【文字列操作】
=PROPER(文字列)
　「文字列」に含まれる英単語の先頭文字を大文字に、2 文字目以降を小文字に変換する

PV：プレゼント・バリュー　▶ 09-06　　　　　　　　　　　　　　　　　　　　　　　【財務】
=PV(利率 , 期間 , 定期支払額 ,［将来価値］,［支払期日］)
　定期的なローンの返済や積立預金において現在価値を求める

Q

QUARTILE：クアタイル　　　　　　　　　　　　　　　　　　　　　　　　　【統計（互換性）】
=QUARTILE(範囲 , 位置)
　「範囲」の数値の四分位数を求める。「位置」の設定値は QUARTILE.INC 関数（→【04-24】）参照
　(例) =QUARTILE(A3:A13,3) → セル A3 〜 A13 から第 3 四分位数を求める

QUARTILE.EXC：クアタイル・エクスクルーデッド　　　　　　　　　　　　　　　　　　【統計】
=QUARTILE.EXC(範囲 , 位置)
　0%と 100%を除外して「範囲」の数値の四分位数を求める。「位置」には 1（第 1 四分位数）、2（第 2 四分位数）、3（第 3 四分位数）を指定。【8-14】の Memo 参照
　(例) =QUARTILE.EXC(A3:A13,3) → セル A3 〜 A13 から第 3 四分位数を求める

RIGHTB：ライト・ビー　　　　　　　　　　　　　　　　　　　　　　　　　　　　　　【文字列操作】
=RIGHTB(文字列 , [バイト数])
　「文字列」の末尾から「バイト数」分の文字列を取り出す
　（例）=RIGHTB("JR 東京駅 ",6) → 戻り値：東京駅、末尾から 6 バイト取り出す

ROMAN：ローマン　▶ **06-58**　　　　　　　　　　　　　　　　　　　　　　　　　【数学／三角】
=ROMAN(数値 , [書式])
　「数値」を指定した「書式」のローマ数字に変換する

ROUND：ラウンド　▶ **04-40**　　　　　　　　　　　　　　　　　　　　　　　　　【数学／三角】
=ROUND(数値 , 桁数)
　「数値」を四捨五入して指定の桁数にする

ROUNDDOWN：ラウンドダウン　▶ **04-42**　　　　　　　　　　　　　　　　　　　【数学／三角】
=ROUNDDOWN(数値 , 桁数)
　「数値」を切り捨てて指定の桁数にする

ROUNDUP：ラウンドアップ　▶ **04-41**　　　　　　　　　　　　　　　　　　　　【数学／三角】
=ROUNDUP(数値 , 桁数)
　「数値」を切り上げて指定の桁数にする

ROW：ロウ　▶ **07-57**　　　　　　　　　　　　　　　　　　　　　　　　　　　　【検索／行列】
=ROW([参照])
　指定したセルの行番号を求める

ROWS：ロウズ　▶ **07-58**　　　　　　　　　　　　　　　　　　　　　　　　　　【検索／行列】
=ROWS(配列)
　「配列」に含まれるセルや要素の行数を求める

RRI：レリバント・レート・オブ・インタレスト　▶ **09-29**　　　　　　　　　　　　【財務】
=RRI(期間 , 現在価値 , 将来価値)
　投資の期間、元金、目標額から複利の利率（等価利率）を求める

RSQ：アール・エス・キュー　▶ **08-25**　　　　　　　　　　　　　　　　　　　　【統計】
=RSQ(y の範囲 , x の範囲)
　「y の範囲」と「x の範囲」を元に回帰直線の決定係数を求める

RTD：アール・ティー・ディー　　　　　　　　　　　　　　　　　　　　　　　　　【検索／行列】
=RTD(プログラム ID, サーバー , トピック 1, [トピック 2] …)
　RTD サーバー（リアルタイムデータサーバー）からデータを取り出す。この関数を使用するには、ローカルのコンピューターで RTD COM オートメーションアドインを作成・登録する必要がある
　（例）=RTD(B3,B4,B5) → セル B3 で指定したプログラム ID、セル B4 で指定したサーバー名の RTD サーバーから、セル B5 のトピックを取り出す（サンプルの提供はありません）

S

SCAN：スキャン［365］　▶ **03-39**　　　　　　　　　　　　　　　　　　　　　　【論理】
=SCAN(初期値 , 配列 , ラムダ)
　LAMBDA 関数で計算した結果を途中経過も含めて配列として返す

SEARCH：サーチ　▶ **06-16**　　　　　　　　　　　　　　　　　　　　　　　　　【文字列操作】
=SEARCH(検索文字列 , 対象 , [開始位置])
　「検索文字列」が「対象」の何文字目にあるかを調べる

SEARCHB：サーチ・ビー　　　　　　　　　　　　　　　　　　　　　　　　　　　【文字列操作】
=SEARCHB(検索文字列 , 対象 , [開始位置])
　「検索文字列」が「対象」の何バイト目にあるかを調べる
　（例）=SEARCHB(" 東京 "," JR 東京駅 ") → 戻り値：3、「東京」は「JR 東京駅」の 3 バイト目

SEC：セカント　　　　　　　　　　　　　　　　　　　　　　　　　　　　　　　　【数学／三角】
=SEC(数値)
　「数値」で指定した角度の正割（セカント）を求める。COS 関数の逆数
　（例）=SEC(RADIANS(60)) → 戻り値：2、「sec 60°」が求められる

SECH：ハイパボリック・セカント　　　　　　　　　　　　　　　　　　　　　　　【数学／三角】
=SECH(数値)
　「数値」の双曲線正割（ハイパボリックセカント）を求める。COSH 関数の逆数
　（例）=SECH(0.5) → 戻り値：0.8868…

SECOND：セコンド　▶ **05-06**　　　　　　　　　　　　　　　　　　　【日付／時刻】
=SECOND(**シリアル値**)
　「シリアル値」が表す時刻から「秒」を求める

SEQUENCE：シーケンス［2021］　▶ **04-09**　　　　　　　　　　　　【数学／三角】
=SEQUENCE(**行** ,［ **列** ］,［ **開始** ］,［ **増分** ］)
　初項を「開始」、公差を「目盛り」とする等差数列を指定した行数／列数の範囲に表示する

SERIES：シリーズ　▶ **11-30**　　　　　　　　　　　　　　　　　　　　　【その他】
=SERIES(**系列名** , **項目名** , **数値** , **順序**)
　グラフのデータ系列を定義する

SERIESSUM：シリーズ・サム　　　　　　　　　　　　　　　　　　　　　【数学／三角】
=SERIESSUM(x, **初期値** , **増分** , **係数**)
　べき級数を求める。初期値を n、増分を m、係数を a とすると、べき級数は「a1*x^n+a2*x^(n+m)+a3*x^(n+2*m)+
　…+ai*x^(n+(i-1)*m)」で定義される
　（例）=SERIESSUM(A4,1,2,B4:E4) → x をセル A4 の値、初期値を 1、増分を 2、係数をセル B4 ～ E4 の値として
　べき級数を求める

SHEET：シート　▶ **07-61**　　　　　　　　　　　　　　　　　　　　　　　【情報】
=SHEET(［ **値** ］)
　指定したシートのシート番号を調べる

SHEETS：シーツ　▶ **07-61**　　　　　　　　　　　　　　　　　　　　　　【情報】
=SHEETS(［ **範囲** ］)
　指定した範囲のシート数を調べる

SIGN：サイン　▶ **04-33**　　　　　　　　　　　　　　　　　　　　　　【数学／三角】
=SIGN(**数値**)
　「数値」の正負を表す値を求める

SIN：サイン　▶ **10-15**　　　　　　　　　　　　　　　　　　　　　　　【数学／三角】
=SIN(**数値**)
　「数値」で指定した角度の正弦（サイン）を求める

SINH：ハイパボリック・サイン　▶ **10-23**　　　　　　　　　　　　　　【数学／三角】
=SINH(**数値**)
　「数値」の双曲線正弦（ハイパボリックサイン）を求める

SKEW：スキュー　▶ **08-11**　　　　　　　　　　　　　　　　　　　　　　【統計】
=SKEW(**数値 1** ,［ **数値 2** ］…)
　「数値」の歪度を求める

SKEW.P：スキュー・ピー　　　　　　　　　　　　　　　　　　　　　　　　【統計】
=SKEW.P(**数値 1** ,［ **数値 2** ］…)
　引数を母集団として「数値」の歪度を求める。【8-11】の Memo 参照
　（例）=SKEW.P(A3:A10) → セル A3 ～ A10 の数値の歪度を求める

SLN：ストレートライン　　　　　　　　　　　　　　　　　　　　　　　　　【財務】
=SLN(**取得価額** , **残存価額** , **耐用年数**)
　旧定額法（2007 年 3 月 31 日までに取得した資産に適用）を使用して減価償却費を求める
　（例）=SLN(A3,B3,C3) → 取得価額（セル A3）、残存価額（セル B3）、耐用年数（セル C3）から減価償却費を求め
　る

SLOPE：スロープ　▶ **08-21**　　　　　　　　　　　　　　　　　　　　　　【統計】
=SLOPE(y **の範囲** , x **の範囲**)
　「y の範囲」と「x の範囲」を元に回帰直線の傾きを求める

SMALL：スモール　▶ **04-27**　　　　　　　　　　　　　　　　　　　　　　【統計】
=SMALL(**範囲** , **順位**)
　「範囲」の数値のうち小さいほうから「順位」番目の数値を求める

SORT：ソート　▶ **07-34**　　　　　　　　　　　　　　　　　　　　　　【検索／行列】
=SORT(**配列** ,［ **並べ替えインデックス** ］,［ **順序** ］,［ **方向** ］)
　「配列」のデータを指定した順序で並べ替える

SORTBY：ソート・バイ［2021］　▶ **07-35**　　　　　　　　　　　　　【検索／行列】
=SORTBY(**配列** , **基準 1** ,［ **順序 1** ］,［ **基準 2** , **順序 2** ］…)
　「配列」のデータを指定した順序で並べ替える。複数の基準を指定可能

SQRT：スクエアルート ▶ 04-38 【数学／三角】
=SQRT(数値)
「数値」の正の平方根を求める

SQRTPI：スクエアルート・パイ 【数学／三角】
=SQRTPI(数値)
「数値」を円周率に掛けて、その平方根を求める
(例) =SQRTPI(4) → 戻り値：3.5449…、「(4*PI())^0.5」が求められる

STANDARDIZE：スタンダーダイズ ▶ 08-15 【統計】
=STANDARDIZE(値 , 平均値 , 標準偏差)
「平均」と「標準偏差」から「値」の標準化変量を求める

STDEV：スタンダード・ディビエーション 【統計（互換性）】
=STDEV(数値 1 , [数値 2] …)
「数値」の不偏標準偏差を求める
(例) =STDEV(B3:B10) → セル B3 〜 B10 の数値の不偏標準偏差を求める

STDEV.P：スタンダード・ディビエーション・ピー ▶ 08-07 【統計】
=STDEV.P(数値 1 , [数値 2] …)
「数値」の標準偏差を求める

STDEV.S：スタンダード・ディビエーション・エス ▶ 08-08 【統計】
=STDEV.S(数値 1 , [数値 2] …)
「数値」の不偏標準偏差を求める

STDEVA：スタンダード・ディビエーション・エー 【統計】
=STDEVA(数値 1 , [数値 2] …)
「数値」の不偏標準偏差を求める。文字列は 0、TRUE は 1、FALSE は 0 と見なされる
(例) =STDEVA(B3:B10) → セル B3 〜 B10 の得点の不偏標準偏差を求める。「欠席」は 0 点とする

STDEVP：スタンダード・ディビエーション・ピー 【統計（互換性）】
=STDEVP(数値 1 , [数値 2] …)
「数値」の標準偏差を求める
(例) =STDEVP(B3:B10) → セル B3 〜 B10 の数値の標準偏差を求める

STDEVPA：スタンダード・ディビエーション・ピー・エー 【統計】
=STDEVPA(数値 1 , [数値 2] …)
「数値」の標準偏差を求める。文字列は 0、TRUE は 1、FALSE は 0 と見なされる
(例) =STDEVPA(B3:B10) → セル B3 〜 B10 の得点の標準偏差を求める。「欠席」は 0 点とする

STEYX：スタンダード・エラー・ワイエックス ▶ 08-26 【統計】
=STEYX(y の範囲 , x の範囲)
「y の範囲」と「x の範囲」を元に回帰直線の標準誤差を求める

STOCKHISTORY：ストック・ヒストリー [2021] ▶ 09-38 【財務】
=STOCKHISTORY(銘柄 , 開始日 , [終了日] , [間隔] , [ヘッダー] , [列 1] , [列 2] …)
指定した「銘柄」の株価データを取り込む

SUBSTITUTE：サブスティチュート ▶ 06-22 【文字列操作】
=SUBSTITUTE(文字列 , 検索文字列 , 置換文字列 , [置換対象])
「文字列」中の「検索文字列」を「置換文字列」で置き換える

SUBTOTAL：サブトータル ▶ 02-24 【数学／三角】
=SUBTOTAL(集計方法 , 範囲 1 , [範囲 2] …)
指定した「集計方法」で「範囲」のデータを集計する

SUM：サム ▶ 02-02 【数学／三角】
=SUM(数値 1 , [数値 2] …)
「数値」の合計を求める

SUMIF：サム・イフ ▶ 02-08 【数学／三角】
=SUMIF(条件範囲 , 条件 , [合計範囲])
「条件」に合致するデータの合計を求める

SUMIFS：サム・イフ・エス ▶ 02-09 【数学／三角】
=SUMIFS(合計範囲 , 条件範囲 1 , 条件 1 , [条件範囲 2 , 条件 2] …)
「条件」に合致するデータの合計を求める。「条件」を複数指定できる

SUMPRODUCT：サム・プロダクト ▶ 04-35 【数学／三角】
=SUMPRODUCT(配列 1 , [配列 2] …)
「配列」の要素同士の積を合計する

SUMSQ：サム・スクエア　▶ **10-05**　【数学／三角】
=SUMSQ(**数値 1**, **[数値 2]** …)
「数値」の平方和を求める

SUMX2MY2：サム・エックスジジョウ・マイナス・ワイジジョウ　▶ **10-07**　【数学／三角】
=SUMX2MY2(**配列 1**, **配列 2**)
「配列 1」と「配列 2」の要素同士の平方差を合計する

SUMX2PY2：サム・エックスジジョウ・プラス・ワイジジョウ　▶ **10-06**　【数学／三角】
=SUMX2PY2(**配列 1**, **配列 2**)
「配列 1」と「配列 2」の要素同士の平方和を合計する

SUMXMY2：サム・エックス・マイナス・ワイジジョウ　▶ **10-08**　【数学／三角】
=SUMXMY2(**配列 1**, **配列 2**)
「配列 1」と「配列 2」の要素同士の差の平方を合計する

SWITCH：スイッチ ［2019］　▶ **03-06**　【論理】
=SWITCH(**式**, **値 1**, **結果 1**, **[値 2**, **結果 2]** …, **[既定値]**)
「式」が「値」に一致するかどうかを調べ、最初に一致した「値」に対応する「結果」を返す

SYD：サム・オブ・イヤーズ・ディジット　【財務】
=SYD(**取得価額**, **残存価額**, **耐用年数**, **期**)
算術級数法を使用して減価償却費を求める
（例）=SYD(A3,B3,C3,10) → 取得価額（セル A3）、残存価額（セル B3）、耐用年数（セル C3）から 10 年目の減価償却費を求める

T

T：ティー　▶ **07-61**　【文字列操作】
=T(**値**)
「値」が文字列ならその文字列を返す

T.DIST：ティー・ディストリビューション　▶ **08-59**　【統計】
=T.DIST(x, **自由度**, **関数形式**)
t 分布の確率密度、または累積分布を求める

T.DIST.2T：ティー・ディストリビューション・ツー・テール　▶ **08-61**　【統計】
=T.DIST.2T(x, **自由度**)
t 分布の「x」に対する両側確率を求める

T.DIST.RT：ティー・ディストリビューション・ライトテール　▶ **08-60**　【統計】
=T.DIST.RT(x, **自由度**)
t 分布の「x」に対する右側確率を求める

T.INV：ティー・インバース　【統計】
=T.INV(**確率**, **自由度**)
t 分布の左側確率から逆関数の値を求める
（例）=T.INV(0.08,10) → 戻り値：-1.5178…、自由度が 10 の t 分布で左側確率が 0.08 となる x を求める

T.INV.2T：ティー・インバース・ツー・テール　▶ **08-62**　【統計】
=T.INV.2T(**確率**, **自由度**)
t 分布の両側確率から逆関数の値を求める

T.TEST：ティー・テスト　▶ **08-75**　【統計】
=T.TEST(**配列 1**, **配列 2**, **検定の指定**, **検定の種類**)
2 つの「配列」で指定した標本から母平均の差を検定し、片側確率、または両側確率を返す

TAKE：テイク ［365］　▶ **07-75**　【検索／行列】
=TAKE(**配列**, **[行数]**, **[列数]**)
「配列」の先頭／末尾から指定した「行数」「列数」を取り出す

TAN：タンジェント　▶ **10-17**　【数学／三角】
=TAN(**数値**)
「数値」で指定した角度の正接（タンジェント）を求める

TANH：ハイパボリック・タンジェント　▶ **10-23**　【数学／三角】
=TANH(**数値**)
「数値」の双曲線正接（ハイパボリックタンジェント）を求める

TBILLEQ：ティー・ビル・イー・キュー 【財務】
=TBILLEQ(受渡日 , 満期日 , 割引率)
米国財務省短期証券の債券換算利回りを求める
（例）=TBILLEQ(A3,B3,C3) → 受渡日（セル A3）、満期日（セル B3）、割引率（セル C3）の米国財務省短期証券の
債券換算利回りを求める

TBILLPRICE：ティー・ビル・プライス 【財務】
=TBILLPRICE(受渡日 , 満期日 , 割引率)
米国財務省短期証券の現在価格を求める
（例）=TBILLPRICE(A3,B3,C3) → 受渡日（セル A3）、満期日（セル B3）、割引率（セル C3）の米国財務省短期証
券の現在価格を求める

TBILLYIELD：ティー・ビル・イールド 【財務】
=TBILLYIELD(受渡日 , 満期日 , 現在価格)
米国財務省短期証券の利回りを求める
（例）=TBILLYIELD(A3,B3,C3) → 受渡日（セル A3）、満期日（セル B3）、現在価格（セル C3）の米国財務省短期証
券の利回りを求める

TDIST：ティー・ディストリビューション 【統計（互換性）】
=TDIST(x, 自由度 , 尾部)
t 分布の「x」に対する右側確率（尾部：1）、または両側確率（尾部：2）を求める
（例）=TDIST(1.5,10,2) → 戻り値：0.16450…、自由度が 10 の t 分布で x=1.5 の場合の両側確率を求める

TEXT：テキスト ▶ 06-53 【文字列操作】
=TEXT(値 , 表示形式)
「値」を指定した「表示形式」の文字列に変換する

TEXTAFTER：テキスト・アフター［365］ ▶ 06-45 【文字列操作】
=TEXTAFTER(文字列 , 区切り文字 , [位置] , [一致モード] , [末尾] , [見つからない場合])
「文字列」から、指定した「位置」にある「区切り文字」の後ろの文字列を取り出す

TEXTBEFORE：テキスト・ビフォー［365］ ▶ 06-45 【文字列操作】
=TEXTBEFORE(文字列 , 区切り文字 , [位置] , [一致モード] , [末尾] , [見つからない場合])
「文字列」から、指定した「位置」にある「区切り文字」の前の文字列を取り出す

TEXTJOIN：テキストジョイン［2019］ ▶ 06-34 【文字列操作】
=TEXTJOIN(区切り文字 , 空のセルは無視 , 文字列 1 , [文字列 2] …)
区切り文字を挟みながら「文字列」を連結する

TEXTSPLIT：テキスト・スプリット［365］ ▶ 06-48 【文字列操作】
=TEXTSPLIT(文字列 , 列区切り , [行区切り] , [空白は無視] , [一致モード] , [代替文字])
「文字列」を「行区切り」と「列区切り」で区切り、複数の列／行に分割して表示する

TIME：タイム ▶ 05-12 【日付／時刻】
=TIME(時 , 分 , 秒)
「時」「分」「秒」の数値から時刻を求める

TIMEVALUE：タイム・バリュー ▶ 05-14 【日付／時刻】
=TIMEVALUE(時刻文字列)
「時刻文字列」をその時刻を表すシリアル値に変換する

TINV：ティー・インバース 【統計（互換性）】
=TINV(確率 , 自由度)
t 分布の両側確率から逆関数の値を求める
（例）=TINV(0.16,10) → 戻り値：1.5178…、自由度が 10 の t 分布で両側確率が 0.16 となる x を求める

TOCOL：トゥ・カラム［365］ ▶ 07-79 【検索／行列】
=TOCOL(配列 , [無視する値] , [方向])
複数行複数列の「配列」を 1 列に並べる

TODAY：トゥデイ ▶ 05-03 【日付／時刻】
=TODAY()
システム時計を元に現在の日付を求める

TOROW：トゥ・ロウ［365］ ▶ 07-79 【検索／行列】
=TOROW(配列 , [無視する値] , [方向])
複数行複数列の「配列」を 1 行に並べる

TRANSPOSE：トランスポーズ ▶ 07-32 【検索／行列】
=TRANSPOSE(配列)
「配列」の行と列を入れ替えた配列を返す

TREND：トレンド　▶ 08-30　　　　　　　　　　　　　　　　　　　　　　　　　　　　【統計】
=TREND(y の範囲 , [x の範囲] , [新しい x] , [定数])
重回帰分析に基づいて「新しい x 」に対する y の予測値を求める

TRIM：トリム　▶ 06-28　　　　　　　　　　　　　　　　　　　　　　　　　　　　【文字列操作】
=TRIM(文字列)
「文字列」から余分なスペースを削除する

TRIMMEAN：トリム・ミーン　▶ 02-43　　　　　　　　　　　　　　　　　　　　　　【統計】
=TRIMMEAN(範囲 , 割合)
「範囲」の上位と下位から指定した「割合」のデータを除外して平均を求める

TRUE：トゥルー　　　　　　　　　　　　　　　　　　　　　　　　　　　　　　　　【論理】
=TRUE()
論理値 TRUE を返す
（例）=TRUE() → セルに「TRUE」を表示する

TRUNC：トランク　▶ 04-43　　　　　　　　　　　　　　　　　　　　　　　　　　【数学／三角】
=TRUNC(数値 , [桁数])
「数値」を切り捨てて指定の桁数にする

TTEST：ティー・テスト　　　　　　　　　　　　　　　　　　　　　　　　　　　　【統計（互換性）】
=TTEST(配列 1 , 配列 2 , 検定の指定 , 検定の種類)
2 つの「配列」で指定した標本から母平均の差を検定し、片側確率、または両側確率を返す
（例）=TTEST(D3:D14,E3:E14,1,1) → 戻り値：0.033567…、セル D3 ～ D14 とセルセル E3 ～ E14 の 2 つの
配列を元に対をなすデータの t 検定を行い片側確率を求める

TYPE：タイプ　▶ 03-16　　　　　　　　　　　　　　　　　　　　　　　　　　　　【情報】
=TYPE(値)
「データ」の種類を調べる

U

UNICHAR：ユニコード・キャラクター　▶ 06-05　　　　　　　　　　　　　　　　　　【文字列操作】
=UNICHAR(数値)
「数値」をユニコードと見なして対応する文字を求める

UNICODE：ユニコード　▶ 06-04　　　　　　　　　　　　　　　　　　　　　　　　【文字列操作】
=UNICODE(文字列)
「文字列」の 1 文字目のユニコードを 10 進数の数値で返す

UNIQUE：ユニーク［2021］　▶ 07-49　　　　　　　　　　　　　　　　　　　　　【検索／行列】
=UNIQUE(配列 , [比較方向] , [回数])
「配列」から重複するデータを 1 つにまとめたり、1 回だけ出現するデータを取り出したりする

UPPER：アッパー　▶ 06-51　　　　　　　　　　　　　　　　　　　　　　　　　　【文字列操作】
=UPPER(文字列)
「文字列」に含まれるアルファベットを大文字に変換する

V

VALUE：バリュー　▶ 06-55　　　　　　　　　　　　　　　　　　　　　　　　　　【文字列操作】
=VALUE(文字列)
「文字列」を数値に変換する

VALUETOTEXT：バリュー・トゥ・テキスト［2021］　▶ 06-37　　　　　　　　　　　　【文字列操作】
=VALUETOTEXT(値 , [書式])
「書式」にしたがって「値」を文字列に変換する

VAR：バリアンス　　　　　　　　　　　　　　　　　　　　　　　　　　　　　　　【統計（互換性）】
=VAR(数値 1 , [数値 2] …)
「数値」の不偏分散を求める
（例）=VAR(B3:B10) → セル B3 ～ B10 の数値の不偏分散を求める

VAR.P：バリアンス・ピー　▶ 08-05　　　　　　　　　　　　　　　　　　　　　　【統計】
=VAR.P(数値 1 , [数値 2] …)
「数値」の分散を求める

VAR.S：バリアンス・エス　▶ 08-06　　　　　　　　　　　　　　　　　　　　　　　　　　　　　　【統計】
=VAR.S(数値 1, [数値 2] …)
「数値」の不偏分散を求める

VARA：バリアンス・エー　　【統計】
=VARA(数値 1, [数値 2] …)
「数値」の不偏分散を求める。文字列は 0、TRUE は 1、FALSE は 0 と見なされる
（例）=VARA(B3:B10) → セル B3 〜 B10 の得点の不偏分散を求める。「欠席」は 0 点とする

VARP：バリアンス・ピー　　　　　　　　　　　　　　　　　　　　　　　　　　　　　　　　　　【統計（互換性）】
=VARP(数値 1, [数値 2] …)
「数値」の分散を求める
（例）=VARP(B3:B10) → セル B3 〜 B10 の数値の分散を求める

VARPA：バリアンス・ピー・エー　　　　　　　　　　　　　　　　　　　　　　　　　　　　　　　　　　　【統計】
=VARPA(数値 1, [数値 2] …)
「数値」の分散を求める。文字列は 0、TRUE は 1、FALSE は 0 と見なされる
（例）=VARPA(B3:B10) → セル B3 〜 B10 の得点の分散を求める。「欠席」は 0 点とする

VDB：バリアブル・ディクライニング・バランス　　　　　　　　　　　　　　　　　　　　　　　　　　　　　【財務】
=VDB(取得価額 , 残存価額 , 耐用年数 , 開始期 , 終了期 , [率] , [切り替えなし])
倍額定率法を使用して指定した期間の減価償却費を求める
指定した期間の減価償却費を求める。「率」に 2 を指定するか省略すると倍額定率法で計算される
（例）=VDB(A3,B3,C3,0,1) → 取得価額（セル A3）、残存価額（セル B3）、耐用年数（セル C3）から 1 年目の減価
償却費を求める

VLOOKUP：ブイ・ルックアップ　▶ 07-02　　　　　　　　　　　　　　　　　　　　　　　　　　【検索／行列】
=VLOOKUP(検索値 , 範囲 , 列番号 , [検索の型])
「範囲」の 1 列目から「検索値」を探し、見つかった行の「列番号」の列にある値を返す

VSTACK：ブイ・スタック [365]　▶ 07-71　　　　　　　　　　　　　　　　　　　　　　　　　【検索／行列】
=VSTACK(配列 1, [配列 2] …)
「配列」を縦方向に並べて結合した配列を返す

W

WEBSERVICE：ウェブ・サービス　▶ 07-68　　　　　　　　　　　　　　　　　　　　　　　　　　　　【Web】
=WEBSERVICE(url)
Web サービスからデータをダウンロードする

WEEKDAY：ウィークデイ　▶ 05-47　　　　　　　　　　　　　　　　　　　　　　　　　　　　【日付／時刻】
=WEEKDAY(シリアル値 , [種類])
「シリアル値」が表す日付から曜日番号を求める

WEEKNUM：ウィーク・ナンバー　▶ 05-43　　　　　　　　　　　　　　　　　　　　　　　　　【日付／時刻】
=WEEKNUM(シリアル値 , [週の基準])
「シリアル値」が表す日付から週数を求める

WEIBULL：ワイブル　　　　　　　　　　　　　　　　　　　　　　　　　　　　　　　　　　　【統計（互換性）】
=WEIBULL(x, α , β , 関数形式)
ワイブル分布の確率密度、または累積分布を求める
（例）=WEIBULL(1.5,2,1,TRUE) → 戻り値：0.89460…、α =2、β =1 のワイブル分布で x=1.5 のときの累積分
布の値を求める

WEIBULL.DIST：ワイブル・ディストリビューション　▶ 08-57　　　　　　　　　　　　　　　　　　　　【統計】
=WEIBULL.DIST(x, α , β , 関数形式)
ワイブル分布の確率密度、または累積分布を求める

WORKDAY：ワークデイ　▶ 05-25　　　　　　　　　　　　　　　　　　　　　　　　　　　　　【日付／時刻】
=WORKDAY(開始日 , 日数 , [祭日])
土日および指定した「祭日」を除外して「開始日」から「日数」前後の日付を求める

WORKDAY.INTL：ワークデイ・インターナショナル　▶ 05-31　　　　　　　　　　　　　　　　　　【日付／時刻】
=WORKDAY.INTL(開始日 , 日数 , [週末] , [祭日])
指定した「週末」および「祭日」を除外して「開始日」から「日数」前後の日付を求める

WRAPCOLS：ラップ・カラムズ [365]　▶ 07-78　　　　　　　　　　　　　　　　　　　　　　　【検索／行列】
=WRAPCOLS(ベクトル , 折り返し数 , [代替文字])
「ベクトル」を縦方向に並べ、指定した「折り返し数」で折り返した配列を返す

WRAPROWS：ラップ・ロウズ［365］ ▶ **07-78** 【検索／行列】
=WRAPROWS(ベクトル , 折り返し数 , [代替文字])
　「ベクトル」を横方向に並べ、指定した「折り返し数」で折り返した配列を返す

X

XIRR：エクストラ・インターナル・レイト・オブ・リターン ▶ **09-37** 【財務】
=XIRR(範囲 , 日付 , [推定値])
　不定期的なキャッシュフローから内部利益率を求める

XLOOKUP：エックス・ルックアップ［2021］ ▶ **07-13** 【検索／行列】
=XLOOKUP(検索値 , 検索範囲 , 戻り値範囲 , [見つからない場合], [一致モード], [検索モード])
　「検索範囲」から「検索値」を探し、対応する「戻り値範囲」の値を返す

XMATCH：エックス・マッチ［2021］ ▶ **07-30** 【検索／行列】
=XMATCH(検索値 , 検索範囲 , [一致モード], [検索モード])
　「検索範囲」の中から「検索値」を検索し、見つかったセルの位置を返す。検索方向を指定可能

XNPV：エクストラ・ネット・プレゼント・バリュー ▶ **09-36** 【財務】
=XNPV(割引率 , キャッシュフロー , 日付)
　「割引率」「キャッシュフロー」「日付」から正味現在価値を求める

XOR：エックスオア 【論理】
=XOR(論理式 1 , [論理式 2] …)
　すべての「論理式」の排他的論理和を求める
　（例）=XOR(A4>=60,B4>=60) → 「A4>=60」と「B4>=60」のどちらか一方だけが成立する場合に TRUE、両
　　　方成立または両方不成立の場合に FALSE となる

Y

YEAR：イヤー ▶ **05-05** 【日付／時刻】
=YEAR(シリアル値)
　「シリアル値」が表す日付から「年」を求める

YEARFRAC：イヤー・フラクション 【日付／時刻】
=YEARFRAC(開始日 , 終了日 , [基準])
　「開始日」から「終了日」までの期間が 1 年に占める割合を求める。「基準」の設定値は PRICE 関数（→【09-40】）参
　照
　（例）=YEARFRAC(A3,B3,1) → セル A3 の日付からセル B3 の日付までの日数が 1 年間に占める割合を求める

YEN：エン ▶ **06-54** 【文字列操作】
=YEN(数値 , [桁数])
　「数値」を指定した「桁数」の「\」「,」付きの文字列に変換する

YIELD：イールド ▶ **09-39** 【財務】
=YIELD(受渡日 , 満期日 , 利率 , 現在価格 , 償還価額 , 頻度 , [基準])
　定期利付債を「満期日」まで保有した場合の利回りを求める

YIELDDISC：イールド・ディスカウント ▶ **09-51** 【財務】
=YIELDDISC(受渡日 , 満期日 , 現在価格 , 償還価額 , [基準])
　割引債を「満期日」まで保有した場合の利回りを求める

YIELDMAT：イールド・マット ▶ **09-55** 【財務】
=YIELDMAT(受渡日 , 満期日 , 発行日 , 利率 , 現在価格 , [基準])
　満期利付債を「満期日」まで保有した場合の利回りを求める

Z

Z.TEST：ゼット・テスト ▶ **08-73** 【統計】
=Z.TEST(配列 , 基準値 , [標準偏差])
　正規分布を使用して「配列」で指定した標本から母平均を検定し、「基準値」に対応する右側確率を返す

ZTEST：ゼット・テスト 【統計（互換性）】
=ZTEST(配列 , 基準値 , [標準偏差])
　正規分布を使用して「配列」で指定した標本から母平均を検定し、「基準値」に対応する右側確率を返す
　（例）=ZTEST(B3:B12,10,3.2) → 戻り値：0.03763…、母平均が 10、母標準偏差が 3.2 としてセル B3〜B12 のデー
　　　タを元に母平均を検定し右側確率を求める

Excel

付録❷

機能別関数索引

数学／三角関数

合計	SUM	数値の合計を求める	02-02
	SUMIF	条件に合致するデータの合計を求める	02-08
	SUMIFS	複数の条件に合致するデータの合計を求める	02-09
さまざまな集計	SUBTOTAL	指定した集計方法で範囲のデータを集計する	02-24
	AGGREGATE	指定した集計方法で範囲のデータを集計する	02-25
端数処理	ROUND	数値を四捨五入して指定の桁数にする	04-40
	ROUNDDOWN	数値を切り捨てて指定の桁数にする	04-42
	ROUNDUP	数値を切り上げて指定の桁数にする	04-41
	INT	数値以下で最も近い整数を求める	04-44
	TRUNC	数値を切り捨てて指定の桁数にする	04-43
倍数への端数処理	CEILING.MATH	数値を指定した方法で基準値の倍数に切り上げる	04-48
	CEILING.PRECISE	数値を基準値の倍数に切り上げる	778
	ISO.CEILING	数値を基準値の倍数に切り上げる	792
	FLOOR.MATH	数値を指定した方法で基準値の倍数に切り下げる	04-49
	FLOOR.PRECISE	数値を基準値の倍数に切り下げる	787
	MROUND	数値を基準値の倍数に丸める	04-50
偶奇への端数処理	EVEN	数値を偶数に切り上げる	04-45
	ODD	数値を奇数に切り上げる	04-45
絶対値と符号	ABS	数値の絶対値を求める	04-32
	SIGN	数値の正負を求める	04-33
商と余り	QUOTIENT	割り算の商の整数部分を求める	04-36
	MOD	割り算の剰余を求める	04-36
積と和	PRODUCT	数値の積を求める	04-34
	SUMPRODUCT	配列の要素同士の積を合計する	04-35
	SUMSQ	数値の平方和を求める	10-05
配列の平方計算	SUMX2MY2	配列１と配列２の平方差を合計する	10-07
	SUMX2PY2	配列１と配列２の平方和を合計する	10-06
	SUMXMY2	配列１と配列２の差の平方を合計する	10-08
最大公約数と最小公倍数	GCD	数値の最大公約数を求める	10-01
	LCM	数値の最小公倍数を求める	10-02
べき乗	POWER	数値の指数乗を求める	04-37
	EXP	ネピア数 e を底とする数値のべき乗を求める	10-12
平方根	SQRT	数値の正の平方根を求める	04-38
	SQRTPI	円周率の倍数の平方根を求める	803

Chapter 1 数式の基本
Chapter 2 式の操作
Chapter 3 条件指定
Chapter 4 数値処理
Chapter 5 日付と時刻
Chapter 6 文字列操作
Chapter 7 表の検索と操作
Chapter 8 統計計算
Chapter 9 財務計算
Chapter 10 数学計算
Chapter 11 情報の取得

対数	LOG	底と数値を指定して対数を求める	**10-09**
	LOG10	常用対数を求める	**10-10**
	LN	自然対数を求める	**10-11**
円周率と角度	PI	円周率を 15 桁の精度で返す	**10-13**
	RADIANS	度単位の角度をラジアン単位に変換する	**10-14**
	DEGREES	ラジアン単位の角度を度単位に変換する	**10-14**
三角関数	SIN	正弦（サイン）を求める	**10-15**
	COS	余弦（コサイン）を求める	**10-16**
	TAN	正接（タンジェント）を求める	**10-17**
	CSC	余割（コセカント）を求める	781
	SEC	正割（セカント）を求める	801
	COT	余接（コタンジェント）を求める	780
逆三角関数	ASIN	逆正弦（アークサイン）を求める	**10-19**
	ACOS	逆余弦（アークコサイン）を求める	**10-20**
	ATAN	逆正接（アークタンジェント）を求める	**10-21**
	ATAN2	x 座標と y 座標から 逆正接（アークタンジェント）を求める	**10-22**
	ACOT	逆余接（アークコタンジェント）を求める	775
双曲線関数	SINH	双曲線正弦を求める	**10-23**
	COSH	双曲線余弦を求める	**10-23**
	TANH	双曲線正接を求める	**10-23**
	CSCH	双曲線余割を求める	781
	SECH	双曲線正割を求める	801
	COTH	双曲線余接を求める	780
逆双曲線関数	ASINH	双曲線逆正弦を求める	**10-24**
	ACOSH	双曲線逆余弦を求める	**10-24**
	ATANH	双曲線逆正接を求める	**10-24**
	ACOTH	双曲線逆余接を求める	775
階乗	FACT	数値の階乗を求める	**10-03**
	FACTDOUBLE	数値の二重階乗を求める	**10-04**
組み合わせ	COMBIN	組み合わせの数を求める	**10-27**
	COMBINA	重複組み合わせの数を求める	**10-28**
多項係数	MULTINOMIAL	多項係数を求める	**10-30**
べき級数	SERIESSUM	べき級数を求める	802
行列	MDETERM	行列式を求める	795
	MINVERSE	逆行列を求める	**10-32**
	MMULT	配列 1 と配列 2 の積を求める	**10-31**
	MUNIT	指定した次元の単位行列を求める	796
配列の作成	SEQUENCE	指定した行数／列数の等差数列を求める	**04-09**
乱数	RAND	0 以上 1 未満の乱数を発生させる	**04-61**
	RANDBETWEEN	整数の乱数を発生させる	**04-62**

正規分布	NORM.DIST	正規分布の確率密度／累積分布を求める	**08-48**
	NORM.INV	正規分布の累積分布の逆関数の値を求める	**08-50**
	NORM.S.DIST	標準正規分布の確率密度／累積分布を求める	**08-51**
	NORM.S.INV	標準正規分布の累積分布の逆関数の値を求める	**08-52**
	PHI	標準正規分布の密度関数の値を求める	798
	GAUSS	標準正規分布で平均からの確率を求める	788
対数正規分布	LOGNORM.DIST	対数正規分布の確率密度／累積分布を求める	**08-58**
	LOGNORM.INV	対数正規分布の累積分布の逆関数の値を求める	794
指数分布	EXPON.DIST	指数分布の確率密度／累積分布を求める	**08-53**
ガンマ分布	GAMMA	ガンマ関数の値を求める	787
	GAMMA.DIST	ガンマ分布の確率密度／累積分布を求める	**08-55**
	GAMMA.INV	ガンマ分布の累積分布関数の逆関数の値を求める	788
	GAMMALN	ガンマ関数の自然対数の値を求める	788
	GAMMALN.PRECISE	ガンマ関数の自然対数の値を求める	788
ベータ分布	BETA.DIST	ベータ分布の確率密度／累積分布を求める	**08-56**
	BETA.INV	ベータ分布の累積分布関数の逆関数の値を求める	777
ワイブル分布	WEIBULL.DIST	ワイブル分布の確率密度／累積分布を求める	**08-57**
カイ二乗分布／検定	CHISQ.DIST	カイ二乗分布の確率密度／累積分布を求める	**08-66**
	CHISQ.DIST.RT	カイ二乗分布の右側確率を求める	**08-67**
	CHISQ.INV	カイ二乗分布の左側確率からカイ二乗値を求める	779
	CHISQ.INV.RT	カイ二乗分布の右側確率からカイ二乗値を求める	**08-68**
	CHISQ.TEST	カイ二乗検定を行う	**08-78**
t分布／検定	T.DIST	t分布の確率密度／累積分布を求める	**08-59**
	T.DIST.2T	t分布の両側確率を求める	**08-61**
	T.DIST.RT	t分布の右側確率を求める	**08-60**
	T.INV	t分布の左側確率から逆関数の値を求める	804
	T.INV.2T	t分布の両側確率から逆関数の値を求める	**08-62**
	T.TEST	t検定を行う	**08-75**
f分布／検定	F.DIST	f分布の確率密度／累積分布を求める	**08-63**
	F.DIST.RT	f分布の右側確率を求める	**08-64**
	F.INV	f分布の左側確率から逆関数の値を求める	785
	F.INV.RT	f分布の右側確率から逆関数の値を求める	**08-65**
	F.TEST	f検定を行う	**08-77**
Z検定	Z.TEST	z検定を行う	**08-73**
信頼区間	CONFIDENCE.NORM	正規分布を使用して母平均の信頼区間を求める	**08-69**
	CONFIDENCE.T	t分布を使用して母平均の信頼区間を求める	**08-70**
フィッシャー変換	FISHER	フィッシャー変換した値を求める	786
	FISHERINV	フィッシャー変換の逆関数の値を求める	786

	BYROW	配列の各行を LAMBDA 関数で計算して配列を返す	03-36
	BYCOL	配列の各列を LAMBDA 関数で計算して配列を返す	03-37
	MAKEARRAY	LAMBDA 関数に連番を渡して計算した配列を返す	03-38
	SCAN	LAMBDA 関数の計算結果を途中経過も含めて配列として返す	03-39
	REDUCE	LAMBDA 関数で計算した最後の結果を返す	03-39
	ISOMITTED	LAMBDA 関数の引数が省略されているかどうか調べる	792

情報関数

ふりがな	PHONETIC	セルのふりがなを表示する	06-59
IS 関数	ISTEXT	文字列かどうかを調べる	03-15
	ISNONTEXT	文字列以外かどうかを調べる	792
	ISNUMBER	数値かどうかを調べる	03-15
	ISEVEN	偶数かどうかを調べる	792
	ISODD	奇数かどうかを調べる	792
	ISLOGICAL	論理値かどうかを調べる	03-15
	ISBLANK	空白セルかどうかを調べる	03-17
	ISFORMULA	数式かどうかを調べる	03-20
	ISREF	セル参照かどうかを調べる	03-18
	ISERR	[#N/A] 以外のエラー値かどうかを調べる	03-28
	ISERROR	エラー値かどうかを調べる	03-28
	ISNA	エラー値 [#N/A] かどうかを調べる	03-28
情報の取得	CELL	セルの情報を調べる	07-59
	INFO	Excel の操作環境の情報を調べる	07-63
	ERROR.TYPE	エラーの種類を調べる	03-29
	SHEET	シート番号を調べる	07-61
	SHEETS	シート数を調べる	07-61
	TYPE	データの種類を調べる	03-16
数値変換	N	引数を数値に変換する	796
「#N/A」エラー	NA	エラー値 [#N/A] を返す	796

日付／時刻関数

現在の日付	TODAY	現在の日付を求める	05-03
	NOW	現在の日付と時刻を求める	05-03
年月日の取得	YEAR	日付から「年」を求める	05-05
	MONTH	日付から「月」を求める	05-05
	DAY	日付から「日」を求める	05-05
時分秒の取得	HOUR	時刻から「時」を求める	05-06
	MINUTE	時刻から「分」を求める	05-06

	COLUMN	セルの列番号を求める	**07-57**
	ROWS	配列やセル範囲の行数を求める	**07-58**
	COLUMNS	配列やセル範囲の列数を求める	**07-58**
セル参照	ADDRESS	セル参照の文字列を作成する	**07-56**
	AREAS	指定した範囲に含まれる領域の個数を求める	776
	INDIRECT	参照文字列を実際のセル参照に変換する	**07-53**
	OFFSET	基準のセルから指定した行数と列数だけ移動したセル参照を返す	**07-24**
	MATCH	検査値が何番目の位置にあるか求める	**07-26**
	XMATCH	検索方向を指定して検査値が何番目の位置にあるか求める	**07-30**
行列の入れ替え	TRANSPOSE	配列の行と列を入れ替える	**07-32**
並べ替え	SORT	配列を並べ替える	**07-34**
	SORTBY	複数の基準で配列を並べ替える	**07-35**
データ抽出	FILTER	配列から条件に合うデータを抽出する	**07-40**
	UNIQUE	重複するデータを1つにまとめる	**07-49**
	FIELDVALUE	外部データから株価や地理データを取り出す	**07-69**
	RTD	RTD サーバーからデータを取り出す	801
ハイパーリンク	HYPERLINK	ハイパーリンクを作成する	**07-64**
ピボットテーブル	GETPIVOTDATA	ピボットテーブルからデータを取り出す	**02-69**
数式の取得	FORMULATEXT	セルの数式を文字列として返す	**07-62**
配列の操作	HSTACK	配列を横方向に並べて結合する	**07-70**
	VSTACK	配列を縦方向に並べて結合する	**07-71**
	CHOOSEROWS	配列から行番号の行を取り出す	**07-73**
	CHOOSECOLS	配列から列番号の列を取り出す	**07-73**
	TAKE	配列の先頭／末尾から指定した行数列数を取り出す	**07-75**
	DROP	配列の先頭／末尾から指定した行数列数を除外する	**07-76**
	WRAPROWS	ベクトルを横方向に並べて折り返す	**07-78**
	WRAPCOLS	ベクトルを縦方向に並べて折り返す	**07-78**
	TOROW	複数行複数列の配列を1行に並べる	**07-79**
	TOCOL	複数行複数列の配列を1列に並べる	**07-79**
	EXPAND	配列を指定した行数列数になるように拡張する	**07-80**

Web 関数

Web	ENCODEURL	文字列を URL エンコードする	**07-67**
	FILTERXML	XML 形式のデータから必要な情報を取り出す	**07-68**
	WEBSERVICE	Web サービスからデータをダウンロードする	**07-68**
	IMAGE	指定した URL からセルに画像を挿入する	**07-66**

互換性関数と現関数の対応

互換性関数	旧分類	説明	現行の関数とその掲載項目	
BETADIST	統計	ベータ分布の累積分布を求める	BETA.DIST	**08-56**
BETAINV	統計	ベータ分布の累積分布関数の逆関数の値を求める	BETA.INV	777
BINOMDIST	統計	二項分布の確率分布／累積分布を求める	BINOM.DIST	**08-39**
CEILING	数学／三角	数値を基準値の倍数に切り上げる	CEILING.MATH	**04-48**
CHIDIST	統計	カイ二乗分布の右側確率を求める	CHISQ.DIST.RT	**08-67**
CHIINV	統計	カイ二乗分布の右側確率から逆関数の値を求める	CHISQ.INV.RT	**08-68**
CHITEST	統計	実測値と期待値を元にカイ二乗検定を行う	CHISQ.TEST	**08-78**
CONCATENATE	文字列操作	複数の文字列を連結する	CONCAT	**06-32**
CONFIDENCE	統計	母平均の信頼区間を求める	CONFIDENCE.NORM	**08-69**
COVAR	統計	母集団の共分散を求める	COVARIANCE.P	**08-19**
CRITBINOM	統計	二項分布の累積確率が基準値以上になる最小値を求める	BINOM.INV	**08-42**
EXPONDIST	統計	指数分布の確率密度／累積分布を求める	EXPON.DIST	**08-53**
FDIST	統計	ｆ分布の右側確率を求める	F.DIST.RT	**08-64**
FINV	統計	ｆ分布の右側確率から逆関数の値を求める	F.INV.RT	**08-65**
FLOOR	数学／三角	数値を基準値の倍数に切り下げる	FLOOR.MATH	**04-49**
FORECAST	統計	回帰直線に基づいて予測値を求める	FORECAST.LINEAR	**08-23**
FTEST	統計	２つの配列を元にｆ検定を行う	F.TEST	**08-77**
GAMMADIST	統計	ガンマ分布の確率密度／累積分布を求める	GAMMA.DIST	**08-55**
GAMMAINV	統計	ガンマ分布の累積分布関数の逆関数の値を求める	GAMMA.INV	788
GAMMALN	統計	ガンマ関数の自然対数を求める	GAMMALN.PRECISE	788
HYPGEOMDIST	統計	超幾何分布の確率分布を求める	HYPGEOM.DIST	**08-44**
LOGINV	統計	対数正規分布の累積分布の逆関数の値を求める	LOGNORM.INV	794
LOGNORMDIST	統計	対数正規分布の累積分布を求める	LOGNORM.DIST	**08-58**

MODE	統計	数値の最頻値を求める	MODE.SNGL	**08-01**
NEGBINOMDIST	統計	負の二項分布の確率分布を求める	NEGBINOM.DIST	**08-43**
NORMDIST	統計	正規分布の確率密度／累積分布を求める	NORM.DIST	**08-48**
NORMINV	統計	正規分布の累積分布の逆関数の値を求める	NORM.INV	**08-50**
NORMSDIST	統計	標準正規分布の累積分布を求める	NORM.S.DIST	**08-51**
NORMSINV	統計	標準正規分布の累積分布の逆関数の値を求める	NORM.S.INV	**08-52**
PERCENTILE	統計	数値の百分位数を求める	PERCENTILE.INC	**04-23**
PERCENTRANK	統計	数値の順位を百分率で求める	PERCENTRANK.INC	**04-21**
POISSON	統計	ポアソン分布の確率分布／累積分布を求める	POISSON.DIST	**08-46**
QUARTILE	統計	数値の四分位数を求める	QUARTILE.INC	**04-24**
RANK	統計	数値の順位を求める	RANK.EQ	**04-15**
STDEV	統計	標本から不偏標準偏差を求める	STDEV.S	**08-08**
STDEVP	統計	母集団から標準偏差を求める	STDEV.P	**08-07**
TDIST	統計	t 分布の右側確率／両側確率を求める	T.DIST.RT T.DIST.2T	**08-60** **08-61**
TINV	統計	t 分布の両側確率から逆関数の値を求める	T.INV.2T	**08-62**
TTEST	統計	2 つの配列から母平均の差を検定する	T.TEST	**08-75**
VAR	統計	標本から不偏分散を求める	VAR.S	**08-06**
VARP	統計	母集団から分散を求める	VAR.P	**08-05**
WEIBULL	統計	ワイブル分布の確率密度／累積分布を求める	WEIBULL.DIST	**08-57**
ZTEST	統計	正規分布を使用して標本から母平均を検定する	Z.TEST	**08-73**

※「現行の関数」欄にある CONCAT 関数は Excel 2019、FORECAST.LINER 関数は Excel 2016、そのほかの関数は Excel 2010 で追加された関数です。現行の関数が追加されたバージョン以降、同じ機能を持つ旧関数は互換性関数に分類されます。
※ GAMMALN 関数は、機能上 GAMMALN.PRECISE 関数の互換性関数ですが、2022 年 10 月現在、Excel の関数ライブラリの統計関数に分類されています。

索引

著者プロフィール

きたみ あきこ

東京都生まれ、神奈川県在住。テクニカルライター。
お茶の水女子大学理学部化学科卒。大学在学中に、分子構造の解析を通じてプログラミングと出会う。プログラマー、パソコンインストラクターを経て、現在はコンピューター関係の雑誌や書籍の執筆を中心に活動中。主な著書に『極める。Excel デスクワークを革命的に効率化する［上級］教科書』、『Excel関数逆引き辞典パーフェクト 第3版』(以上翔泳社)、『できる イラストで学ぶ 入社1年目からのExcel VBA』(インプレス) などがある。

● Office Kitami ホームページ
　http://office-kitami.com/

装丁・本文デザイン	冨澤 崇 (Ebranch)
DTP	BUCH⁺

極める。Excel 関数
データを自由自在に操る [最強] 事典

2023 年 1 月 20 日　初版第 1 刷発行

著　者	きたみ あきこ
発行人	佐々木 幹夫
発行所	株式会社 翔泳社 (https://www.shoeisha.co.jp)
印刷・製本	株式会社 ワコープラネット

ISBN978-4-7981-7479-2　　　　　　　　　　Printed in Japan